FACHDIDAKTIK BIOLOGIE

Fachdidaktik Biologie

Die Biologiedidaktik begründet von
Dieter Eschenhagen, Ulrich Kattmann und *Dieter Rodi*

8. Auflage herausgegeben von
Harald Gropengießer und *Ulrich Kattmann*

Bearbeitet von

*Karla Etschenberg, Ulrich Gebhard, Karl-Heinz Gehlhaar,
Harald Gropengießer, Ilka Gropengießer, Ute Harms,
Frank Horn, Ulrich Kattmann, Jürgen Langlet,
Hans-Joachim Lehnert, Jürgen Mayer, Susanne Meyfarth,
Georg Pfligersdorffer* und *Ulrike Unterbruner*

Karikaturen von *Roland Bühs*

AULIS VERLAG

Bibliografische Information der Deutschen Nationalbibliothek

Die Deutsche Nationalbibliothek verzeichnet diese Publikation in der Deutschen Nationalbiblio-grafie; detaillierte bibliografische Daten sind im Internet über http://dnb.d-nb.de abrufbar.

1. Auflage 1985 verfasst von *Dieter Eschenhagen*, *Ulrich Kattmann* und *Dieter Rodi*
2. völlig überarbeitete Auflage 1993
3. gegenüber der 2. unveränderte Auflage 1996
4. neu bearbeitete Auflage 1998 herausgegeben von *Ulrich Kattmann*
5. gegenüber der 4. unveränderte Auflage 2001
6. gegenüber der 4. unveränderte Auflage 2003
7. völlig überarbeitete Auflage 2006 herausgegeben von *Harald Gropengießer* und *Ulrich Kattmann*
8. durchgesehene Auflage 2008 herausgegeben von *Harald Gropengießer* und *Ulrich Kattmann*

Zitationsvorschläge:

für das Gesamtwerk:

Gropengießer, H. & Kattmann, U. (Hrsg.) (2008).
Fachdidaktik Biologie. Die Biologiedidaktik begründet von Dieter Eschenhagen, Ulrich Kattmann und Dieter Rodi. Köln: Aulis (8. Aufl.)

für einzelne Beiträge z. B.:

Gebhard, U. (2008). Schülerinnen und Schüler. In: Gropengießer, H. & Kattmann, U. (Hrsg.), Fachdidaktik Biologie. Köln: Aulis, (8. Aufl.), S. 156–170.

Best. Nr. A302642
© Alle Rechte bei Aulis Verlag in der Stark Verlagsgesellschaft 2010
ISBN 978-3-7614-2642-5

Lernorte

Quellen

Aus dem Vorwort zur 1. Auflage 1985

Mit dem Entschluss, ein Lehrbuch zur Fachdidaktik Biologie zu verfassen, strebten die Autoren an, eine nicht zu umfangreiche, aber auch nicht zu stoffarme Orientierungshilfe für die Unterrichtspraxis und das Studium zu schaffen.

Im deutschen Sprachraum liegen mehrere hilfreiche Darstellungen der Biologiedidaktik vor. Es fehlte bisher jedoch ein Lehrbuch, in dem der Hauptakzent auf den systematischen Überblick über den gegenwärtigen Stand der Biologiedidaktik gelegt wird.

Besonderen Wert haben die Autoren auf begrifflich-terminologische Klärungen gelegt und damit versucht, die Fachsprache der Biologiedidaktik zu vereinheitlichen und zu vereinfachen.

Zwei Umstände erlauben es, den Umfang des Lehrbuchs zugunsten von Lesbarkeit und systematischer Klarheit zu beschränken. Zum einen ist die Darstellung auf die biologiedidaktischen Probleme im engeren Sinne konzentriert, während die Verzahnung mit allgemeindidaktischen Fragen nur in Grundzügen umrissen wird.

Zum anderen werden diejenigen speziellen biologiedidaktischen Fragen, die mit bestimmten Unterrichtsinhalten verknüpft sind, nicht behandelt. Die Berücksichtigung dieser Fragen hätte den Charakter des Lehrbuches gesprengt. In diesem Bereich liegt heute eine große Anzahl von Unterrichtshilfen in Zeitschriften, Handbüchern und Schullehrbüchern vor.

Oldenburg und Schwäbisch Gmünd, Frühjahr 1985
Dieter Eschenhagen, Ulrich Kattmann, Dieter Rodi

Aus dem Vorwort zur 4. Auflage 1998

Die vorliegende vierte Auflage der »Fachdidaktik Biologie« markiert mit einem neuen Gewand einen Einschnitt in der Autorenschaft. Die Erstautoren *Dieter Eschenhagen* und *Dieter Rodi* haben den neuen Bearbeitern den Text der vorhergehenden Auflage zur Verfügung gestellt, so dass die Änderungen für die Neuauflage nach dem Prinzip »so wenig wie möglich und so viel wie nötig« vorgenommen werden konnten. Als Herausgeber danke ich meinen bisherigen Mitautoren dafür, dass sie durch ihr Einverständnis die Neubearbeitung in der vorliegenden Form möglich gemacht haben.

Die an der Neuauflage beteiligten Biologiedidaktikerinnen und Biologiedidaktiker aus sieben (alten und neuen) Bundesländern und Österreich bieten die Gewähr dafür, dass die »Fachdidaktik Biologie« den Charakter eines vielseitig orientierten und systematisch angelegten Lehrbuches bewahrt.

Oldenburg, Frühjahr 1998 *Ulrich Kattmann*

Vorwort zur 7. Auflage (2006)

Die nunmehr 7. Auflage der Fachdidaktik präsentiert sich in neuem Format. Dabei wurde bei sichtbar leserfreundlicher und lernförderlicher Gestaltung durch Übersichten und Zusammenfassungen der bewährte Charakter als zuverlässiges und vielseitiges Lehrbuch beibehalten. So werden die bisherigen Benutzer das Buch wiedererkennen und die Ergänzungen und Aktualisierung zu schätzen wissen. Aufgrund der Entwicklungen in der Biologiedidaktik wurden mehrere Kapitel stark überarbeitet und z. T. erweitert, insbesondere hinsichtlich der Diskussionen um Kerncurricula, Standards, Basiskonzepte und Kompetenzen.

Einige Fachleute sind in das Bearbeiterteam neu hinzugekommen. Ein neuer Mitherausgeber hat seine Ideen für das gesamte Buch eingebracht. Stärker als bisher wurden internationale Entwicklungen in der Fachdidaktik berücksichtigt. Dennoch wurde erreicht, dass der Umfang des Buches nur unwesentlich angewachsen ist. Das Literaturverzeichnis dürfte mit jetzt über 3000 Titeln weiterhin den umfangreichsten Nachweis von Publikationen in der Biologiedidaktik im deutschsprachigen Raum darstellen.

Die »Fachdidaktik Biologie« ist inzwischen als Standardwerk in der 1. und der 2. Phase der Lehrerausbildung etabliert. Sie liefert wie bisher gründliche und zuverlässige Information zu den einzelne Themen übergreifenden Aufgaben der Biologiedidaktik. Für die speziellen Fragen, die mit bestimmten Themen des Biologieunterrichts verknüpft sind, sei auf das »Handbuch des Biologieunterrichts« verwiesen, das von den Erstautoren der »Fachdidaktik Biologie« herausgegeben wurde.

Hannover und Oldenburg, Herbst 2006

Harald Gropengießer und *Ulrich Kattmann*

Fachdidaktische Grundlagen

1 Aufgaben der Fachdidaktik Biologie

Didaktik der Biologie oder Biologiedidaktik ist die zentrale Berufswissenschaft für Lehrende der Biologie. Im letzten Jahrzehnt hat sie sich zur empirisch arbeitenden Vermittlungswissenschaft entwickelt. Ihre Aufgaben betreffen die fachdidaktische Forschung und deren Umsetzung in die Praxis von Lernen und Lehren der Biologie.
Wichtige erschließende Begriffe: Didaktische Rekonstruktion, empirische Forschung, Lehren, Lernen, Vermittlungswissenschaft
Bearbeitet von *Ulrich Kattmann* und *Harald Gropengießer*

1.1 Stellung der Biologiedidaktik innerhalb der Wissenschaften

Die Fachdidaktik Biologie ist eine junge Wissenschaft. Wozu wird sie betrieben? Was können Lehrende und Lernende der Biologie von ihr erwarten?

Das Wort *Didaktik* wird im deutschen Sprachraum seit dem 17. Jahrhundert für den Bereich des Lehrens, Lernens und Unterrichtens verwendet (*Johann Amos Comenius*). Das griechische Verb διδασκειν kann sowohl lehren wie einüben und lernen bedeuten. Das Adjektiv διδακτοσ kennzeichnet das Lehrbare und Lernbare. Die deutschen Wörter »lehren« und »lernen« stammen aus derselben sprachlichen Wurzel. Nach dem »Deutschen Wörterbuch« (*Grimm/ Grimm* 1984, 559) stammt das Wort »lehren« aus der Jägersprache. Es bedeutet soviel wie »auf die Spur setzen«, was sehr schön das Verhältnis von Lehren zum Lernen kennzeichnet: Lehren ist Anregung zum Lernen – oder vergeblich.

Einige Didaktiker unterscheiden – wie schon *Comenius* – von der Didaktik (als Lehre vom Lehren) die *Mathetik* (als Lehre vom Lernen), um so die Schülerorientierung (vgl. u. a. *Winkel, R.* 1997) oder in konstruktivistischer Sicht die Rolle des Lernens (gr. μαθησισ) besonders hervorzuheben. In diesem Buch wird Didaktik im umfassenden Sinne gebraucht. Die *Fachdidaktik Biologie* beschäftigt sich also mit dem Lernen und Lehren von Biologie.

Welchen Ort die Biologiedidaktik im System der Wissenschaften einnimmt, ist umstritten. Die Auseinandersetzung betrifft vor allem die Frage, in welches Verhältnis die beiden Bereiche »Biologie« und »Didaktik« in der Biologiedidaktik gesetzt werden. Verbreitet wird die Ansicht vertreten, dass die Biologiedidaktik (wie die anderen Fachdidaktiken) eine Brückenfunktion zwischen dem Fach (Biologie) und der allgemeinen Didaktik hat, wobei die wissenschaftlich fundierte Verknüpfung beider Bereiche als die eigentliche biologiedidaktische Aufgabe beschrieben wird (vgl. *Schaefer* 1971 b; *Rüther* 1978; *Pick* 1981; *Wenk* 1985).

Dabei wird von einigen Autoren die Nähe der Biologiedidaktik zur Biologie betont, da sie auf das Verstehen der fachwissenschaftlichen Aussagen ganz besonders angewiesen sei (vgl. *Schaefer* 1971 b, 395; *Werner* 1978, 84; 1980; *Berck, K.-H.*, 1980, 89; 2001). Diese fachliche Beschränkung auf »nur« Biologie möchte *Hartmut Entrich* (1995) durch die Orientierung an den aus seiner Sicht umfassenderen »Biowissenschaften« ersetzen.

Ohne die Nähe zur Fachwissenschaft »Biologie« zu verneinen, stellen mehrere Autoren doch stärker heraus, dass Biologiedidaktik sich von der Biologie abhebt, da sie grundsätzlich erziehungswissenschaftlichen Charakter hat (vgl. *Ewers* 1979; *Kattmann* 1994 b). In der Fachdidaktik geht es nicht nur um Anwendung von Fachwissen, sondern um die Vermittlung von Fachwissen. »Vermittlung« ist hier im diplomatischen Sinne gemeint. Es bezeichnet umfassend sowohl das »Nahebringen« des biologischen Wissens an die Lernenden wie auch das »In-Beziehung-Bringen« dieses Wissens zu den Lernenden, zu deren Lebenswelt, Vorwissen, Anschauungen und Werthaltungen. In der Vermittlung von Biologie hat die Biologiedidaktik also nicht nur die Biologie zu vertreten, sondern auch und vor allem pädagogische Anforderungen an dieses Fach zu richten und nach dem spezifischen Beitrag der Biologie, ihrer Rolle und ihrer Bedeutung in unserem Leben zu fragen (vgl. *v. Wahlert* 1977, 48; *Messner* 1980, 38; *Kattmann* 1980 a; 1994 b; *Gropengießer/Kattmann* 1994; *Spörhase-Eichmann/Ruppert* 2004).

Als Fazit lässt sich festhalten: Die Biologiedidaktik hat einen Doppelcharakter, sie ist weder nur Biologie noch ausschließlich Erziehungswissenschaft. Bei der Vermittlung von Biologie ist sie »Teil« der Fachwissenschaft Biologie und zugleich ihr »Gegenüber« (vgl. *Kattmann* 1980 a, 164; 1994 b). Diese Funktion geht in einem entscheidenden Punkt über die Beschreibung als Brückenfunktion hinaus, indem Biologiedidaktik nicht zwischen oder neben beiden Bereichen steht, sondern grundsätzlich die gesamte Biologie in der ihr eigenen Perspektive und Vermittlungsabsicht sieht. Dieses Verständnis eröffnet der Biologiedidaktik in der Reform der Hochschulen und Bildungspolitik eine wichtige Entwicklungsperspektive (vgl. *Brunkhorst-Hasenclever* 2000). Biologiedidaktik kann daher als Metadisziplin der Biologie betrachtet ▶ Tabelle 3-1 werden.

■ Biologiedidaktik ist die mit Lehren und Lernen von Biologie befasste Vermittlungswissenschaft.

1.2 Biologiedidaktische Forschung

Wie in einer Nussschale lassen sich an dem Forschungsbeispiel (S. 4) *Kennzeichen biologiedidaktischer Forschung* deutlich machen. Zunächst geht es um einen biologiedidaktischen *Forschungsgegenstand:* das Lehren und Lernen von biologischem Wissen. Im Forschungsbeispiel muss dazu u. a. geklärt werden, was unter Vorstellungen zu verstehen ist und was Lernen

Forschungsbeispiel
(Riemeier 2005 a)

»Wie Lernende Wurzelwachstum verstehen«

Drei Schülerinnen der 9. Jahrgangsstufe sitzen mit einer Versuchsleiterin im Labor für Lehr-Lernforschung. In der Mitte des Tisches steht ein mit Wasser gefüllter Erlenmeyerkolben, auf dessen Öffnung eine Küchenzwiebel liegt. Deren Wurzeln ragen ins Wasser. Seitlich, etwas erhöht, steht eine laufende Videokamera. Die Schülerinnen beschreiben zunächst die Situation: »Da sind Wurzeln gewachsen« oder »Die Zwiebel ist dabei, Wurzeln zu kriegen, die wachsen halt.« Aus den Äußerungen wird deutlich: Die Schülerinnen betrachten wachsende Wurzeln als selbstverständlich und nicht weiter erklärungsbedürftig.

Erst als sie aufgefordert werden, über ihre Vorstellungen zur Erklärung des Wachstums zu sprechen, beschreiben die Schülerinnen die Bedingungen für das Wurzelwachstum, z. B. das Vorhandensein von Mineralstoffen und Wasser. Erst dann nennen sie Zellvermehrung durch »Zellteilung« als Ursache des Wurzelwachstums. Sarah: »Zellteilung sieht man doch immer bei diesen Filmen in Sexualkunde. Dann ist da eine Zelle, dann teilt sie sich, dann sind das zwei, dann teilen sie sich noch mal […] und irgendwann haben sie sich so oft geteilt, dass da ein Baby entsteht«.

Auch aufgrund vorangegangener Vermittlungsexperimente wird deutlich: Lernende verstehen unter »Zellteilung« oft lediglich einen fortlaufenden Teilungsprozess. Das Wachstum der Wurzelzellen im Zeitraum zwischen den Teilungen wird dabei nicht mitgedacht – selbst wenn Sarah das korrekte (Fach-)Wort »Zellteilung« verwendet.

Diese Schülervorstellung kann mit Hilfe einer Theorie des Verstehens erklärt werden: Wir verfügen aufgrund unserer Alltagserfahrungen über Vorstellungen zur »Teilung«. Teilt man z. B. einen Kuchen, ist die Anzahl der Kuchenstücke nach der Teilung größer als vorher. Diese Bedeutung »Mehr werden« der Stücke nutzt auch Sarah, wenn sie das Wachstum mit der »Zellteilung« erklärt. Ihr entgeht dabei, dass die geteilten Zellen kleiner als die Ausgangszellen sind.

Den Schülerinnen wird daraufhin ein *Lernangebot* gemacht. Sie sollen eine Tafel Schokolade teilen und den Vorgang erläutern. Sarah beschreibt die Situation und zieht eine Analogie: »Die Anzahl hat sich durch das Teilen verändert. [...] Aber wenn das jetzt bei der Zelle wäre, dann würde das ja gar nichts bringen, weil – dann wäre es ja genauso groß«. Zusammen entwickeln die drei Schülerinnen daraufhin eine zutreffende Vorstellung vom Wurzelwachstum mit Teilung und anschließendem Wachstum der entstandenen Zellen.

bedeutet. Beantwortet werden soll also eine *biologiedidaktische Frage:* Über welche Vorstellungen zum Wachstum verfügen die Schülerinnen? Fachinhaltlich arbeitende Biologen dagegen würden z. B. fragen: Wie wächst eine Zwiebelwurzel? Noch anders würden Erziehungswissenschaftler oder pädagogische Psychologen fragen, z. B.: Wie wirkt sich das Warten der Lehrperson nach einer Frage auf den Lernerfolg aus? Fachdidaktische Forschung unterscheidet sich von der allgemeindidaktischen speziell dadurch, dass die fachliche bzw. bereichsspezifische Komponente von Lernen und Lehren besonders beachtet wird.

Zudem ist biologiedidaktische Forschung an den Erfahrungen mit dem Forschungsgegenstand orientiert: Im Forschungsbeispiel werden mit Hilfe der Videokamera die Äußerungen der Beteiligten dokumentiert. Diese Datenerhebung ist die Grundlage für die folgende Datenaufbereitung (Verschriften der mündlichen Äußerungen) und die Datenauswertung, bei der auf die Vorstellungen der Lernenden geschlossen wird (*Gropengießer* 2005). Biologiedidaktik ist somit eine *empirisch arbeitende Wissenschaft* (vgl. *Eschenhagen* 1977; *Werner, E.* 1978; 1980; *Strey* 1980; 1982; *Lieb* 1982; *Staeck* 1984; 1991 a; *Hedewig* 1992 b, 89; *Bayrhuber* u. a. 1998; *Häußler* u. a. 1997; *Duit/Mayer* 1999; *Duit* 2004).

Das Vorgehen bei dieser Untersuchung ist methodisch kontrolliert. Zur Durchführung ist ein *Untersuchungsplan* notwendig, der Untersuchungsaufgaben festlegt und deren Bezüge untereinander verdeutlicht. Als *Methode* wird ein Vermittlungsexperiment (teaching experiment) (*Steffe & D'Ambrosio* 1996; *Wilbers/Duit* 2001; *Komorek/Duit* 2004; *Riemeier* 2005 a; *Weitzel* 2006) gewählt. In diesem Fall werden drei Lernende mündlich befragt, und es werden ihnen Lernangebote gemacht. Die Methode der Qualitativen Inhaltsanalyse (*Mayring* 2002; *Mayring/Gläser-Zikuda* 2005; vgl. *Gropengießer* 2001) leitet das Vorgehen bei der Auswertung der Schüleräußerungen.

Die *Ergebnisse* didaktisch-empirischer Untersuchungen sind prinzipiell nur dann verallgemeinerbar und umsetzbar, wenn die Untersuchungen mit präziser Fragestellung unter definierten Bedingungen durchgeführt und mit klaren theoretischen Annahmen konzipiert werden (vgl. *Kattmann* 1983 b). Dazu wird hier eine *Theorie* (*Lakoff* 1990; vgl. *Gropengießer* 2003 a) herangezogen, die erklärt, warum Schüler bestimmte Vorstellungen mitbringen und warum sie Lernschwierigkeiten bei einigen biologischen Konzepten haben und bei anderen nicht.

Für die Durchführung einer solchen Studie ist es günstig, wenn sie in einem allgemeineren *Forschungsrahmen* stattfindet. Das Forschungsbeispiel ist im Rahmen des *Modells der Didaktischen Rekonstruktion* durchgeführt worden (vgl. *Kattmann* u. a. 1997; *Duit/Gropengießer/Kattmann* 2005).

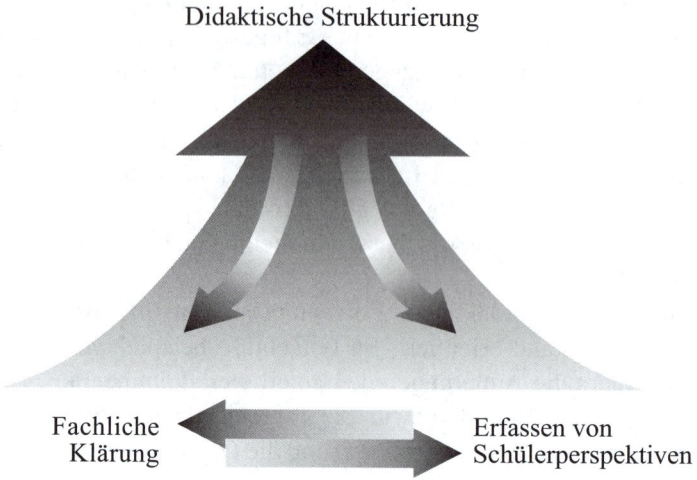

Didaktische Strukturierung

Fachliche Klärung

Erfassen von Schülerperspektiven

Bild 1-1: Fachdidaktisches Triplett
(nach *Kattmann/Duit/Gropengießer/Komorek* 1997)

Forschungsaufgabe	Fragestellung
Fachliche Klärung	Welche Genese, Funktion und Bedeutung haben die für ein Thema bedeutsamen biologischen Begriffe, und in welchem theoretischen Kontext stehen sie?
Erfassen von Schülerperspektiven	Welche Vorstellungen verbinden die Lernenden mit bestimmten Bereichen? Welche Lernvoraussetzungen und Interessen haben sie?
Didaktische Strukturierung	Welche Zusammenhänge ergeben sich aus 1. und 2., und welche Möglichkeiten für das Lernen und Lehren eröffnen sich?

Tabelle 1-1: Die drei Forschungsaufgaben der Didaktischen Rekonstruktion

Im Rahmen der Didaktischen Rekonstruktion ist das Vorgehen durch drei Forschungsaufgaben gekennzeichnet.

Tab. 1-1 ◄

Eine solche Vorgehensweise dient der fachdidaktischen Aufgabe, die *Lernenden* und *Bereiche* der Wissenschaft zusammenzubringen. Dies wird im »fachdidaktischen Triplett« verdeutlicht. Die Arbeiten in den drei Forschungsaufgaben beeinflussen sich wechselseitig. So kann sich bei der didaktischen Struk-

Bild 1-1 ◄

turierung des Lernangebots herausstellen, dass Teile der fachlichen Klärung korrigiert und die Erhebung von Lernervorstellungen ergänzt werden müssen. Im Vorgehen werden fachlich bestimmtes Wissen und Schülervorstellungen sorgfältig aufeinander bezogen und gegeneinander abgeglichen, um so für das Lernen und Vermitteln effektivere Unterrichtsansätze zu entwickeln, als dies nur von Sachanalysen oder nur von der Lernpsychologie her möglich wäre.

Durch diese Anbindung an die grundlegende Struktur fachlichen Lernens und Lehrens wird erreicht, dass fachdidaktisches Forschen unmittelbar für die *Praxis der Vermittlung* von Biologie relevant ist und konsequent umgesetzt werden kann (vgl. *Duit* 2004). In dem gewählten Forschungsbeispiel heißt dies, dass Lehrende aufgrund der Ergebnisse mit bestimmten *Vorstellungen* zur Zellteilung im Unterricht rechnen und entsprechende Lernangebote planen können. Es wurden außerdem typische *Lernpfade* identifiziert, die den Unterricht strukturieren können. Ein kleines Teilergebnis besteht darin, – aufgrund der Alltagsvorstellungen zum Teilen – »Zellteilung« nur mehr als einen Teilprozess anzusehen und für den Gesamtprozess (der das Zellwachstum einschließt) den Terminus »Zellverdopplung« einzuführen.

Die Entwicklung von Unterrichtskonzeptionen steht im Vordergrund der so genannten »Entwicklungsforschung« (developmental research), die ähnliche Ziele verfolgt wie die Didaktische Rekonstruktion (*Lijnse* 1995; *Boersma* 1998; *Krüger* 2003; vgl. die Studien von *Knippels* 2002; *Verhoeff* 2003). Andere biologiedidaktische Untersuchungen orientieren sich, wie in der Interessenforschung, eher an psychologisch-pädagogischen Modellvorstellungen (vgl. *Duit/Rhöneck* 2000).

▶ 11.3

Die fachdidaktische Forschung bezieht sich nicht allein auf den Schulunterricht, sondern auf alle Aufgaben- und Praxisfelder der Biologiedidaktik. Die Forschungsarbeiten werden auf wissenschaftlichen Tagungen vorgestellt und in Tagungsbänden, speziellen Fachzeitschriften und Reihen veröffentlicht. Angaben zu den meisten publizierten Arbeiten findet man in Verzeichnissen von Schriften zur (Naturwissenschafts-)Didaktik (Bibliographien).

▶ Bild 1-2

▶ 32

Die Schwerpunkte empirischer biologiedidaktischer Forschung liegen bisher in den folgenden Bereichen (vgl. *Bayrhuber* 1999; *Bayrhuber/Mayer* 2001):

- ▪ Analyse der Inhaltsstruktur und des Bildungswertes biologischer Themen;
- ▪ Untersuchungen von Schülerwissen und -vorstellungen; ▶ 11
- ▪ Untersuchungen von Interessen bezogen auf Biologie und Biologieunterricht;
- ▪ Effekte bestimmter Erfahrungen auf die Motivation; ▶ 11
- ▪ Entwicklung moralischer Urteilsfähigkeit; ▶ 6
- ▪ Evaluation von Entwicklungsprojekten zu verschiedenen Unterrichtsthemen;
- ▪ Wirkung des Einsatzes von Medien und Unterrichtsmethoden. ▶ 16, 20

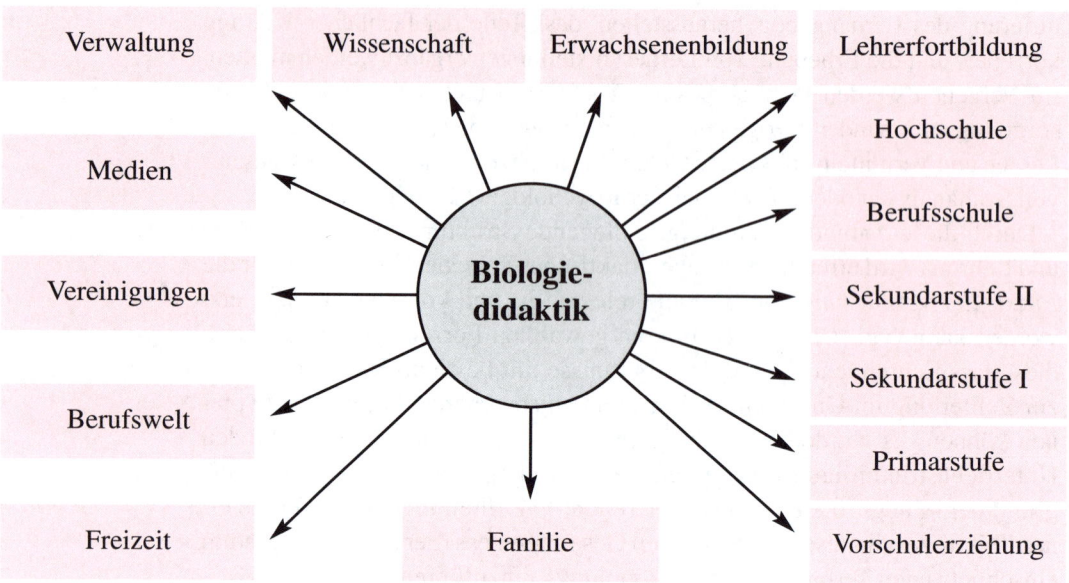

Bild 1-2: Praxisfelder der Biologiedidaktik

1.3 Sinn und Bedeutung der Biologiedidaktik für den Unterricht

Schule ist nicht der einzige Ort, an dem Biologie vermittelt wird. Biologiedidaktik muss daher auch andere Lernorte und Lernmedien berücksichtigen (z. B. Veranstaltungen der Hochschulen und des Freizeitbereiches, Massenmedien, Bücher). Insbesondere hat Fachdidaktik wesentliche Aufgaben in der *Lehrerbildung* (vgl. *Kattmann* 2003 c; *Reinhold* 2004).

Bild 1-2 ◄
12 ◄

Da die Fachdidaktik bezogen auf den Schulunterricht entstanden ist, spiegelt sich in der Entwicklung des Biologieunterrichts in Deutschland auch die Geschichte der Biologiedidaktik wider.

2 ◄

Der Didaktik wird häufig die Methodik gegenübergestellt. In diesem Begriffspaar wird die *Didaktik* auf die Fragen der Lernziele und Lerninhalte (das »Was?«, »Warum?« und »Wozu?« des Lernens und Unterrichtens) beschränkt und die *Methodik* (das »Wie« des Lernens und Unterrichtens) als selbstständiger Bereich angesehen. Dies geschieht besonders in der Tradition der bildungstheoretischen Didaktik, bei der die Bestimmung der Lerninhalte (Didaktik) der Wahl der Unterrichtsformen (Methodik) vorgeordnet war (Primat der Inhalte). Durch den Einfluss der lerntheoretischen Didaktik und der Curricu-lumtheorien wird die Wechselbeziehung zwischen Lerninhalten und Lernformen stärker hervorgehoben und die Methodik als integraler Bestandteil der Didaktik angesehen.

8

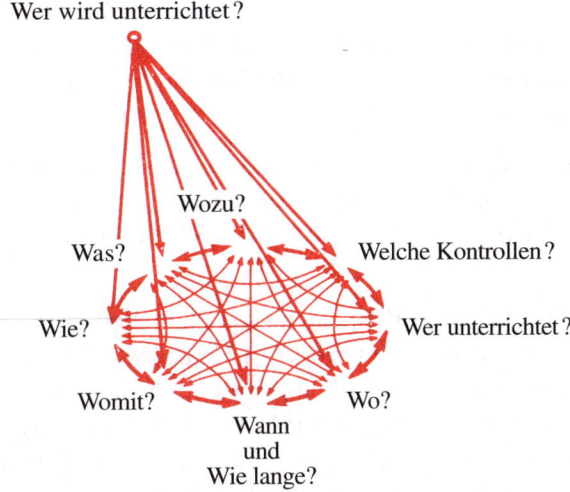

Bild 1-3: Beziehungsnetz der für den Unterricht wichtigen Fragengruppen (nach *Schaefer* 1971 a), »*didaktisches System* Δ«: WER wird unterrichtet? (Adressatenfragen) – WOZU soll unterrichtet werden? (Zielfragen) – WAS soll unterrichtet werden? (Stoff-Fragen) – WIE soll unterrichtet werden? (Methodenfragen) – WOMIT soll unterrichtet werden? (Medienfragen) – WANN und WIE LANGE soll unterrichtet werden? (Zeitfragen) – WO wird unterrichtet? (Milieufragen) – WER unterrichtet? (Personalfragen) – WELCHE KONTROLLEN werden durchgeführt? (Evaluationsfragen)

Didaktik enthält hier also auch die methodischen Überlegungen. Diese können dadurch stärkeren Einfluss auch auf Lerninhalte und Lernziele bekommen. In diesem Buch wird der Terminus »Didaktik« im umfassenden Sinn verwendet.

Dieses Buch ist im Wesentlichen der *allgemeinen Biologiedidaktik* gewidmet. Diese beschäftigt sich mit den Fragen, die den gesamten Biologieunterricht betreffen. Die *spezielle Biologiedidaktik* betrifft bestimmte Unterrichtsthemen wie Sinneswahrnehmung und Bewegung und auch fächerübergreifende Aufgaben wie Sexualerziehung. Konkrete Umsetzungen von didaktisch begründeten Unterrichtsvorschlägen finden sich in Zeitschriften und Handbüchern für den Biologieunterricht (*Eschenhagen/Kattmann/Rodi* 1989 ff.).

▶ 3.3

▶ 7 – 10

▶ 32

Für die Analyse und Beschreibung von Unterricht unterscheidet *Gerhard Schaefer* (1971 a) neun wichtige Fragen. Die durch die Fragen angesprochenen Bedingungen stehen im Unterricht in engen Wechselbeziehungen.

In biologiedidaktischer Sicht und mit Blick auf den Biologieunterricht ergibt sich durch die Inhaltsbezüge eine besondere Gewichtung: Es lassen sich

Aufgabenfelder der Biologiedidaktik

■ **Kontexte und Konzeptionen.** Biologie als Lerngegenstand, übergreifende Bildungsziele, Wissenschaftspropädeutik, Erfüllung fachübergreifender Aufgaben.

■ **Lernende und Lehrende.** Erhebung und Berücksichtigung von Lernvoraussetzungen, Interessen und Gedankenwelten (Vorstellungen) der Lernenden. Untersuchungen zu den Aufgaben und Qualifikationen der Lehrenden.

■ **Unterrichtsziele, Unterrichtsplanung und Evaluation.** Formulierung und Auswahl der auf Biologie bezogenen Unterrichtsziele und der zu erwerbenden Kompetenzen (Bildungswert der Biologie).
Entwicklung von Lehrplänen und Curricula für den Biologieunterricht. Planung und Strukturierung des Unterrichts. Formulierung und Bewertung von Aufgaben im Unterricht (Aufgabenkultur). Untersuchungen und Vorschläge zur Überprüfung des Unterrichtserfolgs bzw. der Lernleistungen.

■ **Unterrichtsmethoden und Arbeitsweisen.** Untersuchungen und Vorschläge zur Organisation des Biologieunterrichts. Leistungen und Auswahl der im Unterricht verwendeten Lehr- und Lernformen.

■ **Unterrichtsmedien.** Untersuchungen zur Rolle, zu den Leistungen und zum Einsatz von Anschauungs- und Lernmitteln im Biologieunterricht.

■ **Lernorte.** Untersuchungen zu Bedeutung und Gestaltung der Orte, an denen Biologie gelernt wird (u. a. Schule, Freiland, Bildungsinstitutionen).

sechs zentrale Aufgabenfelder formulieren, die gleichermaßen Forschung und Praxis der Wissenschaft des Lernens und Lehrens von Biologie umreißen. Die Aufgabenfelder bestimmen zugleich den Aufbau der »Fachdidaktik Biologie«.

2 Zur Geschichte des Biologieunterrichts in Deutschland

Die Geschichte des Biologieunterrichts gibt wichtige Hinweise zur gegenwärtigen Stellung des Biologieunterrichts im Bildungssystem und zu dessen Bildungswert.

Besonders die Rolle der Biologie und des Biologieunterrichts im Nationalsozialismus kann über mögliche Fehlentwicklungen und Chancen des Biologie-Lernens und -Lehrens aufklären.

Bei gegenwärtigen Reformbemühungen sind die geschichtlichen Wurzeln und Ausprägungen des Biologieunterrichts in Deutschland hilfreich, um Neues und Altes besser zu bewerten und gegeneinander abzuwägen.

Wichtige erschließende Begriffe: Betrachtungsweisen, Biologismus, Curriculumreform, Gemeinschaftsideologie, Lebenskunde, Realien, Reformpädagogik, Strukturierungsprinzipien, Wissenschaftsorientierung

Bearbeitet von *Ulrich Kattmann*

2.1 Anfänge und Übersicht

Als Begründer der europäischen Didaktik gilt der Pfarrer und Lehrer der böhmischen Brüderschule in Preróv und Fulnek, *Johann Amos Comenius* (1592 bis 1670). Seine »Magna Didactica«, die 1632 erschien, enthält den Entwurf einer umfassenden Schulreform, die *Comenius* als den wichtigsten Teil eines Planes zur Erneuerung der Welt ansieht. *Comenius* fordert eine öffentliche Schule, in der in der Muttersprache unterrichtet wird. Der Lehrplan soll neben dem System der antiken und mittelalterlichen Bildung, den sieben »Freien Künsten« (Grammatik, Rhetorik, Dialektik, Arithmetik, Geometrie, Musik, Astronomie), auch *Realien* umfassen. Die Lehrer sollen die »Kräfte der Pflanzen und Metalle, den Bau des menschlichen Körpers« kennen. Die besondere Bedeutung von *Comenius* für den naturwissenschaftlichen Unterricht liegt in der Einführung naturwissenschaftlicher Denk- und Arbeitsweisen in den Unterricht. Sein als Lateinbuch konzipierter »Orbis pictus« (*Comenius* 1658) war für lange Zeit das wichtigste naturkundliche Schulbuch. Das Wissen über die Natur soll nach *Comenius* nicht von Texten und Autoritäten stammen, sondern aus direkter Beobachtung.

Unter dem Einfluss von *Comenius* wurde 1662 der naturkundliche Unterricht in die Gothaer Schulordnung eingeführt. Ebenfalls im Sinne von *Comenius* gründete der pietistische Theologe *August Hermann Francke* um 1700 in

Lebenskunde	Unterrichtmethode	Wissenschaft
	COMENIUS 1632 Magna Didactica 1658 Orbis Pictus	
nützliches Wissen 1657 REYHER „Kurzer Unterricht von natürlichen Dingen"	SALZMANN (1744–1811) Unterricht in freier Natur	
„Bauernfreund" „Kinderfreund"	1776 VON ROCHOW Lesebuchtexte	
sinnige *Betrachtungsweise* 1854 ROSSMÄSSLER „Flora im Winterkleid" 1864 BREHM „Tierleben"	1832 LÜBEN „Naturkörper im Unterricht"	*beschreibend-* *morphologische* *Betrachtungsweise* „Leitfaden zu einem methodischen Unterricht" 1869 LEUNIS „Schul-Naturgeschichte"
	1885 JUNGE Untersuchungen von Lebensgemeinschaften	*ökologische* *Betrachtungsweise* „Der Dorfteich als Lebensgemeinschaft"
	1896 SCHMEIL Experimente im Unterricht	*funktionell-* *morphologische* *Betrachtungsweise* „Reformbestrebungen" Lehrbücher KRAEPELIN SMALIAN
nützliches Wissen 1921 SENNER „Heimische Scholle"	*Arbeitsschulbewegung* 1922 SCHMITT „Heraus aus der Schulstube" Exkursionen	*synthetische* *Betrachtungsweise* 1922 BROHMER „Naturgeschichtsplan in der Arbeitsschule"
	1921 GRUPE 1938 „Natur und Unterricht" tätiger Umgang mit der Natur	„Bauernnaturgeschichte"
1932 Vorschläge des Ver- bandes Deutscher Biologen	1933 STEINECKE „Methodik"	1936 BROHMER „Deutsche Lebensgemein- schaften"

Tabelle 2-1: Übersicht zur Geschichte des Biologieunterrichts in Deutschland

Halle mehrere Schulen, u. a. auch eine Lateinschule für Bürgersöhne, womit er die Bildungsprivilegien der adeligen Stände durchbrach. In einigen Schulen führte er seit 1721 auch einen regelmäßigen naturwissenschaftlichen Unterricht ein. Dieser stand zwar nicht im Lehrplan, diente aber zur »Erholung« von den Anstrengungen des Sprachunterrichts (»Recreationsübungen«). Im Sommer waren jeweils am Mittwoch- und Samstagnachmittag Exkursionen vorgesehen, um Botanik zu lehren. Im Winter sollten anatomische Übungen durchgeführt werden, z. B. das Sezieren von Hunden und das Ausstopfen von Vögeln. Als Ergänzung standen außerdem ein Botanischer Garten und eine Naturaliensammlung zur Verfügung. Nach ähnlichen Grundsätzen waren die Realschulen von *Christoph Semler* 1708 in Halle und von Johann *Julius Hecker* 1748 in Berlin gestaltet, die die »Realien« in den Lehrplan aufnahmen.

Die Entwicklung des Biologieunterrichts ist von *Irmtraut Scheele* (1981) bis 1933, von *Michael Freyer* (1995 a; b) vom Mittelalter bis ins 20. Jahrhundert am Beispiel bayerischer Lateinschulen und von *Joachim Knoll* (1995) an Schulen in Hannover eingehend untersucht und dargestellt worden.

Die Hauptzüge der Geschichte des Biologieunterrichts lassen sich anhand dreier durchgehender Stränge darstellen: Ein Strang betrifft vorwiegend die Bedeutung der Biologie für das alltägliche Leben (»Lebenskunde«). Der zweite Strang ist am jeweils vorherrschenden Verständnis der Wissenschaft »Biologie« ausgerichtet (»Wissenschaftsorientierung«). Beide Linien tragen in unterschiedlicher Weise zum dritten Strang, der methodischen Unterrichtsgestaltung, bei. Den Strängen lassen sich die »Betrachtungsweisen« zuordnen, die in einzelnen Phasen des Biologieunterrichts wirksam waren (vgl. *Mostler/Krumwiede/Meyer* 1979; *Killermann/Hiering/Starosta* 2005). ▶ Tab. 2-1

2.2 Biologieunterricht als »Lebenskunde«

Die Einführung von naturkundlichen Teilen in den Unterricht der Schulen erfolgte anfänglich weitgehend unter dem Gesichtspunkt des »nützlichen Wissens« mit der *utilitaristischen Betrachtungsweise*. Die Inhalte betrafen daher vor allem Nutzpflanzen und Nutztiere, Heilkräuter und die Landwirtschaft. Das erste deutsche Naturkunde-Schulbuch (Realienbuch von 1657) des Gothaer Rektors *Andreas Reyher* verrät diese Ausrichtung schon im Titel: »Kurzer Unterricht von natürlichen Dingen, von etlichen nützlichen Wissenschaften, von geistlichen und weltlichen Landsachen, von etlichen Hausregeln für gemeine teutsche Schulen im Fürstenthumb Gotha«.

Nützliches Wissen hatte besondere Bedeutung durch die Folgen der großen Kriege auf die Versorgung der Bevölkerungen: des Siebenjährigen Kriegs von Preußen (1749-1756), des 1. und 2. Weltkriegs (1914-1918 bzw.1939-1945). *Friedrich Eberhard von Rochow* richtete 1776 mit einem »Lesebuch für

Volksschulen« den gesamten Unterricht darauf aus, durch die Vermittlung von naturwissenschaftlichem Wissen die Verwüstungen des Siebenjährigen Krieges zu beseitigen, die gerade in ländlichen Gebieten sehr groß waren (Textbeispiel bei *Keckstein* 1980, 19). 1854 machten die »Preußischen Regularien« die praktische Bedeutung zur Norm für alle naturkundlichen Inhalte.

Die Betrachtungsweise des »nützlichen Wissens« wurde in der Notlage nach dem 1. Weltkrieg vor allem von *Anton Senner* wieder aufgenommen (»Unsere heimische Scholle. Eine experimentelle Naturkunde für Landschüler«, 1921) Es wird eine auf landwirtschaftlich-technischer Anwendung gegründete Naturkunde entworfen. Dadurch sollte der Biologieunterricht helfen, die landwirtschaftliche Produktion und somit die Versorgung der Bevölkerung zu verbessern. Unterrichtsthemen waren demgemäß vor allem Haustiere, Kulturpflanzen, Schädlinge und Unkräuter (vgl. *Grupe* 1977, 56).

Der einseitige Nützlichkeitsstandpunkt, der den lebenskundlichen Strang der Geschichte des Biologieunterrichts kennzeichnet, wurden im Biologieunterricht von 1933 bis 1945 noch übersteigert und im Sinne *nationalsozialistischer Gemeinschaftsideologie* ausgenutzt. Der Biologieunterricht sollte 2.5 ◄ als Instrument in der »Material- und Abwehrschlacht « des 2. Weltkriegs zur Steigerung der landwirtschaftlichen Produktion ebenso dienen wie die »Rassenkunde« und »Erblehre« zur Durchsetzung der menschenverachtenden nationalsozialistischen Rassen- und Bevölkerungspolitik.

Dem nützlichen Wissen kann auch eine weitere Betrachtungsweise zugeordnet werden, die zwischen den Kriegen vorherrschte und unter dem Einfluss dichterischer Naturbeschreibung des 19 Jahrhunderts vor allem die Gemütsbildung durch Naturerfahrung zum Ziele hat: die *sinnige Naturbetrachtung*. So strebte *Emil August Roßmäßler* an, »dass in dem Schüler ein für sein ganzes Leben nachhaltiges Bedürfnis und Verständnis für einen freudvollen Verkehr mit der Natur begründet werde« (»Der naturgeschichtliche Unterricht«, 1860, zitiert nach *Siedentop* 1972, 19; vgl. *Scheele* 1981, 87 ff.).

Die sinnige Naturbetrachtung hatte neben den romantisierend-emotionalen Absichten auch einen aufklärend-politischen Zug und nähert sich damit der Orientierung an der Wissenschaft. Neben anderen versuchte *Alfred E. Brehm* 2.3 ◄ (»Illustriertes Tierleben«, 1864) – z. T. aus sozialpolitischen Motiven heraus – die Biologie zu popularisieren und somit breiten Volksschichten zugänglich zu machen. Das Ziel aller Bemühungen war, mit eindrucksvollen Erzählungen ein die Gefühle und den Geist gleichermaßen ansprechendes und bildendes Naturerleben zu vermitteln. Dies ist ein Ziel, das sich heute modifiziert in 10.4 ◄ der Umweltbildung wieder findet (Pädagogik des Naturerlebens).

Die sinnige Naturbetrachtung wurde im Nationalsozialismus mit ihrer Betonung emotionaler Aspekte zur Gesinnungsbildung genutzt und antirational ausgedeutet (»ganzheitliche Naturbetrachtung«).

2.3 Biologieunterricht als Vermittlung von »Wissenschaft«

1735 erschien die erste Auflage des Werkes »Systema naturae« von *Carl von Linné*. In der 10. Auflage von 1758 wendete *Linné* zum erstenmal die bis heute gültige binäre Nomenklatur konsequent auf Pflanzen- und Tierarten an. Der Einfluss, den die taxonomisch-systematischen Arbeiten von *Linné* auf Wissenschaft und Unterricht ausübten, war sehr weitreichend. *Linné* selbst sorgte z. B. dafür, dass in Schweden der naturkundliche Unterricht bereits 1747 an den allgemeinbildenden Schulen eingeführt wurde. Während Linné sehr an praktischen Fragen der Biologie interessiert war und zum Beispiel Vorschläge zur Forstwirtschaft, Kultivierung von Mooren und Unkrautbekämpfung machte, wurde der Biologieunterricht in Deutschland zeitweise vollständig auf die *beschreibend-morphologische Betrachtungsweise* abgestellt, d. h. auf Artbeschreibungen, systematisch-taxonomische Vergleiche und Bestimmungsübungen.

Ab 1832 veröffentlichte *August E. Lüben* seinen »Leitfaden zu einem methodischen Unterricht in der Naturgeschichte«. Mit diesem Werk führte *Lüben* das *Linné*sche System nicht nur als Stoffanordnungsprinzip, sondern auch als wesentlichen Inhalt in den Schulunterricht ein. Die Beschäftigung mit dem *Linné*schen System sollte die formalen Fähigkeiten der Schüler, vor allem deren Beobachtungsfähigkeit und logisches Denken schulen (vgl. *Scheele* 1981, 50). Im Sommer wurden Pflanzen, im Winter Tiere nach einem starren Schema (Kopf-Schwanz- bzw. Wurzel-Blüte-Methode) genau beschrieben (Textbeispiel bei *Siedentop* 1972, 19). Die systematischen Kategorien wurden von *Lüben* nach dem Prinzip »Vom Besonderen zum Allgemeinen« behandelt, zuerst verwandte Arten, danach Gattungen, dann Familien, Ordnungen usw. In der Folgezeit bestimmte dieses Konzept mit nur leichten Abänderungen weitgehend den Biologieunterricht besonders an Realschulen und Gymnasien. Das zeigen zum Beispiel die sehr verbreiteten Schulbücher von *Johannes Leunis*. In dessen »Schul-Naturgeschichte« von 1869 wird das Bestimmen von Pflanzen und Tieren zum Selbstzweck (Textbeispiel bei *Sie-dentop* 1972, 19).

Während dieses fast stupide Vorgehen und lebensferne Inhalte den Unterricht bestimmten, versuchten *Emil August Roßmäßler* und andere zur selben Zeit in populärwissenschaftlichen Schriften, die Natur als geschichtlich gewordenes Gefüge und große Einheit eindrücklich darzustellen. Diese Naturauffassung war durch die Anschauung *Alexander von Humboldts* (1769-1859) beeinflusst, der im Aufdecken der Zusammenhänge die eigentliche Aufgabe der Naturwissenschaften sah. Für das wissenschaftliche Erforschen organismusübergreifender Systeme waren die Arbeiten des Kieler Zoologen *Karl August Möbius* bahnbrechend. In der Abhandlung über »Die Nester der geselligen Wespen« wurden 1856 erstmals die Gesetzmäßigkeiten einer Tiersozietät genau dargestellt. Mit der Arbeit über »Die Auster und die Austernwirt-

Friedrich Junge (1907)

Regeln zur ökologischen Betrachtungsweise im Unterricht

»Es ist ein klares gemütvolles Verständnis des einheitlichen Lebens in der Natur anzustreben.«

»Betrachte jedes Wesen als einen in sich vollkommenen Organismus.«

»Betrachte jedes Wesen ... nach seinen Wechselbeziehungen zu andern in derselben Gemeinschaft, in seiner Beziehung zum Ganzen, nach seiner Abhängigkeit von Wärme, Licht, Luft, Wasser ...«

»Betrachte die ganze Lebensgemeinschaft als Glied eines höhern Ganzen, speziell in ihrer Beziehung zum Menschen.«

schaft« führte *Möbius* 1877 den Begriff »Biozönose« (»Lebensgemeinde«, heute als Lebensgemeinschaft bezeichnet) in die Biologie ein und verknüpfte zugleich ökologische Erkenntnisse mit ökonomischen.

Ein Schüler von *Möbius*, der Lehrer *Friedrich Junge*, versuchte die neuen Gedanken im Schulunterricht anzuwenden. In seinem Buch »Der Dorfteich als Lebensgemeinschaft« (1885, 3. Aufl. 1907) beschrieb er seinen Unterricht, in dem die gesetzmäßigen Erscheinungen in Lebensgemeinschaften der vorherrschende Gegenstand sind. Mit dieser *ökologischen Betrachtungsweise* sollte sich der Unterricht an den »Gesetzen des organischen Lebens« orientieren (vgl. *Brucker* 1980, 49 f.; *Stipproweit/Ant* 1986; *Trommer* 1986): »Durch die Behandlung von Lebensgemeinschaften ist es ermöglicht, den Stoff im Einzelnen zu beschränken und sich doch zu vertiefen ... Ferner ermöglicht die Betrachtung der Lebensgemeinschaft mehr und mehr das Verständnis des Lebens auf der Erde als einer Gemeinschaft; ... 'die Natur in jedem Winkel der Erde ist ein Abglanz des Ganzen' sagt *Humboldt*« (*Junge* 1907, 34 f.).

Junge entwickelte eine *vielseitige biologische Artbeschreibung*, die über taxonomisch wichtige Bestimmungsmerkmale (*Leunis*) und systematisch-morphologische Bauplanmerkmale (*Lüben*) weit hinausgeht. Sie enthält anschauliche Angaben über den Lebensort, die Bewegung, Ernährung, Atmung, Sinnesleistungen, Fortpflanzung und Entwicklung. Außerdem wird selbstverständlich die Rolle der Art als Glied der Biozönose hervorgehoben. *Junges* Arbeiten sind in der neueren Curriculumreform aufgegriffen worden, wobei seine Prinzipien nicht nur eng ökologisch, sondern allgemeinbiologisch ausgelegt werden können. Es ist nahe liegend, dass seine Gedanken auch in der Umweltbildung nachwirken.

2.6 ◄
10 ◄

Junges Versuch, die Lebensgemeinschaft und ökologische Beziehungen der Organismen in den Mittelpunkt des Unterrichts zu stellen, war jedoch zunächst weitgehend erfolglos. Nur in der Volksschule, wo der Lehrplan wenig einschränkende Bestimmungen machte, wurde das Prinzip des Vorgehens nach Lebensgemeinschaften teilweise angewendet. Die meisten Lehrer waren für einen solchen Unterricht nicht hinreichend ausgebildet und die entsprechenden ökologischen Disziplinen auch noch kaum entwickelt. Zudem waren einige »Gesetzmäßigkeiten« *Junges* sehr abstrakt, nur wenig belegt oder sogar recht spekulativ.

So war es nicht verwunderlich, dass die Preußischen Richtlinien von 1892 für Realschulen, Realoberschulen und Gymnasien übergreifende Aspekte ökologischer oder allgemeinbiologischer Art nur in sehr geringem Ausmaß berücksichtigten. Sie forderten schwerpunktmäßig Kenntnisse in der zoologischen und botanischen Systematik. Diese Festlegungen des Lehrplans ließen für weitergehende Neuerungen nur wenig Spielraum.

In diesem Rahmen muss daher die Reform des Biologieunterrichts gesehen werden, die mit dem Wirken von *Otto Schmeil* verbunden ist. *Schmeil* bemühte sich darum, eine allgemeinbiologisch ausgerichtete, experimentell arbeitende Biologie an den Schulen durchzusetzen. Mit den Ideen von *Junge* setzte er sich gründlich auseinander und übernahm von diesem das Konzept der vielseitigen Artbeschreibung. Im gesamten Unterricht, besonders in dem von *Schmeil* vergrößerten Anteil der Menschenkunde, sollten Bau und Funktion der Lebewesen zur *funktionell-morphologischen Betrachtungsweise* verknüpft werden. Die Ausrichtung des Unterrichts auf den Gedanken der Lebensgemeinschaft lehnte *Schmeil* allerdings ab und behielt (wie der Lehrplan vorschrieb) das Vorgehen nach dem System der Lebewesen auf den unteren Klassenstufen bei. Grundlegend für *Schmeils* Reformkonzept war seine Kampfschrift »Über die Reformbestrebungen auf dem Gebiete des naturgeschichtlichen Unterrichts« (1896).

Schmeil verband mit seiner Reform auch eine nationalpolitische Absicht: »Das Volk wird an der Spitze der Völker marschieren, welches mit der höchsten sittlichen Tüchtigkeit die tiefste Kenntnis der Natur in ihren mannigfachen Erscheinungen verbindet«. Der Einfluss von *Schmeils* Konzept war sehr groß. Er erfasste fast alle Schulen und ist bis heute spürbar geblieben.

Ganz in *Schmeils* Sinne wirkten viele andere Lehrbuchautoren. Die vielseitige Artbeschreibung, wie sie *Junge* und *Schmeil* forderten, verführte allerdings viele Lehrkräfte dazu, die Lebewesen allein unter dem Gesichtspunkt der »Zweckmäßigkeit« und »Angepasstheit« zu betrachten. Beeinflusst war diese Sicht durch ein unzulängliches Verständnis der Selektionstheorie von *Charles Darwin*, vor allem aber durch nicht-evolutionäre, teleologische Vorstellungen (vgl. *Kattmann* 1995 a). Diese einseitige Betrachtung rief Kritik und Spott hervor, wie sie *Hermann Löns* in seinem »Zweckmäßigen Meyer« formulierte (Textbeispiel bei *Brucker* 1980, 51 ff.; *Meyer, G.* 1983).

17

Otto Schmeil (1896)

Grundsätze der funktionell-morphologischen Betrachtungsweise

»Die Reformbewegung richtet sich allein gegen die einseitige Herausarbeitung des Systems, nicht etwa auch gegen systematische Gruppierungen ... in Form von Rückblicken, Zusammenfassungen und dergleichen.«

»Bau und Lebensweise sollen in ursächlichen Zusammenhang gebracht werden. Es kommt nicht auf ein Aufzählen der ... Eigenschaften, sondern auf eine Einführung in das Verständnis an.«

»Für den Schüler gilt es, selbständig, elementar zu forschen; das Eindringen in den kausalen Zusammenhang der Erscheinungen setzt eine viel größere Aufmerksamkeit und ein weit genaueres Beobachten voraus, als der rein morphologische Unterricht.«

»Aufgabe [der Schule] kann nur sein, unwiderleglich feststehende Tatsachen zu lehren.«

»Nur durch fleißiges Beobachten, durch Selbstschauen und Selbstuntersuchen ist es möglich, den schlimmsten Feind alles geistbildenden Unterrichts aus der Schule zu verbannen: den Verbalismus.«

Die für die Geschichte der Biologie revolutionären Theorien *Darwins* selbst fanden zunächst keinen Eingang in den Biologieunterricht. *Schmeil* lehnte die Behandlung ab, da der Darwinimus »eine durchaus nicht einwandfreie Hypothese sei« (*Schmeil* 1896, 67). Auf der Oberstufe der Gymnasien führte der Versuch, darwinsche Theorien zu behandeln, zum Verbot: Der Blütenbiologe *Hermann Müller* hatte in einer Schule in Lippstadt versucht, *Darwins* Arbeiten im Unterricht zu behandeln. Dies führte 1879 zum Eklat. Eltern, kirchliche Stellen und Journalisten empörten sich. 1882 verbot der Preußische Kultusminister die Durchführung des Biologieunterrichts auf der Oberstufe der höheren Schulen. Die Vermittlung der Evolutionslehre wurde 1883 für den gesamten Schulunterricht verboten. Erst mit den Richtlinien von 1925 wurde Biologie als Pflichtfach im Oberstufenunterricht eingeführt und die Evolutionslehre in den Lehrplan aufgenommen.

3.4.4 ◄   Von der Evolutionslehre abgesehen, förderten die Ideen *Schmeils* die Orientierung des Biologieunterrichts an der Entwicklung der Wissenschaft. Er stieß damit eine Entwicklung an, in der versucht wurde, grundlegende biologische Erkenntnisse im Unterricht zu einem einheitlichen Bild zu vereinen. Noch bevor *Max Hartmann* im Jahre 1924 seine »Allgemeine Biologie« (4. Auflage 1953) veröffentlichte, entwarf *Paul Brohmer* für den Unterricht das Konzept einer »synthetischen Naturgeschichte« (»Der Naturgeschichtsplan in der Arbeitsschule«, 1922). *Brohmer* strebt an, alle bisherige Naturerkenntnis durch eine *synthetische Betrachtungsweise* möglichst lückenlos ineinanderzufügen. Bei diesem Ziel liegt es nahe, das Konzept der »Lebensgemeinschaft« wieder stärker zu betonen, wie es *Heinrich Grupe* (»Bauernnaturgeschichte für Landschulen«, 1938) und besonders *Cornel Schmitt* (»Biologie in Lebensgemeinschaften«, 1932 ff.) taten. Später wurde es dann von *Brohmer* (1936) unter dem Einfluss des Nationalsozialismus aufgegriffen und im Sinne der Gemeinschaftsideologie ausgedeutet (vgl. *Trommer* 1983 f.).

Die Preußischen Richtlinien von 1924/25 zeigten einige Neuerungen (vgl. *Scheele* 1981, 259 ff.). In den allgemeinen Bestimmungen wurden nun die Gesetzmäßigkeiten des Lebendigen betont. In den Stoffplan wurde die Evolutionslehre sowie erstmalig auch die 1900 wiederentdeckte mendelsche Genetik eingeführt. Am Prinzip der Stoffanordnung änderte sich allerdings wenig. Die Richtlinien waren weiterhin nach dem System der Lebewesen aufgebaut. In der 9. bzw. 10. Klassenstufe war Menschenkunde vorgesehen (teilweiser Abdruck der Richtlinien bei *Mostler/Krumwiede/Meyer* 1979, 7 f.).

Dieser Aufbau sollte sich in der Sekundarstufe I erst mit der neueren *Curriculumreform* ändern, in der die Wissenschaftsorientierung durch eines von drei Auswahlkriterien sicher verankert war und häufig zum leitenden Gesichtspunkt erhoben wurde. Vorwiegend durch amerikanische Curriculumarbeiten ist die Bedeutung der *»Struktur der Disziplin«* als Grundlage des Biologie-Lernens und Lehrens betont worden (vgl. *Bruner* 1970; *Schwab* 1972). ▶ 2.6.1 und 3.1

2.4 Die Entwicklung der Unterrichtsmethoden

Die Forderung von *Comenius* nach unmittelbarer Anschauung und nach Beobachtung von Naturobjekten im Unterricht wurde zunächst nur von wenigen befolgt (z. B. von *August Hermann Francke* in seinen Anstalten in Halle). Eine frühe Ausnahme war der evangelische Pfarrer *Christian Gotthilf Salzmann* (1744 bis 1811), der von den Erziehungsideen *Jean Jaques Rousseaus* beeindruckt war und forderte, den Unterricht in freier Natur durchzuführen, die Lebewesen zu beobachten und Naturaliensammlungen anzulegen.

Die Einführung des »Realienunterrichts« an den öffentlichen Schulen erfolgte unter anderen Bedingungen. Naturkundliche Themen wurden als »nützliches Wissen« im Gelegenheitsunterricht angesprochen, z. B. bei einer passenden Bibelstelle oder mit geeigneten *Lesebuchtexten*. Diese Methode hielt sich bis ins 19. Jahrhundert. Daneben scheute man sich nicht, *Lehrexperimente* durchzuführen, bei denen Tiere zu Tode kamen, um einfachste Zusammenhänge zu demonstrieren (vgl. *Knoll* 1994).

August E. Lüben, der mit seinen Anleitungen für den Unterricht seit 1832 den Lesebuchunterricht grundsätzlich ablehnte, führte den »Naturkörper« nachdrücklich als Anschauungsobjekt ein und begründete so eine eigenstän-

dige Methodik des naturgeschichtlichen Unterrichts. Neben dem bisher geübten bloßen Beschreiben legte er größten Wert auf das *Vergleichen*, das das
Interesse der Lernenden fördern und zu einem genauen Beobachten und

17.4 ◄ Unterscheiden anregen sollte. *Lübens* unterrichtsmethodische Prinzipien –
zuerst das *originale Naturobjekt*, vom Nahen zum Fernen, vom Leichten zum
Schweren – werden auch heute noch oft nachgesprochen, obgleich sie für einen methodisch vielseitigen und reflektierten Unterricht doch zu einfach und
schematisch erscheinen. Gegenüber dem Vorlesen aus Büchern war *Lübens*
Vorgehen dagegen ein wesentlicher Fortschritt. Sein Verfahren hat den Biologieunterricht des 19. Jahrhunderts weitgehend mitbestimmt.

Die mit dem Vorgehen bei *Lüben* verbundene rein morphologisch-beschrei-
bende Betrachtungsweise und der von *Johannes Leunis* als Bestimmungsübung
gestaltete Unterricht aber führten zu einer Gegenbewegung. Diese fand in der
»sinnigen Betrachtungsweise« der Natur ihren Ausdruck. Man legte Wert auf
erlebnishafte und *gemütvolle Naturerzählungen*. Daher wurde der Unterricht
wieder mit vorgegebenen und bestenfalls nachempfundenen Texten bestritten.
In dieser Situation forderte vor allem *Otto Schmeil* seit 1895 einen auf Beobachtungen, Untersuchungen und Experimente ausgerichteten Biologieunter-

2.3 ◄ richt und setzte diesen zum großen Teil gegen den »Verbalismus« durch.

Die im ersten Drittel des 20. Jahrhunderts in Europa vorherrschende sogenannte *Reformpädagogische Bewegung* hatte zum Ziel, die Schule durch eine Pädagogik vom Kinde aus grundlegend umzugestalten. An der »alten«
Schule wurden deren Lebensfremdheit, einseitiger Intellektualismus, autori-
tärer Stil und Methodenschematismus (*Herbart*sche Formalstufen) kritisiert.
Den naturwissenschaftlichen Unterricht erreichten solche Ideen vor allem
durch die »Arbeitsschulbewegung«. Man wollte den spontanen Drang des
Kindes nach selbständiger und vor allem manueller Betätigung anregen und
fördern. Die Arbeit selbst ist nicht nur Mittel zur Bildung, sondern auch bil-
dend mittels der durch sie gemachten Erfahrungen und der Selbstprüfung des
eigenen Tuns anhand des hergestellten Produkts. Innerhalb der Arbeitsschulbewegung lassen sich drei Richtungen unterscheiden:

■ Elementare handwerkliche und andere berufliche Arbeit soll mit herkömmlichen Unterrichtsinhalten verknüpft werden (*Georg Kerschensteiner*: »Begriff der Arbeitsschule«, 1912).
■ Der traditionelle Lehrstoff soll zwar weitgehend beibehalten werden, aber
  der Prozess des Lernens wird als »freie geistige Tätigkeit« verstanden. An
  die Stelle der Stoffvermittlung soll das selbstständige Lösen von z. T. selbst
  gestellten Aufgaben treten (*Hermann Gaudig*: »Freie geistige Schularbeit
  in Theorie und Praxis«, 1928).
■ Der Unterricht soll an den Problemen industrieller Arbeit und Produktion
  orientiert werden (»Polytechnischer Unterricht«, *Pawel P. Blonskij*).

Den Biologieunterricht in Deutschland hat die erste Richtung maßgeblich beeinflusst. Die Leitidee der Arbeitsschulbewegung im Biologieunterricht heißt: tätiger Umgang mit der Natur. Deshalb wurde gefordert, Pflanzen und Tiere der Heimat in den Mittelpunkt des Unterrichts zu stellen, damit die Schüler mit der heimatlichen Natur vertraut werden und diese erleben können. In vielem stimmen die Leitideen der Arbeitsschule mit denen des »Projektunterrichts« überein. Im Sinne dieses Arbeitsunterrichts ist es nur konsequent, wenn *Cornel Schmitt* 1922 mit seinem Buch »Heraus aus der Schulstube« den Biologieunterricht möglichst ganz aus den Schulräumen hinaus verlegen möchte. Schmitt entwickelte eine Methodik der Exkursionen, auf denen die Schüler gezielt biologische Erkenntnisse erarbeiten sollten (Beispiele bei *Brucker* 1980, 38 f.).

▶ 16.2

Für die praktische Arbeit wurden von *Paul Brohmer* und *Heinrich Grupe* Bestimmungsbücher verfasst, in denen die Schlüssel nach einfachen Merkmalen bzw. Lebensräumen die komplizierten Bestimmungsverfahren ersetzten.

Die Bemühungen um eine methodisch vielseitige Gestaltung des Unterrichts sind von *Fritz Steinecke* (1933, 2. Aufl. 1951 a) erstmals zu einer »Methodik des Biologieunterrichts« zusammengefasst worden. Diese Grundsätze sind heute – durch vielfältige neue Unterrichtsmittel ergänzt – allgemein Teil der Biologiedidaktik geworden.

▶ 16 bis 27

2.5 Die Rolle des Biologieunterrichts im Nationalsozialismus

2.5.1 Biologische Begründungen

Seit der Regierungsübernahme im Jahre 1933 war es ein Ziel der nationalsozialistischen Politiker, den Biologieunterricht in den Dienst ihrer weltanschaulichen Ideen und politischen Absichten zu stellen (vgl. *Kanz* 1990, 83).

Diese Zielsetzungen bedeuteten für den Biologieunterricht einen erheblichen Gewinn an Prestige, der sich (allerdings erst 1938/39) mit einem auf allen Klassenstufen der weiterführenden Schulen durchgehend zweistündigen Anteil an den Stundentafeln auswirkte (vgl. *Kanz* 1990, 219 ff.). Die Ausrichtung auf das im Sinne nationalsozialistischer Vorstellungen *nützliche Wissen* drückte sich auch im Namen des Faches aus, das in der Volksschule jetzt offiziell »Lebenskunde« hieß. Es sind hauptsächlich fünf Bereiche, in denen die Nationalsozialisten hofften, Teile ihrer Weltanschauung und ihrer politischen Ziele mit Hilfe des Biologieunterrichts durchsetzen zu können: Erblehre, Rassenkunde, Ökologie, Ethologie und Gemütsbildung.

▶ 2.2

▶ Tab. 2-2

■ Die nationalsozialistische Ideologie entstand 1933 nicht aus dem Nichts und verschwand nach 1945 auch nicht spurlos.

Als Begründer der »Eugenik« (Lehre von der »Erbgesundheit«) gilt *Francis Galton* (1822 bis 1911). 1895 veröffentlichte *Adolf Ploetz* »Grundlinien einer

Preußischer
Kultusminister
(13. September 1933)

Erlass zur Vererbungs- und Rassenkunde

»1. In den Abschlussklassen sämtlicher Schulen … ist unverzüglich die Erarbeitung dieser Stoffe in Angriff zu nehmen, und zwar Vererbungslehre, Rassenkunde, Rassenhygiene, Familienkunde und Bevölkerungspolitik. Die Grundlage wird dabei im wesentlichen die Biologie geben müssen, der eine ausreichende Stundenanzahl – 2 bis 3 Wochenstunden, nötigenfalls auf Kosten der Mathematik und der Fremdsprachen – sofort einzuräumen ist. Da jedoch biologisches Denken in allen Fächern Unterrichtsgrundsatz werden muss, so sind auch die übrigen Fächer, besonders Deutsch, Geschichte, Erdkunde, in den Dienst dieser Aufgabe zu stellen. Hierbei haben sie mit der Biologie zusammenzuarbeiten.

2. In sämtlichen Abschlussprüfungen sind diese Stoffe für jeden Schüler pflichtgemäßes Prüfungsgebiet, von dem niemand befreit werden darf«.

Rassenhygiene«. Das deutsche Wort »*Rassenhygiene*« ist gleichbedeutend mit dem Wort »Eugenik«. Es enthält den Terminus »Rasse« im Sinne von »Volk«. Wörtlich übersetzt bedeutet es also »Volksgesundheit« und hatte mit der Einteilung in »Rassetypen«, also der eigentlichen Rassenkunde, anfänglich nichts zu tun. Mit der Anschauung von der Überlegenheit der nordischen Rasse wurde jedoch die Rassenhygiene mit der Rassenkunde kombiniert. Bereits 1923 erschien als Standardwerk das Lehrbuch von *Ernst Baur*, *Eugen Fischer* und *Fritz Lenz* »Menschliche Erblehre und Rassenhygiene« (5. und letzte Auflage 1940), das später als wissenschaftliche Grundlage der nationalsozialistischen Ideologie diente.

■ Aus sachlichen Gründen sollte Eugenik heute als pseudowissenschaftliches

2.5.3 ◄ Konzept behandelt werden.

Als ein Kernstück nationalsozialistischer Weltanschauung sollte die »*Rassenkunde*« und »*Rassenlehre*« den Unterricht bestimmen. Letztere hat ihre Wurzeln in den Rassentheorien des 18. und 19. Jahrhunderts. Die Anschauung von der Überlegenheit bestimmter »Menschenrassen« über andere (*Christoph Meiners*, 1747 bis 1810) wurde von *J. A. Comte de Gobineau* (1816 bis 1882) zu einer Geschichtsphilosophie ausgebaut, nach der das historische Schicksal eines Volkes von dessen harmonischer Rassenzusammensetzung abhängt. Rassenmischung führt danach zum geschichtlichen Niedergang von Völkern und Staaten. Diese Rassenvorstellungen sind seit dem Ende des 17. Jahrhunderts in der europäischen Geistesgeschichte sehr verbreitet. *Meiners*, *Gobineau* und später noch *Houston Stewart Chamberlain* (1855 bis 1927) sind nur herausragende Vertreter dieser allgemeinen europäischen Idee. Von den Nationalsozialisten wird die Überlegenheit der sogenannten »arischen

Wissenschaftlicher Bezug	Nationalsozialistische Ideologie
Menschliche Erblehre (Humangenetik)	»Rassenhygiene« (= Eugenik), genetisch »bewusste« Partnerwahl, Zwangssterilisation und Ermordung »Minderwertiger«
Anthropologie »Rassenkunde«	Überlegenheit der »nordischen«, »arischen« »Rasse« Absonderung von »fremden Rassen«, Umsiedelung und Versklavung von Bevölkerungen, Zwangsumsiedelungen, Ermordung von »Juden« und »Zigeunern«
Ökologie	Volksgemeinschaft »Blut und Boden«, »ganzheitliche Auffassung«, Krieg um »Lebensraum«
Ethologie	Abwehr und Ausmerzen »asozialer« Personen mit abweichenden »artfremden« Verhalten
Einfühlende Naturbeschreibung	Einfügen in »Lebensgesetze«, Folgen der »Stimme des Blutes«

Tabelle 2-2: Bezüge der nationalsozialistischen Ideologie zur Biologie

Rasse« postuliert; sie meinen, dass besonders Juden und Zigeuner minderwertig seien *(Überlegenheitsrassismus)* und das deutsche Volk in seiner »Rassereinheit« durch Vermischung bedroht sei *(Reinhalterassismus)*. Die Rassenlehre wird von den Nationalsozialisten mit der von *Rassenkunde* beherrschten biologischen Anthropologie verbunden. Sowohl im Unterricht als auch in einigen rassenkundlichen Schriften wurden »Rassen« mit Arten praktisch gleichgesetzt. Obgleich die Bezeichnung von »Ariern« und »Juden« als Rassen schon damals keineswegs mit biologischen Erkenntnissen übereinstimmte, werden sie auch von Rassenkundlern als solche behandelt.

■ Das Konzept der »Menschenrassen« ist heute aus fachlichen Gründen überholt.

▶ 2.5.2
▶ 2.5.3

In der nationalsozialistischen Weltanschauung bildet die »Volksgemeinschaft« eine durch »Blut« (Verwandtschaft) und »Boden« (Lebensraum) verbundene organismusähnliche Einheit (vgl. *Scherf* 1989). Ziel der Erziehung soll daher die organische Eingliederung des einzelnen in die *Lebensgemeinschaft* sein. Das Individuum soll zurücktreten gegenüber dem übergreifenden Ganzen: Volk und Rasse. Dabei erhält die propagierte »ganzheitliche Auffassung« den Zweck, dass sich der einzelne dem übergeordneten Ganzen zu unterwerfen habe. In diesem Sinne verfasste *Paul Brohmer* (1936) sein Werk »Die deutschen Lebensgemeinschaften«. Er schrieb im Vorwort: »Wollen wir im nationalsozialistischen Geiste erziehen, so müssen wir uns frei machen von der Einzelschau, die dem liberalistischen Geiste entsprach; vielmehr müssen wir die Kinder zu einer Gesamtschau führen. Das gilt natürlich auch für die Betrachtung jedes Einzelwesens, muss jedoch wegen der Notwendigkeit der völkischen Erziehung ebenso für die Behandlung von Lebensgemeinschaften angestrebt werden.«

Mit dem Konzept des *arteigenen Verhaltens* steuerte auch die gerade erst entstehende Ethologie ihren Teil zur nationalsozialistischen Gemeinschafts- und Ganzheitsideologie bei. *Konrad Lorenz* (1940 a) empfahl, gegenüber »asozial gewordenen Mitgliedern« des Volkes auf angeborene Art und Weise zu reagieren: »Der einzige Faktor, der eine den in Rede stehenden Verfallser-scheinungen entgegenwirkende Auslese verursacht, liegt im Vorhandensein bestimmter angeborener Schemata, die bei vollwertigen Menschen nur auf be-stimmte, den Solltypus der Art kennzeichnende Merkmale ansprechen, bei de-ren Fehlen aber eine gefühlsmäßige Abstoßung bewirken. ... Die wirksamste rassenpflegerische Maßnahme ist daher wenigstens vorläufig sicher die mög-lichste Unterstützung der natürlichen Abwehrkräfte, wir müssen – und dür-fen – uns hier auf die Gefühle unserer Besten verlassen und ihnen die Gedei-hen und Verderben unseres Volkes bestimmende Auslese anvertrauen. Versagt diese Auslese, misslingt die Ausmerzung der mit Ausfällen behafteten Ele-mente, so durchdringen diese den Volkskörper in biologisch ganz analoger Weise und aus ebenso analogen Ursachen, wie die Zellen einer bösartigen Ge-schwulst den gesunden Körper durchdringen und mit ihm schließlich auch sich selbst zugrunde richten.« Diese Weltanschauung propagierte *Lorenz* (1940 b) auch für den Biologieunterricht (vgl. *Deichmann* 1992).

Die nationalsozialistische Weltanschauung ist geprägt von der Abwehr ra-tional geleiteter Erkenntnis, die als »rationalistisch« und »liberalistisch« be-zeichnet wird. Wichtiger als verstandesmäßige Einsicht sind die *gefühlsmä-ßige Einstimmung* (»Stimme des Blutes«), die ergreifende Erfahrung der Ge-meinschaft und das Einfügen in den von ehernen Lebensgesetzen bestimm-ten Naturablauf.

Die Bezugspunkte zur Biologie wurden von den Nationalsozialisten ge-sucht. Sie ergeben sich nicht zwingend aus der Wissenschaft selber. Grenz-überschreitungen und unbegründete Ausweitung des Geltungsbereichs biolo-gischer Aussagen werden als *Biologismus* bezeichnet. Die nationalsozialisti-sche Ideologie enthält biologistische Aussagen in extremer Form:

■ Rassenhygiene und Rassenkunde der nationalsozialistischen Ideologie liegt eine einseitige *Betonung des Genetischen* zugrunde,
■ der Gemeinschaftsideologie eine Überbewertung der Funktion von Syste-men, die das Individuum übergreifen. Population, Lebensgemeinschaft, Rasse, Volk und Natur gelten als Schicksal bestimmende *Ganzheiten*.

■ Die gesamte Weltanschauung durchzieht ein statisches und *ungeschichtliches Naturbild*, in dem jede Veränderung als Bedrohung des gegebenen Zustandes gesehen wird.

■ Die nationalsozialistische Ideologie ist keine evolutionär begründete Weltanschauung, sondern ein typologischer (essentialistischer) Selektionismus: Sofern eingegriffen werden soll (Auslese), wird angestrebt, den ursprünglichen »natürlichen« Zustand wieder herzustellen, sollen »Rasse«, »Volksgemeinschaft« und »Lebensraum« gegen den drohenden Verfall geschützt werden.

2.5.2 Die Mitwirkung von Biologen und Biologielehrern

Die Frage, wie wirksam diese Vorstellungen im Biologieunterricht von 1933 bis 1945 waren, lässt sich von den Voraussetzungen her beantworten, auf die sie bei Biologielehrkräften trafen. Wie sehr die Nationalsozialisten an verbreitete Überzeugungen anknüpfen konnten, zeigt die Tatsache, dass das Thema »Eugenik« bereits 1928 bzw. 1932 in die Lehrpläne für die höheren Schulen Hamburgs bzw. Sachsens eingeführt wurde (vgl. *Scheele* 1981, 272). Einen Einblick vermitteln hierzu auch die Vorschläge des 1931 gegründeten Deutschen Biologen-Verbandes zur Lehrplangestaltung, die 1932 veröffentlicht wurden (zitiert bei *Ewers* 1974, 58 f.). Diese Vorschläge enthielten die Forderung, den Biologieunterricht lebendig zu gestalten und nach modernen Erkenntnissen der Biologie zu reformieren. Lebende Organismen sollten neben der Menschenkunde im Vordergrund stehen. Bemerkenswert ist, dass bereits nachdrücklich die sexuelle Aufklärung von Mädchen und Jungen gefordert wird. In Hinblick auf die Entwicklung nach 1933 interessieren vor allem die inhaltlichen Zielsetzungen:

■ Das deutsche Volk wird als rassebiologisch gefährdet angesehen, deshalb wird Unterricht in Eugenik gefordert.

■ Die Volksgemeinschaft wird biologisch begründet.

■ Die weltanschauliche Bedeutung der Biologie wird mit der ästhetischen verknüpft.

■ Zusammenfassend wird lediglich die nützliche Funktion des Biologieunterrichts begründet (praktische, sittliche und staatsbürgerliche Bedeutung), die aufklärende und wissenschaftlich kritische Aufgabe aber bleibt schon 1932 unerwähnt.

Die sich als Nothelfer anbietende »Biologie« konnte all zu leicht durch die nationalsozialistische Form der »Lebenskunde« genutzt werden (vgl. *Kattmann* 1979; 1988 c; *Ant/Stipproweit* 1986; *Bäumer-Schleinkofer* 1992; *Knoll* 1995, 156-168). Die Richtlinien von 1938/39 enthielten alle zur Durchführung eines nationalsozialistisch bestimmten Unterrichts nötigen Angaben. Ab 1937 erschienen entsprechend bearbeitete Schulbücher, in denen die neuen Unterrichtsinhalte didaktisch umgesetzt wurden (Zitate und Bilder bei *Kattmann/ Seidler* 1989). Trotz eindeutiger Aufgabenstellung im Sinne nationalsozialistischer Ideologie sind die Richtlinien und Schulbücher nicht ausschließlich unter dem Aspekt des politischen Missbrauchs zu beurteilen. Sie enthalten vielmehr Inhalte der Allgemeinen Biologie in großem Umfang und stellen hier z. T. hohe Ansprüche an Lehrende und Lernende. Das Urteil, dass die umfangreichen didaktisch gut aufbereiteten sachlichen Beiträge ein Gegengewicht gegen die Ideologie darstellen (*Klausing* 1968, 121; vgl. die Beurteilung der Schulbücher *Bäumer-Schleinkofer* 1992) ist jedoch zu bezweifeln. Der Umfang des geforderten »rassenkundlichen Lehrstoffs« war beträchtlich. In Menschenkunde-Band der Neubearbeitung des verbreiteten Lehrbuchs von *Kraepelin/Schaeffer/Franke* (»Das Leben«, 1942 bearbeitet von *Erich Thieme*) finden sich u. a. die folgenden Abschnitte: »Das deutsche Volk und seine Rassen«, »Die Rassenkreise der Erde und ihre Lebensräume«, »Rassenmischung und die Rassenschutzgesetze«, »Die Minderwertigkeit und ihre Bekämpfung«, »Die Geburtenfrage, eine Schicksalsfrage«. Die traditionellen Teile der Menschenkunde (Bau und Funktion des Körpers) stehen unter der Hauptüberschrift: »Die Leistungsfähigkeit des Einzelmenschen als Grundlage völkischen Lebens«. Am konsequentesten hat der Biologielehrer *Jacob Graf* die von ihm verfassten Biologie-Schulbücher im Sinne seiner nationalsozialistischen Anschauungen gestaltet und entsprechende »Lebensgesetze« formuliert, in den die Ausdeutungen der Rassenkunde, Genetik, Ökologie (»Lebensgemeinschaft«) und auch Ethologie (»Entartung«) sehr markant hervortreten (*Graf* Biologie für Oberschule und Gymnasien, 4. Band, Oberstufe, 1942, 393 f.)

Die in den Büchern enthaltenen sachlichen Kapitel zur allgemeinen Biologie können kaum korrigierend gewirkt haben (gegen *Klausing* 1968, 121). Ein grundsätzlicher Widerstand von Biologielehrern gegen die Rassenkunde kann nicht angenommen werden (vgl. *Zmarzlik* 1966). Es ist auch zu bezweifeln, dass eine bessere, rein fachliche Ausbildung den politischen Missbrauch stärker hätte verhindern können (so *Klausing* 1968, 121). Die Geschichte zeigt vielmehr, dass auch wissenschaftlich arbeitende Biologen nicht gegen die Verführung durch eine in der Konsequenz verbrecherische Ideologie gefeit waren. Einige Biologen begrüßten die nationalsozialistische Politik gar als »Angewandte Biologie«: »Der Führer Adolf Hitler setzt zum ersten Male in der Weltgeschichte die Erkenntnisse über die biologischen Grundlagen der Völker – Rasse, Erbe, Auslese – in die Tat um. Es ist kein Zufall, dass Deutschland der Ort dieses Geschehens ist: Die deutsche Wissenschaft legt den Politikern das Werkzeug in die Hand« so die Professoren *Otto Aichel* und *Ottmar von Verschuer*, 1934, in der Festschrift für den Humangenetiker und Anthropologen *Eugen Fischer*.

Augenscheinlich haben diejenigen Wissenschaftler und manche Biologielehrer, die sich von den Nationalsozialisten vereinnahmen ließen, dies nicht mit schlechtem Gewissen getan, sondern in gutem Glauben oder gar aus wissenschaftlicher Überzeugung (vgl. *Seidler/Rett* 1982; 1988; *Chroust* 1984; *Müller-Hill* 1984; *Becker* 1988; *Kattmann/Seidler* 1989; *Bäumer* 1990; *Deichmann* 1992; *Preuschoft/Kattmann* 1992; *Weingart/Kroll/Bayertz* 1992; *Vogel* 1992; *Lösch* 1997; *Kaupen-Haas/Saller* 1999; *Lüddecke* 2000; *Kattmann* 2003 b). Sie haben sich vor 1933 zwar zurückhaltender geäußert, aber dennoch schon im selben Sinne wie später. Sie wurden nicht nur missbraucht, sondern sie waren auch zu gebrauchen. Und viele haben aus eigenem Antrieb aktiv mitgewirkt. Sie wurden daher nicht von »außen« durch eine politische Ideologie verführt, sondern konnten dieser von »innen« her aus eigener Überzeugung entgegenkommen. Einem solchen Gebrauch von Wissenschaft durch eine Ideologie sollte künftig im Lernen und Lehren von Biologie durch Aufklärung und kritische Reflexion begegnet werden. ▶ 2.5.3

2.5.3 Folgerungen aus der Geschichte

Nach dem Kriege begann 1945 der Biologieunterricht in der Bundesrepublik Deutschland dort, wo er etwa um 1900 nach der Reform von *Otto Schmeil* gestanden hatte. Folgerungen wurden nicht oder nur vordergründig gezogen. Die Beziehungen des Biologieunterrichts zum Nationalsozialismus wurden einseitig als politisch aufgenötigter Missbrauch gewertet. Die Biologen wurden in einer Opferrolle gesehen, ohne dass ihre Mitwirkung, z. B. durch Erstellen von Rassengutachten, bedacht wurde. Biologische Konzepte (»Rasse«, »Erbgesundheit«, »Lebensgemeinschaft«) spielten dabei eine wesentliche Rolle. Diese Kontinuität betraf genauso die Hochschulen, an denen die Professoren der Rassekunde und Erblehre weiter wirkten oder an die sie nach kurzer Zeit zurückkehrten. So blieben einige Probleme ungelöst, was bis heute nachwirkt.

Die *Rassenanthropologie* wurde nach 1945 tabuisiert, aber nicht korrigiert. So konnten Irrtümer und irrige Vorstellungen weiterleben. Noch immer befinden sich in Lehr- und Schulbüchern sowie Lexika überholte Darstellungen zur Existenz und Bedeutung von »Menschenrassen«. Dabei ist das Rassenkonzept beim Menschen besonders durch molekularbiologische Erkenntnisse völlig überholt (UNESCO 1996 b; vgl. *Kattmann* 1995 c; 2002; *Cavalli-Sforza* 1999). Für den Biologieunterricht ergibt sich die Aufgabe, biologische Informationen zur Anthropologie und Humangenetik besonders sorgfältig zu vermitteln und dabei in der Vergangenheit vernachlässigte populationsgenetische und auch kulturgeschichtliche Überlegungen einzubeziehen (vgl. *Diamond* 1998).

Das Konzept der *Eugenik* wurde nach 1945 nicht tabuisiert, sondern im Gegenteil mit neuer Begründung (Gefahr durch Mutationen) fortgeführt. Heute ist aufgrund humangenetischer Kenntnisse unmissverständlich klarzustel len, dass Eugenik ein pseudowissenschaftliches und ungeschichtliches Konzept ist, das nicht nur unmenschlich, sondern auch unrealistisch und biologisch gegenstandslos ist (vgl. *Kattmann* 1991 c; 2000 a).

Mit den Forschritten und Bedeutungen der *Ökologie* wurden Themen zu Lebensgemeinschaften breit in den Unterricht aufgenommen, ohne dass dabei der Gebrauch der Vorstellungen von Lebensraum und Lebensgemeinschaft im Sinne nationalsozialistischer Gemeinschaftsideologie bedacht wurde. Ein solches Vorgehen ergibt aber ein völlig unangemessenes Bild von der Rolle der Individuen. Aufgabe des Biologieunterrichts wäre es demnach, die besonderen Beziehungen in den einzelnen Biosystemen höherer Ordnung zu beschreiben und insbesondere die Rolle der Organismen als selbständige Individuen in den übergreifenden Systemen herauszustellen. Es gibt biologisch keinen Grund, das spannungsvolle dialektische Verhältnis zwischen Individuum und übergreifenden Systemen zugunsten einer Seite aufzulösen.

In diesem Zusammenhang ist zu klären, welche Bedeutung eine sogenannte *ganzheitliche Betrachtung* in der Biologie hat. Diese Bezeichnung wurde nach 1945 zunächst auf eine umfassende Beschreibung des Einzelorganismus beschränkt (vgl. *Kuhn* 1967; 1975 a). In der nationalsozialistisch gedeuteten Biologie sind »Rasse«, »Volk« und »Lebensgemeinschaften« das Individuum bestimmende »Ganzheiten«, die als die übergreifenden Ordnungen aufrechterhalten bleiben müssen. Heute können in systemtheoretischer Beschreibung derartige Vorstellungen in neuem Gewande wieder auftreten, wenn die mit der Evolution verbundenen Eigenschaften aller Biosysteme, nämlich die Veränderlichkeit und die Geschichtlichkeit, nicht beachtet werden.

Auch die Rolle der Ethologie mit ihrer Leitfigur *Konrad Lorenz* und dessen Konzept des *artgemäßen Verhaltens* wurde nicht reflektiert, sondern die Verhaltenslehre zunächst als neues interessantes Thema in den Lehrplan aufgenommen, wobei biologistische Deutungen menschlichen Verhaltens oft nicht 9 ◄ vermieden wurden (u. a. nicht beim Thema Aggression). Inzwischen sind die ethologischen Konzepte der »Arterhaltung« und des »artgemäßen Verhaltens« durch die soziobiologische Kritik obsolet geworden. Abweichendes Verhalten wird dadurch ebenfalls einer neuen Bewertung unterzogen (vgl. *Vogel* 1983; *Kattmann* 1983 a; 1985).

In der nationalsozialistischen Ideologie wurde die *Evolutionstheorie* mit den Stichwörtern »Selektion« oder »Ausmerze« und »Daseinskampf« als Rechtfertigung von Krieg, Rassenvernichtung und Mord an behinderten Menschen verbrecherisch missbraucht. In Wahrheit wurde Evolution damit ungeschichtlich und typologisch zum Prinzip der »Rassenerhaltung« umgedeutet. Nach 1945 wurde die Evolutionstheorie zunächst nur als Thema in den Abschlussklassen des Gymnasiums vorgesehen. Dieser Umstand verhinderte, dass sie als die wesentliche Grundlage biologischer Erkenntnis auch auf unteren Klassenstufen vermittelt wurde. Die Randstellung, die der Evolution damit zugewiesen wurde, war jedoch nur teilweise eine Reaktion auf den nationalsozialistischen Missbrauch:

- Vor 1933 hatte die Evolutionstheorie keine große Rolle im Biologieunterricht gespielt, da sie z. B. von *Otto Schmeil* als spekulativ abgelehnt wurde.
- In der DDR wurde die Evolution des Menschen ideologisch einseitig gedeutet, indem z. B. dogmatisch gelehrt wurde, die Menschwerdung sei im Sinne von *Friedrich Engels* als Produkt von Eiweißnahrung und Arbeitsteilung zu verstehen.
- Von den Anhängern kreationistischer Vorstellungen wurde und wird die Evolutionstheorie aufgrund buchstäblicher Auslegung der Schöpfungsberichte der Bibel abgelehnt.
- Viele Lehrende hatten aufgrund der genannten Umstände historisch bedingte Wissens- und Verständnislücken.

Bis heute gibt es einen völlig unangemessenen Umgang mit der zentralen biologischen Theorie der Biologie. Die Einsicht, dass die Evolutionstheorie der gesamten Biologie zugrunde liegt, wird jedoch zunehmend erkannt und sollte daher im Lernen und Lehren von Biologie konsequent beachtet werden (vgl. *Kattmann* 1995 a; *Harms* u. a. 2004; KMK 2004 a; MNU 2006). ▶ 3.4.4

Biologieunterricht diente in einigen Phasen seiner Geschichte vor allem der *Gemütsbildung* und einem einfühlsamen Erleben der Natur (sinnige Naturbetrachtung) und wurde im Nationalsozialismus im Sinne antirationaler Einstellungen und Erziehung zur Volksgemeinschaft missbraucht. An diesen Traditionsstrang knüpfte nach 1945 vor allem der Unterricht an der Hauptschule an, indem er teilweise auf die Ziele *religiöser Erziehung* ausgerichtet wurde. Er sollte anleiten »zur Ehrfurcht vor Gott und seinem Werk« (Richtlinien und Stoffpläne für die Volksschule in Nordrhein-Westfalen, 3. Auflage 1963, 32; vgl. *Hörmann* 1965; *Kuhn* 1975 a, 20; zur Kritik: *Werner* 1973, 47-52). Obgleich dieser Versuch der Anbindung des Biologieunterrichts an die Religion von den Autoren als Abwehr von Ideologien gedacht war, steht er doch in der Linie jener überwiegend gefühlsmäßigen und irrationalen Erfassung der Natur. Ein Biologieunterricht, der sich auf rationale Erkenntnisgewinnung der Wissenschaft »Biologie« bezieht, darf sich daher heute nicht mehr von einer einzelnen weltanschaulichen oder religiösen Gruppe beanspruchen lassen, sondern muss sich für mehrere Deutungen offen halten. Diese Aufgabe lässt sich aber gerade nicht ohne einen klaren Bezug des Biologieunterrichts zu allgemeinen ethischen Normen erfüllen. Dies gilt sowohl im Bereich zwischenmenschlicher Beziehungen, wo der Unterricht den Menschenrechten verpflichtet ist (vgl. Grundgesetz der Bundesrepublik Deutschland), wie auch im ökologischen Bereich, wo das Handeln des Menschen ebenfalls biologisch

6 ◄

10 ◄

mitbestimmte Maßstäbe erfordert. Damit sind auch Erziehungsziele der emotionalen Dimension (Werthaltungen, Erleben) verbunden.»Naturerleben« und »Naturverstehen« sollten daher nicht gegeneinander gestellt, sondern aufeinander bezogen werden.

Die geschilderten Probleme ergeben sich zum großen Teil aus *gesellschaftlichen Anforderungen*, die der Biologieunterricht erfüllen muss, wenn er Biologie in pädagogisch verantwortlicher Weise vermitteln soll. In der Geschichte des Biologieunterrichts sind die beiden Stränge der »Lebenskunde« und der »Orientierung an der Wissenschaft« weitestgehend unverbunden geblieben. Dieses Nebeneinander hat die widerstandslose Nutzung und den unglaublichen Missbrauch des Biologieunterrichts durch politisch verbrecherische Ideologien begünstigt (vgl. *Palm* 1965/66; *Kattmann* 1982; 1992 d; *Regelmann* 1984; *Quitzow* 1986 a; b; 1988). Ein solcher Irrweg wird sich daher auch künftig nicht dadurch verhindern lassen, dass Wissenschaft und Unterricht eng fachlich ausgerichtet werden und politisch »abstinent« sind.

■ Wissenschaft und Unterricht sollten didaktisch so reflektiert werden, dass die politischen Bezüge in kritischer Distanz bearbeitet werden und damit Totalitätsansprüchen von Ideologien entgegengewirkt wird.

So bleibt als wichtige Folgerung, das Verhältnis von Wissenschaft und gesellschaftlich bedeutsamem Wissen und Handeln zu überdenken und für die Vermittlung von Biologie neu zu bestimmen. Diese Aufgabe wurde in der Bundesrepublik Deutschland mit der Curriculumreform seit dem Ende der 1960er Jahre angegangen.

2.6 Haupttendenzen der Reform seit 1960

2.6.1 Anfänge

Die Reform des Biologieunterrichts wurde in der Bundesrepublik Deutschland durch allgemeindidaktische und biologiedidaktische Überlegungen zur Stoffauswahl und Stoffanordnung vorbereitet. Richtungweisend waren das Konzept des »Elementaren« und »Fundamentalen« von *Wolfgang Klafki* (1964) und das »Prinzip des Exemplarischen« von *Martin Wagenschein* (1962).

Biologiedidaktiker wie *Wilhelm Brockhaus* (1958), *Alfons Beiler* (1965), *Werner Siedentop* (1968, 4. Aufl. 1972), *Hans Esser* (1969, 3. Aufl. 1978), *Wilfried Stichmann* (1970) und *Hans Grupe* (1971, 4. Aufl. 1977) formulierten Grundsätze für den Biologieunterricht, die auf den allgemeindidaktischen Konzepten aufbauten und moderne Entwicklungen in der Biologie berücksichtigten. Ihre Vorschläge betrafen vor allem

■ die Orientierung an Grundsachverhalten (Phänomenen des Lebendigen),

■ die Auswahl zeitgemäßer Bildungsinhalte,

30

■ die Wissenschaftsorientierung,
■ das Einüben und die Einsicht in biologische Arbeitsweisen.

Diese Prinzipien wurden während der *Curriculumreform* seit etwa 1970 aufgegriffen und weiterentwickelt, so dass sie den heutigen Biologieunterricht wesentlich mitbestimmen.

Die Curriculumentwicklung bekam wichtige Anstöße zur Neuorientierung durch internationale Konferenzen (z. B. OECD 1963) und vor allem die programmatische Schrift »Bildungsreform als Revision des Curriculum« von *Saul B. Robinsohn* (1969). Vorbilder für die Neugestaltung des Biologieunterrichts in der Bundesrepublik Deutschland kamen von den Curriculumentwick-lungen in den USA (Biological Sciences Curriculum Study, BSCS 1963, 3. Aufl. 1973) und in Großbritannien (Nuffield Biology 1966, 2. Aufl. 1975), die nach allgemeinbiologischen Kriterien aufgebaut sind (vgl. *Huhse* 1968; *Sönnichsen* 1973; *Werner* 1973). Diese Entwicklungen wurden in der Bundesrepublik Deutschland vor allem vom Institut für die Pädagogik der Naturwissenschaften (IPN) in Kiel aufgenommen und weitergeführt (IPN Einheitenbank Curriculum Biologie 1974 ff.; vgl. *Kattmann/Schaefer* 1974).

Der Rahmen für die Reform war der »Strukturplan für das Bildungswesen« (Deutscher Bildungsrat 1970), in dem die Ziele für den *Sekundarbereich I* als *Grundbildung* für alle umrissen wurden. Diese Grundbildung sollte in den allgemeinbildenden Schulen wissenschaftsorientiert sein. Die Neugestaltung des Biologieunterrichts betraf neben der Auswahl und Anordnung von Inhalten auch die angestrebten Unterrichtsformen und Lernprozesse (vgl. *Sönnichsen* 1973; *Werner* 1973; *Memmert* 1975; *Kattmann/Isensee* 1977; *Hedewig* 1980; *Kattmann* 1980 a; *Stichmann* 1981 a).

2.6.2 Neuorientierung in der Sekundarstufe I

Vor dem Einsetzen der neueren Curriculumentwicklung wurde der Biologieunterricht innerhalb der verschiedenen Schultypen noch ziemlich einheitlich strukturiert. Im Gymnasien wurde die Abfolge durch das System der Lebewesen bestimmt, erst in der Oberstufe wurden allgemeinbiologische Themen behandelt. In der Hauptschule und teilweise in der Realschule folgte der Biologieunterricht den Jahreszeiten oder war nach Lebensräumen strukturiert (vgl. *Eschenhagen/Kattmann/Rodi* 1985, 105 ff.).

Die ersten Reformversuche, das systematisch-taxonomische Vorgehen mit neuem »Leben« zu erfüllen, d. h. den Unterricht an *allgemeinbiologischen Prinzipien* zu orientieren, stammen bereits von *Otto Schmeil* und *Friedrich Junge*. Allgemeinbiologische Teildisziplinen wie Physiologie, Genetik, Verhaltenslehre, Ökologie machten in der zweiten Hälfte des 20. Jahrhunderts eine stürmische Entwicklung durch. Die herkömmliche Strukturierung des Bio-

▶ 2.3

logieunterrichts geriet zunehmend in Gegensatz zu dieser Entwicklung (vgl. *Sönnichsen* 1973, 19). Je mehr neuere Ergebnisse und Forschungsrichtungen auch im Schulunterricht berücksichtigt wurden, desto mehr wurde seit 1960 die taxonomische Anordnung der Inhalte aufgegeben, und zwar zugunsten einer Orientierung an den neuen Teildisziplinen und den damit betonten allgemeinbiologischen Phänomenen (»Kennzeichen des Lebendigen«). An die Stelle monographischer Behandlung einzelner Tier- oder Pflanzenarten (z. B. »Das Eichhörnchen«, »Die Schlüsselblume«) sowie einzelner Tier- oder Pflanzengruppen (z. B. »Die Fische«, »Die Farne«) trat die Behandlung derjenigen Erscheinungen, die für Lebewesen charakteristisch sind, wie Bewegung, Ernährung, Stofftransport, Reizbarkeit, Verhalten, Fortpflanzung, Entwicklung, Vererbung, ökologische Beziehungen, Evolution. Mit diesem Vorgehen wurde zugleich die Trennung von Pflanzenkunde, Tierkunde und Menschenkunde aufgegeben.

Ein grundsätzlicher Einwand legte nahe, das allgemeinbiologische Vorgehen zu modifizieren: Bei rigoroser Anwendung vergleichender Betrachtung und besonders bei einer Beschränkung auf experimentelle Fragestellungen können die Lebewesen selbst als »Ganze« aus dem Blick geraten und nur noch als Träger bestimmter »Funktionen« betrachtet werden. Die Beachtung der Organisationsformen des Lebendigen (Biosysteme: Organismen, Populationen, Ökosysteme) sollte nach diesem Einwand in die allgemeinbiologische Orientierung hineingenommen werden, um den Ganzheitscharakter der Biosysteme zu wahren und in der Betrachtung herauszustellen sowie die Vielfalt des Lebendigen zu betonen (vgl. *Mayer, J.* 1992).

Ein weiterer Einwand gegen ein frühes Einsetzen allgemeinbiologischer Orientierung richtete sich gegen die damit gegebene Wiederholung derselben Themenkomplexe auf mehreren Klassenstufen. Die eigentlich geforderte Behandlung der Themen unter verschiedenen Aspekten und jeweils altersgemäßer Komplexität (Spiralprinzip) gelingt nicht immer, so dass der Eindruck reiner Wiederholung sowie der Vorwegnahme lohnender Themen für höhere Klassenstufen entstehen kann.

In der Reform des Biologieunterrichts spielte besonders in der Sekundarstufe I die Frage der Verknüpfung *individualer* und *sozialer Probleme* mit biologisch bestimmten Inhalten eine wichtige Rolle. Die Verknüpfung der Entscheidungskriterien für die Inhaltsauswahl »Wissenschaftsrelevanz«, 3.4.1 ◄ »Schülerrelevanz« und »Gesellschaftsrelevanz« erfolgte mit unterschiedlichen Schwerpunkten. Der »Rahmenplan des Verbandes deutscher Biologen« (VdBiol 1973; 1983 a; 2000; vgl. MNU-Empfehlungen 1991) ist hauptsächlich an allgemeinbiologischen Disziplinen orientiert (Wissenschaftsorientierung). Bei der Entwicklung der Rahmenrichtlinien des Landes Hessen (1972, Neubearb. 1978) zeigte sich, dass die Disziplinen der Allgemeinen Biologie eine größere Nähe zu individualen und sozialen Problemen aufweisen als die der Speziellen Biologie. *Biologiedidaktische Konzepte*, mit denen eine weitergehende Integration des Biologieunterrichts mit sozialwissenschaftlich bestimmten Bereichen angestrebt wird, wurden mit dem »humanzentrierten Biologieunterricht« (*Kattmann* 1980 a), der »Existenzbiologie« (*Drutjons* 1982) sowie dem als »ganzheitlich-kritisch« bezeichneten Biologieunterricht (*Ellenberger* 1993) vorgelegt.

Die Haupttendenzen der nach 1970 entwickelten Lehrpläne lassen sich durch eine Anzahl charakteristischer Änderungen zusammenfassen (s. S. 34, vgl. *Hedewig* 1980; 1992 b; 1997; *Staeck* 1991 b; 1995; *Bayrhuber/Mayer* 1990).

Die Orientierung an allgemeinbiologischen Teildisziplinen wurde jedoch nicht vorbehaltlos akzeptiert und reichte offensichtlich auch nicht aus, um einen verbindlichen Gesamtrahmen für den Biologieunterricht herzustellen. Selbst innerhalb der einzelnen Lehrplanentwürfe und Unterrichtskonzepte fehlten daher häufig ein die Unterrichtsthemen verbindender Zusammenhang und leitende Gesichtspunkte für die Abfolge der Themen. Die einzelnen Unterrichtsthemen waren vielmehr nur lose miteinander verknüpft. Der Biologieunterricht besteht dann aus mehreren Strängen, die an verschiedenen Teildisziplinen orientiert sind und gegeneinander weitestgehend isoliert erscheinen (z. B. Abfolgen ökologischer und physiologischer oder ethologischer Themen, die kaum Verknüpfungen aufweisen). Die Aufgliederung in Einzelthemen und z. T. stark auseinanderweichende Lehrplanentwicklungen warfen in der Curriculumreform zunehmend die Frage nach den Zusammenhängen und den für das Biologie-Lernen bedeutsamen Verknüpfungen auf. Das Bemühen um einen stringenten Aufbau des Biologieunterrichts und die damit gegebene Auswahl und Anordnung von Unterrichtsinhalten führte zu so genannten *Strukturierungsansätzen* für den Biologieunterricht. *Gerd Brucker* (1978; 1979) hat die große Bedeutung der Strukturierung des Unterrichts anhand eines geschichtlichen Abrisses herausgestellt. Danach kann die Aufgabe der Strukturierung des Biologieunterrichts darin gesehen werden, den Lernenden ein für sie bedeutungsvolles und beziehungsreiches Lernangebot zu machen (vgl. *Nagel* 1978; zur Kritik am Konzept der Strukturierungsansätze vgl. *Werner* 1980; *Leicht* 1981 a).

1974 wurden auf einem IPN-Symposion mehrere Strukturierungsansätze vorgestellt (vgl. *Kattmann/Isensee* 1977) und in der anschließenden Diskussion weitere Strukturierungsansätze entwickelt:

- ■ Im *prozessorientierten Ansatz* ist der Unterricht vorwiegend an naturwissenschaftlichen Arbeitsweisen orientiert. Dieser Ansatz spielte vorwiegend im Sachunterricht der Primarstufe eine Rolle.
- ■ Im »*systemtheoretischen*« Ansatz (vgl. *Schaefer* 1977 b) wurde versucht, vorgegebene Unterrichtsinhalte, etwa die des VDBiol-Rahmenplans, in eine systemtheoretisch bestimmte Abfolge umzuordnen.

33

Curriculumreform in der Sekundarstufe I nach 1970

Der Unterricht wird aus **Einzelthemen** (Unterrichtseinheiten) aufgebaut. Viele Themen werden bereits auf unteren Klassenstufen behandelt und später unter anderem Aspekt wiederholt (Spiralprinzip).

Der **humanbiologische Anteil** hat stark zugenommen. Er ist nicht mehr auf die Klassenstufen 9 und 10 beschränkt, sondern beginnt bereits in Klassenstufe 5/6 und ist z. T. in allgemeinbiologische Themen integriert. Die klassischen humanbiologischen Themen (Organsysteme) werden durch Gesundheitserziehung, Sexualerziehung sowie humanethologische, humangenetische Themen und z. T. die Stammesgeschichte ergänzt. In einigen Richtlinien kann man von einer »humanzentrierten Grundausrichtung« sprechen (*Staeck* 1991 b, 268).

Die **Anordnung** nach der Tier- und Pflanzensystematik sowie die monographische Behandlung einzelner Arten treten zurück gegenüber der Behandlung *allgemeinbiologischer Phänomene* (Kennzeichen des Lebendigen).

Zusammen mit **Art-Monographien** wird in letzter Zeit wieder Nachdruck auf **Formenkenntnisse** gelegt, die aber zumeist nicht als Selbstzweck, sondern in ihrer Funktion für ökologische Themen, Freizeit, wirtschaftliche Nutzung und für das Verständnis allgemeinbiologischer Phänomene integriert werden sollen.

Themen der **Ökologie** und des **Umweltschutzes** werden mindestens in einer Klassenstufe umfangreich berücksichtigt.

Im methodischen Bereich werden wissenschaftliche Verfahrensweisen und ein experimentell ausgerichteter Unterricht empfohlen, womit ein **entdeckendes Lernen** angestrebt wird.

■ Mehrere Autoren haben *ökologische Strukturierungsansätze* vorgelegt (vgl. *Eulefeld* 1977; *Rodi* 1977; *Schulte* 1977), in denen ökologische Zusammenhänge vor allem durch das »Denken in Wechselbeziehungen« die anderen Themen des Unterrichts erschließen sollten.

■ Mit dem »*humanzentrierten Strukturierungsansatz*« (*Kattmann* 1980 a) wurde versucht, den Bezug zum Menschen im gesamten Biologieunterricht deutlich auszuweisen und dabei biologisches Wissen durchgehend mit sozialen und individualen Fragen zu verknüpfen (s. S. 36).

■ An die vorherrschende allgemeinbiologische Orientierung knüpft der *allgemeinbiologische Strukturierungsansatz* an (*Etschenberg* 1979), in dem die »Kennzeichen des Lebendigen« direkt die Themenabfolge bilden.

■ Als Differenzierung der Strukturierung nach allgemeinbiologischen Prinzipien kann der Vorschlag verstanden werden, den Unterricht an »*universellen Lebensprinzipien*« auszurichten (vgl. *Schaefer* 1990 a).

Die Strukturierungsansätze sind bei den Lehrplanentwicklungen für die Sekundarstufe I stark diskutiert und partiell berücksichtigt sowie von vielen Lehrenden unmittelbar in der Unterrichtsplanung angewendet worden. Eine konsequente Umsetzung wurde meist durch die Vielfalt der Meinungen und die Umstände verhindert, unter denen kleine Kommissionen die Lehrpläne und Richtlinien z. T. mit ministeriellen Vorgaben und reglementiertem Informationsaustausch entwickeln mussten (vgl. *Hedewig/Rodi* 1982).

▶ 14.2

2.6.3 Umgestaltung der Sekundarstufe II

Der Sekundarbereich II wurde für die allgemeinbildenden Schulen durch die »Vereinbarung zur Neugestaltung der gymnasialen Oberstufe vom 7. Juli 1972« (KMK 1976) neu organisiert. Die Jahrgangsklassen wurden zugunsten eines Systems von Grund- und Leistungskursen aufgelöst. Das Curriculum wurde neu formuliert, da Aufgaben und Stundenumfang des Unterrichts erheblich abgeändert wurden (vgl. *Trommer* 1980 a). Die Themen der Kurse wurden meist an den Gebieten der Allgemeinen Biologie orientiert: Zytologie, Stoffwechselphysiologie, Sinnes- und Nervenphysiologie, Ethologie, Entwicklungsbiologie, Genetik, Ökologie, Evolution. Zusätzlich wurden vielfach die »Ebenen der biologischen Organisation« berücksichtigt: Molekulare Ebene und Zell-Ebene, Ebene des Organismus, Ebene der Populationen und Ökosysteme (vgl. *Krumwiede* 1982). Besonderes Gewicht wird in den Richtlinien auch den methodischen und erkenntnistheoretischen Fragestellungen zugemessen (vgl. *v. Falkenhausen* 1979, 101; 1992; *Trommer* 1980 b).

Vielfach wurde die in den Kursen zu unterrichtende Stofffülle beklagt und kritisiert (vgl. z. B. *Fels* 1978, 77; *Hafner* 1980, 171). Im Hinblick auf derartige Fehlentwicklungen wurde bereits in den »Empfehlungen zur Arbeit in der gymnasialen Oberstufe« (KMK 1978, 8) betont: »Es ist keinesfalls Sinn der Grundkurse, die Wissensbestände eines Faches in enzyklopädischer Form weiterzugeben.« Die Leistungskurse haben vor allem die Aufgabe, vertieftes Verständnis und erweiterte Kenntnisse wissenschaftspropädeutisch zu vermitteln. Sie sollen den Schülern ein intensives Eindringen in einen Problembereich ermöglichen und sie zum selbstständigen Arbeiten anleiten. Die Schüler sollen für ihre Arbeit adäquate Methoden wählen, deren Übertragbarkeit und Grenzen kennen sowie ihre Arbeitsergebnisse angemessen formulieren können. Bezogen auf die Tendenz, dass in Leistungskursen sehr spezielle Themen abgehandelt werden und das Grundwissen aber häufig vernachlässigt wird (vgl. *Fels* 1978, 70; *Hafner* 1980, 170; Unterricht Biologie 1980, 77 ff.),

▶ 4

Humanzentrierter Unterricht (Kattmann 1980 a)

3.1 ◄

Der humanzentrierte Strukturierungsansatz wurde nach dem IPN-Symposion 1974 weiter ausgearbeitet (*Kattmann* 1980 a) und dabei ein didaktisches Verständnis der Wissenschaft »Biologie« entwickelt, in dem Biologie als Wissenschaft von der »Biosphäre und deren Geschichte« verstanden wird (vgl. *v. Wahlert* 1977; 1981). Der Mensch ist selbst Teil und Gegenüber der Biosphäre. Auf dieser Grundlage soll der Biologieunterricht auf der Sekundarstufe I mit Hilfe dreier Fragen strukturiert werden, die zugleich die drei hauptsächlichen Ebenen der biologische Organisation betreffen.

Strukturierende Fragen	Konzepte
1 Welchen biologischen Grundlagen und Bedingungen verdankt der Mensch seine Existenz?	*Biosphäre:* Evolution, Ökosysteme *Population:* Verhalten, Variabilität, Vererbung, Sexualität *Organismus:* Systeme, Reizbarkeit, Fortpflanzung, Entwicklung, Stoff- und Energiewechsel, aktive Bewegung
2 Worin besteht die Eigenart des Menschen und welche Bedeutung hat sie für die Biosphäre?	*Biosphäre:* Doppelrolle des Menschen, menschliche Umwelt, menschliche Gesellschaften *Population:* menschliche Lebensspanne und soziales Lernen, Symbolsprache und nichtsprachliche Verständigung, menschliche Sexualität *Organismus:* differenziertes Gehirn, generalisierte Hand, menschliches Gesicht, bipeder Aufrechtgang
3 Welche Bedeutung hat die Variabilität des Menschen?	*Biosphäre:* Zukünftige Evolution des Menschen *Population:* biologische Unterschiede zwischen Populationen, sozialen Gruppen und Geschlechtsgruppen *Organismus:* biologische Unterschiede zwischen Individuen

stellten bereits die »Empfehlungen« (KMK 1978, 8 f.) sehr deutlich heraus: »Es ist keinesfalls die Aufgabe der Leistungskurse, die inhaltlichen und methodischen Voraussetzungen für einen bestimmten Studiengang zu liefern oder gar einen wissenschaftlichen Ausbildungsgang oder Teile davon bereits auf der Schule vorwegzunehmen. … Im Unterricht ist darauf zu achten, dass sowohl eine enge Spezialisierung als auch eine stoffliche Überfrachtung vermieden wird. Lehrer und Schüler müssen länger bei einem Sachgebiet verweilen können, wenn die angestrebten Ziele erreicht werden sollen.«

■ Auch die Leistungskurse sind also nicht als Vorbereitung auf ein späteres Fachstudium zu verstehen, sondern sollen vor allem fächerübergreifende und allgemeine Fähigkeiten fördern.

Die Entscheidung, auch sehr spezielle Themen vor allem im Bereich der Molekularbiologie und Biochemie zu behandeln, wird zuweilen mit dem für ein Abiturfach nötigen *Leistungsanspruch* und mit der Entwicklung der Wissenschaft »Biologie« begründet, in der chemische und physikalische Methoden immer größere Bedeutung erlangten. Dagegen wird von einigen Autoren eingewendet, dass die Eigenart der Biologie darin bestehe, mehrere Systemebenen zu berücksichtigen und den Gegenstand unter verschiedenen Aspekten sowie in seinen komplexen Bezügen zu anderen Sachverhalten, z. B. gesellschaftlichen Zusammenhängen, zu behandeln (vgl. *v. Falkenhausen* 1979; *Nath* 1980; *Trommer* 1980 a; b; *Daumer* 1982; *Bojunga* 1985). Die Schwierigkeit des Faches »Biologie« ergebe sich somit aus der Vielfalt der Betrachtungsweisen, der Berücksichtigung von Variabilität und Komplexität sowie aus dem dialektischen Einbezug verschiedener Gesichtspunkte, nicht aber aus einer Orientierung an Chemie und Physik (vgl. *Schaefer* 1982 a).

Die von der Kultusministerkonferenz 1975 erstmals für alle Abiturfächer beschlossenen »*Einheitlichen Prüfungsanforderungen*« (EPA) sollen die Vergleichbarkeit der Anforderungen im Abitur zwischen den Bundesländern und den einzelnen Abiturfächern sicherstellen (vgl. KMK 1983; 2004 a). ▶ 15

2.6.4 Entwicklung in der DDR

Das *Bildungssystem der DDR* bestand aus einer zehnjährigen allgemeinen Schule (Polytechnische Oberschule, POS) und einer auf dieser aufbauenden zweijährigen Oberstufe (Erweiterte Oberschule, EOS), die zum Abitur führte.

Die Lehrbücher der Biologiedidaktik, die die Basis für die Lehrerausbildung bildeten, wurden jeweils durch ein Herausgeber- bzw. Autorenkollektiv erstellt (*Uhlig* u. a. 1962; *Dietrich* 1979). Der verbindlich vorgeschriebene »Präzisierte Lehrplan Biologie« war in den unteren Klassenstufen an Systematik, auf der Klassenstufe 8 an Menschenkunde und erst danach an allgemeinbiologischen Disziplinen orientiert (vgl. *Sönnichsen* 1973; *Gärtner* 1977; *Dietrich* u. a. 1985). Die Bestimmungen der streng verpflichtenden Lehrpläne wurden durch einheitliche Lehrbücher und methodisch durchdachte Unterrichtshilfen unterstützt, aber z. T auch durch politisch-ideologische Vorgaben massiv beeinflusst (vgl. *Dietrich* u. a. 1979, z. B. 30 ff., 227 ff.; *Dietrich* 1985; *Teutloff/Schubert* 1991; *Tille* 1992 f.). Auch die letzte Überarbeitung des Lehrplans Biologie war an zentral vorgegebene Direktiven gebunden, durch die die systematische Orientierung beibehalten und eine von den Fachleuten angestrebte stärkere Reform – mit einer Strukturierung an allgemeinbiologischen Aspekten – ausgeschlossen wurde (vgl. *Litsche/Löther* 1990). Statt dessen wurde versucht, die modernen Aspekte der Biologie mit Grundsätzen zur »Linienführung« stärker einzubringen (vgl. *Horn* 1987; 1989; *Zabel* 1988).

Mit dem Beitritt der östlichen Bundesländer zur Bundesrepublik Deutschland wurden dort Rahmenpläne entwickelt, die weitgehend an denen der alten Bundesländer orientiert sind (vgl. *Manitz* 1991; *Zabel* 1991 a; b; *Schulz* 1991; MNU-Empfehlungen 1991).

2.6.5 Internationale Entwicklungen

Die Curriculumentwicklung Anfang der 1970er Jahre wurde in Deutschland und anderen Ländern wesentlich durch die in den USA und Großbritannien angestoßen. Im Sinne einer ständigen Curriculumreform ist der Biologieunterricht stets neu auf seinen Bildungswert zu überprüfen, und entsprechend sind neue Lehrpläne zu entwickeln. Durch die zunehmende Freizügigkeit in Europa wurden besonders seit Beginn der 80er Jahre der Austausch der Erfahrungen intensiviert und die gegenseitige Abstimmung bei der Entwicklung des Biologieunterrichts angestrebt. Der Biologieunterricht ist in den Bildungssystemen der Staaten Europas trotz der Bemühungen internationaler Vereinigungen unterschiedlich stark verankert (vgl. *Schaefer* 1982 b; 1986; *Grimme* 1986; *Staeck* 1993; 1997; *Entrich/Staeck* 1994).

2.6.1 ◄

Durch internationale Studien TIMSS und PISA zum Vergleich von Schülerleistungen (vgl. *Baumert* u. a. 1997; 1999; PISA-Konsortium 2001; 2004) gingen ab Ende der 1990er Jahre starke Impulse aus, naturwissenschaftliche *Grundbildung* neu zu bedenken und an Kerncurricula, Basiskonzepten, Standards und Kompetenzen zu orientieren.

3.3, 3.4.6 und 13 ◄

3 Biologie als Wissenschaft und Unterrichtsfach

Biologiedidaktik setzt Biologie als ihre zentrale Bezugswissenschaft voraus. Biologiedidaktik ist sowohl kritisches Gegenüber der Fachwissenschaft »Biologie« als auch an den Diskursen des Faches mitwirkender Teil der Biologie. Ihr erziehungswissenschaftlicher Charakter und ihre pädagogische Aufgaben weisen aber über die Bezugswissenschaft hinaus: auf die Rekonstruktion der Lerngegenstände und Lernumgebungen, auf die Inhaltsauswahl und fächerübergreifende Aufgaben.
Wichtige erschließende Begriffe: Basiskonzept, Bildungswert, didaktische Reduktion, didaktische Rekonstruktion, exemplarisches Prinzip, fächerübergreifende Aufgaben, Geschichte der Biologie, Grundbildung, Naturgeschichte, Schlüsselprobleme, Struktur der Disziplin
Bearbeitet von *Ulrich Kattmann*

3.1 Zum Begriff »Biologie«

3.1.1 Anfänge: Naturgeschichte

Die Anfänge der »Wissenschaft vom Leben« sind älter als das Wort »Biologie«, das heute für diesen Wissenschaftsbereich verwendet wird. Die umfangreichen Naturbeschreibungen und -deutungen des *Aristoteles* (384 bis 322 v. Chr.) haben die Naturbetrachtung des gesamten Mittelalters geprägt (vgl. *Arber* 1960; *Isele* in *Freudig* 2005, 10 ff.). Als eigenständige Wissenschaft konnte die Biologie erst entstehen, als die Gemeinsamkeiten von Pflanzen und Tieren (und schließlich auch des Menschen) als Lebewesen gegenüber der nichtlebenden Natur stärker in den Blick kamen. Bis zur Wende vom 18. zum 19. Jahrhundert waren die Botanik und die Zoologie als Teile der Naturgeschichte mit der Erforschung anderer Naturbereiche eng verbunden.

Die *Naturgeschichte* umfasste die lebende und die nichtlebende Natur. Noch *Carl von Linné* hat 1735 in seinem die moderne Systematik der Pflanzen und Tiere begründenden Werk »Systema naturae per regna tria naturae« die drei Naturreiche »Mineralien«, »Pflanzen« und »Tiere« zusammen behandelt. Ganz auf *Aristoteles* fußend, unterschied er »Mineralien, die nur wachsen können« (man denke an Kristalle), »Pflanzen, die wachsen und leben« sowie »Tiere, die wachsen, leben und fühlen«.

Der Genfer Naturforscher *Charles Bonnet* (1720 bis 1793) war der erste, der »unorganische« und »organische« Stoffe ausdrücklich gegenüber stellte. Die Unterscheidung »organisch/anorganisch« wurde in der Folgezeit von vielen Naturforschern aufgenommen. Der französische Arzt *Xavier Bichat* (1711 bis 1802), der als der Begründer der Gewebelehre gilt, trennte 1801

Methode der Naturgeschichte Georges L. L. de Buffon (1778)

»In der Gesellschaftsgeschichte (...) entziffern (wir) alte Inschriften.... Ganz ähnlich ist es auch in der Naturgeschichte notwendig, die Archive der Welt auszugraben, alte Denkmäler aus dem Innern der Erde zu ziehen, ihre Trümmer einzusammeln und alle Anzeichen körperlicher Veränderungen, mit deren Hilfe wir in die verschiedenen Zeitalter der Natur zurückwandern können, zu einem einzigen Beweisgebäude zusammenzufügen«

prinzipiell die »sciences physiques« von den »sciences physiologiques« ab, also die physischen (Physik, Chemie, Geologie) von den physiologischen Naturwissenschaften (Biologie, Medizin).

Aus der gesamten Naturgeschichte wurde entsprechend die »Naturlehre« ausgegliedert, die sich mit physikalischen und chemischen Phänomenen befasst. Die Bezeichnung »Naturgeschichte« wurde dann überwiegend für die Beschäftigung mit Pflanzen und Tieren verwendet.

Heute verbindet sich mit dem deutschen Wort »Naturgeschichte« (im Gegensatz zu den entsprechenden Termini im Englischen und Französischen) häufig die Vorstellung von rein beschreibendem Vorgehen und mit Unterricht, der durch »Lesebuchtexte« oder stupid anmutende Systematik gekennzeichnet ist. Die ursprüngliche Ansatz stammt jedoch von *Georges Louis Leclerc de Buffon*, der Naturgeschichte – im Sinne des Wortes und ganz modern – als *historische* Wissenschaft auslegte.

3.1.2 Der Terminus »Biologie«

Das Wort »*Biologie*« wurde zuerst von dem Braunschweiger Arzt *Theodor G. A. Roose* verwendet. Dieser bezeichnete 1797 sein Buch »Grundzüge der Lehre von der Lebenskraft« im Vorwort als den »Entwurf einer Biologie«. Der Titel des Buches war ein Zugeständnis an den damals herrschenden Vitalismus, dem *Roose* selbst durchaus nicht zustimmte. Der Mediziner *Karl Friedrich Burdach* (1776-1847) verwendete das Wort »Biologie« im Sinne von Humanbiologie. Den Terminus »Biologie« haben schließlich zwei Naturforscher gleichzeitig in seiner heutigen Bedeutung geprägt: der Bremer Mediziner *Gottfried Reinhold Treviranus* in seinem Werk »Biologie oder Philosophie der lebenden Natur für Naturforscher und Ärzte« (1802 bis 1822) sowie der französische Zoologe und Naturphilosoph *Jean Baptiste de Lamarck*, vor allem in seinem Werk »Recherches sur l'organisation des corps vivants« (Untersuchungen über die Organisation lebender Körper, 1802). *Treviranus* betrachtete als Ziel der Biologie die »Erforschung der Triebfedern, wodurch jener große Organismus, den wir Natur nennen, in ewiger reger Tätigkeit erhalten wird«. Er setzte hierfür eine einheitliche Naturbetrachtung voraus, die

Botanik und Zoologie übergreift. In dieses Vorgehen schloss er auch angewandte Biologie (Landwirtschaft, Heilkunde) und ökologische Überlegungen ein (vgl. *Leps* 1977; *Jahn* 1990, 298).

Heute wird die Biologie auf verschiedene Weise als Naturwissenschaft verstanden, und das Wort »Biologie« wird entsprechend unterschiedlich übersetzt. Die wörtliche Bedeutung »Wissenschaft vom Leben« ist umstritten. Einige Biologen vertreten die Auffassung, dass das Wort *»Leben«* einen metaphysischen Begriff bezeichne, der nicht Gegenstand der Naturwissenschaft Biologie sein könne. Biologie sei vielmehr die »Lehre von den lebenden Körpern und den Vorgängen, die sich an ihnen abspielen« (*Hartmann* 1953, 16). In den entsprechenden Definitionen der Biologie wird das Wort »Leben« daher vermieden.

Die Definitionen vom »Lebendigen« beziehen sich meist zentral auf »Lebewesen« und deren Gesamtheit, »das Lebendige«. Zuweilen wird daher Biologie einfach als Lehre von den Lebewesen angesehen. Soweit von »lebendigen Systemen« gesprochen wird, ist meist ebenfalls in erster Linie die Ebene der Organismen gemeint (*Libbert* 1986, 15; vgl. Herder Lexikon der Biologie 1984; *Czihak/Langer/Ziegler* 1990). Viele Biologiedidaktiker haben sich diesen Definitionen angeschlossen (vgl. z. B. *Grupe* 1977, 1; *Killermann/Hiering/Starosta* 2005, 9).

Eine andere Auffassung vertreten diejenigen Autoren, die auch mehrere Ebenen (Biosysteme) im Blick haben wie Populationen, Biozönosen, Ökosysteme. Dabei ergibt sich eine grundlegend andere Sicht vom »Leben«, wenn nicht nur die Organismen allein, sondern auch die anderen Biosysteme als Träger der Lebensprozesse angesehen werden. In dieser systemtheoretischen Auffassung wird naturwissenschaftlich von »Leben« als der Gesamterscheinung aller spezifischen Prozesse in Biosystemen gesprochen. »Biologie ist die Wissenschaft vom Leben« (*v. Sengbusch* 1985, VII; vgl. *Bünning* 1959; *Murphy/O'Neill* 1997; *Campbell/Reece* 2003). Diese Sicht wird weitergeführt in der Aussage, dass die Biosphäre als Gesamt-Ökosystem der Erde alle Biosysteme umgreift oder darüber hinausgehend, die Erde selbst als vom Leben geprägter Planet begriffen wird (Bioplanet Erde). Aufgrund dieser Auffassung ist die Definition der Biologie in ihrer ursprünglichen Wortbedeutung wieder möglich.   ▶ Bild 3-1

3.1.3 Struktur der Disziplin

Die Gliederung der Biologie in verschiedene *Teilgebiete* und Aspekte ist von den skizzierten verschiedenen Grundauffassungen und historischen Faktoren bestimmt. Die traditionelle Aufteilung des Faches in die Sparten der »Speziellen Biologie« (lat. species, Art) ist durch die Entstehung einer großen Anzahl diese Gliederung übergreifender Teildisziplinen ergänzt und z. T.

Teildisziplinen

Spezielle Biologie	Botanik, Zoologie, Humanbiologie, Mikrobiologie
Allgemeine Biologie	Physiologie, Genetik, Ökologie, Phylogenetik, Zytologie, Molekularbiologie, Biochemie
Theoretische Biologie	Biosystemtheorie, Evolutionstheorie

Metadisziplinen
Geschichte der Biologie, Biologiedidaktik, Wissenschaftstheorie, Erkenntnistheorie

Tabelle 3-1: Teildisziplinen und Metadisziplinen der Biologie

überholt worden. Diese zur traditionellen Einteilung quer stehenden, die Organismengruppen übergreifenden Teildisziplinen werden zusammen als »Allgemeine Biologie« bezeichnet. Als dritte Kategorie kann neben die Spezielle Biologie und die Allgemeine Biologie die »Theoretische Biologie« gestellt werden, deren Arbeitsgebiete die gesamte Biologie mit allen anderen Teildisziplinen betreffen. Alle die genannten Teilgebiete können als Grundlagenwissenschaften oder als »Angewandte Biologie« betrieben werden. Schließlich kann noch eine »Meta-Ebene« aufgeführt werden, auf der die Disziplinen vereinigt sind, die »über« Biologie Aussagen machen; zu diesen gehört auch die Biologiedidaktik.

Das Verständnis der Biologie hat sich in ihrer *Geschichte* gewandelt. Eine Revolution bedeutete die naturwissenschaftliche Begründung der *Evolutionstheorie* durch *Charles Darwin* (On the Origin of Species, 1859), die alle Teilgebiete der Biologie als historisch-erklärendes Band durchzieht (vgl. 3.4.4 ◄ *Dobzhanski* 1973; *Mayr* 1984; 1998).

Der Evolutionsbiologe *Ernst Mayr* (1979, 186) unterscheidet zwei prinzipiell verschiedene und weitgehend getrennte Gebiete der Biologie: »Funktionsbiologie«, die sich mit den Wechselbeziehungen und Strukturen innerhalb des Organismus befasst, und *»Evolutionsbiologie«*, die nach der Evolution der Strukturen des Lebendigen fragt, also nach der Geschichte von Population-Umwelt-Systemen. Funktionsbiologie und Evolutionsbiologie sind im Sinne von *Mayr* keine Gegensätze, sondern sie ergänzen einander.

Die Unterscheidung von *Mayr* trifft sich mit systemtheoretischen Gliederungen zur Biologie. Diese orientieren sich an den *Ebenen biologischer Organisation*. Der Ökologe *Eugene P. Odum* (1983, 5 f.) nennt die folgenden Ebenen: Gene, Zellen, Organe, Organismen, Populationen, Gemeinschaften, Ökosysteme, Biosphäre. Zur besseren Gliederung der Biologie werden von

Biologie als Lehre von ...	1. Phase Lebewesen	2. Phase Lebenserscheinungen	3. Phase der Biosphäre
orientiert sich an ...	Morphologie	Physiologie	Evolutions-ökologie
verhält sich in kognitiver Hinsicht ...	betrachtend	analysierend	geschichtlich-ganzheitlich
affektiver Hinsicht ...	genießend	beherrschend	partnerschaftlich
expressiver Hinsicht ...	beschreibend	experimentell und manipulierend	pflegend-gestaltend

Tabelle 3-2: Drei Phasen der Biologie in ihrer Geschichte (nach *v. Wahlert* 1977, verändert)

verschiedenen Autoren unter diesen Ebenen bestimmte hervorgehoben. So gliedert *Peter von Sengbusch* (1985) seine »Allgemeine Biologie« nach den Organisationsstufen »Zelle«, »Vielzeller« und »Gesellschaften« (Biozönosen) und schließt die »Evolution« als übergreifenden Prozess an. Nach den konstituierenden Relationen der Systeme können auch nur drei grundlegende Ebenen herausgestellt werden (*Kattmann* 1980 a, s. S. 45).

Die unterschiedlichen Fragestellungen hat der Zoologe *Gerd von Wahlert* miteinander verknüpft zur Evolutionsökologie, die er als die gegenwärtig anbrechende neue Phase der Biologie ansieht. Von einer Wissenschaft der Lebewesen und Lebenserscheinungen wird Biologie damit zur Wissenschaft von der Biosphäre, deren Strukturen und deren Geschichte (vgl. *v. Wahlert* 1977; 1981; *v. Wahlert/v. Wahlert* 1977; *Kattmann* 1980 a, XXII ff.; 143). Die in der Geschichte jeweils voran gegangenen Phasen der Biologie sind damit in der neuen Phase enthalten und aufgehoben. ▶ Tab. 3-2

In die gleiche Richtung gehen die vom russischen Biogeochemiker *Vladimir I. Vernadsky* entwickelten Vorstellungen. Die übergreifenden Biosysteme sind primäre Organisationsformen der »lebenden Materie« (vgl. *Wernadski* 1972). Erdgeschichte und Lebensgeschichte sind eng verbunden. Biologie und Geologie rücken dann wieder so eng zusammen, wie es ihren Gegenständen entspricht. Der Planet Erde wird in seiner heutigen Gestalt wesentlich von den Lebewesen bestimmt und kann daher als *»Bioplanet«* charakterisiert werden (*Kattmann* 1991 b; 2004 b; vgl. *Krumbein* 2004). Biologie wird (in Partnerschaft mit der Geologie) zur Lehre vom Bioplaneten Erde. Auf dieser Grundlage lässt sich eine Struktur der Biologie entwerfen, an der sich das Lernen und Lehren von Biologie orientieren kann. ▶ Bild 3-1

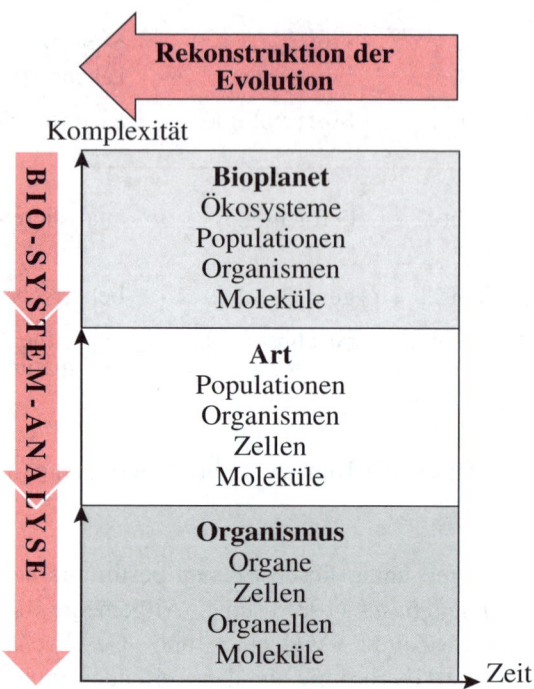

Bild 3-1: Struktur der Biologie (nach *Kattmann* 1980 a, verändert)

■ Das Beachten des geschichtlichen und dialektischen Charakters der Biosysteme kann verhindern, dass die systemtheoretische Sicht in politischer oder
ideologischer Absicht missbraucht wird. Die Unterordnung des Individuums
unter ein übergeordnetes System (wie Natur, Art, Volk, Rasse) wurzelt in einer ungeschichtlichen und statischen Sicht, in der die Variabilität sowie die
Eigenart und Autonomie der Biosysteme unterschiedlicher Ebenen ausgeblendet sind.

3.2 Zur Didaktischen Rekonstruktion

3.2.1 Rekonstruktion der Lerngegenstände

Biologielehrkräfte und Biologiedidaktiker sind sich im allgemeinen darin
einig, dass Methoden und Aussagen aus dem Wissenschaftsbereich nicht un-
besehen und unverändert in den Biologieunterricht übernommen werden sollten. Auch bei einem wissenschaftsorientierten Unterricht sind daher die Inhalte, Probleme und Verfahrensweisen nicht einfach aus der im Wissenschaftsbereich vorhandenen Fülle auszuwählen, sondern für das Lernen und

Der Entwurf der Struktur der Biologie orientiert sich an Biosystemtheorie und Evolutionstheorie. In ihm werden nur *drei grundlegende Biosysteme* unterschieden:

Die Ebenen (Biosysteme) sind nicht einfach in der Natur vorfindlich, ihre Abgrenzung und Auswahl hängt von der wissenschaftlichen Perspektive ab, sie sind *Betrachtungsebenen* (vgl. *Jax* 2002, *Jelemenská* 2006).

Die Begründung dafür, die drei ausgewählten Betrachtungsebenen heraus zu heben, ergibt sich aus dem Umstand, dass diese nach deutlichen biologischen Kriterien abgrenzbar sind.

Die drei Biosysteme sind durch drei verschiedene Arten von Relationen (Beziehungen) charakterisiert:

– Der **Bioplanet** Erde ist das umfassende Gesamtsystem des Planeten; die konstituierenden Beziehungen sind *ökologisch*.
– Die **Art** wird definiert als ein durch die Grenzen des Genflusses charakterisiertes Populationssystem; die Beziehungen sind *generativ*;
– Der **Organismus** ist morphologisch abzugrenzen; die Beziehungen sind *physiologisch*.

Jede Systemebene zeigt eigene *emergente Eigenschaften* (vgl. *Campbell/Reece* 2003). Die Relationen in und zwischen Biosystemen müssen dialektisch beschrieben werden, so dass eine Systemebene nicht in der anderen aufgeht oder zu deren Gunsten aufgelöst werden kann (Teil-Ganzes-Relationen).

Alle Biosysteme haben eine *Geschichte*. Die Evolution ist daher das übergreifende Geschehen (Geschichte des Bioplaneten).

Die drei grundlegenden Biosystem-Ebenen werden in Abhängigkeit von Komplexität und Zeit erfasst. Die entstehende Struktur der Disziplin ist daher charakterisiert durch

... die **Rekonstruktion der Evolution** und

... die **Systemanalyse** auf verschiedenen Ebenen.

Die **Teildisziplinen** der Allgemeinen Biologie können den drei Systemebenen schwerpunktmäßig zugeordnet werden, ebenso die **Basiskonzepte** der EPA (KMK 2004 a).

Struktur der Biologie als Wissenschaft vom Bioplaneten Erde (nach Kattmann 1980 a, verändert)

▶ Bild 3-1

▶ 3.4.3

Lehren in eine angemessene Form und einen angemessenen Umfang zu bringen.

■ Die Gegenstände des Lernens sind nicht vom Wissenschaftsbereich vorgegeben, sie müssen vielmehr in pädagogischer Zielsetzung erst hergestellt, d. h. didaktisch rekonstruiert werden.

45

Fachliche Klärung:

- Welche fachwissenschaftlichen Aussagen liegen zu dem jeweiligen Bereich vor und wo zeigen sich deren Grenzen?
- Welche Genese, Funktion und Bedeutung haben die wissenschaftlichen Vorstellungen, und in welchem Kontext stehen sie?
- Welche wissenschaftlichen und epistemologischen Positionen sind erkennbar?
- Wo sind Grenzüberschreitungen sichtbar, bei denen bereichsspezifische Erkenntnisse auf andere Gebiete übertragen werden?
- Welche ethischen und gesellschaftlichen Implikationen sind mit den wissenschaftlichen Vorstellungen verbunden?
- Welche Bereiche sind von einer Anwendung der Erkenntnisse betroffen?

Beachten der Schülervorstellungen:

- Welche Vorstellungen entwickeln Lernende bezogen auf fachlich relevante Phänomene?
- Welche Vorstellungen, also Begriffe, Konzepte und Denkfiguren, verwenden die Lernenden in fachbezogenen Kontexten?
- Welche Vorstellung haben die Lernenden von Wissenschaft?
- Welche Korrespondenzen zwischen lebensweltlichen Vorstellungen und wissenschaftlichen Vorstellungen sind erkennbar?
- Welches sind die wichtigsten Elemente der Alltagsvorstellungen der Lernenden, die im Unterricht berücksichtigt werden müssen?

Didaktische Strukturierung:

- Welche Lern- und Lehr-Möglichkeiten eröffnen sich, wenn die Schülervorstellungen beachtet werden?
- Welche Lernchancen und -schwierigkeiten bieten die fachlich geklärten Vorstellungen für das Lernen?
- Welche Vorstellungen sind bei der Bildung von Begriffen und der Verwendung von Termini zu beachten?
- Welche der Alltagsvorstellungen von Lernenden korrespondieren mit wissenschaftlichen Konzepten dergestalt, dass sie für ein angemessenes und fruchtbares Lernen genutzt werden können?
- Wie müssen die Lernbedingungen (z. B. Motivation, Lernklima, Hierarchie im Klassenraum) gestaltet werden, um fachliches Lernen und Vorstellungsänderungen zu fördern?

Lernen ist ein aktiver Prozess, sodass die Gedankenwelt der Lernenden als entscheidende Lernvoraussetzung zu beachten ist. Das Modell der Didaktischen Rekonstruktion ist vor allem für die fachdidaktische Forschung formuliert worden. Da mit ihm der Kern von fachlichem Lernen und Lehren abgebildet wird, kann die Didaktische Rekonstruktion darüber hinaus auch das didaktische Vorgehen im Unterricht selbst bestimmen (vgl. *Kansanen* 2003). Durch die Didaktische Rekonstruktion wissenschaftlicher Inhalte rückt folgendes ins Zentrum: das Herstellen von Bezügen zwischen fachlichem und interdisziplinärem Wissen und der Lebenswelt der Lernenden, deren Vorverständnis, Anschauungen und Werthaltungen (vgl. *Kattmannn* u. a. 1997).

▶ 11.1

▶ 14

▶ Bild 1-1

Bei der Unterrichtsvorbereitung – und entsprechend zurück gewendet bei der Unterrichtsreflexion – können die Analysefragen zur Fachlichen Klärung, zu Schülervorstellungen und zur Didaktischen Strukturierung leitend sein.

▶ 14

Heinrich E. Weber (1976) hält wissenschaftliche Originalarbeiten für den Fachdidaktiker im Allgemeinen für unzugänglich und meint daher, fachdidaktische Arbeiten seien an Lehrbuchtexten orientiert. Im Sinne der Didaktischen Rekonstruktion sind jedoch wissenschaftliche Lehrbücher für die fachdidaktische Forschung keine optimalen Quellen. In diesen wird nämlich oft die Einsicht in Zusammenhänge sowie in Komplexität und Geschichtlichkeit der Einzelphänomene durch eine verallgemeinernde Darstellung von Wissensbeständen verdrängt. Als Quellen der Fachlichen Klärung und für den Rückbezug zur Wissenschaft Biologie im Unterricht sind daher *Originalarbeiten* am besten geeignet.

■ Bei der Unterrichtsplanung sollten daher am besten entsprechende fachdidaktische Forschungsergebnisse und darauf basierende Unterrichtsvorschläge zugrunde gelegt werden (vgl. *Kattmann* 1992 c).

▶ 32

3.2.2 Das Verhältnis von Rekonstruktion und Reduktion

In der Didaktischen Rekonstruktion sind häufig solche fachlichen und fachübergreifenden Bezüge zu berücksichtigen, die Fachleute in ihren Arbeiten voraussetzen können, die Nichtspezialisten und Lernenden aber nicht bekannt sind. Dazu gehört zum Beispiel die Auseinandersetzung damit, wie bestimmte Ergebnisse gewonnen wurden und verwendet werden. Dazu gehören auch theoretische Vorannahmen und kontroverse Auffassungen, die von Fachwissenschaftlern häufig nicht mitgeteilt werden, und schließlich auch vielfach nicht beachtete Ergebnisse von Nachbardisziplinen. Hinzu kommt, dass die fachlich beschriebenen Sachverhalte im Unterricht häufig weit stärker, als dies je im Wissenschaftsbereich der Fall ist, in umweltliche, gesellschaftliche und individuale Zusammenhänge einzubetten sind. Auf diese Weise ist ihre Bedeutung für das Leben des Einzelnen in der Gesellschaft und der gesamten Biosphäre zu verdeutlichen. Der didaktisch rekonstruierte Unterrichtsgegenstand wird in diesen Fällen also komplexer und nicht bloß vereinfacht (also nicht nur „didaktisch reduziert"). Die zusätzlich hergestellte Komplexität ist nötig, um im Kontext des Faches und der Lebenswirklichkeit gleichermaßen unangemessene Vorstellungen zu vermeiden. Die den Lehrenden gestellte Aufgabe ist umfangreicher als nur die der Vereinfachung. Vielmehr ist neben der Vereinfachung die nötige Komplexität zu wahren und in angemessenen Schritten für das kumulative Lernen zu nutzen.

Das Leitbild der Didaktischen Rekonstruktion kann also nicht sein, die Lerngegenstände nur »mundgerecht« zu verkleinern, dass die Lernenden sie aufnehmen können. Diese Vorstellung vom Lernen entspricht eher der des Nürnberger Trichters. In der Didaktischen Rekonstruktion sind jedoch selbstverständlich auch Schritte der inhaltlichen Vereinfachung und der methodischen Gestaltung enthalten.

Ein Sachverhalt kann vereinfacht werden (didaktische Reduktion), indem gezielt ein kleinerer Ausschnitt des Gegenstandes oder des Phänomens gewählt wird (z. B. Darstellung einer Nahrungskette anstelle eines Nahrungsnetzes; sektorale Reduktion) oder indem die Struktur durch Weglassen von Beziehungen vereinfacht wird (z. B. Schematisieren, black-box-Methode, Modellbildungen; strukturelle Reduktion, vgl. *Weber, H. E.* 1976). Die beiden Formen der didaktischen Reduktion können auch miteinander kombiniert werden. Die strukturelle Reduktion ist jedoch die weitaus wichtigere. Bei diesem Typ wird eine Aussage »lediglich hinsichtlich der Kompliziertheit und des Umfanges ihrer Struktur, nicht dagegen in ihrer inhaltlichen Kernaussage vereinfacht« (*Weber, H. E.* 1976, 7). Als Hauptverfahren werden genannt (vgl. *Staeck* 1995):

■ Weglassen von wissenschaftlichen Daten, die die Kernaussage nicht berühren,

24 ◄ ■ Überführen von verbaler Darstellung in einfache Diagramme,

23 ◄ ■ Entwicklung von Modellvorstellungen.

Die Aufgabe der didaktischen Reduktion wird meist nur unter inhaltlichem Aspekt betrachtet. Sie betrifft aber nicht nur die Inhalte, sondern auch das Niveau der sprachlichen Darstellung und der wissenschaftsbezogenen Arbeitsweisen. Hat man diese unterrichtsmethodische Umwandlung von wissenschaftlichen Aussagen und Methoden im Blick, spricht man auch von »didaktischer« oder »methodischer Transformation«.

Die didaktische Vereinfachung kann die kognitive und auch die psychomotorische Dimension von Unterrichtszielen betreffen, indem die Komplexität der zu lernenden Sachverhalte wie der zu übenden Techniken und Arbeitsschritte oder der im Experiment verwendeten Apparate reduziert wird. Fraglich ist hingegen die Möglichkeit oder Wirksamkeit der didaktischen Reduktion in der emotional-affektiven Dimension: Die mit einer Fragestellung, einem Sachverhalt oder einer Methode verbundenen Gefühle, Einstellungen und Interessen lassen sich kaum in der gleichen Weise vereinfachen, wie das bezogen auf die kognitive und die psychomotorische Dimension angenommen werden kann. Dieser Mangel verweist erneut darauf, dass das Umsetzen wissenschaftlicher Aussagen in den Unterricht mit dem Prozess der didaktischen Reduktion und Transformation nicht hinreichend zu beschreiben ist.

Während der Teilprozess der didaktischen Reduktion auf den oberen Klassenstufen aufgrund der zunehmenden kognitiven und psychomotorischen Leistungsfähigkeit der Schüler immer mehr zurücktreten kann, verliert die umfassendere Aufgabe der didaktischen *Rekonstruktion* dort nichts von ihrer Bedeutung. Auch auf den höheren Klassenstufen gilt es nämlich zu verhindern, dass der Unterricht lediglich Teile eines Hochschulstudiums vorwegnimmt. Die Besonderheit des Faches Biologie – auch die besondere Schwierigkeit – liegt im Unterschied etwa zu Chemie und Physik in den vielseitigen Betrachtungsweisen, die Biologen auf ihre Gegenstände anwenden (vgl. *Schaefer* 1982 a).

▶ 2.6.3

3.3 Der Bildungswert des Biologieunterrichts heute

Mit dem Terminus »Bildung« wird der Prozess der Auseinandersetzung mit der Umwelt betont, in dem sich das Individuum die Welt und sein Selbst verstehend erschließt (vgl. *Klafki* 1980 a). Der konkrete Inhalt von Bildung und Erziehung ist jeweils nur bezogen auf eine konkrete gesellschaftliche und geschichtliche Situation zu bestimmen.

Die Beiträge der Biologie und des Biologieunterrichts zu einem rational fundierten Selbst- und Weltverständnis wurden seit langem vor allem als Einsicht in die *Grundphänomene des Lebendigen* sowie die *Stellung und Rolle des Menschen in der Natur* beschrieben (Fachwissenschaftler: *Mohr* 1970; *Markl* 1971; Biologiedidaktiker: *Siedentop* 1972, 11-13; *Grupe* 1977, 207-217; *Esser* 1978, 10-20; *Leicht* 1981 a, 21-42). Von anderen wurden fachdidaktische Folgerungen aus der Entwicklung der Biologie zu einer experimentell exakten sowie einer zunehmend angewandten Naturwissenschaft gezogen (vgl. *Mostler/Krumwiede/Meyer* 1979, 5 f.). Diese Beiträge werden meist als Bildungswert der Biologie zusammengefasst, wobei sowohl die Beiträge des Biologieunterrichts zur Allgemeinbildung wie dessen spezifische Beiträge diskutiert werden (vgl. *Lieb* 1981; Friedrich Verlag 1988; *Entrich* 1994 a; *Falkenhausen/Rottländer* 1994; VDBiol 1996; 2002; *Schecker* u. a. 1996; *Bögeholz* 1997; *Horn* 1997; *Bayrhuber* u. a. 1998; *Tausch* 1998; GDNÄ 2002).

Anwendungsaspekte führen zu dem Bildungsauftrag an den Biologieunterricht, *individuale und soziale Probleme* verstärkt zu erfassen (vgl. *Stichmann* 1970, 11; 1981 a, 109; *Grupe* 1977, 208 f.; *Memmert* 1975, 20-25; *Kattmann* 1980 a; *Hedewig* 1980, 15; 1992 b; 1997; *Zucchi* 1992, 411; *Entrich* 1994 a;

1998; *Gropengießer/Kattmann* 1994). In Weiterführung des Ansatzes der hessischen Rahmenrichtlinien wird von einigen Autoren ein als »ganzheitlich-kritisch« verstandener Biologieunterricht angestrebt, der an der Lebenssituation der Lernenden orientiert ist und sie in die Lage versetzt, biologisches Wissen verantwortlich und angemessen anzuwenden (vgl. *Ellenberger* 1993; *Staeck* 1996). *Peter Drutjons* (1982) möchte die Aufgaben des Biologieunterrichts völlig auf das zum Leben und Überleben Notwendige beschränken (»Existenzbiologie«; zur Kritik vgl. *Eschenhagen* 1983 a).

4 ◄ Die moderne Entwicklung der Biologie erfordert eine vertiefte Methodenkenntnis und Methodenkritik und führt zu einer »wissenschaftspropädeutischen« Akzentuierung des Unterrichts. Wenn man die Fragen nach Selbst- und Welterkenntnis, erkenntnistheoretische Aspekte und die Anwendungsproblematik berücksichtigt, lässt sich der Auftrag des Biologieunterrichts in vier zentrale Felder biologischer Bildung zusammenfassen (s. Kasten).

Seit einiger Zeit ist die Rolle der *Formenkunde* für die *Lesbarkeit der lebendigen Natur* hervorgehoben worden (vgl. *Sturm, H.* 1982; *Eschenhagen* 1985; *Eschenhagen/Kattmann/Rodi* 1989; 1992; *Mayer, J.* 1992; 1995; *Janßen* 1993; Bibliographie: *Mayer/Mertins* 1993; *Zabel, E.* 1993; *Gerhardt-Dircksen/Hurka* 2005). Das Phänomen »Vielfalt« sollte nicht auf eine reine Orientierung am System der Lebewesen reduziert werden. Die Biodiversität betrifft vielmehr alle Organisationsebenen des Lebendigen.

Der Zoologe *Gerd von Wahlert* (1977) sieht in der Geschichtlichkeit des Lebendigen die spezifische und zentrale Aussage der Biologie, die im Biologieunterricht zu vermitteln ist. Dem entspricht das Konzept eines »naturge-
3.4.4 ◄ schichtlichen Unterrichts«. Ein wichtiger Aspekt der Biologie betrifft – insbesondere in der Umwelterziehung – das Zeitverständnis mit dem »*prognostischen Denken*« (vgl. *Duderstadt* 1977) und die »Nachhaltigkeit« (vgl.
10.1.3 ◄ *Mayer, J.* 1997) sowie das historische Denken (vgl. *Kattmann* 1987; 1995 a; 1999 b; 2004 b; *Stichmann* 1989; *Herrmann* 1994). Dabei ist das Verständnis der menschlichen Natur genauer als bisher zu beachten. Die mit der Stellung und dem Handeln des Menschen in der Natur verbundenen Probleme sollten auch dazu führen, die Rolle der Biologie in der Gesellschaft und damit ver-
6 ◄ stärkt ethische Fragen zu behandeln.

Die angeführten Ziele und Themen verlangen die Orientierung an den Bedürfnissen der Lernenden sowie ein fächerübergreifendes Vorgehen und das Einbeziehen von Nachbardisziplinen der Biologie in den Unterricht wie
3.4.6 ◄ Psychologie und Sozialkunde (vgl. naturwissenschaftliche Grundbildung).

Lesbarkeit der lebendigen Natur

Die Lernenden sollen das Leben auf der Erde in seinen Formen, Wechselwirkungen und seiner Geschichte wahrnehmen und verstehen.
Das heißt: Sie sind fähig zu

- einem grundlegenden biologischen Verständnis der Natur;
- verantwortungsvoller und ethisch begründeter Teilhabe an der Natur;
- Erleben von Sinnlichkeit und Sinnhaftigkeit der Natur.

Verständnis der eigenen (menschlichen) Natur

Die Lernenden sollen ihren Körper und die menschliche Natur wahrnehmen und verstehen und im Umgang mit sich selbst und anderen nutzen.
Das heißt: Sie verstehen und reflektieren die Fragen

- Woher kommen wir? (Abstammung, Kulturgeschichte)
- Wer sind wir? (Eigenart, Doppelrolle des Menschen in der Natur)
- Wie leben wir? (Sexualität, Wachstum und Entwicklung, Gesundheit und Krankheit, Aggression, Wahrnehmen, Lernen, Denken, Gefühle, Kommunikation, wissenschaftsgestützte zweite Natur: Technik)
- Wohin gehen wir? (Zukunft der Erde, des Lebens, der Menschen)

Biologie als Modus der Welterschließung

Die Lernenden sollen die wissenschaftlichen Denk- und Arbeitsweisen der Biologie kennen lernen, anwenden, reflektieren und kommunizieren.
Das heißt: Sie erkennen in der Biologie

- eine spezifische (naturwissenschaftliche) Weise der Erkenntnisgewinnung;
- zentrale wissenschaftliche Fragestellungen, Kategorien/Elemente, Begriffe, Theorien;
- Denkwerkzeuge zum Umgang mit Komplexität.

Rolle der Biologie in der Gesellschaft

Die Lernenden sollen die Beziehung zwischen der Biologie und ihren gesellschaftlichen Anwendungen erfassen und deren Folgen für das Leben und Überleben bewerten.
Das heißt: Sie begreifen als gesellschaftliche Folgen

- die Anwendung und Nutzung biologischen Wissens in Berufen;
- die mit der Anwendung biologischer Kenntnis verbundenen Chancen, Risiken und Gefahren (z. B. Gentechnik, Fortpflanzungstechnik);
- den mit biologischen Aussagen verbundenen Gebrauch und Missbrauch aufgrund gesellschaftlich-politischer Interessen (z. B. Rassismus, Genetizismus, Sexismus, Kreationismus).

Bildungsgehalt des Biologieunterrichts (nach H. Gropengießer)

► Tabelle 3-2

3.4 Inhaltsauswahl und Verknüpfung

3.4.1 Entscheidungskriterien

Eine Aufgabe der Fachdidaktik ist es, die notwendigen Entscheidungen bei der Auswahl von Unterrichtszielen und Unterrichtsinhalten möglichst weitgehend zu begründen und durch die Angabe von Grundsätzen einsehbar zu machen. Als leitende Gesichtspunkte werden verbreitet »Wissenschaft«, »Gesellschaft« und »Schüler« genannt. Diese Aspekte stammen von *Ralph W. Tyler* (1973) und wurden in der Curriculumentwicklung übernommen (vgl. *Huhse* 1968). Die Bereiche können auch als unterrichtsbezogene Fragen formuliert werden:

»1. Bedürfnisse und Interessen des Schülers: Was möchte und was braucht der Schüler jetzt? ('Schülerrelevanz').

2. Anforderungen in der Gesellschaft: Welche Qualifikationen braucht der Staatsbürger gegenwärtig und wahrscheinlich in absehbarer Zeit? ('Gesellschaftsrelevanz').

3. Anforderungen der jeweiligen Bezugswissenschaften: Welches Wissen ist für den Schüler notwendig, damit wissenschaftliche Aussagen sachgemäß verstanden und angewendet werden können? ('Wissenschaftsrelevanz')« (*Kattmann/Schaefer* 1974, 11).

In den meisten Curriculumprojekten und Unterrichtsentwürfen zeigt sich, dass die Gesichtspunkte die Auswahl der konkreten Inhalte nicht wirksam beeinflussen, da diese viel stärker vom Vorverständnis der Auswählenden bestimmt wird als durch formal vorgegebene Kriterien. Besonders viele unterschiedliche Stellungnahmen gibt es zur Bedeutung der »Gesellschaftsrelevanz« (vgl. *Drutjons* 1980). Außerdem sind die drei Aspekte nicht unabhängig voneinander, sondern Individuum (Schüler) und Wissenschaft sind jeweils in unterschiedlicher Weise vom Bereich »Gesellschaft« beeinflusst.

Für sich genommen erweisen sich die drei Kriterien als ungeeignet für die Inhaltsauswahl. *Wolfgang Memmert* (1975, 20; vgl. 1980; 1981) zieht daraus den Schluss, dass die Gesellschaftsrelevanz als Hauptdeterminante des Entscheidungsprozesses fungieren müsse. In der Curriculumpraxis wurde dagegen häufig der Determinante »Wissenschaft« der meiste Einfluss eingeräumt; die Determinante »Schüler« wurde oft nur deklamatorisch berücksichtigt (vgl. *Huhse* 1968). Ohne weitere Vorgaben können die drei Aspekte lediglich als grobes Hilfsinstrument verwendet werden, um ungeeignete Lernziele und Lerninhalte auszuschließen.

Da sich aus der Orientierung an den Bereichen z. T. widersprüchliche Tendenzen ergeben, wäre es notwendig, das Verhältnis der Bereiche zueinander genauer zu beschreiben (vgl. *Sönnichsen* 1973; *Kattmann* 1980 a, 80 f.). Dies könnte durch übergeordnete »Erziehungsziele« geschehen. In diesem Zu-

13.5 ◄
13.6 ◄

sammenhang ist es bedeutsam, dass bereits *Tyler* die drei Bereiche nicht als Entscheidungskriterien betrachtete, sondern lediglich als Ressourcen (Quellen) zur Gewinnung relevanter Unterrichtsziele. Die Anzahl der so gewonnenen Ziele ist größer, als im Unterricht verwirklicht werden kann. Daher fordert *Tyler* (1973), dass die Auswahl mit Hilfe eines Gesamtkonzeptes der Bildung und Erziehung sowie durch Kriterien der Lernpsychologie erfolgen solle.

Für eine solche weitergehende Begründung von Unterrichtsinhalten sowie zu deren Aufschlüsselung unter verschiedenen Gesichtspunkten (Aspektierung) haben mehrere Autoren Konzepte und Instrumente vorgelegt (vgl. *Bayrhuber* 1977; *Strauß* 1977; *Strey* 1980; *Adl-Amini* 1980). Letztlich steht hinter der Frage der Inhaltsauswahl die nach einem verbindlichen Bildungskanon. Ein erneuter Anlauf, die Inhaltsauswahl zu begründen, ist die Entwicklung von Kerncurricula und Standards. Da systematische Begründungen ohne eine hinreichende empirische und theoretische Grundlage schwierig sind, wurde jedoch bisher weitestgehend pragmatisch vorgegangen (vgl. KMK 2004 b, *Harms* u. a. 2004; *Frank/Gropengießer* 2005; MNU 2006).

3.4.2 Exemplarisches Prinzip

Die Frage der Auswahl von Unterrichtsinhalten ist eng verknüpft mit dem »exemplarischen Prinzip« von *Martin Wagenschein* (1973; 1962; vgl. *Berck, K.-H.* 1996; 2001, 54-60; *Schmidt, E.* 2003 a).

Obgleich der Terminus in der Literatur nicht einheitlich verwendet wird, ist kennzeichnend, dass Unterricht nach dem exemplarischen Prinzip an bestimmten zu erschließenden Problemen orientiert ist. Durch die exemplarische Auswahl soll die Stofffülle beschränkt werden. Der Unterrichtsstoff wird dann in der Regel nicht in einer fachlich bestimmten systematischen Reihenfolge, sondern vom ausgewählten Beispiel aus in die Tiefe gehend gelernt. Es soll ein »Vorratslernen« vermieden werden, bei dem den Lernenden das vermittelt wird, was sie erst später oder vielleicht gar nicht benötigen.

Obgleich das exemplarische Prinzip vielen Lehrenden einleuchtet, ist es doch nicht leicht umzusetzen, wie u. a. in der Lehrerausbildung zu beobachten ist (vgl. *Brülls* 2004). *Werner Siedentop* (1972, 46) schildert ein einfaches Beispiel am Thema »Knochenbruch«: »Während der wissenschaftlich-systematische Weg von der Zelle über die Gewebe zu den Organen führt und man an der richtigen Stelle den Knochenbruch behandelt, würde der exemplarische Weg mit einem Einstieg bei dem im Augenblick eines Unfalls aufflammenden Interesse an einem Knochenbruch einsetzen. Was ist geschehen? Wie erfolgt die erste Hilfeleistung? Was tut der Arzt? Warum? Wollen die Schüler ihre Fragen beantwortet haben, so müssen sie sich zunächst mit dem Bau des Knochens und seiner Funktion beschäftigen (unter Heranziehung mikroskopischer Präparate, physikalischer und chemischer Versuche). Dabei stößt man

Exemplarisches Prinzip

Der Unterricht wird bestimmt durch

- das »Elementare«: Die Beispiele müssen sich auf grundlegende Einsichten beziehen;
- das »Genetische«: Im Unterricht soll forschend-entwickelnd anhand von Beobachtungen und Experimenten vorgegangen werden;
- die »Begegnung mit den Phänomenen«: Es soll von Realobjekten ausgegangen und nicht vorschnell abstrahiert und verallgemeinert werden;
- das »Fundamentale«: Es sollen Ergebnisse erzielt werden, die den Menschen besonders angehen, die daher das Verständnis der Lernenden von sich selbst und von der Welt grundlegend verändern.

auf die Begriffe Zelle, Gewebe, Knochensystem, Muskeln, Bewegung, Heilung, Regeneration u. a.«

Wolfgang Memmert (1975, 30) nennt die folgenden Vorteile des exemplarischen Vorgehens: geringerer Zeitaufwand, vertiefte Behandlung, Eigentätigkeit der Lernenden, Motivation, bessere Verknüpfung mit Problemen.

Demgegenüber müssen auch *Schwierigkeiten und Nachteile* gesehen werden (vgl. *Siedentop* 1972, 47 ff.; *Memmert* 1975, 30 ff.): geringerer Zugang zu allgemeinen Einsichten und zu biologischer Vielfalt, Überschneidungen zwischen den Beispielen, fehlende Verknüpfungen und Ordnung, ungeklärtes Verhältnis von Einzelwissen und Allgemeinwissen, Überforderung der Lehrkraft durch unvorhersehbare Situationen und Aspekte.

Die Einwände zeigen, dass das exemplarische Prinzip ein wesentlicher, aber nicht alleiniger Grundsatz für die Inhaltsauswahl des Unterrichts sein kann. Das exemplarische Vorgehen sollte durch Unterrichtsphasen ergänzt werden, in denen den Lernenden die nötigen Orientierungen zum Weiterlernen und zur Einordnung des Gelernten gegeben werden. Ein Vorgehen besteht darin, das nötige *Orientierungswissen* in besonderen Phasen des Unterrichts systematisch zu vermitteln.

3.4.3 Orientierungswissen, Basiskonzepte und Erschließungsfelder

Die Zusammenhangslosigkeit der Unterrichtsthemen im Biologieunterricht wirft wiederum dieselben Probleme auf, die in der 1970er Jahren versucht wurden, mit Strukturierungsansätzen zu lösen. Durch Richtlinienkommissionen wurde diese Frage bisher im Sinne vieler Prinzipien entschieden, mit der Folge, dass sich der Flickenteppich von Konzepten und Themen nicht veränderte. Der Aufsplitterung des gegenwärtigen Biologieunterrichts in für die Lernenden beziehungslos nebeneinander stehende Teilthemen entspricht das vorwiegend additive Lernen deutscher Schüler (PISA-Konsortium 2001).

2.6.2 ◄

Die Frage der Verknüpfung wird zum Lernen hin verschoben, wenn man das *Assoziieren* in den Vordergrund rückt, bei dem die Lernenden die Verknüpfungen aufgrund ihres Vorwissens selbst herstellen (»Zick-Zack-Lernen«, *Schaefer* 1999). Damit kann jedoch erkannter Maßen nur ein Teil des Lernprozesses bestritten werden. Aufgrund lerntheoretischer Überlegungen wird gefordert, den Unterricht an leitenden Konzepten und anderen begrifflichen Orientierungshilfen (»Advanced Organizers«, »Cognitive Bridges«) auszurichten (vgl. *Ausubel* 1960; UNESCO 1977, 109 ff.). In der Biologie stehen mehrere Ordnungsschemata zur Verfügung, mit denen das Wissen verknüpft werden kann. Wenn eines oder mehrere *Ordnungsschemata* wiederholt im Unterricht benutzt werden, können sich die Lernenden zunehmend auch selbstständig an ihnen orientieren:

- System der Organismen,
- Stammbaum der Organismen,
- Disziplinen der Biologie,
- Grundphänomene des Lebendigen,
- Systemebenen und Systemteile (Kompartimente).

Die Verknüpfungen und eine logische unterrichtliche Abfolge könnten möglicherweise durch die *Sequenzierung von Begriffen* aufgrund deren Stellung in Begriffsnetzen geleistet werden (*Graf/Berck* 1998).

Ein neuerdings beschrittener pragmatischer Weg, sinnvolle Verknüpfungen zu erreichen und bedeutungsvolles (kumulatives) Lernen zu fördern, ist die Formulierung von Basiskonzepten oder Erschließungsfeldern. Diese sollen zugleich der Konzentration der Inhalte auf fachlich und didaktisch wesentliche Inhaltsaspekte dienen und den Lernenden helfen, sich fachlich zu orientieren, biologische Prinzipien und Zusammenhänge zu erkennen, diese einzuordnen und fruchtbar weiter zu lernen.

In den »Standards für den mittleren Schulabschluss« (KMK 2004 b) werden nur drei *Basiskonzepte* formuliert: »System«, »Struktur und Funktion« und »Entwicklung«. In den Einheitlichen Prüfungsanforderungen (KMK 2004 a) sind acht konkret umrissene Basiskonzepte formuliert worden. Ein weiterer Vorschlag wurde mit der Formulierung einer großen Anzahl von *Erschließungsfeldern* gemacht (MNU 2001; VdBiol o. J.). Erschließungsfelder wie »Bewegung«, »Variabilität«, »Angepasstheit«, »Information« sollen bei verschiedenen Themen immer wieder angesprochen werden und das Gelernte als Strukturierungs- und Systematisierungshilfen verbinden. In dieselbe Richtung weisen die von *Gerhard Schaefer* (1990 a) als spannungsvolle und zugleich integrierende Polaritäten formulierten *Lebensprinzipien*. Diese sollen im Unterricht jeweils gleichermaßen berücksichtigt werden, um den Charakter der Biologie zu erfassen und diese auch mit den anderen Naturwissenschaften zu verknüpfen (vgl. MNU 2006).

55

Da die Basiskonzepte die fachlichen Inhalte repräsentieren und konzentrieren sollen, hängt ihre Formulierung und Auswahl vom Biologieverständnis der Autoren ab. Bei einem angemessenen Verständnis der Evolution wäre es z. B. nicht angebracht, diese zusammen mit der Ontogenese einem Basiskonzept »Entwicklung« unterzuordnen (gegen KMK 2004 b). Wenn sehr abstrakte Basiskonzepte – wie »System« – formuliert werden, ist es fraglich, ob sie den Lernenden zur Orientierung dienen können oder eher nur zu formaler Zuordnung führen (Verbalismus). Bei einer zu großen Anzahl relativ abstrakter Begriffe in den Erschließungsfeldern ist wiederum zu bedenken, ob dabei nur die Aspektierung durch die Lehrenden befördert wird oder ob diese auch als Lerninstrumente fungieren und damit zum bedeutungsvollen Lernen beitragen können. Es ist zu befürchten, dass u. a. die Zuordnung von nur beschreibenden Begriffen von den Lernenden (fälschlich) schon als Erklärungen des biologischen betreffenden Phänomens verstanden werden und so ebenfalls zu einem nur formalen Verstehen beitragen. Am ehesten erscheint ein Mittelweg bei den für die Abiturprüfung formulierten Basiskonzepten gelungen (KMK 2004 a). Diese Basiskonzepte könnten auch auf der Sekundarstufe I die angestrebten Aufgaben erfüllen (vgl. MNU 2006). Wenn man die Anzahl dazu reduzieren möchte, können »Kompartimentierung«, »Steuerung und Regelung« sowie auch »Information und Kommunikation« unter »Struktur und Funktion« subsumiert werden.

3.4.4 Leitlinie Evolution

Obgleich die Evolutionstheorie die durchgehende Basistheorie der Biologie ist, hat sie im Lernen und Lehren von Biologie bisher nicht die entsprechende Stellung erlangt. Einschränkende Positionen ihr gegenüber und zur Evolution als Thema des Unterrichts sind nicht nur in der Geschichte des Biologieunterrichts zu finden. In der Nachfolge von *Otto Schmeil*, der die darwinsche Theorie als spekulativ betrachtete, wird die experimentelle Überprüfbarkeit der Theorie bemängelt und der Schluss gezogen, dass die Selektionstheorie außerhalb des naturwissenschaftlichen Vorgehens stünde und nur die Beschreibung der Phänomene oberhalb der Art-Ebene (Makroevolution) evolutionsbiologischer Gegenstand sein könne (*Schmidt, E.* 2003 b; 2006). Von anderer Seite wird Evolution von den so genannten Belegen der vergleichenden Morphologie her als naturwissenschaftliche Tatsache gekennzeichnet und die Feststellung von Homologien zum Zentrum der Betrachtung gemacht (*Berck, K.-H.* 2002). Von weiteren Autoren wird dem evolutionsbiologischen Konzept von *Wolfgang Gutmann* eine hervorragende Erklärungsmacht zugeschrieben und dabei Evolution auf Konstruktionsprinzipien und Morphologie der Organismen beschränkt (vgl. *Konopka* 1998; *Schnürch* 1998, zur Kritik vgl. *Kattmann* 1998 b; 2005 b).

Der Vielfalt biologischer Phänomene und Sachverhalte liegen Prinzipien zugrunde, die sich als Basiskonzepte beschreiben lassen. ... Alle Basiskonzepte beinhalten den Aspekt der Wechselwirkungen in verschiedenen Zusammenhängen.

■ **Struktur und Funktion.** Lebewesen und Lebensvorgänge sind an Strukturen gebunden; es gibt einen Zusammenhang von Struktur und Funktion. Dieses Basiskonzept hilft z. B. beim Verständnis des Baus von Biomolekülen, der Funktion der Enzyme, der Organe und der Ökosysteme.

■ **Reproduktion.** Lebewesen sind fähig zur Reproduktion; damit verbunden ist die Weitergabe von Erbinformationen.
Dieses Basiskonzept hilft z. B. beim Verständnis der identischen Replikation der DNS, der Viren, der Mitose und der Fortpflanzung.

■ **Kompartimentierung.** Lebende Systeme zeigen abgegrenzte Reaktionsräume.
Dieses Basiskonzept hilft z. B. beim Verständnis der Zellorganellen, der Organe und der Biosphäre.

■ **Steuerung und Regelung.** Lebende Systeme halten bestimmte Zustände durch Regulation aufrecht und reagieren auf Veränderungen.
Dieses Basiskonzept hilft z. B. beim Verständnis der Proteinbiosynthese, der hormonellen Regulation und der Populationsentwicklung.

■ **Stoff- und Energieumwandlung.** Lebewesen sind offene Systeme; sie sind gebunden an Stoff- und Energieumwandlungen.
Dieses Basiskonzept hilft z. B. beim Verständnis der Photosynthese, der Ernährung und des Kohlenstoffkreislaufs.

■ **Information und Kommunikation.** Lebewesen nehmen Informationen auf, speichern und verarbeiten sie und kommunizieren.
Dieses Basiskonzept hilft z. B. beim Verständnis der Verschlüsselung von Information auf der Ebene der Makromoleküle, der Erregungsleitung, des Lernens und des Territorialverhaltens.

■ **Variabilität und Angepasstheit.** Lebewesen sind bezüglich Bau und Funktion an ihre Umwelt angepasst. Angepasstheit wird durch Variabilität ermöglicht. Grundlage der Variabilität bei Lebewesen sind Mutation, Rekombination und Modifikation.
Dieses Basiskonzept hilft z. B. beim Verständnis der Sichelzellanämie, der ökologischen Nische und der Artbildung.

■ **Geschichte und Verwandtschaft.** Ähnlichkeit und Vielfalt von Lebewesen sind das Ergebnis stammesgeschichtlicher Entwicklungsprozesse.
Dieses Basiskonzept hilft z. B. beim Verständnis der Entstehung des Lebens, homologer Organe und der Herkunft des Menschen.

Basiskonzepte in den Einheitlichen Prüfungsanforderungen (EPA) (KMK 2004a)

In die kontroverse Zone der Biologie gerät die Evolution durch Auseinandersetzung mit dem *Kreationismus*. Die stärksten Ausprägungen sind in den USA zu finden (vgl. *Jeßberger* 1990; *Moore* 2001; *Hörsch* 2004). In einer auch von einigen Biologen vertretenen Variante soll die so genannte Schöpfungstheorie an die Stelle der Evolutionstheorie treten, wozu auch biologiedidaktische Zeitschriften Raum gegeben haben (z. B. in PdN-B 1989, H. 8; 2000, H. 6; 2002, H. 1) und die zu einem Lehrbuch zusammengefasst wurde (*Junker/Scherer* 2001). Zur Kontroverse gibt es vielfältige Darstellungen (erkenntnistheoretisch: *Kötter* 2000; theologisch: *Johannsen* 1982; 1997; antireligiös: *Mahner* 1989; *Wuketits* 2000; evolutionsbiologisch: *Gould* 1991 a, 251 ff.; *Stephan* 1991; *Kattmann* 1992 a; *Kutschera* 2003; Unterrichtswürfe: *Bange* 1989; *Rottländer* 1989 b; 2003; *Kattmann* 1998 a). Die Auseinandersetzung sollte im Respekt gegenüber persönlichen Überzeugungen geführt werden (vgl. *Gould* 1991 a, 259 f.; 1994, Essay 21). Lernende, die im Unterricht religiös bestimmte Überzeugungen im kreationistischen Sinne äußern, haben ein Recht darauf, ernst genommen zu werden (vgl. *Kattmann* 1998 a, 37; *Berck* 2001, 231 f.). Es sind hier u. a. die Überzeugungen von Lernenden moslemischen Glaubens zu berücksichtigen (vgl. *Ohly* 1997; *Illner* 1999).

Im Gegensatz zu den genannten einschränkenden Positionen wird mit der Konzeption des *naturgeschichtlichen Unterrichts* vorgeschlagen, den Evolutionsgedanken als durchgehende Leitlinie zu verwenden (*Kattmann* 1995 a; vgl. 1996, 12 f.; 2005 b, 11 f.; *Illner/Gebauer* 1997; vgl. auch *Killermann/Hiering/Starosta* 2005, 315 ff.). So wird die Erklärungsmächtigkeit der Evolutionstheorie im Sinne von *Theodosius Dobzhansky* (1973) genutzt: »Nothing in biology makes sense except in the light of evolution«. Dabei werden persönliche Überzeugungen respektiert: Evolutionstheorie soll nicht weltanschaulich verpflichtend oder als Glaubenslehre, sondern als die bewährte, wissenschaftlich gültige Theorie der Geschichte des Lebens behandelt werden (vgl. *Bojunga* 1990; *Peled/Barenholz/Tamir* 2000; *Hagman/Olander/Wallin* 2003).

Durch die Leitlinie wird das Unterrichtsthema Evolution selbst verändert: Biologie als historische Wissenschaft sollte zunehmend zu einer Sicht führen, mit der die Evolution der Lebewesen nicht durch isolierte Stammeslinien und abgegrenzte Typen beschrieben wird, sondern als Ko-Evolution in Abhängigkeit, Konkurrenz und Kooperation der Arten (synökologische Betrachtung der Evolution). Die Lebewesen sind in ihrer Geschichte und Zukunft durch konkrete Beziehungen miteinander verbunden und nur in geschichtlicher und aktualer Abhängigkeit zueinander zu beschreiben und zu erklären (vgl. *Kattmann* 1992 a; 2005 b; 2006; *Hedewig/Kattmann/Rodi* 1998; *Zabel, J.* 2006).

3.1.3 ◄   Entsprechend ihrer Bedeutung als durchgehende und spezifisch biologische Theorie soll die Evolutionstheorie über das Thema Evolution hinaus didak-

Bild 3-1 ◄ tisch als *Erklärungsprinzip* verwendet werden und zwar in allen Themenbe-

Themenbereiche	Unterrichtseinheiten	Klassenstufen
Systematische Gruppen: Wirbeltiere; – Säugetiere; – Vögel	*Baumann* u. a. 1996; *Herkner* 2004; *Kattmann/Janssen-Bartels/Müller* 2005 a; *– Schmitt* 2002; *– Gaebel* 2000	5 bis 7
Physiologie und Lebensweise	*Harwardt* 1996	7/8
Genetik	*Baalmann/Kattmann* 2000	9/10
Zytologie	*Harms/Bartsch* 2000	11
Verhalten	*Kattmann/Klein* 1989: *Weber-Peukert/Peukert* 1989; *Hedewig* 2000	7 bis 10
Entwicklung und Brutversorgung	*Kaminski/Kattmann* 1996	11/12
Bioplanet, globale Ökologie	*Sander/Jelemenská/Kattmann* 2004	7 bis 10
Blütenökologie	*Kattmann/Fischbeck-Eysholdt* 2000	10 bis 13
Krankheit	*Hinrichs/Kattmann* 2005	10
Selektion: Birkenspanner; – Giraffen; – »Hautfarben«	*Baalmann/Kattmann* 2000; *– Kattmann/Janßen-Bartels/Müller* 2005 b; *– Schultze/Menke* 2005	7 bis 10
Schöpfung und Evolution	*Kattmann* 1998 a	5/6

Tabelle 3-3: Konzept des naturgeschichtlichen Unterrichts: exemplarische Unterrichtseinheiten

reichen des Biologieunterrichts. Das bedeutet, dass der Evolutionsgedanke früh eingeführt wird, um *historische Erklärungen* zu liefern und auch *historische Fehlurteile* zu revidieren. Damit soll die Zersplitterung und Zusammenhangslosigkeit der Themen des Biologieunterrichts aufgehoben sowie die randständige Rolle beendet werden, die die Evolution seit *Schmeil* im Biologieunterricht hatte. Die Konzeption des naturgeschichtlichen Biologieunterrichts wurde bisher exemplarisch vor allem in der Sekundarstufe I angewendet.

▶ 4.6

▶ Tab. 3-3

3.4.5 Fächerübergreifende Aufgaben

Fächerübergreifende pädagogische Aufgaben des Biologieunterrichts betreffen Gegenstände oder Bereiche, deren Bedeutung sich von dem allgemeinen Erziehungsauftrag der Schule herleitet. Diese Aufgaben ergeben sich nicht zwingend oder vollständig aus den Zielen der einzelnen Schulfächer selbst. Vielmehr sind die sozialen und individualen Probleme zu berücksichtigen, die sich den Menschen in der jeweiligen Zeit und Gesellschaft stellen. Für die

Gegenwart nennt *Wolfgang Klafki* (1993, 56 ff.) fünf *Schlüsselprobleme*:

- »die Friedensfrage«;
- »die Umweltfrage«;
- »die gesellschaftlich produzierte Ungleichheit ... zwischen sozialen Klassen und Schichten, zwischen Männern und Frauen, ... behinderten und nicht behinderten Menschen, ... Menschen, die einen Arbeitsplatz haben, und denen, für die das nicht gilt, ... Ausländern und der einheimischen Bevölkerung«;
- »die Gefahren und die Möglichkeiten der neuen technischen Steuerungs-, Informations- und Kommunikationsmedien«;
- »die Subjektivität des einzelnen ... in der Spannung zwischen individuellem Glücksanspruch, zwischenmenschlicher Verantwortung und der Anerkennung des bzw. der jeweils Anderen.«

Mit den Schlüsselproblemen sind Bereiche angesprochen, die zentral den Biologieunterricht berühren: »Gesundheit«, »Sexualität«, »Frieden« und »Umwelt« (vgl. *Grupe* 1977, 148 ff.; *Mostler/Krumwiede/Meyer* 1979, 155-215; *Kattmann* 1980 a, 167-216). Den genannten Bereichen ist gemeinsam, dass sie sich nicht jeweils auf einen fest umgrenzten Zustand beziehen, sondern Probleme und Aufgaben betreffen, die nur dynamisch als Prozess zu beschreiben sind. Dementsprechend lassen sich die vier Bereiche nicht scharf gegeneinander abgrenzen; es bestehen sehr weitgehende Überschneidungen.

Fächerübergreifende pädagogische Aufgaben werden oft als durchgehende *Unterrichtsprinzipien* angesehen, die im Unterricht an vielen Stellen aufgegriffen werden sollten. Dabei wird häufig ein reiner Gelegenheitsunterricht (abgestimmt auf Klassensituation und aktuelle Ereignisse) empfohlen. Daneben gibt es aber die Auffassung, dass diese Aufgaben als pflichtgemäße Unterrichtsthemen in mehreren Fächern planvoll und lernzielorientiert behandelt werden sollten (vgl. *Staeck* 1995). Der Unterricht kann dabei die Fächer übergreifen oder vom Biologieunterricht ausgehend fächerverbindend sein (vgl. *Gerhardt-Dircksen/Müller* 2000). Um eine systematische Behandlung bemüht sich eine auf die Probleme bezogene *Aufgabendidaktik*. Durch aufgabendidaktische Überlegungen wird fachlich bestimmtes Wissen mit fächerübergreifenden individual und sozial bedeutsamen Problemen der Bereiche verknüpft (vgl. z. B. *Beyer/Kattmann/Meffert* 1982).

Die Fächer übergreifenden pädagogischen Aufgaben können keinesfalls allein von allgemein bildenden Schulen allein gelöst werden. Eine sinnvolle und effektive Gesundheitserziehung, Sexualerziehung, Friedenserziehung oder Umwelterziehung kann in der Regel nur durch Einbeziehen *außerschulischer Erfahrungen* und *Institutionen* erreicht werden (vgl. *Stichmann* 1996; *Kyburz-Graber* u. a. 1997). Insbesondere ist eine Zusammenarbeit mit den Eltern an-

7 bis 10 ◄

60

gebracht (wie es in der Sexualerziehung selbstverständlich ist). Stärker als bei anderen Unterrichtsinhalten ist hier entscheidend, ob die im Unterricht vermittelten Einsichten im Verhalten der Lernenden wirksam werden. Die Unterrichtsziele betreffen neben der kognitiven Dimension verstärkt auch die affektive Dimension. Entsprechend sorgfältig müssen verhaltensrelevante und emotional ansprechende Unterrichtsmethoden und Unterrichtsinhalte ausgewählt und aufeinander abgestimmt werden. Nur wenig von Lehrenden kontrollierte Sozialformen sind hier unverzichtbar, um die Lernenden zu eigenen Stellungnahmen und persönlichen Lösungen kommen zu lassen (vgl. *Gerhardt-Dircksen/Müller* 2000, 1 f.).

Als fächerübergreifend wird der fachbezogenen zuweilen eine *»ganzheitliche« Sicht* gegenübergestellt. Die Nähe dieses Ansatzes zur antirational ausgerichteten Tradition der »sinnigen Naturbetrachtung« und zur Ganzheitsideologie kann vermieden werden, wenn der Aspekt des Naturerlebens und der Bezug zur Lebenswirklichkeit nicht in Gegensatz, sondern als Ergänzung zum Fachunterricht betrachtet werden (vgl. *Janßen/Trommer* 1988; *Bayrhuber* u. a. 1997; *Trommer* 1997).

▶ 2.5.3

3.4.6 Naturwissenschaftliche Grundbildung und das Fach „Naturwissenschaft"

Die Forderung nach »naturwissenschaftlicher Grundbildung« oder in der angelsächsischen Tradition »Scientific Literacy« (vgl. *Bybee* 1997; *Laugksch* 2000; *Nentwig* 2000; PISA-Konsortium 2001; *Dubs* 2002; *Moschner/Kiper/ Kattmann* 2003) legt den Schluss nahe, dass ein integrierter naturwissenschaftlicher Unterricht besser geeignet sein könnte, die höheren naturwissenschaftlichen Kompetenzstufen zu fördern, als ein aufgefächerter. Hierbei spielt besonders der Aspekt eine Rolle, die Leistungsfähigkeit und die Grenzen, d. h. die »Natur der Naturwissenschaft(en)« zu erfassen (vgl. *Höttecke* 2001; *Hößle/Höttecke/Kircher* 2004).

▶ 4

Diese Fragen sind in der deutschen Naturwissenschaftsdidaktik in den 1970er Jahren bereits in aller Breite diskutiert worden (vgl. *Frey/Häußler* 1973; *Frey/Blänsdorf* 1974). Die Wirkungen dieser Debatte sind begrenzt geblieben. Prinzipen der Integration der Naturwissenschaften werden allenfalls in unteren Klassenstufen angewendet. Naturwissenschaftliche Aspekte sollen im Sachunterricht neben sozialwissenschaftlichen integriert unterrichtet werden. In einigen Bundesländern ist das Fach Naturwissenschaft in der Orientierungsstufe (Klassenstufe 5/6) eingerichtet worden. Dieser besteht aber in der Regel aus einzelnen biologisch, chemisch oder physikalisch orientierten Unterrichtseinheiten, die durch ihren Beitrag zur naturwissenschaftlichen Grundbildung zusammengebunden werden sollen. Indem naturwissenschaftliche Denk- und Arbeitsweisen und das Verstehen der Natur der Naturwissenschaften betont werden, wird ein von der Differenzierung in Fächer bzw. von den Besonderheiten biologischer, chemischer und physikalischer Inhalte abgelöstes Fachverständnis angezielt (vgl. *Brandt* 2005; *Tille* 2005).

Innerhalb der Diskussion um „Scientific Literacy" wurden auch Vorschläge gemacht, mit denen die bisherige Abfolge von integriertem Unterricht und Fächerunterricht nahezu umkehrt würde. Die einzelnen naturwissenschaftlichen Fächer sollen zunächst die Grundlage für ein angemessenes Verständnis der biologisch, chemisch oder physikalisch beschriebenen Sachverhalte schaffen. Deshalb soll ein sachorientierter Fachunterricht in der Sekundarstufe I die Grundlagen bereit stellen und in der Sekundarstufe II das Wissen im fächerübergreifenden Unterricht problemorientiert angewendet werden (vgl. *Dubs*, 2002, 75). Ähnliche Konsequenzen hat das Konzept von *Siegfried Klautke* und *Reinhard Tutschek*, indem auf eine Phase »undifferenzierter Ganzheit« eine Phase des »differenzierten Fachbezug« (Fachunterricht) und schließlich die Phase »differenzierter Ganzheit« (fächerübergreifender Unterricht) folgen soll (*Klautke/Tutschek* 1997; *Klautke* 2000). Auch *Gerhard Schaefer* (2002 a; b) plädiert für eine kooperativ von den Fächern vermittelte »Sachkompetenz«, die anschließend in Verbindung mit anderen Disziplinen zu Problemstellungen des alltäglichen Lebens zur »Schaffung einer allgemeinen Lebenskompetenz« genutzt werden soll. Bisher ist der Unterricht dagegen am ehesten in der Sekundarstufe I an Problemen orientiert, während auf der Sekundarstufe II die fachliche Orientierung an einzelnen wissenschaftlichen Disziplinen und Teildisziplinen dominiert. Mit den Vorschlägen wird deutlich, dass die Besonderheiten der Fächer Biologie, Chemie und Physik nicht ohne Schaden zugunsten einer allgemeinen Naturwissenschaft aufgelöst werden können. Dies gilt bereits für die im Elementar- und Primarbereich biologisch, chemisch und physikalisch beschriebenen Phänomene.

Zu den Wirkungen eines integrierten naturwissenschaftlichen Unterrichts besteht trotz erfolgreicher Projekte noch ein erheblicher Forschungsbedarf (vgl. *Klautke* 2000). Nach einer Untersuchung ist nach mehrjähriger Erfahrung der gefächerte Unterricht in den Naturwissenschaften bei den Lernenden beliebter als der integrierte (*Jürgensen/Schieber* 2001). Die bisherigen Ergebnisse von PISA geben keine Auskunft darüber, ob integrierter oder gefächerter naturwissenschaftlicher Unterricht zu besseren Lernergebnissen im Sinne der getesteten Kompetenzen führt (PISA-Konsortium 2002, 245). Die Fragen der Problemorientierung und Anwendung sind mit einem bloßen Zusammenlegen der Fächer nicht gelöst. Auch das abgestufte Nacheinander von fachlicher Orientierung und Anwendungsorientierung bzw. »Sachkompetenz« und »allgemeiner Lebenskompetenz« ist fragwürdig. Lebensbezug und Anwendung sollten nicht zugunsten eines auf Vorrat zu erwerbenden Fachwissens zurückgestellt werden. Vielmehr sollte auf allen Stufen ein *ange-*

messener Bezug zur Lebenswelt und Anwendung hergestellt und dabei zum Ausgangspunkt bzw. Zielpunkt gemacht werden. Auf allen Stufen wären dabei *altersgemäße* fachlich orientierte Phasen und solche der fächerübergreifenden Anwendung und Problemlösung vorzusehen. Für die letzteren sind übergreifende wissenschaftspropädeutische, d. h. metawissenschaftliche, historische, wissenschaftssystematische und ethische Fragen erkenntnisleitend.

▶ 4 bis 6

Eine Integration, die auf die naturwissenschaftlichen Fächer (Physik, Chemie, Biologie) beschränkt ist, wäre für das Unterrichtsfach Biologie fragwürdig, da es weiterreichende enge Beziehungen zu anderen Fächern hat: über die Ökologie insbesondere zur Geografie (vgl. *Lethmate* 2002; 2005 a; b; *Jungbauer* 2004) und über Evolution zur Geologie (vgl. *Knoll* 1982; *Jungbauer* 1989; *Gerhardt-Dircksen/Bayrhuber* 2004; *Kattmann* 2004 b). Außerdem nimmt die Biologie eine Mittlerstellung zu den Sozialwissenschaften ein, sofern der Mensch einer ihrer zentralen Gegenstände ist. Es ist daher angemessen, im Unterricht von biologisch bestimmten Problemen auszugehen und damit das Fach »Biologie« selbst zum Integrationspunkt zu machen (vgl. *Schaefer* 1976 a; *Lepel* 1997; *Kattmann* 2003 c, 129 f.).

Wenn ein integriertes Fach »Naturwissenschaft« (etwa auf Primarstufe und Orientierungsstufe) eingerichtet ist, erscheint es sachgerecht, dieses ausschließlich an lebensweltlich zugänglichen Phänomenen auszurichten. Deren Auswahl sollte nach der Bedeutung für die Erfahrungswelt der Lernenden erfolgen. Es ist abzusehen, dass biologisch bestimmte Aspekte dann eine Hauptrolle im Unterricht spielen werden. Im gefächerten Unterricht (spätestens ab Klassenstufe 7) sollten flexible Stundentafeln es gestatten, neben dem Fachunterricht auch längere Unterrichtsphasen durchzuführen, die an übergreifenden Problemen orientiert sind. Solche *fachunabhängigen Unterrichtsvorhaben* (Projekte) sind konsequent am jeweils ausgewählten Problem auszurichten, d. h. die Beteiligung der (naturwissenschaftlichen und weiteren) Fächer sollte nicht paritätisch aufgeteilt werden, sondern sich in Art und Umfang nach deren Beitrag zur Problemlösung richten (vgl. Niedersächsisches Kultusministerium 1995, 297).

4 Wissenschaftspropädeutik

In allen Präambeln von Lehrplänen werden seit mindestens 30 Jahren wissenschaftspropädeutische Ziele angeführt. Wissenschaftspropädeutik setzt die Kenntnis von Wissenschaft und die Reflexion über Wissenschaft voraus. Ein Blick in die Wissenschaftsgeschichte und -theorie zeigt verschiedene Beschreibungen und Theorien von Wissenschaft: Es gibt nicht *das* wissenschaftliche Vorgehen, vielmehr gibt es viele mögliche wissenschaftliche Vorgehensweisen. Insofern erschöpft sich wissenschaftspropädeutischer Unterricht keineswegs in einer mehr oder weniger direkten Analogie zur Wissenschaft. Nicht zuletzt gilt es, aus wissenschaftspropädeutischer Sicht den besonderen Status der Biologie unter den Naturwissenschaften zu analysieren und zu reflektieren, vor allem die Bedeutung der Evolutions- und Selektionstheorie, des systemischen Denkens und auch das im Vergleich zu den anderen Naturwissenschaften erweiterte Erklärungsspektrum.

Wichtige erschließende Begriffe: Autonomie der Biologie; Beschreiben; Ebenenwechsel; Erklären, Forschungsprogramm; hypothetisch-deduktives Vorgehen; Konstruktivismus; Paradigmenwechsel; Reduktionismus; systemtheoretische Betrachtungsweise

Bearbeitet von *Jürgen Langlet*

4.1 Zum Begriff

Propädeutik war im mittelalterlichen Lehrbetrieb die Vorschule, der auf die höheren Künste vorbereitende Unterricht (gr. προ, vor, und παιδευειν, unterrichten). Wissenschaftspropädeutik im engeren Sinne bezeichnet jene Aspekte des Unterrichts in der gymnasialen Oberstufe, die beispielhaft in wissenschaftliche Fragestellungen, Kategorien und Methoden einführen (KMK 2004 a). Mit Wissenschaftspropädeutik wird damit ein wesentlicher Teil der Studierfähigkeit angezielt (*Eckebrecht/Schneeweiß* 2003). In einem weiten Sinn meint Wissenschaftspropädeutik jenen Unterricht, der Wissen über Biologie vermittelt und dabei allgemeine Bildung im Blick hat, ganz gleich, ob dies in der gymnasialen Oberstufe, der Sekundarstufe I oder der Primarstufe geschieht. Im Biologieunterricht geht es damit um mehr als das Lernen von biologischem Wissen (Fakten, Begriffen, Konzepten, Prinzipien und Theorien). Es geht vor allem auch um Wissen über Biologie und Naturwissenschaften allgemein, und nicht zuletzt darum, an geeigneten Beispielen Biologie auch tatsächlich auszuüben (*Hodson* 1998). Für den wissenschaftspropädeutischen Unterricht formulierte die *Kultusministerkonferenz* im Zuge der Neugestaltung der gymnasialen Oberstufe wegweisende Zielsetzungen (KMK

1976; 1978; vgl. *v. Falkenhausen* 1988), die seitdem in die Präambeln von Lehrplänen und Rahmenrichtlinien aufgenommen wurden:

- ▪ Kenntnis wesentlicher Strukturen und Methoden von Wissenschaften und Verständnis ihrer komplexen Denkformen,
- ▪ Erkennen von Grenzen wissenschaftlicher Aussagen und Einsicht in Zusammenhang und Zusammenwirken von Wissenschaften,
- ▪ Verständnis wissenschaftstheoretischer und philosophischer Fragestellungen,
- ▪ die Fähigkeit, theoretische Erkenntnisse sprachlich zu verdeutlichen und anzuwenden.

Diese hohen Ansprüche leiten seitdem den Unterricht im Sekundarbereich II, der sich dabei auf die in der Sekundarstufe I vermittelten naturwissenschaftlichen Denk- und Arbeitsweisen stützt (*Duit/Gropengießer/Stäudel* 2004; *Harms* u. a. 2004; *Mayer/Krüger* 2006). Wissenschaftspropädeutik besitzt im Biologieunterricht des Sekundarbereichs II eine bevorzugte Stellung (*v. Falkenhausen* 1988; 1989; 2000). Ergänzungen des wissenschaftspropädeutischen Konzepts der KMK-Empfehlungen betrafen die Stärkung des problemlösenden Denkens, die Erziehung zu ethisch fundiertem Verhalten und die Förderung der Kommunikations- und Kooperationsfähigkeit (*Griese* 1983; *Habel* 1990) sowie die Betonung der Wissenschaftskritik (*Langlet* 1992) als Kunst der Beurteilung von Aussagen, Erkenntniswegen, Wirkungen und Grenzen der Biologie (*Vollmer* 2000).

In der deutschen Wissenschaftspropädeutik schwingt neben dem Nachvollzug wissenschaftlicher Entdeckungen – „Transmission of science as the best of our cultural heritage" (*Matthews* 1997) – auch das kritisch erzieherische Moment einer gewissen Entmystifizierung von Wissenschaft mit. Sowohl die Zuverlässigkeit wissenschaftlichen Arbeitens soll nachvollzogen werden, wie auch deren Grenzen sollen thematisiert werden (*Langlet* 1992).

4.2 Zum Verständnis von Wissenschaft

Wissenschaft beschreibt, erklärt, etabliert, erweitert und kommuniziert Wissen in systematischer Weise (*Hoyningen-Huene* 1999; 2001). Wissenschaft kann man mit einer leichten Abwandlung eines *Einstein*-Zitats folgendermaßen charakterisieren: „Die ganze Wissenschaft ist nur eine Systematisierung des alltäglichen Denkens" (*Hoyningen-Huene* 2001).

Wissenschaftstheoretiker beschreiben Wissenschaft zuweilen ganz einfach: »Wissenschaft ist alles, was an einer Universität durch mindestens eine Professur vertreten ist« (*Vollmer* 2000). Den Menschen, Schülerinnen und Schülern wie Studentinnen und Studenten, begegnet Wissenschaft in einer gewaltigen Menge von in Büchern angehäuftem Wissen.

Wissenschaft beschreibt: Das gewaltige Wissen ist nur brauchbar, weil es systematisiert und geordnet vorliegt (wie z. B. *Linnés* »Systema naturae«). Auf Grund der Beschreibung und Klassifizierung von Phänomenen werden Verallgemeinerungen und Regelmäßigkeiten der Welt erzeugt, die wiederum Prognosen erlauben.

4.6 ◄ *Wissenschaft erklärt:* Die Vorhersagekraft der Wissenschaft steigt deutlich mit Erklärungen. Erklärungen werden in der Wissenschaft auf der Grundlage von Theorien formuliert, die mögliche Ursachen verallgemeinern. Wissenschaft ist notwendigerweise immer hypothetisch, sie findet keine Wahrheiten, sondern arbeitet mit Vermutungen über diese Welt.

Wissenschaft eliminiert Fehler: In keinem anderen Bereich als in der Wissenschaft sucht der Mensch so gezielt und systematisch nach Fehlern und versucht diese zu eliminieren (*Langlet* 2003). Einwände sind im Prozess der Wis-

4.3 ◄ senschaft daher wichtiger als Wissensbehauptungen. Von dieser Bereitschaft zur Fehlerkorrektur hängt u. a. die moralische Integrität von Wissenschaft ab, die ihr Forschungsfreiheit garantiert (Artikel 8 des Grundgesetzes). Zur Fehlersuche werden Beobachtungen und Experimente eingesetzt, einmal um behauptete kausale, d. h. Ursache-Wirkungs-Erklärungen, zum anderen um die Existenz der theoretisch angenommenen Faktoren kausaler Wechselwirkungen zu überprüfen.

Wissenschaft erweitert Wissen: Das Wachstum wissenschaftlichen Wissens ist enorm. Diese Erweiterung geschieht ebenfalls systematisch durch drei sich selbst verstärkende Prozesse (positives Feedback).

■ Aus vorhandenem Wissen wird neues Wissen geboren. Dabei folgen Forscher weniger den Schritten einer wissenschaftlichen Methode; vielmehr erzeugen Wissenschaftler auf der jeweils aktuellen Wissensgrundlage mit Hilfe von Analogien (Vergleichen) und Metaphern (Übertragungen) neue Erklärungen und Modellen. (Die Metapher vom Buch des Lebens hat z. B. die DNA-Forschung beflügelt, bis zum Human Genome Project, das paradoxerweise den Anfang vom Ende des DNA-Reduktionismus eingeläutet hat.)

■ Selbstverständlich können sich Technologien nur auf einer breiten und spezialisierten Wissensgrundlage entwickeln. Im Gegenzug gibt die Erfindung von Technologien, Maschinen, Apparaten den Grundlagen-Wissenschaften oft einen gewaltigen Schub (z. B. die bildgebenden Verfahren der Neurobiologie).

■ Wissenschaft nutzt auch den Zufall: Entdeckungen durch ungenaues theoretisches („falsche" Hypothesen) und praktisches Arbeiten (z. B. *Flemings* Penicillin-Entdeckung).

■ Unvorhergesehene Entdeckungen können beim wissenschaftlichen Arbeiten durch das systematische Variieren der Bedingungen gemacht werden.

Wissenschaft kommuniziert Wissen: Die Produktion von Wissen ist gesellschaftlich sinnlos, solange es nur von individuellem Nutzen bleibt. Wissen muss deshalb kommuniziert werden. Dafür haben sich Regeln der Darstellung in Büchern, Zeitschriften, Artikeln, Papieren und Vorträgen etabliert. Diese fordern vor allem, Allgemeines vom Besonderen, Subjektives vom Objektiven, Beschreiben vom Deuten und Gesichertes vom Spekulativen zu trennen. Auch wenn in den Wissenschaften wie überall Fälschungen auftreten (*Simon* 1998), sichern die Veröffentlichungsnormen die Zuverlässigkeit (Reliabilität) und Gültigkeit (Validität) von Wissen. Allerdings handelt sich Wissenschaft damit auch den Nachteil der Unverständlichkeit ein, die teilweise sogar bewusst abgrenzend genutzt wird, sodass es wiederum popularisierender Gegentendenzen wie z. B. PUSH (public understanding of science) bedarf, um das erworbene Wissen an die Gesellschaft zurückzugeben, denn letztlich sollte Wissenschaft der Menschheit dienen.

4.3 Zum wissenschaftlichen Vorgehen

Um die Abgrenzung von Wissenschaft gegenüber Glaubenssätzen (Dogmen) hat sich *Karl R. Popper* sehr verdient gemacht. Stark beeindruckt von *Albert Einstein* kam er »zu dem Schluss, dass die wissenschaftliche Haltung die kritische war; eine Haltung, die nicht auf Verifikation (Bestätigung) ausging, sondern kritische Überprüfungen suchte: Überprüfungen, die die Theorie falsifizieren (widerlegen) konnten, aber nicht verifizieren. Denn sie konnten die Theorie nie als wahr erweisen« (1984, 48). Unter Laien wie auch Biologie-Wissenschaftlern und -Lehrkräften hält sich die Vorstellung, das Vorgehen der Naturwissenschaften bestünde darin, durch vorurteilsfreies Beobachten und Experimentieren Fakten und Daten zu sammeln, diese sorgfältig auszuwerten und dann aus den so ermittelten Ergebnissen Gesetzmäßigkeiten abzuleiten. Von vielen erfassten Einzelfällen soll dabei auf das Allgemeingültige (Regel, Gesetzmäßigkeit) geschlossen werden. Einen solchen Schluss vom Besonderen auf das Allgemeine nennt man in der Logik »Induktion«. Aus den Beobachtungen, dass ausgewachsene Höcker-, Sing- und Zwergschwäne ein weißes Gefieder haben, könnte man durch Induktion schließen: »Alle Schwäne sind weiß«. Damit wird zwar ein Zugewinn an Erkenntnis angestrebt, aber die Gültigkeit des Schlusses bleibt stets unsicher. Durch die Entdeckung des Schwarzen Schwanes (in Australien) erweist sich dieser induktive Schluss als falsch. Der entgegengesetzte Schluss vom Allgemeinen auf das Besondere heißt »Deduktion«. Dieser ist (im Gegensatz zur Induktion) nicht gehaltserweiternd, aber die Deduktion ist logisch immer sicher.

Die induktivistische Auffassung fußt innerhalb der Biologie vor allem auf den Darstellungen von *Max Hartmann* (1948; 1953), die in der biologiedidaktischen Literatur mehrfach übernommen (vgl. *Grupe* 1977, 197 ff.; *Klaut-*

69

Bild 4-1: Angeblich voraussetzungsloses, „reines" Beobachten
(*Langlet* 2001, 4)

ke 1997; *Staeck* 1995) und auch in der neueren didaktischen Literatur nicht
konsequent korrigiert worden sind (*Berck* 2001; *Berck/Graf* 2003; *Killer-
mann/Hiering/Starosta* 2005, 13 f.).

Nach *Poppers* (1966; 1984) wissenschaftstheoretischen Einsichten erwei-
sen sich induktive Erkenntnisgewinnung mit Hilfe »voraussetzungsloser«
Beobachtungen und Experimente wie auch die unterrichts-alltägliche Forde-
rung „Erst beschreiben, dann deuten!" (*Tetens-Jepsen* 1992) als problematisch
(*Vollmer* 2000). „Das voraussetzungslose Beobachten – psychologisch ein
Unding, logisch ein Spielzeug" (*Fleck* 1980).

Beobachtung, Beschreibung und Erkenntnisgewinnung (*Puthz* 1988) geschehen auf der Grundlage von Vor-Stellungen; unsere theoretischen Vorannahmen ermöglichen und beeinflussen unsere Erfahrungen, deswegen ist je-
Bild 4-1 ◄ de Beschreibung ein Vergleich. Am Anfang naturwissenschaftlichen Forschens stehen also nicht voraussetzungslose Beobachtungen und Induktion,
sondern Hypothesen (*hypothetisch-deduktive* Auffassung). Hypothesen bezie-

70

hen sich zwar meist auch auf Vorerfahrungen, sind aber nicht völlig aus diesen zu gewinnen oder durch ein Denkverfahren aus diesen abzuleiten. Sie enthalten vielmehr stets einen spekulativen oder intuitiven Anteil. (*Böhnke* 1978; *Kattmann* 1984 a, 9 ff.; *v. Falkenhausen* 1988, 99-109; *Vollmer* 1990; *Campbell/Reece* 2003).

Eine wissenschaftliche Hypothese ist eine Annahme (Vermutung) über einen bisher unbekannten Zusammenhang, mit deren Hilfe bestimmte Ergebnisse von Beobachtungen und Experimenten vorhergesagt und erklärt werden können. Wissenschaftliche Hypothesen sind also stets so formuliert, dass Folgerungen (Prognosen) aus ihnen durch Beobachtungen oder Experimente ▶ 17.1 überprüfbar und prinzipiell widerlegbar sind. Dabei hängt die Prognosensicherheit entscheidend von der Variablenvielfalt ab. Deshalb sind Prognosen in der Physik – mit der relativ geringen Anzahl von Variablen – viel eher möglich als in den Sozialwissenschaften; die Biologie nimmt in dieser Skala eine mittlere Position ein.

Die Ergebnisse von Beobachtungen und Experimenten können Hypothesen entweder bestätigen oder aber widerlegen, niemals aber als wahr und völlig ▶ Bild 4-2 unumstößlich »verifizieren«. Widersprechen die Ergebnisse den Vorhersagen einer Hypothese, so wird diese entweder verworfen oder aber so abgewandelt, dass ihre Vorhersagen mit den Ergebnissen in Einklang stehen und durch weitere Experimente geprüft werden können. Eine wissenschaftliche Theorie (griech. Anschauung) ist nach diesem Verständnis ein durch empirische Überprüfungen abgesichertes, in sich möglichst widerspruchsfreies Hypothesengefüge. Auch eine als gesichert geltende Theorie kann durch neue Ergebnisse ganz oder in Teilen widerlegt werden. Eine naturwissenschaftliche Theorie behält also stets Hypothesencharakter. Insgesamt sollen Theorien:
■ Phänomene erklären
■ mit anderen anerkannten Theorien verträglich sein,
■ widerspruchs- und zirkelfrei sein und
■ prüfbare Prognosen ermöglichen, ja sogar generieren.

Somit ist auch ausgeschlossen, Hypothesen und Theorien aufgrund induktiver Schlüsse direkt aus der Erfahrung oder Wahrnehmung der »Wirklichkeit« abzuleiten. Sicherlich gehen Wissenschaftler »induktiv« im Sinne des Verallgemeinerns vor. Es bleibt ihnen auch nichts anderes übrig, denn nie kann man alle Phänomene dieser Welt untersuchen. Aber es sollte immer klar sein, dass man beim Verallgemeinern spekuliert. Deshalb kann man in der Didaktik auf den Terminus der Induktion ganz verzichten und sollte stattdessen nur noch vom Verallgemeinern sprechen (*Langlet* 2001 b).

Der hypothetische bzw. kritische Rationalismus *Popperscher* Prägung setzt durch die Eliminierung (Entfernung) der »falschen« Hypothesen auf einen be-

71

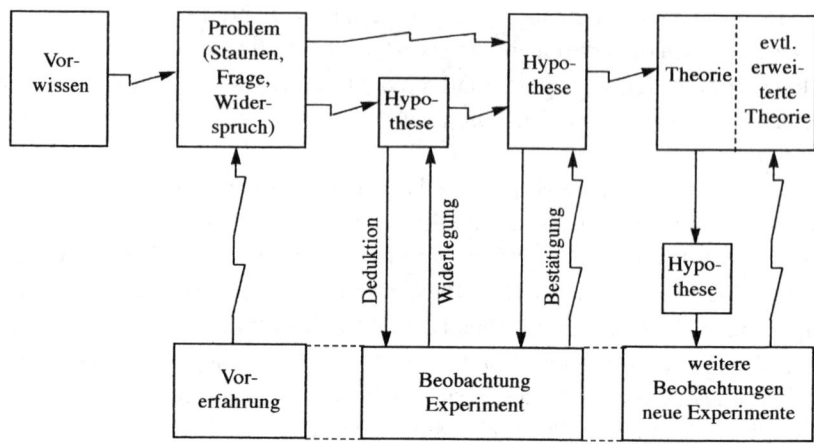

Bild 4-2: Deduktion und Intuition beim naturwissenschaftlichen Vorgehen. Gerade Pfeile geben logische Schlüsse an, gezackte Pfeile kennzeichnen Folgerungen mit intuitiven Anteilen. Man beachte den logischen Unterschied zwischen Widerlegung und Bestätigung einer Hypothese (nach *v. Falkenhausen* 1988, 108, verändert).

scheidenen wissenschaftlichen Fortschritt. Die Idee der Wahrheit wirkt dabei heuristisch, als ein gedachtes, die Forschung antreibendes, aber nie erreichbares Ziel. Wissenschaft erreicht nicht absolute Wahrheit, sondern ist nur fähig, die gröbsten Irrtümer zu beseitigen.

Gegen diese fortschrittspositive Auffassung von Wissenschaft machten seit den 50er Jahren des letzten Jahrhunderts Wissenschaftstheoretiker wie *Stephen Toulmin*, *Thomas S. Kuhn* und *Paul Feyerabend* Front. Gegen die Logik der Forschung (*Popper*) setzten sie den Blick in die Wissenschaftsgeschichte und in die Wissenschaft als soziales Phänomen. Das Werk mit dem größten Aufsehen und der weitreichendsten Wirkung war *Kuhns* »Die Struktur wissenschaftlicher Revolutionen« (*Kuhn* 1974). Ausgehend von dem Begriff des Denkstils (*Fleck* 1980), der das je eigene Denken von Individuen bzw. Menschengruppen umschreibt und damit den Rahmen von Hypothesenbildung und empirischer Forschung bestimmt, führt *Kuhn* den Begriff des „Paradigma" in die wissenschaftstheoretische Diskussion ein. Das Paradigma (die Struktur der Disziplin) umfasst die Überzeugungen und das aktuelle Wissen der jeweiligen Forschergemeinschaft. Das Paradigma bestimmt, was und wie geforscht wird und welche Phänomene, Probleme und Ergebnisse als relevant angesehen werden. Das heißt, Wissenschaft findet wie jedes menschliche Tun in einer sozialen und historischen Situation statt. Nicht die »reine« Wahrheitssuche ist der entscheidende Faktor von Wissenschaft. Stattdessen weist die

Wissenschaftsgeschichte eine Reihe von Revolutionen auf, die keineswegs immer einen Fortschritt gebracht haben. Umwälzungen dieser Art werden so lange wie möglich vermieden, indem das Theoriengebäude erweitert und ausgeschöpft wird und nicht erklärbare Phänomene als Anomalien (Abweichung von der Regel) beiseite geschoben werden. »Die Natur mag uns ein lautes Nein entgegenschleudern, aber die menschliche Erfindungskraft ist [...] immer imstande, ein noch lauteres Geschrei zu erheben« (*Lakatos* 1974, 281). Selbst falsifizierte Hypothesen und Theorien werden nicht immer vollständig eliminiert. Werden diese Regelwidrigkeiten (Anomalien) irgendwann in einem anderen Forschungsansatz (Paradigma) für bedeutend gehalten, kann es zu einer Krise in der Wissenschaft kommen, aus der sie sich in Form einer wissenschaftlichen Revolution durch die Bildung eines neuen Paradigmas rettet. Dabei ist der Wechsel in den Grundannahmen und Deutungsmustern häufig so radikal, dass die alten und neuen Theorien und Sprachen nahezu unvereinbar (inkommensurabel) sind. Hatte *Kuhn* Beispiele für Paradigmenwechsel allein aus der Physikgeschichte gewonnen (z. B. von *Newton* zu *Einstein*), so ließen sich in den letzten Jahrzehnten auch in den Biowissenschaften revolutionäre Paradigmenwechsel beobachten (*Langlet* 2001 b).

Den schon *Kuhn* vorgeworfenen Relativismus überhöhte – ironisierend und in aufklärerischer Absicht – *Paul Feyerabends* (1976/1986): »Anything goes!« Aus seinen Beobachtungen der Wissenschaftsgeschichte, dass die großen kreativen Neuerungen von *Kopernikus* bis *Einstein* (in der Biologie z. B. *Watson/Crick* und *Richard Dawkins*) durch kühne, provozierende Hypothesenbildung unter Verletzung anerkannter wissenschaftlicher Regeln zustande gekommen sind, leitete er den Wissenschafts-Imperativ ab: Habe Mut, dich deines eigenen Verstandes ohne Rücksicht auf die Normen der wissenschaftlichen Autoritäten zu bedienen!

Imre Lakatos versuchte den in den 70er Jahren in der Wissenschaftstheorie eskalierenden Streit zwischen *Popper* und *Kuhn* (*Lakatos/Musgrave* 1974) zu schlichten, indem er zwar wie *Kuhn* die Geschichte der Wissenschaft als Korrektiv der Wissenschaftstheorie verwendete (er nennt als Beispiel das Ersetzen der Mendelgenetik durch den Lyssenkoismus im Sowjetrussland der 50iger Jahre), andererseits aber als Anhänger *Poppers* die Rationalität des wissenschaftlichen Arbeitens retten will. Statt von wissenschaftlichen Schulen mit einem je eigenen Paradigma spricht er von Forschungsprogrammen. Diese bestehen aus einem harten Kern und umgebenden heuristischen Regeln (vgl. *Kötter* 2000). Diese Beschreibung scheint besonders gut auf die Biowissenschaften anwendbar. Der harte Kern des biologischen Forschungsprogramms besteht aus Evolutions- und Selektionstheorie.

Durch den Konstruktivismus wird wie bei *Feyerabend* auch das Wahrheitspostulat selbst kritisiert (*Janich/Weingarten* 1999). Danach erzeugen (konstru-

Paradigmenwechsel in den Verhaltenswissenschaften

Eine stille Revolution fand 1973 im Max-Planck-Institut für vergleichende Verhaltensphysiologie in Seewiesen statt: Im Jahre seines Nobelpreises wurde *Konrad Lorenz* emeritiert und verließ Seewiesen; damit wurde auch von einem Tag auf den anderen die klassische Instinktlehre durch die Verhaltensökologie (Soziobiologie) ersetzt, der *Lorenz*-Nachfolger *Wolfgang Wickler* in Deutschland damit zum Durchbruch verhalf. Die Soziobiologie stellt ultimate statt proximate Fragen, sie erhebt nicht einmal den Anspruch, die Probleme der »Instinktlehre« anzugehen; auch ihr Begriffsrepertoire ist ein anderes. *Lorenz* hielt die Kindstötung (z. B. bei Löwen) für eine unnatürliche Ausnahme, eine Anomalie; also wurde sie auch nicht systematisch beobachtet und beachtet. Seitdem man mit der soziobiologischen Theorie den Infantizid erklären kann, hat sich die Anzahl der Tierarten mit beobachteter Kindstötung von 2 auf über 100 erhöht. Auch in der Forschung sieht und »entdeckt« man nur das, wofür man sensibel ist bzw., was das herrschende Paradigma erlaubt.

ieren) wir mit unserem Gehirn unsere individuelle Wirklichkeit; aber die Konstrukte sind nicht willkürlich, sondern im Allgemeinen zuverlässig und für unser Leben angemessen (viabel). Das gilt auch für die wissenschaftlichen Konstrukte. »Wie sicher und fest Aussagen der Naturwissenschaft auch erscheinen mögen, objektive Wahrheiten zu sein, können sie nicht beanspruchen. […] Was Naturwissenschaftler bestenfalls tun können, ist ein Gebäude von Aussagen zu errichten, das hinsichtlich der empirischen Daten und seiner logischen Struktur für eine bestimmte Zeitspanne ein Maximum an Konsistenz aufweist« (*Roth* 1994, 313). Diese konstruktivistische Sicht hat Folgen für den Umgang mit »Alltagsvorstellungen«, die Anwendung der »Erkenntnismethoden« und die Deutung der Ergebnisse im Unterricht (*Langlet* 1999 b).

4.4 Reduktionismus, Mechanismus und Vitalismus

Beim Reduktionismus handelt es sich um eine Forschungsstrategie, bei der ein komplexes Ganzes (z. B. Organismus) in einfacher zu untersuchende Teile (z. B. Organe, Gewebe, Zellen) zerlegt wird. Damit wird der Untersuchungsgegenstand auf besser zu untersuchende Teile reduziert. Aus dem analytisch gewonnenen Verständnis der Teile soll dann ein Verständnis des Ganzen entstehen. *Descartes*, *Leibniz* und andere versuchten im Sinne dieser erfolgreichen Forschungsstrategie die Gesetze der Physik auf die Phänomene des Lebendigen anzuwenden (Mechanismus). Bahnbrechende Entdeckungen im 17. Jahrhundert, wie durch *William Harvey* (Blut zirkuliert nach physikalischen Prinzipien) und *Friedrich Wöhler* (Laborsynthese von Harnstoff) und die Maschinentheorie des Organismus (*René Descartes*; *Julien Offray de La Mettrie*), stützten die Anschauungen des *Mechanismus*. Gegen diese »Maschinentheorie« des Organismus wendeten sich die Anhänger des *Vitalismus*. Sie nahmen eine dem Leben immanente Kraft an: die Lebenskraft, vis vitalis, eine zielstrebige Kraft, die die Entwicklung eines Organismus lenkt (Entelechie). Eine für seine Zeit moderne Form gab dem Vitalismus *Hans Driesch* (1921). Im Unterschied zu seinen Vorgängern spricht er von der »Entelechie« nicht als »Energie« oder »Kraft«, sondern als »seelenartigem« Lenker des organismischen Geschehens. Sowohl Vitalismus wie auch Mechanismus sind in ihrem Kern weltanschauliche, wissenschaftlich nicht begründbare (metaphysische) Positionen (vgl. *v. Bertalanffy* 1932; 1990). Während aber der Vitalismus kaum noch Anhänger hat, erfährt der Mechanismus im Zeitalter der kausalanalytischen Forschung in der (Neuro-)Physiologie und der Molekularbiologie neue Anerkennung. Dabei entsteht, gestützt durch die Forderung nach der Einheit der Wissenschaften, oft der Eindruck, Biologie sei prinzipiell auf Physik und Chemie zurückzuführen.

Man geht von der Annahme aus, dass »die materielle Zusammensetzung der Organismen genau die gleiche sei, die man in der anorganischen Welt vorfindet« und dass »keins der Ereignisse und Prozesse, die man in der Welt der lebenden Organismen findet, in irgendeinem Widerspruch zu den physikalisch-chemischen Erscheinungen auf der Ebenen der Atome und Moleküle« steht (*Mayr* 1984). Die Bestandteile der Materie bleiben immer gleich. Dieses essenzialistische und typologische Denken kommt dem menschlichen Bedürfnis nach statischem Konservatismus entgegen; das Leben ist aber variantenreich und dynamisch. Man kann es in seinen einzelnen Varianten beschreiben; in der Gesamtheit gelingt dieses nur in Form von Populations- und Wahrscheinlichkeitsaussagen. Darin besteht »der grundlegendste Unterschied zwischen der belebten und der unbelebten Welt« (*Mayr* 2003). Dennoch wird häufig behauptet, das Verstehen der molekular-biochemischen Biowissenschaften sei nur auf der Grundlage eines physikalisch-chemischen Basiswissens möglich. Didaktisch ist ein derart reduzierender Biologieunterricht deswegen zu hinterfragen, weil chemische Kenntnisse wie jedes Wissen »nur« funktional und kein Selbstzweck sind. Man muss eben nicht den ganzen Calvin-Zyklus beherrschen, um dessen Wirkung und Bedeutung zu verstehen (*Langlet* 2001 a; 2002). »Die biol[ogische] Aussage 'Das Pferd trabt' lässt sich vielleicht, aber sehr umständlich, als raum-zeitl[ich] koordinierte Reaktion zahlr[eicher] Moleküle chemisch beschreiben, eine umfassende Darstellung auf der Ebene der Physik wäre jedoch hoffnungslos verwirrend« (*Vogel/Angermann* 1967, 11). Diesen Reduktionismus kann man daher aus pragmatischen Gründen ablehnen, weil es zwar möglich, aber nicht zweckmäßig sei, die biologischen Erklärungen aus einer Theorie der Atome abzuleiten (vgl. *Mohr* 1970, 24 f.).

Lineare und geschlossene Kausalitäten gibt es in der Biologie sehr selten; vielmehr sind alle Phänomene und Vorgänge systemisch und reguliert. Ausschlaggebend für die biologie-eigene Betrachtungsweise ist nicht allein die Zunahme an Komplexität, denn diese steigt auch innerhalb der Physik und Chemie bei zunehmender Analyse, z. B. des Atomkerns, an. Aber bereits in der Chemie sind die Eigenschaften von Molekülen (H_2O) nicht aus ihren Elementen (Wasserstoff und Sauerstoff) abzuleiten (*Primas* 1985). Man spricht von Emergenz (lat. emergere, auftauchen): Die neuen Eigenschaften tauchen unvermittelt auf, sie sind nicht analytisch zu erklären.

Keine andere Wissenschaft kennt so viele Beschreibungsebenen wie die Biologie. Man denke nur an die Neurobiologie, in der zwischen der Ionen-Ebene am Neuron und der mentalen Ebene zur Erklärung geistiger Tätigkeiten gewechselt wird. »So ist die Fähigkeit, zwischen den Organisationsebenen zu wechseln, eine der Kernkompetenzen des Biologieunterrichts« (MNU 2001).

3.1 ◄

4.5 ◄

Biologie ist in mancher Hinsicht eine Wissenschaft, in der die Gesetze der Physik und Chemie gelten, aber sie ist nicht auf Physik und Chemie reduzierbar. Die Autonomie der Biologie gründet in ihrer Besonderheit, Populationsdenken oder Evolution zur Erklärung heranzuziehen und historische Analysen durchzuführen (*von Wahlert* 1977; 1992; *Kattmann* 1995 c; *Langlet* 2002; *Mayr* 2002).

4.5 Systemtheoretische Betrachtungsweise

Systemisches Denken stand bereits an der Wiege der Biologie, in der romantischen Naturphilosophie, Pate (*Goethe*, *Carus*, *Schelling*). Wieder aufgenommen wurde es in der Mitte des 20. Jahrhunderts als Versuch eines dritten Weges jenseits von Vitalismus und Mechanismus mit der Organismischen Auffassung (*v. Bertalanffy* 1990).

■ Lebewesen sind nicht als gleichsam zu ungeheurer Komplexität gesteigerte »Moleküle« zu beschreiben. Die Organisationsebene des Organismus hat (wie die Ebenen von Populationen und von Ökosystemen) vielmehr ihre eigenen emergenten Systemgesetzmäßigkeiten, die als solche besonders zu erfassen und zu beschreiben sind (vgl. *Mohr* 1981, 148 ff.; *Wuketits* 1983, 131 ff.).

Bild 3-1 ◄

Zur Beschreibung der Lebenserscheinungen wird die Theorie der offenen Systeme herangezogen. Ein System wird definiert als eine Gruppe von Elementen, die miteinander in Wechselbeziehungen (Interaktionen) stehen (vgl. *v. Bertalanffy/Beier/Laue* 1977).

Offene Systeme sind solche, die Stoff und Energie mit ihrer Umgebung austauschen. Unter bestimmten Umständen sind offene Systeme in der Lage, sich selbst zu organisieren und sich selbst zu erhalten. Es handelt sich um Selbstorganisationsprozesse von Systemen fernab vom thermodynamischen Gleichgewicht (*Ilja Progogine*). Halten sich die Ein- und Ausströme von Stoff und

Energie die Waage, so spricht man von einem Fließgleichgewicht. Bei derartigen Bilanzierungserwägungen ist jeweils die gedankliche Abgrenzung des betrachteten Systems zu beachten. Ein einfaches Beispiel für ein offenes System im Fließgleichgewicht ist die Kerzenflamme: Bei ruhigem Brennen bleibt ihre Gestalt im Wechsel der Bestandteile erhalten; Materieeinströme (Kerzenwachs, Sauerstoff) und Materieausströme (Kohlenstoffdioxid, Wasser) halten sich die Waage (vgl. *Schaefer* 1977 a; *Kattmann* 1980 b; MNU 2004). Organismen sind ungleich komplizierter als das System der Kerzenflamme. Aber auch sie durchfließt ein ständiger Materiestrom (Nahrungsaufnahme, Ausscheidung, Atmung). »Ein lebender Organismus ist ein Stufenbau offener Systeme, der sich aufgrund seiner Systembedingungen im Wechsel der Bestandteile erhält« (*v. Bertalanffy* 1990, 124).

Die systemtheoretische Auffassung wird ergänzt und modifiziert durch die neueren Theorien zum deterministischen Chaos und zu Fraktalen (vgl. z. B. *Gerok* 1989; *Schlichting* 1992; 1994; *Komorek/Duit/Schnegelberger* 1998; *Hass* 1999).

Diese Theorien liefern Beschreibungen, nach denen viele Musterbildungen aufgrund von automatisch ablaufenden Vorgängen stattfinden können, indem nur die Anfangsbedingungen, nicht aber alle Einzelheiten programmiert sind. Diese Erkenntnis führt zu neuen Modellen für Prozesse der Selbstorganisation und Evolution (vgl. *Goodwin* 1994; *Kauffman* 1991).

Ebenso sind stationäre Zustände nicht mehr unbedingt auf einen geregelten Gleichgewichtszustand zurückzuführen. So stellen sich viele ökologische Verhältnisse, die früher als »ökologisches Gleichgewicht« beschrieben wurden, als Zyklen von Populationswachstum und Zusammenbruch dar. An die Stelle von Gleichgewichtsbeschreibungen tritt daher das Erfassen des Zusammenwirkens von aufbauenden und abbauenden Prozessen, durch die sich komplexe Systeme bis an eine kritische Grenze aufbauen und erhalten bleiben, solange diese Grenze nicht überschritten wird (selbsterzeugte Kritizität, vgl. *Bak/Chen* 1991).

Das *Denken in Systemen* ist besonders von *Gerhard Schaefer* didaktisch umfangreich bearbeitet worden, wobei er »inklusives Denken« dem »exklusiven Denken« gegenübergestellt (1978 a; 1980; 1984). Das inklusive (»sowohl als auch«) unterscheidet sich vom ausschließenden, exkludierenden Denken (»entweder – oder«) dadurch, dass es stets mehrere Bezüge und Alternativen berücksichtigt. Zwischen »inklusivem« und »exklusivem« Denken bestehen in ihren Extremformen alle möglichen Übergänge. »Exklusiv« und »inklusiv« schließen sich nicht aus, sondern ergänzen einander.

4.6 Erklärungen

Erklärungen sollen Orientierungsgrundlagen für das Handeln bieten. Im Alltag erklärt man sich das Verhalten von Mitmenschen oder die Bedeutung eines besonderen Sachverhalts (wie z. B. die Bedeutung des Weihnachtsfests), wenn dieses oder jenes mit den individuellen Überzeugungen in Übereinstimmung gebracht wird. Wissenschaft will anderes: Metaphorisch ausgedrückt will sie wissen, was die Welt im Innersten zusammenhält. Damit erhalten die ursprünglich fremden Dinge der Welt Bedeutung (*Roth* 2003) und Sinn (*Gebhard* 2002). Objektiver ausgedrückt versuchen Wissenschaftler Ursachen und deren Wirkungen zu bestimmen, z. B. Naturgesetze für ein zu erklärendes Ereignis anzugeben. Dabei hängt die Überzeugungskraft der Erklärungen vom jeweils anerkannten theoretischen Paradigma ab.

Als paradigmatisch für *Erklärungen* gilt in der Wissenschaftstheorie seit 1948 das Hempel-Oppenheim-(HO-)Schema der deduktiv-nomologischen Erklärung (DN-E) (*Hempel* 1965).

$A_1, A_2 \ldots A_k$ Anfangsbedingungen

$G_1, G_2 \ldots G_k$ Gesetze   *Explanans (das Erklärende)*

_____ logische Ableitung

E   *Explanandum (das zu Erklärende)*

Das Erklärende (Explanans) setzt sich zusammen aus den Anfangsbedingungen (z. B. Trinken einer größeren Menge Meerwasser) und dem »Gesetz« (Osmose). Daraus folgt das zu Erklärende (Explanandum), die Entwässerung (Dehydrierung) des Körpers.

Zu biologischen Erklärungen gibt es mehrere Ansätze der Systematisierung (vgl. *Mohr* 1981; *Wuketits* 1983; *Gansloßer* 2000; *Vollmer* in *Freudig* 2005, 330 ff.; 336). Anhand von Überlegungen zu Kausalursachen und zur Evolutionstheorie hat *Ulrich Kattmann* (2005 b) die Kategorien von biologischen Beschreibungen und Erklärungen differenziert (s. S. 80 f.).

In der alltäglichen Frage: Warum hat der Eisbär ein weißes Fell? stecken für Biologen drei wissenschaftlich grundlegend verschiedene Fragen:

■ Wozu besitzt der Eisbär ein weißes Fell?

■ Wie kommt es, dass das Fell des Eisbären weiß ist?

■ Warum hat der Eisbär ein weißes Fell bekommen?

Fragen nach der *Funktion* (»wozu?«), d. h. von biologischen Funktionen von Merkmalen, nach dem Zusammenhang zwischen einer Struktur und einer Funktion, stehen im Vordergrund alltäglichen Verständnisses. Deshalb wird auf eine Warum-Frage häufig mit dem Beweggrund (teleologisch) oder dem Zweck (damit …, funktional) geantwortet. Funktionale Betrachtungen stehen auch im Zentrum der Biologie (*Schlosser/Weingarten* 2002), sowohl in den klassischen morphologischen und physiologischen Disziplinen wie auch in der Molekularbiologie.

Die *Wie-Frage* (Wie kommt das?) sucht nach den *Nah- bzw. Wirk-Ursachen* (proximate Ursachen, Nah-Ursachen), in diesem Fall nach den physikalischen und chemischen Ursachen (pigmentlose Haare, Reflexion des Sonnenlichts). Man sucht kausale Ursachen bzw. eine kausale Ereigniskette. Allerdings – darauf hat *David Hume* zu Recht hingewiesen – können wir Menschen eigentlich nie Kausalität direkt beobachten, allenfalls eine zeitliche Aufeinanderfolge. Deswegen ist es manchmal schwierig, Korrelation und Kausalität klar zu trennen (vgl. *Kattmann/Jungwirth* 1988).

Versieht man Erklärungen mit proximaten Ursachen mit einem Zeitpfeil, z. B. indem die heutigen mit früheren Erscheinungsformen durch eine Kette von Kausalerklärungen verknüpft werden (*Vollmer* 2000), so erhält man die Antwort auf die *Warum-Frage*, nach der Entstehung und somit eine *historische Erklärung* (ultimate Ursachen, Fern-Ursachen).

Fragt man umfassend nach der Geschichte des Lebens, so sind neben theoretischen (regelhaften) Grundlagen (Selektionstheorie) einmalige Ereignisse und singuläre Voraussetzungen stets mit enthalten. Die Warum-Frage kann daher im Unterricht besonders auf unteren Klassenstufen anschaulich als „Wie kam es dazu?" formuliert werden. So genannte »narrative explanations« (*Mayr* 1984) besitzen einen eigenständigen Erklärungswert neben der Kausalanalyse (vgl. *Arber* 1960). Dem entspricht das biologiedidaktische Konzept, die Evolutionstheorie im Unterricht als durchgehendes »Erklärungsprinzip« einzusetzen. Ohne historische Erklärungen ergeben sich ahistorische Fehlurteile (vgl. *Kattmann* 1995 a, 31 f.). Ein solcher ahistorischer Fehlschluss liegt z. B. der Annahme zugrunde, die heutigen Pflanzen lieferten uns den Sauerstoff zum Atmen (fälschlich abgeleitet z. B. aus dem *Priestley*-Versuch). Tatsächlich stammt der für unsere Atmung nötige Sauerstoffgehalt der Atmosphäre aus der Erdgeschichte. Durch Fossilisierung wurden die zur Biomasse äquivalenten Mengen freigesetzten Sauerstoffs nicht wieder gebunden, was bei Zersetzung und Veratmung der fossilisierten Biomasse vollständig der Fall gewesen wäre (vgl. *Sander/Jelemenská/Kattmann* 2004).

▶ 3.4.4

4.7 Konzepte und Beispiele

Wissenschaftspropädeutik im Unterricht ist weit mehr als die vielfach geforderte Wissenschaftsorientierung und deren Umsetzung im Unterricht. Mit Wissenschaftspropädeutik wird in Bezug auf die jeweilige Wissenschaft eine Metaebene eingenommen. Somit ist auch die Wissenschaftsorientierung selbst zu reflektieren: Vorgehensweisen und Struktur der Wissenschaft (»teaching science as science«, *Schwab* 1972) sind nur Elemente des wissenschaftspropädeutischen Unterrichts, aus ihnen ergibt sich nicht notwendig eine

Biologische
Beschreibungen
und Erklärungen
(nach Kattmann
2005b, verändert)

Erkenntnisweise	Frage	Gegenstand	Leitdisziplin
Beschreibungen			
konstatierend	*Was* gibt es?	Strukturen, Phänomene	Morphologie
funktional	Welche Funktion hat das? (*Wozu?*)	teleonome Strukturen	Systemanalyse
Erklärungen			
aktual kausal nomologisch	*Wie* kommt das?	Struktur und Funktion: *Nahursachen*	Physiologie
historisch kausal nomologisch	*Warum* ist das entstanden?	Geschichte: *Fernursachen* u. a. Selektionsprozesse	Evolutionsbiologie
narrativ	Wie kam es dazu?	u. a. kontingente Ereignisse	
teleologisch	*Welches Ziel* wird verfolgt?	bewusstes Handeln: *Beweggründe, Motive*	Psychologie

Als **Erklärungen** werden hier nur solche Aussagen betrachtet, die Kausalursachen angeben. **Aktual kausale Erklärungen** teilt die Biologie mit den anderen Naturwissenschaften.

Spezifisch für Biologie sind die **historisch kausalen Erklärungen**. Sie betreffen die Evolution und ihre Ergebnisse. Evolution ist nicht allein durch gesetzmäßige Abläufe (Selektion) zu erklären, sondern auch durch unbedingte (kontingente) Ereignisse wie z. B. auch Katastrophen. Evolution wird dadurch zu unvorhersagbarer und nicht ableitbarer Geschichte (vgl. *Gould* 1991 b). Daher sind bei historisch kausalen Erklärungen nomologische und narrative zu unterscheiden (vgl. *v. Wahlert* 1992).

Historisch nomologische Erklärungen betreffen regelmäßig wirkende Ursachen und wiederkehrende Prozesse (Selektion), können aber aufgrund des chaotisch-komplexen Charakters biotischer Systeme oft ebenfalls nicht genau vorhergesagt werden (z. B. ungerichtete Mutationen).

Historisch narrative Erklärungen sind auf Geschichte im engeren Sinne (einmalige Ereignisse) gerichtet. Evolution ist als Naturgeschichte zu rekon-

struieren. Dazu bedarf es historisch kausaler Erklärungen, wenn Evolutionsbiologie nicht rein beschreibend bleiben soll (gegen *Schmidt, E.* 2003 b).

Für Menschen und einige andere Lebewesen, denen Absichten zugeschrieben werden können, lässt sich eine weitere Erklärung unterscheiden: **Teleologische Erklärungen** sind auf bewusstes Handeln beschränkt, bei
dem das angestrebte Ziel zugleich der Beweggrund oder das Motiv ist.

Streng zu trennen von Erklärungen sind die **Beschreibungen**. Keine Beschreibung, ob sie nun Strukturen und Phänomene konstatiert oder Funktionen beschreibt, kann mit einer Erklärung gleichgesetzt werden oder
diese ersetzen.

Die Antworten auf Fragen »Welche Funktion hat das?« (»Wozu«-Fra-
gen«) geben keine (kausalen) Erklärungen, sondern immer nur funktionale Beschreibungen. Funktionale Beschreibungen sind nur auf »teleono-
mische« Strukturen und Prozesse anzuwenden, die ihr »Zielgerichtetsein
dem Wirken eines Programms« verdanken (*Mayr* 1979, 207; vgl. *Vollmer*
in *Freudig* 2005, 330 ff.). Als »Programm« wird die »kodierte oder im
Voraus angeordnete Information [bezeichnet], die einen Vorgang (oder ein
Verhalten) so steuert, dass er zu einem vorgegebenen Ende führt« (*Mayr*
1979, 213).

Diese Definition von *Teleonomie* ist ohne weiteres auch auf technische
Prozesse anwendbar, da es nicht darauf ankommt, wie das einem teleonomischen Prozess zugrunde liegende Programm zustande kommt. Bei
Organismen beruht das teleonome »Programm« auf genetischer »Information« und organismischen Strukturen, die teilweise oder überwiegend
durch erlernte Informationen ergänzt werden können.

Vor allem Entwicklungsprozesse lassen sich teleonomisch beschreiben.
Zielsetzende Faktoren werden bei teleonomischen Prozessen nicht angenommen. Die Frage, wie die aus evolutionärer und individueller »Erfahrung« zusammengesetzten »Programme«, die den Prozessen zugrunde
liegen, entstanden sind, wird dabei nicht beantwortet. Funktionale Beschreibungen können daher nicht an die Stelle historischer (ultimater) Erklärungen treten (vgl. *Leicht* 1978, 40 ff.).

Fernursachen (ultimate Ursachen) – die auf Selektion zurückgeführt werden – sollten daher nicht mit einer aktual erkennbaren Funktion (»Zwek-
kursache«) gleichgesetzt werden, wie das leider oft geschieht: Die historisch wirksamen Selektionsbedingungen sind nicht aus den gegenwärtigen abzuleiten und müssen, um als ultimate Ursache zu gelten, historisch
rekonstruiert, zumindest aber plausibel gemacht werden.

»Strukturierung« des Unterrichts nach der Struktur der Fachwissenschaft (vgl. dagegen *v. Falkenhausen* 1988, 86). Vielmehr verlangen wissenschaftspropädeutische Überlegungen – stärker als in den Fachwissenschaften – auch die außerwissenschaftlichen Zusammenhänge zu berücksichtigen, in denen die fachwissenschaftlichen Aussagen entstehen und für die sie formuliert werden.

Die Haltung gegenüber, der Umfang und die Gewichtung von Wissenschaftspropädeutik im Unterricht werden durch das Verständnis der Lehrkraft von Wissenschaft bestimmt. Umgekehrt beeinflussen pädagogische Zielsetzungen Grad und Art des Einbezugs von Überlegungen über Wissenschaft in den Unterricht. Jede Lehrkraft unterrichtet daher mehr oder weniger implizit wissenschaftspropädeutisch. Es kommt darauf an, »Wissenschaft zu entdecken und zu lernen«, und dies wenigstens an wesentlichen Stellen explizit zu

Tab. 4-1 ◄ machen. Für den wissenschaftspropädeutischen Unterricht bieten sich diejenigen Themenbereiche an, bei denen wissenschaftstheoretische oder ideologische Aspekte besonders nahe liegen, wie dies bei der Evolutionsbiologie, Ethologie und Soziobiologie sowie Molekulargenetik, Humangenetik und Anthropologie der Fall ist (*Langlet* 2001 b).

Fachwissenschaftler haben zu einigen Bereichen Bücher geschrieben, die sich an eine breitere Öffentlichkeit wenden und wegen der kritischen Analysen auch als Grundlage für den wissenschaftspropädeutischen Unterricht geeignet sind: zur Geschichte der Biologie (*Jahn* 2000), zur Vergleichenden Verhaltenslehre (*Zippelius* 1992); zum Verhalten des Menschen (*Bischof* 1991); zur Evolution (*Weber, T. P.* 2002), Humangenetik/Anthropologie (*Gould* 1986; *Lewontin/Rose/Kamin* 1988; *Preuschoft/Kattmann* 1992; *Cavalli-Sforza* 1999; *Kaupen-Haas/Saller* 1999); zur Kulturgeschichte (*Diamond* 1998). Darüber hinaus gibt es zu den genannten Bereichen kritische Übersichtsartikel (vgl. *Beyer/Kattmann/Meffert* 1982; *Vogel* 1983, 1989, 1992; *Kattmann* 1985; 1991 d; 1992 b; 1993 c; 1995 b; c; 2001; 2004 d; 2005 b; *Lethmate/Sommer* 1994; *Neumann* 1995).

Wissenschaftstheoretische Fragen sollten auch in der Lehrerbildung berücksichtigt werden (vgl. *Pukies* 1979; *Rottländer/Reinhard* 1988; *Dittmer* 2006).

82

Wissenschaftspropädeutische Aspekte	Unterrichtsbeispiele
Kern (Theorie, Problem, Hypothese, Prognose, Experiment, Beobachtung)	*Bojunga* 1990; *Duit/Gropengießer/Stäudel* 2004; *Eckebrecht/Schneeweiß* 2003; *v. Falkenhausen* 1989, 2000; *Hagen/Alchin/Singer* 1996; *Hemer* 2001; *Kattmann* 1971 b; *Langlet* 2003; *Sack* 2001
Methoden(kritik)	*Beyer/Kattmann/Meffert* 1980; *Eckebrecht* 1995 a; b; *Ewert/Kühnemund* 1986; *v. Falkenhausen* 1989, 2000; *Kattmann/Jungwirth* 1988; *Koch* 1992; *Schäferhoff* 1993; *Schneider* 1985; *Umbreit* 1999; *Krüger/Gropengießer* 2006
Idealisierung, Mathematisierung	(s. Kap. 18)
Kreativität	*v. Falkenhausen* 2000
(Fach-)Sprache	*Zabel, J.* 2004 (s. Kap. 25)
Modelle, Analogien, Metaphern	*Gorissen* 2001; *Zabel, J.* 2001 (s. Kap. 23)
Induktion/Deduktion	(s. Kap. 17)
Weltbilder	*v. Falkenhausen* 1989; *Galinsky/Regelmann* 1984; *Johannsen* (1982; 1997); *Kattmann* 1972; 1998 a; *Lüke* 1990; 1993; *Regelmann* 1984; *Rottländer* 1989 a, b; *Scharf* 2000; *Scharf/Stripf* 1989; *Süßmann/Rapp* 1981
Moral/Ethik	(s. Kap. 6)
Interdisziplinarität	*Eckebrecht/Schneeweiß* 2003; *v. Falkenhausen* 1989; *Hagen/Alchin/Singer* 1996; *Süßmann/Rapp* 1981; *Umbreit* 1999
Forschergemeinschaft	*Hagen/Alchin/Singer* 1996; *Schröder* 2001; *Zabel* 2001
Gesellschaft	*Kattmann* 1991 c; 1995 c; *Kattmann/Schüppel* 1999; *Quitzow* 1988 a; *Weß* 1989
Geschichte	(s. Kap. 5)

Tabelle 4-1: Wissenschaftspropädeutik im Unterricht

5 Geschichte der Biologie im Biologieunterricht

Die Geschichte der Biologie hilft im Biologieunterricht beim besseren Verstehen und Lernen von Biologie. In der Geschichte sind Parallelen zu Alltagsvorstellungen erkennbar und für das Lernen zu nutzen.
Wichtige erschließende Begriffe: Biologismus, erfahrungsbasierte Theorie des Verstehens, historisch-genetisches Lernen, Phasen der Biologie, Wissenschaftspropädeutik
Bearbeitet von *Ulrich Kattmann*

5.1 Zum Begriff

3.1 ◄ Die Wissenschaft »Biologie« ist älter als ihr Name. Die Entwicklung zu einer experimentell forschenden und technisch angewandten Naturwissenschaft konnte erst beginnen, nachdem die Unterschiede zwischen Nichtlebendem und Lebendigem erkannt worden waren. Die *Entwicklung der Wissenschaft* folgte nicht allein eigenen Gesetzen, sondern war auch abhängig von gesellschaftlichen Verhältnissen, sozialen Bedingungen sowie individuellen Einstellungen und Wünschen. In der Geschichte haben sich dabei nicht nur die Ansichten über die Gegenstände, sondern auch Charakter und Struktur der Biologie als

Tab. 3-2 ◄ Fach gewandelt. Sichtbar ist aber auch, dass bestimmte Motive und Wege biologischen Handelns trotz des Wandels der äußeren Bedingungen gleich geblieben sind. Die geschichtliche Betrachtung zeigt, auf welchen Voraussetzungen die heutigen Erkenntnisse beruhen und welche Denkwege dabei verlassen wurden oder noch heute konkurrierend nebeneinander existieren.

Wegen der Verbindung zu menschlichen Werten und Normen betreffen die geschichtlich wirksamen Konzepte der Biologie nicht nur das Selbstverständnis des Faches, sondern auch das individuale, soziale und politische Verhalten der Menschen. Biologische Konzepte haben vielfach einen unmittelbaren Bezug zur *politischen Geschichte* und auch einen direkten Einfluss auf diese ausgeübt. So wurde die Eroberung und Beherrschung »farbiger« Völker im Imperialismus mit der biologischen Überlegenheit der »weißen Rasse« zu rechtfertigen versucht. Die historische Wirksamkeit von biologisch bestimmten Normen und Werten ist somit ein wichtiger Teilaspekt der Biologiegeschichte.

Die Geschichte der Biologie lässt sich anhand des Wandels der Konzepte in einzelnen Disziplinen oder mit Hilfe einer Aufgliederung in Epochen darstellen, wobei jedoch meist beides ineinander greift (vgl. *Jahn* 1990; 2000).

5.2 Sinn und Bedeutung

Geschichte der Biologie ist kein eigenständiges Unterrichtsthema, sondern ist im Zusammenhang mit wesentlichen Unterrichtsinhalten und Zielen zu be-

■ **Biologiemethodische Funktion** (zum besseren Verstehen biologischer Aussagen): Die Lernenden können den historischen Erkenntnisprozess in wesentlichen Teilen nachvollziehen, um dabei einen tieferen Einblick in Sachverhalte zu bekommen.

■ **Lernpsychologische Funktion** (zur Reflexion des eigenen Lernens und Lernfortschritts): Die Lernenden sollen mit den historischen Anschauungen zu biologischen Phänomenen einen tieferen Einblick in eigene Vorstellungen erhalten.

■ **Wissenschaftspropädeutische Funktion** (zum wissenschaftskritischen Reflektieren biologischer Aussagen): Die Lernenden sollen zum einen erfahren, dass die Wissenschaft »Biologie« etwas geschichtlich Gewordenes ist, zum anderen sollen sie die historischen und gesellschaftlichen Einflüsse auf die Erkenntnisbildung kennen lernen.

trachten, die durch sie bereichert und unterstützt werden können (vgl. *Ewers* 1978 a).

Gegen diese Funktionen wird (allerdings bezogen auf die Physik) eingewendet, dass die historisch gewonnenen Einsichten, wenn sie einmal erreicht worden sind, in einem Wissenschaftssystem tradiert wurden und somit von vornherein leichter und besser systematisch in unserem heutigen Verstehenszusammenhang zu vermitteln seien. Der historische Gang könne zwar den Lehrenden tiefere Einsichten gewähren, aber diese könne man dann den Lernenden besser ohne den Umweg über die Historie weitergeben: »Der historische Prozess stellt sich daher rückblickend immer dar als eine innerwissenschaftliche Theoriendynamik und als eine Dynamik der Phänomenproduktion im Rahmen einer Hierarchie von systematischen Abhängigkeiten … Die umfassende These ist dann, dass man den Gewinn an Verständnis, den man durch historische Studien subjektiv erworben hat, immer weitergeben kann, ohne das Historische auch nur als solches zu nennen« (*Jung* 1983, 12).

Dieser vom Lehren her gedachte – eher instruktionistischen – Ansicht kann entgegnet werden, dass die Lernenden (wie die Lehrenden) gerade beim Studium der Geschichte wissenschaftlicher Begriffe deren Genese selbst begreifend erforschen und damit die Inhalte für sich erschließen können. »Die geistige Welt des Kindes steht nicht etwa im Gegensatz zum Geist des Forschens. Das recht angesprochene Kind stellt sein Steuer schon richtig und zieht den hastenden Lehrer wieder in die ruhige Urströmung zurück, die auch für die Wissenschaft immer der Beweggrund ist. … Der Lehrer kann nicht irregehen an Hand des forschenden Kindes und an der Hand der ursprünglichen Forschung« (*Wagenschein* 1965, 202).

Diese *historisch-genetische* Ausformung des exemplarischen Prinzips durch Martin Wagenschein setzt voraus, dass die historische Genese der Wissenschaft und deren individuelle Aneignung durch die Lernenden grundsätzlich in gleicher Weise oder parallel verlaufen. Dieser Zusammenhang gilt aber nicht streng. Lernende wiederholen in ihrer Vorstellungsbildung zwar nicht die Phasen der Wissenschaftsgeschichte, wohl aber kann angenommen werden, dass (frühe) Wissenschaftler und Lernende ihre Vorstellungen aufgrund der gleichen Alltagserfahrungen in ähnlicher Weise bilden (vgl. Theorie des erfahrungsbasierten Verstehens, *Gropengießer* 2003). Das historisch-genetische Vorgehen erscheint überall dort angebracht, wo eine Übereinstimmung zwischen vorherrschenden Schülervorstellungen und in der Wissenschaftsgeschichte auftretenden Anschauungen nachgewiesen ist oder nahe liegt. In diesen Fällen werden nämlich auch als Umwege erscheinende wissenschaftliche Irrtümer und vorläufige Lösungen für das Biologielernen fruchtbar (vgl. *Puthz* 1993; *Misgeld* u. a. 1994).

Das historisch-genetische Vorgehen sollte aber nicht überall und nicht schematisch angewendet werden, sondern es bedarf der sorgfältigen didaktischen Begründung. In vielen Fällen können die Lernenden bei geschichtlichem Vorgehen bewusst mit ihren vorunterrichtlichen Vorstellungen lernen und über den historischen Erkenntnisweg zur heutigen Sicht gelangen, ohne dass dabei eine vollständige Entsprechung zwischen dem Verlauf der Wissenschaftsgeschichte und den Erkenntnisschritten der Schüler angenommen werden müsste.

Ein weiteres Argument für wissenschaftshistorisches Vorgehen im Unterricht besteht darin, gerade die *Fremdheit* und das Ungewohnte der in der Geschichte auftretenden Anschauungen und Erklärungsversuche didaktisch zu nutzen. Indem eine heute vertraute Erklärung für eine Erscheinung mit einer ganz anderen historisch bedeutsamen Interpretation konfrontiert wird, können Unverstandenes oder nur halb Durchschautes aufgedeckt werden. Dabei werden diejenigen Bedingungen für das Verständnis der biologischen Aussagen herausgearbeitet, die bei allzu vertrauten Erklärungen gewöhnlich unbewusst vorausgesetzt werden und damit ungeklärt bleiben und so Verständnisschwierigkeiten der Lernenden bewirken können.

Wissenschaftsgeschichte sollte im Biologieunterricht auch demonstrieren, auf welchen geschichtlichen und *erkenntnistheoretischen Voraussetzungen* naturwissenschaftliche Aussagen beruhen. Biologische Aussagen sind historisch geworden und so zu reflektieren. Wissenschaftsgeschichte dient dann nicht nur dazu, die biologischen Aussagen zu verstehen, sondern »über« sie nachzudenken und dabei ihren historischen Charakter zu erfassen.

11.2 ◄

5.3 Behandlung im Unterricht, Beispiele

Wissenschaftsgeschichte wird häufig nach einem überholten induktivistischen Schema vermittelt. Danach hätte zum Beispiel *Gregor Mendel* seine   ▶ 4.3
Regeln durch bloßes Auszählen bei seinen Kreuzungsexperimenten »erhalten« (vgl. *Götz/Knodel* 1980, 61 f.), *Charles Darwin* die Evolutionstheorie aufgrund von Beobachtungen während seiner Weltreise »erkannt« und *William Harvey* den Blutkreislauf anhand von Experimenten und Berechnungen »entdeckt«. Weder *Darwin* noch *Mendel* oder *Harvey* haben aber ihre Theorien allein aus Beobachtungsdaten oder Ergebnissen von Experimenten abgeleitet. Besonders ahistorisch werden in Biologiebüchern die Arbeiten *Mendels* abgehandelt. *Mendels* Forschungen haben eigentlich nur mit mathematischer Kombinatorik, nicht aber mit Genen zu tun (*Gliboff* 1999; vgl. *Kattmann* 1995 b,.7; *Frerichs* 1999, 26 ff.). Ins Reich der Heldensagen gehört gar die Erzählung, dass *Darwin* die Evolution auf den Galapagos-Inseln anhand der Schnäbel der Grundfinken erkannt habe (gegen *Lorenz* 1964, vgl. *Sulloway* 1982). Die Theorien gingen den Fakten stets voraus (vgl. *Kattmann* 1984 a, 9 ff.; *Puthz* 1993). Der Biologieunterricht kann mit Hilfe wissenschaftsgeschichtlicher Fallstudien wesentlich zur Einsicht in den naturwissenschaftlichen *Erkenntnisprozess* und dessen methodischen Voraussetzungen beitragen, die im übrigen selbstverständlich auch beim eigenen Beobachten und Experimentieren der Lernenden reflektiert werden sollten.

Die Geschichte der Biologie sollte auch nicht als bloße Abfolge logisch begründeter Erkenntnisschritte bzw. als Wissensakkumulation vermittelt werden. Diese Form der Darstellung ist, bezogen auf Entwürfe für den Biologieunterricht, von wissenschaftshistorischer Seite scharf kritisiert worden, wobei allerdings auch einseitig ideologische Argumente vorgebracht wurden (vgl. *Schramm* 1987). Der »Erkenntnisfortschritt« vollzog sich in vielen Fällen im Zusammenhang mit gesellschaftlich drängenden Fragen. Es sollte herausgestellt werden, welche Fragen in der Wissenschaft verfolgt, welche vernachlässigt wurden und in welchem Entstehungs- bzw. Verwertungszusammenhang das wissenschaftliche Tun stattfand (vgl. *Ewers* 1978 b, 132).

Besonders deutliche Beispiele für politische Funktionen von Biologie sind die Rollen, die die Biologie im Nationalsozialismus und der Lyssenkoismus im Stalinismus spielten *(Biologismus)*. Es ist äußerst bedenklich, wenn Bio-   ▶ 2.5
logen sich heute wiederum mit dem Anspruch biologischer Erkenntnis zu gesellschaftlichen und politischen Fragen äußern, ohne eine Einsicht in die Traditionen, in denen sie stehen, auch nur anzudeuten. Die historisch naiv zu nennenden genetizistischen Denkweisen einiger Biologen entspringen wahrscheinlich der bei zahlreichen Naturwissenschaftlern zu findenden Abwehr dagegen, ihre Wissenschaft in geschichtlichen Wirkungszusammenhängen zu sehen. Vielfach herrscht noch die Sicht einer in Inhalten und Methoden auto-

nomen und wertfreien Wissenschaft vor. Entsprechend wird selbst die Ver-
quikkung von Biologie mit einer verbrecherischen Ideologie einseitig als auf-
gezwungener Missbrauch der Wissenschaft erklärt und im Übrigen aus dem
Bewusstsein verdrängt. Um so dringlicher ist die Aufgabe des Biologieunterrichts, gerade über die Wissenschaftsgeschichte der Zeit von 1933 bis 1945
zu informieren und Gegenwartsbezüge herzustellen. Solche Themen sollten
nicht dazu dienen, Vorgänge oder Personen willkürlich in Zusammenhänge
zu bringen, die diffamieren oder disqualifizieren. Wohl aber sollte an ihnen
erkannt werden, welche Überzeugungen und welche Gedankenwege (selbst
bei redlicher Gesinnung der Handelnden) zu den unfassbaren Verbrechen der
deutschen Faschisten geführt haben und welche heute in dieselbe Richtung

Tab. 5-1 ◄ weisen können (vgl. *Preuschoft/Kattmann* 1992; *Kattmann* 1998 b; 2003 b).

Das wissenschaftsgeschichtliche Vorgehen kann pädagogisch auch schon
dadurch gerechtfertigt sein, dass der geschichtliche Charakter der Wissenschaft im Handeln, im Lebensweg und den *Leistungen historischer Persönlichkeiten* deutlich wird. Ein solcher Brückenschlag zur menschlichen Seite
der Wissenschaft kommt denjenigen Lernenden entgegen, die sich besonders
für die Rolle der Naturwissenschaften im menschlichen Leben interessieren.
Folgende Fragen können diesen Aspekt erschließen: »Wie konnte man überhaupt auf ein solches Experiment kommen? Wie kam man auf diese Erklärung? Was bedeutet diese Entdeckung für den Entdecker, für sein Leben, für
seine Zeit? Welche Folgen hatte sie für ihn und für andere Menschen, für den
Lauf der Geschichte? Konnte man das nicht voraussehen?« (*Jung* 1983, 14).

In diesem Rahmen lohnt auch der Nachvollzug historischer Versuche (vgl.
Palm 1984 f.; *Scharf/Tönnies* 1989 f.). Das Herausstellen der persönlichen
Leistungen großer Naturwissenschaftler sollte dabei nicht in Gegensatz zur
Schilderung der historisch wirksamen gesellschaftlichen Bedingungen gesetzt
werden. Wenn auch gezeigt werden kann, dass bestimmte wissenschaftliche
Entwicklungen mit gesellschaftlichen Problemen verknüpft sind (z. B. bei der
Entwicklung der Zellenlehre, vgl. *Jeske* 1978), so wird die individuelle Lei-
stung der beteiligten Forscher dadurch nicht aufgehoben. Im Unterricht sollte aber vermieden werden, den Aspekt persönlicher Forschungsleistungen zu
isolieren und die Geschichte der Biologie als Heldensage zu erzählen. Neben
Erfolgen sollten auch Unzulänglichkeiten und Fälle wissenschaftlicher Fälschungen behandelt werden (vgl. *Schmidt, H.* 1984; *Koch* 1992 f.).

Historische Texte sind besonders geeignet, an die originale Gedankenwelt
heranzuführen (Quellentexte zur Geschichte der Biologie z. B. bei *Falken-
han/Müller-Schwarze* 1981; *Kattmann/Pinn* 1984; *Rimmele* 1984; *Stripf* u. a.
1984). Aus den in der Tabelle 5-1 aufgelisteten Beispielen geht hervor, dass
es für den Biologieunterricht angemessener erscheint, Probleme und Ideen zu
studieren und in ihrer Entwicklung zu verfolgen, als geschichtliche Epochen

Themenbereich	Unterrichtsbeispiele
Evolution	*Kattmann* 1984 b; *Kattmann/Pinn* 1984; *Pflumm/Wilhelm* 1984; *Stripf* 1984; DIFF 1985 ff.; 1990; *Nottbohm* 1998
Genetik	*Böhnke* 1978; *Knievel* 1984 b; *Steinmetz* 1984; *Quitzow* 1986 b; 1990; *v. Falkenhausen* 1989; *Nissen* 1996
»Lyssenko«	*Palm* 1965/66; *Galinsky/Regelmann* 1984; *v. Falkenhausen* 1989
»Rasse« und »Eugenik«	*Trommer* 1983; *v. Falkenhausen* 1989; *Kattmann/Seidler* 1989; *Kattmann* 1991 c; 1995 c
Verhalten	*Rimmele* 1984; *Trommer* 1984; *Eckebrecht/Schneeweiß* 2003
Urzeugung	*Heubgen* 1982; *Rottländer* 2004
Zelltheorie	*Götz/Knodel* 1980
Physiologie	
Photosynthese	*Oehring* 1978; 1982; *Wood* 1997
Blutkreislauf	*Hirschfelder/Rüther/Düning* 1984; *Heenes* 1993; *Miehe* 1998
Infektionskrankheiten	*Rottländer* 1992
Morphologie (Goethe)	*Wittmann/Maas/Kiewisch* 1985
Vitalismus/Mechanismus	*Kattmann* 1971 b; *Fäh* 1984

Tabelle 5-1: Themen und Unterrichtsbeispiele zur Geschichte der Biologie

zu charakterisieren. Wissenschaftsgeschichtliche Epochen sind nämlich schwer fassbar, und ihre Charakteristika treffen nur auf Teilbereiche wirklich zu (vgl. *Jahn* 1990; 2000). Darüber hinaus ist auch der Bezug zum übrigen Biologieunterricht beim problemorientierten Vorgehen viel enger als bei einer historisch vergleichenden Sichtweise.

6 Ethik im Biologieunterricht

Biologische Erkenntnisse und deren Anwendungen bergen oft ethische Herausforderungen. Beschreibende und erklärende biologische Aussagen sind von normativen zu unterscheiden, hängen aber häufig untrennbar zusammen. Hieraus ergibt sich für den Biologieunterricht bei Themen mit ethischen Implikationen die Notwendigkeit des fächerübergreifenden Unterrichtens. Unterrichtsmethodisch geht es hier vorwiegend um die Anwendung und Durchführung ethischer Analysen. Ziel des Unterrichts ist es – neben der Vermittlung biologischer Konzepte und Methoden – die Entwicklung des moralischen Urteilsvermögens der Lernenden zu fördern.

Wichtige erschließende Begriffe: Dilemmata, Entscheidungsprozesse, Ethische Analyse, Fallstudie, Heimliche Ethik, Indoktrinationsverbot, Naturalistischer Fehlschluss

Bearbeitet von *Ute Harms*

6.1 Ethik und Biologie

Ethik ist die philosophische Disziplin, die sich systematisch mit Werten und Normen des menschlichen Handelns auseinander setzt. Der Begriff des »Werts« zielt auf die Fähigkeit des Menschen zu werten, d. h. Handlungen, Ziele oder Objekte als wertvoll zu erachten. Er beschreibt keine Eigenschaft von Objekten, sondern er steht für eine Zielorientierung, für ein vom Menschen als wertvoll erachtetes Gut. »Gesundheit« gilt z. B. als ein hoher Wert. Der Begriff der »Norm« (Richtschnur, Maßstab, Vorschrift der Bewertung) steht für das handlungsbestimmende Prinzip, das die Realisierung des angestrebten Wertes ermöglicht. Durch die Norm »Du sollst nicht töten!« wird z. B. der Wert »Leben« umgesetzt. Ethik beschäftigt sich demzufolge mit normativen Fragen, mit dem »was sein soll«, mit Fragen der Gesinnung und der Verantwortung. Ethische Dilemmata sind dadurch ausgezeichnet, dass jede Lösung mit ethischen Normen in Konflikt gerät, sodass eine Werteabwägung stattfinden muss. Von der Ethik wird die »Moral« als das System von gesellschaftlich anerkannten Normen unterschieden (vgl. *Harms/Runtenberg* 2001; *Dietrich* 2006).

Die *Bioethik* ist ein Teilbereich der Ethik. Sie beschäftigt sich mit solchen ethischen Fragen, die an biologische, biotechnische und biomedizinische Themen und Probleme geknüpft sind. Gebräuchlich ist der Begriff insbesondere im Zusammenhang mit Problemen, die durch neue Entwicklungen in der Medizin und den biochemisch orientierten Wissenschaften entstehen bzw. entstanden sind. Beispiele für derartige, häufig mit ethischen Dilemmata verbundene Fragen sind: Beginn und Ende des menschlichen Lebens, Einsatz

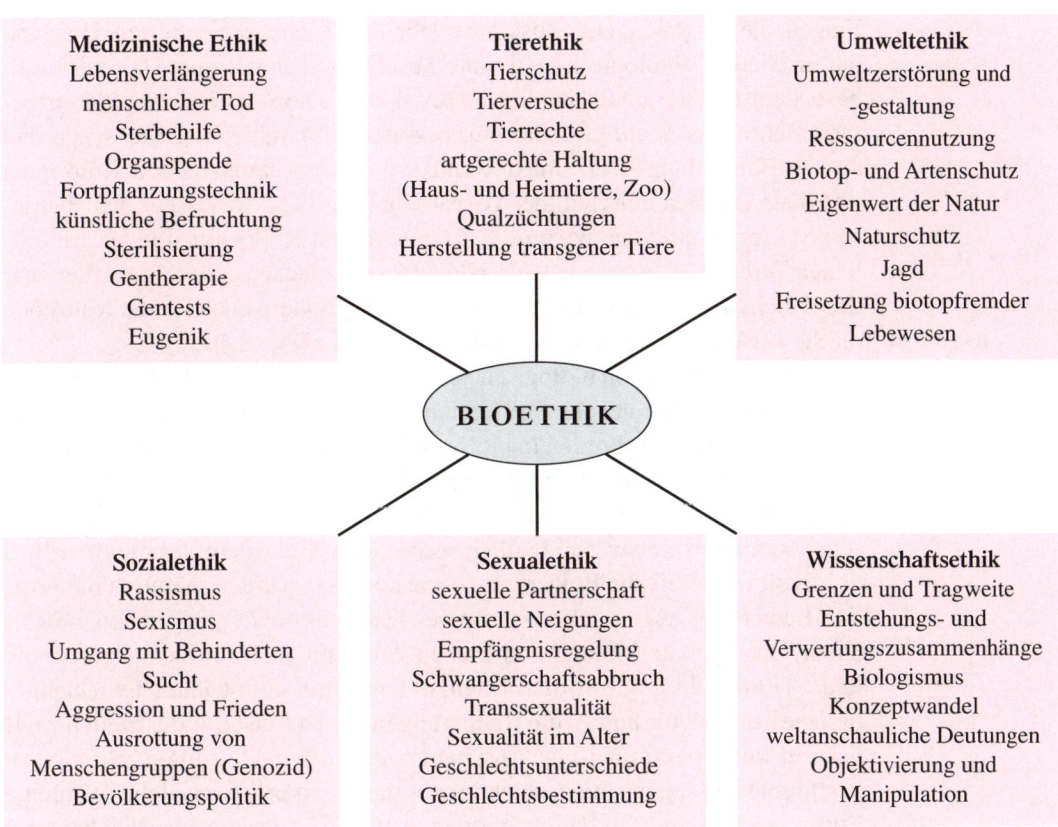

Medizinische Ethik
Lebensverlängerung
menschlicher Tod
Sterbehilfe
Organspende
Fortpflanzungstechnik
künstliche Befruchtung
Sterilisierung
Gentherapie
Gentests
Eugenik

Tierethik
Tierschutz
Tierversuche
Tierrechte
artgerechte Haltung
(Haus- und Heimtiere, Zoo)
Qualzüchtungen
Herstellung transgener Tiere

Umweltethik
Umweltzerstörung und
-gestaltung
Ressourcennutzung
Biotop- und Artenschutz
Eigenwert der Natur
Naturschutz
Jagd
Freisetzung biotopfremder
Lebewesen

BIOETHIK

Sozialethik
Rassismus
Sexismus
Umgang mit Behinderten
Sucht
Aggression und Frieden
Ausrottung von
Menschengruppen (Genozid)
Bevölkerungspolitik

Sexualethik
sexuelle Partnerschaft
sexuelle Neigungen
Empfängnisregelung
Schwangerschaftsabbruch
Transsexualität
Sexualität im Alter
Geschlechtsunterschiede
Geschlechtsbestimmung

Wissenschaftsethik
Grenzen und Tragweite
Entstehungs- und
Verwertungszusammenhänge
Biologismus
Konzeptwandel
weltanschauliche Deutungen
Objektivierung und
Manipulation

Bild 6-1: Bereiche der Bioethik (nach *Kattmann* 1995 e)

von Fortpflanzungstechniken, der Gentechnik und der Stammzellforschung (vgl. *Ach/Runtenberg* 2002; 2004; *Gebhard/Hößle/Johannsen* 2005), aber auch Fragen der Anwendung von Psychopharmaka, die das Verhalten beeinflussen. In diesem Zusammenhang wird der Begriff *Medizinethik* häufig gleichbedeutend mit Bioethik verwendet.

Der Terminus »Bioethik« wird hier in einem umfassenderen Sinne gebraucht. Ethische Herausforderungen ergeben sich nämlich nicht nur aus neuen technischen Möglichkeiten, sondern auch aus den absehbaren Folgen bereits vorgenommener und andauernder Eingriffe des Menschen in die Natur. Diese sind meist verbunden mit der Frage nach der Verantwortung des Menschen für seine Mitgeschöpfe. Für diesen Bereich hat sich der Name *Umweltethik* eingebürgert. Die Fragen, die sich aufgrund der Leidensfähigkeit von Tieren stellen, werden in der *Tierethik* behandelt. Die *Sozialethik* beschäftigt sich mit ethischen

Fragen, die das (friedliche) Zusammenleben der Menschen betreffen. Hier sind häufig ebenfalls biologisch bestimmte Anschauungen wirksam. Dies wird z. B. besonders deutlich am Phänomen des Rassismus. Die *Sexualethik* wiederum befasst sich mit dem auf Geschlechter bezogenen Verhalten der Menschen und dessen Beurteilung. Der Umgang mit Wissen, Ergebnissen und Konzepten innerhalb der Gemeinschaft der Wissenschaftler und des Wissenschaftsbetriebes ist Gegenstand der *Wissenschaftsethik*, deren Reflexionen einen wesentlichen Teil der »Wissenschaftspropädeutik« ausmachen. Wissenschaftler sind dabei nicht nur verantwortlich für ihr Handeln, sondern auch für die Konzepte, die sie verfolgen, und für deren Wirkungen (vgl. *Frey, C.* 1992).

Bild 6-1 ◀

Die Verknüpfung von biologisch bestimmten Aussagen und ethischen Überlegungen ist in den genannten Bereichen offensichtlich. Ethische Aussagen können aber auch verborgen in biologischen Darstellungen enthalten sein, so dass sie nicht ohne weiteres bewusst werden. Solche ethischen Implikate werden als *heimliche Ethik* bezeichnet. Bei Aussagen zur Evolution des Menschen kann beispielsweise deutlich werden, dass mit dem vermittelten Bild der Evolution ethische Bewertungen transportiert werden, nämlich die positive Bewertung der Aggression und des Kampfes sowie der jeweiligen Rollenzuweisungen an Männer und Frauen. Dies gilt z. B. für Denkfiguren, die in der Humanethologie vorherrschen, in denen mit der behaupteten Unangepasstheit des Menschen an die Bedingungen der technisch-industriellen Zivilisation kulturpessimistische Anschauungen verbreitet werden. Biologisch bestimmte Aussagen sind deshalb immer darauf zu prüfen, welche heimliche Ethik sie enthalten (vgl. *Dulitz/Kattmann* 1990). Umgekehrt besteht bei ethischen Bewertungen die Gefahr, aus biologischen Tatsachen direkt ethische Normen abzuleiten. Dies ist ein logisch unzulässiger Schluss, ein sogenannter *naturalistischer Fehlschluss*. Was als natürlich gilt, wird hier unmittelbar auch als ethisch gerechtfertigt angesehen; von einem »Sein« (einem Sachverhalt) wird unmittelbar auf ein »Sollen« geschlossen. So ist z. B. die Argumentation, dass der Mensch die Erde schon immer manipuliert habe, die Gentechnik nur eine weitere Form der Manipulation sei und aus diesem Grunde ganz legitim, ein naturalistischer Fehlschluss (vgl. *Dulitz/Kattmann* 1990; *Harms/Runtenberg* 2001).

6.2 Ethik und Biologieunterricht

Die Verbindung von Biologieunterricht und Ethik ist grundsätzlich mit dem allgemeinen Erziehungsauftrag der Schule und mit dem Lebensbezug von biologischen Themen vorgegeben. Besonders deutlich ist dieser Zusammenhang bei den »fächerübergreifenden Aufgaben« des Biologieunterrichts. Eine zentrale Rolle spielen ethische Fragen im Zusammenhang mit der angestrebten »Bewertungskompetenz« der Lernenden.

Tab. 13-2 ◀

Die Behandlung ethischer Fragen im Biologieunterricht ist aufgrund der rasanten Entwicklungen in der Biologie und in den Lebenswissenschaften insgesamt in den neunziger Jahren betont und sogar als »neues Unterrichtsprinzip« formuliert worden (*Dulitz/Kattmann* 1990; *Bade* 1992; *Bayrhuber* 1992; *Brehmer* 1993; *Klein* 1993 b; *Nissen* 1996; Bibliographie: *Bade* 1990 a). Die Überlegungen zur Umwelt- und Tierethik orientieren sich vielfach an der von *Albert Schweitzer* (1975) begründeten Ethik der »Ehrfurcht vor dem Leben«. Zu den mit der Entwicklung der Technik und der Gefährdung der Biosphäre gegebenen ethischen Problemen gibt es grundsätzliche philosophische Entwürfe (vgl. *Auer* 1984; *Jonas* 1984; 1998; *Meyer-Abich* 1986; *Altner* 1985; 1991; *Leopold* 1992; *Teutsch* 1985; 1987; *Birnbacher* 1997; *Kattmann* 1997 a; *Krebs* 1997).

Jeder Unterricht, der sich nicht auf deskriptive und explikative Aussagen beschränkt, sondern ethische (normative) Fragen einbezieht, läuft Gefahr zu moralisieren und die Lernenden zu bevormunden. Das Bundesverfassungsgericht hat deshalb z. B. im Zusammenhang mit der Sexualerziehung ein *Indoktrinationsverbot* für den Unterricht ausgesprochen. Indoktrination liegt immer dann vor, wenn individuelle Überzeugungen oder Ideale einseitig betont oder für alle verpflichtend gemacht werden sollen. Das gilt auch für die Anschauungen einflussreicher gesellschaftlicher Gruppen und deren Partialethos. Die Lehrpersonen dürfen Lernenden ihre persönlichen Überzeugungen selbstverständlich nicht aufzwingen oder aufgrund ihrer Rolle in den Vordergrund stellen. Denn damit würde den Lernenden erschwert, sich selbst ethisch zu entscheiden.

Das sich aus der pluralistischen Gesellschaft und der Entscheidungsfreiheit des einzelnen ergebende Verbot der Indoktrination bedeutet andererseits auch nicht, dass die persönlichen Entscheidungen rein subjektiv und ethisch beliebig zu begründen seien. Bei den in der Biologie anstehenden Problemen wird es zwar meist mehrere ethisch vertretbare Lösungen geben. Das heißt aber nicht, dass jeder beliebige Lösungsvorschlag ethisch zu akzeptieren wäre. Vielmehr sind die vorgeschlagenen Lösungen im Gespräch vernünftig zu begründen.

■ Die Lernenden sind nicht über eine bestimmte Moral zu belehren, sondern sie sind darin zu unterstützen, ethische Probleme zu erkennen, auf diese zu reagieren und ethisch vertretbare Lösungen zu finden.

Dabei ist nicht entscheidend, ob am Ende über eine Lösung ein Konsens hergestellt wird. Vielmehr geht es darum, dass gelernt wird, über ethische Fragen eingehend nachzudenken, und dass den Lernenden Verfahrensweisen an die Hand gegeben werden, wie man zu einer begründeten Meinungsfindung in ethischen Fragen gelangen kann. Empirische Untersuchungen geben Hinweise darauf, wie eine Förderung der ethischen Urteilsfähigkeit von Schülern im Biologieunterricht erreicht werden kann (*Knippels* 2002; *Hößle* 2001 b).

Grundlegende ethische Normen

■ **Universalität** des gebotenen Verhaltens (allgemeine Regeln für das Verhalten aller Menschen)

■ **Gegenseitigkeit** (Fairness, Goldene Regel: »Was du nicht willst...«; Gültigkeit des Verhaltens auch nach Vertauschen der Rollen)

■ **Solidarität** (Eintreten für den anderen auch gegen das eigene Interesse; Eintreten für die Schwächeren, stellvertretend auch für kommende Generationen und die nichtmenschliche Mitwelt)

Die für die begründeten Entscheidungen nötigen ethischen Reflexionen sollen verhindern, dass die Schüler durch unerkannte oder unbedacht übernommene Werturteile bzw. Vorschriften und Verhaltensregeln bevormundet werden. In Schülergesprächen sollte angestrebt werden, reflektierte, auf (biologisches und ethisches) Sachwissen gegründete ethisch orientierte *Entscheidungsprozesse* anzustoßen. Grundlegende *ethische Normen* sind solche, die allein aus Vernunftgründen abgeleitet werden können.

Für ethische Aussagen, die über die allgemeinen Normen hinausgehen, lassen sich nach *Barbara Dulitz* und *Ulrich Kattmann* (1990) idealtypisch drei
Tab. 6-1 ◄ Formen unterscheiden: Ordnungsethik, Gesinnungsethik und Verantwortungsethik. Die drei Idealtypen sind nicht als sich ausschließende Gegensätze, sondern als drei Reflexions- und Begründungsebenen zu sehen, die durchlaufen werden und einander so ablösen können, dass die vorhergehende jeweils in der nachfolgenden aufgehoben ist.

In der *Ordnungsethik* liefern Tatsachenaussagen und kategoriale Unterscheidungen die Grundlagen für ethische Werturteile. So wird beispielsweise mit der (biologischen) Tatsache, dass der menschliche Keim von Anfang an als solcher erkennbar ist, die kategoriale Aussage verknüpft, dass von der Befruchtung an spezifisch menschliches Leben vorhanden sei. Hieraus wiederum folgt das Werturteil, mit einem gentechnischen Eingriff in einen solchen Keim werde die personale Identität angetastet, mit der Tötung des Keims ein menschliches Leben zerstört. Die Urteile gründen sich auf angenommene Seins-Ordnungen. Abweichungen werden als Verletzungen von Tabus empfunden. Positiv wird das Handeln geleitet durch die in natürlicher Ordnung geltenden Tugenden. Derartige Aussagen haben den Vorzug, eindeutig zu sein. Bei der Orientierung an Ordnungsethik besteht jedoch die Gefahr eines starren Dogmatismus, mit dem andere ethische Entscheidungen rigoros abgelehnt werden. Ordnungsethik kann auf Gefahren aufmerksam machen und helfen, gefährliche Entwicklungen abzuwehren. Sie hindert daran, vorschnell und leichthin über Grenzen hinwegzuschreiten.

In der *Gesinnungsethik* sind die mit einer Handlung verfolgten Absichten und Ziele der Maßstab für die ethische Beurteilung. Gesinnungsethisch wäre z. B. ein gentechnischer Eingriff an einem menschlichen Keim dann gerechtfertigt, wenn damit eine genetisch bedingte Krankheit geheilt oder menschliches Leiden überhaupt abgewehrt werden soll. Die therapeutischen Absichten und Motive können jedoch leicht in gegenteilige Folgen verkehrt werden. Gerade das Ziel, Krankheiten zu verhindern, kann dazu verleiten, ein Gesundheitsideal anzustreben, in dem Leiden, Krankheit und Behinderung keinen Platz haben. Statt des Leidens wird dann der Leidende verhindert. Gesinnungsethik lenkt die Sicht auf Motive und Ziele menschlichen Handelns und ist in dieser Funktion unverzichtbar. Gute Absichten allein sind jedoch kein Garant für moralisch einwandfreies Handeln. Im Unterricht ist es daher mit dem Betonen affektiver Unterrichtselemente oder mit emotionalen Appellen nicht getan. Gesinnungsethischer Eifer darf rationale Information über Bedingungen und Folgen des Handelns nicht ersetzen.

Die *Verantwortungsethik* ist dadurch ausgezeichnet, dass mit ihr die absehbaren Folgen einer Handlung einschließlich möglicher Fern- und Nebenfolgen bedacht werden, danach das Handeln an menschlichen Maßstäben ausgerichtet wird und die mit ihm verknüpften Chancen und Risiken abgewogen werden. Zu den menschlichen Maßstäben des Handelns gehören:

- Vorsicht beim Eingreifen in komplexe Lebensgefüge;
- Beschränkung auf fassbare Aufgaben mit überschaubaren Dimensionen;
- langsames Tempo der Entwicklung;
- Rechnen mit menschlichem Versagen (Fehlerfreundlichkeit).

Da sich die Folgen einer Handlung mit den Bedingungen ändern, sind verantwortungsethische Urteile in dieser Hinsicht immer vorläufig und grundsätzlich revidierbar. Sie stehen unter dem Vorbehalt neuer Situationen und neuer Erkenntnisse. Verantwortungsethische Aussagen sind damit grundsätzlich für vernunftbezogene Nachfragen und Überprüfungen offen. Verantwortungsethisch werden keine unantastbaren Bereiche formuliert, in die der Mensch nicht eingreifen dürfte. Die Schranken ergeben sich aufgrund der Unfähigkeit des Menschen, die Folgen seines Handelns zu erkennen und zu tragen. Die weitreichenden Konsequenzen moderner Technik für Mensch und Umwelt machen es zur verantwortungsethischen Maxime, das Nichtwissen von Folgen und Nebenfolgen einzugestehen.

	Ordnungsethik	Gesinnungsethik	Verantwortungsethik
Die Ethik gründet sich **normativ** auf …	Ordnung	Gesinnung	Verantwortung
sie wird **kognitiv** bestimmt durch …	Werte	Ziele	Folgen
sie wird **affektiv** beeinflusst durch …	Tabus	Appelle	Chancen und Risiken
sie wird **pragmatisch** geleitet durch …	Tugenden	Motive	Vernunft
ihre Urteile sind im **Grundsatz** …	kategorisch und zeitlos gültig	subjektiv herrschend und universell verpflichtend	geschichtlich gebildet und revidierbar

Tabelle 6-1: Ebenen ethischer Reflexion (nach *Dulitz/Katmann* 1990)

6.3 Zur Unterrichtspraxis

Ein Biologieunterricht, der ethische Fragestellungen einbezieht, muss zunächst einmal für Lernende einsichtig machen, dass zwischen naturwissenschaftlichen und ethischen Aussagen ein qualitativer Unterschied besteht, dass die deskriptiv-explikative von der normativen Ebene unterschieden werden muss (vgl. *Harms/Bayrhuber* 1999). Auf der normativen Ebene kann schon die Unterscheidung der Formen der Ethik und der Reflexionsebenen die ethischen Vorstellungen der Schüler differenzieren und klären helfen. Nach dem Modell der ethischen Analyse (*Dulitz/Kattmann* 1990) sollte im Unterricht so vorgegangen werden, dass bei ethischen Entscheidungsprozessen die drei Reflexionsebenen in der angegebenen Reihenfolge durchschritten und auf der jeweils nachfolgenden Stufe miteinander verknüpft werden. Es gibt außerdem eine Vielzahl von Ansätzen und alternative Unterrichtsverfahren (Übersicht und Systematisierung bei *Bögeholz* u. a. 2004; vgl. *Harms/Runtenberg* 2001).

Wenn ethische Fragen im Mittelpunkt des Unterrichts stehen, kommt es darauf an, die Problemsituationen so anschaulich wie möglich zu machen. Durch Fallstudien können die Lernenden beispielsweise angeregt werden, sich in eine ethische Entscheidungssituation hinein zu versetzen und einen persönlichen Meinungsbildungsprozess zu durchlaufen. Wie in fast allen unterrichtlichen Situationen kann es hier nur um ein partielles Bewusstmachen von ethischen Fragen gehen und um ein Einüben von Verfahrensweisen, wie grundsätzlich reflektiert mit ethischen Fragen umgegangen werden kann. Die Frage, inwieweit diese Vorgehensweisen sich auf das tatsächliche Handeln der Lernenden in ihrer Lebenswelt – also außerhalb der inszenierten Unterrichtssituation – auswirkt, ist weithin ungeklärt. Dies ist in empirischen biologiedidaktischen Arbeiten noch zu untersuchen.

Besonders wichtig für den Unterricht sind das Erkennen der ethischen Probleme und Dilemmata in einer konkreten Entscheidungssituation sowie die Reflexion der Werte und der Handlungsoptionen. Strittig ist, ob die Einordnung der ethischen Meinungen in zwei ethische Grundpositionen, die deontologische einerseits und die konsequenzialistische andererseits, unterrichtspraktisch und pädagogisch sinnvoll ist (vgl. *Bayrhuber* 1988; *Harms/Runtenberg* 2001). Kritiker dieser Vorgehensweise befürchten, dass die Orientierung an nur einem Wertepaar zu vereinfachenden ethischen Schablonen führe und von den persönlichen Stellungnahmen der Lernenden ablenke. Durch die ethische Analyse sollen die Lernenden vielmehr angeregt werden, sich mit möglichst vielen Wertorientierungen selbst auseinander zu setzen und vielseitige Möglichkeiten des Handelns vor einer Entscheidung ins Auge zu fassen. Die nötigen ethischen Reflexionen können im Unterricht systematisch anhand einer Abfolge von Schritten und »ethisch klärenden Fragen« angestoßen und organisiert werden (*Kattmann* 1988 a; 1991 a; *Dulitz/Kattmann* 1990, 18 ff.; vgl. auch *Bayrhuber* 1992; *Klein* 1993 a; b). Komplexe Sachverhalte und Entscheidungssituationen spielen insbesondere auch in der Umweltbildung eine wesentliche Rolle (*Pfeifer* 1980; *Teutsch* 1981; *Dulitz/Kattmann* 1991; *Bögeholz/Barkmann* 2005; *Bögeholz* 2006).

▶ 10.3.1, 10.7.3

Wo immer es möglich ist, sollten die Schüler hautnah an die Probleme herangeführt werden, so dass die ethischen Fragen von der *originalen Begegnung* selbst provoziert werden. Das erfordert Unterricht außerhalb des Klassenraumes. So können Begegnung mit Behinderten ermöglicht, Praktika in einem Alten- und Pflegeheim oder Rehabilitationszentrum für Drogensüchtige durchgeführt sowie Patenschaften z. B. zu Altenwohnungen, für ein Naturschutzgebiet oder einen Schulwald übernommen werden (vgl. *Winkel* 1978 a, 169 f.).

In der gegenwärtigen Schulorganisation werden derartige originale Begegnungen vorerst die Ausnahme bleiben, sodass Rollenspiele und Planspiele oft an die Stelle treten werden, in denen die Schülerinnen und Schüler Entscheidungssituationen erleben und reflektieren können. Während im Rollenspiel die Entscheidungssituationen von verschiedenen Positionen her durchgespielt und nahegebracht werden können (*Hößle* 2001 b), eignet sich das Planspiel besonders gut dazu, das verantwortungsethische Abwägen von Entscheidungen samt den Folgen zu simulieren (vgl. *Eschenhagen/Kattmann/Rodi* 1985, 328 ff.).

Die *Materialien für Fallstudien* müssen anschaulich und problemhaltig genug sein, um Betroffenheit herstellen zu können. Dazu eigen sich besonders Dilemmata, in die die Lernenden selbst geraten oder in die sie sich leicht hin-

Themenbereich	Unterrichtsbeispiele
Umweltethik und Naturschutz	*Bittner* 1983; *Bade* 1985; 1986; *Ehrnsberger* 1985; *Pfister* 1986; *Drutjons* 1987; *Dulitz/Kattmann* 1991; *Etschenberg* 1997 a; b; *Kronberg* 2001; *Nevers* 2004
Tierethik	*Schaaf* 1986; *Kattmann* 1995 d; *Kruse, H.,* 1997; *Hornung* 1998 a; b; *Harms* 2001; *Runtenberg* 2001; *Goebel-Pflug* 1998; *Joos/Aken* 1998; *Leibold* 1998
Sozialethik	*Ruppert* 1998 a
Medizinische Ethik: Fortpflanzungs- und Gentechnik	*Klein* 1987; 1993 a; b; *Kühne* u. a. 1987; *Hinske/Weigelt* 1988; *Bade* 1990 b; *Nissen* 1996; *Harms/Kroß* 1998; *Kattmann/Schüppel* 1999; *Thom-Schlüter* 1998; *Söling* 2000; *Wuketits* 2000; *Bayrhuber/Harms/Kroß* 2001; *Hößle* 2001 a; 2004 b; 2006; *Meisert/Kierdorf* 2002; *Kattmann* 2004 d; *Badura-Lotter/Dietrich* 2006

Tabelle 6-2: Beispiele für Themen und Unterrichtsvorschläge zur Bioethik

Tab. 6-2 ◄ eindenken können. Neben kontroversen Texten aus dem Wissenschaftsbereich können dazu auch emotional ansprechende Bilder, z. B. Karikaturen, dienen (vgl. *Kühne* u. a. 1987; *Beer/Schober/Wulff* 1988; *Dulitz/Kattmann* 1990). Bei jüngeren Lernenden können Anspielszenen, die den Ausgang einer Entscheidungssituation offen lassen, den Einstieg in ein Unterrichtsgespräch erleichtern.

Bei der im Biologieunterricht manchmal noch ungewohnten Textarbeit sollten die Schüler auch dazu angeleitet werden, die Texte auf verborgene ethische Argumente oder Implikationen zu befragen, um so der heimlichen Ethik auf die Spur zu kommen. Das kann auch am eingeführten Biologie-Schulbuch geschehen.

Wissenschaftsethik kann besonders auf dem Hintergrund ethisch bedeutsa-
5 ◄ mer Geschehnisse in der Wissenschaftsgeschichte behandelt werden.

Zur Bioethik im Unterricht gibt es einige Sammlungen von Materialien und Unterrichtsentwürfen, die z. T. mehrere Themen umgreifen (vgl. *Birnbacher/Hörster* 1982; *Birnbacher/Wolf* 1988; *Beer/Schober/Wulff* 1988; *Bade* 1989; *Dulitz/Kattmann* 1990; *Gebhard/Johannsen* 1990; *Erhard* u. a. 1992; *Kattmann* 1995 e). Die Unterrichtsentwürfe betreffen vor allem ältere Lernende (Sekundarstufe II).

7 Gesundheitserziehung und Gesundheitsförderung

»Gesundheit« wird als Bildungs- und Erziehungsaufgabe der Schule gefordert. Auf der Grundlage eines veränderten Verständnisses von Gesundheit haben sich die Ziele und Inhalte bei der Vermittlung dieses Themas gewandelt und erweitert. Mit der Unterscheidung von Gesundheitserziehung und Gesundheitsförderung werden unterschiedliche Schwerpunkte gesetzt: einerseits Krankheitswissen, Risikovermeidung und objektiv normierte Verhaltensbewertungen, andererseits Gesundheitswissen, Stärkung persönlicher Ressourcen und Selbstbestimmung. Aus biologiedidaktischer Perspektive sind sowohl die traditionelle Gesundheitserziehung als auch die eher fortschrittliche Gesundheitsförderung relevant. Es geht also nicht um ein Entweder-oder, sondern um ein begründetes Auswählen der Ziele, Inhalte und Methoden.
Wichtige erschließende Begriffe: Abschreckung, Aufklärung, Gesunde Schule, Gesundheitsförderung, Lebensstil, Personale Kompetenz, Selbstbestimmung
Bearbeitet von *Ilka Gropengießer*

7.1 Zum Begriff »Gesundheit«

Was ist Gesundheit? »Wenn es mir gut geht!« Ungefähr die Hälfte der Befragten antwortete sinngemäß »Gesundheit ist das Fehlen von Krankheit« (*Schaefer* 1990 b). Die Weltgesundheitsorganisation (WHO) definierte 1946: »Gesundheit ist ein Zustand völligen körperlichen, seelisch-geistigen und sozialen Wohlbefindens.« Doch Menschen sind selten völlig gesund oder völlig krank. Gesundheit lässt sich daher kaum definieren, sondern nur – jeweils bezogen auf den Einzelfall – diagnostizieren. Gesundheit und Krankheit sind »qualitativ wertende« *diagnostische Begriffe* (vgl. *Kattmann* 1980 a, 157). Gesundheit und Krankheit bilden die Endpunkte eines Kontinuums. Jemand kann sich trotz hohen Blutdrucks wohl fühlen. Dagegen kann sich ein Mensch krank fühlen, obwohl alle medizinisch messbaren Parameter »ohne Befund« sind. »Gesundheit ist ein Weg, der sich bildet, indem man ihn geht« (*Schipperges* z. n. *Schneider* 1990 a, 8). Gesundheit ist kein Zustand, sondern Ausdruck eines Prozesses und konstituiert sich für jeden einzelnen Menschen unterschiedlich und zwar in der Auseinandersetzung mit dem jeweiligen sozialen, kulturellen, ökonomischen und ökologischen Lebensumfeld (vgl. *Wenzel* 1990). So unterscheidet *Lothar Staeck* (1990, 27) genetische Dispositionen, Lebensgewohnheiten, physikalische und gesellschaftliche Umwelteinflüsse und medizinisch definierte Faktoren, während andere Autoren konkreter werden: »ausreichend Schlaf und Entspannung, ausgewogene Ernährung, körperliche Bewegung, Abhärtung, Körperhygiene, Zahnpflege, ...« (*Schwarzer* 1990, 5; vgl. *Schneider* 1990 a, 9). Gesundheit hat darüber hinaus viel mit Lebensmut und Lebensfreude, Selbstvertrauen und Leistungsbereitschaft zu tun. Behinderungen und Befindlichkeitsstörungen lassen sich in dieses Lebensgefühl integrieren. Gesundheit kann umschrieben werden als »Fähigkeit, trotz eines gewissen Maßes an Mängeln, Störungen, Schäden leben, arbeiten, genießen und zufrieden sein zu können« (*Affemann* z. n. *Brauner* 1980, 70).

7.2 Gesundheitserziehung – Aufgaben und Voraussetzungen

Das Thema »Gesundheit« ist legitimiert durch Prognosen, die auf drängende zukünftige gesellschaftliche Problembereiche hinweisen (bmb+f 1996/1998). In der Rahmenkonzeption für die internationale PISA-Studie werden Leben und Gesundheit sowie Krankheit und Ernährung als Anwendungsbereiche benannt, in denen »sich Fragen stellen, die Bürger von heute und morgen verstehen und zu denen sie Entscheidungen treffen müssen« (PISA-Konsortium 2000, 71). Außerdem sind Gesundheit und Wohlbefinden wichtige Wirtschaftsfaktoren in der Gesellschaft des 21. Jahrhunderts (vgl. *Gropengießer, I.* 2003).

Gesundheitserziehung ist als Bildungs- und Erziehungsauftrag der Schule nicht in erster Linie sozialpolitisch durch die hohen Kosten im Gesundheitswesen zu Beginn des neuen Jahrtausends motiviert. Vielmehr geben die gesundheitliche Situation und die gesundheitsrelevanten Verhaltens- und Lebensmuster der Heranwachsenden Anlass zur Sorge. Aus dieser Situation heraus wird gefordert, frühzeitig mit *Präventionsmaßnahmen* zu beginnen und Programme zur Förderung allgemeiner Lebenskompetenz (life skills) in die schulische Arbeit einzubeziehen (*Hurrelmann* u. a. 2003). Dabei geht es nicht um Vorsorgeuntersuchungen und Schutzimpfungen, die manchmal in Schulen durchgeführt werden und der Gesundheitspflege oder Gesundheitsfürsorge zuzurechnen sind. Die Erwartungen beziehen sich auf das Motivieren, Informieren und Überzeugen, auf das Vorleben, Gewöhnen und Einüben in Bezug auf Verhalten, das der Erhaltung und Verbesserung der eigenen Gesundheit dienlich ist: Es geht um Verhaltensprävention. Diese Aufgabe wird dadurch erweitert, dass präventiv wirksame gesundheitsförderliche Verhältnisse für Lernende »hier und jetzt« in der Schule zu schaffen bzw. vorzubereiten sind (*Etschenberg* 2005). Diese Aufgabe ist im Wesentlichen auch eine für Biologielehrkräfte, denn sie verfügen über die nötige Sachkompetenz.

Gesundheitserziehung hat eine lange Tradition. Die Konzepte dafür haben sich stetig weiter entwickelt. Eine besondere inhaltliche Orientierung erfährt die Gesundheitserziehung durch Konfrontation der Lernenden mit den Risiken, die auf die menschliche Gesundheit wirken. »Im Mittelpunkt dieser gesundheitserzieherischen Akzentsetzung stehen insbesondere die zivilisations-

41% der befragten Mädchen und 35 % der befragten Jungen geben an, dass sie an **Allergien** gegen Tierhaare und Federn, Staub und Pollen leiden.

Bei jedem dritten Jugendlichen gibt es Probleme mit dem **Essen**, die sich als Unter- bzw. Übergewicht zeigen. Hier gibt es deutliche geschlechtsspezifische Unterschiede. Auch die Unlust, sich körperlich zu bewegen, korreliert häufig mit dem Ernährungsverhalten – als Ursache oder Folge.

Über die Hälfte der Befragten hatte in den letzten 12 Monaten **Verletzungen** ihres Körpers zu bewältigen.

Viele Jugendliche leiden unter **psychosomatischen Beschwerden** wie Kopfschmerzen, Rückenschmerzen, Bauchschmerzen, Schlafstörungen, Appetitlosigkeit, Schwindel, Müdigkeit sowie psychischen Symptomen wie Gereiztheit, Nervosität, Ängstlichkeit und allgemeinem Unwohlsein.

Um das Alter von 13 Jahren wird vermehrt der **Konsum psychoaktiver Substanzen** angegeben. Erfahrungen mit dem Konsum von Alkohol, Tabak und Cannabis scheinen weit verbreitet zu sein.

Gesundheitliche Belastungen von 11- bis 15-Jährigen (Hurrelmann u. a. 2003)

bedingten und häufig selbstverschuldeten Risikofaktoren (...), wie z. B. Bewegungsmangel, Fehlernährung, Übergewicht, Bluthochdruck, erhöhte Werte der Blutfette, des Blutzuckers und Stress« (*Staeck* 1995, 69).

Den Lernenden soll die Bedeutung dieser Risiken für ihr eigenes Leben deutlich werden, und sie sollen Möglichkeiten zu deren Vermeidung kennen lernen. Damit soll vor allem die Bereitschaft der Lernenden zu einer gesundheitsfördernden Lebensweise entwickelt werden. Da die meisten Jugendlichen (wie auch viele Erwachsene) dazu neigen, gesundheitliche Risiken zwar abstrakt anzuerkennen, aber nicht konkret auf sich selbst zu beziehen, können Risikofaktoren »letztlich nicht den Weg anzeigen, auf dem der Adressat sich gesundheitlich weiterentwickeln kann. Dies ist wohl ein tieferer Grund, warum das *Risikofaktorenkonzept* als (...) Grundlage einer Gesundheitserziehung nicht erfolgreich war« (*Schneider* 1993, 65; vgl. *Gropengießer/Gropengießer* 1985).

Nur eine vielperspektivische Sicht wird der Komplexität von Gesundheit und Gesundheitsverhalten gerecht. *Gerhard Schaefer* (1998) begreift auf dem Hintergrund der von ihm formulierten Lebensprinzipien die Gesundheit als „Balanceakt". Mit dem »Ganzheitskonzept« wird darauf abgezielt, »konsequent den gesamten Menschen mit seinen affektiven, sozialen, pragmatischen und kognitiven Persönlichkeitsdimensionen in die Didaktik der Gesundheitserziehung ... einzubeziehen« (*Staeck* 1990, 27; vgl. auch *Schneider* 1990 b; *Hedewig* 1991 a; *Homfeldt* 1993 a; b).

Nach dem Kohärenzgedanken von *Antonovsky* (vgl. *Bengel/Strittmatter/ Willmann* 1998) ist eine bestimmte Grundeinstellung des Individuums nötig, um die täglichen Herausforderungen annehmen und die vorhandenen Ressourcen zum Erhalt der Gesundheit und zum Wohlbefinden einsetzen zu können. Diese Grundhaltung basiert auf drei Komponenten:

- *Gefühl von Verstehbarkeit* (sense of comprehensibility), es entsteht, wenn Situationen transparent werden und als klar, geordnet und verlässlich erlebt werden.
- *Gefühl von Handhabbarkeit* (sense of manageability), es entsteht, wenn Anforderungen und Herausforderungen als bewältigbar erscheinen.
- *Gefühl von Sinnhaftigkeit* (sense of meaningfulness), es entsteht, wenn das eigene Tun als bedeutsam und gestaltbar erlebt wird.

Nach dem sozialmedizinischen »*life-style*«-Konzept bestimmen die wirtschaftlichen, ökologischen, sozialen und kulturellen Bedingungen das menschliche Verhalten maßgeblich. Entscheidungen für oder gegen ein gesundheitsbezogenes Verhalten sind immer durch die Lebensgeschichte und den Lebenszusammenhang des Individuums geprägt (vgl. *Gropengießer/Gropengießer* 1985).

Tab. 10-1 ◄

Aus den beiden zuletzt genannten Konzepten ergibt sich eine besondere Verantwortung der Schule als Lebensraum und Arbeitsplatz. Aufgrund dieser Einsicht wurde das (innerhalb der Biologiedidaktik entwickelte) *Konzept der* »*Gesunden Schule*« formuliert (*Gropengießer/Gropengießer* 1985, 7f.; *Gropengießer, I.* 1990).

- Die Schule ist systematisch als lebenswerte Umgebung zu gestalten und eine gesundheitsförderliche Schul- und Lernkultur ist zu entwickeln. Betroffene sind dabei zu Beteiligten zu machen.

Die Förderung des Einzelnen in der Schule ist außerdem die Grundlage für den individuellen Prozess der Persönlichkeitsbildung und Kompetenzentwicklung. Dieser zielt explizit auch auf »einen Prozess, allen Menschen ein höheres Maß an Selbstbestimmung über ihre Gesundheit zu ermöglichen und sie damit zur Stärkung ihrer Gesundheit zu befähigen« (Ottawa-Charta 1986).

Der dahinter stehende emanzipatorische Anspruch wirkt sich auch in der Wortwahl aus: Man spricht heute von der fächerübergreifenden Aufgabe der *Gesundheitsförderung*.

Aus fachdidaktischer Perspektive basiert gesundheitsbezogenes Lernen sowohl auf Gesundheitserziehung als auch auf Gesundheitsförderung. Die Vermittlungskonzepte gehen über den Biologieunterricht hinaus. Vielfältige Methoden- und Handlungsstrategien sind dem Lernprozess und der Entwicklung von Lebens- und Handlungskompetenz förderlich.

Tab. 7-1 ◄

Volker Schneider (1990) teilt das didaktische Feld der Gesundheitsförderung

■ Gesundheitsförderliches Leben und Arbeiten muss in der Schule konkret eingelöst werden, und zwar für alle beteiligten Personen.

■ Bedürfnisse aller Beteiligten nach Sicherheit, Zugehörigkeit, Anerkennung, Selbstverwirklichung und die Befriedigung physiologischer Bedürfnisse sind zu berücksichtigen.

■ Gesundheitslernen knüpft an den täglichen Erfahrungsbereich an und nimmt persönliche Betroffenheit auf.

■ Wege zu gesundheitsförderndem Verhalten sind konkret und positiv.

■ Beziehungen zwischen den Beteiligten und Erfahrungen in der Gruppe stärken gesundheitsbezogene Gewohnheiten.

■ Gesundheitslernen bedeutet Ermutigung zum selbstständigen Entscheiden als informierte Beteiligte.

■ Gesundheit ist ein Ziel über die Grenzen der Schulfächer hinweg und fordert die Lehrpersonen nicht nur als Vertreter ihrer Fächer, sondern als Erzieher und Menschen.

■ Die Grenze zwischen der Schule und ihrem Umfeld von innen nach außen und von außen nach innen wird durchlässig.

in die Bereiche des Selbst (Eigenwelt), der sozialen Bezüge (Mitwelt) und der Umweltbedingungen (Umwelt). Deren curriculare Dimension umfasst

■ mit dem Gesundheitsbezug des Unterrichts die *Inhalte* und die *Vermittlungsmethoden*;

■ mit der sozialen Dimension kommen gesundheitsverträgliche *Kommunikationsstrukturen* in den Blick, also z. B. Schulklima oder Schulkultur;

■ mit der ökologischen Dimension die Forderung nach gesundheitsgerechter Gestaltung des *Lebensraums Schule* und ihres Umfeldes,

■ mit der kommunalen Dimension die *Zusammenarbeit* mit Beratungs- und Informationsstellen außerhalb der Schule (*Hurrelmann* 1994).

Mit dem OPUS-Netzwerk »Gesundheitsfördernde Schule« wird Gesundheitsförderung zum *Programm* (vgl. *Arnold* u. a. 1995). »Anschub.de« (Allianz für *n*achhaltige *Schul*gesundheit und *B*ildung in Deutschland) arbeitet daran, dass die Utopie der »Gesunden Schule« verwirklicht wird (vgl. *Nilshon/ Schminder* 2005).

Gesundheitserziehung	Gesundheitsförderung
Störungsfreie Organfunktionen	Organismus als System
Krankheitswissen (Pathenogenese)	Gesundheitswissen (Salutogenese)
Risikovermeidung	Stärkung persönlicher Kompetenzen
Verhalten, das der eigenen Person förderlich ist	Verhältnisse, die der Gesundheit aller Beteiligten förderlich sind
Normierte Verhaltensbewertungen	Selbstbestimmung

Tabelle 7-1: Schwerpunkte von Gesundheitserziehung und -förderung

7.3 Zur Wirksamkeit der schulischen Gesundheitserziehung

Die Schule ist nicht an erster Stelle zu nennen, wenn nach den Faktoren, die das Gesundheitsverhalten der Kinder und Jugendlichen bestimmen, gefragt wird. Neben dem Kindergarten und den Massenmedien hat die *Familie* den größeren und dauerhafteren Einfluss. Eine bedeutende Rolle für das Handeln der Heranwachsenden spielen auch Gruppen von Gleichaltrigen (Peergroups), in deren Werteskala Abenteuerlust und Risikoverhalten meist weit höher rangieren als ein gesundheitsförderndes Verhalten (vgl. *Hedewig* 1991 a, 374 f.). Die bereits entwickelten Gewohnheiten und Wertvorstellungen sind die Grundlage für die Effektivität des schulischen Gesundheitslernens. Sie bilden die Ausgangssituation für den Lernprozess der Schüler und deren Verhalten innerhalb und außerhalb der Schule. Positiv bewertete Handlungen stellen oft den Beginn einer neuen Motivationsphase dar, sodass Kompetenzen Schritt für Schritt entwickelt werden können (vgl. *Weiglhofer* 1997).

Frühere Konzepte der Gesundheitserziehung hatten ihren Schwerpunkt in der *Information* und *Aufklärung*. Aufklärung vermeidet Indoktrination und bietet den Lernenden auf dem Weg zur Selbstbestimmung Orientierungs- und Entscheidungshilfe. Die Erfahrung zeigt aber, dass mit dem Erwerb der Kenntnisse und Einsichten sich keineswegs auch die erwünschten Haltungen und Fähigkeiten einstellen. »Die (…) Diskrepanz zwischen Wissen und Handeln, die jedem Pädagogen bekannt ist, tritt auf kaum einem Gebiet so deutlich zutage wie dem der Gesundheitserziehung« (*Hedewig* 1980, 9; vgl. 1991).

Das Bild vom Raucherbein in der Mülltonne ist ein Beispiel für das Bemühen, Affekte und emotionale Betroffenheit durch schockierende Texte oder Bilder hervorzurufen. Die Wirksamkeit der *Abschreckungsmethode* wird inzwischen unterschiedlich diskutiert. Einerseits bewirkt Abschreckung Abwehr und Verdrängung und erschwert so erwünschte Einstellungs- und Verhaltensänderungen, andererseits konnten »in zahlreichen experimentellen Arbeiten (…) positive Effekte von Furchtappellen auf gesundheitsbezogene Einstellungen nachgewiesen werden« (*Barth/Bengel* 1998, 122).

Als vielversprechend gilt heute die *Auseinandersetzung mit sich selbst*. Diese Arbeit zielt auf die Stärkung der Selbstkompetenz, um mit den Herausforderungen des Lebens umgehen zu können (*Etschenberg* 2003 a; b, 10). Sie kann auf den moralisierend erhobenen Zeigefinger weitgehend verzichten.

Bei der Bewertung der Wirksamkeit der Mittel darf nicht vergessen werden, dass die Lernenden auf unterschiedliche Zugänge unterschiedlich reagieren. Wichtige Voraussetzung für den Erfolg der gesundheitsbezogenen Bemühungen ist das *Interesse an Gesundheit*. Befragungen zeigen ein relativ großes Interesse an Themen der Humanbiologie. Das Interesse am menschlichen Körper und seinen Organen, an der Fortpflanzungsbiologie des Menschen und an Gesundheit und Ernährung weist deutliche Altersverläufe und geschlechtsspezifische Unterschiede auf. Berichte über Gefährdungen der Gesundheit und die Angst selbst zu erkranken sowie der Wunsch anderen Menschen zu helfen und ein entsprechender Berufswunsch scheinen das Interesse anzuregen (vgl. *Todt/Schütz/Moser* 1978; *Finke/Klee* 1998). Das Interesse der Mädchen an humanbiologischen und medizinischen Fragestellungen soll – so wird in der Debatte um Koedukation argumentiert – diesen auch den Zugang zu den naturwissenschaftlichen Fächern erleichtern (*Hoffmann* 1990, 6).

▶ 11.3

7.4 Gesundheitserziehung und Gesundheitsförderung als Prinzip

Im Zusammenhang mit der Diskussion um Ziele und Effektivität der Gesundheitserziehung reichen die Forderungen von der Einrichtung eines *Unterrichtsfaches* »Gesundheit« über Berücksichtigung als *Unterrichtsprinzip* bis hin zu einem Gesundheit fördernden Schulprogramm und allgemeinen Prinzip des Schullebens (s. S. 106; vgl. z. B. *Lutz-Dettinger* 1979; *Gropengießer, I.* 1985; *Friedrich Verlag* 1990; 1994; *Borneff/Borneff* 1991).

7.5 Gesundheitslernen im Biologieunterricht: Anlässe und Themen

Traditionell ist der Biologieunterricht mit dem Gesundheitslernen verknüpft. So nimmt nach *Wilfried Stichmann* (1970, 89) »eine gesellschafts- und praxisbezogene Unterrichtsplanung zur Humanbiologie (...) zunächst die gesundheitserzieherischen Anliegen in den Blick«. In älteren Lehrplänen wird gefordert, im Anschluss an den Bau und die Funktion eines Organs oder Organsystems dessen Erkrankungen und Wege zu ihrer Vermeidung zu behandeln. Diese Reihenfolge hat den Vorteil, dass ein angemessenes Verständnis für pathologische Verhältnisse und ihre Vorbeugung besser zu erreichen ist,

Unterrichtsprinzip Gesundheitsförderung

Nutzung jeder Möglichkeit und **Gelegenheit**, gesundheitsbezogene Themen in den Unterricht einzubringen. Dies kann direkt geschehen, indem Zeitungsberichte, Quizsendungen in den Medien, Ereignisse im Schulleben oder andere aktuelle Anlässe unterrichtlich aufgearbeitet werden.

Prüfung ganz unterschiedlicher **Themen des Biologieunterrichts,** auch aus den Bereichen der Botanik oder Zoologie, ob sie sich mit gesundheitlichen Aspekten verknüpfen lassen. *Karla Etschenberg* (2003 b) bezeichnet das Vorgehen als Integrationskonzept und nennt es umgangssprachlich »Trojanisches Pferd« oder »Stille Strategie«.

Entwicklung eines **Schulprogramms** zur Gesundheitsförderung beispielsweise auch unter Einbeziehung der baulichen Gestaltung der Schule und des Schulgeländes, der Einrichtung der Schulräume, der Organisation des Wochen- und Tagesablaufs, der Gestaltung von Pausen und außerschulischen Unternehmungen (Klassenfahrten u. a.), Elternabenden, der Vorbildwirkung der Lehrpersonen.

Bemühungen darum, die Gesundheitsförderung als **allgemeines Prinzip des Schullebens** anzuerkennen und zu praktizieren.

wenn die normale Funktion des betreffenden Organs bereits bekannt ist. Nachteilig wirkt sich jedoch aus, dass »das Interesse der Schüler viel stärker den Krankheiten und ihren Behandlungsmöglichkeiten gilt als dem ‚normalen‘ Körper« (*Breuer* 1971 a, 85). Dem wird häufig dadurch Rechnung getragen, dass man den Einstieg in den Unterricht über eine Krankheit wählt, dann die Notwendigkeit herausstellt, Bau und Funktionen des gesunden Organsystems kennen zu lernen, und schließlich – nach der normalen Anatomie und Physiologie – zum Ausgangspunkt des Unterrichts zurückkehrt.

Tab. 7-2 ◄ Organsysteme sind nach wie vor eine zentrale Thematik des Biologieunterrichts. Lebensweltlich sind aber Prozesse (Tätigkeiten) bedeutsamer als Organe, weshalb Unterrichtsthemen entsprechend formuliert werden sollten, z. B. »Wie sehen wir« (nicht: »Das Auge«), »Wie ernähren wir uns« (nicht: »Der Verdauungstrakt«).

Die Inhalte sind so zuzuschneiden, dass sowohl die biologische Funktion als auch die Gesundheit fördernden Effekte zum Tragen kommen. Exemplarisch kann dies am Thema »Atmen« gezeigt werden (*Gropengießer, I.* 2004). Die Auseinandersetzung mit diesen gesundheitsbezogenen Aspekten dürfte die Erfolgsaussichten der Gesundheitserziehung erhöhen – allerdings wohl nur unter der Voraussetzung, dass die Schule den Heranwachsenden wenigs-

Organsystem	Gesundheitserzieherische Kontexte
Skelett- und Muskelsystem	Körperhaltung und Bewegung, Muskeltraining
Nervensystem	Wahrnehmung und Koordination, Lernen, Genuss und Sucht
Urogenital- und Verdauungssystem	Essen und trinken, Esskultur, Nahrungsqualität, Leistungsfähigkeit
Fortpflanzungssystem	Empfängnisverhütung, Kinderwunsch
Blutgefäßsystem	Fitness, Körpertemperatur, Verletzungen und Erste Hilfe
Abwehrsystem	Körperpflege und Hygiene, Organtransplantation, Infektionen, Stammzelltherapie

Tabelle 7-2: Organsysteme und gesundheitserzieherische Kontexte

tens partiell ermöglicht, ein gesundes Leben zusammen mit den Mitschülern und Lehrpersonen zu praktizieren. Dazu sind entsprechende Unterrichtsvorschläge und Materialien veröffentlicht worden (vgl. *Gropengießer, I.* 1985; 1990; 1991; 1994 b; 2003; *Etschenberg* 2003 a; 2004; *Ruppert* 2001; *Teutloff* 2001; *Schlüter* 2003; *Kattmann* 2004 a).

Karla Etschenberg (1992 b, 14–17) schlägt vor, *aktuelle gesundheitsbezogene* Anlässe im Rahmen der 5-Minuten-Biologie zu bearbeiten. Dabei kann es sich um die sachgerechte Versorgung einer Schnittwunde handeln, nachdem sich ein Schüler beim Basteln verletzt hatte, oder um den »knurrenden Magen«, der für ablenkende Heiterkeit sorgt. Die Tagespresse, Zeitschriften oder Broschüren liefern immer wieder interessante Bezüge zum Gesundheitswissen und zum Gesundheitsverhalten.

Projektwochen und *Arbeitsgemeinschaften* bieten einen optimalen Rahmen für *gesundheitsfördernde Aktionen* (vgl. *Eschenhagen* 1990; *Hedewig* 1993 b). Der hier großzügiger bemessene Zeitrahmen ermöglicht es, erlebnisbetont und erfahrungsbezogen mit den Lernenden zu arbeiten. Auch in diesem Kontext spielen die klassischen Gesundheitsthemen wie Essen und Trinken, Bewegung im Spannungsfeld von Anspannung und Entspannung, sich kleiden und wohl fühlen, Sinneserfahrungen und Naturerleben eine große Rolle (vgl. *Homfeldt* 1993 a; b). In Kooperation mit den Gesundheitskassen sind Materialien entstanden, die die Lehrkräfte als Kurs oder im Bausteinprinzip nutzen können. Beispielsweise werden in einem Unterrichtsmaterial »Verflixte Schönheit« Ernährung, Essstörungen, Fitnesswahn, Kleidung, pflegende und dekorative Kosmetik aufbereitet (DAK 1996). Trainingsprogramme zum Nichtrauchen (vgl. *Burow/Hanewinkel* 1994, 34-36) reichen in den Bemühungen der Gesundheitsförderung nicht aus. Inzwischen ist in vielen Bundesländern das Rauchen an den Schulen nicht mehr erlaubt. Die Gestaltung dieses schwierigen Prozesses in der Schule wird durch vielfältiges Material gestützt (vgl. z. B. BZgA 2003). In den Materialien werden die Problembereiche skizziert und methodische Wege angeregt, die geeignet sind, die Sachverhalte zu problematisieren, Kenntnisse zu vermitteln und die Lernenden zu aktivieren. Dazu gehören Rollen- und Planspiele, Erkundungen und Interviews ebenso wie der Einsatz experimenteller Erkundungsmethoden (vgl. z. B. *Pommerening* 1982). Der Unterricht sollte an außerschulische Erfahrungen der Lernenden oder an veröffentlichte Erfahrungsberichte und Fallstudien anknüpfen (vgl. z. B. *Leuchtenstern* 1980).

Das Einüben und Anwenden gewisser *Gesundheitstechniken* (z. B. Zahnpflege, Erste Hilfe, Fuß- und Rückenübungen, Entspannungstechniken, Ausdauertraining, Umgang mit Heilkräutern) macht Spaß und spricht die Sinne an. Besonders nachhaltige Wirkungen sind zu erwarten, wenn die Lernenden ihre Arbeitsergebnisse veröffentlichen. Neben allgemein üblichen Präsentationsformen bieten sich im Zusammenhang mit der Gesundheitsförderung der »Verkauf« von Produkten (Nahrung, Kosmetik) oder die Anwendung erlernter Techniken in sogenannten »Studios« (Kräuterküche, Schönheitssalon, Rückenschule, Fitness-Studio) an. Die Nähe zur Gründung einer Schülerfirma ist vorhanden. In diesem Zusammenhang muss aber betont werden, dass es sich hier um einen »sensiblen« mitmenschlichen Bereich handelt und die Schule keine therapeutischen Aufgaben übernehmen kann.

Andere Bereiche des *Lebens in der Schule*, wie die Veränderung der zeitlichen Gliederung des Schultages oder die Umsetzung der Erkenntnisse zum Lernen, die Einführung eines gemeinsamen Pausenfrühstücks oder eine Aktion zur Vermeidung des Rauchens im Schulgebäude zeigen, dass es sich lohnt, schon in der Gegenwart Lebensqualität zu entwickeln. Die genannten Beispiele zeigen die Vielfalt des *Gesundheitslernens*. Hinter der Aufzählung verbergen sich gesundheitsrelevante Kenntnisse, die Entwicklung von persönlichen Kompetenzen, um gesundheitsfördernde Entscheidungen treffen zu können und auf Gesundheit orientierte Einstellungen auszubilden. Dies sind Voraussetzungen für ein umfassendes gesundheitsbezogenes Verhalten.

8 Sexualerziehung

Der Biologieunterricht ist in besonderem Maße geeignet, Beiträge zur Sexualerziehung zu leisten. Dabei ist zu beachten, dass menschliche Sexualität mehr Funktionen hat als Sexualität bei anderen Lebewesen. Durch Wertorientierung wird aus Sexualkunde Sexualerziehung. Orientierungsrahmen sind konsensfähige sozialethisch begründete Verhaltensmaßstäbe. Die Lehrenden unterliegen dabei einem Indoktrinationsverbot. Der Unterricht soll nicht nur Wissen vermitteln, sondern vor allem die soziale und die kommunikative Kompetenz der Lernenden fördern. Fächerübergreifende Sexualerziehung scheitert oft an der Schulrealität. In einigen methodischen Einzelfragen ist der Unterschied zur familialen und außerschulischen Sexualerziehung zu berücksichtigen. Die Zusammenarbeit mit den Eltern sollte gepflegt werden. Trotz verbindlicher Sexualerziehung an Schulen seit 1968 gibt es immer noch keine verbindliche Ausbildung für diesen Bereich. Die Lehrenden sind auf Eigeninitiative und Fortbildung angewiesen.
Wichtige erschließende Begriffe: Elternarbeit, fächerübergreifendes Arbeiten, Indoktrinationsverbot, Schülerorientierung, Sexualethik, Sozialisation, Wertorientierung
Bearbeitet von *Karla Etschenberg*

8.1 Zum Begriff »Sexualität«

»Sexualität« ist ein vielschichtiger Begriff, dessen Bedeutung sich nicht durch die einfache Übersetzung »Geschlechtlichkeit« oder eine kurze Definition erfassen lässt. Ursprünglich ist Sexualität ein biologisches Phänomen, das bei Pflanzen, Tieren und beim Menschen die zweielterliche Fortpflanzung und damit Variabilität und Individualität in der Nachkommenschaft ermöglicht (vgl. *Eschenhagen/Kattmann/Rodi* 1993; *Etschenberg* 1998).

Beim Menschen ist das Spektrum des mit Sexualität verbundenen Verhaltens so groß, dass es nahezu unmöglich ist, es eindeutig gegen nicht-sexuelles Verhalten abzugrenzen. Für einen Menschen kann praktisch alles sexuell bedeutsam werden, wenn er entsprechend sensibilisiert ist oder motiviert wird. Andererseits kann von Menschen Sexualität auch aus fast allen Lebensbereichen ausgeblendet oder grundsätzlich verdrängt werden. Wie ein Mensch Sexualität erlebt, hängt weitgehend von seiner Erziehung, der Lebenssituation und den geltenden gesellschaftlichen Normen ab (vgl. *Haeberle* 1985, 170 ff.).

Nach diesem Verständnis lässt sich die Geschlechtlichkeit des Menschen keinesfalls auf die Funktionen der Geschlechtsorgane, auf Fortpflanzung und

Funktionen menschlicher Sexualität

- Erhalt von Variabilität (Vielfalt und Individualität),
- Ermöglichen von sexueller Fortpflanzung,
- Mittel der Selbstverwirklichung und des Lustgewinns,
- Beziehung stiftendes Element zwischen Partnern,
- Anlass zu sozialen und kulturellen Gestaltungen.

genitalen Lustgewinn beschränken. Anstelle einer festschreibenden Definition sollte man versuchen, Sexualität dynamisch von den vielfältigen Funktionen her zu beschreiben, die sie für das Leben der Menschen hat oder haben kann. Sexualität des Menschen wird verzerrt, wenn nur eine der Funktionen isoliert oder einseitig zum »eigentlichen Zweck oder Sinn« erklärt wird.

8.2 Sexualerziehung – Voraussetzungen und Aufgaben

Sexualerziehung (auch Geschlechtererziehung oder Geschlechtserziehung genannt) ist jene Form der (sexuellen) *Sozialisation*, die *intentional*, d. h. geplant und pädagogisch begründet vorgeht. Sie wird von denjenigen Bezugspersonen geleistet, die reflektiert und zielbewusst Einfluss auf ein Kind nehmen. Die andere Form ist die *funktionale* (sexuelle) Sozialisation, bei der Menschen (oder auch Medien) »beiläufig« Normen, Werte und Standards vermitteln. Im Allgemeinen wird auch diese Form der Einflussnahme als Sexualerziehung bezeichnet, obgleich die Kriterien von Erziehung eigentlich nicht zutreffen. Sie wird praktisch von allen Menschen (und Medien) geleistet, die auf das Kind einwirken, so auch immer von Lehrpersonen (vgl. *Etschenberg* 1992 a).

Sexualerziehung im hier verstandenen Sinne ist Element der *Gesamterziehung*. Sie ist die »pädagogische Bemühung um diejenigen Momente des (…) Lernens junger Menschen (…), die deren Dispositionen zu sexuellem (insbesondere soziosexuellem) Erleben und Verhalten unmittelbar oder auch nur mittelbar betreffen« (*Scarbath* 1976 b, 403). Solange sexualethische Normen in der Gesellschaft – insbesondere unter dem Einfluss der christlichen Kirchen – öffentlich unbestritten waren, erfolgte die sexuelle Sozialisation von Kindern ohne besondere Maßnahmen als informelle Anpassung an die jeweiligen sexuellen Standards (auch wenn man diese evtl. nicht gut fand). Die Notwendigkeit geplanter pädagogischer Begleitung der sexuellen Entwicklung ergibt sich in der pluralen Gesellschaft heute aus der Uneinheitlichkeit und Widersprüchlichkeit der Eindrücke, die auf Kinder und Jugendliche einwirken und ihnen die Orientierung schwer machen. Hinzu kommt, dass die »medialen Miterzieher« ohne Rücksicht auf potenzielle Auswirkungen auf junge Leser und Zuschauer Sexualität in allen erdenklichen Variationen vermarkten.

Es gibt **ungünstige Verhaltensweisen** im sexuellen Bereich, die für das Individuum selbst oder für direkt oder mittelbar Betroffene sogar schädlich sein können (z. B. Sexualneurosen, sexuelle Gewalt, ungewollte Schwangerschaften, Infektionen).

Eine nur beiläufige, pädagogisch **ungeplante Beeinflussung in Elternhaus und Schule** reicht nicht aus, um problematischen Verhaltensformen gegenzusteuern, insbesondere seitdem diese über die Medien bis hin zum »Sex in Datennetzen« unkritisch öffentlich gemacht werden (vgl. *Dietz* 1996).

Traditionell **lustfeindliche Normen**, die die beiläufige sexuelle Sozialisation lange Zeit bestimmten, sollen durch eine sexualfreundlichere Sichtweise ersetzt werden.

Notwendigkeit schulischer Sexualerziehung

Sexualerziehung ist – nach längerem Zögern – von der Kultusministerkonferenz 1968 als *Aufgabe der Schule* formuliert worden.

■ In einer pluralen Gesellschaft ist es nicht Aufgabe der Schule, in strittigen Bereichen Normen zu vermitteln, die nur von einem Teil der Gesellschaft als solche akzeptiert werden, wohl aber, Lernende zu einer Auseinandersetzung mit den verschiedenen Auffassungen zu befähigen. In den Unterricht ist »kontroverse Sinnorientierung« einzubringen.

»Das besagt, dass für so konzipierten Sexualunterricht ein Klima besonders förderlich ist, in dem Lehrer und Schüler sich ermutigt sehen, eigene existentielle Haltungen und Lösungsversuche zu artikulieren, zu problematisieren und zu begründen« (*Scarbath* 1974, 355).

Durch eine »moralische« Normsetzung, bei der es um (nicht hinterfragte) Prinzipien ginge, wie z. B. »Sex ist nur menschenwürdig in einer liebevollen, monogamen, heterosexuellen Beziehung« oder »Kein Sex ohne Möglichkeit der Fortpflanzung!«, würden viele Formen eines *sozialethisch unbedenklichen* Sexualverhaltens abgewertet. Sie ist in der Sexualerziehung, die im Biologieunterricht zu leisten ist, daher nicht angebracht. Davon unberührt ist selbstverständlich die Freiheit jeder Lehrperson zu einer persönlichen Lebensgestaltung, die so konservativ oder freizügig sein kann, wie bei allen anderen Bürgern und Bürgerinnen dieses Landes; aber sie darf nicht zum Maßstab für die Lernenden erhoben werden (*Indoktrinationsverbot*).

Ziel der Sexualerziehung ist der »freie, seiner Verantwortung bewusste junge Mensch« (Bundesverfassungsgericht, zit. bei *Hilgers* 1995, 75). Eine zentrale Frage schulischer Sexualerziehung ist die nach weiteren, konkreteren konsensfähigen Maßstäben zur Bewertung von Sexualverhalten. Diese

- **Recht** auf Selbstbestimmung (in sozialverträglichem Rahmen)
- **Verpflichtung** zu Toleranz, Partnerschaftlichkeit und Gewaltverzicht
- **Rücksichtnahme** auf ein eventuell gezeugtes Kind

sind selbstverständlich nicht aus der Biologie abzulesen. Die gesuchten sozialethisch begründeten Maßstäbe müssen allgemeinen Verhaltensgrundsätzen in einer demokratischen Gesellschaft entsprechen (vgl. *Etschenberg* 1986; 1993 a; 1994 b).

In der sexualpädagogischen Literatur findet man in Anlehnung an die KMK-Empfehlungen von 1968 teilweise sehr anspruchsvolle Zielformulierungen, wie z. B. die von der »Erziehung zur Liebesfähigkeit«. Auch wenn das gemeinte Ziel bejaht wird, müssen doch die begrenzten Möglichkeiten der Schule bedacht werden. Der Ausdruck Liebes»fähigkeit« lässt Liebe als etwas in der Schule Erlernbares wie Rechnen und Lesen erscheinen. Man sollte aber davon ausgehen, dass die Fähigkeit zu lieben in der Familie und durch eigene Erfahrung geprägt wird und nicht durch unterrichtliche Maßnahmen, auch wenn man dazu ermutigen kann.

Obgleich die Notwendigkeit von Sexualerziehung in der Schule nur noch von wenigen bestritten wird, unterscheiden sich Autoren doch hinsichtlich der schulbezogenen *Konzepte* sowie deren Abgrenzung gegenüber familialer oder außerschulischer Sexualerziehung erheblich (vgl. *Bach* 1991; *Etschenberg* 1993 a; *Glück* 1998). Die Richtlinien der Bundesländer sind nicht einheitlich (vgl. *Hilgers* 1995). Die anfängliche Entwicklung der Sexualerziehung wurde geprägt durch den Gegensatz zwischen einer behütenden (»repressiven«) Sexualerziehung, die frühen sexuellen Erfahrungen entgegenwirkt, und einer Sexualerziehung, die frühe sexuelle Erfahrung fördert und in ihrem Anspruch befreiend (»emanzipatorisch«) sein will (vgl. *Kentler* 1970, 142 ff.). Die früher heftig geführte Auseinandersetzungen um die »heißen Eisen der Sexualerziehung« (Masturbation, Jugendsexualität, Verhütung, Homosexualität) hat sich durch die Liberalisierung in den letzten Jahrzehnten weitgehend beruhigt (vgl. *Glück/Scholten/Strötges* 1992). Ganz ausdiskutiert ist aber u. a. das Thema Kindersexualität und der Umgang mit ihr nicht.

Heute haben viele Kinder keinen Bedarf an emanzipatorischer Sexualerziehung im ursprünglichen Sinne, weil ihnen eher zu wenige als zu viele Maßstäbe vermittelt werden. Wenn jedoch die traditionellen Maßstäbe für ein wünschenswertes Sexualverhalten in den Medien »still und heimlich« ersetzt werden durch »neue« Soll-Vorstellungen, die z. B. Sex zum Fetisch werden lassen oder jedwede Intimität lächerlich machen, dann ist auch hier wieder

Emanzipation angesagt. Wichtig ist, wünschenswerte Liberalisierung nicht gleichzusetzen mit völliger sexueller Freiheit (vgl. *Scarbath* 1974).

Eine neue Situation hat sich für die Sexualerziehung aufgrund des Auftretens der bis heute unheilbaren Immunschwächekrankheit *AIDS* seit den 80er Jahren ergeben. Beschränkungen im sexuellen Handeln sind seitdem wegen des Hauptübertragungsweges (ungeschützter Geschlechtsverkehr) aus rein »egoistischen Gründen« (wieder) nötig, und es wurde befürchtet, dass die »Angst vor AIDS« das Ende jeder emanzipatorischen Sexualerziehung im ursprünglichen Sinne bedeuten könne (*Koch, F.* 1992). Durch pragmatische präventive Konzepte konnte diese Befürchtung weitgehend entkräftet werden (vgl. *Etschenberg* 1990 a; 1993 b; 1996 a; *Fahle* u. a. 1992; *Gadermann* 1992; *Looß* 2001).

8.3 Zur Effektivität von Sexualerziehung

Die Wirkungen von schulischer oder anderer formaler Sexualerziehung auf das Verhalten der Lernenden sind nur schwer abzuschätzen. Die Einflüsse von Massenmedien (Fernsehen, Internet und Jugendzeitschriften) sowie von Elternhaus und Gruppen Gleichaltriger sind hier sicher stärker zu veranschlagen als der Effekt von wenigen Unterrichtsstunden. Die in der Fachwelt neuerdings diskutierten »genetischen« Einflüsse auf das menschliche Sexualverhalten reduzieren die erzieherischen Einflussmöglichkeiten theoretisch noch mehr (vgl. z. B. *Ruppert* 1998 b). Eine generelle Aussage wird auch dadurch erschwert, dass die Durchführung der Sexualerziehung von Klasse zu Klasse und von Schule zu Schule stark variiert, da sie weitgehend vom Engagement einzelner beteiligter Lehrpersonen abhängt. Eine Überprüfung des Lernerfolgs, der über den bloßen Wissenszuwachs hinausgeht, ist kaum möglich.

Zum *Sexualverhalten Jugendlicher* liegen ältere und neuere Untersuchungen vor (vgl. *Sigusch/Schmidt* 1973; *Schlaegel* u. a. 1975; *Walczak* u. a. 1975 a; b; *Husslein* 1982; *Schmid-Tannwald/Urdze* 1983; *Glück/Scholten/Strötges* 1992; BZgA 1996; *Kluge* 1998). Insbesondere im Zusammenhang mit der AIDS-Prävention war zeitweise das Interesse groß, Informationen über das Sexualverhalten von Jugendlichen zu gewinnen. Auch das Bestreben, durch Aufklärung die Anzahl der Schwangerschaftsabbrüche zu reduzieren, lässt Daten zum Sexualverhalten von Jugendlichen bedeutsam erscheinen. Insgesamt sind die Ergebnisse solcher Erhebungen vorsichtig zu interpretieren. Es wird nicht das Verhalten selbst erfasst, sondern es sind die Angaben der Befragten über ihr Verhalten in bestimmten Befragungssituationen. Wie weit dadurch das erfasst wird, was eigentlich sexualpädagogisch interessant ist, bleibt fraglich. Problematisch ist es auch, dass durch derartige Veröffentlichungen »die normative Kraft des Faktischen« wirksam werden kann. Der Ist-Wert, der durch solche Befragungen erhoben wird, kann leicht zum Soll-Wert werden, da alles, was die Mehrheit angibt zu tun, von der Minderheit als »Norm« (das Normale) interpretiert wird, von der sie selbst abweicht. Es ist nicht auszuschließen, dass diese Einschätzung zur Anpassung an den veröffentlichten Ist-Wert führt.

8.4 Sexualerziehung – eine fächerübergreifende Aufgabe

Im Nachgang zu den Empfehlungen der KMK 1968 wurden in fast allen Bundesländern eigene *Richtlinien* zur Sexualerziehung veröffentlicht. In den meisten Ländern sind derzeit bereits überarbeitete Fassungen gültig (vgl. *Schmidt, R.-B.* 1994; *Hilgers* 1995). In den Richtlinien wird Sexualerziehung durchgängig nicht als Lehrfach angesehen, sondern als *fächerübergreifende Aufgabe*. Mehrere Schulfächer sollen jeweils eigene Beiträge leisten.

Diese Delegation der Aufgaben an mehrere Schulfächer (Biologie, Sozialkunde, Religion, Deutsch, Kunst, Musik, Sport) sollte nicht so verstanden werden, dass die jeweiligen Schulfächer nur ihren eigenen Aspekt thematisieren und die Schüler sich dann ein eigenes Bild zusammensetzen sollen. Jedes Fach sollte vielmehr Sexualität mit fachtypischen Schwerpunkten ansprechen, dabei aber den sachlichen und pädagogischen Gesamthorizont nicht aus dem Blick verlieren. Im Biologieunterricht sollte man die Fachgrenzen dort überschreiten, wo sexualbiologische Phänomene aus sachlichen und pädagogischen Gründen in einen größeren Zusammenhang zu stellen sind. Keinesfalls sollte sich der Biologieunterricht auf die Vermittlung »sexualbiologischer« Grundkenntnisse beschränken und anderen Fächern die pädagogische Fortführung zuweisen (vgl. z. B. *Etschenberg* 1995; *Rieß* 1998). Vor allem die Erörterung der mit den »biologischen« Themen verknüpften ethischen Fragen sollte auch im Fach selbst erfolgen. Eine solche fachüberschreitende Auseinandersetzung mit sexuellen Fragen ist von den Richtlinien her allgemein erwünscht.

Leider funktioniert die notwendige Absprache zwischen den Lehrpersonen zur konsequenten Realisierung des fächerübergreifenden Unterrichts nur in Ausnahmefällen. Es mangelt keineswegs an Themen, Anregungen und Materialien (z. B. *Staeck* 2002), aber oftmals an Zeit für gemeinsames Planen und an Erfahrung mit fächerübergreifendem Arbeiten. Auch das Sprechen miteinander über Sexualität ist nicht selbstverständlich. Deshalb wird fächerübergreifende Sexualerziehung (mitunter missverständlich auch als »Unterrichtsprinzip« bezeichnet) heftig kritisiert (vgl. *Lutzmann* 1976). Die Einführung eines gesonderten *Schulfaches* ist aber gegenwärtig nicht nur unrealistisch, sondern pädagogisch bedenklich. Sexualität würde aus den vielfältigen Fachbezügen herausgelöst und isoliert.

Gerade das Fach Biologie sollte für sich einfordern, uneingeschränkt zuständig zu sein, den Lernenden ein sachgerechtes Bild von Sexualität als einem Prinzip in der belebten Natur, korrekte humanbiologisch-sexualkundliche Kenntnisse und anwendungsrelevantes Wissen u. a. zum Empfängnis- und Infektionsschutz zu vermitteln.

Die Biologielehrkraft sollte sich allerdings außer in den Teildisziplinen der Biologie, die sich mit menschlicher Sexualität befassen, auch zu den die Biologie überschreitenden Aspekten der Sexualwissenschaft und Sexualpädagogik weiterbilden, wenn sie den Lernenden und den Eltern ein kompetenter Gesprächspartner sein will.

8.5 Sexualerziehung im Biologieunterricht: Anlässe, Themen und Methoden

8.5.1 Grundsätzliches

Es ist wiederholt von Sexualpädagogen gefragt worden, ob Schule und insbesondere der Biologieunterricht überhaupt ein geeigneter Ort sei, Sexualerziehung zu betreiben, da die *Rahmenbedingungen von Schule* mit »Zwangsgruppen«, Leistungsdruck und 45-Minuten-Stunden einer Sexualerziehung, die mehr sein will als Wissensvermittlung, im Wege stünden (vgl. *Müller, W.* 1992).

Ein Rückzug der Lehrkräfte aus der Sexualerziehung in der Schule würde jedoch die Probleme nicht lösen. Sexualerziehung im Sinne einer (beiläufigen) »funktionalen Sozialisation« fände auch dann noch statt, wenn das Thema »Sexualität« nicht offen angesprochen würde. Auch ein Ausklammern bzw. Verschweigen kann sexualpädagogische Wirkungen haben. Außerdem wirken Lehrkräfte – unabhängig vom Fach – ohnehin permanent als Sexual»pädagogen«, weil sie ständig in relevante Interaktionen mit den Lernenden verwickelt werden und als Modelle für Männlich- oder Weiblichsein wirken (vgl. *Etschenberg* 1996 b). Die Frage ist also nicht, ob Unterricht einen Beitrag zur sexuellen Sozialisation von Kindern und Jugendlichen leisten soll, sondern wie reflektiert und professionell dieser ist (vgl. *Hunger* 1975; *Kattmann/Lucht-Wraage/Stange-Stich* 1990).

8.5.2 Sexualkunde

Wissensvermittlung ist ein wesentlicher und notwendiger, wenn auch nicht hinreichender Teil schulischer Sexualerziehung. Es ist üblich diesen Teil der Sexualerziehung als Sexualkunde zu bezeichnen (*Eschenhagen/Kattmann/Rodi* 1993; *Etschenberg* 1994 b).

Darüber hinaus soll den Lernenden geholfen werden, kritische Distanz gegenüber Werbung und Massenmedien einzunehmen, so dass sie das Bild von Sexualität in der Öffentlichkeit bzw. das von bestimmten Interessengruppen veröffentlichte Bild von Sexualität hinterfragen können.

- ■ **Bereitstellen von Wissen**, das hilft, Beobachtungen am eigenen Körper und bei Partnern oder Partnerinnen zu verstehen.
- ■ **Aufgeklärtes und angstfreies Umgehen** mit sexuellen Phänomenen einschließlich »geschlechtstypischer« Verhaltensweisen.
- ■ **Vermeiden von Belastungen und Risiken** (u. a. ungewollte Schwangerschaften, Infektionen).
- ■ **Ausgleich von Wissensunterschieden** und Kompensation einseitiger Sichtweisen.
- ■ **Vermittlung von Wörtern und Sprachmustern**, die das Reden über Sexualität erleichtern.

Sexualkundliche Informationen helfen den Lernenden allerdings nur dann wirklich, wenn sie in lebenspraktische Zusammenhänge gestellt werden und auf Fragen und Probleme der Schüler bezogen sind (vgl. *Staeck* 1995, 214 ff.; *Etschenberg* 1996 c). Bedürfnisse und Interessen der Lernenden sollen für die Gestaltung des Unterrichts bestimmende Bedeutung haben. Zwar gilt dies auch für jeden anderen Unterricht, bei Sexualkunde und Sexualerziehung aber können die Bedürfnisse der Lernenden nicht nur die Auswahl von Unterrichtsformen und -inhalten beeinflussen, sondern selbst Gegenstand des Unterrichts werden. Die Lehrperson muss also noch mehr als sonst auf die Lernenden hören und deren Interessen in besonderer Weise reflektieren (vgl. *Henke* 1973; *Kattmann* 1978, 9 ff.).

8.5.3 Thematische Schwerpunkte

Auch wenn sich Sexualkunde und Sexualerziehung im Biologieunterricht nicht in der Vermittlung von allgemein- und humanbiologischem Wissen erschöpft, so spricht doch nichts dagegen, innerhalb allgemeinbiologisch konzipierter Unterrichtseinheiten auch sexualpädagogisch bedeutsame Inhalte anzusprechen. Wenn also von der Vermehrung von Pflanzen und Tieren die Rede ist, kann auch Grundsätzliches über die Fortpflanzung beim Menschen gesagt werden. Besonders auf den höheren Klassenstufen kann menschliche Sexualität u. a. bei der Verhaltenslehre (sexuelle Signale, soziobiologische Interpretationen), der Entwicklungsbiologie (vorgeburtliche Entwicklung der Geschlechtsorgane, vom Kleinkind zum Erwachsenen, Eltern-Kind-Beziehungen, Altern und Tod) sowie bei Fragen der Genetik (z. B. Variabilität der Geschlechter, vorgeburtliche Diagnostik, genetische Beratung) einbezogen werden. (vgl. *Eschenhagen* 1978; *Thiel-Ludwig* 1980; *Molenda* 1983; *Meier/Müller* 1984; *Winkel* 1992; *Beisenherz* 1993; *Döhl* 1993; *Etschenberg/Erber/Kattmann* 1993; *Etschenberg* 1996 f; 1998; *Kattmann* 2004 d).

Themenfelder
(Kattmann 1978)

■ **Sexuelles Erleben** des Kindes, des Jugendlichen und des Erwachsenen: Nacktheit; Körpersprache; sexuelle Lust und Ängste; Selbstbefriedigung; sexuelle Kommunikation; Geschlechtsakt und sexuelle Partnerschaft; Hetero-, Bi- und Homosexualität; Sexualität und Gewalt;

■ **Gesellschaftlich bedingte Phänomene:** Tabuisierungen und Enttabuisierungen; Leistungsprinzipien; Schönheitsideale; Reizüberflutung; Kommerzialisierung von Sexualität; Scheinsexualisierungen bzw. Desexualisierungen; Formen der sexuellen Ausbeutung; Diskriminierungen und sexuelle Denunziation;

■ Sexualität und **Fortpflanzung**: spezielle Funktionen der Geschlechtsorgane; Zeugung; Schwangerschaft; Geburt; Fortpflanzungstechnologie; Empfängnisregelung; Schwangerschaftsabbruch; frühkindliche Entwicklung;

■ **Geschlechterrollen:** Rollen von Jungen und Mädchen, Mann und Frau im Wandel der Zeit; Emanzipation und Gleichstellung; Einstellungen zu Fragen des Sexualverhaltens (u. a. Sex, Liebe, Treue, Trennung); Verhältnis der Geschlechter zu Kindern; Ehe und andere Partnerschaften; Sexualität im Alter; Sexualität und Rassismus.

Die Auswahl von Themen für einzelne Klassenstufen aus einem solchen Katalog sollte sich daran orientieren, welche Fragen für die Schüler in einem bestimmten Alter aktuell und welche aus gesellschaftlichen Gründen notwendig sind (vgl. *Etschenberg* 1993 a; *Schmidt, R.-B.* 1993). In diesem Punkt sollte man sich – nach Rücksprache mit den Eltern – nicht unbedingt an die von den Richtlinien vorgesehene Themenverteilung halten. Zu berücksichtigen ist selbstverständlich auch, was die Kinder bereits (u. a. aus der Grundschule) an gesichertem Wissen mitbringen (vgl. *Etschenberg* 2000 b).

8.5.4 Methoden

Nach den Ansätzen »kommunikativer Didaktik« (vgl. *Zitelmann/Carl* 1970; *Müller, R.* 1979) sollte der Unterricht zum Thema Sexualität möglichst viele Anstöße zum sozialen Lernen geben. Angemessen sind schülerzentrierte Unterrichtsformen und vor allem *Gespräche* (Klassen-, Gruppen- und Partnergespräche).

■ Schulische Leistungsanforderungen sollten zugunsten eines freien Dialogs zwischen den Lernenden und zwischen den Lernenden und der Lehrperson zurücktreten. Optimal ist ein vertrauensvolles Unterrichtsklima.

117

Kommen Verhaltensweisen zur Sprache, die aus sozialethischer Sicht problematisch sind (Rücksichtslosigkeit, Intoleranz, Diskriminierung, Verstöße gegen die Selbstbestimmung usw.), können und sollen sie hinterfragt und diskutiert werden, aber immer gilt – für alle Beteiligten, insbesondere aber für die Lehrperson – das bereits erwähnte Indoktrinationsverbot. Anderenfalls erstirbt die Gesprächsbereitschaft der Lernenden.

Im Unterrichtsgespräch ist auf die verwendete *Sprache* zu achten, und zwar sowohl hinsichtlich der Sprachebene (Vulgärsprache, Umgangssprache, Fachsprache) als auch hinsichtlich der einzelnen verwendeten Namen und Fachwörter für den sexuellen Bereich (vgl. *Kattmann/Lucht-Wraage/Stange-Stich* 1990, 17 ff.). Die im Unterricht von der Lehrperson verwendeten Wörter sollten sachlich korrekt und unmissverständlich sein, keine diffamierenden oder provozierenden Nebeneffekte haben (wie z. B. Schwanz oder Titten) und nicht nur regional bekannt sein. Mit einer solchen Sprachregelung werden vulgärsprachliche Ausdrücke, die den Kindern und Jugendlichen vertraut sind, keineswegs »schlecht gemacht«, aber in den Bereich der privaten bzw. intimen Kommunikation verwiesen, der sich durchaus von der öffentlichen Kommunikation über Sexualität unterscheiden darf (vgl. *Etschenberg* 1996 b).

Emotional ansprechende *Medien* (Fotos, Comics, Texte, Poster, Schlager- und Popmusik, Filme, Videomitschnitte) spielen eine wichtige Rolle in der Sexualerziehung, weil sie Betroffenheit erzeugen und Gespräche und gemeinsames Handeln anstoßen können (vgl. *Figge* u. a. 1977; *Schwadtke* 1975; *Kattmann* 1978; *Müller, R.* 1979; *Fahle/Oertel* 1994; *Etschenberg* 1996 e). Rollenspiele sind vor allem dann wünschenswert, wenn es um das Durchspielen von Entscheidungssituationen geht (vgl. IPTS 1995). Insbesondere in der Sekundarstufe II können sexualpädagogische Themen ertragreich auch als Projekt durchgeführt werden (vgl. *Hinterreiter* 1997). In vielen Fällen hat es sich bewährt, *sexualpädagogisch geschulte Fachleute* als Gäste in den Unterricht mit einzubeziehen (z. B. von Pro Familia). Dies ist besonders günstig im Rahmen von Wochenendveranstaltungen und Projekttagen. Beim Einsatz von Materialien aus der außerschulischen Jugendarbeit und bei der Einbeziehung von externen Fachkräften ist zu bedenken, dass Schulunterricht unter spezifischen Rahmenbedingungen stattfindet, zu denen nicht alle in der außerschulischen Jugendarbeit möglichen Elemente von Sexualerziehung wie z. B. Körperarbeit und Selbstbekenntnisse passen (vgl. *Etschenberg* 1996 d; 2000 a).

Aktuell ist die Frage der *Koedukation* in der Sexualerziehung. Nachdem sich die ursprüngliche Euphorie über die Aufhebung der Geschlechtertrennung im Unterricht gelegt hat, mehren sich die Stimmen, die in begrenztem Umfang spezielle Lernangebote für Jungen und Mädchen fordern. Selbst wenn man im Biologieunterricht unter den derzeitigen Bedingungen keine gezielte »Mädchen- und Jungenarbeit« leisten kann, sollte man die Möglichkeit

118

zu getrenntgeschlechtlichen Gruppengesprächen nutzen, um den unterschiedlichen Bedürfnissen und Artikulationsgewohnheiten von Jungen und Mädchen gerecht zu werden (vgl. *Glumpler* 1994; *Munding* 1995). Bei Themen wie Intim- und Monatshygiene oder Selbstbefriedigung fühlen sich Lehrende und Lernende in geschlechtshomogenen Gruppen oftmals »wohler«. Da es aber ein wesentlicher Sinn von Sexualerziehung ist, (auch) die Verständigung zwischen den Geschlechtern zu verbessern, sollten alle Themen außerdem geschlechtsübergreifend angesprochen werden.

8.5.5 Die Lehrenden

Wie in anderen stark pädagogisch ausgerichteten Teilen des Unterrichts ist die Lehrperson bei der Sexualerziehung mehr als sonst mit ihren persönlichen Einstellungen und Haltungen gefordert. In einigen Bundesländern können Lehrkräfte sich bei der Sexualerziehung durch andere vertreten lassen, da keine Lehrperson gezwungen sein sollte, Sexualkunde zu unterrichten oder spezielle sexualpädagogische Angebote zu machen. Andere Bundesländer verpflichten ausdrücklich alle Lehrkräfte dazu. Es ist aber wohl sehr fragwürdig, wenn ein Unterricht, der Zwänge und Ängste abbauen soll, mit dienstlicher Verpflichtung durchgesetzt wird. Die Weigerung einiger Lehrpersonen zeigt vielmehr das Defizit in der *Lehrerausbildung*. Obgleich seit 1968 Sexualerziehung an Schulen angeboten werden soll, gibt es bis heute keine Verpflichtung, in der Aus- oder Fortbildung diesbezügliche Veranstaltungen zu besuchen.

Die Realisierung und Verbesserung von Sexualerziehung in der Schule müssten bei der Qualifizierung der Lehrkräfte anfangen (vgl. die Untersuchung von *Springer* 1978 sowie *Machnik* 1975; *Hunger* 1975; *Knoll* 1977; *Kluge* 1981 b). In der gegenwärtigen Situation bleibt nur der Weg, Lehrer und Lehrerinnen zum sexualpädagogischen Unterricht zu ermutigen. Dies kann mit Hilfe geeigneter Unterrichtsmodelle und sexualpädagogischer Arbeitsmaterialien geschehen. Wichtiger noch ist das gemeinsame Lernen der Kollegen durch Erfahrungsaustausch. Gelegenheit hierzu gibt die von Richtlinien geforderte Planung und Abstimmung der Lehrkräfte verschiedener Fächer (vgl. *Erber* 1977; 1978; *Knoop* 1977).

■ Entscheidend ist es, sich auf ein wechselseitiges Lernen mit den Schülern zum Thema Sexualität pädagogisch einzulassen. Nicht der perfekte »Sexualexperte« erscheint als das geeignete Leitbild für Sexualerzieher, sondern die Lehrperson, die sich auch mit ihren Unsicherheiten in das Lernen mit ihren Schülern einbringt und bereit ist, die wechselnden Bedingungen sexueller Sozialisation, die von gesamtgesellschaftlichen Entwicklungen abhängig und für jede „Schülergeneration" anders sind, zu akzeptieren und in ihr pädagogisches Handeln zu integrieren.

119

8.5.6 Elternarbeit

Die vom Bundesverfassungsgericht und von den Richtlinien vorgeschriebene Unterrichtung der Eltern über das, was in Sexualerziehung geplant ist, sollte nicht als lästige Pflicht verstanden, sondern als Chance zur Zusammenarbeit genutzt werden. Bei den Eltern kann Verständnis dafür geweckt werden, dass familiale und schulische Sexualerziehung unterschiedliche Aufgaben haben und einander ergänzen müssen. Die Erziehung im Elternhaus findet im privat-intimen Raum statt, die schulische aber hat öffentlichen Charakter. Sie hat u. a. die Aufgabe, das Bild von Sexualität zu reflektieren und zu korrigieren, das die Schüler durch die übrige Öffentlichkeit gewinnen (z. B. durch Werbung und Massenmedien). Schule und Elternhaus sollten möglichst übereinstimmend handeln. Die Eltern müssen vor dem Unterricht über dessen Form und Inhalte informiert werden. Sie haben allerdings kein Mitbestimmungsrecht bei der Gestaltung des Unterrichts. Diese liegt ausschließlich in der Verantwortung der Lehrperson. Zu erwähnen ist, dass die Verwendung von Pornographie im Unterricht vom Strafgesetz her in jedem Fall untersagt ist (auch bei evtl. Einwilligung der Eltern).

Der *Elternabend* ermöglicht den Eltern, ihr Handeln auf den Unterricht in der Schule abzustimmen. Die Lehrperson kann ihrerseits Vorschläge und Anregungen der Eltern für ihren Unterricht berücksichtigen. Die Erfahrung zeigt, dass die Mehrzahl der Eltern gegenüber der schulischen Sexualerziehung aufgeschlossen und bereit ist, Informationen und Anregungen aufzunehmen. Für die meisten Eltern ist das Gespräch mit der Lehrperson oft die einzige Gelegenheit, über Sexualität sachlich zu sprechen und Meinungen auszutauschen.

Auch unter Eltern gibt es selbstverständlich extreme Positionen. So kommt es z. B. vor, dass Eltern die Teilnahme ihres Kindes am sexualkundlichen Unterricht oder an anderen sexualpädagogischen Aktivitäten der Schule ablehnen. In diesem Fall ist der Hinweis auf die geltenden rechtlichen Bestimmungen (Schulgesetz und Richtlinien) nötig, auch wenn man nach Möglichkeit – im Interesse des betroffenen Kindes – eine Verschärfung des Konfliktes vermeiden sollte. Besonders viel Taktgefühl bedarf der Umgang mit Eltern und deren Kindern aus anderen Kulturkreisen, in denen sowohl Sexualität als auch die Rollen von Mann und Frau anders gesehen werden als heutzutage in Deutschland (vgl. *Teutloff* 1998). *Antje Supprian* und *Milan Nešpor* (2003) führen in die Problematik der Interkulturellen Sexualerziehung ein und geben praktische Hinweise für die Arbeit in Gruppen mit Migranten.

9 Friedenserziehung

Biologieunterricht kann wesentliche Beiträge zur Friedenserziehung leisten. Falsche, missverständliche oder biologistisch überzogene Vorstellungen zu Sachverhalten wie Aggression, Menschenrassen oder Ausländerfeindlichkeit können geklärt und korrigiert werden.
Wichtige erschließende Begriffe: Aggressivität, Biologismus, Friedensbegriff, Gewalt
Bearbeitet von *Ulrich Gebhard*

9.1 Zum Begriff »Frieden«

Wird das Wort Frieden nicht auf den militärischen Bereich beschränkt, so bezeichnet es in der Umgangssprache weit mehr als die Abwesenheit von Krieg und direkter Gewalt. Es betrifft vielmehr auch Formen persönlichen und gesellschaftlichen Zusammenlebens. In einer Zeit jedoch, in der es über 100 kriegerische Konflikte gibt, ist zu betonen, dass Frieden jedenfalls zu allererst auch die Abwesenheit von Krieg bedeutet. Die Norwegische Akademie der Wissenschaften hat dargelegt, dass von 3600 v. Chr. bis 1960 insgesamt 14513 Kriege stattgefunden haben, in denen etwa 3640000000 Menschen gestorben sind. Nur 292 Jahre waren ohne Krieg.

Kinder und Jugendliche sind von kriegerischen Auseinandersetzungen oft besonders betroffen. Kinder von Flüchtlingen und Asylsuchenden gibt es auch in den Schulen Deutschlands, wodurch friedenspädagogische Bemühungen eine besondere Bedeutung erhalten (vgl. *Adam* 1993; *Neumann* 1992).

Trotzdem ist ein Friedensbegriff, der sich nicht mit der Abwesenheit von Krieg begnügt, sowohl für die Friedenforschung als auch für die Friedenserziehung unerlässlich. So gibt es auch Unfrieden in Gestalt offener, organisierter Gewalt unter Nicht-Kriegsbedingungen (z. B. Folter). Frieden ist darüber hinaus auch die Abwesenheit von struktureller Gewalt, die Verwirklichung von sozialer Gerechtigkeit, die Verwirklichung von Mit- und Selbstbestimmung und schließlich die Verwirklichung von solidarischer Individualität (vgl. *Gawor* 1988, 28 f.). Auf einen solchen umfassenden und alltäglichen Friedensbegriff zielt auch *Hartmut von Hentig* (s. S. 122).

In letzter Zeit wird in diesen umfassenden Friedensbegriff auch der »Frieden mit der Natur« (vgl. *Meyer-Abich* 1986; *Bateson* 1985; *Gebhard* 1999 c) aufgenommen, wobei ein direkter Zusammenhang zwischen der ökologischen und der Friedensthematik zu Recht postuliert wird. Umwelterziehung ist deshalb immer zugleich auch Friedenserziehung (vgl. *Röhrs* 1983, 314 f.; *Heitkämper* 1994 b, 36). ▶ 4.5

Umfassender Friedensbegriff (von Hentig 1987, 62 f.) »Frieden – das ist der pauschale und viel missbrauchte Gegenbegriff zu den Leiden und Verkehrtheiten unserer Welt, zu dem, was offensichtlich nicht gutgehen kann und was die Menschen darum schon in der Vorstellung beunruhigt. Soll Friede greifbar werden, muss man ihn in einzelne Aufgaben zerlegen – zum Beispiel in diese sechs: Die Vermeidung oder Verhinderung von Gewalt; die Sicherung der materiellen Bedürfnisse; die Verwirklichung von sozialer Gerechtigkeit; die Gewährung und Forderung von politischer Mitbestimmung; die Wiederherstellung eines ausgewogenen Verhältnisses von Mensch und Umwelt, zwischen dem, was wir machen, und dem, was wir nur zerstören können; die Verständigung zwischen den Generationen.«

Johan Galtung (1971) versteht Frieden als den Prozess der Vermeidung und Abschaffung von Gewalt. Als Gewalt sieht er nicht nur die von Personen ausgeführten Gewalttätigkeiten an (direkte, »personale« Gewalt), sondern ebenso die Wirkungen von gesellschaftlichen Strukturen, wenn diese Ungleichheit, Ungerechtigkeit, Abhängigkeit, Bevormundung, Unterdrückung erzeugen (indirekte, »strukturelle« Gewalt). Im sozialen Bereich deckt sich dieser Friedensbegriff bzw. der darin enthaltene pädagogische und vor allem politische Anspruch weitgehend mit dem Ziel der Emanzipation als Befreiung von Unmündigkeit, Diskriminierungen, Zwängen und Abhängigkeiten (vgl. *Esser* 1973).

In diesem Zusammenhang stellt sich auch die Frage nach den Ursachen menschlicher *Aggressivität* (als Disposition zu gewalttätiger Austragung von Konflikten) und damit nach den Bedingungen gewaltfreier Aktion und möglichen Friedens. Vor dem Hintergrund der Diskussion und Auswertung komplementärer und bisweilen auch konkurrierender Erklärungsversuche der Aggression (psychoanalytische und ethologische Triebtheorien, Lerntheorien, Frustrations-Aggressions-Hypothese, physiologische Kausalforschung, vgl. *Schmid* 2004; *Strauß* 1996) spielt die grundsätzliche Bewertung menschlicher Aggressivität eine wesentliche Rolle zur Ausschärfung des Friedensbegriffes. Aggression wird meistens vor allem als destruktiv, als Schädigungsversuch verstanden (vgl. *Röhrs* 1983); sie kann zumindest vom Wortsinn her auch verstanden werden als Aktivität, als Herangehen an Menschen und Dinge im Sinne des lateinischen »aggredi« (*Ammon* 1971; *Lorenz* 1968; *Roth* 1974). So kann man konstruktive und destruktive Aggression unterscheiden. Ein Friedenszustand, in dem die als Aggression bezeichneten Antriebe des Menschen unterdrückt oder abdressiert sind, ist nicht erstrebenswert (vgl. *Mitscherlich* 1969, 126 f.; *Strauß* 1980 a, 317 f.). Friedliche Verhältnisse zeichnen sich nicht dadurch aus, dass Aggressivität als »böse« tabuisiert und eliminiert ist, sondern dass sie steuerbar ist.

9.2 Friedenserziehung – Aufgaben und Voraussetzungen

Dass Erziehung die Aufgabe hat, zur *Verwirklichung und Erhaltung des Friedens* beizutragen, ist unbestritten (vgl. *Heck/Schurig* 1991). Entscheidender ist deshalb die Frage, ob Erziehung überhaupt die Möglichkeit hat, in dieser Richtung wirksam zu werden. *Dieter Senghaas* (1981, 258) verweist in diesem Zusammenhang auf das Dilemma, ob und wie »eine Erziehung zum Frieden in einer Welt organisierter Friedlosigkeit« überhaupt möglich ist. »Illusionär ist die Erwartung, dass die Erziehung zum Frieden jenen Bewusstseinswandel erzeugen könnte, der einen Weltfrieden möglich macht. Dass die Menschheit in ihrem heutigen Bewusstseinszustand zur Begründung einer globalen Friedensordnung nicht fähig ist, liegt auf der Hand; aber ebenso gewiss ist, dass eine revolutionäre Verwandlung des Verhaltens und der Denkweisen noch nie durch Pädagogen vollbracht worden ist« (*Picht* 1975, 27). Auf jeden Fall ist in diesem Zusammenhang Bescheidenheit und ein realistischer Blick auf die notwendig kleinen Schritte anzumahnen (vgl. *Entrich/Gebhard* 1990), wenn auch nicht völlig auf die Möglichkeiten einer kognitiven wie affektiven Aufklärung in friedenspädagogischer Absicht verzichtet werden sollte. Dabei ist ein Moralisieren unbedingt zu vermeiden (vgl. *Gebhard* 1992 a), ebenso wie das pädagogische Setzen auf Kriegsangstaffekte (Stichwort »Katastrophenpädagogik«). Kriegsangst bei Kindern (vgl. *Büttner* 1984; *Petri* 1985) ist zwar durchaus ernstzunehmen und nicht zu verharmlosen, jedoch auch nicht pädagogisch zu funktionalisieren.   ▶ 11

»Da Kriege im Geiste der Menschen entstehen, so müssen auch im Geiste der Menschen die Werke zur Verteidigung des Friedens errichtet werden.« In der Präambel der UNESCO wird 1963 ausdrücklich auf den »Geist« – also Denken, Einstellungen, Wissen, Affekte – abgehoben; eben diese Aspekte berühren die Möglichkeiten von Schule und Erziehung.

Wie aber sind solche »friedensrelevanten Lernprozesse« zu ermöglichen (*Scarbath* 1976 a; vgl. *Nicklas* 1993), die im Verhalten der Schüler wirksam werden? Wie kann die *Handlungskompetenz* der Schüler erhöht werden, sich für den Frieden auf den verschiedenen Ebenen einzusetzen? Die meisten Entwürfe zur Friedenserziehung stimmen darin überein, dass sie Unterrichtsformen fordern, bei denen die Schüler möglichst selbsttätig und mitbestimmend beteiligt sind. Ziele und Methoden des Unterrichts sollen einander entsprechen. Daher muss in der Friedenserziehung Unterricht möglichst so organisiert werden, dass die Schüler vom Verhalten und Urteil des Lehrers unabhängig sind. Nicht wenige Friedensforscher halten die Schule (u. a. wegen des Leistungsprinzips und ihrer Selektionsfunktion) geradezu für ungeeignet für die Friedenserziehung (z. B. *Galtung* 1973, 27).

■ Direktive und repressive Unterrichtsmaßnahmen widersprechen nicht nur den pädagogischen Zielen, sondern können sich als »strukturelle Ge-

123

Ziele der
Friedenserziehung
(nach von Hentig
1969)

»Die Forderung, dass Auschwitz nicht noch einmal sei, ist die allererste an Erziehung. Sie geht so sehr jeglicher anderen voran, dass ich weder glaube, sie begründen zu müssen noch zu sollen« (*Adorno* 1971, 88).

Vermittlung von **Überzeugungen**, Verhaltensweisen, Wahrnehmungsweisen, mit denen wir den Vorwänden und Verführungen zur Gewalt begegnen;

Vermittlung von **politischen Verfahrensweisen**, mit denen wir unsere Einsichten in die Notwendigkeit des Friedens gegen den Irrtum und Widerstand der anderen durchsetzen können;

Vermittlung von technischen und wissenschaftlichen **Kenntnissen** und Fertigkeiten, mit denen wir die sachlichen Anlässe zu Kriegen beseitigen: den Mangel an Nahrung, Raum, Kenntnissen, Arbeit, die ungerechte Verteilung der Güter, der Chancen, des Ansehens.

walt« sogar so auswirken, dass sie an die Stelle der friedenserzieherischen Ziele treten.

In diesem Zusammenhang ist also zu bedenken, dass die Schule selbst als ein Ort struktureller Gewalt durch verschiedenste Faktoren (Erziehungsstil, Selektionsfunktion, Schulbauarchitektur) auch an der Entstehung von Gewaltverhältnissen beteiligt ist. Sichtbar wird dies z. B. im sog. »Schulvandalismus« (*Asztalos* 1981; *Klockhaus/Habermann-Morbey* 1986; *Preuschoff/ Preuschoff* 1993). In diesem Zusammenhang kann auch Gewaltprävention in der Schule als ein Aspekt von Friedenerziehung verstanden werden. Indem die Chancen der (rationalen) Aushandlung von Konflikten in der Schule positiv sicht- und spürbar werden (vgl. *Hößle* 2004 a), wird aggressiver Gewalt vorgebeugt.

Der Unterrichtsprozess sollte daher möglichst offen und schülerzentriert gestaltet werden. Die hierfür angemessene Sozialform wäre »die sich selbst organisierende Lerngruppe, die autonom über die Festlegung der Lernziele, die Planung der Unterrichtsschritte, die Wahl der Arbeitsmethode und die Beurteilung und Bewertung der Arbeitsergebnisse entscheidet« (*Nicklas/Ostermann* 1973, 319 f.). In der gegenwärtigen Schule ist eine derartige Lernsituation nur selten und unvollkommen herzustellen. So ist es nicht auszuschließen, dass die anspruchvollen Ziele von Friedenerziehung sich – wenn überhaupt – eher in außerschulischen, informellen Bildungssituationen realisieren lassen, in denen die Verknüpfung mit politischem Handeln – ein häufig gefordertes Merkmal von Friedenserziehung – ebenfalls eher möglich ist.

Außerdem ist darauf zu achten, dass die positiven Elemente des *Friedensbegriffs* zum Tragen kommen. Eine umfangreiche Studie zum Begriffswissen zum Frieden hat ergeben, dass Lernende aller Altersstufen (auch Erwachsene) »den Friedensbegriff häufig nur unter Gebrauch der Negation von Krieg oder Streit usw. definieren« (*Schnaitmann* 1991, 356). Eine positive Füllung des Friedensbegriffs durch detaillierte Angaben zum Frieden ist den befragten Personen offenbar nicht möglich; ebenso gibt es keine Bezugnahme auf die »Natur«. Die oben genannte Weiterung im Hinblick auf einen »Frieden mit der Natur« hat zumindest vorunterrichtlich im Bewusstsein von Lernenden keine Entsprechung.

■ Insgesamt ist darauf zu bestehen, dass es auch im real existierenden Schulsystem verschiedene kooperative pädagogische Konzepte und verschiedene Arbeitsweisen und Sozialformen des Unterrichts gibt, die sich den anspruchsvollen Zielen von Friedenserziehung annähern und die nicht in voreiliger Resignation leichtfertig verschenkt werden sollten.

9.3 Zur Behandlung von Themen der Friedenserziehung

Als Teil der Gesamterziehung ist Friedenserziehung nicht auf bestimmte Fächer beschränkt (vgl. Friedrich Verlag 1983; *Röhrs* 1983; *Reich/Weber* 1984; *Calließ/Lob* 1988). Auf keinen Fall ist gemäß des umfassenden Friedensbegriffs Friedenserziehung auf die »nahe liegenden« Bereiche Krieg und Rüstung (*Roer* 1988) und individuelle Aggressivität einzuschränken.

Darüber hinaus kann Frieden als ein Prinzip verstanden werden, mit dem bestimmte Unterrichtsinhalte auf die Ziele Gewaltlosigkeit und Frieden ausgerichtet werden. Der Schwerpunkt liegt bei den Fächern Sozialkunde, Deutsch und Geschichte, Fremdsprachen und Religion. Die Verantwortung des Biologieunterrichts für die Friedenserziehung liegt in spezifischen Beiträgen.

Friedenserzieherische Überlegungen zum Biologieunterricht setzen häufig beim Thema »Aggression« an (vgl. z. B. *Johst* 1991). In älteren Unterrichtsvorschlägen zu diesem Thema wird vielfach menschliches und tierliches Verhalten oberflächlich parallelisiert und ein stark vereinfachtes Bild menschlichen Verhaltens vermittelt (vgl. *Strauß* 1980 b, 349; 1996; *Kattmann* 1983 a; 1985). Entgegen den Auslegungen nativistischer Aggressionstheorien (z. B. *Lorenz* 1968) ist Aggression nicht als »biologisches Schicksal« zu betrachten, womit gewaltsame Auseinandersetzungen gerechtfertigt werden könnten. Der Mensch ist seiner »Triebnatur« nicht hilflos ausgeliefert, sondern ein gesellschaftliches Wesen, womit biologische Wurzeln aggressiven Verhaltens beim Menschen natürlich nicht ausgeschlossen sind (vgl. UNESCO: Erklärung von Sevilla 1996). Den Frieden gefährdende Gewalt allerdings (nicht Aggression) ist weniger die Folge der »Natur« des Menschen als vielmehr ein strukturelles Problem. Ähnliches gilt für die als »natürlich« angenommene »Xenophobie«

125

Friedenspädago-
gische Themen
(Kattmann, 1988 b)

■ **Individuelle Ebene:** Gehorsam und Autorität; Signale der Kommunikation; Aggression; Kooperation und gegenseitige Hilfe in Gruppen;
■ **Soziale Ebene:** Außenseiter; Verhalten gegenüber Randgruppen (Alte; Behinderte; Minderheiten); Rassenvorurteile und Rassendiskrimi-
nierung; Fremdenfeindlichkeit; Eugenik; Sozialdarwinismus;
■ **Globale Ebene:** Welternährung und Hunger; Bevölkerungswachstum
und Überbevölkerung.

als Legitimation für die Diskriminierung von Ausländern (vgl. *Tsiakalos*
1982). Insofern besteht auch ein Zusammenhang zur »interkulturellen Erziehung« (*Auernheimer* 2004), einer im Einwanderungsland Deutschland immer
bedeutsamer werdenden pädagogischen Aufgabe.

Die Verwendung der Biologie zur Rechtfertigung von historisch entstandenen Strukturen als »natürliche« ist ein charakteristisches Beispiel für Ideologie (vgl. *Quitzow* 1994; *Gebhard/Langlet* 1997). Wie sehr die Missachtung
dieses Grundsatzes eine »Erziehung zum Unfrieden« bedeuten kann, zeigt die

2.2 ◄ Geschichte der Biologie und des Biologieunterrichts zur Zeit des Nationalsozialismus. Heute können beispielsweise gentechnische Verfahren sowohl se-
gensreich zur Heilung von Krankheiten entwickelt und eingesetzt als auch zur
Herstellung und Stabilisierung von Gewalt- und Machtverhältnissen missbraucht werden (vgl. *Quitzow* 1986 a; b).

Die genannten Themen verlangen, dass die biologischen Inhalte eng verknüpft mit emotionalen und ethischen Fragen unterrichtet und Ergebnisse
mehrerer Wissenschaften im Unterricht berücksichtigt werden (vgl. *Strauß*
1988 a; *Kattmann* 1988 b).

■ Bei den Beiträgen des Biologieunterrichts zur Friedenserziehung sollte es
nicht darum gehen, viele neue Inhalte in den Unterricht einzuführen, sondern
darum, teilweise schon bisher unterrichtete Inhalte in friedenspädagogischer
Absicht zu gestalten und zu nutzen.

Meistens ist dabei eine Abstimmung mit sozialwissenschaftlichen Fächern
sinnvoll.

Besonders bei den Themen der individualen und der sozialen Ebene sind
Unterrichtsformen anzustreben, die den Bezug zur Erfahrungswelt der Schüler herstellen und Betroffenheit erzeugen. Die Schüler sollen sich mit eigenem
und fremdem Verhalten identifizieren oder sich davon distanzieren können. Eine realitätsnahe Methode besteht in der Beobachtung von Menschengruppen
durch die Schüler (z. B. von Spielgruppen auf dem Schulhof; vgl. *Strauß* 1980
b). Ein wichtiges Mittel sind Spiele, die durch ihren Verlauf kooperatives Verhalten erfordern, und Rollenspiele, bei denen Situationen im Spiel erlebt wer-

Für eine Beurteilung konkurrierender Anschauungen über Aggression und auch für einen sinnvollen Umgang mit menschlicher Aggressivität sind auch **biologische Kenntnisse** nötig.

In der Öffentlichkeit werden biologisch bestimmte Argumente häufig so vorgetragen, dass sie im Gegensatz zu den Zielen der sozialen Gerechtigkeit und der Gewaltfreiheit stehen. Dieser **Biologismus** betrifft sowohl Aussagen zur Aggressivität wie auch zur genetischen Ungleichheit der Menschen. Der Biologieunterricht hat hier die Aufgabe, falsche und missverständliche Vorstellungen zu biologischen Sachverhalten zu klären und zu korrigieren (z. B. bei Ausländerfeindlichkeit, Rassenvorurteilen, Ablehnen von Behinderten und Alten, Eugenik, Fixierung von bestimmten Geschlechtsrollen).

Biologieunterricht kann eine reflektierte Haltung zur **Reichweite biologischer Aussagen** vermitteln. Dazu gehört die Fähigkeit, zwischen biologischen Aussagen und biologistischer Argumentation ideologiekritisch zu unterscheiden. Betroffen sind vor allem die Bereiche Evolution (Stichwort: »Kampf ums Dasein«), Genetik und Ethologie.

Ebenso ist die prinzipielle **Ambivalenz naturwissenschaftlicher Forschung** im Allgemeinen und biologischer Forschung im Besonderen in den Blick zu nehmen.

Ideologiekritische Aspekte der Friedenserziehung

den und danach das Verhalten der Spieler analysiert und bewertet wird (vgl. *Hartung/Menzel* 1983). Bei Themen der globalen Ebene erscheinen besonders Fallstudien und Planspiele geeignet, um komplexe Zusammenhänge zu vermitteln und Betroffenheit der Schüler zu erzeugen, die eine Einstellung der »internationalen Loyalität« (*Nicklas/Ostermann* 1973, 317) fördert.

Wichtig bei allen friedenspädagogischen Unterrichtsvorhaben scheint ein methodischer Dreischritt – Analyse, Bewertung, Fortführung – zu sein (vgl. *Nicklas/Ostermann* 1973, 326). Die Bewertung bzw. Kritik bestehender Zustände oder Verhaltensweisen sollte sich an diskutierfähigen Normen, Zielen und Folgen möglichen Handelns orientieren. In diese Bewertungen gehen Vorstellungen über eine humane Lösung von Problemen ein, die für alle Beteiligten offenzulegen sind. Bei der Fortführung geht es um Vorschläge, Ansätze und Strategien für friedliches Verhalten und friedliche Entwicklungen. Allerdings sollte die Fortführung im Horizont und möglichst innerhalb der Handlungsmöglichkeiten der Schüler liegen, um im Unterricht nicht bei bloßen Programmen und Appellen zu enden.

▶ 6.2

10 Umweltbildung

Ziel der Umweltbildung ist es, Menschen zu einem verantwortungsbewussten und schonenden Handeln gegenüber der Natur zu motivieren und zu qualifizieren und damit eine wichtige Grundlage für eine nachhaltige Entwicklung zu schaffen. Entscheidende Fragen sind dabei, wie Menschen Natur und Umwelt wahrnehmen und erleben, ob und welches Wissen sie sich aneignen, ob sie sich von der Umweltsituation betroffen fühlen, ob sie Verantwortung für adäquates Handeln sich selbst oder anderen zuschreiben und die entsprechenden Handlungskompetenzen haben. Schulische Umwelterziehung/Umweltbildung blickt auf eine lange Tradition zurück. Gegenwärtig favorisiertes Ziel ist die »Bildung für Nachhaltigkeit«.

Wichtige erschließende Begriffe: Nachhaltigkeit, Naturerfahrung, Naturschutz, Umweltbewusstsein, Umwelterziehung, Umwelthandeln, Umweltwissen

Bearbeitet von *Ulrike Unterbruner*

10.1 Zu Geschichte und Konzeptionen der Umweltbildung

10.1.1 Institutionalisierung: Umwelterziehung

Den Startschuss für die Umweltbildung, damals noch *»Umwelterziehung«* genannt, gaben im Wesentlichen die Ökologiebewegung sowie zwei internationale Organisationen, die UNESCO und der Club of Rome, ein Zusammenschluss internationaler Wissenschaftler aus unterschiedlichen Disziplinen. Die Bedrohung unserer Lebensgrundlagen durch den technischen Fortschritt rückte immer mehr ins öffentliche Bewusstsein.

Großes Aufsehen erregte der Club of Rome mit den »Grenzen des Wachstums« (*Meadows* u. a. 1972), die auf die globale Bedrohung unserer Lebensgrundlagen durch Umweltzerstörung aufmerksam machten.

1972 wurde in Stockholm die erste UNO-Umwelt-Konferenz abgehalten, eine weitere Tagung zur Umwelterziehung folgte 1975 in Belgrad. Schließlich beschloss die *UNESCO-Konferenz in Tiflis 1977* eine programmatische Erklärung zur Umwelterziehung mit den »41 Empfehlungen von Tiflis« (vgl. UNESCO 1979; *Eulefeld/Kapune* 1979). Umwelterziehung soll demnach Bewusstsein und Sensibilität gegenüber der gesamten Umwelt erzeugen. Interdisziplinäres Vorgehen und die Notwendigkeit eines ständigen, lebenslangen Lernprozesses werden betont (vgl. *Eulefeld* u. a. 1981).

Mit *»Zukunftschance Lernen«* folgte eine weitere Aufsehen erregende Publikation des Club of Rome. »Innovatives Lernen« wurde als ein Konzept zur

Bewältigung der globalen (Umwelt-)Probleme präsentiert (*Botkin/Elmandjra/Malitza* 1979). Das Überleben der Menschheit wird mit der Würde des Menschen gekoppelt, die Gleichberechtigung und Mitbestimmung von Randgruppen, insbesondere der Dritten Welt, werden gefordert. »Unterricht angesichts der Überlebenskrise« (*Kattmann* 1976) wurde so zu einem essentiellen biologiedidaktischen Anliegen.

Vorwiegend in nord- und mitteleuropäischen Industrieländern wurden daher in den 70er und 80er Jahren zahlreiche Impulse zur *Institutionalisierung der Umwelterziehung* gesetzt: durch Formulierung der Umwelterziehung als Unterrichtsprinzip, Integration von Umweltthemen in die Lehrpläne vor allem in den so genannten Trägerfächern Biologie, Geographie und Sachunterricht, durch Aufnahme von Umweltthemen in die Schulbücher. Die ersten »Umweltzentren« wurden errichtet, um die schulische und außerschulische Umwelterziehung zu unterstützen (vgl. DGU/IPN 1990 b; *Eulefeld* 1991).

Umwelterziehung sollte wesentlich zur Lösung der Umweltkrise beitragen, indem auf Veränderungen jedes einzelnen gesetzt wurde und so politische Veränderungen durch pädagogische Prozesse bewirkt werden sollten (vgl. auch *Calließ/Lob* 1987). *Dietmar Bolscho, Günter Eulefeld* und *Hansjörg Seybold* (1980, 16 f.) definierten die Möglichkeiten der Umwelterziehung bescheidener: »Umwelterziehung führt nicht unmittelbar zur Sanierung eines Flusses, sie ändert nicht das Konsumenten-Produzenten-Verhältnis. Aber sie thematisiert diese Probleme, sie untersucht, vergleicht, stellt in Frage, sucht die Alternativen. Sie begleitet Denken und Handeln, wirkt durch ihre ständige Gegenwart, sie ist weniger mit der Feststellung und Verbreitung einzelner Fakten befasst als mit der Einbeziehung der Menschen in den Prozess des Umganges mit der Umwelt.« Dies ist das Konzept einer *problem- und handlungsorientierten Umwelterziehung*. Ziel ist »ökologische Handlungskompetenz«, die Fähigkeit zum Handeln unter Einbeziehung ökologischer Gesetzmäßigkeiten.

Die stärker an der Ökologiebewegung orientierten Ökopädagogen (vgl. z. B. *Beer* 1982; *Beer/de Haan* 1984; *Moser* 1982) kritisierten diesen Ansatz als zu systemkonform, sie wandten sich gegen ökonomisch-technische Naturausbeutung und die diese bedingenden gesellschaftlichen Strukturen. Sie stellten auch effektives ökologisches Lernen in der Institution Schule in Frage.

Im Großen und Ganzen haben sich aber in den vergangenen zwei Jahrzehnten diese anfänglichen Positionskämpfe erübrigt. *Bolscho* und *Seybold* (1996) konstatieren ein Auflösen der starren Grenzen der umweltpädagogischen Konzeptionen der achtziger Jahre und sehen eine Sammlung einstiger Gegner. Es geht allen »um Einstellungs- und Verhaltensänderungen der Heranwachsenden und darum, Betroffenheit auszulösen über eine Handlungsorientierung des Lernens, über Situations- und Erfahrungsbezug und über interdisziplinär-problemorientiertes Lernen« (*Bölts* 1995, 17; vgl. *Mertens* 1991; *Heid* 1992; *Zuc-*

chi 1992; *Rodi* 1994). Dies schließt die Ausbildung von Kenntnissen (kognitive Dimension), Fähigkeiten und Fertigkeiten (pragmatische Dimension) sowie Einstellungen und Verhaltensweisen (affektive Dimension) mit ein. Umwelterziehung ist somit ein wesentlicher Teil der Gesamterziehung. Ethische Fragen spielen dabei eine entscheidende Rolle (vgl. *Altner* 1991).

6 ◄

Neben den beiden bereits genannten Richtungen der Umwelterziehung entwickelten sich weitere Facetten mit unterschiedlichen Schwerpunkten, aber letztlich demselben Ziel einer ökologischen Handlungskompetenz. Hier sind z. B. zu nennen: »Naturbezogene Pädagogik« (*Göpfert* 1988), »Leitidee des Pflegerischen« (*Winkel* 1978 a; 1995), »Naturerfahrungspädagogik« (*Cornell* 1979, 1991), »Ökologie lernen« (*Michelsen/Siebert* 1985), »Existenzbiologie« (*Drutjons* 1986, 1988 a; b), »Freilandbiologie« (*Kuhn/Probst/Schilke* 1986), »Rucksackschule« (*Trommer* 1991; *Trommer/Kretschmer/Prasse* 1995).

10.1.2 Umweltbildung: Nachhaltige Entwicklung

In den 90er Jahren wurde der Terminus »Umwelterziehung« weitgehend durch den Terminus »*Umweltbildung*« abgelöst. Die internationale Diskussion über Umwelt und nachhaltige Entwicklung erreichte 1992 ihren Höhepunkt auf der Konferenz der Vereinten Nationen (UNCED; »Erdgipfel«) in Rio de Janeiro. Das deklarierte Ziel aller Bemühungen, eine *Bildung für Nachhaltige Entwicklung* (sustainable development), wurde in der *Agenda 21* zusammengefasst und von rund 180 Staaten, darunter auch Deutschland, unterzeichnet. Es ist ein Aktionsprogramm, das in 40 Kapiteln Vorschläge sowohl für Industrie- als auch Entwicklungsländer zusammenfasst, z. B. zur Bekämpfung der Armut, zu Bevölkerungspolitik, zu Ökologie und Umwelt, Energie, Abfall, Klima, Landwirtschaft und technologischen Entwicklungen. Das neue Leitbild dafür heißt »Nachhaltigkeit«. Dieser Terminus stammt ursprünglich aus der Forstwirtschaft des 19. Jahrhunderts und meint die Grundregel, einem Wald nie mehr natürliche Güter zu entziehen, als auf natürliche Weise nachwachsen können.

Gerhard de Haan (2001) betont, dass der Nachhaltigkeitsdiskurs – im Gegensatz zur »klassischen« Umweltbildung, die auf den Bedrohungsszenarien der 60er bis 80er Jahre des 20. Jahrhunderts basierte – mehr auf der Vorstellung aufbaut, mit Modernisierungen im Bereich der Ökonomie, der Technik, des Sozialen und Mentalen ein humanes Leben für alle in einer intakten Umwelt zu realisieren. Die Verbindung von Ökologie, Ökonomie und Sozialem stehe daher an zentraler Stelle (vgl. auch BUND/Misereor 1996; *Bolscho/Seybold* 1996; *Hauptmann* u. a. 1996; *Mayer* 1996 c; *Etschenberg* 1997 a; *Reichel* 1997; *Beyer* 1998; *Michelsen* 1998). Damit gewinnt eine Verbindung von Biologieunterricht und sozialkundlichen Fächern eine noch größere Bedeutung. Es gilt ferner *Gestaltungskompetenz* zu erwerben, die *de Haan*

(2001) als Fähigkeit und Fertigkeit bezeichnet, die es erlaubt, zukünftig Produktion, Konsum, Wohnen und Freizeit, Kommunikation und Soziales so zu gestalten, dass diese sowohl den Kriterien der Nachhaltigkeit genügen wie auch den individuellen Bedürfnissen nach einem befriedigenden Leben. Gestaltungskompetenz beinhaltet auch Kompetenz zur Partizipation, ohne die die Agenda 21 nicht umgesetzt werden kann. In diesem Zusammenhang wird auch die Förderung von Bewertungskompetenzen hervorgehoben (vgl. *Bögeholz/Barkmann* 2005; *Bögeholz* 2006). Die Schwierigkeiten, Bildung für nachhaltige Erziehung in Schulen und durch andere Bildungsträger umzusetzen, sind jedoch erheblich.

▶ 10.2; 10.7.3

10.1.3 Zur Situation der schulischen Umweltbildung

»Umwelt und Umwelterziehung« ist derzeit sowohl Unterrichtsprinzip als auch ausgewiesener Themenbereich des Biologieunterrichts. Dies gibt den Lehrern weitgehenden Spielraum für fachübergreifende wie fachspezifische Bearbeitung von Umweltthemen (vgl. z. B. VDBiol 1973; *Eschenhagen/Kattmann/Rodi* 1991; 1992; *Gehlhaar/Graf/Klee* 1994).

Die Praxis der schulischen Umweltbildung wurde in zwei Befragungen von Lehrern 1985 und 1990/91 von *Günter Eulefeld* u. a. (1988; 1993) untersucht. *Horst Rode* u. a. (2001) gingen in einer breit angelegten Studie der Wirkung schulischer Umweltbildung nach (1995/96; Befragung von Lehrern und Schülern der 9. Klassen in 55 Schulen mit und ohne Schwerpunkt in Ökologie in 7 Bundesländern). Zentrale Ergebnisse aus diesen Studien sind:

- Umweltbildung hat in deutschen Schulen ihren festen Platz. Es werden zwar nicht mehr Umweltthemen behandelt als 1985, dem einzelnen Thema wird aber mehr Zeit gewidmet und es wird didaktisch anspruchsvoller gearbeitet. Allerdings ist Umweltbildung noch immer sehr ungleich über die Schulen und einzelne Schulklassen hinweg verteilt. Auch bestehen Defizite hinsichtlich des fächerübergreifenden Lernens, der Öffnung der Schule und der Lehrerfortbildung. »Umwelterziehung bedarf noch in vielen Bereichen gezielter Förderung« (*Eulefeld* u. a. 1993, 193; vgl. auch *Hedewig* 1993 b; *Kyburz-Graber* 1993; *Hellberg-Rode* 1993; *Rode* 1996; *Entrich/Eulefeld/Jaritz* 1995; *Entrich* 1997; *Rode* u. a. 2001).

- Während 1985 Biologie, Chemie und Erdkunde die Trägerfächer waren, ist seit 1990/91 Umweltbildung nicht mehr die Domäne der Naturwissenschaften. Umweltthemen werden jetzt in allen Unterrichtsfächern behandelt. Dies spricht nach *Eulefeld* u. a. (1993) für eine inhaltliche Öffnung. Analysen von Lehrplänen und Schulbüchern naturwissenschaftlicher und nicht-naturwissenschaftlicher Fächer der Sekundarstufe I, die *Reinhard E. Lob* (1999) durchführte, zeigen allerdings, dass die Schwerpunkte nach wie vor in den Fächern Chemie, Erdkunde und Biologie liegen.

- **Ökologische Grundbegriffe** und Prinzipien wie Nahrungsnetze, Stoffkreisläufe, Energiefluss; Störanfälligkeit biologisch-ökologischer Systeme, Regulationsmechanismen in Ökosystemen; Autökologie der Organismen, Ökosysteme
- **Humanökologie**, Stadtökologie; ökologische Schulgeländegestaltung
- **Artenkenntnis,** Artenschutz, Biotopschutz, Naturschutz
- **Umweltschutz,** lokale, regionale und globale Probleme wie Artensterben, Klimaschutz; Meeresverschmutzung
- **Umweltethik**

- Zwischen 1985 und 1990/91 hat sich der Stellenwert der Umweltbildung im schulischen Curriculum nicht erhöht. Der Gesamtumfang der Umweltthemen pro Jahr und Klasse ist von durchschnittlich 1,3 sogar auf 1,2 Themen gesunken. Die zeitliche Intensität hat allerdings zugenommen: 1985 betrug die Bearbeitungszeit 4, 1990/91 7,5 Schulstunden (*Eulefeld* u. a. 1993; vgl. auch *Hellberg-Rode* 1993).

- Der didaktische Anspruch, Umweltbildung fachübergreifend zu unterrichten, wird ungenügend realisiert: 1985 wurden 16% aller Umweltthemen fächerübergreifend bearbeitet, 1990/91 sind es 21%. Auch *Rode* u. a. (2001) berichten, dass der Zustimmungsgrad der Lehrerinnen und Lehrer sinkt, wenn es um das Einbeziehen von Umweltinhalten in alle Schulfächer geht.

- Mittels »Behandlungstypen« versuchten *Eulefeld* u. a. (1988; 1993) die Art des Unterrichts zu ermitteln: Typ 1 kommt den wünschenswerten Kriterien der Handlungs- und Situationsorientierung des Unterrichts am nächsten, Typ 2 ist der verbal-problemorientierte und Typ 3 enthält weder problem- noch handlungsorientierte Merkmale. Erfreulicherweise ist die Umweltbildung vom Typ 1 von 15% (1985) auf 40% (1990/91) angewachsen, Typ 2 und 3 nehmen 1990/91 je knapp ein Drittel ein. *Rode* u. a. (2001) bestätigen diese Ergebnisse weitgehend.

- Lehrende, die an Fortbildungsveranstaltungen teilgenommen haben, unterrichten eher handlungs- und problemorientiert. Lehrkräfte von Modellschulen (BLK-Modellversuche zur Umweltbildung) schätzen überdies die Fortbildung für ihre umwelterzieherischen Aktivitäten als ebenso wichtig ein wie eine Stundenermäßigung. Dennoch besteht hier ein erhebliches Defizit: Nicht einmal ein Fünftel der Lehrkräfte hatte in den Erhebungszeiträumen an Fortbildungsveranstaltungen teilgenommen.

Interessant ist die von *Rode* u. a. (2001) festgestellte Diskrepanz zwischen den Einschätzungen von Lernenden und Lehrenden: So scheinen die Lernenden die ökologischen Maßnahmen bzw. Profilierungen ihrer Schulen – bis auf Grünbereiche und Müll – und selbst Umweltthemen im Unterricht nicht genügend wahrzunehmen. Lehrerinnen und Lehrer sehen die Rolle der Lernenden sehr zurückhaltend, sie erwarten weder Impulse noch eine kontinuierliche Mitarbeit bei zeitlich umfangreicheren Unterrichtsvorhaben, zumindest im Teilbereich »Ökologisierung der Schule«. *De Haan* (2001) beschreibt, dass aus der enormen Fülle von Themenschwerpunkten lediglich das Thema »Energie sparen« bislang größeren Eingang in den schulischen Alltag gefunden hat. Von der Seite der Lernenden wird die Bedeutung der Umweltbildung in der Schule aber durchwegs hoch eingeschätzt.

Eine erhebliche Schwierigkeit besteht in der mangelnden Popularisierung des Konzepts der *Nachhaltigkeit*. »Nachhaltigkeit« scheint bislang weitgehend auf die Ebene des Expertendiskurses beschränkt. Erhebungen zeigen, dass zwischen 20% und 28% der deutschen Bevölkerung den Begriff Nachhaltigkeit »schon einmal gehört« haben oder kennen (*Bolscho* 2002, 304; *Kuckartz/Grunenberg* 2002). 54% der im Rahmen des Jugendreport Natur'03 befragten nordrhein-westfälischen Jugendlichen konnten mit dem Begriff Nachhaltigkeit überhaupt nichts anfangen, die Erklärungsversuche der übrigen Jugendlichen waren bis auf wenige Ausnahmen falsch (*Brämer* 2004; 2006). Auch eine positive Aufnahme der Bildung für Nachhaltigkeit in den Schulen und außerschulischen Bildungsträgern löst die Probleme nicht ohne weitere Anstrengungen. Der Umgang mit den komplexen Themen, den methodischen Anforderungen und den nötigen Kooperationen ist den Lehrenden (noch) nicht vertraut (vgl. z. B. *Högger* 2000; *Kyburz-Graber/Högger* 2000; *Bögeholz* u. a. 2002; *Eigner-Thiel/Bögeholz* 2004; *Radits/Rauch/Kattmann* 2005).

Die zahlreichen schulischen und außerschulischen Ansätze und Aktivitäten im Rahmen der Umweltbildung haben auch zur Etablierung eines vielschichtigen Forschungsfeldes geführt. Empirische Untersuchungen brachten zahlreiche Ergebnisse, die für Konzeption und Konsolidierung der Umweltbildung interessante Impulse liefern (können) (vgl. Übersicht bei *Hedewig* 2003 b).

▶ 10.2.2; 10.3.2; 10.4.2; 10.5.2; 10.6.2

10.2 Naturverständnis

10.2.1 Zum Begriff, Sichtweisen der Natur

»Natur« wird traditionell als Gegensatz zum Menschen und der von ihm künstlich bzw. technisch gestalteten Welt verstanden. Manchmal erscheint sie schön und harmonisch, geradezu paradiesisch (vgl. *Trommer* 1990 a; *Gebhard* 1994).

133

Dem gegenüber schließt der Biologe *Hubert Markl* (1989) den Menschen in die Natur ein, indem er sie als »Kulturzustand unserer Umwelt« definiert.

Ulrich Kattmann (1993 a) unterscheidet sieben Weisen, die Natur zu verstehen:

1. Die *benötigte Natur* (Lebensgrundlage des Menschen),
2. die *geliebte Natur* (artgerechter Umgang mit Pflanzen und Tieren, Pflege der Landschaft),
3. die *verehrte Natur* (religiös-kultische Naturbegegnung),
4. die *erlebte Natur* (emotionale, einfühlsame Wahrnehmung),
5. die *beherrschte Natur* (Umgestaltung zur Nutzung),
6. die *bedrohte Natur* (Naturzerstörung als Ökokrise),
7. die *gelebte Natur* (Natur als Lebenszusammenhang, der Mensch ist in die Natur eingeschlossen, er ist zugleich Teil und Gegenüber der Natur).

Anhand der Sichtweisen lassen sich verschiedene, zum Teil widersprechende pädagogisch-didaktische Konzeptionen unterscheiden, in denen jeweils die genannten Aspekte unterschiedlich zum Tragen kommen (vgl. *Eschenhagen* 1989 b; *Mertens* 1991; *Zucchi* 1992; *Kattmann* 1993 a).

Das Verständnis der bedrohten und benötigten Natur wurde zum Konzept einer *Existenzbiologie* umgesetzt (vgl. *Drutjons* 1986; 1987; 1988 a; b). Danach soll der Unterricht – ausgehend von der privaten Lebensführung der Bürger – auf Überlebensfragen hin orientiert werden und zu einem Handeln anleiten, das die Existenz des Menschen sichert. Die Ziele sind demnach im wesentlichen anthropozentrisch ausgerichtet (vgl. auch UNESCO-Konferenzen).

Der *Naturerlebnispädagogik* liegt das Verständnis der erlebten Natur zugrunde (*Maaßen* 1994). Die *Leitidee des Pflegerischen* (*Winkel* 1978 a; 1995) geht von der geliebten Natur aus. Die Fürsorge für das Leben wird auf Landschaften und Ökosysteme sowie auf die Mitmenschen ausgedehnt.

Das Verständnis »*Natur als Lebenszusammenhang*« reflektiert das Wechselwirkungsgefüge zwischen Mensch und übriger Natur (gelebte Natur). Das Verhältnis kann dann als Teilhabe des Menschen an der Natur (Biosphäre) und der Natur am Menschen umschrieben werden (vgl. *Kattmann* 1980 a; 1997 a).

Auch Ausprägungen der *Umweltethik* können diesen Sichtweisen der Natur zugeordnet werden: In der anthropozentrischen Ethik wird die Verfügung über die Natur und die Menschen mit Hilfe der Naturwissenschaften und der Technik gerechtfertigt. In der Ethik *Albert Schweitzers* (1975) wird mit der »Ehrfurcht vor dem Leben« die Verantwortung des Menschen auf alles Lebendige ausgedehnt (vgl. *Altner* 1991; *Mertens* 1991). Konträr dazu wird in der sogenannten Öko-Ethik der Mensch der Natur untergeordnet und damit z. B. das Töten von Menschen und Tieren ethisch gleichgesetzt (vgl. *Wolschke-Bulmann* 1988). Dies wirft die kontrovers diskutierte Frage auf, ob und wie die Natur zum Bezugspunkt für naturethische Konzeptionen gemacht werden darf (vgl. *Gebhard/Langlet* 1997; *Kattmann* 1997 a). Die Sichtweise der »gelebten Natur« führt zu einer anthropologisch begründeten Ethik. Die Doppelrolle des Menschen als Teil und Gegenüber der Biosphäre ist wesentlich. Wenn der Mensch Teil der Natur ist, so ist sein Umgang mit sich selbst und dem Mitmenschen auch ein Teil des Umgangs mit der Natur (*Dulitz/Kattmann* 1990; *Kattmann* 1997 a; vgl. *Markl* 1989).

Auch das von *Helmut Schreier* (1994 b) geforderte »Planet Erde«-Bewusstsein und ebenso eine Bildung für Nachhaltigkeit können wohl nur im Sinne des Verständnisses von der gelebten Natur erreicht werden (vgl. »Bioplanet Erde«, *Kattmann* 1991 b; 2004 b).

10.2.2 Untersuchungen zum Naturverständnis

Vorstellungen niederländischer Jugendlicher hat *Marjan Margadant-van Arcken* (1995) empirisch untersucht. »Naturbilder« nennt sie die Assoziationsfelder der Jugendlichen zu den Begriffen Natur und Umwelt, die visuelle, begriffsmäßige und Erlebniskomponenten enthalten. Sie unterscheidet ein »beschränktes« Naturbild (unberührte, sich selbst regulierende Natur, unter Ausschluss des Menschen), ein »ausgesprochen romantisches« (idyllische, idealisierte Natur) und ein »umfassendes« Naturbild (biotische und abiotische Natur, Mensch integriert). Das Wort »Umwelt« steht bei diesen Jugendlichen gleichbedeutend für »Umweltprobleme«.

Im Zusammenhang mit einer Untersuchung über Vorstellungen von Jugendlichen zur Gentechnik beschreibt *Ulrich Gebhard* (1997; vgl. 2001) vier Naturkonzeptionen in der Argumentation der Jugendlichen: »die gute Natur«, »die beseelte Natur«, »die naturwissenschaftliche« und vor allem »die bedrohte Natur«.

In einer kulturvergleichenden Studie wurden die Naturkonzepte von Grundschulkindern in Deutschland und Japan untersucht (*Gebauer/Harada* 2005). Natur wird von japanischen Kindern stärker in ein »Mitwelt-Konzept« integriert, das die tiefe Verehrung und Verbundenheit mit der Natur in den Traditionen des Buddhismus und des Shinto widerspiegelt. Die Naturkonzepte der deutschen Kinder sind polarisierter, widersprüchlicher. Natur dient ihnen stärker als Projektionsfläche für ihre individuellen Bedürfnisse und Interessen, aber auch Ängste und Aversionen. Gemeinsame Konzepte der Mensch-Natur-Beziehung ließen sich aber auch festmachen: »Naturalismus« (Natur als Quelle der Faszination, der Neugier und Ehrfurcht), »Humanismus« (gefühlsmäßige Bindung an bzw. Fürsorge für Lebewesen, insbes. Tiere), »Dominanz« (Natur als Objekt der Verfügbarkeit) und »Negativismus« (Natur als Störung, Bedrohung).

Elke Sander (1998; 2002; 2003 a; b; vgl. *Sander/Jelemenská/Kattmann* 2006)

135

untersuchte Vorstellungen Jugendlicher zu den Begriffen ökologisches Gleichgewicht, Stabilität und Veränderung. Es zeigte sich, dass diese weitgehend dem veralteten ökologischen Ansatz *Thienemanns* (1956) entsprechen (z. B. gute und harmonische Natur, Gleichgewicht als naturgesetzlicher Zustand, Mensch als Störenfried).

Von »charakteristischen Ungereimtheiten im jugendlichen Verhältnis zu Natur« spricht *Rainer Brämer* (2004) auf Grund seiner Erhebungen (Klasse 6 bis 9). Natur wird von Jugendlichen verniedlicht, sie muss vor »dem Menschen« geschützt werden und steht für Harmonie, für den Inbegriff des Guten und Schönen (»Bambi-Syndrom«). Bäume zu pflanzen und zu schützen wird bejaht, sie zu fällen strikt abgelehnt (»Schlachthaus-Syndrom«). Naturnutzung wird verdrängt und denunziert. *Brämer* sieht darin eine »Segmentierung des Naturbildes« in den Köpfen der Schüler: in eine Alltagsnatur, von der man sich immer mehr entfremdet (42% der Befragten konnten kein eindrucksvolles Naturerlebnis nennen), eine Wertnatur mit pseudoreligiösem Charakter und eine Nutznatur, die fast zur Gänze ausgeblendet wird. Besonders letzteres ist eine ernste Barriere in einer Bildung für Nachhaltigkeit, bei der es explizit um die Nutzung der Natur geht.

10.2.3 Didaktische Folgerungen zum Naturverständnis

10.5 ◄   In der Klärung der zentralen Begriffe »Natur«, »Mensch«, »Umwelt« wird eine wichtige Aufgabe der Umweltbildung gesehen, da die jeweils zugrunde liegenden »Naturbilder« wesentlichen Einfluss auf die Art der Auseinandersetzung mit Natur und Umwelt haben (vgl. *Gamm* 1989; *Huitzing* 1995; *Sander* 2002; 2003 b; *Groß* 2004 a). In diesem Zusammenhang sind auch Gespräche mit Kindern zu nennen, die Argumentationsmuster sichtbar machen, mit denen Kinder die Natur ethisch betrachten (vgl. *Billmann-Mahecha* u. a. 1997).

In mehreren Untersuchungen wird die Natur »im Gleichgewicht« und der Mensch außerhalb der Natur stehend und als »Störenfried« gesehen. Anzustreben wäre jedoch ein ökologisches Naturverständnis (vgl. *Townsend* u. a. 2002, »patch dynamics«), welches den Menschen in seiner Doppelrolle als Teil und Gegenüber der Natur erkennt (*Sander* 2002).

10.1.3 ◄   Bildung für eine Nachhaltige Entwicklung bedeutet nicht nur, die Abhängigkeit des Menschen von seinen natürlichen Lebensgrundlagen zu vermitteln, vielmehr stehen Gestaltungsaufgaben für die Zukunft im Mittelpunkt (vgl. *Bögeholz/Barkmann* 2005). Wird der Mensch ausschließlich als Störenfried in der Natur angesehen, kann dies dazu führen, dass seine gestaltende Rolle nicht gesehen oder abgelehnt wird; Kulturlandschaften als vom Menschen gestaltete Ökosysteme werden in solchen Denkrahmen als weniger schützenswert angesehen als vermeintlich »reine« Natur. Naturdefinitionen, die nur das vom Menschen gänzlich Unbeeinflusste als Natur gelten lassen, bergen darüber hinaus das Problem, dass auf ihrer Grundlage kaum Natur-schutzgebiete ausgewiesen werden könnten, da die vom Menschen unbeein-flusste Natur kaum (noch) existiert, bzw. Eingriffe in solche für unzulässig ge-halten werden (vgl. *Sander* 2003 b).

10.3 Naturerleben, Naturerfahrung, Naturbegegnung

10.3.1 Zu den Begriffen

Die Begriffe Naturerleben, Naturerfahrung, Naturbegegnung, Naturbezie-hung werden in der Praxis häufig synonym verwendet. Gemeint ist eine in-tensive Zuwendung zu Lebewesen und/oder Landschaften, ein »spezifischer Auseinandersetzungsprozess des Menschen mit seiner belebten Umwelt« (*Bögeholz* 1999, 21). In der *Naturerlebnispädagogik* wird versucht, Begeg-nung und Kontakt mit der Natur zu fördern. Mit Naturerfahrungsübungen werden die Wahrnehmungsfähigkeit mit allen Sinnen geschult, die emotiona-le Begegnung mit dem originalen Objekt gefördert und ästhetische Aspekte in den Mittelpunkt gerückt. Dem spielerischen Lernen kommt große Bedeu-tung zu.

Joseph Cornell (1979) hat mit seinem Buch »Mit Kindern die Natur erle-ben« die Naturerlebnispädagogik geprägt. *Cornell*, dem es darum geht, Men-schen jedes Alters ein »wirklich erhebendes Naturerlebnis zu verschaffen« (1991, 19), schlägt das Konzept des »Flow Learning« vor, nach dem Spiele und Aktivitäten in einer bestimmten Reihenfolge ausgewählt werden sollen: »1. Begeisterung wecken, 2. konzentriert wahrnehmen, 3. unmittelbare Erfah-rung und 4. andere an deinen Erfahrungen teilhaben lassen« (1991, 18 f.).

Im deutschsprachigen Raum wurden zahlreiche weitere Ansätze entwickelt, denen das Herstellen eines intensiven Naturkontaktes zu Grunde liegt. *Hans Göpfert* (1988) legt in seiner »naturbezogenen Pädagogik« den Schwerpunkt auf die zweckfreie und »sinnenhafte ganzheitliche Naturerfahrung«. *Gerhard Trommer* propagiert die »wildnisbezogene Pädagogik« als »Gegenkonstrukt für die so machtvoll vordringende moderne Zivilisation« und sucht die Be-gegnung mit der »wilden«, d. h. siedlungs-, kommerz- und technikfreien Na-tur (*Trommer* 1994, 128; 1992; vgl. *Müller, G. M.* 1995; *Heydenreich/Hal-ves/Bittner* 2003; *Bittner* 2005).

Zahlreiche außerschulische Angebote für Kinder und Jugendliche verbinden *Spielpädagogik* und Naturerfahrung (vgl. z. B. *Wessel/Gesing* 1995; *Schlehu-fer/Kreuzinger* 1997; vgl. *Paffrath/Ferstl* 2001; »Land art«, vgl. *Gürtler/La-cher/Kreuzinger* 2001; »Landschaftsinterpretation«, vgl. *Lehnes/Glawion* 2002).

Eine stärker naturwissenschaftlich ausgerichtete Sensibilisierung für Natur liegt der »*Freilandbiologie*« zugrunde (vgl. *Kuhn/Probst/Schilke* 1986; *Jan-*

137

ßen/Trommer 1988; *Probst/Schilke* 1995; *Teichert* 1993). In der »Waldpädagogik« und »Nationalparkpädagogik« werden spielerische, ökologische und ökonomische Elemente verbunden (vgl. z. B. *Düring* 1991; *Voitleithner* 2002).

Zahlreiche Umweltzentren haben ihre Angebote im Sinne der Naturerlebnispädagogik ausgerichtet (vgl. *Dempsey* 1993; *Kochanek/Pathe/Szyska* 1996; *Grimm* 2003). Dennoch finden sich auch kritische Stimmen: Eine derartige Umwelterziehung laufe Gefahr, sich gegen die gesellschaftliche Realität abzuschotten und damit entpolitisierend zu wirken. Es bestehe die Gefahr, dass damit eine neue »Heilslehre« im pädagogischen Alltag kreiert und Natur undifferenziert zum Mythos stilisiert wird (vgl. *Daum* 1988; *Heid* 1992; *Kremer/Stäudel* 1992; *Gecks/Reißmann* 1993). *Jens Reißmann* (1993) stellt in Frage, dass Naturbegegnung per se mehr Verständnis oder Verantwortungsgefühl schafft, zumindest dort, wo es nicht schon vorher auch als soziale Erfahrung angelegt war. *De Haan* u. a. (1997, 179 f.) gehen sogar so weit, dieser Art der Naturerfahrung jede Bedeutung in der Umweltbildung, insbesondere unter der Zielsetzung einer Bildung für Nachhaltigkeit, abzusprechen.

10.3.2 Untersuchungen zu »Naturerfahrung«

Ein »Credo« vieler Naturerfahrungspädagogen lautet: »Nur was ich schätze, bin ich auch bereit zu schützen«. Der Naturerfahrung wird damit eine große *Relevanz für Umwelthandeln* zugesprochen – eine Überzeugung vieler Praktiker, die durch neuere empirische Daten aber durchaus gestärkt wird (vgl. *Bögeholz* 1999; *Lude* 2001; *Unterbruner/*Forum Umweltbildung 2005).

Karl-Heinz Berck und *Rainer Klee* (1992) zeigen, dass Mitglieder in Naturschutz- bzw. naturkundlichen Gruppen gegenüber Nicht-Aktiven sich nicht nur durch größeres Interesse und höhere Natur- und Umweltschutzaktivitäten, sondern auch durch einen größeren Handlungsbereich im Naturschutz ausweisen (vgl. auch *Weiss* 1984; *Klee/Berck* 1993). *Berck* und *Klee* (1992) entwickelten ein »Siebenschrittemodell: von der Faszination zum Handeln«:
1. *Erlebnisse* mit Pflanzen und Tieren führen zu Faszination.
2. *Faszination* folgt kognitive und emotionale Befriedigung.
3. *Befriedigung* regt zu weiterer Beschäftigung an.
4. *Beschäftigung* lässt positive Einstellung entstehen.
5. *Positive Einstellung* fördert vertiefte Beschäftigung.
5. *Vertiefte Beschäftigung* lässt Interesse entstehen.
6. *Interesse* führt zu internalisierten Normen.
7. *Internalisierte Normen* bewirken Naturschutz-Handeln.

Aus ähnlichen Überlegungen heraus wurden von *Wilfried Janßen* (1988) Ebenen der Naturbegegnung sowie von *Siegfried Klautke* und *Karl-Heinz* Köhler (1991) Stufen der Umwelterziehung formuliert.

Bild 10-1 ◄

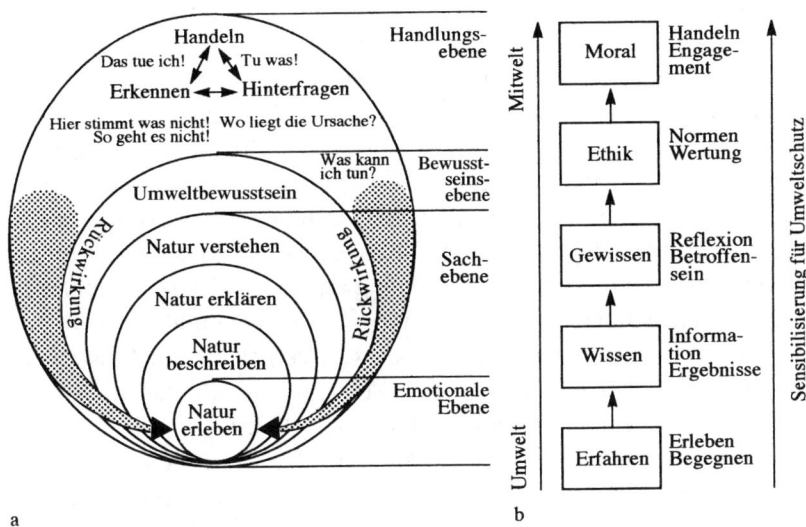

a
b

Bild 10-1: a) Ebenen der Naturbegegnung (nach *Janßen* 1988),
b) Stufen der Umwelterziehung (nach *Klautke/Köhler* 1991)

Während *Szagun/Jelen* (1994) nicht bestätigen konnten, dass sich bei Kindern die Motivation für naturschützerische Aktivitäten durch positives Naturerleben aufbauen lässt, konstatierten *Rolf Langeheine* und *Jürgen Lehmann* (1986), dass direkte Naturerfahrung in der Kindheit unmittelbaren Einfluss auf das Umwelthandeln von Erwachsenen ausübe. Naturerfahrung ist als wesentlichster Bedingungsfaktor für die Genese umweltbewusster Einstellungen und vor allem von Handlungsbereitschaften anzusehen. Dies stellte *Susanne Bögeholz* (1999) in ihrer umfangreichen Studie auch für 10- bis 18jährige (Mitglieder von natur- und umweltbezogenen Gruppen und Nicht-Aktive) fest: Je häufiger Kinder und Jugendliche Erfahrungen in der Natur machen, umso häufiger zeigen sie Umwelthandeln in Alltagssituationen (z. B. Verkehrs- und Abfallverhalten). Häufige Naturerfahrungen gehen mit positiver Wertschätzung von Naturerfahrung einher, wobei die Art der Naturerfahrung eine entscheidende Rolle spielt. Bögeholz unterscheidet unterschiedliche Naturerfahrungsmuster (aufbauend auf Dimensionen der Naturerfahrung), die sich in einem »ökologisch-erkundenden«, einem »instrumentell-erkundenden«, einem »ästhetischen« und einem »sozialen« Typ äußern. Die höchste Motivation und Intention zu umweltverträglichem Handeln finden sich bei Jugendlichen des ökologisch-erkundenden und instrumentell-erkundenden Naturerfahrungstyps. Intensive Kontakte zu Haustieren (»soziale« Dimension) wie auch der ästhetisch dominierte Zugang zu Natur sind demnach für das Umwelthandeln weniger bedeutend. Dass der Einfluss der schulischen

139

Umwelterziehung auf Umwelthandeln nur gering ist, erklärt sich auch aus der Tatsache, dass in der Schule meist nur einmalige und kurzfristige Angebote zu Naturerfahrung bestehen (vgl. auch *Bögeholz/Barkmann* 1999). *Armin Lude* (2001), der die Dimensionen von *Bögeholz* (1999) um drei weitere Dimensionen von Naturerfahrung (erholungsbezogene, ernährungsbezogene und mediale) ergänzte, stellte im Weiteren fest, dass bezüglich der Naturerfahrungen kein Sättigungseffekt eintritt: Diejenigen Jugendlichen, die viele Erfahrungen in einer bestimmten Naturerfahrungsdimension machten, wünschten sich zugleich noch mehr in diese Richtung tun zu können (*Lude* 2001, 199). Weitere Untersuchungen zur außerschulischen Umweltbildung in Nationalparks und Waldheimen zeigen teilweise positive Effekte auf Einstellungen, Wissen und Verhalten bei den Lernenden (vgl. *Bogner* 1998; *Bittner, A.* 2003 a; b; *Haase* 2003; *Bogner/Wiseman* 2004; *Lude* 2005).

Eine weitere Fragestellung, die im Zusammenhang mit Naturerfahrung diskutiert wird, ist pointiert ausgedrückt: »Wie viel Natur braucht der Mensch?« *Ulrich Gebhard* (1994 a; 2001) argumentiert, dass Kontakt mit Natur für die seelische Entwicklung von Kindern förderlich sei. Hier ist vor allem die Veränderbarkeit der Natur bei gleichzeitiger Kontinuität zu nennen wie auch die Anregungen auf Grund der Vielfalt der Formen, Materialien und Farben (vgl. auch *Gebhard* 1993 a; *Mayer/Bögeholz* 1999). Nach *Gebhard* (2005 a) findet im Naturerleben auch Selbsterfahrung statt, Natur wird gewissermaßen auch zu einem Interaktionspartner und kann damit für die Entwicklung eines Menschen eine wichtige Rolle spielen (vgl. auch *Wilke* 2004). Die Schönheit von Natur ist ein wesentliches Element von Naturerlebnissen (vgl. »ästhetische« Dimension bei *Bögeholz* 1999, *Lude* 2001; *Billmann-Mahecha/Gebhard* 2004). Intakte Natur wird häufig von Kindern und Jugendlichen als Symbol für Lebensqualität und Lebensfreude betrachtet (vgl. *Unterbruner* 1991) und als Ort von Spannung und Entspannung, Abenteuer, Spiel und Begegnungsraum definiert (vgl. *Fischerlehner* 1993). *Gebhard* (2001) verweist darüber hinaus auf den »heilsamen« Effekt im Umgang mit Natur (Haustiere, Therapie mit Tieren). Daneben werden aber auch negative Erfahrungen (Schmerz, Angst, Ekel) gemacht, die das Naturverhältnis der Lernenden beeinflussen (vgl. *Bögeholz/Rüter* 2004).

10.3.3 Didaktische Folgerungen zu »Naturerfahrung«

Die Betonung der Naturbegegnung ist nach *Susanne Bögeholz* (1999) sinnvoll, da deren affektive Bedeutung für die Motivierung von Umwelthandeln doppelt so hoch ist wie die durch Umweltprobleme. Didaktisch rekonstruierte Lernangebote sollten diesen unterschiedlichen Naturzugängen gerecht werden, Kinder und Jugendliche, die eher im Sinne der »ästhetischen« oder »sozialen« Naturerfahrung orientiert sind, sollten zu ökologisch- wie instrumen-

140

tell-erkundender Naturerfahrung angeregt werden (vgl. auch *Schaar* 1995). *Lude* (2001, 200) empfiehlt, mit einer kreativen Integration von Naturschutzaspekten in den Unterricht Lernende »auf den Geschmack« zu bringen, da naturschutzbezogene Naturerfahrung deutlich mit Umwelthandeln korreliert.

Jürgen Mayer (2000, vgl. 1996 b) plädiert für einen mehrperspektivischen Unterricht. Kinder und Jugendliche sollten angeregt bzw. in die Lage versetzt werden, Tiere und Pflanzen aus verschiedenen Perspektiven zu betrachten, ihre eigene Sichtweise mit anderen zu kontrastieren (z. B. Nutzungs- kontra Schutzinteressen) und damit auch ein Bewusstsein über die eigenen Perspektiven zu erlangen. »Damit erschließt sich in der Mehrperspektivität auch die ganze Bandbreite von gesellschaftlich und kulturell bedingten Zugängen zur Natur und darin eingeschlossenen Erfahrungen. Damit werden den Lernenden zugleich Orientierungen und Werthaltungen angeboten« (*Mayer, J.* 2000, 63; vgl. 1996 b). Die Position des Menschen als Teil und Gegenüber der Natur sollte auch in diesem Zusammenhang reflektiert werden. ▶ 10.2

Darüber hinaus sind negative Naturerfahrungen und angelernte Aversionen zu berücksichtigen und möglichst durch alternative Zugänge zu kompensieren, z. B. bei Schnecken, Spinnen und Schlangen durch Faszination des Ungewöhnlichen (*Bögeholz/Rüter* 2004; vgl. *Gropengießer/Gropengießer* 1985). ▶ 17

10.4 Umweltwissen

10.4.1 Zum Begriff

Unter »Umweltwissen« wird in den vorliegenden Studien kein einheitliches Konstrukt verstanden, sondern es wird mit unterschiedlicher Schwerpunktsetzung nach Artenkenntnis, Kenntnis ökologischer Zusammenhänge, Wissen über Umweltprobleme, Umweltschutz, kommunalen oder gesellschaftlichen Aspekten (»Alltagswissen«) gefragt. Entgegen der landläufigen Meinung, dass mit der Vermittlung von Wissen über Ökologie und Umweltprobleme quasi »automatisch« positive Umwelteinstellungen bewirkt werden, die wiederum zu umweltgerechtem Handeln führen, lässt sich Umweltwissen in zahlreichen Studien nur in geringem Maße als Voraussetzung für eben dieses umweltschonende Verhalten und Handeln festmachen. Umweltwissen ist demnach wohl eine notwendige, aber keine hinreichende Bedingung für Umwelthandeln (vgl. *Braun* 1983; *Hines/Hungerford/Tomera* 1986/87; *Langeheine/Lehmann* 1986; *Schahn/Holzer* 1990; *Billig* 1990; *Gehlhaar* 1990; *Grob* 1991; *Szagun/Mesenholl* 1991; *Diekmann/Preisendörfer* 1992; 1998 *Schuhmann-Hengsteler/Thomas* 1994; *de Haan/Kuckartz* 1996; *Bögeholz* 1999; *Lehmann* 1999). Eine Stimulierung ökologischen Handelns durch ökologisches Wissen ist dann möglich, wenn dieses Wissen sehr konkret ist und entsprechende Einstellungen sehr stark ausgeprägt sind (*Schahn/Holzer* 1990).

10.4.2 Untersuchungen zum Umweltwissen

(Umwelt-)Wissen lässt sich untergliedern in
- to know what (Daten-, Faktenwissen)
- to know why (Wissen über Ursachen, Erklärungen)
- to know how (Wissen über Verfahren, Strategien).

Die meisten Fragen in den empirischen Untersuchungen zählen zur Kategorie »to know what« (vgl. *Siebert* 1998). Es wird kritisiert, dass in den Untersuchungen sehr unterschiedliche, oft miteinander nicht vergleichbare Dimensionen bzw. Operationalisierungen von Umweltwissen (-einstellungen und -handeln) herangezogen werden. Als typische Fragen zum Umweltwissen werden zum Beispiel genannt: »Wohin werden Hausmüll und Geschäftsmüll aus Ihrer Stadt gebracht? Wissen Sie, weshalb FCKW umweltschädlich ist? Welche Umweltschutzorganisationen kennen Sie? Wie viele Kernkraftwerke gibt es in Deutschland? Kennen Sie die abgebildeten Tiere und Pflanzen? (*de Haan/Kuckartz* 1996, 58). Wie *Horst Siebert* (1998, 93) bemerkt, ist ein solches Faktenwissen aber (fast) nur in Verwendungszusammenhängen relevant. »Wissensfragen in standardisierten, quantifizierten Befragungen sind problematisch, da sie von der Relevanz des Wissens für die Befragten und von Verwendungssituationen abstrahieren müssen«. Dies sollte man bei der Bewertung der vorliegenden Ergebnisse berücksichtigen.

Von Bedeutung für Umweltwissen sind daher auch Untersuchungen zu Vorstellungen zentraler Begriffe wie Ökosystem und Lebensgemeinschaft sowie Zersetzung und Kreislauf. Die Lernenden bilden die Begriffe anhand sinnlicher Eindrücke und lebensweltlicher Erfahrungen, sodass Unsichtbares wie Mikroorganismen und Gase nur schwer einbezogen werden. Die Untersuchungen geben Einblick in die alternativen Denkgebäude von Lernenden, die den fachlichen Bedeutungen der Begriffe nur partiell entsprechen: Die Einheiten der Natur werden räumlich und durch (Nahrungs-)Beziehungen abgegrenzt. »Kreislauf« wird meist nicht zirkulär, sondern linear als Nahrungskette oder Stofffluss mit den Pflanzen als Endstation begriffen (vgl. *Hilge* 1998; 2000; *Helldén* 2000; 2004; *Jelemenská* 2004). Vernetzung und Stoffkreisläufe kommen erst in globaler Sicht (»Ökosystem Erde«) stärker in den Blick (*Jelemenská* 2004; 2006).

Bei einer Befragung von Grundschulkindern (Klassenstufe 3 und 4) stellte *Michael Gebauer* (1994) fest, dass Landkinder ein größeres Natur- und Handlungswissen als Stadtkinder haben. Stadtkinder nehmen dagegen Umweltprobleme in ihrer Lebenswelt in weitaus höherem Maße und ernsthafter wahr.

Gertrud Scherf (1986) verweist aufgrund ihrer Untersuchung an Münchner Grundschulen auf die Bedeutung pflanzlicher Formenkenntnisse für eine naturschützerische Einstellung (zur Wahrnehmung der Biodiversität vgl. *Eschenhagen* 1985; *Pfligersdorffer* 1991; *Berck/Klee* 1992; *Mayer* 1992; *Zabel* 1993; *Menzel/Bögeholz* 2006).

Kenntnisse über Naturschutz sind bei Schülern der Sekundarstufe I schlechter ausgebildet als Kenntnisse über Umweltgefährdung und Umweltschutz (vgl. *Scherf/Bienengräber* 1988; *Brenner* 1989; *Demuth* 1992). Das ökologische Wissen von Schulabgängern der Stadt Salzburg »ist bruchstückhaft, abstrakt und theoretisch sowie gedanklich wenig durchdrungen« (*Pfligersdorffer* 1991, 186; 1994 a). Studien in Berlin (*de Haan/Kuckartz* 1996) sowie Nordrhein-Westfalen und Sachsen-Anhalt (*Müller/Gerhardt-Dircksen* 2000 a) kommen zu ähnlichen Ergebnissen. Häufig zeigt sich, dass Wissen über die nähere Lebensumgebung geringer ist als über entfernte Gegenden und Umweltprobleme wie etwa den tropischen Regenwald oder das Ozonloch (vgl. auch *Dempsey/Rode/Rost* 1997; *Schmid* 1995). Es wird vermutet, dass diese »Differenz zwischen Nahem und Fernem« daraus resultiert, dass die Umweltsituation »vor der Haustür« wesentlich weniger besorgniserregend wahrgenommen wird als der Zustand der Umwelt in der Ferne oder im Allgemeinen (*de Haan/Kuckartz* 1996). Neben der individuellen Wahrnehmung, der Beeinflussung durch die Medien und kollektive Meinungen spielen hier vermutlich auch psychische Mechanismen eine Rolle, wie z. B. Wahrnehmungsbarrieren infolge zu großer Komplexität, Abwehr und Verdrängung (vgl. *Dörner* 1991; *Grob* 1991; *Preuss* 1991; *Gebauer* 1994; *Strohschneider* 1994).

Was die Variablen Geschlecht und Schultyp betrifft, verhält es sich bei den Jugendlichen ähnlich wie bei den Erwachsenen: Jungen wissen mehr, besonders in Hinblick auf naturwissenschaftliche Fakten. Bei der Überprüfung von Artenkenntnis und Wissen über Tiere sind keine derartigen Geschlechterdifferenzen festzustellen, gelegentlich sind sogar die Mädchen besser (z. B. Pflanzenkenntnis, *Bögeholz* 1999; vgl. auch *Scherf/Bienengräber* 1988; *Zubke/Mayer* 2003). Befragungen von jungen Erwachsenen bescheinigen den ehemaligen Gymnasiasten mehr Umweltwissen als Haupt- oder Realschülern. Bei allen Gruppen ist das Wissen über nationale oder globale Umweltprobleme größer als über lokale (vgl. *Braun* 1984; *Bolscho* 1987; *Pfligersdorffer* 1991; *Gebauer* 1994; *de Haan/Kuckartz* 1996).

Nach *Jürgen Lehmann* (1999) scheinen Massenmedien keinen Effekt auf das ökologische Wissen zu haben. Er verweist in seiner Meta-Analyse darauf, dass in keiner der Studien, die die Nutzung der Massenmedien mit erhoben haben, eine Beziehung zum ökologischen Wissen besteht (ausgenommen Bücher und Fachzeitschriften, vgl. *Langeheine/Lehmann* 1986). Wenngleich die meisten Informationen über Umweltprobleme aus den Massenmedien, insbesondere aus dem Fernsehen, bezogen werden, ist es »unwahrscheinlich«, dass diese Informationen aus den Massenmedien »in ein stabiles ökologisches Wissen übergehen« (*Lehmann* 1999, 120). *Bögeholz* (1999) hingegen berichtet von einem zwar schwachen, aber nachweisbaren Einfluss des Wissens aus den Medien auf das Umwelthandeln.

10.4.3 Didaktische Folgerungen zum Umweltwissen

Welches Wissen sollte Umweltbildung bereitstellen, um Personen darin zu unterstützen, ihr Handeln reflektiert unter ökologischen Gesichtspunkten zu betrachten und ihr Wissen zur Veränderung ihres Handelns anzuwenden? *Cornelia Gräsel* (1999; 2000) betont, dass ökologisches Wissen häufig »träges Wissen« ist, d. h., es wird nicht oder kaum zur Problemlösung herangezogen und stellt sich nicht als handlungsleitendes Motiv heraus. Sie fordert, dass bereits beim Erwerb von Wissen jene Problemlösesituationen berücksichtigt werden, in denen später dieses Wissen angewendet werden soll (situiertes Lernen). Authentische, für die Lernenden realitätsnahe und komplexe Fragestellungen sollten im Mittelpunkt eines *problemorientierten Unterrichts* stehen und von den Lernenden selbstgesteuert bearbeitet werden (vgl. auch *Renkl* 1996). Handlungsrelevantes Wissen sollte gegenüber herkömmlichem Faktenwissen in den Vordergrund rücken. Auch das Einbeziehen sozialer Systeme, wie *Regula Kyburz-Graber* u. a. (1997) in ihrem Ansatz einer sozio-ökologischen Umweltbildung fordern, kann hier helfen. Die Bedeutung fachübergreifenden Unterrichts bzw. Projektunterrichts wird damit unterstrichen (vgl. *Bolscho/Seybold* 1996; *Gudjons* 1997).

Hinsichtlich des Aufbaues von Wissen und Kenntnissen über Natur und Umwelt werden weiterhin Forderungen nach *vernetztem Denken* erhoben (vgl. *Schaefer* 1978 a; *Vester* 1978; *Gärtner* 1990; *Dörner* 1991; *Pfligersdorffer* 1994 a; b). Werden dazu auch vielfältige Unterrichtsmethoden eingesetzt (z. B. freilandbiologische und experimentelle Arbeiten), zeigen sich nach *Sigrid Müller* und *Almut Gerhardt-Dircksen* (2000 b) positive Effekte beim Wissensaufbau.

Die Vorstellungs-Untersuchungen weisen darauf hin, dass ökologische Vernetzung und Stoffkreisläufe durch einen Perspektivenwechsel zwischen lokaler und globaler Sicht sowie eine Einbettung in den Kontext der Erdgeschichte anschaulich erfasst werden können (vgl. *Jelemenská* 2004; 2006; *Sander/Jelemenská/Kattmann* 2004).

Das »*Syndromkonzept*« wird als Ansatz zur »Operationalisierung des für den globalen Wandel erforderlichen vernetzten Denkens« verstanden (*de Haan* 1999, 273). Es geht hier um eine globale Sicht: Im Mittelpunkt stehen nicht-nachhaltige Verläufe (»Syndrome des globalen Wandels«) wie z. B. Bodendegradation, Treibhauseffekt, Vernichtung von Biodiversität oder Übernutzung der Meere. Traditionelle Themen wie z. B. Wasser, Müll, Tierschutz und Artensterben sollen innerhalb größerer interdisziplinärer und internationaler Themenkomplexe behandelt werden. Kritik an diesem Konzept gibt es aus methodischen und inhaltlichen Gründen. Es wird eingewendet, dass das übliche Erfassen der Syndrome durch Zeichnen umfangreicher Pfeildiagramme kaum geeignet sei, eine tiefere Einsicht in ökologische Zusammenhänge zu erreichen. Die formale Sichtweise des »Systems« Erde sei zum Erfassen der konkreten Wechselwirkungen des »Bioplaneten Erde« nicht angemessen (*Kattmann* 2004 b; vgl. *Jelemenská* 2006).

▶ 24.2.2

10.5 Umweltbewusstsein

10.5.1 Zum Begriff

Der Terminus »Umweltbewusstsein« wird unterschiedlich gebraucht. In der Regel versteht man darunter Einstellungen und Werthaltungen in Bezug auf Natur und Umwelt wie auch Wissen über Umweltzerstörung und Umweltschutz (vgl. z. B. *Fietkau* 1984; *Arcury/Johnson* 1987; *Holtappels/Hugo/Malinowski* 1990; *Waldmann* 1992; *Szagun/Jelen* 1994). Andere sprechen von Umweltbewusstsein hingegen nur dann, wenn sowohl Umweltwissen, Umwelteinstellungen als auch Umweltverhalten berücksichtigt werden (*de Haan/Kuckartz* 1996). *Horst Siebert* (1998) hat die Dimensionen des Begriffs Umweltbewusstsein zusammengefasst.

▶ Bild 10-2

10.5.2 Untersuchungen zum Umweltbewusstsein

Nach den Meta-Analysen (*de Haan/Kuckartz* 1996; *Lehmann* 1999) lassen sich zum Umweltbewusstsein folgende zentrale Ergebnisse zusammenfassen:

■ Das Umweltbewusstsein ist in Deutschland sehr groß. Das Thema Umwelt wird als eines der wichtigsten Themen der Zukunft eingeschätzt. Bevölkerungsumfragen wie »Umweltbewusstsein in Deutschland 2002« (*Kuckartz/Grunenberg* 2002) bestätigen diese hohe Sensibilisierung für Umweltfragen.

■ Während in früheren Untersuchungen die Aufmerksamkeit der Befragten auf Luft- und Wasserverschmutzung lag, haben sich in den letzten Jahren globale Probleme (z. B. Ozonloch, Klimaveränderung, tropischer Regenwald) in den Vordergrund geschoben.

■ Die Mehrheit der Bevölkerung glaubt, dass sie selbst direkt zur Verbesserung der Umweltsituation beitragen könne, Umweltschutz also nicht nur eine Aufgabe staatlicher Politik sei. Die meisten Deutschen geben sogar an, dass sie Umweltschutzmaßnahmen auch materiell unterstützen würden (z. B. Verzicht auf einen Teil des Einkommens für bessere Luftqualität).

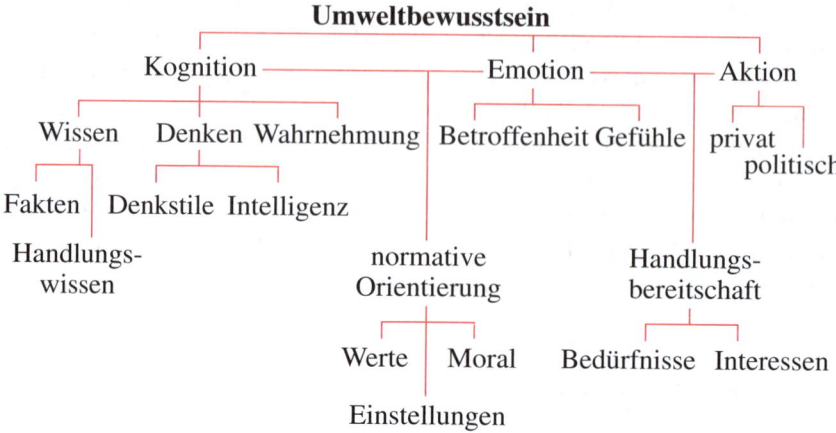

Bild 10-2: Dimensionen des Umweltbewusstseins (nach *Siebert* 1998, 76)

■ Das Wissen über Natur und Umwelt ist weitaus weniger ausgeprägt als der Grad und Umfang der Pro-Umwelt-Einstellungen.

■ Das Umweltbewusstsein und die persönliche Betroffenheit ist bei Frauen größer, sie äußern auch wesentlich häufiger Gefühle wie Wut, Empörung, Traurigkeit oder Angst gegenüber der Umweltzerstörung.

■ Das Umweltwissen ist bei Männern größer als bei Frauen.

Untersuchungen dokumentieren, dass auch Jugendliche Umweltfragen als wichtig einschätzen und den Schutz der Umwelt als erstrebenswert und notwendig beurteilen. In Meinungsumfragen äußern Jugendliche zwar vorrangig Interesse an Themen wie Arbeitslosigkeit, Erkrankung, Beziehung zu Freunden und Familie, werden aber Zukunftsthemen angesprochen, zeigt sich eine starke Umweltsensibilisierung. »Je mehr der Blick von Burschen und Mädchen in die Zukunft gerichtet ist, desto stärker gewinnt der Umweltschutz an Bedeutung. Schließlich gehört dieses Thema zu jenen mit dem größten Mobilisierungspotential; hier sind die Kinder und Jugendlichen am meisten bereit sich zu engagieren« (Forum Umweltbildung 2003, 38; vgl. auch IBM-Jugendstudie 1995; *Richter* 1999; *Sohr* 2000; *Lange* 1999; Jugendwerk der Deutschen Shell 1997; 2002; *Kromer/Zuba* 2003).

Anfang der 90er Jahre wurden zahlreiche Studien zur Befindlichkeit von Jugendlichen in Hinblick auf die Umweltsituation durchgeführt (vgl. *Petri* u. a. 1987; *Petri* 1992; *Unterbruner* 1991; 1999; *Grefe/Jerger-Bachmann* 1992; *Hurrelmann* 1992; *Aurand* u. a. 1993; *Boehnke/Macpherson* 1993; *Kasek* 1993; *Szagun/Pavlov* 1993; *Szagun/Jelen* 1994; *Hirsch-Hadorn* u. a. 1996). Jugendliche äußerten Sorgen und Ängste auf Grund der Umweltzerstörung.

Die Welt in 20 Jahren

Nach einer Fantasiereise in die Zukunft, in der durch ein Tor die Welt in 20 Jahren betreten wird, berichten österreichische und schweizer Jugendliche, wie sie die zukünftige Welt gesehen haben (*Unterbruner* 1991; 1998; *Hirsch-Hadorn* u. a. 1996).

»Ich gehe den sehr langen Weg zum Tor. Ich öffne es und schließe es erschrocken wieder. Ich sehe sehr viele Roboter und Maschinen in wildem Getöse herumfahren. Anschließend überwinde ich mich doch und trete ein. Fast ein wenig beängstigt gehe ich durch die Straßen zu einem Haus und klopfe an. Ein klappriger Roboter öffnet mir die Tür. Eine Computerstimme bittet mich herein. Auf seiner Stirn steht ‚Concept by ABB Switzerland'. Wir gehen in seine Werkstatt, wo er mir eine Tasse Kaffee bereitet. Während ich meinen Kaffee trinke, schlürft er eine Tasse Altöl und knabbert dabei an einer alten Batterie. Er nennt diesen Vorgang ‚Recycling'. Nach unserer Kaffeepause verabschiede ich mich wieder und fahre auf dem von ihm hergestellten plutoniumbetriebenen Straßensnowboard wieder dem großen Tor zu. Ich gehe hindurch und schließe es fest hinter mir zu. Ich bin froh, wieder in meiner Heimat zu sein, denn in dieser Welt würde ich mich vermutlich nicht lange wohl fühlen.«
17jähriger Junge (Schweiz, 1996)

»Ich war in einer wunderschönen Frühlingslandschaft, mit blühenden Bäumen, Hügeln, Vögeln, blauer Himmel ... usw. Ich bin dort allein durchspaziert und habe einfach die Stille und die Natur genossen, alles war intakt.« 17jähriges Mädchen (Schweiz 1996)

Derartige Ängste rangieren deutlich vor sogenannten persönlichen Ängsten (wie z. B. schlechte Noten, Aussehen, Familie in Geldnot), eine Ausnahme bildet dabei die Angst vor dem Tod der Eltern. *Szagun/Jelen* (1994) weisen darauf hin, dass neben Angst im engeren Sinn unter anderem Trauer, Betroffenheit, Mitleid, Wut, Hoffnungslosigkeit und Verzweiflung eine Rolle spielen. Als Motivation für umweltschonende Handlungen sind diese Emotionen stärker als die Freude an der Natur.

Jugendliche befürchten, dass zukünftig Luft und Wasser zunehmend verschmutzt, Wälder und Grünflächen weitgehend zerstört werden. Die Welt droht damit insgesamt lebensfeindlich zu werden (vgl. *Unterbruner* 1991; 1999; *Hirsch-Hadorn* u. a. 1996; *Gebhard* 2001; *Holthusen* 2004). Analog dazu hat intakte Natur einen hohen Stellenwert bei den Zukunftswünschen von Jugendlichen. Sie fordern von der Politik, »dass alle Menschen in Gesundheit und Frieden leben können, dass es weder Armut noch Elend noch Kriege und Hunger gibt, und dass die Umwelt geschont wird« (Jugendwerk der Deutschen Shell 1997, 66; vgl. auch *Teutloff/Schubert* 1992).

Dazu im Widerspruch hat Konsum gerade bei Jugendlichen einen hohen Stellenwert. Jugendliche entwickeln demnach einerseits ein hohes Umweltbewusstsein und andererseits wachsen sie bereits sehr früh in ihre Rolle als Konsumenten hinein. Die Zusammenhänge zwischen Umweltzerstörung und Konsum scheinen weitgehend unverbunden nebeneinander zu stehen (vgl. *de Haan/Kuckartz* 1996, *Kaufmann-Hayoz* u. a. 1999; *Lange* 1999). Der Konsumforscher *Elmar Lange* (1999) sieht im hohen Umweltproblembewusstsein der Jugendlichen sowohl das Phänomen der sozialen Erwünschtheit als auch ein tatsächliches Unbehagen, das sich zwar schwach, aber doch in umweltgerechtem Konsum niederschlägt. Im Spannungsfeld von Distanzierung von den Erwachsenen, Bedürfnis nach Selbstfindung und Persönlichkeitsentfaltung, Anerkennung in Peer-Gruppen etc. ist es für Jugendliche sehr schwer, sich umweltbewusst zu verhalten und auf kompensatorischen Konsum zu verzichten.

10.5.3 Didaktische Folgerungen zum Umweltbewusstsein

Als Konsequenz daraus wird ein *ganzheitlicher Unterricht* gefordert, in dem Wissen, Emotionen und Handeln gleichermaßen ernst genommen werden (vgl. *Unterbruner* 1991; 1996 a; 1999; *Rost* u. a. 1992; *Brucker* 1993; *Hazard* 1993; *Gebhard* 2001). Schüler dürfen einerseits weder mit einer »Katastrophenpädagogik« konfrontiert noch mit ihren Ängsten allein gelassen werden. Die Emotionen der Kinder und Jugendlichen, im Besonderen die Ängste vor Umweltzerstörung und Sehnsüchte nach einer »heilen«, grünen Welt, sind ernst zu nehmen und in den Unterricht zu integrieren. Ziel muss es sein, einen konstruktiven Umgang mit all diesen Emotionen zu lernen bzw. diese Emotionen als Triebfeder für umweltbewusstes bzw. nachhaltiges Handeln zu nutzen. Die dafür unerlässliche Kommunikation über die eigene Befindlichkeit kann mit kreativen Methoden unterstützt werden (vgl. *Unterbruner* 1991; 1996 a).

Gleichzeitig müssen auch die Widersprüche und das Spannungsfeld Konsum – Umweltbelastung/Umweltschutz thematisiert und handlungsrelevant bearbeitet werden. Interessante Ansatzpunkte liefert dazu beispielsweise das MIPS-Konzept (Material-Input pro Serviceeinheit, vgl. *Schmidt-Bleek* 1998), das den »ökologischen Rucksack« von Produkten berechnet, d. h. welche Rohstoffmengen zur Herstellung eines Produkts der Natur entnommen werden, im fertigen Produkt aber nicht enthalten sind. An Hand einzelner Beispiele (vgl. »Sarahs Welt« – *Baedeker/Kalff/Welfens* 2001; *Sommer/Mayer* 2001) können damit Ressourcenverbrauch und Umweltbelastung eines Produkts abgeschätzt werden. Und auch hier gilt es, auf die damit entstehenden Emotionen der Kinder und Jugendlichen zu achten. Denn was einerseits handlungsrelevante Information sein kann – zum Beispiel, dass der ökologische Rucksack einer Baumwolljeans beträchtliche 32 kg beträgt, hervorgerufen durch Naturraum-, Wasserverbrauch, Pestizideinsatz, Gesundheitsgefährdung von Arbeiterinnen, Färben mit giftigen Chemikalien, Transporte u.a.m. –, kann andererseits Ohnmachtsgefühle oder andere unangenehme Emotionen hervorrufen. Derartige Gefühle müssen in die Auseinandersetzung integriert werden, um nicht zu mächtigen Barrieren gegen ein nachhaltiges Handeln zu werden.

10.6 Umwelthandeln

10.6.1 Zum Begriff

Zwischen Umweltwissen, Umweltbewusstsein und Umwelthandeln besteht eine vielfach belegte Kluft. Die von Befragten signalisierte Bereitschaft zum umweltbewussten Handeln ist zwar im Allgemeinen relativ hoch, sie lässt aber keinen direkten Schluss auf das tatsächliche Handeln zu. In den letzten Jahren hat sich daher das Forschungsinteresse verlagert – von der Forschung zu ökologischem Wissen und Einstellungen hin zu Fragen der Lebensstile (Konsum- und Verhaltensmuster) und Handlungsbarrieren als Einflussgrößen für Umwelthandeln (vgl. *de Haan/Kuckartz* 1996; *Lehmann* 1999; *Linneweber/Kals* 1999; *Degenhardt* 2002; *Bolscho/Michelsen* 2002).

Umweltgerechtes Handeln ist das Ergebnis komplexer Prozesse, in denen kognitive und affektive, soziale, ökonomische und politische Faktoren zusammen wirken. Zur Erklärung von Umwelthandeln werden verschiedene theoretische Modelle herangezogen (vgl. *de Haan/Kuckartz* 1996; *Lehmann* 1999; *Linneweber/Kals* 1999; *Rieß* 2003). Das »Integrierte Handlungsmodell« steht hier als Beispiel (*Rost/Lehmann/Martens* 1995; *Rost* 1999; *Rode* u. a. 2001,18 f.).

■ Am Anfang einer Handlung steht eine entsprechende Motivation. In dieser *Motivierungsphase* ist das Gefühl der *Bedrohung* ausschlaggebend. Bedrohung muss sich dabei nicht nur auf die eigene Unversehrtheit beziehen, sondern kann auch in Hinblick auf andere, auch zukünftige Menschen, Tiere, Pflanzen oder Veränderungen in der Natur empfunden werden. Bei der Einschätzung der Bedrohung spielen die Vulnerabilität (Verwundbarkeit) und der Schweregrad eine Rolle. Bevor nun aber die Handlungsauswahlphase relevant wird, kommt der *Coping-Stil* einer Person zum Tragen (gezielte Aufmerksamkeit vs. Vermeidung, Verdrängung) und ob sich die Person selbst dafür verantwortlich fühlt, Maßnahmen gegen die Bedrohung zu ergreifen *(Verantwortungsattribution)*.

■ In der *Handlungsauswahlphase* geht es darum, ob es eine Handlungsalternative gibt, die ein positives Ergebnis erwarten lässt, um die Bedrohung zu reduzieren *(Handlungsergebnis-Erwartung)* und ob sich die Person die Fähigkeit auch zutraut, die entsprechende Handlung auszuführen *(subjektive Kompetenzerwartung)*. Fällt die subjektive Kompetenzerwartung positiv aus, ist es wichtig, dass ein bestimmtes Handlungsergebnis mit einer bestimmten Handlungsfolge verknüpft ist *(Instrumentalitätserwartung)*. Am Ende der Handlungsauswahlphase steht die *subjektive Norm*. Hierunter wird die Überzeugung verstanden, dass bestimmte Personen oder Gruppen von der handelnden Person erwarten, sie sollte diese (umweltgerechte) Handlung ausführen.

■ In der *Volitionsphase* schließlich wird die Handlungsabsicht in eine konkrete Handlung umgesetzt. Ein wichtiges Konstrukt zwischen Intention und Handlung ist der *Vorsatz*, der in dieser Phase gebildet werden muss. Hier spielen auch *Barrieren* und *Ressourcen* eine Rolle. Barrieren beim nachhaltigen bzw. umweltgerechten Handeln sind vielfältig. Sie reichen von objektiven Handlungsrestriktionen, lebensstilgebundenen Barrieren, der Wahrnehmung von Ungerechtigkeit und mangelnder Beachtung von Fairnessprinzipien bei der Durchsetzung von Umweltschutzmaßnahmen bis zu psychologischen Barrieren des Selbstschutzes, des Erlebens von Benachteiligung und Machtlosigkeit, einer mangelnden Verantwortungszuschreibung u. a. m. *(Linneweber/Kals* 1999; vgl. *Kals/Montada* 1994). Jede Barriereform ist durch andere spezifische Interventionsentscheidungen zu überwinden. Hat man das Ziel, Personen zu einem nachhaltigeren Handeln zu motivieren, muss man daher auf multiple Interventionsansätze zurückgreifen.

10.6.2 Untersuchungen zum Umwelthandeln

Lars Degenhardt (2002) ging der Frage nach, warum ausgewählte Personen, sogenannten »Lebensstil-Pioniere« (s. u.), es geschafft haben, deutlich stärker im Sinne der Nachhaltigkeit zu leben als der Durchschnitt der Bevölkerung. Als wesentlicher Antrieb für die Umsetzung des nachhaltigen Lebensstils erwies sich die *emotionale Betroffenheit*. Deren Wahrnehmung, eine sich anschließende Reflexion der eigenen Emotionen und die damit verbundenen Sachverhalte sind demnach der Motivationskern. Die Lebensstilpioniere handeln intrinsisch, wertbezogen, mit starker Verantwortung für sich und die Gesellschaft. Intensive Naturerfahrung in der Kindheit stellte sich als einer von mehreren bedeutenden biografischen Einflussfaktoren heraus.

Ein anderer Erklärungsansatz für die geringen Beziehungen von Umweltbewusstsein und ökologischem Handeln ist ein *ökonomischer Kosten-Nutzen-Ansatz*. *Andreas Diekmann* und *Peter Preisendörfer* (1992; 1998) gehen von einem Kosten-Nutzen-Kalkül individuellen Verhaltens aus, in dem Bequemlichkeit als ein wichtiger Steuerungsmechanismus gesehen wird. Sie sprechen von »high cost-« und »low cost-Verhalten«: Die individuellen Akteure tun ihrem hohen Niveau des Umweltbewusstseins dadurch Genüge, dass sie ihre Umweltmoral und ihre Umwelteinsichten in Situationen einlösen, die keine einschneidenden Verhaltensänderungen erfordern, keine größeren Unbequemlichkeiten verursachen und keinen besonderen Zeitaufwand verlangen. Offensichtlich existieren Bereiche wie Verkehr und Energie, in denen umweltbewusstes Verhalten besonders schwer fällt. Einkaufs- und Abfallverhalten zählen sie dagegen zu »low cost-Bereichen«.

Intensiv diskutiert wird auch der Einfluss von *Lebensstilen*. Darunter werden gruppenspezifische Formen der alltäglichen Lebensführung, -deutung und -symbolisierung von Menschen im Rahmen ökonomischer, politischer und kultureller Kontexte verstanden. In Lebensstilen verbinden sich objektive Lebenslagen mit subjektiven Mentalitäten und Wertvorstellungen (vgl. *Reusswig* 1994; 1999; *Brand/Poferl/Schilling* 1998). Die Lebensstilforschung fragt daher nach Einstellungen und Werten von Menschen (»Orientierungen«) wie auch nach ihren Aktivitäten, Verhaltensweisen, Konsum- und Freizeitmustern, Outfits u. ä. (»Stilisierungen«). Welche konkreten Lebensstile lassen sich nun ausmachen und welchen Beitrag könnten einzelne Lebensstil-Gruppierungen im Sinne einer nachhaltigen Entwicklung einbringen?

▶ Tab. 10-1

Die Lebensstil-Typen zeigen, dass umweltbewusstes Handeln von unterschiedlichsten Motiven getragen sein kann. Energie zu sparen ist für einen so genannten »kleinen Krauter« eine finanzielle Notwendigkeit, für einen »Lifestyle-Pionier« hingegen eine schicke Sache, sofern sie mit dem Kauf energiesparender Geräte und nicht mit Einschränkungen im Freizeitverhalten verbunden ist. Ebenso können je nach Lebensstil auch die Barrieren für Umwelthandeln völlig verschieden geartet sein.

Entsprechend diesen Barrieren sollte eine »differentielle Ökologisierung der Lebensweise« angestrebt werden (*Reusswig* 1999, 61 ff.). Mögliche Wege zu einer nachhaltigen Entwicklung sind in lebensstilorientierten Strategien zu suchen. So könnte zum Beispiel die höhere Kaufbereitschaft der »Lifestyle-Pioniere« oder »Wohlstandskinder« für hochwertige ökologische Produkte angesprochen werden oder das Potential des kleinbürgerlichen Milieus (»familienzentriert Tüchtige«) genutzt werden, z. B. für den sparsamen Umgang mit natürlichen Ressourcen, Ansprechbarkeit für staatliche Vorgaben.

10.6.3 Didaktische Folgerungen zum Umwelthandeln

Geht man vom »Integrierten Handlungsmodell« aus, lassen sich einige interessante Anknüpfungspunkte für die schulische Umweltbildung finden.

Typ	Anteil	Beschreibung
soziokulturell Engagierte	15%	feine Lebensart, starke Bildungs-, Kultur- und Kunstinteressen, Sinnfrage bzw. Selbsterfahrung wichtig, umweltbewusste und gesunde Lebensweise, politisches Interesse und Engagement
»Lifestyle-Pioniere«	15%	jünger, gebildet, starke Orientierung an Genuss und Lebensfreude, an modischen Trends, Luxus, Abwechslung; Kulturschickeria; vielfältige Freizeitaktivitäten, Reisen, wenig Kontemplation/Sinn, starke Aufstiegsorientierung
sorglose Wohlstandskinder	13%	jung und gebildet, ohne materielle Not aufgewachsen; kosmopolitische Einstellung, Weiterbildung, Kreativität, Kultur, Unabhängigkeit von familiären Bindungen und Verpflichtungen, (noch) kein gesteigertes Interesse an Lifestyle-Attributen
»Zaungäste«	12%	relativ schlechte materielle Situation bei gleichzeitiger Orientierung nach oben (»sie können nicht so, wie sie möchten«); leichte Frustration, egoistische Grundeinstellung
familienzentriert Tüchtige	22%	hoher Volksschulanteil, stolz auf hart erarbeiteten Wohlstand und Leistungsorientierung, Familie als Lebensmittelpunkt, »EG-freundliche Nationalbewusste«, oft einfacher und bescheidener Lebensstil, obwohl keine Armut; Sinnsuche und Weiterentwicklung durchaus ausgeprägt; praktische Orientierung, Gesundheits- und Umweltbewusstsein vorhanden und über Pflichtwerte internalisiert
»kleine Krauter«	22%	relativ alt und wenig gebildet, »national-egoistisch«, relativ hoher Frauenanteil, reduziertes, bescheidenes, genussfernes Leben, harte Arbeit, »müde«, Familie sehr wichtig, Gesundheits- und Umweltorientierung nicht aus Einsicht in Probleme, sondern aus persönlichen Motiven (Sparen)

Tabelle 10-1: Lebensstil-Typen (nach *Reusswig* 1994, 89f.; *de Haan/Kuckartz* 1996, 238 f.)

So kann der Unterricht besonders in der Phase der Motivierung, aber auch in der Handlungsauswahlphase einen wichtigen Beitrag leisten.

Es wird betont, dass die vermittelten Informationen so beschaffen sein sollen, dass sie die Bedrohung, die von einem Umweltproblem ausgeht, klar werden lassen (*Rode* u. a. 2001, 20 f.; vgl. *Rost* 1999). Wissensvermittlung sollte auf den Aufbau stabiler Kognitionen über den Zustand der Umwelt abzielen, wobei neben einer ökologischen Problemorientierung auch politische, ökonomische und soziale Faktoren zu integrieren und Fragen der Verantwortung und soziale Normen sichtbar zu machen sind. Das Wissen sollte so vermittelt werden, dass es mit subjektiven Wertsetzungen verknüpft ist (vgl. *Rost/Gresele/Martens* 2001). Die Erfahrung der Diskrepanz zwischen Ist-Zuständen und subjektiven Wertvorstellungen ist eine wesentliche Voraussetzung für die Entstehung einer Handlungsmotivation.

Für die Handlungsauswahlphase können Informationen über *Handlungsmöglichkeiten* geboten wie auch Handlungsfertigkeiten geübt werden (von der Einrichtung und Pflege eines »Biotops« bis zur Durchführung von Aufklärungsaktionen oder zur ökologischen Umgestaltung der Schule). Eine erfolgreiche Umweltbildung muss auch die Vielzahl der Handlungs-Barrieren thematisieren und mit den Lernenden die Überwindung dieser Barrieren bearbeiten (vgl. *Rieß* 2003, 149). Der Unverbundenheit von Wertesystem und Umweltwissen kann durch Thematisierung der Lebensstile und des Spannungsfelds Konsum-Umweltbelastung/Umweltschutz begegnet werden (vgl. MIPS-Konzept). Die Komplexität der Probleme erfordert Kompetenzen zur Bewertung und Auswahl der Handlungoptionen (vgl. *Bögeholz/Barkmann* 2005; *Bögeholz* 2006). ▶ 6

Zur Verwirklichung des übergeordneten Zieles *nachhaltiges Handeln* braucht es unterschiedlichste Teilziele und ein vielfältiges »Bündel« von Methoden.

■ Da Umwelthandeln am ehesten durch *handlungsorientierte Lern- und Arbeitsprozesse* initiiert werden kann, gilt es eine möglichst konkrete Verknüpfung globaler und lokaler Themen in der täglichen Praxis des Lehrens und Lernen herzustellen, und dies sowohl fachspezifisch als auch fachübergreifend (vgl. *Braun* 1983; 1987; *Lehwald* 1993; *Lehmann* 1993; *Bölts* 1995; *Bolscho/Seybold* 1996; *Reichel* 1997; vgl. auch »community education«, z. B. *Lieschke* 1994; *Göhlich* 1997; BLK 1999; *de Haan* 2002). Nach *Axel Braun* (2003) wirken sich Handlungserfahrungen in der Schule auch positiv auf umweltbewusstes Handeln 9- bis 11-Jähriger aus. Die Interviews von *Katrin Hauenschild* (2002) mit 9- bis 13-Jährigen liefern Hinweise, dass durch Aktivitäten in überschaubaren Handlungsräumen altersgemäß Bezüge zu Aspekten nachhaltiger Entwicklung hergestellt werden können, Handlungsketten durchschaubar gemacht und individuelles Handeln in weitere Kontexte eingebunden werden können.

▪ Die *Partizipation* der Kinder und Jugendlichen muss – besonders auch unter dem Leitbild einer nachhaltigen Entwicklung – eine wesentlich bedeutendere Rolle spielen, als dies in der Regel bisher der Fall ist. Kinder und Jugendliche müssen die Möglichkeit haben, eigene, altersadäquate Lösungswege für Probleme zu finden, im Dialog mit anderen Kindern, Jugendlichen und Erwachsenen ihre Sichtweisen einzubringen und gleichzeitig zu entwickeln und zu schärfen (vgl. z. B. *Hart* 1997; BLK 1999; *Stoltenberg* 2002). Erfahrungen aus der außerschulischen Umweltbildung mit Kindern und Jugendlichen könnten hier auch für den schulischen Bereich wertvolle Impulse liefern (vgl. z. B. die Evaluation der »Greenteams« von *Degenhardt* u. a. 2002).

▪ Die *»Ökologisierung der Schulen«* ist ein weiterer wichtiger Ansatzpunkt, in dem Partizipation von Lernenden gelebt werden kann. Der »Haushalt Schule« wird zum Thema gemacht: Vom Schulbuffet bis zum Abfall-, Wasser- und Energiehaushalt, von der Architektur bis zur Lernkultur können Untersuchungen angestellt und Veränderungen nach ökologischen Kriterien mit hohem Aktivitätsmaß der Lernenden bewerkstelligt werden (vgl. z. B. *Reese* 1991; *Eschner/Wolff/Schulz* 1991; *Jenchen* 1992; *Rose* 1992; *Eulefeld* u. a. 1993; *Rode* 1993; 1996; *Buddensiek* 1994; *Koch* 1997).

▪ Grundsätzlich ist auch eine *»Öffnung der Schulen«* anzustreben, d. h. Schulen bzw. Lernende kooperieren mit außerschulischen Institutionen und Personen, tauschen mit anderen Schulen Informationen aus, führen konkrete, fachübergreifende Projekte durch, die den herkömmlichen Unterricht im Klassenzimmer sprengen. Diese Öffnung der Schule bedeutet auch die Erschließung regionaler Ressourcen für das Lernen, Einflussnahme der Schule auf die Region und mehr Spielraum für die eigenständige Gestaltung der institutionellen (Lern-)Kultur (vgl. *Diekmann/Engstfeld/Forkel* 1984; *Posch* 1989; 1990; *Stottele* 1991 a; b; Landesinstitut für Schule und Weiterbildung 1992; *Crost/Hönigsberger* 1993; *Elliott* 1993; *Hazard* 1993; *Marek* 1993; *Fischer/Rixius* 1994; *Stichmann* 1996; *Kyburz-Graber* u. a. 1997).

Lernende und Lehrende

11 Schülerinnen und Schüler

Biologieunterricht muss von den Lernenden ausgehen, sollen die Bildungsintentionen im Biologieunterricht Chancen haben verwirklicht zu werden. Es geht in diesem Kapitel um Alltagsvorstellungen zu biologischen Phänomenen, um Interessen an Biologie und um die Frage, wie im Biologieunterricht die Perspektiven der Lernenden und die Perspektiven der biologischen Wissenschaft sinnvoll in Beziehung gebracht werden können.

Wichtige erschließende Begriffe: Alltagsvorstellungen, Anthropomorphismen, Interessen, Konstruktivismus, Lebenswelt, Motivation, Schülerorientierung

Bearbeitet von *Ulrich Gebhard*

11.1 Die Lernenden als Mittelpunkt des Unterrichts

Für eine Pädagogik, die auf Selbstbestimmung, Mündigkeit und Aufklärung zielt, ist es eine Selbstverständlichkeit, dass im Zentrum ihrer Überlegungen und Konzepte die Autonomie des Bildungssubjektes steht. Biologieunterricht, der die Lernenden – ihre Lebenswelt, ihre Vorstellungen und Interessen – ignoriert, geht bestenfalls an ihnen vorbei, häufig bewirkt er auch, dass den Lernenden ihre lebensweltlichen Vorstellungen und die jeweiligen biologischen Konzepte als unversöhnlich erscheinen. In der Regel entscheiden diese sich dann bei entsprechenden Konflikten für ihre im Alltag bewährten lebensweltlichen Vorstellungen. Die wissenschaftlichen Konzepte werden oft wieder vergessen, so dass man geradezu von einer Wirkungslosigkeit des naturwissenschaftlichen Unterrichts im Alltag sprechen kann (*Nentwig* 2000).

In älteren biologiedidaktischen Publikationen findet man häufig Hinweise auf die Notwendigkeit eines entwicklungs- oder altersgemäßen Unterrichts (vgl. *Beiler* 1965; *Stückrath* 1965; *Plötz* 1971; *Grupe* 1977). Grundlage solcher Aussagen waren die sogenannten Stufen- oder Reifungslehren der Entwicklungspsychologie, die jeder Altersstufe ein charakteristisches Muster an Bedürfnissen, Vorstellungen und Fähigkeiten zuordneten. Solche Auffassungen sind inzwischen durch differenziertere Theorien abgelöst worden. Danach sind für die jeweiligen Interessen, die Lernbereitschaft und die Lernfähigkeit eines Menschen die vorangegangenen und gegenwärtigen Umwelteinflüsse viel wichtiger als anlagebedingte Reifungsvorgänge. Das bedeutet natürlich nicht, dass es keine besonderen Sicht- und Erlebnisweisen von Kindern in verschiedenen Lebensaltern gibt, die es zu berücksichtigen gilt. Verallgemeinernde Aussagen über Gruppen von Menschen sind aber weitgehend fragwürdig geworden. Es gibt nämlich nicht *die* Schülerin oder *den* Schüler. Den Lehrenden wird dadurch eine große Verantwortung auferlegt: Sie können sich nicht mehr an einem »Durchschnittsbild« der jeweiligen Altersgruppe orientieren, sondern müssen sich darum bemühen, jede einzelne Schülerin und jeden einzelnen Schüler durch differenzierte Lernangebote individuell zu fördern. Die Kenntnis noch so detaillierter Studien über Interessen und Alltagsvorstellungen zu biologischen Themen ersetzt nicht die Aufmerksamkeit auf konkrete Hinweise und Signale, die stets von den Individuen ausgehen. Schülerorientierung wäre absurd, wenn sie sich ausschließlich auf wissenschaftlich-empirische Befunde beziehen würde, und nicht oder auch nur weniger auf die lebendigen Personen im konkreten Unterricht. Schülerorientierung ist zuallererst eine Qualität der Beziehung zwischen Lehrenden und Lernenden. Dabei ist zudem zu berücksichtigen, dass das Lernen von Biologie nicht eine rein rationale Angelegenheit ist (*Häußler* u. a. 1998), sondern dass affektive und vorrationale Elemente eine kaum zu überschätzende Rolle spielen (*Gebhard* 2002; *Thomson/Mintzes* 2002; *Alsop/Watts* 2003; *Weidenbach* 2005). Das Ernstnehmen der Lernerperspektiven (Interessen, Alltagsvorstellungen, lebensweltliche Bezüge, Sinnbedürfnis) trägt dem Rechnung.

11.2 Alltagsvorstellungen und Lebenswirklichkeit

■ »Ohne die Kenntnis des Standpunkts der Schülers ist keine ordentliche Belehrung desselben möglich.«

Das schrieb im Jahre 1835 *Adolph Diesterweg* in seinem »Wegweiser zur Bildung deutscher Lehrer«. Diese Position charakterisiert eine der didaktischen Grundüberzeugungen eines schülerorientierten Unterrichts und einen der wesentlichen biologiedidaktischen Forschungsschwerpunkte (vgl. *Bayrhuber* u. a. 1997; *Wandersee/Mintzes/Novak* 1994): die Erforschung der Alltagsvorstellungen der Lernenden. »Kinder und Jugendliche, Schüler und Studenten kommen nicht als unbeschriebene Blätter in den naturwissenschaftlichen Unterricht hinein. Sie bringen vielmehr bereits Vorstellungen zu den Phänomenen, Begriffen und Prinzipien mit, die behandelt werden sollen. Diese Vorstellungen stammen aus alltäglichen Sinneserfahrungen, aus alltäglichen Handlungen, aus der Alltagssprache, aus den Massenmedien, aus Büchern, aus Gesprächen mit Eltern, Geschwistern, Freunden und natürlich aus dem vorangegangenen Unterricht« (*Duit* 1992, 47). Doch nicht allein Vorstellungen zu naturwissenschaftlichen Phänomenen, Begriffen und Prinzipien (Inhaltsebene) bestimmen das Lernen, sondern auch Vorstellungen, die über diese fachliche Ebene hinausgehen (vgl. *Duit* 1993; *Born/Gebhard* 2005). Dazu gehören Vorstellungen zur Natur und Reichweite naturwissenschaftlichen Wissens (epistemologische Vorstellungen), Vorstellungen zum eigenen Lernen und auch Vorstellungen zur Sinnhaftigkeit naturwissenschaftlichen Wissens und des Lernprozesses.

Für Alltagsvorstellungen zu biologischen Phänomenen, die die subjektivierende, symbolische Bedeutung von biologischen Lerngegenständen zum Thema haben, hat *Ulrich Gebhard* (1999 a) den Terminus »Alltagsphantasien« vorgeschlagen. Dazu gehören auch Vorstellungen zur persönlichen Lebensführung und zu persönlichen Sinnentwürfen (*Gebhard* 2003). Im Anschluss an metapherntheoretische Ansätze der kognitiven Linguistik (*Lakoff/Johnson* 2000) bringt *Harald Gropengießer* (1999) Alltagsvorstellungen in den Zusammenhang mit Erfahrungen mit dem eigenen Körper, sozialen und umweltlichen Beziehungen. Als Theorie des erfahrungsbasierten Verstehens erlaubt dieser Ansatz, Alltagsvorstellungen angemessen zu erklären und zu interpretieren (*Gropengießer, H.* 2003; vgl. *Baalmann* u. a. 2004; *Kattmann* 2005 a; *Riemeier* 2005 a).

Alltagsvorstellungen über biologische Phänomene stehen zwar bisweilen im Gegensatz zu naturwissenschaftlichen Erklärungen, trotzdem sind sie nicht unangemessen oder gar falsch, wie der Ausdruck »misconceptions« suggeriert. »Richtig« und »falsch« sind Bewertungen, die immer nur innerhalb eines theoretischen Zusammenhangs oder einer bestimmten Perspektive gelten können. In lebensweltlichen Kontexten haben Alltagsvorstellungen eine wichtige, situationsadäquate Funktion und sind daher aus dieser Perspektive betrachtet »richtig« und sinnvoll. Der Terminus »alternative framework« (*Driver/Easley* 1978) trifft diesen Gedanken besser.

Vermittlung von Biologie sollte an die Vorstellungen, die die Lernenden in den Unterricht mitbringen, anknüpfen und auf diesen explizit aufbauen. Diesen Grundsatz verwirklicht das Modell der *Didaktischen Rekonstruktion*, indem es sowohl lebensweltlichen als auch wissenschaftlichen Vorstellungen prinzipiell und gleichermaßen Sinn unterstellt und beide systematisch in Beziehung zueinander setzt, um lernförderlichen Unterricht zu konstruieren (vgl. *Kattmann* u. a. 1997).

Bild 1-1 ◄
3.2 ◄
14.4 ◄

Die im Alltag vorherrschenden Vorstellungen können die wissenschaftliche Begriffsbildung allerdings dann behindern, wenn die Spannung und der Widerspruch, der sich zwischen wissenschaftlichen und lebensweltlichen Vorstellungen auftut, entweder gar nicht thematisiert wird oder aber in einer Weise, der die lebensweltlichen Vorstellungen diskreditiert. Die unterschiedlichen Vorstellungen können jedoch bewusst gemacht, geklärt und im dialektischen Sinne »aufgehoben« werden. Es gilt, entsprechende Widersprüche nicht einzuebnen, sondern sie auszuhalten. Das Ziel ist insofern nicht die Eliminierung irgendwelcher Vorstellungen, sondern ein Bewusstsein der Differenz der unterschiedlichen Konzepte (vgl. *Häußler* u. a. 1998). Empirische Studien zeigen, dass hierfür eine explizite und aktive Auseinandersetzung mit beiden Vorstellungsarten wichtig ist (*Guzetti* u. a. 1993). Gelingt dies nicht, führen die Lernprozesse in der Schule lediglich zu »trägem Wissen«

(*Renkl* 1996), das im Alltag keine oder nur eine untergeordnete Rolle spielt. Es gilt also, die Lernenden zu befähigen, zwischen wissenschaftlichen Vorstellungen und Alltagsvorstellungen je nach Situation hin- und herzuwechseln (vgl. *Jung* 1987; *Gropengießer* 1997 b). Es geht nicht darum, die wissenschaftlichen Konzepte gegenüber den alltäglichen auszuspielen, sondern um die Fähigkeit der »Zweisprachigkeit« (vgl. *Gebhard* 2005 b).

Ein gutes Beispiel für den besagten Widerspruch zwischen biologischer Theorie und Alltagstheorie sind die oft diskreditierten *Anthropomorphismen*: Nicht nur jüngere Kinder beseelen häufig ihre Umwelt (vgl. *Piaget* 1978; *Hedewig* 1988; *Gebhard/Billmann-Mahecha/Nevers* 1997). Dabei haben Naturphänomene, vor allem Tiere, aber auch Pflanzen, eine besondere Bedeutung. In der Verhaltensforschung werden solche Beseelungen (mit guten Gründen) als Anthropomorphismen (Vermenschlichungen) kritisch betrachtet. Aus psychologischer und pädagogischer Perspektive ist dagegen die subjektive Beseelung und auch Anthropomorphisierung von Tieren und Pflanzen als eine beziehungsstiftende Fähigkeit zu verstehen (*Gebhard* 1990; 2001). Es sollte daher nicht angestrebt werden, derartige Vorstellungen rigoros abzubauen, sondern diese im Gegenteil pädagogisch und didaktisch zu nutzen (vgl. *Gebhard* 2001). Anthropomorphismen sind nämlich nicht nur im Hinblick auf die ethische Urteilsbildung und im Hinblick auf die affektive Dimension zu beachten, sondern auch aus lernpsychologischen Gründen: Anthropomorphe Vorstellungen erweisen sich als wichtige kognitive Denkwerkzeuge, die ein biologisches Verständnis oft (wenn auch nicht immer) erleichtern können (*Kattmann* 2005 a). ▶ 25.1.5

Eine zentrale theoretische Grundannahme der meisten Studien zu Schülervorstellungen ist der *Konstruktivismus* (*Luhmann* 1990; *Duit* 1995; *Gerstenmaier/Mandl* 1995; zum »Diskurs des radikalen Konstruktivismus« vgl. *Schmidt, J.* 1987). In didaktischer Hinsicht wird dabei davon ausgegangen, dass Wissen nicht einfach verabreicht werden kann, dass Lernen kein passives Geschehen ist, sondern dass Wissen aktiv konstruiert werden muss. Entsprechende lernpsychologische Überlegungen zielen demnach auf die Konstruktionsleistung des Subjekts, die durch dessen Vorstellungen und lebensweltliche Bezüge maßgeblich beeinflusst wird. Wissen oder Lernstoff hat nicht eine Bedeutung »an sich«, sondern der Lernende konstituiert eine Bedeutung, eine Interpretation der Wirklichkeit, die es gestattet, diese (konstrukt- bzw. theoriegeleitet) zu verstehen und sich in ihr zurechtzufinden. Neurobiologisch formuliert: Wir registrieren mit unserem Gehirn nicht, was in der Welt »wirklich« ist, sondern wir konstruieren aktiv eine Version, die sich im Alltag mehr oder weniger bewährt, die »viabel« ist (vgl. *Maturana* 1985; *Roth* 1994; *Gropengießer* 1997 b). Im Zentrum der konstruktivistischen Sichtweise steht infolgedessen das konstruierende Subjekt, das auf der Grundlage von bereits entwickelten und somit bewährten Alltagsvorstellungen und

Bedingungen für die Veränderung von Vorstellungen (Posner u. a. 1982)

1. die Lernenden müssen die Grenzen ihrer bereits verfügbaren Vorstellungen erfassen können,
2. die neue (fachwissenschaftliche) Vorstellung muss
   - ■ logisch verständlich sein,
   - ■ einleuchtend und plausibel sein,
   - ■ fruchtbar sein, d. h. sich in neuen Situationen als erfolgreich erweisen.

-theorien, affektiven Gestimmtheiten und natürlich auch den jeweiligen äußeren Gegebenheiten (z. B. der Lernumgebung) seine Versionen über die Welt aufbaut und ständig ändert. Diese Sichtweise vom Lernen hat übrigens auch

12.1 ◄ Folgen für die Lehrerrolle: Die Lehrenden können Wissen nicht einfach weitergeben, sie können auch durch noch so geschickte Arrangements den Lernenden nicht biologisches Wissen mit definierten Bedeutungen verabreichen – sie können lediglich zur Konstruktion von neuen Versionen der Wirklichkeit anregen (vgl. *Duit* 2000). Diese Grundauffassung vom Lernen hat eine Reihe von Vorbildern, wie z. B. reformpädagogische Ansätze, *John Dewey* oder auch *Martin Wagenschein* (1973).

Die Bedingungen zur Erweiterung von Lernervorstellungen sind nicht leicht zu erfüllen, haben doch die Alltagsvorstellungen meist eine sinnvolle Funktion im Alltag, die nicht ohne weiteres aufgegeben werden dürfte. Nach empirischen Untersuchungen kann es auch sinnvoll sein, die Lernenden mit gegensätzlichen eigenen Vorstellungen zu konfrontieren, die sie in unterschiedlichen Kontexten anwenden (Lernen am eigenen Widerspruch, vgl. *Baalmann/Frerichs/Kattmann* 2005).

Entsprechend dieser konstruktivistischen Grundauffassung gilt es, Lernumgebungen zu schaffen, die die Aktivitäten der Lernenden ermöglichen bzw. fördern und einen Bezug zur Lebenswirklichkeit herstellen (vgl. *Duit* 2000). Bei »situierten Lernumgebungen« werden für die Lernenden Situationen so inszeniert, dass die besagte aktive Konstruktion von Wissen nötig und möglich wird. Dieses Wissen kann dann auch in Alltagssituationen angewandt werden und ist dann nicht »träge«. Solchermaßen inszenierte Lernprozesse stellen allerdings hohe Anforderungen sowohl an die Lernenden wie auch an die Lehrenden. Lernende brauchen bisweilen gezielte Unterstützung und Anleitung, damit die Offenheit dieser Situationen auch zu konstruktiven Lernerfolgen führt (*Mandl/Reinmann-Rothmeier* 1995; zur Bewertung konstruktivistischer Unterrichtsansätze vgl. *Moschner* 2003).

Es geht zentral darum, die zu erwerbenden neuen Vorstellungen in sinnvolle Kontexte einzubetten. Diese sinnhafte Integration neuer Kenntnisse kann mit einem Sinnverlangen der Lernenden in Verbindung gebracht werden, das

Themen	Untersuchungen
Lebensbegriff	*Schaefer/Wille* 1995; *Wille* 1997
Zelle	*Flores* 2003; *Brinschwitz* 2002; *Riemeier* 2005 a; b
Energie/Stoffwechsel/ Wachstum	*Schaefer* 1983 a; *Gerhardt/Piepenbrock* 1992; *Gerhardt/Rasche/Rusche* 1993; *Gerhardt* 1994; 1994; *Teixeira* 2000; *Burger/Gerhardt* 2003; *Özay/Öztas* 2003
Mikroben	*Bayrhuber/Stolte* 1997; *Hilge* 1999; *Helldén* 2004; *Hörsch/Kattmann* 2005
Pflanzen	*Jewell* 2002; *Cypionka* 2005
Ökologie und Naturschutz	*Bogner* 1997; *Heimerich* 1997; *Schaefer* 1983 b; *Wenzel/Ger-hardt* 1998; *Erten* 2000; *Müller/Gerhardt-Dircksen* 2000 a; b; *Volkert* 2001; *Stachelscheid/Dziewas* 2004
Naturbegriff und Naturethik	*Billmann-Mahecha/Gebhard/Nevers* 1997; *Gebhard* 1997; *Bögeholz* 1999; *Gebhard/Nevers/Billmann-Mahecha* 2003; *Bögeholz/Rüter* 2004; *Jelemenská* 2004; 2006; *Sander* 2002; 2003 a; b; *Gebauer* 2005
Evolution	*Wandersee* u. a. 1995; *Illner* 1999; *Baalmann* u. a. 2004; *Baalmann/ Frerichs/Kattmann* 2005 a; *Johannsen/Krüger* 2005; *Weitzel* 2006
Systematik und Formenkenntnisse	*Jäkel* 1991; 1992; *Berck/Klee* 1992; *Mayer* 1992; *Klee* 1995; *Hartinger* 1995; 1997; *Kattmann/Schmitt* 1996; *Tunni-cliffe/Reiss* 2000; *Lindemann-Matthies* 2002; *Shepardson* 2002; *Sonnefeld/Kattmann* 2002; *Krüger/Burmester* 2005
Genetik und Gentechnik	*Gebhard* 1994; 1997; 2000 b; 2004; *Gebhard/Feldmann/ Bremekamp* 1994; *Nissen* 1996; *Lumer/Hesse* 1997; *Todt/Götz* 1997; *Frerichs* 1999; *Lewis/Leach/Wood-Robinson* 2000; *Gebhard/Mielke* 2002; *Meixner* 2002, 2005; *Kölsch-Bunzen* 2003; *Lewis/Kattmann* 2004; *Ruppert* 2004; *Baalmann/Frerichs/Kattmann* 2005 a; *Hößle* 2005; *Kattmann/Frerichs/ Gluhodedow* 2005; *Gelbart/Yarden* 2006
Verhalten	*Kamelger* 2004
Sehen	*Gropengießer, H.* 1997 a, b; 2001
Lernen und Gedächtnis	*Schletter* 1999
Bioethik	*Dawson/Taylor* 2000; *Hößle* 2001 b; *Gebhard/Martens/Mielke* 2004
Ästhetik	*Retzlaff-Fürst* 2001; *Retzlaff-Fürst/Horn* 2002; *Billmann-Mahecha/ Gebhard* 2004; *Holthusen* 2004
Epistemische Vorstellungen	*Preece/Baxter* 2000; *Höttecke* 2001; *Moss* 2001; *Treagust/ Chittleborough/Mamiala* 2002; *Urhahne/Hopf* 2004; *Haerle* 2006

Tabelle 11-1: Untersuchungen zu Schülervorstellungen

ein grundlegendes Element der Motivation ist (*Gebhard* 2000 a). Die besagte sinnhafte Interpretation der Lerngegenstände wird insbesondere durch *situierte Lernprozesse* begünstigt, bei denen dann auch die Interaktionen der Lernenden und historische sowie kulturelle Kontexte der Lernumgebung eine besondere Rolle spielen (*Stark/Mandl* 2000).

In den letzten Jahren sind umfangreiche Publikationen zu Schülervorstellungen erschienen (Bibliographie *Duit* 2006).

Tab. 11-1 ◄

11.3 Interessen im Fachunterricht

Interesse ist der gegenstandsorientierte, inhaltliche Aspekt der Motivation.

11.4 ◄

Andreas Krapp bezeichnet Interesse als eine »auf Selbstbestimmung beruhende motivationale Komponente des intentionalen Lernens«. »Interesse bezeichnet solche Person-Gegenstands-Relationen, die für das Individuum von herausgehobener Bedeutung sind und mit (positiven) emotionalen und wertbezogenen Valenzen verbunden sind« (*Krapp* 1993, 202; vgl. 1992a; b; sowie *Prenzel* 1988; *Todt* 1990; *Krapp/Prenzel* 1992; *Krapp/Ryan* 2002).

Die Aktivierung individuellen Interesses – als eine situationsübergreifende, motivationale Disposition – ist im Sinne der Person-Gegenstandstheorie eine besondere Lernmotivation. Dieses dispositionale Interesse, »Interessiertheit«, wird als ein relativ stabiles Personmerkmal verstanden und ist somit ein wichtiger und zentraler Bestandteil des Selbstkonzepts einer Person.

Menschen befinden sich in ständiger Interaktion mit »Gegenständen«, Sinn- und Bedeutungseinheiten aus ihrer Umwelt: Dinge, Lebewesen, Institutionen oder auch Sachverhalte. Diese Gegenstände sind für die Individuen unterschiedlich bedeutsam, sie sind unterschiedlich »interessant« und schaffen damit ein »situationales Interesse«. Die (fach-)didaktische Aufgabe in diesem Zusammenhang ist, zwischen der Interessantheit einer Situation oder eines Gegenstandes und der Interessiertheit einer Person Verbindungen herzustellen: Man kann durch Anreizbedingungen in einer bestimmten Lernsituation bei den Lernenden ein situationales Interesse erzeugen, damit Interessehandlungen provozieren und so erfolgreich zur Entstehung von individuellen Interessen beitragen. Zur dauerhaften Ausbildung einer Disposition bedarf es weiterer Faktoren, wie Kompetenzerleben, soziales Eingebundensein und Erleben der Selbstständigkeit (Autonomie), wie sie auch in der Theorie der Selbstbestimmung der Motivation angeführt werden.

11.4.1 ◄
Bild 11-1 ◄

Empirische Untersuchungen zu Interessen an biologischen Themen haben für die Biologiedidaktik differenzierte Befunde erbracht (vgl. *Rolbitzki* 1983; *Noll* 1984; *Löwe* 1990; 1992; *Klein, R. L.* 1994; *Upmeier zu Belzen* 1998; *Gehlhaar/Klepel/Fankhänel* 1999; *Schröer* 1999; *Bieberbach* 2000; *Kögel* u. a. 2000; *Christen* 2004; *Dietze/Gehlhaar/Klepel* 2005; *Uitto* u. a. 2006; Übersicht bei *Kattmann* 2000 b; *Christen/Vogt/Upmeier zu Belzen* 2002).

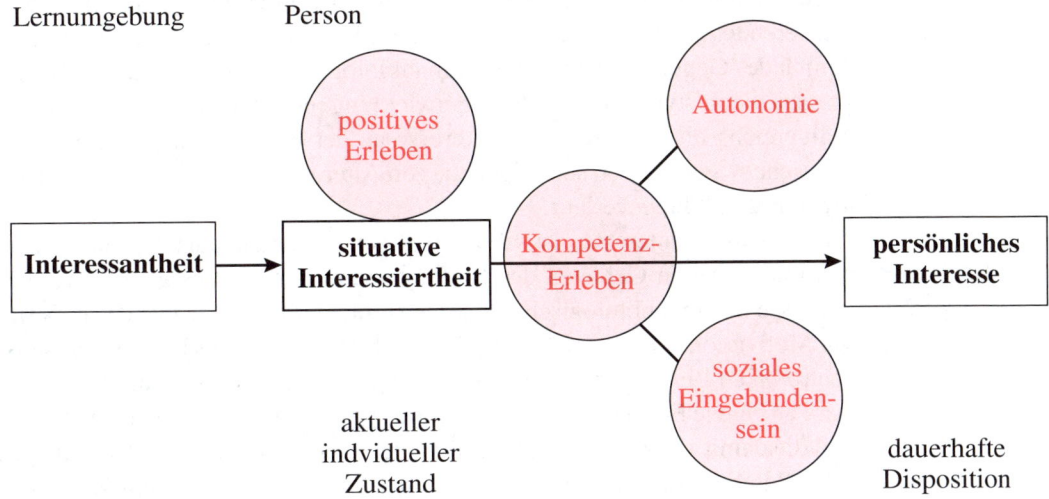

Bild 11-1: Zusammenhang von Interessantheit (des Gegenstands), von situationalem Interesse (Interessiertheit) und Ausbildung von dispositionalem Interesse (nach *Kattmann* 2000 b)

Erhebungen zur Beliebtheit der Schulfächer haben gezeigt, dass die Biologie zu den Fächern mit durchschnittlich mittlerem Beliebtheitsgrad zählt (vgl. *Seelig* 1968; *Grupe* 1977, 134 ff.). Untersuchungen zur Abhängigkeit des Interesses an der Biologie vom Lebens- und Schulalter ergaben, »dass in den Klassenstufen 3 bis 5 nur geringe Alterseffekte auftreten, während ab Klassenstufe 6 bis zur Klassenstufe 8 (...) gravierende altersspezifische Veränderungen eintreten« (*Löwe* 1987, 62; vgl. *Hesse* 1984 b). Und zwar nimmt das Biologieinteresse bei Jungen und Mädchen vom 6. Schuljahr an so deutlich ab, dass man von einem »Interessenverfall« und von einem »5.-Klassen-Effekt« spricht. Dieser Effekt tritt offenbar unabhängig vom Lebensalter auf und scheint mit dem Einsetzen des biologischen Fachunterrichts zusammenzuhängen. Nach der Klassenstufe 8 verlangsamt sich die negative Entwicklung, das Interesse an Biologie kann sich sogar am Ende der Sekundarstufe I erhöhen.

Einige Erhebungen befassen sich mit der Frage nach dem Interesse von Lernenden an Teilgebieten des Biologieunterrichts (vgl. z. B. *Löwe* 1974; 1976 b; 1992; *Hemmer/Werner* 1976; *Dylla* 1976; *Todt* 1977). Das spontane Interesse der meisten Lernenden dieser Altersstufe richtet sich insbesondere auf zoologische, weniger auf humanbiologische und am wenigsten auf botanische Themen. Das Interesse an Humanbiologie liegt auf einem mittleren Niveau und bleibt über die Klassenstufen hinweg ziemlich gleich groß. *Elmar Finke* (1998) hingegen konstatiert in seinen Untersuchungen ein bis zur Mitte der

163

Sekundarstufe I abnehmendes und sich danach auf relativ hohem Niveau stabilisierendes Interesse an Humanbiologie. Er weist besonders auf die Heterogenität des Gegenstandsbereichs Humanbiologie und die stark altersabhängige, geschlechtstypische Interessenentwicklung innerhalb dieses biologischen Teilbereichs hin. Speziell das »Interesse an der Fortpflanzungsbiologie des Menschen« zeigt einen sehr eigenen, von Alter und Geschlecht stark abhängigen Entwicklungsverlauf.

10.2 bis 10.6 ◄ Das »Umweltinteresse« ist schon im 3. Schuljahr höher als das Interesse an den traditionellen Gebieten des Biologieunterrichts, und es gerät – wie das Interesse an humanbiologischen Themen – nicht »in den Strudel des pubertären Motivationsabfalls« (*Löwe* 1987, 63). Das Interesse an Umweltschutz ist nach *Finke* (1998) zudem auffallend geschlechtsunspezifisch und besonders stark an eigene Erfahrungen der Lernenden von Natur- und Umweltzerstörung und die damit verbundenen Emotionen (vgl. *Gebhard* 2001, 236 f.) geknüpft.

Das Interesse der Lernenden hängt auch davon ab, unter welchem Aspekt das betreffende Unterrichtsthema behandelt wird. Durch Schülerbefragungen nach dem Abschluss mehrstündiger Unterrichtsreihen zu botanischen Themen stellte *Klaus Dylla* (1973) fest, dass die Schüler der Orientierungsstufe den mikroskopisch-anatomischen und besonders den analytisch-physiologischen Aspekt wesentlich ansprechender finden als den deskriptiv-morphologischen. Der Einfluss methodischer Varianten wird bei der Ausprägung des Interesses durch empirische Studien in verschiedenen Jahrgangsstufen bestätigt: Neben außergewöhnlichen oder für die Lernenden besonders relevanten und emotional ansprechenden Themen (z. B. Wale, Sexualkunde) werden in der Sekundarstufe I insbesondere praktische Arbeitsverfahren (Mikroskopieren, Experimentieren) und selten eingesetzte Organisationsformen wie Gruppenarbeit von Schülern der Orientierungsstufe als besonders interessant erachtet (*Vogt* u. a. 1999; vgl. *Randler/Kunzmann* 2005). Ähnliches gilt auch für die Grundschule (*Kleine/Vogt* 2002). Die Unbeliebtheit des pflanzenkundlichen Unterrichts mag also darauf zurückzuführen sein, dass häufig gerade in diesem Gebiet die als langweilig empfundene deskriptiv-morphologische Betrachtungsweise vorherrscht. Beliebt sind vor allem Arbeitsweisen, die der Eigentätigkeit der Lernenden weiten Raum lassen, zum Beispiel Experimentieren, Mikroskopieren, Halten von Pflanzen und Tieren (vgl. *Löwe* 1980; 1983; 1990; *Rolbitzki* 1983; *Hesse* 1984 b; *Meyer* 1987 b, 51 ff.). Die Befunde einiger Untersuchungen lassen den Schluss zu, dass Hauptschüler in Bezug auf ihre Einstellung zum Biologieunterricht und auch hinsichtlich ihrer unterrichtlichen Leistung noch stärker von der Art und Weise der Behandlung beeinflusst werden als Realschüler und Gymnasiasten (vgl. *Rolbitzki* 1983; *Etschenberg* 1984 a).

Schülerorientierung wäre missverstanden, wenn damit eine Fixierung auf die vorgefundenen Interessen und Vorstellungen gemeint ist. Es geht schließlich auch darum, die Interessen der Lernenden zu entwickeln und auch ihre Vorstellungen zu erweitern (vgl. *Kattmann* 2000 b). Dass eine derartige Entwicklung und Förderung von (neuen) Interessen möglich ist, zeigt eine empirische Studie von *Andreas Hartinger* (1997). Zum Thema »Leben am Gewässer« zeigt Hartinger für eine dritte Grundschulklasse, dass Interessenentwicklung vor allem durch »Handlungsorientierung« und »Autonomieunterstützung« begünstigt wird. Es kommt dabei nicht lediglich darauf an, dass die Lernenden aktiv sind (z. B. beim Experimentieren oder bei Unterrichtsgängen). Ebenso wichtig ist, dass sie wissen, was sie beim Handeln tun; ein aufgesetzer Aktivismus ist unwirksam, wichtig ist die vorbereitende und nachbereitende Reflexion der selbstgewählten Handlungen im Unterricht. Die Autonomieunterstützung entspricht dem zentralen Anliegen der »Selbstbestimmungstheorie der Motivation« (*Deci/Ryan* 1993).

▶ Bild 11-1
▶ 11.4.1

Dabei ist es wichtig, sich nicht mit der Inszenierung von möglichst interessanten Effekten zu begnügen, sondern das personnahe Interesse im Blick zu behalten. Für die Interessenförderung ist insofern zwischen einer »catch«- und einer »hold«-Komponente zu unterscheiden. Mit Techniken der Aufmerksamkeitssteuerung wie z. B. der Auslösung von Überraschungs- und Diskrepanzerlebnissen lässt sich das Interesse von Lernenden »einfangen«. Damit das Interesse »gehalten« werden kann, sind weitere Faktoren wie z. B. das Erleben der Sinnhaftigkeit des Lernstoffs nötig (am Beispiel des Mathematikunterrichts zeigt dies *Mitchell* 1993).

Die Interessensforschung ersetzt nicht die Aufgabe, dass Lehrerinnen und Lehrer sich mit den Interessen der Lernenden an der lebendigen Natur und am Biologieunterricht selbst auseinander setzen müssen. Über die Interessen der Lernenden wird man als Biologielehrerin bzw. -lehrer dann besonders viel erfahren, wenn es gelingt, in der jeweiligen Lerngruppe eine Atmosphäre des Vertrauens zu schaffen (vgl. *Zöller* 1978; 1979) und die Lernenden von verschiedenen Seiten kennen zu lernen. Besonders günstige Gelegenheiten dazu bieten Phasen der »Freiarbeit« (vgl. *Clausnitzer* 1992) und solche Unternehmungen, bei denen es zu einer engen Zusammenarbeit zwischen Lehrenden und Lernenden kommt, beispielsweise bei der Gestaltung einer Ausstellung, der Einrichtung eines Kleinbiotops auf dem Schulgelände oder der Planung und Durchführung einer längeren Exkursion oder eines Landheimaufenthalts. Eine gute Gelegenheit, sich Einblick in die Motivationslage der Lernenden zu verschaffen, bietet die so genannte Fünf-Minuten-Biologie (*Stichmann* 1970; 1992). *Walter Kleesattel* (2000) hat neben der Fünf-Minuten-Biologie verschiedene Vorschläge für einen abwechslungsreichen Biologieunterricht zusammengestellt, der die Interessen der Lernenden berücksichtigt sowie die Möglichkeiten für ein praktisches Arbeiten in den Vordergrund rückt. Eine weitere Form zu einer schülerorientierten Unterrichtsplanung besteht darin, die Lernenden vor dem Eintritt in eine Unterrichtseinheit zu befragen, wo ihre Interessenschwerpunkte liegen (vgl. *Bittner* 1979; *Krüger/Wagener* 1979; *Marek* 1980). Die wichtigste Methode in diesem Zusammenhang ist jedoch das Gespräch mit den Lernenden. Für eine entsprechend förderliche Gesprächsatmosphäre bietet sich die Methode des »Philosophierens mit Kindern« besonders an (*Hößle/Michalik* 2005). Diese Methode lässt sich auch für die Situation im Biologieunterricht gut nutzen (*Gebhard* 2005 b; *Nevers* 2005). Eine Reihe von Vorschlägen zur Erkundung der Ausgangssituation der Lernenden findet sich bei *Gernot Strey* (1982; 1986) und *Harald Gropengießer* (1997 c).

11.4 Motivation, Lernen und Unterrichtspraxis

11.4.1 Motivationspsychologische Grundlagen

Hans Schiefele (1993) betont den Zusammenhang von Mündigkeit und Motivation. Mündigkeit äußert sich in Handlungsfähigkeit und Handlungsbereitschaft. »Handeln hat aber mit Motivation zu tun, die das Warum und Wozu von Handlungen bezeichnet. Motive sind Wertgerichtetheiten und Mündigkeit wird über Motivbildung erreicht.«

Die Motivationsforschung unterscheidet zwischen intrinsischer (von innen kommender) und extrinsischer (durch externe Stimuli, wie Prüfungen, Belohnungen, soziale Anerkennung oder Missachtung, bedingter) Motivation. Intrinsische Motivation führt zu interesseorientierten Handlungen und braucht keine externen Anstöße wie Zensuren, Drohungen oder auch Versprechungen; sie zeigt sich in persönlichem Interesse, Neugier an den Lerngegenständen oder den jeweiligen Gegebenheiten der Umwelt. Extrinsische Motivation dagegen bezieht den Anstoß durch externe Gegebenheiten. Lernprozesse oder Handlungen haben instrumentellen Charakter. »Intrinsisch motivierte Handlungen repräsentieren den Prototyp selbstbestimmten Verhaltens. Das Individuum fühlt sich frei in der Auswahl und Durchführung seines Tuns. Das Handeln stimmt mit der eigenen Auffassung von sich selbst überein. Die intrinsische Motivation erklärt, warum Personen frei von äußerem Druck und inneren Zwängen nach einer Tätigkeit streben, in der sie engagiert tun können, was sie interessiert« (*Deci/Ryan* 1993, 226). Es kann empirisch gezeigt werden, dass die intrinsische Motivation in gewisser Weise untergraben wird, wenn durch extrinsische Belohnungen versucht wird, die Motivation aufrecht zu erhalten (*Deci* 1975). Das Gefühl der Selbstbestimmung wird dadurch eben in Frage gestellt.

Im Unterschied zu anderen Motivationstheorien betont die »Selbstbestimmungstheorie der Motivation« von *Edward L. Deci* und *Richard M. Ryan*

11.3 ◄

(1993), dass nicht nur bei intrinsisch motivierten Handlungen ein hoher Grad von Selbstbestimmung vorliegt, sondern dass diese Selbstbestimmung auch bei extrinsisch motivierten Handlungen zumindest möglich ist. Diese Theorie differenziert motivierte Handlungen nach dem Grad ihrer Selbstbestimmung (bzw. ihrer Kontrolliertheit). Dieser Selbstbestimmungsgrad setzt den qualitativen Maßstab für die Bewertung motivierter Handlungen. Als Antriebsquelle für das Erzeugen und Erhalten von intrinsischer sowie extrinsischer Motivation nehmen *Deci* und *Ryan* drei psychologische Grundbedürfnisse des Menschen an, nämlich ein angeborenes, anthropologisch begründetes Streben nach Kompetenz, Autonomie und sozialer Eingebundenheit (*Deci/Ryan* 2000). ▶ Bild 11-1

Es werden sowohl Lernprozesse als auch die Persönlichkeitsentwicklung unter dem Blickwinkel betrachtet, ob und in wieweit die soziale (Lern-)Umgebung die Realisierung der besagten Grundbedürfnisse fördert. Diese seien nämlich zuallererst notwendig für Gesundheit und Wohlbefinden (»health and well-being«).

Eine zentrale, im Hinblick auf die unterrichtliche Praxis sehr bedeutsame Aussage der Selbstbestimmungstheorie der Motivation ist, dass die Lernenden schon motiviert sind, dass sie ein Bedürfnis haben, kompetent und wirksam zu sein. Es kommt insofern mehr darauf an, diese Motivation ernst zu nehmen und sie nicht zu gefährden, als sie durch allzu perfekte Motivationsphasen am Anfang jeder Stunde in gewisser Weise in Frage zu stellen. Wichtiger als die Motivierung ist es also, der Gefahr zu entgehen, (ungewollt) zu demotivieren (vgl. *Stark/Mandl* 2000), indem den Lernenden die Kontrolle über ihr Tun entzogen wird und ihr Bedürfnis nach subjektiv sinnhaften Interpretationen nicht genügend beachtet wird (*Gebhard* 2003).

Für die affektive Besetzung von Lerngegenständen, also für die interessegeleitete Motivation spielen auch biographische und persönlichkeitsspezifische Momente eine wichtige Rolle (*Gebhard* 1986; 1988 a; b). Lerngegenstände können beispielsweise (z. T. unbewusste) Wünsche ausdrücken, werden emotional höchst unterschiedlich bewertet (Freude, Angst, Ablehnung, Trauer u. ä.) oder können Identifikationen ermöglichen (vgl. *Gebhard* 1988 b, 291; 1992 a; 1993 b). Ebenfalls von Bedeutung in diesem Kontext ist die Fachsozialisationsforschung (z. B. *Brämer* 1979; *Reiß, V.* 1979; *Gebhard* 1988 a; *Huber* 1991) und die Bildungsgangforschung bzw. -didaktik (vgl. *Schenk* 2005), die fachliches Lernen in Beziehung bringt zu biographisch bedeutsamen Strukturen der Persönlichkeit. Die zentrale, jedoch weitgehend noch offene Frage für die Biologiedidaktik dabei ist, in welcher Weise der Biologieunterricht über die vermittelten Inhalte hinaus sozialisierend und persönlichkeitsbildend wirksam sein kann.

11.4.2 Unterrichtspraktische Hinweise

Entscheidend für die Förderung eines hohen Grades an intrinsischer Motivation im Unterricht ist die soziale Umgebung im Allgemeinen und die jeweilige Lernumgebung im Besonderen. In einer Reihe von Labor- und Feldversuchen sind motivationsfördernde Faktoren ermittelt worden. Es handelt sich dabei um eine Lernumgebung, die die Selbständigkeit fördert, die Wahlmöglichkeiten lässt, anerkennend ist, auf die Lebensbezüge und Interessen der Lernenden eingeht, die wirkliche Kompetenzen vermittelt, die weder unter- noch überfordert. In diesem Zusammenhang ist auch die Entwicklung von

14.8 ◄ Aufgaben für den Biologieunterricht (*Langlet* 2003) bedeutsam: sie sollen eben nicht lediglich deklaratives Wissen erfordern, sondern zu komplexen und selbstbestimmten Lösungsversuchen animieren. Unterrichtsmethoden wirken allerdings nicht zwingend, nur weil man sie anwendet (*Duffy/Jonassen* 1991). Die Frage der Motivation und Motivierung ist zu guter Letzt weniger ein methodisches oder unterrichtspraktisches Problem als vielmehr eine Frage der pädagogischen Haltung.

Ein zentraler Motivierungsfaktor ist es, die Interessen, also den gegen-
11.3 ◄ standsorientierten Aspekt der Motivation, ernst zu nehmen und zu entwickeln.
11.2 ◄ Ebenso wichtig ist die explizite Bezugnahme auf die Alltagsvorstellungen. Dazu gehört zum einen der genaue Blick auf diese Vorstellungen (zu Methoden zum Erfassen von Schülervorstellungen im Unterricht: *Gropengießer* 1996, 1997 c), zum anderen aber auch Konzepte, die diese Vorstellungen in den Unterricht integrieren (»Denkpfade« zur Zellverdoppelung: *Riemeier* 2005 a; Unterrichtseinheiten zur Evolutionsbiologie: *Baalmann/Kattmann* 2000; zum biologischen Gleichgewicht: *Sander/Jelemenská/Kattmann* 2004).

Zum *Einstieg* in eine Biologiestunde verweist *Karl-Heinz Berck* (2001, 149) auf die Möglichkeiten des kognitiven Konflikts, womit zumindest eine momentane Lernmotivation aktiviert werden kann, was allerdings nicht mit langfristigem Interesse zu verwechseln ist. Zudem sollte der Einstieg anschaulich und ich-nah sein und manuelle und kognitive Eigenaktivität erfordern bzw. provozieren, vor allem aber auch gezielt in das Thema hineinführen.

Die Inhalte sollten dabei so aufbereitet werden, dass sie den Lernenden als neuartig oder überraschend erscheinen und dadurch deren Aufmerksamkeit und Zuwendung hervorrufen. Es geht darum, eine »Inkongruenz« zu provozieren, d. h. Reizkonstellationen zu bieten, die von den erwarteten Reizen abweichen (vgl. *Lind* 1975, 55). Bei sehr schwacher Inkongruenz reagiert das Individuum gar nicht, bei sehr starker eventuell mit Verwirrung, Abwendung oder gar Flucht. Zur Anregung des im Unterricht erwünschten Erkundungs- und Lernverhaltens ist eine mittlere Stärke der Inkongruenz besonders geeignet. Würde man beispielsweise eine Klasse der Sekundarstufe I ohne Vorbereitung mit einem aufgeschnittenen Schlachttier konfrontieren, um daran die

Anatomie von Säugetieren zu erarbeiten, so würde das sicher einige Lernende nicht motivieren, sondern abschrecken. Würde man die Behandlung des Themas »Vogelflug« mit dem Bild eines fliegenden Vogels einleiten, so wäre das vermutlich ein zu schwacher Lernanreiz; dagegen würde ein Bild eines Menschen mit Flügeln an den Armen, der zu fliegen versucht, wahrscheinlich gerade das rechte Maß an Verfremdung enthalten (vgl. Beispiele bei *Clausnitzer* 1983; *Etschenberg* 1990 b; *Berck* 1992; *Oßwald* 1995; *Staeck* 1995).

Eine wichtige Bedingung für motiviertes Lernen ist, dass das lernende Subjekt das eigene Lernen und damit verbunden auch die Lerngegenstände als bedeutungs- und sinnvoll interpretieren kann (*Gebhard* 2003). Eine Möglichkeit hierzu ist das sogenannte »kumulative Lernen« (vgl. *Rottländer* 2001; VDBiol 2002; *Kattmann* 2003 a). Biologische Sachverhalte sollen nicht reduziert, vereinfacht oder isoliert gelernt werden, sondern in breiter Komplexität, die die Lebenswelt ebenso einschließt wie wissenschaftliche und gesellschaftliche Dimensionen. Indem biologische Sachverhalte gewissermaßen »vom Blatt zum Planeten« (*Kattmann* 2003 a) durchdekliniert werden, erfassen die Lernenden das jeweils anstehende biologische Phänomen gleichzeitig in mehreren Dimensionen. Das Kumulative daran ist, dass solches Lernen schrittweise die Kompetenzerfahrung steigert, indem nicht immer wieder völlig Neues additiv gelernt wird, sondern sich Wissenszuwächse durch selbstbestimmte und reflektierte Kombination von Alltagserfahrungen, Alltagsvorstellungen, bereits Bekanntem, neuen biologischen Konzepten gewissermaßen selbst ergeben. Das kumulative und bedeutungsvolle Lernen zeichnet sich durch folgende Schritte bzw. Dimensionen (nach *Kattmann* 2003 a, 124) aus:

1. Erfahren von Komplexität (Erkennen von lebensweltlichen Bezügen, Mut zur Anwendung des Wissens auf Alltagsprobleme und -situationen)
2. Einsicht in die eigenen Vorstellungen (Reflektieren von Alltagsvorstellungen und wissenschaftlichen Vorstellungen)
3. Erkennen und Knüpfen von Zusammenhängen (Wiederholung und Erweiterung des Gelernten in neuen Kontexten, Aufbau einer komplexen Wissensstruktur)
4. Erfahren des eigenen Lernfortschritts und Anwendung des Wissens (Kompetenzerleben, Ausbildung von Interessen, Steigerung der Motivation)

Ein solches sinnvolles und bedeutungsvolles Lernen ist deshalb motivierend, weil es zum einen Kompetenzerleben in den Lernprozess einbezieht und weil es zum anderen die subjektiven Vorstellungen und Erfahrungen systematisch zum Ausgangspunkt eines aus diesem Grunde selbstbestimmten Lernprozesses macht. Die damit verbundene Komplexität mutet den Lernenden viel zu; andererseits wird eben diese Komplexität den Lernenden auch zugetraut. Auch das ist motivierend.

Motivations-förderung

■ Der Unterricht soll der **Erlebnis- und Verstehensebene** und den **Denkformen** der Lernenden entsprechen. Zur Erarbeitung der Inhalte sollen möglichst alle Lernenden beitragen können. Biologische Sachverhalte sollen nicht reduziert, vereinfacht oder isoliert gelernt werden, sondern in breiter Komplexität, die die Lebenswelt ebenso einschließt wie wissenschaftliche und gesellschaftliche Dimensionen (*Rottländer* 2001; *Kattmann* 2003 a).

■ Im Unterricht ist der Bezug zu **Alltagsvorstellungen** explizit herzustellen.

■ Die Lernenden sollen möglichst häufig an der **inhaltlichen und methodischen Planung** des Unterrichts beteiligt werden und ihre Interessen einbringen können (vgl. *Marek* 1980; *Strey* 1982; *Meyer* 1987 b, 51 ff.).

■ Der **Unterrichtsinhalt** soll bedeutsam, fragwürdig oder problemhaltig erscheinen (kognitiver Konflikt). Das Ziel des Lernens soll klar sein (vgl. *Birkenbeil* 1973; *Iwon* 1975; *Etschenberg* 1979, 80 f.; 1990 b; *Riemer* 2004; *Born/Gebhard* 2005; *Kattmann* 2003 a).

■ Der Unterricht soll in Bezug auf **Methoden und Medien** vielseitig und abwechslungsreich gestaltet werden, um Aufmerksamkeit und Lernbereitschaft zu fördern (vgl. *Bolay* 1980; *Iwon* 1989). Besondere Beachtung verdienen Offener Unterricht, Kleingruppenarbeit, Gruppenpuzzle (*Berger/Hänze* 2004). Auch wichtig: der Unterrichtseinstieg (vgl. *Clausnitzer* 1983; *Etschenberg* 1990 b; *Berck* 1992; *Oßwald* 1995). Arbeitsweise, Lernort und Sozialform sollten zueinander passend gewählt werden (vgl. *Klein* 1994).

■ Der Unterricht soll häufig ein **Erleben der Natur** ermöglichen (vgl. *Janßen/Trommer* 1988). Dabei sind auch Angst- und Ekelgefühle zu beachten (vgl. *Schanz* 1972; *Gropengießer/Gropengießer* 1985; *Gebhard* 2001; *Rolletschek* 2001; *Bögeholz/Rüter* 2004). Lebewesen sollen nicht nur als Träger von Eigenschaften (Grundphänomenen des Lebendigen), sondern immer auch als ganze Organismen erkennbar sein.

■ Die **Lehrperson** soll ihr persönliches Engagement am Unterrichtsgegenstand und die eigene Bereitschaft zu ständigem Weiterlernen erkennen lassen (vgl. *Bolay* 1980, 113).

170

12 Biologielehrerinnen und Biologielehrer

In unserer Gesellschaft lassen sich drei grundlegende Formen kulturellen Lernens unterscheiden: Imitation, Unterricht und Zusammenarbeit (*Tomasello* 2002). Die im Lernprozess eingenommenen Rollen sind bei der Imitation Vorbild und Nachahmer, beim Unterricht Lehrer und Schüler und bei der Zusammenarbeit Erfahrener und Neuling. Alle Formen sozialen Lernens haben im Biologieunterricht ihren Platz, aber es bleibt festzuhalten, dass Unterricht die Kernaufgabe der Institution Schule ist. Dessen Gelingen hängt in starkem Maße von der Lehrperson ab. Deshalb ist ein Berufsbild für Biologielehrerinnen und -lehrer notwendig. Daran, als auch an empirischen Befunden zu den Vorstellungen von Biologielehrerinnen und -lehrern, kann sich die Lehrerbildung ausrichten.
Wichtige erschließende Begriffe: Berufsbild, Einheit der Lehrerbildung, Expertenstatus, Kompetenz, -entwicklung, Phasen der Lehrerbildung
Bearbeitet von *Harald Gropengießer*

12.1 Berufsbild

Wer Biologielehrer(in) werden will, braucht ein Lehrerbild als Orientierung. Ein solches Leitbild gibt auch der Lehrerbildung Richtung und Zusammenhang. Die Kultusministerkonferenz zeichnet ein allgemeines Berufsbild für Lehrpersonen:

1. »*Lehrerinnen und Lehrer sind Fachleute für das Lehren und Lernen.* Ihre Kernaufgabe ist die gezielte und nach wissenschaftlichen Erkenntnissen gestaltete Planung, Organisation und Reflexion von Lehr- und Lernprozessen sowie ihre individuelle Bewertung und systemische Evaluation. Die berufliche Qualität von Lehrkräften entscheidet sich an der Qualität ihres Unterrichts.

2. *Lehrerinnen und Lehrer sind sich bewusst*, dass die *Erziehungsaufgabe* in der Schule eng mit dem Unterricht und dem Schulleben verknüpft ist. (…)

3. *Lehrerinnen und Lehrer üben ihre Beurteilungs- und Beratungsaufgabe* im Unterricht und bei der Vergabe von Berechtigungen für Ausbildungs- und Berufswege kompetent, gerecht und verantwortungsbewusst aus. (…)

4. *Lehrerinnen und Lehrer entwickeln ihre Kompetenzen ständig weiter* und nutzen wie in anderen Berufen auch Fort- und Weiterbildungsangebote (…)

5. *Lehrerinnen und Lehrer beteiligen sich an der Schulentwicklung*, an der Gestaltung einer lernförderlichen Schulkultur und eines motivierenden Schulklimas. Hierzu gehört auch die Bereitschaft zur Mitwirkung an internen und externen Evaluationen« (KMK 2004 c, 3).

Welche Kompetenzen zeichnen Biologielehrerinnen und -lehrer aus?

Fachliche Kompetenz? Biologische Kompetenz ist unabdingbar – aber das gilt für professionelle Biologen genau so.

Personale Kompetenz? Diese Kompetenz ist wichtig – aber das gilt für viele weitere Berufe ebenso.

Soziale Kompetenz? Diese Kompetenz ist notwendig – aber das gilt für viele weitere Berufe ebenso.

Didaktische Kompetenz? Diese Kompetenz ist unerlässlich – aber das gilt für alle anderen Lehrenden genauso.

Fachdidaktische Kompetenz! Biologiedidaktische Kompetenz ist zentral und bildet die Kernkompetenz die sonst niemand hat. Diese Kompetenz verschafft Biologielehrerinnen und -lehrern eine Alleinstellung.

Aus dieser Sicht sind Lehrerinnen und Lehrer also Fachleute für das Lehren und Lernen. Tatsächlich werden aber in der Öffentlichkeit Lehrer weniger als Fachleute oder Experten angesehen, als Ärzte oder Ingenieure. Selbst Lehramtsstudierende billigen Hausfrauen eher den Experten-Status zu als Lehrern (*Bromme* 1997). Auf dem Hintergrund eines so schwach ausgeprägten professionellen Selbstverständnisses erscheint es nützlich, das Berufsbild von Biologielehrerinnen und -lehrern zu hinterfragen (vgl. *Terhart* 2000). Dabei spielen das Fach und besonders die Fachdidaktik eine entscheidende Rolle.

■ Biologielehrerinnen und -lehrer sind als Fachlehrer Experten für das Lehren und Lernen von Biologie, d. h. für das Vermitteln und Aneignen von biologischem Wissen. Sie sollen fachbezogen unterrichten, diagnostizieren und beurteilen sowie kommunizieren können (vgl. GFD 2002; 2004).

Welche Fähigkeiten Biologielehrerinnen und -lehrer im Einzelnen benötigen, ist vor allem im Zusammenhang mit Konzepten zur Lehrerbildung vielfältig erörtert worden (vgl. *Rodi* 1975 a, 11 ff.; *Entrich* 1976; 1979; *Raether* 1977; *Eulefeld/Rodi* 1978; *Killermann/Klautke* 1978; *Wagener* 1992, 25 ff.).

In einem umfangreichen Katalog des VDBiol sind die »Qualifikationen eines Biologielehrers« zusammengestellt (vgl. *Eulefeld/Rodi* 1978, 155 ff.; revidierte Kurzfassung VDBiol 1983), von denen die für Biologieunterricht spezifischen Einstellungen und Bereitschaften besonders hervorzuheben sind (s. S. 175). Generell werden von der Lehrkraft Kenntnisse aus den Erziehungswissenschaften, der Fachdidaktik sowie der Biologie und den Nachbardisziplinen gefordert. Diese Dreiteilung legt nahe, dass es die Lehrperson mit drei

Probanden einer Delphistudie waren drei Gruppen der Fachdidaktik: A. Teilnehmende des Promotionsprogramms »Didaktische Rekonstruktion« (ProDid, Universität Oldenburg), B. Fachdidaktik-Doktoranden anderer Universitäten (soziale Zwillinge zu A) sowie C eine Gruppe Fachleiter an Studienseminaren für Gymnasien. Das Lehrerleitbild stimmte weitgehend überein, während in der Lehrerausbildung unterschiedliche Akzente gesetzt wurden, die in den Gruppen B und C stärker eine traditionelle Sicht der Lehrkompetenzen reflektieren.

Studie zum Lehrerleitbild und Lehrerbildungs-profil (Lohmann 2005)

Fragestellungen der Studie
1. Welche Kompetenzen sollten in der Ausbildung vermittelt werden, damit ein Fach sinnvoll unterrichtet werden kann? (Leitbild)
2. Wie können diese in der Ausbildung nachhaltig erworben werden? (Lehrerbildungsprofil)

Lehrerleitbild

Ein guter Fachlehrer …
… analysiert *Lernvoraussetzungen*,
… bezieht *Schülervorstellungen* in seinen Unterricht mit ein,
… *strukturiert* seinen Unterricht klar und transparent,
… leitet Lernende zur *eigenständigen Erarbeitung* an,
… befähigt Lernende, *Inhalte und Methoden des Faches* auf reale Probleme anzuwenden,
… vermittelt den Lernenden ein *Kompetenzgefühl*,
… strahlt *Begeisterung für sein Fach* aus.

Lehrerbildungsprofil

A: Doktoranden Fachdidaktik ProDid, Oldenburg
Vermittlung …
… der Fähigkeit zum Herstellen von Bezügen zwischen fachlichen Aussagen und Alltagsvorstellungen von Lernenden,
… von neuen Unterrichtskonzeptionen,
… von Kenntnissen aus der empirischen fachdidaktischen Forschung

B: Doktoranden Fachdidaktik andere Universitäten
… Methoden anzuwenden und praktisch zu erproben
… von Problemlösungs-Strategien und -Fähigkeiten

C: Fachleiter
… ein fachwissenschaftliches Fundament zu erwerben
… fachliche Inhalte angemessen didaktisch reduzieren zu können

gleich wichtigen Bezugswissenschaften zu tun habe. *Gerhard Schaefer* (1978 c) beantwortet die Frage »Muss ein Biologielehrer Biologe sein?« selbst für Grundstufenlehrer mit »Ja« und räumt damit der Biologie einen Vorrang ein. Man könnte dagegen mit ebenso guten Argumenten – sogar bezogen auf Gymnasiallehrer – die Bedeutung der Erziehungswissenschaften besonders betonen. Zusammengedacht und zusammengebracht werden die biologischen und die erziehungswissenschaftlichen Kompetenzen in der Fachdidaktik, denn die Biologiedidaktik ist die mit biologischem Lernen und Lehren befasste Vermittlungswissenschaft.

■ Biologiedidaktik steht im Zentrum einer professionellen Biologielehrerbildung (*Kattmann* 2003 c; d).

Fachdidaktik ist als solche Mitte notwendig, um dem Studium einen Zusammenhang zu geben.

Das Lehramtsstudium kombiniert nämlich sehr unterschiedliche Studienteile zu einem Abschluss: Biologie, ein zweites (manchmal sogar noch ein drittes) Fach, Erziehungswissenschaften, zwei Fachdidaktiken, sowie Schul- und Unterrichtspraktika.

Die für Biologielehrerinnen und -lehrer spezifischen Teile des Berufsbildes lassen sich damit als Wissen und Kompetenzen beschreiben:

■ Im Zentrum steht die Kompetenz zur Gestaltung von Vermittlungs- und Aneignungsprozessen im Bereich der Biologie. Solche biologiedidaktische Kompetenz ist das Thema dieses Lehrbuchs der *Fachdidaktik*.

■ Das *Wissen der Biologie*, einschließlich ihrer Grundlagenfächer und Anwendungsgebiete nimmt einen breiten Raum ein und stützt die biologiedidaktische Kompetenz, besonders durch *fachliches Wissen über Wahrnehmen, Gefühle, Denken, Lernen und Vergessen* (vgl. *Gropengießer* 2003 b; 2004).

■ Den Hintergrund bildet das *Wissen über Biologie und Naturwissenschaften:* Wissenschaftstheorie, Wissenschaftsgeschichte und Stellung der Biologie in unserer Gesellschaft (vgl. VDBiol 1999).

4, 5 ◄

■ Daneben stehen *fächerübergreifende Aufgaben*, wie sie in gleichem Umfang in keinem anderen Fach zu finden sind: Umweltbildung, Gesundheitserziehung und Sexualerziehung haben in der Biologie einen Schwerpunkt, und auch in der Friedenserziehung und der entwicklungspolitischen Bildung sind biologische Komponenten gefragt. Diese Aufgaben erfordern von den Lehrenden eine entsprechende positive Einstellung zur Beachtung pädagogischer Fragen und der mit den genannten Erziehungsbereichen verbundenen ethischen Probleme.

7 bis 10 ◄

6 ◄

■ Die Vermittlung von Biologie erfordert eine *Vielfalt von Unterrichtsmethoden*, wie sie in keinem anderen Unterrichtsfach vorkommt: Das Spektrum reicht von Freilandarbeit und Pflege von Pflanzen und Tieren über Mikro-

16 bis 19, 21 ◄

30 ◄

Biologielehrer(innen) sollen bereit sein,

Bereitschaften
von Biologielehrern
und -lehrerinnen
(VDBiol 1978,
veränd.)

- die für Schüler wesentlichen **Erkenntnisse der Biologie** auszuwählen und sie in sachlich richtiger und einwandfreier Form darzustellen und schülergerecht zu vermitteln;

- auch **komplexe Bereiche** im Biologieunterricht zu bearbeiten, die der Kooperation mit anderen Fächern bedürfen (z. B. Themen der Gesundheits-, Sexual-, Umwelt-, Friedenserziehung);

- die **Erlebnisfähigkeit der Schüler** für die belebte Natur (einschließlich des eigenen Körpers) zu wecken und zu fördern;

- die Schüler zu angemessenem **Verhalten gegenüber Lebewesen** anzuleiten;

- die eigene **existentielle Betroffenheit** durch die heutige Situation der Menschheit in der industrialisierten Welt deutlich zu machen;

- sich für die Belange der **Gegenwart und Zukunft des Menschen und der Natur** einzusetzen;

- zur **Zusammenarbeit mit Fachleuten** (Ärzte, Forst- und Landwirte, Gärtner etc.) außerhalb der Schule, um deren Kenntnisse in den Unterricht einzubringen;

- zur **anschaulichen Gestaltung des Biologieunterrichts**, z. B. durch außerschulische Erkundungen und Verwendung lebender Objekte, auch wenn dies im Hinblick auf die Vorbereitung persönlichen Einsatz fordert (Sammeln von Objekten, Aufbau von Experimenten, Beschaffung von Medien, Umgang mit Pflanzen und Tieren)

skopieren, Beobachten und Experimentieren bis zu Textinterpretationen, von der Reflexion naturwissenschaftlicher Erkenntniswege bis hin zum Einstimmen in Naturerleben. Auch das Betreuen und Nutzen biologischer Sammlungen ist für den Unterricht von großer Bedeutung. So hängt der Anteil von Experimenten und Beobachtungen im Biologieunterricht erheblich von der Ausstattung der Schule ab (vgl. *Meffert* 1980).

► 25

► 28

12.2 Lehrerbildung

Wer Biologielehrer(in) werden will, sollte sich mit Blick auf das Lehrerbild Entwicklungsaufgaben setzen. Das sind subjektiv als notwendig empfundene Herausforderungen zum Aufbau didaktischer und methodischer Handlungskompetenz, die biografisch bedeutsam werden (*Meyer* 2001, 229). Für die Kompetenzentwicklung sind nach einer inhaltlichen Orientierung vor allem strukturelle Fragen zu beantworten: Es sind vor allem die Fragen nach den Orten, den Phasen und der Fachlichkeit der Lehrerbildung.

175

Erstausbildung		Beruf	
1. Phase	**2. Phase**	**3. Phase**	
Universität	Studienseminar	Schule	
Lehramtstudium	Vorbereitungsdienst	Lernen im Beruf	
Bachelor- und Masterstudium	Ausbildungs-unterricht	Berufseingangs-phase	Fortbildung

Tabelle 12-1: Phasen der Lehrerbildung

Als erster *Ort der Lehrerbildung* kommen Universitäten und ihnen gleich gestellte Hochschulen oder Fachhochschulen in Betracht. Hier ist ein gewisser Konsens bezüglich einer universitären Lehrerbildung für alle Lehrämter zu erkennen (z. B. KMK-Kommission 1999). Dies vor allem wegen der hohen fachlichen Qualität der Ausbildung und wegen der Fachdidaktik als universitärer Disziplin (*Ossner* 1999). Zudem sprechen auch berufspolitische Gründe – Ansehen und Status – für die Universität als Ort der Lehrerbildung.

Üblicherweise wird die Lehrerbildung in Abschnitte oder *Phasen* der Kompetenzentwicklung an unterschiedlichen Orten unterteilt. In den meisten Fällen zählen die Fachleute bis drei: universitäre 1. Phase, Vorbereitungsdienst als zweite Phase und Lernen im Beruf als 3. Phase (KMK-Kommission 1999, 11 f.). Wenn aber *Hilbert Meyer* (2001, 248) für eine einphasige Lehrerbildung plädiert, ist die Integration von 1. und 2. Phase gemeint. In jedem Fall bilden die sogenannte 1. und die 2. Phase zusammen die Erstausbildung der Lehrerinnen und Lehrer. Weitere Unterscheidungen werden für die 3. Phase getroffen, wenn Berufseingangsphase und Fortbildung je eigene Funktionen zugewiesen werden (KMK-Kommission 1999). Mit der Errichtung eines europäischen Hochschulraumes (Bologna-Erklärung 1999) wird die 1. Phase in zwei Studienzyklen mit den universitären Abschlüssen Bachelor

Tab. 12-1 ◄ und Master gegliedert. *Gottfried Merzyn* (2002) gibt einen Überblick über die geschichtliche Entwicklung der Lehrerausbildung für die Gymnasien, die wohl auch mit der heutigen Struktur kaum ihre endgültige Form gefunden hat. Dazu sind die Problem- und Mängellisten der heutigen Lehrerbildung zu lang (z. B. *Wildt* 2002; *Reusser/Messner* 2002).

Auch die heute übliche Ausbildung für zwei Fächer steht in der Kritik. Es erscheint sinnvoll, die durch Kombination äußerst unterschiedlicher Studienanteile geschaffene Komplexität zu vereinfachen und zunächst nur ein Fach zu studieren und dabei eine Berufsbefähigung zu erreichen (z. B. *Meyer* 2001, 248). Sind aber zwei Fächer zu studieren, stellt sich die Frage nach einer günstigen Fächerkombination. Dabei sind persönliche Neigungen, Einstellungschancen aber auch Bezüge der Biologie zu anderen Bereichen in die Entscheidung einzubeziehen. Die häufig empfohlene Kombination Biologie/Chemie ist besonders für den Unterricht in der gymnasialen Oberstufe günstig, während in der Sekundarstufe I die Bezüge der Biologie zu Sozialwissenschaften, Geographie, Philosophie und Ethik für andere Fächerkombinationen sprechen. Lehrpersonen mit einem nicht-naturwissenschaftlichen Fach wird es näher liegen, biologische Themen von verschiedenen Zugängen und Gesichtspunkten her zu vermitteln (vgl. Empfehlungen 1989; *Hedewig* 1990 b).

Für eine professionelle Lehrerbildung sind aus biologiedidaktischer Perspektive folgende essentielle Anforderungen zu stellen (vgl. *Gropengießer/ Kattmann* 2002, 190; GFD 2002; 2004; *Kattmann* 2003 d, 97):

- Die *Einheit der Lehrerbildung* soll durch universitäre Studiengänge für alle Schularten gewahrt bleiben.
- Das *Lehrerbild* »Experten für das Lehren und Lernen von biologischem Wissen« ist leitend. ▶ 12.1
- Der *Berufsbezug* soll von Anfang an durch eine Integration fachinhaltlicher, fachdidaktischer und erziehungswissenschaftlicher Studienanteile hergestellt werden.
- Studienbegleitende *schulpraktische Studien* und *fachdidaktische Forschungspraktika* sollen kontinuierlich die Perspektive und Reflexion der Vermittlung und Anwendung des fachlichen Wissens vermitteln.
- Die *Kooperation der 1., 2. (und 3.) Phase* der Lehrerbildung soll durch eine curriculare Abstimmung geklärt und verbessert werden.

12.3 Lehrervorstellungen

Der Erforschung von Lehrervorstellungen liegt die Annahme zugrunde, dass die Vorstellungen und Einstellungen der Lehrenden die Vorstellungen und Einstellungen der Lernenden beeinflussen (vgl. *Lederman* 1992). Dass die Vorstellungen und Einstellungen der Lehrenden tatsächlich das Lehrverhalten bestimmen, ist plausibel, aber nicht wirklich belegt. Dass zumindest das Lehrerverhalten Einfluss auf das Interesse der Lernenden hat, konnte für den naturwissenschaftlichen Unterricht gezeigt werden (*Maier* 2002). Die Befunde zu Lehrervorstellungen können aber auch selbstkritisch gewendet werden, um die eigenen Vorstellungen zu überprüfen und entsprechende Entwicklungsaufgaben zu erfassen.

Die in der Lehrervorstellungsforschung untersuchten Forschungsgegenstände lassen sich vier Themen zuordnen (vgl. *Fischler* 2001):

1. *Vorstellungen zur Biologie*, also Theorien, Prinzipien, Konzepte und Begriffe, die biologische Gegenstände betreffen. Das Ergebnis solcher Untersuchungen wird in der Behauptung zugespitzt, Lehrer verfügten oft über dieselben Alltagsvorstellungen wie ihre Schüler (*Wandersee/Mintzes/Novak* 1994, 189).

177

2. *Vorstellungen über Biologie*, d. h. vor allem Wissenschaftstheorie und Wissenschaftsgeschichte. Dazu gibt es eine reiche Forschungstradition, deren Ergebnisse in drei Punkten zusammengefasst werden können: a) Naturwissenschaftslehrer verfügen oft nicht über adäquate wissenschaftstheoretische Vorstellungen. b) Lernangebote zur Verbesserung des wissenschaftstheoretischen Verständnisses erweisen sich dann als erfolgreich, wenn sie wissenschaftsgeschichtliche Aspekte enthalten oder die Aufmerksamkeit direkt auf die Wissenschaftstheorie lenken. c) Die unterschiedliche akademische Bildung der Lehrer korreliert nicht mit ihren wissenschaftstheoretischen Vorstellungen (*Lederman* 1992).

3. *Vorstellungen oder Einstellungen zum Biologieunterricht.* Dabei kann es beispielsweise um Biologielehrertypen gehen, die anhand von Aussagen zu unterrichtlichen Themengebieten hinsichtlich der Einstellung zu pädagogischen und fachlichen Aspekten identifiziert werden konnten (*Neuhaus/Vogt* 2005).

4. *Vorstellungen über Lernen und Lehren.* Auch hierzu gibt es eine reiche Forschungstradition, die neben Biologie- oder Naturwissenschaftslehrern auch andere Lehrergruppen einbezieht. Zusammenfassend lässt sich festhalten: a) Viele Lehrer verfügen über mehr als eine Vorstellung zum Lehr-Lernprozess. Beispielsweise wird die Lehrperson als Quelle des Wissens angesehen, und Lehren ist eine Sache der Wissensübertragung. Oder die Lehrperson ist der Führer und Lehren beeinflusst das Verstehen der Schüler. Lernen wird u. a. als Aufnahme von Wissen beschrieben, bei dem die Schüler aufsaugen, ansammeln und abspeichern. Schüler und Wissen werden mit Schwamm und Wasser verglichen. Unter den richtigen Bedingungen wird alles aufgesogen. Werden die Schüler aber zu hart bedrängt oder gedrückt, geht alles wieder verloren (*Aguirre/Haggerty/Linder* 1990). b) Alle Befragten drücken ihre Vorstellungen vom Lehr-Lernprozess hauptsächlich in Bildern oder Metaphern aus (z. B. der Weitergabe, der Fütterung, des Verkaufens oder der Diplomatie, *Gropengießer* 2004). Metaphern können bewusst oder unbewusst das Verständnis des Lernens und Lehrens beeinflussen (vgl. *Ritchie/Cook* 1994; *Tobin/Tippins* 1996).

5. *Vorstellungen zum Unterrichten fachlicher Themen.* Diese Vorstellungen werden außer durch fachliche und pädagogische Kenntnisse durch Erfahrungen in der eigenen Unterrichtspraxis persönlich geprägt. Aus diesen drei Quellen wird ein besonderer, für Lehrpersonen spezifischer Wissensverbund gebildet, der Pedagogical Content Knowledge (PCK) genannt wird (vgl. *Shulman* 1986). Die Erforschung der PCKs zu wichtigen Unterrichtsthemen soll durch die Berücksichtigung der Stärken und Schwächen in den ermittelten PCKs zu einer Verbesserung der (fachdidaktischen) Lehrerbildung beitragen (*van Dijk/Kattmann* 2006).

Ziele, Planung und Evaluation

13 Unterrichtsziele und Kompetenzen

Unterrichtsziele beschreiben das angestrebte Ergebnis einer Lehr-Lern-situation. Sie sind ein wesentliches Element didaktischer Planung und didaktischen Handelns und werden in Bildungsstandards, Lehrplänen und Curricula sowie Unterrichtseinheiten und -entwürfen beschrieben. Theoretische Grundlage der Konzeption und Systematik der Unterrichtsziele sind Taxonomien von Lernzielen und Schlüsselqualifikationen, Lernstufen und Kompetenzmodelle. Empirische Untersuchungen belegen die Bedeutung der Formulierung von Unterrichtszielen für die Effizienz des Unterrichts. Trotzdem sollte im Unterricht genügend pädagogischer Freiraum bestehen, um situationsspezifisch flexibel handeln zu können.

Wichtige erschließende Begriffe: Bildungsstandards, Dimensionen, Feinziele, Grobziele, Kompetenzen, Lernziele, Operationalisierung, Schlüsselqualifikationen, Taxonomie

Bearbeitet von *Jürgen Mayer*

13.1 Sinn und Bedeutung

Unterrichtsziele beschreiben den angestrebten Lernerfolg, das intendierte Ergebnis eines Curriculums, des Unterrichts oder einer Lehrsequenz. Gebräuchliche Fachtermini sind Lernziel, Lehrziel, Bildungsziel, Unterrichtsziel, Qualifikation und Kompetenz, die jeweils spezifische Aspekte der Lehr-Lern-Intention betonen. Diese Differenzierungen werden im Folgenden unter der Bezeichnung »Unterrichtsziel« zusammengefasst. Allen gemeinsam ist, dass mit ihnen die Unterrichtsinhalte dahingehend präzisiert werden, welche Kenntnisse, Fähigkeiten und Einsichten die Lernenden an Hand der Lerninhalte (Unterrichtsthemen) ausbilden sollen. Die Lernzieltheorie wurde vor allem von *Robert F. Mager* (1974) und *Saul. B. Robinsohn* (1969) begründet. Sie wiesen darauf hin, dass die Angabe der Lerninhalte durch eine Beschreibung ergänzt werden müsse, was vom Lernenden verlangt werde. In Deutschland entwickelte *Christine Möller* (1986) einen lernzielorientierten didaktischen Ansatz.

Der Formulierung von Unterrichtszielen kommen mehrere Funktionen zu:

■ Mit den allgemeinen und fachbezogenen Zielangaben in den ministeriell erlassenen Bildungsstandards und Lehrplänen werden die Anforderungen umrissen, die als *öffentlich-gesellschaftlicher Auftrag* an die Schule bzw. an den Biologieunterricht zu verstehen sind.

■ Bei der *Unterrichtsvorbereitung* dienen die Unterrichtsziele der Schwerpunktsetzung der Lerninhalte und -kontexte.

▨ Sie dienen der *Planung von gestuften Lernprozessen.* Mittels differenzierter Unterrichtsziele kann der Lernprozess mit gestuftem Anspruchsniveau geplant werden.

▨ Während der *Unterrichtsdurchführung* können die für Lernende und Lehrpersonen gleichermaßen einsehbar formulierten Unterrichtsziele eine Verständigung über das Vorgehen und die Ausrichtung des gemeinsamen Lernens erleichtern.

▨ Vor allem operationalisierte Unterrichtsziele dienen als *Kriterien für die Kontrolle des Lernerfolgs.* Mit ihrer Hilfe lassen sich lernzielorientierte (kriterienorientierte) Tests erstellen.

Die Bestimmung von Unterrichtszielen wurde in den 60er Jahren in Form der Lehr- und Lernziele in die Didaktik eingeführt. In den 80er Jahren erfolgte eine Erweiterung der bis dahin eingeführten Konzepte in Richtung *Schlüsselqualifikationen.* Damit wurde die bis dahin gebräuchliche Systematik der Lernziele um fächerübergreifende und berufsorientierte Aspekte erweitert. In jüngster Zeit werden Bildungs- und Unterrichtsziele vor allem als *Kompetenzen* formuliert. Damit wird der Anwendung von Kenntnissen und Fähigkeiten in Anwendungsbezügen größeres Gewicht beigemessen.

Rückblickend wird die sehr starke Lernzielorientierung der 70er Jahre heute überwiegend negativ bewertet (*Meyer, Hi.* 1999; *Kron* 1994; *Jank/Meyer* 2002; *Glöckel* 1996). Bei der Formulierung von Unterrichtszielen sollte vor allem die Kritik bedacht werden, die besonders hinsichtlich der Systematisierung und der Operationalisierung geübt wurde (vgl. *Mietzel* 1993; *Jank/Meyer* 2002; *Glöckel* 1996; *Kaiser/Kaiser* 1996; *Kroner/Schauer* 1997). Trotz der angeführten Kritik macht »die Unterscheidung von Unterrichtszielen und ihre Beschreibung in einem sinnvollen Grad der Konkretheit ... didaktisches Denken und Handeln differenzierter und präziser« (*Glöckel* 1996, 141). So bleibt aus heutiger Sicht festzuhalten, dass die Beschreibung von Unterrichtszielen zum einen nach verschiedenen Zielbereichen (z. B. Kenntnisse, Fertigkeiten, Einstellungen) erfolgen sollte, zum anderen nach dem Niveau der Anforderungen (z. B. Kompetenzstufen, Anforderungsbereiche).

Unterrichtsziele sind heute fester Bestandteil von didaktischen Theorien (*Gudjons* u. a.1986), Curricula und Lehrplänen sowie von Unterrichtsentwürfen. Die Formulierung von Unterrichtszielen hat in der Unterrichtspraxis ihren festen Stellenwert. Sie ist kein Selbstzweck, sondern sollte sich in der Wahl der Unterrichtsmethoden und im Ablauf des Unterrichts angemessen niederschlagen. Die Beschreibung der Ziele des geplanten Unterrichts darf dabei die nötige Offenheit und Flexibilität der Lehr-Lernprozesse nicht behindern. Kreativität, unerwartete Fragen, eigenständige Lösungswege und ergebnisoffene Erkundungen müssen in einem zielgerichteten Unterricht ihren Platz haben.

▶ 13.2
▶ 13.3
▶ 13.4

▶ 14

13.2 Hierarchie der Unterrichtsziele

Unterrichtsziele können hinsichtlich ihres Abstraktionsgrades unterschieden werden (vgl. *Möller* 1973; *Zöpfl/Strobl* 1973, 27). So genannte Leitziele oder allgemeine Bildungsziele betreffen die Erziehung bzw. Schulbildung als Ganzes und werden in der Regel in den Präambeln der Lehrpläne oder den Schulgesetzen genannt. Richtziele beziehen sich auf die in einem bestimmten Lernbereich bzw. Unterrichtsfach angestrebten Wirkungen. Die Intentionen einer größeren Lerneinheit (z. B. Lehrplanthema oder Unterrichtseinheit) werden als Grobziele bezeichnet. Feinziele beziehen sich auf einzelne Lernschritte innerhalb einer Lernsequenz und werden meist in operationalisierter Form formuliert.

Bild 13-1 ◄

13.4 ◄

Grundsätzlich ist es nicht möglich, speziellere Ziele (z. B. Feinziele) aus den allgemeineren abzuleiten (z. B. aus Richtzielen). Für die Formulierung spezieller Ziele sind vielmehr jeweils weitere Informationen und Entscheidungen nötig, die in den allgemeinen Zielen nicht enthalten sind (vgl. *Meyer, Hi.* 1971; *Schaefer* 1973).

Die Hierarchisierung der Unterrichtsziele kann dazu verleiten, die verschiedenen Stufen einer Dimension getrennt und als hintereinander ablaufende Prozesse zu betrachten. Im Lernprozess können aber z. B. kognitive Fähigkeiten (z. B. Analyse) nur mittels inhaltsspezifischen Wissens erworben werden. Somit ist die Lernzielhierarchie nicht mit Lernschritten zu verwechseln.

13.3 Taxonomie von Unterrichtszielen

Eine Taxonomie ist eine theoretisch begründete Klassifikation. Durch die Taxonomie werden Unterrichtsziele nach unterschiedlichen Dimensionen und Niveaus (Stufen) des Lernens differenziert. Dazu wurde innerhalb der Pädagogik und Psychologie eine Reihe von Systemen entwickelt.

Das gebräuchlichste System differenziert die Lernziele nach ihrer Zugehörigkeit zu psychischen *Dimensionen*; danach können »kognitive«, »affektive« (emotionale) und »psychomotorische« (pragmatische) Unterrichtsziele unterschieden werden. Unterrichtsziele der *kognitiven Dimension* »beziehen sich auf Denken, Wissen, Problemlösen; auf Kenntnisse und intellektuelle Fähigkeiten«. Unterrichtsziele der *affektiven Dimension* »beziehen sich auf Veränderungen von Interessenlagen, auf die Bereitschaft, etwas zu tun oder zu denken, auf Einstellungen und Werte und die Entwicklung dauerhafter Werthaltungen«. Unterrichtsziele der *psychomotorischen Dimension* »beziehen sich auf die manipulativen und motorischen Fertigkeiten eines Schülers« (*Jank/Meyer* 2002).

Bei der *Dimensionierung* von kognitiven, affektiven und psychomotorischen Zielen handelt es sich um eine analytische Unterscheidung.

■ Für die Lernenden gibt es immer nur einen Lernprozess, in dem die Lernziele der verschiedenen Dimensionen unauflöslich ineinander verwoben sind.

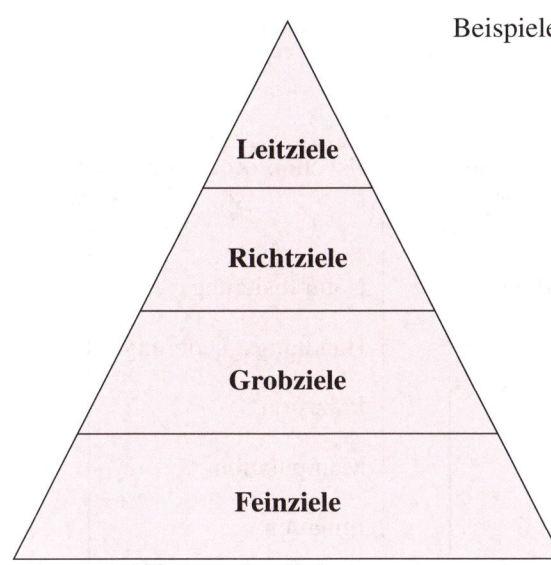

Beispiele **Leitziel:** Fähigkeit zur Selbstbestimmung, Solidarität *(Klafki)*

Richtziel: Eine naturwissenschaftliche
Grundbildung i. S. der Fähigkeit, naturwissenschaftliches Wissen anzuwenden,
naturwissenschaftliche Fragen zu erkennen und aus Belegen Schlussfolgerungen
zu ziehen (PISA-Konsortium 2000)

Grobziel: Die Lernenden sollen Wissen
und Einsichten über komplexe Ökosysteme gewinnen und zum umweltver-
antwortlichen Handeln motiviert werden.

Feinziel: Die Lernenden sollen die verschiedene Teile einer Sprosspflanze
(Wurzel, Stängel/Stamm, Blätter/Blüten)
vollständig aus dem Gedächtnis aufzählen können.

Bild 13-1: Hierarchie der Lernziele

Daraus folgt, dass die drei Dimensionen »nicht getrennt voneinander betrachtet werden dürfen. Sinnvoll ist es vielmehr, überall dort, wo in der Lern-
ziel-Formulierung nur eine der drei Dimensionen ausgedrückt wird, nach dem
Verbleib der anderen beiden zu fragen« (*Meyer, Hi.* 1974, 107).

Bei der Stufung werden Unterrichtsziele in eine logisch begründete Abfolge gebracht, d. h. vertikal differenziert. In dem bekanntesten Versuch einer
Taxonomie der Unterrichtsziele, der »Taxonomy of Educational Objectives«
(TEO), werden die Unterrichtsziele der affektiven und der kognitiven Dimension in zwei getrennten Skalen angeordnet (vgl. *Krathwohl* u. a. 1964; *Bloom*
u. a. 1972).

Die Stufung von Lernzielen hat sich vor allem im Bereich der kognitiven
Dimension bewährt. Für die affektive und psychomotorische Dimension erwies sie sich als theoretisch ungenügend fundiert und wenig praktikabel. Anwendung findet auch heute noch vor allem die Grundidee, die Lernziele der
kognitiven Dimension nach aufsteigender Komplexität zu ordnen.

Neben der genannten Taxonomie existiert eine Vielzahl von weiteren Vorschlägen zur Dimensionierung und Stufung von Unterrichtszielen. So formulierte z. B. der Deutsche Bildungsrat (1970) für den kognitiven Bereich die Stufen: Reproduktion (Wiedergabe von Sachverhalten), Reorganisation (selbständige Neuordnung bekannter Sachverhalte), Transfer (Übertragung von Grundprinzipien auf neue, ähnliche Aufgaben) und Problemlösen (Lösen neuartiger

183

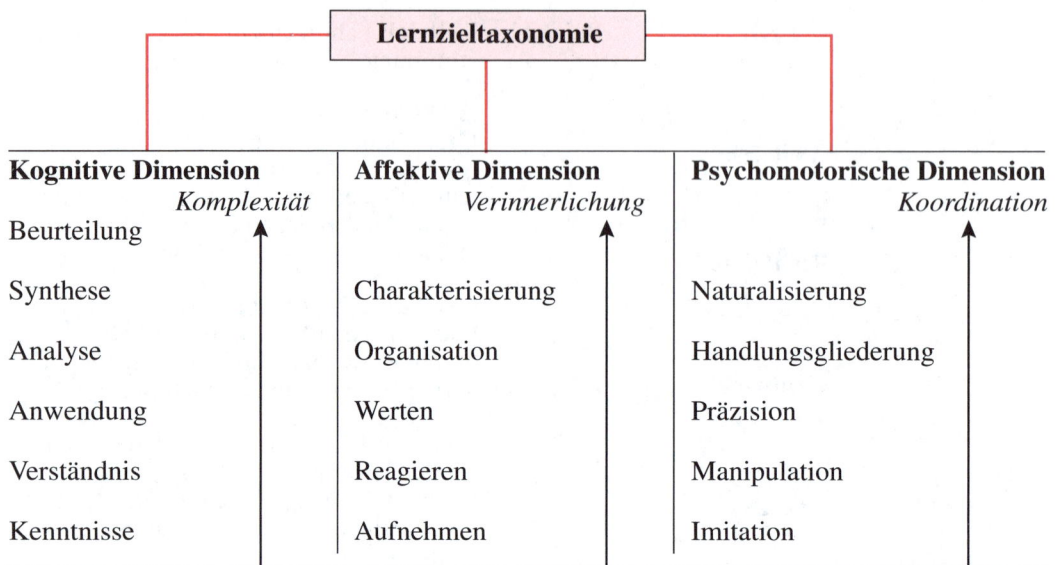

Kognitive Dimension	Affektive Dimension	Psychomotorische Dimension
Komplexität	*Verinnerlichung*	*Koordination*
Beurteilung		
Synthese	Charakterisierung	Naturalisierung
Analyse	Organisation	Handlungsgliederung
Anwendung	Werten	Präzision
Verständnis	Reagieren	Manipulation
Kenntnisse	Aufnehmen	Imitation

Bild 13-2: Lernzieltaxonomie

Aufgaben bzw. Finden neuartiger Erklärungen). Weitere Lernzielklassifikationen wurden z. B. von *Klingberg* (1972), *Tyler* (1973) und *Ausubel* u. a. (1980) entwickelt (vgl. Anforderungsbereiche, KMK 2004 a).

15.5 ◄

Neben den beschriebenen Taxonomien, die vor allem auf verschiedenen Bereichen und Stufen des Lernens basieren, existieren in der Praxis weitere – insbesondere fachdidaktisch relevante – Einteilungen der Unterrichtsziele, die stärker auf die Art der Lerninhalte bzw. den Fachbezug abheben. So können allgemeine, fachspezifische und fachübergreifende Unterrichtsziele unterschieden werden. Des Weiteren werden Ziele, die fachliche Inhalte betreffen, als stoffliche, inhaltliche oder materiale Unterrichtsziele bezeichnet. Ziele, die auf Arbeitsweisen oder Prozesse abzielen, werden formale, instrumentelle oder verfahrensorientierte Unterrichtsziele genannt.

Die für den Biologieunterricht bedeutsamen allgemeinen Unterrichtsziele können als Fähigkeiten, Fertigkeiten und Einstellungen aufgelistet und entsprechend den Zieldimensionen zugeordnet werden (vgl. *Kattmann/Schaefer*

Tab. 13-1 ◄ 1974; *Esser* 1978; *Klopfer*, zitiert in *Falkenhan* 1981, Bd. 1, 316 f.).

13.4 Operationalisierung von Unterrichtszielen

Unterrichtsziele sollen möglichst eindeutige und präzise Angaben darüber enthalten, was im Unterricht gelernt werden soll. Ein Weg, dieser Forderung zu entsprechen, ist die Operationalisierung. Ziele gelten nach *Mager* (1974) als

Allgemeine Fähigkeiten und Fertigkeiten

Kognitive Dimension

- Beobachten können
- Abstrahieren können
- Transfer vollziehen können
- Systematisieren können (ordnen, klassifizieren, hierarchisieren, Beziehungen erfassen)
- Logisch schließen können
- Probleme lösen können (Probleme stellen oder erkennen, Lösungshypothesen aufstellen, Konsequenzen aus den Hypothesen ableiten, Wege zur empirischen Kontrolle finden)
- Modelle bilden können (Einordnen von Wissen in ein Modell, Herleiten von Hypothesen aus einem Modell, Überprüfen einer Modellvorstellung, Erkennen von Grenzen eines Modells)

Kognitive und psychomotorische Dimension

- Diagramme anfertigen und lesen können
- Verbalisieren können (sich sprachlich sachgemäß ausdrücken können, Informationen in Sprache umsetzen)
- Informationen beschaffen können
- Umweltbezug herstellen können (Einordnung und Anwendung des Wissens im Zusammenhang des alltäglichen Lebens)
- Experimentieren können (manuell mit Geräten operieren, Versuche planen und durchführen)
- Ökonomisch arbeiten können (zielorientiert handeln, technische Hilfen sinnvoll anwenden, die Zeit sinnvoll einteilen, neue Situationen rasch bewältigen)

Allgemeine Einstellungen

Affektive Dimension

- Bereitschaft zum ständigen Lernen und Umlernen
- Offenheit für sinnliches Erleben
- Bereitschaft zu Kritik und Selbstkritik
- Entscheidungsfreudigkeit (Mut zum Setzen von Prioritäten und Wertungen)
- Bereitschaft zur Objektivität (wahrheitsgemäße Ermittlung und Weitergabe von Sachverhalten)

Affektive und psychomotorische Dimension

- Bereitschaft und Fähigkeit zum Leben in der Gemeinschaft (Bereitschaft und Fähigkeit zur Mitarbeit, Toleranz gegen Andersdenkende)
- Aufgeschlossenheit für die Belange des eigenen Körpers (Bereitschaft zur Anwendung von Kenntnissen auf Körperpflege und gesunde Lebensführung)
- Bereitschaft und Fähigkeit zur Pflege von Pflanzen und Tieren
- Bereitschaft und Fähigkeit, sich für die Erhaltung der natürlichen Umwelt einzusetzen und verantwortlich zu handeln

Tabelle 13-1: Allgemeine Unterrichtsziele für den Biologieunterricht (nach *Kattmann/Schaefer* 1974 und *Esser* 1978)

185

operationalisiert, wenn ein beobachtbares und somit messbares Lernerverhalten angegeben wird. Gebräuchlich sind Formulierungen wie »beschreiben«, »nennen«, »erklären«, »vergleichen«, »angeben«, »aufzählen«. Nur subjektiv erschließbare Vorgänge wie »Erkennen« oder »Fühlen« erfüllen das Kriterium nicht. Operationalisierte Lernziele haben daher folgende Teile:

Tabelle 14-3 ◄

- ■ Beschreibung des (beobachtbaren) angestrebten Lernerverhaltens;
- ■ Bezeichnung der Gegenstände und der Situationen, auf die sich das Verhalten bezieht;
- ■ Angabe der Beurteilungsmaßstäbe, nach denen das angestrebte Verhalten als erfüllt gilt (vgl. *Mager* 1974).

Diesen Kriterien entspricht zum Beispiel das folgende Unterrichtsziel: Mehr als 80% der Lernenden sollen von zehn vorgegebenen blühenden Pflanzen der Familien Rosengewächse, Lippenblütler, Kreuzblütler und Schmetterlingsblütler mindestens acht den genannten Familien richtig zuordnen können.

Gegen eine strenge Operationalisierung von Unterrichtszielen werden vor allem drei Argumente ins Feld geführt:

1. Präzisierte Lernziele engen die Lehrfreiheit der Lehrperson über Gebühr ein.
2. Streng operationalisierte Lernziele erlauben den Lernenden nicht mehr, das Unterrichtsgeschehen mitzubestimmen.
3. Präzisierte Lernziele orientieren sich vor allem an überprüfbarem Verhalten. Dadurch treten ethische und erzieherische Aufgaben des Unterrichts, die sich weitgehend einer operationalen Formulierung und Kontrolle entziehen, in den Hintergrund. So wurden in einer Untersuchung Lehrer auf das Operationalisieren von Unterrichtszielen trainiert. Die aufgestellten operationalisierten Ziele wurden mit denjenigen Unterrichtszielen verglichen, die vor dem Training von denselben Lehrern zu denselben Themenbereichen formuliert worden waren. »Die Operationalisierung (nach *Mager*) hat die emotional-affektiven, die ethischen und die formalen Ziele stark reduziert« (*Frey/Lattmann* 1971, 124).

13.5 Schlüsselqualifikationen zur Bewältigung von Beruf und Alltag

Zu Beginn der 80er Jahre wurde innerhalb der beruflichen Bildung das traditionelle System der Lernziele durch so genannte Schlüsselqualifikationen ergänzt. Darunter versteht man relativ langfristig verwertbare Kenntnisse, Fähigkeiten, Fertigkeiten und Werthaltungen als überfachliche Qualifikationen zur Bewältigung beruflicher Anforderungen (vgl. *Orth* 1999).

Schlüsselqualifikationen haben in den vergangenen Jahren auch Eingang in die allgemeine Bildungsdiskussion gefunden (vgl. z. B. Bildungskommission NRW 1995; *Schecker* u. a. 1996). Mittlerweile muss sogar eine gewisse Inflation der Schlüsselqualifikationen konstatiert werden. So wurden in einer

Fachliche Qualifikationen. Konzeptuelles Denken, logisches und abstraktes Denken, vernetztes Denken, Transferfähigkeit, Problemlösefähigkeit.

Methodische Qualifikationen. Informationstechnische Qualifikationen, Lern- und Arbeitstechniken.

Personale Qualifikationen. Lern- und Leistungsbereitschaft, Verantwortungsbewusstsein, Ausdauer, Zuverlässigkeit, Sorgfalt und Gewissenhaftigkeit, Selbständigkeit, Kreativität, ethisches Urteilsvermögen.

Kommunikative Qualifikationen. Ausdrucksfähigkeit, Diskussionsfähigkeit, Präsentationstechniken.

Soziale Qualifikationen. Kooperationsbereitschaft, Teamfähigkeit, Konflikt- und Kritikfähigkeit, Toleranz, Solidarität.

Schlüsselqualifikationen

Bestandsaufnahme 654 verschiedene Schlüsselqualifikationen aufgelistet (*Didi* u. a. 1993). Die zehn am häufigsten genannten sind: Kommunikationsfähigkeit, Kooperationsfähigkeit, Denken in Zusammenhängen, Flexibilität, Kreativität, Selbständigkeit, Problemlösefähigkeit, Transferfähigkeit, Lernbereitschaft und Durchsetzungsvermögen.

Der Erfolg des Konzepts der Schlüsselqualifikationen ist vor allem darauf zurück zu führen, dass es mehrere Aspekte integriert, die über die herkömmliche Klassifikation der Unterrichtsziele hinausgehen. Schlüsselqualifikationen

■ setzen den Schwerpunkt auf das Erlernen kognitiver Fähigkeiten, wie z. B. Problemlösen, die in zahlreichen Inhaltsbereichen *universell anwendbar* sein sollen.

■ fokussieren auf das Erlernen von Strategien, sich neues Wissen zu erschließen, d. h. auf *Lern- und Denkstrategien*, die den Erwerb von Wissen und die Vernetzung von Wissensbeständen steuern. Sie antizipieren damit das Konzept des »Lebenslangen Lernens«.

■ integrieren *kommunikative und soziale Qualifikationen*, die auf Grund von Veränderungen in der Arbeitswelt (Teamwork, Dienstleistungen, moderne Kommunikationstechnik) von großer Bedeutung sind.

Allerdings muss kritisch gefragt werden, ob das Konzept der Schlüsselqualifikationen diese Ansprüche einlösen kann. So bezieht sich die umfangreiche Kritik vor allem auf die mangelnde wissenschaftliche Fundierung sowie Definitions- und Überprüfungsprobleme (*Gonon* 1996).

187

13.6 Kompetenzen als Ziele von Bildung

Parallel zur Diskussion um Schlüsselqualifikationen hat auch der Begriff der Kompetenzen verstärkt Eingang in die Bildungsdiskussion gefunden. Insbesondere die Formulierung von Bildungsstandards der Sek. I, des Kerncurriculums der Sek. II sowie der Einheitlichen Prüfungsanforderungen für das Abitur (EPA) baut auf Kompetenzformulierungen auf (vgl. *Harms* u. a. 2004; KMK 2004 a; b; *Mayer* u. a. 2004).

■ Kompetenz bezeichnet die Befähigung und Motivation einer Person, bestimmte Probleme zu lösen und die Problemlösungen in variablen Situationen erfolgreich und verantwortungsvoll nutzen zu können.

Die Kompetenz basiert auf den erlernten kognitiven Fähigkeiten und Fertigkeiten einer Person, sowie auf den damit verbundenen motivationalen, volitionalen (d. h. handlungssteuernden) und sozialen Bereitschaften und Fähigkeiten. Das wissenschaftliche Konzept der Kompetenzen hebt sich damit von den klassischen Lernzielen in folgenden Punkten ab:

13.3 ◄

- ▨ Kompetenzen zielen weniger auf Wissen als auf *Können*. Das Wissen hat damit funktionale Bedeutung für die Befähigung, in verschiedenen Situationen kompetent handeln zu können.
- ▨ Kompetenzen enthalten eine Vielzahl von Komponenten, wie Wissen, Können, Verstehen, Handeln, Motivation. Sie werden daher auf einem *höheren Allgemeinheitsniveau* als Lernziele formuliert.
- ▨ Kompetenzen werden zwar fachspezifisch formuliert, zielen aber auf eine Befähigung in verschiedenen Situationen; ihnen ist damit der Gedanke der *Transfers von Fähigkeiten* inhärent.
- ▨ Kompetenzbeschreibungen basieren auf den *Theorien der Wissens- und Lernpsychologie* und weniger auf der Curriculumtheorie (Lernziele) oder Arbeitsanforderungen (Qualifikationen).

Kompetenzbeschreibungen haben insbesondere Eingang in die *Bildungsstandards* gefunden (*Klieme* u. a. 2003, KMK 2004 b; *Frank/Gropengießer* 2005). Dort sind Basiskonzepte sowie Kompetenzbereiche beschrieben und dazugehörige Kompetenzen als Standards festgelegt.

3.4.3 ◄

Tab. 13-2 ◄

Die in den Bildungsstandards beschriebenen Kompetenzen sollen in so genannten *Kompetenzmodellen* systematisch geordnet und dabei so konkret beschrieben werden, dass sie in Aufgabenstellungen umgesetzt und mit Testverfahren erfasst werden können. „Kompetenzmodelle erfüllen in Bezug auf Bildungsstandards zwei Zwecke: Erstens beschreiben sie das Gefüge der Anforderungen, deren Bewältigung von Schülern erwartet wird (Komponentenmodell); zweitens liefern sie wissenschaftlich begründete Vorstellungen darüber, welche Abstufungen eine Kompetenz annehmen kann bzw. welche Grade oder Niveaustufen sich bei den einzelnen Schülern feststellen lassen (Stufenmodell)" (*Klieme* u. a. 2003, 61).

Kompetenzbereiche	Kompetenzen (Beispiele)
Fachwissen	Lebewesen, biologische Phänomene, Begriffe, Prinzipien, Fakten kennen und den Basiskonzepten zuordnen
Erkenntnisgewinnung	Beobachten, Vergleichen, Experimentieren, Modelle nutzen und Arbeitstechniken anwenden
Kommunikation	Informationen sach- und fachbezogen erschließen und austauschen
Bewertung	Biologische Sachverhalte in verschiedenen Kontexten erkennen und bewerten

Tabelle 13-2: Kompetenzbereiche der Bildungsstandards des Faches Biologie (KMK 2004 b)

Neben der Einteilung der Kompetenzen in verschiedene Komponenten (Teildimensionen bzw. Kompetenzbereiche) kommt daher der Charakterisierung der unterschiedlichen *Kompetenzstufen* in einem Kompetenzmodell eine besondere Bedeutung zu. Mit ihnen werden Maßstäbe beschrieben, anhand derer Leistungsniveaus oder Entwicklungsstufen klassifiziert werden können. Jede Stufe ist dabei durch Handlungen und mentale Operationen von bestimmter Qualität spezifiziert, die die Lernenden auf dieser Stufe bewältigen können, nicht aber Lernende auf niedrigerer Stufe.

Bei der Festlegung der verschiedenen Stufen können unterschiedliche Aspekte eine Rolle spielen, z. B. ein zunehmend routiniertes und flexibles Anwenden von Wissen auf den höheren Niveaus, zunehmend wissenschaftliches Verständnis von Konzepten und Methoden sowie deren Vernetzung, zunehmend elaborierte Problemlösestrategien oder unterschiedliche Anteile an Facetten wie Wissen, Verständnis und Problemlösen (vgl. *Bybee* 2002; *Rost/ Laussröer/Raack* 2003; *Hammann* 2004; *Mayer/Teichert/Brümmer* 2006). Da noch keine empirisch abgesicherten Kompetenzmodelle vorliegen, basiert die Formulierung der KMK-Bildungsstandards zunächst auf den *Anforderungsbereichen*, die den Einheitlichen Prüfungsanforderungen in der Abiturprüfung Biologie zu Grunde liegen (KMK 2004 a). ▶ 15.5

189

14 Unterrichtsplanung

Die Unterrichtsplanung gehört zu den wichtigsten und zeitaufwändigsten Aufgaben von Lehrenden. Dabei werden die Bedingungen des zu gestaltenden Unterrichts geklärt und unter Beachtung der Zusammenhänge Entscheidungen über Ziele, Inhalte und Methoden getroffen. Dies immer in der Absicht, möglichst fruchtbare Lehr-Lernprozesse zu entwerfen. Gute Unterrichtsplanung trägt so zur Verbesserung des Unterrichts bei. Sie ist weiterhin ein Mittel, den Lehrenden etwas von ihrer Unsicherheit zu nehmen. Nicht zuletzt kann Unterrichtsplanung auch zu einem besseren Verständnis des Unterrichtsprozesses führen.

Ein wichtiger Teil der Unterrichtsplanung ist die Formulierung von Lernaufgaben. Im Unterricht können Aufgaben unterschiedliche Funktionen erfüllen: einerseits fördern sie Lernen, andererseits dienen sie der Leistungsmessung. Beim Einsatz von Lernaufgaben ist auch eine neue Fehlerkultur notwendig: Fehler sind auch Lernchancen.

Wichtige erschließende Begriffe: Aufgabenkultur, Didaktische Strukturierung, Fehler, Kompetenzen, Lehrplan, Lernaufgaben, Lernerperspektiven, Testaufgaben, Unterrichtsentwurf, Verlaufsform

Bearbeitet von *Harald Gropengießer*

14.1 Zum Begriff »Unterrichtsplanung«

Die Bezeichnung »Unterrichtsplanung« wird meist in demselben Sinne verwendet wie das Wort »Unterrichtsvorbereitung« (vgl. *Beckmann/Biller* 1978; *Chiout/Steffens* 1978; *Dichanz/Mohrmann* 1980; *Schulz* 1981; *Meyer, Hi.* 1999). Aber bei der Vorbereitung von Unterricht ist es nicht damit getan, lediglich einen Plan im Sinne einer Gedankenskizze zu entwerfen, sondern es geht zusätzlich um das Bereitstellen von Medien, das Herrichten des Arbeitsraumes oder das Erkunden eines Exkursionsortes. Daneben spielt auch das Sich-Einstellen auf den Unterricht eine Rolle, und in einem weiten Verständnis kann man sogar das Bemühen um eine gute Atmosphäre in einer Lerngruppe als Bestandteil einer langfristigen Vorbereitung des künftigen Unterrichts betrachten. Im Folgenden wird immer dann, wenn von der rein gedanklichen Vorwegnahme von Unterricht die Rede ist, das Wort »Unterrichtsplanung«, sonst die Bezeichnung »Unterrichtsvorbereitung« verwendet.

Weiterhin ist die Planung als Prozess zu unterscheiden vom Plan als Produkt, genauso wie das Entwerfen vom Entwurf. Der Unterrichtsplan oder Unterrichtsentwurf ist schließlich mit dem tatsächlichen Unterricht zu vergleichen. Dies wird in der »Reflexion« oder Nachbesinnung geleistet. Die *Nachbesinnung* geht meist direkt in die Planung des weiteren Unterrichts über.

190

Unterrichtsplanung geschieht am unteren Ende einer Hierarchie: Amtliche und schulische Lehrpläne bestimmen weitgehend die Planung für ein Schuljahr. Bei der mittel- und kurzfristigen Planung bleibt jedoch ein relativ weiter Entscheidungsspielraum.

14.2 Lehrpläne

Lehrpläne sind amtliche oder schulische Dokumente zur Regulierung des Unterrichts, in denen mindestens inhaltliche Vorgaben gemacht werden, und zwar für bestimmte Schularten, Schulstufen, Fächer oder Lernbereiche in bestimmten Jahrgangsstufen. Ist der Entscheidungsspielraum der Lehrenden groß, spricht man eher von »Richtlinien« oder »Rahmenrichtlinien«. Bestehen dagegen die Vorgaben aus einem System von Lern- und Lehrelementen mit mehreren unterschiedlichen Teilen, wie Lernzielen, Lerninhalten, Angaben über Tätigkeiten von Lehrern und Schülern (Lehrverfahren, Arbeitsweisen, Unterrichtsorganisation) und Evaluationsverfahren (Tests), handelt es sich um ein Curriculum im Sinne der Diskussion um die Reform der Lehrpläne in den siebziger Jahren des vergangenen Jahrhunderts. »Ein Curriculum ist ein in allen seinen Teilen operationalisierter Lehrplan« (*Kattmann* 1971 a, 114). Heute wird aber der Terminus auch für weniger anspruchsvolle Lehrpläne verwendet, wenn von »Kerncurriculum« oder »Schulcurriculum« oder gar von »curricularen Vorgaben« die Rede ist.

▶ 2.6

Die Biologielehrpläne sind von Bundesland zu Bundesland unterschiedlich und nicht immer zwischen den Schularten abgestimmt. Davon zeugen die Dokumente der Lehrplan-Datenbank (KMK 2005). Schüler und Eltern, die das Bundesland wechseln, mag dies an Kleinstaaterei erinnern. Zumindest die Lehrpläne der Bundesländer sollten im Interesse der Freizügigkeit aufeinander abgestimmt werden. Dies gilt auch für die Bildungssysteme in Europa über die Staatsgrenzen hinweg. Einen Schritt in diese Richtung stellen die Bildungsstandards im Fach Biologie für den Mittleren Schulabschluss (KMK 2004 b) dar. In der Vereinbarung verpflichten sich die Länder, diese Bildungsstandards zu übernehmen und die Lehrpläne, die Schulentwicklung und die Lehreraus- und -fortbildung daran auszurichten.

▶ 2.6.5

Aufgrund der teilweise rasanten Entwicklungen in der Gesellschaft, den Biowissenschaften und der Biologiedidaktik sind von Zeit zu Zeit veränderte und erneuerte Lehrpläne notwendig. Hier haben Verbände wie VDBiol oder MNU mit Rahmenplänen oder Empfehlungen Anstöße gegeben und Richtung gewiesen (z. B. VDBiol 2000). Noch weiter geht die American Association for the Advancement of Science, die eine Art Werkzeugkasten für Lehrplanmacher entwickelt hat (*Rutherford/Ahlgren* 1990; Project 2061 1993).

▶ 2.6.2

Noch immer hat sich der Erstellungsprozess von Lehrplänen kaum gewandelt. Meist tagen kleine Kommissionen, anfänglich unter Geheimhaltungspflicht. Anhörungen finden in der Regel erst statt, wenn die wesentlichen Entscheidungen bereits getroffen sind. Biologiedidaktische Fachleute werden häufig nicht oder erst bei der Begutachtung beteiligt (vgl. *Staeck* 1996).

14.3 Sinn und Bedeutung der Unterrichtsplanung

Gelegentlich gelingen unvorbereitete Unterrichtsstunden gut; und manchmal hinterlässt ein gut vorbereiteter Unterricht Unzufriedenheit. Daraus zu schließen, Unterrichtsvorbereitung sei nicht notwendig, ist aber unprofessionell. Denn schulischer Unterricht ist prinzipiell zielorientiertes, absichtsvolles Handeln und kann durch Planung optimiert und in seiner Wirkung verbessert werden. Unterrichtsplanung dient somit der Zielorientierung. Mehr oder weniger ungeplanter Unterricht hat aber als *Gelegenheitsunterricht* oder »Fünf-Minuten-Biologie« und in Vertretungsstunden durchaus seinen Platz (vgl. *Stichmann* 1992; *Teutloff/Oehmig* 1995; *Meyer, Hi.* 1998).

Bild 1-3 ◀   Unterrichtsplanung gibt der Lehrperson auch Sicherheit in einem komplexen Geschehen. Für voraussehbare Situationen können Gestaltungsmöglichkeiten gedanklich neben einander gestellt und in Ruhe auf ihre Vor- und Nachteile hin bewertet werden. Die intensive Beschäftigung mit dem Planungsprozess führt auch zu einem vertieften professionellen Verständnis des Lehrens und Lernens, was sich u. a. im Erwerb und Gebrauch einer (fach-)didaktischen Fachsprache äußert.

Schließlich dient vor allem der »Unterrichtsentwurf« der *Evaluation* des Unterrichts und des Lehrenden (vgl. *Meyer, Hi.* 1999). Nur auf der Basis schriftlicher Planungsunterlagen lässt sich diskutieren, in welchem konzeptionellen Zusammenhang eine beobachtete Unterrichtsstunde steht und ob es dem Unterrichtenden gelungen ist, die Durchführung des Unterrichts in eine sinnvolle Beziehung zu seinen Intentionen zu bringen.

Eine oft übersehene Funktion von Unterrichtsplanungen ist die der Dokumentation (vgl. *Dichanz/Mohrmann* 1980) für den eigenen Gebrauch. Gelungene Unterrichtsentwürfe bilden aber auch die Grundlage für Publikationen und kommen in dieser Form einem größeren Kreis von Lehrern zugute (vgl. z. B. *Killermann* 1980 b; »Unterrichtsmodelle« in biologiedidaktischen Zeitschriften). Sie können besonders Lehramtsstudierenden und Berufsanfängern als Hilfsmittel zur eigenen Unterrichtsvorbereitung dienen.

Zwei Gefahren gilt es zu begegnen:

■ Planung kann als einengend empfunden werden: Die Lehrperson meint, sich an den fixierten Plan halten zu müssen, und unterlässt spontane (Re-) Aktionen und notwendige Exkurse.

■ Die Lehrkraft lässt die Schüler weder direkt an der Planung teilhaben noch berücksichtigt sie in ausreichendem Maße deren Lernvoraussetzungen.

Beide Gefahren beruhen auf Missverständnissen von Aufgaben und Grenzen der Unterrichtsplanung. Eine vernünftige Planung ist dadurch gekennzeichnet, dass sie nicht alle Lehrer- und Schülerhandlungen festlegt, sondern Alternativen aufzeigt und so mehrere unterrichtliche Wege bzw. Umwege überhaupt erst offen hält. Im Grunde besteht die »Kunst der Unterrichtsvorbereitung« darin, durch Planung eine größtmögliche, zielbezogene Offenheit des Unterrichts zu ermöglichen. Unterrichtsverlauf und Unterrichtsentwurf müssen somit keineswegs vollständig übereinstimmen; starke Abweichungen sollten aber zu einer sorgfältigen Nachbesinnung Anlass geben.

■ Die Forderung nach sorgfältiger Planung wird durch Schülerorientierung nicht ausgeschlossen, vielmehr ist diese eines ihrer Kernelemente.

14.4 Der Prozess: Unterricht planen

Unterrichtsplanung ist ein Vorgang, bei dem auf der Grundlage von festgestellten oder angenommenen Bedingungen rationale und begründete Entscheidungen über einen zukünftigen Unterricht mit seinen Handlungsspielräumen und Gestaltungsmöglichkeiten getroffen werden. Allein schon wegen der vielen zu beachtenden Fragen (s. Didaktisches System) und der wechselseitig von einander abhängigen Entscheidungen (s. Fachdidaktisches Triplett) gibt es keine Handlungsvorschrift, keinen Algorithmus, nach der alle Kundigen zum selben Ergebnis gelangen könnten. Aber es gibt eine Reihe von pragmatischen Vorschlägen zur Unterrichtsvorbereitung (z. B. *Klafki* 1964; *Kramp* 1964; *Heimann/Otto/Schulz* 1977; *Meyer, Hi.* 1999). ▶ Bild 1-3 ▶ Bild 1-1 ▶ 1.2

Hier wird ein Schema zur Unterrichtsplanung vorgeschlagen, welches – geleitet vom Modell der *Didaktischen Rekonstruktion* (*Kattmann* u. a. 1997) – die aus fachdidaktischer Sicht wichtigen Planungsaufgaben besonders in den Blick nimmt. Die einzelnen Planungsaufgaben werden jeweils soweit vorangebracht, wie es die Abhängigkeiten von den anderen Planungsaufgaben erlauben. Die Abfolge kann im Planungsprozess nicht rein linear sein, vielmehr muss man mehrfach zwischen den Aufgaben hin- und hergehen, um zu einem stimmigen Ergebnis zu kommen. Die Aufgaben werden also abwechselnd entsprechend (weiter-)bearbeitet. Das Schema ist besonders geeignet, die Unterrichtsplanung für Biologiestunden in Ausbildungs- und Prüfungssituationen zu leiten und die schriftlichen Unterrichtsentwürfe zu gliedern. ▶ 3.2.1 ▶ 14.5

Erste Überlegungen zum Unterrichtsthema werden unterstützt und bereichert durch das Zusammentragen von bereits entwickelten Unterrichtsvorschlägen aus einschlägigen Zeitschriften und Handbüchern. Die (vorläufigen) Überlegungen sollten sich an Kriterien der Inhaltsauswahl und Methodenkonzepten orientieren. Für die Zielfindung werden zunächst die entsprechenden Bildungsstandards und Kompetenzen bzw. Lehrpläne herangezogen. Sie können das Unterrichtsthema (formal) legitimieren, was aber eine eigene didak- ▶ 3.2 ▶ 3.4 ▶ 16.2 ▶ 13 ▶ 14.2

193

tische Begründung nicht ersetzen sollte. Lehrpläne lassen in jedem Fall Gestaltungsspielräume für die Lehrenden. Diese Themen sollten dann aber besonders sorgfältig begründet werden.

Das *Berücksichtigen der schulischen Voraussetzungen* ist besonders wichtig, z. B.: Welche im weitesten Sinne biologischen Berufe sind in der Nähe der Schule vertreten? Welche biologischen Standorte sind lohnend und erreichbar? Stehen Fachräume und Doppelstunden für experimentelles Arbeiten zur Verfügung? Wie ist die Sammlung ausgestattet? Welche Naturobjekte können beschafft werden? Welche Geräte und Medien stehen zu Verfügung? Reicht die Ausstattung für die Klassengröße?

Die *Lernerperspektiven* sind zu *berücksichtigen*, wenn Unterricht fruchtbar sein soll. Denn Lernen kann immer nur von den Vorstellungen, Einstellungen, Werthaltungen, Kompetenzen und Fertigkeiten der Lernenden ausgehen und diese dabei verändern. Zu vielen Themen liegen inzwischen empirische Befunde vor. Oft ist es aber auch ausgesprochen lernwirksam, Unterrichtsabschnitte für die Bewusstmachung und Offenlegung der Vorstellungen, Einstellungen und Werthaltungen vorzusehen und bei der Erarbeitung von den unterschiedlichen Perspektiven der Lernenden auszugehen.

Die *Klärung der fachlichen Grundlagen* ist notwendig, weil die Gegenstände des Schulunterrichts nicht vom Wissenschaftsbereich vorgegeben sind, sie müssen vielmehr in pädagogischer Zielsetzung erst hergestellt werden. Die wissenschaftliche Sichtweise ist dabei immer der Primärliteratur oder wissenschaftlichen Lehrbüchern zu entnehmen – es genügt nicht, allein Schulbücher heranzuziehen. Hilfreich sind didaktische Veröffentlichungen zu verschiedenen Unterrichtsthemen, die neben so genannten Unterrichtsmodellen auch ausführliche Sachinformationen enthalten (vgl. »Basisartikel« der Themenhefte von »Unterricht Biologie«; *Eschenhagen/Kattmann/Rodi* 1989 ff.). Diese Publikationen ermöglichen nicht nur eine relativ einfache Information über den Unterrichtsgegenstand, sondern über die meist ausführlichen Literaturverzeichnisse auch einen vergleichsweise leichten Zugriff auf weiterführende Publikationen. In diesem Zusammenhang sind besonders solche fachwissenschaftlichen Zeitschriften zu nennen, die aktuelle Berichte aus der Forschung in allgemeinverständlicher Form bieten, z. B. »Bild der Wissenschaft«, »Biologie in unserer Zeit«, »Naturwissenschaftliche Rundschau«, »Spektrum der Wissenschaft«. Eine allgemeingültige »Sachstruktur«, die einem Artikel oder einem Lehrbuch zu entnehmen und nur zu analysieren wäre, gibt es aber nicht; vielmehr muss diese mit Blick auf die Lernenden und die Lernsituation erst aufgebaut werden (Didaktische Rekonstruktion).

In der *Didaktischen Strukturierung* laufen alle einzelnen Planungsaufgaben zusammen. Insbesondere durch In-Beziehung-Setzen der Lernerperspektiven mit den fachlich geklärten Aussagen und unter Berücksichtigung der Ziele

11 ◄

3.2 ◄

194

Erste Überlegungen zum Unterrichtsthema
Sammeln von Unterrichts-Ideen, -Entwürfen
und -Materialien, Abstecken des Feldes;
Didaktische Begründung des Themas;
vorläufige Festlegung des Unterrichtsthemas

Zielfindung
Lehrpläne heranziehen; Handlungsspielräume
bestimmen und begründete eigene Ziele formulieren; Kompetenzen und Kontexte auswählen

Schulische Voraussetzung berücksichtigen
Soziales und ökologisches Umfeld,
Klassengröße, Unterrichtszeit, -räume,
Medienausstattung der Schule

Lernerperspektiven berücksichtigen
Vermutete oder im Unterricht zu
erhebende Vorstellungen,
Einstellungen, Werthaltungen,
Kompetenzen und
Fertigkeiten der Lernenden

Fachliche Grundlagen klären
Aneignung des biologischen Wissens
zum Thema; kritische Analyse der
Theorien, Methoden und Termini
unter Vermittlungsabsicht

Didaktische Strukturierung
Didaktische Begründungen
Entwerfen einer Unterrichtseinheit unter
Berücksichtigung der Ziele, Voraussetzungen,
Lernerperspektiven und fachlichen
Grundlagen

Bild 14-1: Schema zur Unterrichtsplanung (vgl. *Meyer, Hi.* 1999; *Kattmann*
u. a. 1997)

und Voraussetzungen wird der geplante Lernprozess strukturiert. Dieser
Unterrichtsplan sollte auf *didaktischen Begründungen* beruhen, die – ange-
lehnt an die »Didaktische Analyse« (*Klafki* 1964) – Antworten auf die folgenden Fragen geben:

195

■ Die Frage nach der *Gegenwarts- und Zukunftsbedeutung* des Unterrichtsinhalts (Spielt der Inhalt bereits heute eine wesentliche Rolle? Ist er so bedeutsam, dass er eine größere Rolle im Leben der Lernenden spielen sollte?).

■ Die Frage nach der *Zugänglichkeit des Unterrichtsinhalts* (Ist der Gegenstand für alle Lernenden fassbar? Welche Rolle spielt er in ihren Vorstellungen? Welche Möglichkeiten gibt es, ihn für die Lernenden fragwürdig zu machen?)

■ Die Frage nach der *Exemplarität* der Unterrichtsinhalte (Warum wird gerade dieses Thema bzw. der und jener Einzelinhalt ausgewählt? Welches Phänomen, welcher allgemeine Sinn- oder Sachzusammenhang wird durch die unterrichtliche Behandlung erschlossen? Welche Bedeutung hat das Beispiel im wissenschaftlichen Zusammenhang?).

■ Der Unterrichtsplan kann nur fruchtbar werden, wenn – unter Beachtung der verfügbaren Vorstellungen – die erreichbaren Vorstellungsänderungen der Lernenden Vorrang in der Planung erhalten.

Dafür sind im Rahmen einer Zeitplanung geeignete Kontexte und Lernorte zu wählen. Es sind weiterhin Entscheidungen über die Unterrichtsmethodik (*Meyer, Hi.* 2004, 74 f.) zu treffen: grundsätzliche, wie die methodischen Großformen Lehrgang, Projekt- oder Fallstudie. Solche über die Unterrichtsschritte, wie z. B. Einstieg, Erarbeitung und Ergebnissicherung; solche über die dabei geplanten Handlungsmuster, wie z. B. Problemstellung, Hypothesenbildung, Experimentieren, Exkursion, Vortrag, Lehrgespräch und Textarbeit; und solche, wie die über Sozialformen (Plenumsunterricht, Gruppenunterricht, Partnerarbeit und Einzelarbeit). Nicht zuletzt sind auch Vorüberlegungen zur Auswertung als Voraussetzung für eine Evaluation notwendig. Es sollten auch Kriterien festgelegt werden, wann eine Unterrichtssequenz als gelungen gilt.

16.4 ◄

14.7 ◄

14.5 Der Unterrichtsentwurf

Das fixierte Ergebnis der Unterrichtsplanung, das vor allem in Prüfungssituationen von Bedeutung ist, wird meist als »schriftliche Unterrichtsvorbereitung« bezeichnet. Der Einfachheit halber wird im Weiteren der Ausdruck »Unterrichtsentwurf« verwendet. Ein Unterrichtsentwurf ist nützlich, weil er die Gedanken klärt, die Entscheidungen festhält und für die Nachbesinnung und für zukünftigen Unterricht dokumentiert. Zumindest die Darstellung des Unterrichtsverlaufs ist eine Gedächtnisstütze im Unterricht und kann manchmal auch zu einer Rettungsleine werden. Unterrichtsbeobachtern und Ausbildern verschafft der Unterrichtsentwurf notwendige Informationen über die Qualität der Planung und ist Grundlage des gemeinsamen Auswertungsgesprächs. Weiterhin wird mit dem Unterrichtsentwurf auch eine formale Forderung in Ausbildungs- und Prüfungssituationen erfüllt und kann selbst Gegenstand der Benotung sein.

Für die Gliederung des Unterrichtsentwurfs gibt es viele verschiedene Vorschläge, aber keine Norm. Im Folgenden wird im Wesentlichen eine in der Praxis bewährte Gliederung in Langform aufgelistet:

- *Formalia:* Name der Lehrperson, Schulort, Schule, Klasse bzw. Kurs, Fach, Tag, Stunde;
- *Thema* der Stunde bzw. Doppelstunde;
- Stellung der Stunde bzw. Doppelstunde im *Zusammenhang der Unterrichtseinheit;*
- Auflistung der *Unterrichtsziele;*
- planungsrelevante *schulische Voraussetzungen;*
- *Perspektiven der Lernenden* zum Unterrichtsthema (vermutete Vorstellungen, Einstellungen, Werthaltungen, Kompetenzen und Fertigkeiten);
- *Fachlich geklärte Grundlagen* des Themas (didaktisch rekonstruierte Sachstruktur);
- *Didaktische Begründung* des Themas, Erläuterungen zu den Gründen für wichtige Entscheidungen zur Unterrichtsmethodik;
- Skizze des geplanten *Unterrichtsverlaufs* (Tabellenform);
- Vorüberlegungen zur *Auswertung;*
- *Anhang:* Arbeitsblätter (mit Eintrag der Aufgabenlösungen), Informationsblätter, Entwurf des Tafelbildes (vgl. z. B. *Bühs* 1986), Vorlagen für Arbeitstransparente, Literaturliste, evtl. Sitzplan.

Während in den meisten Abschnitten des Entwurfs die Begründung von Entscheidungen im Mittelpunkt steht, geht es bei der Skizze des geplanten Unterrichtsverlaufs um die Ergebnisse dieser Planungsprozesse. Die *Verlaufsskizze* ist daher die wesentliche Orientierungshilfe für die Lehrperson während des Unterrichtens. An diesen Teil des Entwurfs sind daher vor allem zwei Forderungen zu stellen: Er soll prägnant und übersichtlich sein. Diesen Forderungen wird eine *Tabelle* gerecht. Die Ansichten darüber, welche Gesichtspunkte dabei zu berücksichtigen sind, gehen weit auseinander. Vielfach bewährt hat sich das als Tabellenkopf dargestellte Schema.

▶ Tab. 14-1

14.6 Gliederung des Unterrichts: Verlaufsformen

Für die notwendige Gliederung des Unterrichts in Unterrichtsschritte und Handlungsmuster wurden in normativer Absicht verschiedene Verlaufsformen, die Stufen- oder Artikulationsschemata, vorgeschlagen. (vgl. *Meyer, Hi.* 1987 a, 155 ff.; 1987 b, 95 ff.). Besonders einflussreich war *Johann Friedrich Herbart* (1776 bis 1841) mit seiner Theorie der Formalstufen. Danach vollzieht sich der Erkenntnisprozess in vier Schritten: Klarheit, Assoziation, Sys-

Zeit	Handlungsmuster	Sozialformen	Medien
8:00	*Unterrichtsschritte* (z. B. Einstieg)	*Plenumsunterricht*	
	(geplantes Lehrerverhalten und erwartetes Schülerverhalten werden beschrieben) z. B.: Der Behälter mit den (zirpenden) Grillen wird unter einem Tuch präsentiert. »Was hört ihr?« Die Lernenden beschreiben so genau wie möglich die Laute.		
8:10	*Erarbeitung*		
	Grillen in kleine, durchsichtige Behälter umsetzen und an den Tischen betrachten lassen …	*Gruppenunterricht*	*Karten zur Gruppeneinteilung*

Tabelle 14-1: Tabellenkopf der Verlaufsskizze

tem, Methode. Aus neuerer Zeit ist besonders das Artikulationsschema von *Heinrich Roth* bekannt geworden: Motivation, Schwierigkeiten, Finden der Lösung, Tun und Ausführen, Behalten und Einüben, Bereitstellung, Übertragung, Integration des Gelernten.

Große Bedeutung hat die Stufenfolge des Erkenntnisprozesses (Problemgewinnung, Problemlösung) in den Methodenkonzepten, z. B. des *Problemlösenden Unterrichts*. Besondere Beachtung verdient dabei der zu wählende Einstieg, und zwar sowohl in Hinblick auf die Motivierung der Lernenden wie auch bezüglich der Konsequenzen für den nachfolgenden Unterrichtsverlauf (vgl. *Berck* 1992; *Graf* 1995). Ebenso wenig sollte in diesem Zusammenhang die Ergebnissicherung vernachlässigt werden (vgl. *Heinzel* 1995).

16.2 ◄

Als »Artikulationsmodell«, das auch im nicht-experimentellen Biologieunterricht anwendbar ist, wird ein fünfgliedriges Vorgehen vorgeschlagen (*Killermann/Hiering/Starosta* 2005, 225 ff.):

■ Hinführung (zum Problem);
■ Problemfindung und Hypothesenbildung;
■ Erarbeitung (Problemlösung);
■ Transfer;
■ Sicherung des Lernerfolgs.

Ganz auf Vorstellungsänderungen ausgerichtet sind so genannte *konstruktivistische Unterrichtstrategien* (*Häußler* u. a. 1998, 214 ff.). Nach dem Vertrautmachen mit einem Phänomen (Orientierung) werden die Vorstellungen der Lernenden hervorgelockt. Die wissenschaftliche Sichtweise wird dann

198

eingeführt, was entweder durch Konfrontation oder durch Anknüpfen und Umdeuten geschieht. Die neuen Vorstellungen werden dann bewertet und angewendet und schließlich mit den ursprünglichen Vorstellungen verglichen.

Ein Drehbuch für den »normalen« Biologieunterricht beschreiben *Jürgen Langlet* und *Thomas Freimann* (2003): Hausaufgabenkontrolle, Stoffwiederholung, Themenstellung, Erarbeitung, Zusammenfassung bzw. Abbruch der Stunde. Anstelle solch stereotyper Ablaufmuster täte Phantasie und Abwechslung den Lehr-Lernprozessen im Biologieunterricht gut.

14.7 Reflexion und Verbesserung des Unterrichts

Die *Selbst-Evaluation*, d. h. die Beobachtung, Analyse und Verbesserung des eigenen Unterrichts, gehört zu den wichtigen Aufgaben einer Lehrkraft. Sie wird allerdings nicht immer mit der notwendigen Intensität wahrgenommen. Gerade viele »routinierte« Lehrkräfte reflektieren die im Unterricht gewonnenen Erfahrungen nur sehr pauschal oder punktuell und verfehlen dadurch das Ziel, den eigenen Unterricht ständig weiterzuentwickeln. Unter den Ursachen für diesen Mangel wird von den Betroffenen die Zeitknappheit besonders häufig erwähnt. Tatsächlich kann keine Lehrkraft, die das volle Stundensoll zu erfüllen hat, jede einzelne Unterrichtsstunde sorgfältig nachbereiten. Aber es gibt mehrere sinnvolle Wege, durch Reflexion den Unterricht zu verbessern.

Zunächst kann der Unterrichtsentwurf und -verlauf kritisch auf *Merkmale guten Unterrichts* durchgesehen werden, wie sie den heutigen Regeln der didaktischen Kunst entsprechen. Empirisch gut belegt sind die folgenden Ergebnisse der Unterrichtsforschung zu Maßnahmen mit hoher Effektivität (*Häußler* u. a. 1998, 229). Die Maßnahmen betreffen allerdings nur eng begrenzte, einzelne Aspekte des Unterrichts. Sie werden in absteigender Wirksamkeit aufgezählt:

- *Gute Leistungen verstärken* – aber nicht pauschal, sondern nur bestimmte Leistungen loben.
- *Nach einer Frage genügend lange warten* – 10 Sekunden und mehr!
- *»Alle Schüler schaffen es«*, d. h. 90% sollen bei regelmäßigen Tests 90% der Aufgaben schaffen – sonst wird wiederholt und es werden individuelle Hilfen gegeben.
- *Individuell zu den gelösten Hausaufgaben rückmelden*.
- *Kooperatives Lernen in kleinen Gruppen*, die für den Lernerfolg der Gruppenmitglieder verantwortlich sind.
- *Schülerversuche und praktisches Arbeiten* – aber keine rein mechanischen Tätigkeiten.

Aus der Sicht der Allgemeinen Didaktik hat *Hilbert Meyer* (2004) zehn Merkmale guten Unterrichts zusammengestellt, die sich auch auf empirische

199

Belege stützen, vor allem aber eine umfassende normative Orientierung bieten. Sie müssen allerdings fachdidaktisch konkretisiert werden. Aus den Forschungen zu Lernervorstellungen und Lernprozessen lassen sich für Biologiedidaktik spezifischere Regeln ableiten (vgl. *Häußler* u. a. 1998, 235):

- *Die jeweils verfügbaren Vorstellungen ernst nehmen.* Von den diversen vorunterrichtlichen Vorstellungen ausgehen und deren Veränderungen systematisch in die Planung einbeziehen. Lernen und Leisten klar trennen.
- *Die intensive Auseinandersetzung mit dem Lerngegenstand fördern.* Lernumgebungen gestalten, die Lernende an der Sache arbeiten lassen und sie zum Nachdenken über ihren Lernprozess anregen.
- *Leistungsmessung mit Diagnose und Lernberatung verknüpfen.*
- *Zeit für Vorstellungsänderungen geben.* Das Lernen von wissenschaftlichen Vorstellungen, die den alltäglichen widersprechen, braucht Zeit und mehrere Gelegenheiten.

Für die Reflexion sollten neben den Merkmalen des Unterrichts auch dessen Ziele und Ergebnisse herangezogen werden. Dabei sollten die Ansprüche an die Planung auch als Maßstäbe für die Reflexion des Unterrichts dienen (vgl. *Kattmann* 2004 c).

3.2.1 ◄

- Letztlich ist aber der Lernerfolg Maßstab einer Unterrichtsvorbereitung und des tatsächlichen Unterrichts.

14.8 ◄

Er kann u. a. mit *Aufgaben* oder allgemein durch *Evaluation der Schülerleistungen* im Vergleich zu Unterrichtszielen festgestellt werden. Die Auswertung kann aber auch in den Unterricht einbezogen und gemeinsam mit den Lernenden durchgeführt werden (*Meyer, Hi.* 1999). Dazu können z. B. die Ergebnisse der Unterrichtseinheit als Ausstellung oder als Broschüre veröffentlicht werden oder die Lernenden können eine Mappe (Portfolio) gestalten, wobei die Beurteilungskriterien vorher geklärt werden. Im Unterrichtsentwurf sind dazu allerdings Vorüberlegungen zur Auswertung notwendig.

15 ◄

- Verbesserungen der Unterrichtsplanung und -durchführung sind am ehesten von einer verstärkten Kooperation der Lehrpersonen untereinander zu erwarten.

Gemeinsame Unterrichtsvorbereitung, Austausch von Unterrichtsentwürfen, gegenseitiges Hospitieren mit anschließender Kritik oder Analysieren von videografierten Unterrichtsstunden, Mitwirkung an fachdidaktischen Entwicklungs- und Forschungsprojekten (vgl. *Dylla* 1978) führen direkt zur Optimierung des Unterrichts, indem sie den Blick der Beteiligten für die Parameter des Unterrichts schärfen. Dazu gibt es eine Reihe von Unterstützungsangeboten, wie Fortbildungen, Materialien und Handreichungen (*Duit/Gropengießer/Stäudel* 2004; SINUS-T 2005).

Eine noch zu wenig genutzte Möglichkeit zur Evaluation des eigenen Unterrichts sind anonym bleibende Äußerungen der Lernenden über den Unterricht.

1. **Klare Strukturierung des Unterrichts**, d. h. Prozess-, Ziel- und Inhaltsklarheit, Rollenklarheit, Absprache von Regeln, Ritualen und Freiräumen

2. **Hoher Anteil echter Lernzeit** durch gutes Zeitmanagement, Pünktlichkeit und Auslagerung von Organisationskram, sowie Rhythmisierung des Tagesablaufs

3. **Lernförderliches Klima** durch gegenseitigen Respekt, verlässlich eingehaltene Regeln, Verantwortungsübernahme, Gerechtigkeit und Fürsorge

4. **Inhaltliche Klarheit** durch Verständlichkeit der Aufgabenstellung, Plausibilität des thematischen Gangs, Klarheit und Verbindlichkeit der Ergebnissicherung

5. **Sinnstiftendes Kommunizieren** durch Planungsbeteiligung, Gesprächskultur, Sinnkonferenzen, Lerntagebücher und Schülerrückmeldungen

6. **Methodenvielfalt**, d. h. Reichtum an Inszenierungstechniken, Vielfalt der Handlungsmuster; Wechsel der Verlaufsformen und Ausbalancierung der methodischen Großformen

7. **Individuelles Fördern** durch Freiräume, Geduld und Zeit; durch innere Differenzierung und Integration; durch individuelle Lernstandsanalysen und abgestimmte Förderpläne; besondere Förderung von Schülern aus Risikogruppen

8. **Intelligentes Üben** durch Bewusstmachen von Lernstrategien, passgenaue Lernaufgaben, gezielte Hilfestellungen und gute Rahmenbedingungen

9. **Transparente Leistungserwartungen** durch ein an den Lehrplänen orientiertes, dem Leistungsvermögen der Lernenden entsprechendes Lernangebot und zügige förderorientierte Rückmeldungen zum Lernfortschritt

10. **Vorbereitete Umgebung** durch gute Ordnung, funktionale Einrichtung und brauchbares Lernwerkzeug

Wolfgang Zöller (1978) stellt einen Fragebogen mit zwölf vorgegebenen Aussagen zum Lehrerverhalten vor, zu denen sich die Schüler durch Ankreuzen auf einer Skala äußern können (z. B.: Der Lehrer »ist freundlich, und man hat leicht Zugang zu ihm«, »er regt seine Schüler zur Selbständigkeit an«). Mit über 50 Fragen wesentlich umfangreicher, und nicht nur auf Lehrerverhalten beschränkt, ist ein Schülerfragebogen (SINUS-T 2005) »Wie hast du den Unterricht erlebt?«

14.8 Lernaufgaben im Biologieunterricht

14.8.1 Zum Begriff »Lernaufgaben«

Unter »Aufgaben« verstehen *Peter Häußler* und *Gunter Lind* (1998) »wohldefinierte Probleme, die (mindestens) eine Lösung haben und deren Bearbeitung in relativ kurzer Zeit möglich ist«. Diese Begriffserklärung ist so weit, dass vielfältige Formen von Aufgaben darunter gefasst werden können. Mit Hilfe eines Kategoriensystems (*Fischer/Draxler* 2001; *Graf, D.* 2001 a) können vorhandene Aufgaben charakterisiert und je nach Bedarf auch modifiziert werden. Stellt man sich Kategorien als Achsen eines Koordinatensystems vor, und die Merkmale als Pole oder Einteilungen dieser Koordinaten, so entsteht ein vieldimensionaler Raum, in dem jede Aufgabe verortet werden kann.

Tab. 14-2 ◄

Hinsichtlich ihrer didaktischen Funktion können zwei verschiedene Formen von Aufgaben unterschieden werden: *Lernaufgaben* dienen der Aneignung, Sicherung und Anwendung von Wissen. *Testaufgaben* eignen sich für die Leistungsmessung oder Diagnose. Lernaufgaben sind Mittel, um die Qualität des Lernens im Biologieunterricht weiter zu entwickeln (*Mayer* 2004; *Hammann* 2006; *Leisen* 2006).

15 ◄

Als Reaktion auf das schlechte Abschneiden Deutschlands bei internationalen Schulleistungsvergleichen (TIMSS, PISA), in denen Testaufgaben verwendet werden, fordern Didaktiker einen vermehrten und verbesserten Einsatz von Lernaufgaben im Unterricht. In der Weiterentwicklung von Aufgabenstellungen und Form ihrer Bearbeitung wird ein beträchtliches Potential zur Verbesserung des Unterrichts gesehen. Besonders hervorgehoben werden Aufgaben, mit denen neuer Stoff erarbeitet wird, und Aufgaben, die der Konsolidierung und Übung des erworbenen Wissens dienen. Empfohlen werden Aufgabentypen, die mehrere Vorgehensweisen und unterschiedliche Lösungsmöglichkeiten zulassen (BLK 1997, 32 f).

Lernaufgaben sind schriftlich oder mündlich formulierte Lernangebote, die einen Informations- und einem Aufforderungsteil enthalten. Im *Informationsteil* wird auf einen Kontext verwiesen oder ein Phänomen beschrieben. Im *Aufforderungsteil* wird mindestens eine Anweisung gegeben oder eine Frage

Kategorie	Merkmale (Beispiele)
Inhaltsbereich (Kontext und Curriculum)	biologisch, chemisch, physikalisch, naturwissenschaftlich, ethisch u. a.; zytologisch, genetisch, ökologisch u. a.; Lehrplanthema X
Lösungswege	z. B. experimentelle, grafische und rechnerische oder textliche Lösungswege
Lösungstätigkeit	Antwort(en) auswählen (mutiple choice); zuordnen, umordnen, ergänzen, assoziieren, vergleichen, frei antworten, gestalten, deuten, beurteilen, kommunizieren, beobachten, experimentieren u. a.
Lösungshilfen	abgestuft; differenziert nach Kompetenz
Freiheitsgrad der Lösung	geschlossene oder offene Lösungswege bzw. Lösungen
Lösungskontrolle	eigene Überprüfung mit Musterlösungen oder Kategorienraster, fremdüberprüft durch Mitschüler oder Lehrende
zu erwartende lebensweltliche Vorstellungen/Dispositionen	Alltagskonzepte, soziale, motivationale, emotionale u. a. Bereitschaften
erforderliche Vorkenntnisse (Wissen, Fähigkeiten, Fertigkeiten)	biologische(s) Faktenwissen, Begriffe, Konzepte, Prinzipien und Theorien; Wissen über naturwissenschaftliches Denken und Arbeiten, Problemlösen; Fertigkeiten beim Beobachten, Experimentieren
erforderliche Kompetenzen	biologische Fragen erkennen; beim Beobachten, Beschreiben, Erklären und Vorhersagen etc. von biologischen Erscheinungen biologisches Wissen anwenden; biologische Belege nutzen, um Entscheidungen zu treffen und darzustellen

Tabelle 14-2: Kategorisierung von Aufgaben

gestellt, die auf die Lösung zielt. Die Lernenden sollen durch eine Aufgabe zu eigenständiger Lernarbeit, die auch in der Gruppe stattfinden kann, angeregt werden.

14.8.2 Lernaufgaben entwickeln und stellen

Ein »Rezept« zum Aufgabenstellen für Lehrkräfte könnte folgende Hinweise enthalten:
1. Formulieren Sie die mit dem Bearbeiten und Lösen der Aufgabe zu erwerbenden Fähigkeiten, wie beispielsweise »biologische Fragen erkennen«.

Durch das Lösen der Aufgabe zeigen die Lernenden die jeweilige erforderliche *Kompetenz.*

2. Wählen Sie ein biologisches Phänomen aus oder eine Situation, die mit Biologie zu tun hat – dies ist der *Kontext.* Der Kontext sollte möglichst einen persönlichen Bezug für die Lernenden haben, so dass Anknüpfungspunkte für Vorstellungen und Interessen geboten werden.

3. Stellen Sie fest, welche biologischen oder fachübergreifenden *Dispositionen* und *Vorkenntnisse* zur Lösung der Aufgabe notwendig sind. Entwickeln Sie möglichst begründete Vermutungen, ob oder zu welchem Grad die Lernenden über die entsprechenden Voraussetzungen verfügen oder ob sie sich dieses erschließen oder erarbeiten können.

4. Formulieren Sie den *Informationsteil knapp,* aber klar und verständlich. Manchmal genügt der Hinweis auf eine lebensweltliche Situation, aber oft sind auch Beschreibungen, Bilder, Diagramme oder Tabellen notwendig.

Tab. 14-3 ◄

5. Formulieren Sie eine oder mehrere *präzise Aufforderungen,* was zu tun ist oder was erwartet wird. Nutzen Sie dazu Arbeitsanweisungen, die zu beobachtbaren Tätigkeiten oder Produkten führen, sog. Operatoren. Auch wenn die Operatoren präzise sind, schließt dies keineswegs offene Aufgabenstellungen aus.

6. Geben Sie angemessene und möglicherweise gestufte *Lösungshilfen,* wie Richtung weisende Fragen oder Bearbeitungshinweise. Unterstützen Sie die Lösungstätigkeit durch *Zeit sparende Vorgaben,* z. B. Leertabelle, Koordinatensystem oder Zeichnungsvorlage. Lösungshilfen und -vorgaben sollten aber nur so weit gehen, dass die Lernenden ihre Kompetenz mit ihren Lösungstätigkeiten nachweisen können.

7. Planen Sie die *Kontrolle der Lösungen* ein. Lernende können ihre eigenen Lösung auch selbst überprüfen oder die von Mitschülern. Dabei sind Musterlösungen und Lösungsraster hilfreich.

Es kann auch sinnvoll sein, den Lernenden von vornherein eine Aufgabe samt kommentierter *Musterlösung* vorzulegen. Dabei wird dann zwar keine Aufgabe eigenständig gelöst, aber es kann der Lösungsprozess an ausgewählten Beispielen nachvollzogen werden. Dies erscheint vor allem für Anfänger in einem Gebiet und für schwierige und komplexe Aufgaben eine geeignete Form der Aufgabenstellung zu sein. Lernende erschließen sich die Beispielaufgaben in eigenständigen kognitiven Prozessen, die *Selbsterklärungen* genannt werden (*Sandmann* u. a. 2002; *Mackensen-Friedrichs* 2004). Die Lernenden erachten Beispielaufgaben als sinnvoll für ihr Lernen. Allerdings zeigt sich auch hier, dass das Vorwissen einen starken Einfluss auf den Lernerfolg hat (*Kroß/Lind* 2001 a, b; *Lind/Friege/Sandmann* 2004).

Anscheinend hat die Art der Lösungstätigkeit, z. B. »Antworten wählen«

	Operator	Beschreibung der erwarteten Leistungen
deskriptiv (beschreibend)	Nennen/Angeben	Elemente, Sachverhalte, Begriffe, Daten ohne Erläuterungen aufzählen
	Beschreiben	Strukturen, Sachverhalte oder Zusammenhänge strukturiert und fachsprachlich richtig mit eigenen Worten wiedergeben
	Darstellen	Sachverhalte, Zusammenhänge, Methoden etc. strukturiert und ggf. fachsprachlich wiedergeben; spezieller: fachgemäße Arbeitsweisen wie Skizzieren, Zeichnen und Protokollieren
	Zusammenfassen	Das Wesentliche in konzentrierter Form herausstellen
	Vergleichen	Kriteriengeleitet zwischen mindestens zwei Objekten oder Prozessen Gemeinsamkeiten, Ähnlichkeiten und Unterschiede ermitteln
explanativ (erklärend)	Schließen/Ableiten	Auf der Grundlage wesentlicher Merkmale sachgerechte Schlüsse ziehen
	Hypothese entwickeln bzw. aufstellen	Begründete Vermutung auf der Grundlage von Beobachtungen, Untersuchungen, Experimenten oder Aussagen formulieren
	Erläutern	Einen Sachverhalt darstellen, in einen Zusammenhang einordnen sowie durch zusätzliche Informationen verständlich machen
	Begründen/Erklären	Sachverhalte auf Regeln und Gesetzmäßigkeiten bzw. kausale Beziehungen von Ursachen und Wirkungen zurückführen
	Interpretieren/Deuten	Fachspezifische Zusammenhänge in Hinblick auf eine gegebene Fragestellung begründet darstellen
	(Über)Prüfen	Sachverhalte oder Aussagen an Fakten oder innerer Logik messen und eventuelle Widersprüche aufdecken
evaluativ (bewertend)	Diskutieren/Erörtern	Argumente und Beispiel zu einer Aussage oder These einander gegenüberstellen und abwägen
	Beurteilen	Zu einem Sachverhalt ein selbstständiges Urteil unter Verwendung von Fachwissen und Fachmethoden formulieren und begründen
	Bewerten	Einen Gegenstand an erkennbaren Wertkategorien oder an bekannten Beurteilungskriterien messen
	Stellung nehmen	Zu einem Gegenstand, der an sich nicht eindeutig ist, nach kritischer Prüfung und sorgfältiger Abwägung ein begründetes Urteil abgeben

Tabelle 14-3: Ausgewählte Operatoren zur Beschreibung von Tätigkeiten beim Aufgabenlösen (vgl. KMK 2004 a; *Langlet/Freimann* 2003)

oder »Kurzantworten formulieren« wenig Einfluss auf die Fähigkeit, eine Aufgabe zu lösen (*Kroß/Lind* 2000). Für Aufgaben aus dem Bereich der Humanbiologie erhielt *Annegert Uihlein* (2001) nur wenig unterschiedliche Leistungen beim »Zeichnen eines Begriffsnetzes« oder bei der »Formulierung von Sätzen«. Allerdings gibt es beim Einsatz im Unterricht erhebliche Unterschiede – so muss das Aufgabenformat »Begriffsnetz« einführend geübt werden, verlangt aber in der Folge weniger Durchführungszeit als die »Formulierung von Sätzen« (*Uihlein/Graf/Klee* 2003).

Anders als in den internationalen Schulvergleichstests, müssen Lernaufgaben nicht allein mit Papier und Bleistift lösbar sein. Es können auch Beobachtungs-, Untersuchungs- oder Experimentieraufgaben gestellt werden (z. B. *Gropengießer/Hauk* 2005; zum Mikroskopieren s. *Lüthje* 2003).

14.8.3 Weiterentwicklung der Aufgabenkultur

Das Gutachten zur »Steigerung der Effizienz des mathematisch-naturwissenschaftlichen Unterrichts« (SINUS) nennt an erster Stelle den Arbeitsschwerpunkt »Weiterentwicklung der Aufgabenkultur«. Dies bezieht sich einerseits auf mehr Abwechslung bei der Aufgabenstellung. Die Aufgaben sollen unterschiedliche Lösungsmöglichkeiten zulassen, u. a. auch deshalb, weil Lernende mit unterschiedlichen Kompetenzniveaus ihnen zugängliche Lösungen finden können. Andererseits sollen vielfältige Übungsaufgaben das systematische Wiederholen auch länger zurückliegender Wissensbestände verbessern und zu einer gut vernetzten Wissensstruktur der Lernenden führen (BLK 1997, 32 f).

Die Weiterentwicklung der Aufgabenkultur kann vor allem in folgende Richtungen vorangetrieben werden:

- *Qualität der Aufgaben:* Aufgaben sollen anregend und abwechslungsreich sein sowie möglichst verschiedene Lösungsmöglichkeiten bieten und gestufte Hilfen enthalten.
- *Systematik der Aufgabenstellung:* Bei Aufgabenserien mit unterschiedlichen Anforderungsbereichen die leichten Aufgaben zuerst stellen und das Anspruchsniveau möglichst in kleinen Schritten steigern.
- *Einbettung der Aufgaben in den Unterrichtsablauf:* Prinzipiell sind Aufgaben in jeder Phase des Unterrichts möglich, aber ihre didaktische Funktion wird jeweils unterschiedlich sein.

In der Einstiegsphase einer Unterrichtseinheit werden Aufgaben eher die Funktion haben, das Thema auf bereits erarbeitetes Wissen zu beziehen, in einen größeren Zusammenhang zu stellen oder das lebensweltliche Wissen bewusst zu machen. In der Erarbeitungsphase geben Aufgaben den Lernenden – und nicht zuletzt den Lehrenden – Hinweise zum richtigen Verständnis und Gebrauch des neuen Wissens. Diese Anknüpfungen an die Dispositionen und

Aufgabentyp	Funktion im Unterricht
Geschlossene Aufgaben (Zuordnung, Ankreuzen, Lückentexte)	Wissen ermitteln (Einzelheiten, Termini), Klassifizieren, Festigung
Offene Aufgaben (eventuell vorstrukturiert)	Zusammenhänge, Reorganisation (Gestalten) Transfer, Erörtern, Anwenden, Bewerten
Kartenabfrage	Vorstellungen, Vorkenntnisse (*Gropengießer* 1997 b)
Begriffsnetze	Zusammenhänge, Festigung (vgl. *Graf* 1989 a; *Lumer/Picard/Hesse* 1998)
Lernspiele (Bingo, Memory, Quiz)	Wissen reproduzieren, Übung, Festigung Psychomotorische Fertigkeiten, Dispositionen,
Praktische Aufgaben (Beobachten, Experimentieren)	Hypothesen bilden, erörtern
Fragen bewerten	Zusammenhänge, Bewerten, Einordnen (vgl. *Kattmann* 1997 b)
Erzählungen analysieren	Lebensweltliche Vorstellungen, Zusammenhänge, Erörtern und Bewerten (vgl. *Nissen/Probst* 1997)

Tabelle 14-4: Aufgabentypen und Lernen im Unterricht

Vorkenntnisse der Lernenden sind wichtig im Sinne des bedeutungsvollen kumulativen Lernens. Durch Variieren der Kontexte kann eine Übungsphase das Wissen der Lernenden beweglich machen. An länger zurückliegendes Wissen kann wiederholend angeknüpft werden. Schließlich können Aufgaben auch anspruchsvoller sein und den Transfer auf Anwendungen verlangen (vgl. *Häußler/Lind* 1998).

Lernaufgaben können somit Lernende anregen, *Orientierung zu gewinnen*, d. h. Wissen mit eigenen (lebensweltlichen) Vorstellungen und Vorkenntnissen zu vergleichen, einzuordnen und Zusammenhänge herzustellen, *Wissen zu erarbeiten, Sicherheit zu erlangen,* d. h. das Üben und Wiederholen zu strukturieren, und sie können helfen die Fähigkeit zu verbessern, *Probleme zu lösen*. Im Prinzip können für Lernaufgaben dieselben Aufgabentypen verwendet werden, die auch zur Leistungsmessung üblich sind, die entsprechenden Aufgabensammlungen können also auch für Lernaufgaben genutzt werden. Diese Übereinstimmung ist schon deshalb nötig, damit die Leistungsbeurteilung auf den vorher gehenden Unterricht abgestimmt ist. Die Funktionen der Lernaufgaben können durch unterschiedliche Aufgabentypen aber unterschiedlich gut erfüllt werden.

▶ 11

▶ 15

▶ Tab. 14-4

Bei Lernaufgaben sind *Fehler* zu erwarten. Sie sollten aber gerade nicht als Leistungsmangel oder unerwünschte Störung gewertet werden. Fehler bei Lernaufgaben sind Chancen für ein produktives Lernen. »Verständnisfehler sind Lerngelegenheiten, die genutzt oder verpasst werden können« (BLK 1997, 33). Hier sind Formen des Umgehens mit Fehlern zu entwickeln. Lernen und Leistungsmessung müssen deutlich voneinander getrennt werden.

■ Fehler in Lernsituationen müssen zugelassen und als solche erkennbar sein, ohne diejenigen zu beschämen, die sie gemacht haben.

Lernende haben ein Recht darauf, aus Fehlern lernen zu können, indem sie die Gründe für gemachte Fehler erfahren oder selbst herausfinden. Oft verweisen Fehler auf lebensweltliche Vorstellungen, die im Widerspruch zu wissenschaftlichen Vorstellungen stehen, aber doch eine eigene Denkleistung enthalten. In Fehlern ist daher in erster Linie nicht das Defizit zu markieren, sondern sie sind als Ansatz zum Lernen zu nutzen. In der Fehleranalyse kann dann auch die wissenschaftliche Vorstellung deutlich werden. Vorgegebene Fehler, die sich auf typische Klippen beziehen, können auch in der Aufgabenstellung genutzt werden, denn es ist oft leichter, die Fehler anderer zu suchen, zu erkennen und zu korrigieren als die eigenen (*Gropengießer, H.* 1997 a; *Hammann* 2003; *Hammann* u. a. 2006).

Die vergessene Kartoffel

Beispielaufgabe (nach KMK 2004 b, 37 ff., verändert)

Sie entdecken in einer Kellerecke eine fort gerollte Kartoffel. Die Kartoffel sieht merkwürdig aus, aber auch interessant: braune Knolle, weiße, verschieden lange Triebe, an der Basis verdickt und von warzigem Aussehen. Sie nehmen die Kartoffel mit in die Wohnung und legen sie auf die Fensterbank. Nach ein paar Tagen hat die braune Knolle grüne Triebe, die nicht oder kaum länger gewachsen sind. Welche der nachstehenden Fragen sind aus Ihrer Sicht biologisch sinnvolle Fragen?

(1) Sind die Triebe der Kartoffel Wurzeln?
(2) Sind die Triebe der Kartoffel Stängel?
(3) Ist die Kartoffelknolle tot oder lebendig?
(4) Enthält die Kartoffel einen »Embryo« wie ein Samen?
(5) Welche Faktoren veranlassen die Kartoffel, Triebe auszubilden?
(6) Könnten im Keller neue Kartoffeln geerntet werden?
(7) Welchen energiereichen Stoff enthält die Kartoffelknolle, der ihr ermöglicht, Triebe zu bilden?

a. Lösen Sie die das obige Aufgabenbeispiel schriftlich.
b. Verorten Sie das Aufgabenbeispiel nach den Kategorien der Tabelle 14-2.
c. Welche Funktion hat die Aufgabe im Unterricht (s. Tabelle 14-4)?
d. Formulieren Sie Fragen zur Aufgabe, die keine biologischen sind.
e. Nehmen wir an, die Fragen des obigen Aufgabenbeispiels würden durch nichtbiologische Fragen ergänzt. Welche Kompetenz wäre dann für die Lösung erforderlich?

Aufgaben für Studierende und Lehrende

Zu a: Alle Aufgaben können als mehr oder weniger biologisch sinnvoll angesehen werden und sollten im Unterricht so auch erörtert werden, obwohl der in den Standards (KMK 2004 b, 44) vorgegebene Erwartungshorizont zu einem anderen Ergebnis kommt: »Sinnvoll sind die Fragen 1, 2, 4, 5 sowie 7 (…). Die dritte Frage erscheint wenig sinnvoll, weil die Kartoffelknolle durch die wachsenden Triebe eindeutig ein Kennzeichen des Lebendigen demonstriert. Die 6. Frage ist wenig sinnig, weil Pflanzen nur durch Fotosynthese langfristig wachsen und neue Speicherorgane bilden können (…). Bekannte Knollenbildung durch Restlicht in Kellern ist als kurios zu werten, nicht als ernsthafte Ernte«.

Lösungen

Zu b: botanisch, allgemeinbiologischer Inhaltsbereich; textlicher Lösungsweg; Antwortauswahl unter einem Kriterium, geschlossene Aufgabe, Wissen über Biologie; sinnvolle von nicht sinnvollen biologischen Fragen scheiden.
Zu c: Beispielsweise: Aufgabentyp »Fragen bewerten«.
Zu d: Wie viel Geld hat die vergessene Kartoffel gekostet?
Zu e: Biologische Fragen erkennen.

15 Evaluation von Schülerleistungen

Erfassungs-methoden

!

wichtig

Lehrende haben Beurteilungsaufgaben im Unterricht. Dazu werden Ergebnisse von Lernprozessen erfasst, um diese dann zu bewerten. Die üblichen Erfassungsmethoden im Biologieunterricht sind Befragung, Beobachtung, Test und Dokumentenanalyse. Solche Leistungsermittlung mündet in der Regel in eine Benotung, die große Bedeutung für den weiteren Lebensweg haben kann. Das Verfahren ist legitimiert durch Grundsätze einer Leistungsgesellschaft, erfordert aber von den Lehrenden ein hohes Verantwortungsbewusstsein. Evaluation von Unterricht zielt einerseits auf Rückmeldung an Lernende (und auch deren Eltern) bezüglich des Leistungsstandes und andererseits auf Verbesserung des Unterrichts. *Wichtige erschließende Begriffe:* Leistungsbewertung, Leistungskontrolle, Test, Vergleichsarbeit, Normorientierung, Verteilungsorientierung, Zielorientierung, Gütekriterien

Bearbeitet von *Karla Etschenberg*

15.1 Zum Begriff

»Evaluation« bedeutet »Bewertung« oder »Beurteilung«. Im Zusammenhang mit Schule und Unterricht kann man Evaluation durch die folgenden drei Aufgaben charakterisieren (vgl. *Cronbach* in *Wulf* 1972, 42):

■ Verbesserung von Curriculum und Unterricht;

■ Grundlage für Entscheidungen über Leistungen von Lernenden;

■ Anlass zu administrativen Regelungen, z. B. über Schultypen.

Bild 1-3 ◄ Evaluation als Maßnahme zur Verbesserung von Unterricht ist auf alle Parameter des »didaktischen Systems« (vgl. *Schaefer* 1971 b) gerichtet, d. h. auf Lernende, Lehrende, Ziele, Inhalte, Methoden, Medien, Zeit- und Milieufaktoren. Selbst die Evaluationsinstrumente (z. B. Tests), die im Unterricht eingesetzt werden, müssen ihrerseits einer Bewertung unterzogen werden.

In diesem Kapitel geht es nur um Formen der Evaluation, mit denen die meisten Lehrpersonen häufig zu tun haben: mit der Bewertung ihres eigenen Unterrichts (»Selbstevaluation«) sowie mit der Leistungsmessung und Benotung ihrer Schülerinnen und Schüler, die meist in Form einer »Fremdevaluation« erfolgt. Die Evaluation von Schülerleistungen hat besonderes Gewicht, da die Lehrerinnen und Lehrer zur Leistungsbewertung verpflichtet sind und diese sich stark auf den weiteren Bildungsgang und Lebensweg der Lernenden auswirken kann (vgl. *Avenarius* 2001, 98 ff.).

15.2 Formen der Leistungskontrolle

Das Spektrum der Evaluationsmethoden ist groß. Die Formen der Leistungsbewertung können klassifiziert werden, indem man sich an den Tätigkeiten der Prüfenden orientiert. Diese haben grundsätzlich zwei Möglichkeiten der Datenerhebung, um Leistungen zu evaluieren: durch die *Beobachtung* von Verhalten und durch die *Analyse von Dokumenten*. Daraus ergibt sich eine klare Einteilung (s. S. 212).

Mündliche Prüfungen (oft in der Funktion von »Wiederholungen« zu Beginn eines neuen Lernabschnitts) sind bei vielen Biologielehrkräften zur Ermittlung individueller Leistungen beliebt, weisen aber beträchtliche Schwächen auf: Nur wenige Lernende werden erfasst, und die abverlangten Leistungen sind oftmals nicht miteinander vergleichbar. Benotungen können »willkürlich« wirken. Darüber hinaus langweilen sich die nicht Betroffenen, nachdem ihre Sorge oder auch Hoffnung, selbst zu den Prüflingen in dieser Stunde zu gehören, verflogen ist. Zudem ist es durch das Ritual der Prüfung zu Beginn der Stunde schwierig, ein auf die Sache gerichtetes Interesse aufzubauen und ein entspanntes Lernklima zu schaffen (vgl. *Mostler/Krumwiede/Meyer* 1979, 52; *Kattmann* 1997 b, 4).

Die Bewertung *mündlicher Mitarbeit* ist noch problematischer, weil die aktive Beteiligung am Unterricht (durch Wortbeiträge) bei Lernenden von vielen Faktoren abhängt (u. a. vom Selbstbewusstsein Einzelner oder von gruppendynamischen Prozessen) und es für die Lehrperson schwierig ist, quantitative und qualitative Aspekte mündlicher Beiträge mit nachvollziehbaren Noten zu würdigen. Dies gelingt am ehesten bei den wenigen Prüflingen, die besonders häufig durch besonders gute Aussagen auffallen. Zu bedenken ist auch, dass vermieden werden muss, den Unterricht zu einer permanenten Prüfungssituation werden zu lassen.

Ein vergleichsweise wenig angewendetes *halbschriftliches Verfahren* (Stegreifarbeiten) besteht darin, dass die Lehrperson einige Aufgaben stellt und alle Prüflinge die Lösungen mit wenigen Worten aufschreiben. Die Kontrolle dieser *Dokumente* kann dann durch einen Austausch der Hefte zwischen den Lernenden erfolgen, und die Fehler können Anlass sein, unverstandene Elemente des vorauf gegangenen Lernabschnittes zu klären. Eine Benotung ist allerdings nur möglich, wenn die Lehrperson selbst die Antwortzettel auswertet.

Die Überprüfung der *Hausaufgaben* stellt ein bewährtes, wenn auch nicht unproblematisches Mittel dar, die Lernenden individuell zu beurteilen (vgl. *Völp* u. a. 1984). Besonders jüngere Kinder sind dankbar, wenn ihre Bemühungen gewürdigt werden. Auch in höheren Klassen lohnt es sich, die Hefte bzw. Mappen gelegentlich zu überprüfen, nicht zuletzt deshalb, weil man dabei ein aufschlussreiches Bild des eigenen Unterrichts zu sehen bekommt. Problematisch sind Benotungen von Hausaufgaben, da nie sicher ist, wer letztendlich

Bewertungs-
grundlagen
(Kattmann 1997 b, 7)

A) Beobachtung von Verhalten

- **mündliche Äußerungen.** Bewertung von mündlichen Prüfungen, Beteiligung am Unterricht

- **komplexes Verhalten.** Bewertung von experimentellem Arbeiten, Freilandarbeit, Pflegen von Pflanzen und Tieren, Zusammenarbeit in Gruppen

B) Analyse von Dokumenten

- **sprachliche Dokumente.** Bewertung von Hausaufgaben, schriftlichen Erörterungen, Klassenarbeiten, Tests

- **Zeichnungen.** Bewertung von Schemazeichnungen, Übersichten, Diagrammen

- **komplexe Dokumente.** Bewertung von Arbeitsheften, Arbeitsmappen (Portfolios), Lerntagebüchern, Facharbeiten

die Qualität der Hausaufgaben bestimmt hat – Eltern, Geschwister, Nachhilfelehrer oder der Schüler selbst. Auch können Schüler aus schwierigen häuslichen Verhältnissen ständig benachteiligt werden, weil es ihnen aus praktischen Gründen nicht gelingt, »gute Hausaufgaben« abzuliefern.

22.4 ◄ Eine Variante der Hausaufgaben ist das Anlegen eines *Portfolios.* Dabei handelt es sich um eine angereicherte *Arbeitsmappe* in der selbst gewählte Problemstellungen im Rahmen vorgegebener Lernziele selbstständig zu Hause bearbeitet werden. Die Eigenverantwortlichkeit der Lernenden für ihren Lernerfolg wird durch diese Methode gestärkt. Die Bewertungskriterien wie fachliche Richtigkeit, Umfang und Niveau der selbstständigen Recherche, Originalität und Kreativität, Layout etc. sollten den Schülern vorher offen gelegt werden (vgl. *Duit/Häußler* 1997; *Häußler/Duit* 1997, 24; *Kattmann* 1997 b, 13; *Pheeney* 1998; *Garthwait/Verrill* 2003).

Zu der bereits beim Stichwort »Hausaufgaben« beschriebenen Problematik muss sich die Lehrperson bei komplexeren Ausarbeitungen, sofern es sich um Textteile handelt, heutzutage immer fragen, ob sie es mit Eigenproduktionen eines Lernenden zu tun hat oder um nahezu unverändert übernommene Angebote aus dem Internet. Diese erst in letzter Zeit ernst zu nehmende Frage, die es zunehmend schwer macht, häusliche Ausarbeitungen gerecht zu beurteilen, erübrigt sich, wenn es sich dabei um die Dokumentation einer praktischen Arbeit (z. B. Aufzucht von Pflanzen, Langzeitbeobachtung an Tieren oder in freier Natur, mikroskopische Präparate) und um individuell mit der Lehrperson abgestimmte Themen handelt.

Relativ neu ist auch der Einsatz von *Lerntagebüchern,* in die entweder im Team (bei Gruppenarbeit) oder individuell fortlaufend nicht nur Lernfortschritte, sondern auch Erfahrungen mit dem Lernprozess an sich eingetragen werden und die in gewissen Zeitabständen vom Lehrenden zu begutachten sind. Neben der Bewertung im Sinne einer Leistungsbeurteilung ist das Beratungsgespräch bei den Lerntagebüchern von besonderer Bedeutung.

Anders ist die Situation bei *schriftlichen Arbeiten unter Aufsicht* (Klausuren). Allerdings erfordern schriftliche *Erörterungen* (»Klassenarbeiten«) zu ihrer objektiven Beurteilung einen hohen Aufwand an Zeit und Mühe. Vorwiegend aus diesem Grunde sind sie in den vergangenen Jahrzehnten im Biologieunterricht zugunsten von Lernerfolgskontrollen in Form von *Tests* stark zurückgedrängt worden. Es darf jedoch nicht vergessen werden, dass den Lernenden auch die Möglichkeit gegeben werden muss, ein Problem ausführlich und differenziert darzustellen. Sie sollten bereits auf der Sekundarstufe I mehr als bisher die Versprachlichung lebenspraktisch relevanter Sachverhalte aus der Biologie üben. Dabei muss jedoch bedacht werden, dass die Benotung von »biologischen Aufsätzen« leicht zu einer »Deutschnote« wird, wenn es einem Prüfling an aktivem Sprachvermögen mangelt und er das zugrunde liegende evtl. vorhandene biologische Wissen nicht verbal darstellen kann. Dies ist vor allem in der Hauptschule und in Schülergruppen mit hohem Ausländeranteil bei Evaluationsformen mit komplexen freien (deutschen) Formulierungen zu beachten (vgl. *Etschenberg* 1997 b). Wichtig ist auch, dass man den Eindruck vermeidet, man wolle zu bestimmten Themen (z. B. des Umweltschutzes, der Gentechnik, der Fortpflanzungstechnologien, der Sexualerziehung) die Einstellung der Lernenden kontrollieren und bewerten. Schlechtes Beispiel für eine diesbezügliche Aufgabe: »Was versteht man unter Präimplantationsdiagnostik? Begründe deine Meinung zu diesem Thema.« Besser wäre die Aufgabe: »… ? Stelle zwei unterschiedliche Meinungen zu deren Anwendung dar und erläutere deren mögliche Begründungen.«

Dem Eindruck von Subjektivität und Beliebigkeit, der der Beurteilung von frei formulierten Antworten oftmals anhaftet und vielen Lernenden ein Gefühl des Ausgeliefertseins an die Lehrperson vermittelt, lässt sich erheblich mildern, indem man klar umrissene Aufgaben stellt und vor der Auswertung den *Erwartungshorizont* festlegt. Schlechtes Beispiel: »Was weißt du über die Fotosynthese?« Besser ist es, das Wissen über die Fotosynthese durch mehrere Teilaufgaben zu überprüfen. Günstig ist es, wenn sich solche Aufgaben auf Arbeitsmaterialien (z. B. Texte, Abbildungen, Tabellen) beziehen. Derartige »materialgebundene« Arbeiten tragen bereits wesentliche Züge von Tests und sind in der gymnasialen Oberstufe üblich. Aufgabensammlungen (*Oeh-*

ler 1996; *Birkner* 1990; *v. Falkenhausen/Döring/Otto* 1990; *v. Falkenhausen* u. a. 1992) und Zeitschriften veröffentlichen Vorschläge für derartige Aufgaben (vgl. Unterricht Biologie 1993 ff.). Eine ausführliche Auseinandersetzung mit Fragen der »neuen ,Aufgabenkultur'« findet man u. a. bei *Langlet/Freimann* (2003).

14 ◄

Ein interessantes Evaluationsverfahren stellt in diesem Zusammenhang das Instrument der *Begriffslandschaft* (Concept Map) dar: Schülern werden Begriffe vorgegeben, die sie durch kurze Formulierungen zueinander in Beziehung setzen sollen (vgl. *Kattmann* 1997 b, 12; *Uihlein/Graf/Klee* 2003).

Eine größere Unabhängigkeit von der Interpretation durch die Lehrperson und ein deutlich höherer Grad an Objektivität der Beurteilung sind durch *Tests* zu erreichen. Objektivität – das wichtigste Gütekriterium von Testverfahren – ist dann gegeben, wenn »verschiedene Personen unabhängig voneinander bei der Testdurchführung, bei der Auswertung und Interpretation der Testdaten zu den gleichen Ergebnissen kommen« (*Ziegenspeck* 1999, 108; vgl. *Berck* 2001). Tests erlauben eine vergleichsweise differenzierte und exakte Feststellung der Leistungen. Differenzierte Aussagen über Leistungen werden in der Testpraxis dadurch erreicht, dass eine Gesamtaufgabe in mehrere klar umrissene Teilaufgaben aufgegliedert wird, deren Lösungen als Teilleistungen durch eine im Voraus festgelegte (und den Lernenden auch bekannte) Punktanzahl bewertet werden. Eine exakte Leistungsmessung zeichnet sich dadurch aus, dass »auch geringe Unterschiede der Leistung (…) bei der Messung berücksichtigt« werden und dass Unterschiede im Messergebnis ausschließlich Unterschiede in der Leistung widerspiegeln.

Das objektivste Evaluationsinstrument ist (zumindest theoretisch) der *standardisierte Test* (vgl. *Heller/Hany* 2001). Solche Tests werden an großen Gruppen professionell erprobt und geeicht. Sie spielen im Biologieunterricht bisher keine große Rolle. Dem Vorteil der Standardisierung steht der Nachteil gegenüber, dass zur Durchführung ein dem Test angepasster Unterricht vorausgehen muss. Das könnte aber zu einer Vereinheitlichung von Unterricht führen, in dem kein Platz mehr wäre für Gelegenheitsunterricht, für Flexibilität seitens der Lehrperson, Einbeziehung von Schülerinteressen, variablen Medieneinsatz, Standortbezogenheit usw. Schon allein durch die unterschiedliche Zusammensetzung von Lerngruppen oder durch unterschiedlich starken Unterrichtsausfall ist mit einem solchen Test kein zuverlässiger Vergleich der Leistungen zwischen Gruppen möglich. Dennoch sind im Nachgang zu den PISA-Studien in Deutschland Bestrebungen im Gange, vermehrt standardisierte Tests (Vergleichsarbeiten) und vor allem einheitliche Aufgabenstellungen im Rahmen eines Zentralabiturs einzusetzen. Die nachteiligen Folgen sind nur zu vermeiden, wenn Aufgaben gewählt werden, die reine Reproduktionsleistungen so weit wie möglich beschränken und auf Transfer, Problemlösen und Anwenden abgestellt sind. Die Lösung solcher Aufgaben ist entsprechend im Unterricht einzuüben.

▶ 14

Die noch am häufigsten verwendete Form der Leistungskontrolle ist der *informelle Test*. Tests dieses Typs werden in Hinblick auf eine bestimmte Lerngruppe und auf einen konkreten Lernprozess (»lehr- bzw. lernzielorientiert«) erstellt. Für die Auswertung informeller Tests zum Zwecke des Notengebens und des *Leistungsvergleichs* der Schüler gibt es unterschiedliche Methoden:

Analog zu standardisierten Tests kann man im Voraus festlegen, mit welcher Leistung welche Note erreicht wird. Beispiel für eine solche Festlegung: 100-95%: sehr gut; 94-81%: gut; 80-66%: befriedigend; 65-51%; ausreichend; 50-21% mangelhaft; ab 20%: ungenügend. Diese *normorientierte* Auswertung kann dazu führen, dass zu einem hohen Anteil gute oder schlechte Noten vergeben werden. Kritisch ist dann zu prüfen, ob der Test »zu leicht« oder »zu schwer« war und ob die Lernchancen gegeben waren und genutzt werden konnten.

Eine vielfach geübte Praxis sind *verteilungsorientierte* (gruppenbezogene) Auswertungen. Von der Annahme ausgehend, dass in der Lerngruppe »normal verteilt« gute und weniger gute Schüler und Schülerinnen vertreten sind, ermittelt man die durchschnittlich erreichte Punktanzahl und setzt die übrigen Noten gemäß der »Gauß'schen Verteilungskurve« fest. Die durchschnittlich erreichte Punktanzahl markiert eine Leistung zwischen befriedigend und ausreichend. Dieses Vorgehen schöpft die Notenskala aus. Allerdings soll eine Leistungskontrolle die Leistung feststellen und nicht gute und schlechte Schüler »produzieren«. Biologieunterricht wird ja gerade deshalb veranstaltet, weil die lehrplanmäßig vorgegebenen Leistungserwartungen von möglichst vielen Lernenden erreicht werden sollen. Wegen dieses intentionalen Charakters von Unterricht ist bei einem entsprechenden Lernerfolg gerade keine Normalverteilung der Leistungen in der Lerngruppe zu erwarten.

Tests, bei denen es darum geht herauszufinden, ob die Lernenden ein bestimmtes Ziel erreicht haben oder nicht, nennt man *zielorientiert* (kriterienbezogen). Dazu setzt die Lehrperson Kriterien fest, an denen sie – für die Lernenden nachvollziehbar – den Lernerfolg misst. Dazu sind präzise Formulierungen der Ziele und Beurteilungsmaßstäbe notwendig, um zu einer differenzierten Beurteilung zu kommen. Solche Tests bilden als Lernerfolgskontrolle eine gute Grundlage für die Beurteilung der Unterrichtsqualität. Der beste Unterricht ist der, durch den alle Schüler die vorgegebenen Ziele erreichen.

▶ 13.4

Leider beziehen sich fast alle Evaluationsverfahren im Unterricht nur auf die *kognitive* Dimension, während die Ermittlung von Lernerfolgen in der *psychomotorischen* Dimension (Fertigkeiten, Fähigkeiten) zu kurz kommt. Dabei spielt diese Lerndimension im Biologieunterricht eine wichtige Rolle und kann relativ leicht überprüft werden (vgl. *Jungwirth* 1979; *Kattmann*

1997 b), wenn die dazu notwendige »Beobachtung von Verhalten« kriteriengeleitet protokolliert und bewertet wird (z. B. das Präparieren einer Schweineniere, Herstellen eines Präparats zum Zwecke des Mikroskopierens, sachgerechter Umgang mit Tieren im Klassenraum). Nahezu unmöglich ist es, durch Tests Lernergebnisse in der *affektiven Dimension* zu evaluieren. Ein Ziel wie »Die Schüler sollen trotz Ekel vor Spinnen mit ihnen artgerecht umgehen« könnte nur durch eine vom Unterricht unabhängige Verhaltenbeobachtung überprüft werden, die von den Lernenden auch nicht als Testsituation empfunden werden dürfte. Diese Schwierigkeit der Evaluation sollte jedoch auf keinen Fall dazu führen, bei der Planung von Unterricht auf die Reflexion und Festlegung von affektiven Unterrichtszielen zu verzichten.

13 ◄

15.3 Sinn und Bedeutung von Leistungskontrollen

Leistungs- bzw. Lernerfolgskontrollen geben *Lehrenden Rückmeldungen* über die »Qualität ihres Unterrichts« und damit Ansatzpunkte für die Revision ihrer Planung und für eine Überprüfung der dem Unterricht zugrunde liegenden Vorannahmen über die Leistungsmöglichkeiten der Schüler. Eine gemeinsame Fehleranalyse mit der Lerngruppe sollte von der Lehrperson als Chance begriffen werden, zukünftige Lernangebote besser auf die Schüler abzustimmen. Dabei geht es sowohl um eine realistische Einschätzung der fachlich relevanten Lernvoraussetzungen (vgl. *Etschenberg* 1984 a), als auch der »Schülervorstellungen« (vgl. *Kattmann* 1997 b). Ziel sollte es sein, Lehren und Lernen zu einem Erfolg für die Beteiligten werden zu lassen. Die internationalen Leistungsvergleichsstudien (u. a. TIMSS und PISA) haben zu diesem Punkt starke Impulse gesetzt (*Helmke* 2003, 31).

Während die Bedeutung von Leistungskontrollen als Selbstevaluation der Lehrpersonen bzw. als Prüfinstrument für die Unterrichtsqualität allgemein anerkannt ist, gehen die Ansichten über die *Evaluation von Schülerleistungen* durch solche Kontrollen weit auseinander. »Vergleichende Leistungsmessung in Schulen – eine umstrittene Selbstverständlichkeit« (*Weinert* 2002, 17). Es gibt kaum ein anderes Thema der Pädagogik, das so kontrovers behandelt wird. Der Hinweis auf die Verpflichtung der Lehrpersonen, Schülerleistungen zu messen und zu beurteilen, macht die Frage nach einer Begründung nicht überflüssig, sondern verschärft eher ihre Brisanz. In der didaktischen Literatur findet man eine ganze Reihe von Erwartungen, die an die Schülerbeurteilung geknüpft werden (vgl. *Kattmann* 1997 b).

Unumstritten ist die so genannte *Rückmeldefunktion* für den *Lernenden* selbst. Durch Lernerfolgskontrollen und Zeugnisse erfahren die Lernenden, wie ihre Leistungen eingeschätzt werden. Sie können daraus Konsequenzen für ihr eigenes zukünftiges Lernverhalten ableiten. Es ist leicht einsehbar, dass diese Funktion durch die übliche Art und Weise der Notengebung nur unvollkommen erfüllt wird: Die Zensuren geben ein viel zu wenig differenziertes Bild. Die Rückmeldefunktion von Noten kommt dann zum Tragen, wenn sie durch Hinweise auf den individuellen Lernfortschritt ergänzt werden. Dabei wird die Leistung zu einer früheren Leistung derselben Person in Beziehung gesetzt. Auch sollten Lernende auf spezifische Stärken und Schwächen bei der erbrachten Leistung aufmerksam gemacht werden und bezüglich einer gezielten Verbesserung beraten werden. Von einer derartigen differenzierenden Beurteilung können wesentliche Anstöße für den Prozess der Selbstfindung und Verselbständigung der Lernenden erwartet werden. In diesem Sinne verstanden, hat die Beurteilung der Lernenden letzten Endes das Ziel, diese schrittweise zur *Selbstevaluation* zu befähigen. Nicht zu unterschätzen ist die Bedeutung solcher Rückmeldungen für die Ausbildung eines realistischen Selbstbildes und eines belastungsfähigen Selbstbewusstseins, das die Lernenden vor Selbstüber- und -unterschätzungen mit den entsprechenden psychosozialen Folgeproblemen schützt. Um diese pädagogisch sinnvolle Funktion zu erfüllen, müssen Leistungskontrollen und -bewertungen von den Betroffenen als »gerecht« erfahren werden (vgl. *Meyer, Hi.* 1997, 172).

Mit der Rückmeldefunktion eng verknüpft ist die *Anreizfunktion:* Lernende können in ihren Lernbemühungen bestätigt oder zu größeren Anstrengungen angeregt werden. Dazu sollte auch die Bewertung einer schlechten Leistung in jedem Falle Elemente der Ermutigung enthalten.

Leistungsmessung bzw. -bewertung hat außerdem eine *Berichtsfunktion;* durch sie erfahren die Eltern etwas über die schulischen Leistungen ihres Kindes. Hier gilt: Je objektiver und nachvollziehbarer eine Leistungskontrolle durchgeführt wird, um so weniger Konflikte mit dem Elternhaus sind diesbezüglich zu erwarten, und je differenzierter der »Bericht« ausfällt, desto angemessener kann die Reaktion der Eltern dem Kind gegenüber sein. Der Aussagewert der Leistungsmessung kann dadurch gesteigert und »gerechter« werden, dass im Laufe der Zeit unterschiedliche Evaluationsformen eingesetzt werden.

Dass der Notengebung im Fach zweifellos auch eine *Disziplinierungsfunktion* innewohnt bzw. innewohnen kann und sie in diesem Sinne von Lehrenden »missbraucht« werden kann, sei hier nur erwähnt – viele Erwachsene haben diesbezügliche Erinnerungen an die eigene Schulzeit.

Ohne Zweifel ist die *Siebungs-* und *Zuteilungsfunktion* der Leistungsbeurteilung für den einzelnen Menschen und die Gesellschaft besonders bedeutsam. Obwohl allgemein bekannt ist, dass der gegenwärtige Leistungsstand nur mit Vorsicht Voraussagen über zukünftige Leistungen erlaubt, bestimmen Schulleistungen den Lebensweg der meisten Menschen in erheblichem Ausmaß. Aufgrund der Leistungsvergleiche werden Kinder bestimmten Schulty-

Gütekriterien für informelle Tests

Der Test soll
- ■ eng auf die Ziele der erfassten Unterrichtseinheit bezogen sein;
- ■ alle wesentlichen Lerninhalte der Unterrichtseinheit berücksichtigen;
- ■ in Bezug auf die Aufgabentypen vielseitig und abwechslungsreich sein;
- ■ im Schwierigkeitsgrad der Lerngruppe angemessen sein;
- ■ Aufgaben unterschiedlichen Schwierigkeitsgrades enthalten – gekennzeichnet durch Angabe der erreichbaren Punkte;
- ■ nur Aufgabenformulierungen enthalten, die von allen Schülern verstanden werden können.

pen, Klassen oder Kursen zugeordnet und Schulabsolventen in bestimmte Studiengänge oder Berufe gelenkt.

Es ist zu überlegen, ob es im Biologieunterricht nicht möglich und sinnvoll ist, Verhaltensweisen der Lernenden – etwa durch ein Punktesystem – in die Bewertung einzubeziehen, die nicht »getestet« werden können, z. B. Zuverlässigkeit bei Pflegearbeiten, die bereitwillige Beschaffung von Unterrichtsmaterial oder die engagierte Vorbereitung von Versuchen (vgl. *Grupe* 1977, 305; *Wagener* 1992, 196). Aktuell ist die Diskussion um die Einbeziehung von »Schlüsselkompetenzen« oder »Schlüsselqualifikationen« in die Evaluation von Schülerleistungen und um deren Gewichtung gegenüber einer »unabdingbaren Wissensbasis« (*Helmke* 2003, 23 f.). Bei Gruppenarbeiten sollten in der Regel die Leistungen aller Kleingruppenmitglieder einheitlich bewertet werden. Lernende können dadurch die wichtige Erfahrung machen, dass im Leben nicht nur die kognitive Einzelleistung zählt. Bei solchen Bewertungen muss die Lehrperson jedoch darauf achten, dass bei der Benotung über das Schuljahr gesehen keine allzu großen Verzerrungen im Leistungsbild einzelner erfolgen (vgl. *Winter* u. a. 1997).

■ Allen Beteiligten, den Beurteilenden und den Beurteilten, sollte die Relativität jeder Leistungsbeurteilung bewusst sein bzw. gemacht werden.

Sie müssen wissen, dass Leistung immer nur zum Zeitpunkt der Leistungskontrolle bewertet wird, nicht die Leistungsfähigkeit in dem betreffenden Schulfach für das gesamte Schuljahr oder gar für das ganze Leben. Es sollte auch klar werden, dass durch objektivierte Leistungskontrollen meist nur kognitives Verhalten evaluiert wird und keine Aussagen über sonstige Fähigkeiten oder gar über die ganze »Persönlichkeit« möglich werden.

15.4 Informelle Leistungstests

14.8.3 ◄ Die für den Biologieunterricht wichtigsten »Aufgabentypen«, die sich leicht auswerten lassen, werden hier mit Beispielen kurz dargestellt (vgl. *Etschen-*

Beispiele für Testaufgaben

Nenne fünf Klassen der Wirbeltiere! (5 Punkte)

Kurzantwort-Aufgabe

Ergänze den folgenden Text! (1 Punkt)
Mit Iodkaliumiodid-Lösung kann man den Nährstoff _____ nachweisen.

Ergänzungs-aufgaben

Vervollständige die folgende Zeichnung und beschrifte den von dir eingetragenen Teil der Blüte! (2 Punkte)

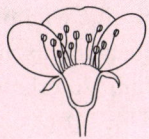

Ordne vier der folgenden Pflanzenarten den richtigen Familien zu!
Schreibe den richtigen Buchstaben neben die Ziffern! (4 Punkte)
(a) Krokus; (b) Leberblümchen; (c) Hornklee; (d) Löwenzahn;
(e) Weiße Taubnessel; (f) Raps

Zuordnungs-aufgabe

Schmetterlingsblütler   1 …
Lippenblütler   2 …
Kreuzblütler   3 …
Hahnenfußgewächse   4 …
Begründe deine Entscheidungen. (4 Punkte)

Ordne die folgenden Vorgänge der Eutrophierung eines Gewässers nach ihrer zeitlichen Abfolge! (5 Punkte)

Umordnungs-aufgabe

a Mangel an Sauerstoff
b Verstärktes Wachstum von Wasserpflanzen
c Anreicherung des Wassers mit Mineralstoffen
d Sterben von Fischen und anderen Wassertieren
e Absterben von Wasserpflanzen
f Starke Vermehrung von Bakterien

Welche schädlichen Auswirkungen hat Tabakteer auf den Körper?
Kreuze die zutreffenden Aussagen an. (3 Punkte)

Mehrfach-Wahl-Aufgabe (Multiple-choice-Aufgabe)

a Tabakteer verklebt die Flimmerhärchen in den Atemwegen.
b Tabakteer behindert den Sauerstofftransport durch das Hämoglobin.
c Tabakteer verengt die Blutgefäße.
d Tabakteer kann Krebs erzeugen.
e Tabakteer behindert den Gasaustausch in den Lungenbläschen.
f Tabakteer macht süchtig.

berg 1997 b). Die Forderung nach einer Mischung verschiedener Aufgabentypen ergibt sich vor allem aus der Überlegung, dass jede Aufgabenart spezifische Fähigkeiten erfordert und daher unterschiedliche Lernende anspricht. Hinzu kommt die Erwägung, dass Abwechslung als solche die Lernenden motiviert. Aufgaben, die Bilder enthalten, können daher zu besseren Testergebnissen führen als rein textliche Aufgaben (vgl. *Schmidt, E.* 1974; *Schneider/Walter* 1992, 328; *Kattmann* 1997 b).

Bei *Mehrfach-Wahl-Aufgaben* sind bestimmte Regeln zu beachten, von denen eine wichtige die Formulierung der Falsch-Antworten betrifft. Die vorgegebenen Falsch-Antworten (Distraktoren) dürfen nicht von vornherein als unsinnig zu erkennen sein, wie etwa in dem folgenden Beispiel (vgl. *Schröder* 1974, 148):

Frage: Von welchem Insekt wird die Schlafkrankheit übertragen?
Auswahl: a) Moskito b) Termite c) Tsetsefliege d) Känguru

Da das Känguru kein Insekt ist, kommt Antwort d gar nicht in Betracht. Ein solcher »Känguru-Distraktor« ist überflüssig und erhöht lediglich die Chance, die Aufgabe durch »Raten« zu lösen. Bei Multiple-choice-Tests, die mehrmals verwendet werden sollen, empfiehlt es sich, eine *Distraktorenprüfung* vorzunehmen.

Als sehr wichtig wird auch angesehen, jede Aufgabe eines Tests – unabhängig vom Aufgabentyp – im Hinblick auf ihren Schwierigkeitsgrad insgesamt zu prüfen. Als Maß für die Schwierigkeit gilt der »Schwierigkeitsindex«, der angibt, wie viel Prozent der Schüler die richtige Lösung gefunden haben (vgl. *Schröder* 1974, 160 f.).

15.5 Schriftliche Abiturprüfung

Eine besonders wichtige und folgenreiche Form der Evaluation stellt die Abiturprüfung dar. In ihr können die Schüler Biologie zum Hauptfach (»Leistungsfach«) wählen. Sie müssen dann in diesem Fach eine schriftliche Prüfung ablegen, deren Ergebnis die Durchschnittsnote des Abiturzeugnisses stark mitbestimmt. Diese wiederum ist zurzeit – seit der Einführung des Numerus clausus für eine Reihe begehrter Studienfächer – für die Zulassung zum Hochschulstudium von großer Bedeutung.

Während in Bayern, Baden-Württemberg, im Saarland und in den neuen Bundesländern *Vergleichsarbeiten* bzw. *Zentralabitur* Tradition haben, werden solche Verfahren in den anderen Bundesländern erst seit der PISA-Studie ernsthaft diskutiert.

Orientierungsrahmen für Erstellung und Auswertung der schriftlichen Abiturprüfungen bieten jedoch schon seit 1975 die von der Kultusministerkonferenz vereinbarten »Einheitlichen Prüfungsanforderungen in der Abiturprüfung« (KMK 1975; 1983; 1989; 2004 a). Diese Vereinbarung soll »sicherstel-

Der **Anforderungsbereich I** umfasst die Verfügbarkeit von Daten, Fakten, Regeln, Formeln, usw. aus einem abgegrenzten Gebiet im gelernten Zusammenhang; die Beschreibung und Verwendung gelernter und geübter Arbeitstechniken und Verfahrensweisen in einem begrenzten Gebiet und in einem wiederholenden Zusammenhang. Im Fach Biologie gehören dazu (Auswahl):

- Reproduktion von Basiswissen (Kenntnisse von Fakten, Zusammenhängen und Methoden)
- Nutzung bekannter Modelle und Methoden an ähnlichen Beispielen
- Entnahme von Information aus Fachtexten und Umsetzen der Information in einfache Schemata (Stammbaum, Flussdiagramm o. ä.)
- Experimentieren nach Anleitung, Erstellen mikroskopischer Präparate

Der **Anforderungsbereich II** umfasst selbstständiges Auswählen, Anordnen, Verarbeiten und Darstellen bekannter Sachverhalte unter vorgegebenen Gesichtspunkten in einem durch Übung bekannten Zusammenhang; selbstständiges Übertragen des Gelernten auf vergleichbare neue Situationen, wobei es entweder um veränderte Fragestellungen oder um veränderte Sachzusammenhänge oder um abgewandelte Verfahrensweisen gehen kann. Im Fach Biologie gehören dazu (Auswahl):

- Anwendung der Basiskonzepte in neuen Zusammenhängen
- Übertragen und Anpassen von Modellvorstellungen
- Sachgerechtes Wiedergeben komplexer Zusammenhänge
- Beurteilen und Bewerten eines Sachverhalts aus unterschiedlichen Perspektiven
- Unterscheiden von Alltags- und wissenschaftlichen Vorstellungen

Der **Anforderungsbereich III** umfasst planmäßiges und kreatives Bearbeiten komplexerer Problemstellungen mit dem Ziel, selbstständig zu Lösungen, Deutungen, Wertungen und Folgerungen zu gelangen; bewusstes und selbstständiges Auswählen und Anpassen geeigneter gelernter Methoden und Verfahren in neuartigen Situationen. Im Fach Biologie gehören dazu (Auswahl):

- Entwicklung eines eigenständig strukturierten Zugangs zu einem komplexen Phänomen
- Entwicklung eines komplexen gedanklichen Modells bzw. eigenständige Erweiterung eines bestehenden Modells
- Entwicklung fundierter Hypothesen auf der Basis verschiedener Fakten, Experimente, Materialien und Modelle
- Argumentation auf der Basis nicht eindeutiger Rohdaten, d. h. Aufbereitung der Daten, Fehleranalyse, Herstellung von Zusammenhängen

Anforderungsbereiche der Einheitlichen Prüfungsanforderungen (nach KMK 2004 a)

221

len, dass durch die Beschreibung der vom Schüler erwarteten Kenntnisse, Fähigkeiten und Fertigkeiten in einem Fach, durch Aussagen über Lernzielstufen, Lernzielkontrolle und Bewertungskriterien, Art und Anzahl der Prüfungsaufgaben und Ablauf der schriftlichen und mündlichen Prüfung künftig eine größtmögliche Einheitlichkeit bei der Abiturprüfung in der neugestalteten Oberstufe erreicht wird« (KMK 1975, 3).

Die erste Fassung der EPA Biologie stieß auf Kritik, die vor allem den Versuch betraf, für die verschiedenen Fächer Inhalte festzulegen, und die damit verbundene Erwartung, auf diesem Wege zu einer Vergleichbarkeit der Prüfungsleistungen zu gelangen. Bereits in der zweiten Fassung der EPA Biologie (KMK 1983) sind wesentliche Aspekte der Kritik berücksichtigt worden. Vor allem ist die Festschreibung von Einzelinhalten vermieden und dadurch dem Missverständnis der EPA als »Normenbuch« (vgl. Kritik bei *Westphal* 1976 b) der Boden entzogen worden.

Die Anforderungen an die Abiturprüfung haben mannigfaltige Auswirkungen auf den gesamten Biologieunterricht der Sekundarstufe II und darüber hinaus. Wenn den Schülern in der Abiturprüfung Leistungen der verschiedenen *Anforderungsbereiche* abverlangt werden, so ist das nur zu verantworten, wenn auch der zum Abitur hinführende Unterricht und die entsprechenden Klausuren anspruchsvoll sind und die letztlich geforderten Verhaltensweisen geübt werden (KMK 2004 a).

Unterrichtsmethoden und Arbeitsweisen

16 Methodenkonzepte, Großformen, Sozialformen

Unterrichtsmethoden können bezogen auf Reichweite und Dauer für verschiedene Ebenen des Unterrichtsgeschehens unterschieden werden: Methoden, Methodenkonzepte, methodische Großformen, Sozialformen. Schwerpunkt dieses Kapitels bilden die auf den konkreten Unterricht bezogenen Sozialformen.

In jeder Phase des Unterrichts arbeiten die Beteiligten in bestimmter Weise zusammen. Je nach dem, wie dies geschieht, sprechen wir von Großgruppenarbeit (Klassenverband), (Klein-)Gruppenarbeit, Partner- und Einzelarbeit. Gleichzeitig sind Handlungsmuster wie z. B. Lehrergespräch, Textarbeit oder Schülerexperiment zu erkennen. Sozialform und Handlungsmuster sollten zu einander, aber auch zu den Zielen und Lernvoraussetzungen passen. So lassen sich Neigungs- und Leistungsgruppen bilden. Letztere widersprechen aber einem wichtigen pädagogischen Ziel jeder Gruppenarbeit: Förderung des sozialen Lernens und der Teamarbeit in heterogenen Gruppen. Sinnvolle Gruppenarbeit, insbesondere die arbeitsteilige, erfordert einen hohen organisatorischen Aufwand und muss schrittweise eingeübt werden. Keine Sozialform ist die »beste«, und ein Wechsel innerhalb von Unterrichtssequenzen ist anzuraten.

Wichtige erschließende Begriffe: Differenzierung, entdeckendes Lernen, Fallstudie, Gruppenarbeit, Handlungsorientierung, Individualisierung, Kurs, Methodenwechsel, Offener Unterricht, Problem lösender Unterricht, Projekt, Schüleraktivität, soziale Kompetenzen, Stationenlernen
Bearbeitet von *Karla Etschenberg*

16.1 Allgemeines zu Unterrichtsmethoden

Unter der Bezeichnung *Methoden* werden hier alle »Formen und Verfahren« zusammengefasst, »in und mit denen sich Lehrer und Schüler die sie umgebende natürliche und gesellschaftliche Wirklichkeit unter institutionellen Rahmenbedingungen aneignen« (*Meyer, Hi.* 1987 a, 45). Nach der Dauer des methodischen Handelns unterscheidet *Hilbert Meyer* (1987 a, 109 ff.; 2004, 74 ff.) dementsprechend *fünf Ebenen:*

■ Handlungssituationen oder Inszenierungstechniken (z. B. Fragen, Antworten, Sich-Melden, »Drankommen«),

■ Handlungsmuster (z. B. Lehrervortrag, Diskussion, Experimentieren).

■ Unterrichtsschritte (z. B. Einstieg, Ergebnissicherung).

■ Sozialformen (z. B. Einzelarbeit, Gruppenunterricht).

■ Methodische Großformen (z. B. Kurs, Fallstudie, Projekt).

Darüber hinaus gibt es *Methodenkonzepte* (Unterrichtskonzepte), bei denen es – unabhängig von den Ebenen des methodischen Handelns – um die Umsetzung von Unterrichtsprinzipien wie z. B. Problemorientierung oder Handlungsorientierung geht (*Meyer, Hi.* 1987 a, 208 ff). In diesem Buch werden diejenigen Methoden und Unterrichtskonzepte bevorzugt behandelt, die im Biologieunterricht eine wichtige Rolle spielen oder spielen sollten. Die methodischen *Großformen* des Unterrichts, die *Sozialformen* und die *Methodenkonzepte* werden daher im folgenden unter diesem Gesichtspunkt näher erläutert.

Die Methoden der untersten Ebene (Handlungssituationen) sind in allen Fächern gleich wichtig und nicht spezifisch für den Biologieunterricht, so dass sie hier nicht ausführlich angesprochen werden. Ausführungen zu den Unterrichtsschritten finden sich im Kapitel »Gliederung des Unterrichts«.

▶ 14.6

Wegen ihrer besonderen Bedeutung werden den im Biologieunterricht spezifisch ausgeprägten Handlungsmustern eigene Kapitel gewidmet. Für sie wird jedoch der Ausdruck »(fachgemäße) Arbeitsweisen« verwendet, da dieser in der Biologiedidaktik weiter verbreitet ist als der Terminus »Handlungsmuster« (vgl. *Bay/Rodi* 1978; *Killermann/Hiering/Starosta* 2005). Besondere methodische Anforderungen stellt der Unterricht außerhalb des Klassenzimmers, der für das Biologie-Lernen eine bedeutende Rolle spielt.

▶ 17 bis 19

▶ 30, 31

16.2 Methodenkonzepte im Biologieunterricht

Für den Biologieunterricht sind vor allem die Methodenkonzepte »exemplarisches Lehren und Lernen«, »entdeckendes Lernen«, »problemlösender Unterricht«, »handlungsorientierter Unterricht« und »offener Unterricht« bedeutsam (vgl. Übersicht bei *Meyer, Hi.* 1987 a, 210 ff.).

Das Konzept des *offenen Unterrichts* verdient deshalb besondere Beachtung, weil es die größte Nähe zu den Idealvorstellungen von einem schülerzentrierten Unterricht aufweist. Seit einigen Jahren wird vor allem im Primarbereich versucht, offenen Unterricht zu realisieren. Das wesentliche Kennzeichen dieses Ansatzes ist die »Offenheit für Interessen von Schülern und Lehrern, die sich besonders in einer Beteiligung der Lernenden an Planung und Umsetzung von Unterricht niederschlagen muss« (*Marek* 1980, 47). »Der Prozess des Lernens steht gleichrangig neben den intendierten Ergebnissen, die Förderung des Einzelnen wird zum 'Klassenziel', und Selbständigkeit wird wichtiger als Anpassung« (*van Dick* 1991, 32). Zu diesem Konzept gehört auch die *Öffnung der Schule* zu ihrem Umfeld: Schüler und Lehrpersonen arbeiten nicht nur innerhalb, sondern auch außerhalb der Schulmauern; Eltern und andere Erwachsene kommen in die Schule und unterstützen Lehrkräfte und Schüler bei ihren Unternehmungen (vgl. *Stichmann* 1996). Eine der wichtigsten Aufgaben der Lehrenden besteht darin, die Schule und ihre Umgebung so zu gestalten, dass sie zu einer anregenden und ergiebigen »Lernumwelt« für jeden Einzelnen werden kann (vgl. *Ramseger* 1992). Offener Unterricht ist meist durch eine Reihe von Strukturmerkmalen charakterisiert, z. B. einen speziellen Wochenplan, einen den Tagesrhythmus der Schüler berücksichtigenden Stundenplan und das Element der *Freiarbeit*. Auch im Biologieunterricht der höheren Schulstufen gewinnt das Konzept des Offenen Unterrichts an Bedeutung (vgl. *Hoebel-Mävers* u. a. 1976; *Marek* 1980; *Clausnitzer* 1992; *Frank* 1992; *Ellenberger* 1993).

Ein in der Zielrichtung dem offenen Unterricht ähnliches Konzept ist der *handlungsorientierte Unterricht* (vgl. *Meyer, Hi.* 1987 a; 1987 b; *Ruppert* 2002). Schwerpunktmäßig geht es bei diesem Ansatz darum, den Unterricht weitaus häufiger als meist üblich zu produktivem Handeln zu nutzen. »Unterricht sollte so oft wie möglich zu Ergebnissen kommen, die man anfassen oder vorführen kann, die augenblicklich und auch später noch für die Schüler Gebrauchswert haben« (*Meyer, Hi.* 1987 b, 402). Dieses Konzept führt Ideen der Pädagogischen Reformbewegung weiter, vor allem der »Arbeitsschule« nach
2.4 ◄ *Georg Kerschensteiner*.

Die Modelle des *entdeckenden Lernens* und des *problemlösenden Unterrichts* weisen untereinander und zu dem eben dargestellten Ansatz einige methodische Ähnlichkeiten auf (vgl. z. B. *Klewitz/Mitzkat* 1977; *Neber* 1981; *Scholz* 1980; *Lange* 1982; *Lange/Löhnert* 1983; *Wilde* 1984; *Berck, K.-H.*, 2001, 56 f). Theoretisch sind sie aus der Lernpsychologie hergeleitet. Eine große Nähe zum Unterricht in den Naturwissenschaften ergibt sich vor allem aus den Übereinstimmungen zwischen Problemlösungsstrategien im allgemeinen und der Sequenz der Schritte eines naturwissenschaftlichen Experiments (vgl. z. B. *Scholz* 1980; *Fries/Rosenberger* 1981; *Schmidkunz/Lindemann* 1992). Das Experiment »stellt einen besonders differenzierten und anspruchsvollen Typ der Problemlösungsprozesse dar« (*Eschenhagen* 1983 b, 225). Dem entsprechend spielen die beiden Methodenkonzepte im
17 ◄ Fach Biologie, und zwar besonders im Experimental- und Freilandunterricht,
30 ◄ eine erhebliche Rolle (vgl. *Dietrich* u. a. 1979; *Dylla* 1980; *Clausnitzer* 1983; *Eschenhagen* 1983 b; *Staeck* 1995; *Starosta* 1990; *Kurze* 1992; *Killermann/ Hiering/Starosta* 2005).

16.3 Methodische Großformen

Als methodische Großformen oder methodische Grundformen werden »jene unterrichtlichen Organisationsschemata« bezeichnet, »die über längere Zeiträume hinweg Arbeits- und Sozialformen des Unterrichts bestimmen« (*Otto* 1974). In der allgemeindidaktischen Literatur werden vor allem der Lehrgang oder Kurs, das Trainingsprogramm, der Workshop, das Projekt oder Vorhaben, die Exkursion und die Fallstudie genannt (vgl. Übersicht bei *Meyer, Hi.* 1987 a, 143f.). Im Biologieunterricht spielen vorwiegend der Kurs, das Projekt, die Fallstudie und die Exkursion eine Rolle. Exkursionen werden hier als Form des Unterrichts außerhalb des Schulgebäudes behandelt.

Der *Kurs* oder Lehrgang ist durch seinen systematischen Charakter und durch planmäßige, stark von der Lehrperson gelenkte Lernprozesse gekennzeichnet. Der Unterricht schreitet zielorientiert von einem Inhalt zum nächsten voran; selbstorganisiertes Lernen der Schüler findet relativ selten und meist nur während kurzer Phasen statt. Die Lebenswirklichkeit wird nur in ausgewählten Ausschnitten und in »zubereiteter Form« einbezogen.

Fallstudien werden im Fach Biologie bisher nur selten durchgeführt. Ausgangspunkt für Fallstudien sind die Entscheidungen von Menschen in konkreten Situationen (vgl. *Otto* 1977). Das durch den alltagsnahen »Fall« aufgeworfene Problem wird von verschiedenen Seiten beleuchtet bzw. analysiert, unterschiedliche Problemlösungen werden – meist in Gruppenarbeit – entwikkelt und vergleichend diskutiert (*Frey, K.* 1991). Dabei werden die Bedingungen von Entscheidungen und deren Auswirkungen erfasst. Im Biologieunterricht eignen sich besonders die Themenbereiche »Umweltschutz« und »Gesundheitserziehung« für Fallstudien (z. B. »Die Gemeinde X baut eine Kläranlage«, »Die Schule Y wird nikotinfrei«). Auch bei der Behandlung ethischer Fragen spielen sie eine erhebliche Rolle.

Das *Projekt* kann man als einen »Gegenentwurf« zum Lehrgang betrachten. Der Terminus »Projekt« (Projektunterricht, Projektmethode, projektorientierter Unterricht) wird allerdings unterschiedlich verwendet. *Dagmar Hänsel* (1997, 54 ff.) unterscheidet vier Konzepte. Das Projekt kann aufgefasst werden als:

- Methode des praktischen Problemlösens (vgl. *Knoll* 1992; 1993);
- ideale Methode des Lehrens und Lernens (vgl. *Frey, K.* 1982);
- als kindorientiertes Unterrichtsideal (vgl. *Ramseger* 1992);
- als pädagogisches Experiment mit der Wirklichkeit (vgl. *Dewey* 1916).

Alle diese Projektkonzepte enthalten Schulkritik und Vorstellungen über das Lehren und Lernen in einer reformierten Institution Schule. Projektunterricht sollte, zumindest in seiner idealen Form, zur Realisierung stärker schülerorientierten Unterrichts beitragen, offenen und handlungsorientierten sowie fächerübergreifenden und integrativen Unterricht in den Mittelpunkt stellen. Ein Projekt wird somit durch einen Katalog von Merkmalen gekennzeichnet: Bedürfnisbezogenheit, Situationsbezogenheit, gesellschaftliche Relevanz, Interdisziplinarität, kooperative Planung, kollektive Realisierung, Produktorientiertheit (vgl. *Otto* 1977; *Meyer, Hi.* 1987 b; *Frey* 1982; *Bastian/Gudjons* 1988; 1990; *Hedewig* 1994; *Zabel* 1975; 1994; *Hänsel* 1997).

Nach *Hilbert Meyer* (1987 a, 143 f.) stellt ein Projekt »den gemeinsam von Lehrern, Schülern, hinzugezogenen Eltern, Experten usw. unternommenen Ver-

227

such dar, Leben, Lernen und Arbeiten derart zu verbinden, dass ein gesellschaftlich relevantes, zugleich der individuellen Bedürfnis- und Interessenlage der Lehrer und Schüler entsprechendes Thema oder Problem innerhalb und außerhalb des Klassenzimmers aufgearbeitet werden kann«. *Karl Frey* (1982, 10) fasst die Merkmale des Projekts so zusammen: »Eine Gruppe von Lernenden bearbeitet ein Gebiet. Sie plant ihre Arbeit selbst und führt sie auch aus. In der Regel steht am Ende ein sichtbares Produkt.« *Dagmar Hänsel* (1986; 1997) stellt folgenden »Handlungsfahrplan« für die Durchführung eines Projekts auf:

■ Eine realistische Sachlage auswählen, die für die Schüler ein echtes Problem darstellt.

■ Einen gemeinsamen Plan zur Problemlösung entwickeln.

■ Eine handlungsbezogene Auseinandersetzung mit dem Problem herstellen.

■ Die gefundene Problemlösung an der Wirklichkeit überprüfen.

Außerdem gilt es, individuelle wie institutionelle Voraussetzungen (z. B. Vorstellungen über Erziehung und Unterricht, Rahmenbedingungen des Unterrichts) zu klären und die Ziele zu bestimmen. Kooperation der Lehrenden, Erweiterung des unterrichtlichen Aktionsfeldes und die Abschaffung des Stundentaktes sind wichtige Voraussetzungen für das Gelingen eines Projektes. Schließlich ist das Ergebnis (z. B. vorgestelltes Produkt, Veränderung des »Normalunterrichts«) zu prüfen. Richtlinien oder Handreichungen der meisten Bundesländer enthalten Empfehlungen für Projektunterricht, die Realisierung lässt aber noch zu wünschen übrig. Neben den sehr hohen Ansprüchen, die ein derartiger Unterricht inhaltlich wie auch methodisch an die Lehrenden stellt, erschweren institutionelle Rahmenbedingungen wie Stundenplan, mangelnde Koordination der Lehrpläne und auch mangelnde Fortbildung der Lehrenden die Umsetzung (vgl. *Weigelt/Grabinski* 1992). Lehrende, die Erfahrung mit Projekten haben, beurteilen diese Unterrichtsform in der Regel sehr positiv (vgl. *Hedewig* 1991 b; 1992 a; 1994). Aus der Vielzahl der biologischen Themen, die sich für Projekte eignen, seien einige Beispiele genannt (vgl. *Schoof* 1977; *Frey* 1982; *Hänsel/Müller* 1988; *Eschenhagen* 1990; *Hedewig* 1993 b; 1994; *Jüdes/Frey* 1993; *Bayrhuber* u. a. 1994; *Zabel, E.* 1994 a):

■ Ökologie und Umwelt (z. B. Wald, Wasser, Stadt, Verkehr, Energie, Landwirtschaft, Wohnen, Abfall, Natur- und Umweltschutz);

■ Gestaltung der Schule und ihrer Umgebung, Ökologisierung der Schule (z. B. Gestaltung eines »grünen« Klassenzimmers, Anlage eines Schulgartens, eines Teiches, einer Wallhecke o. ä.);

■ Gesundheitsförderung (z. B. Ernährung, Erholung, Stress, Freizeit, Arbeit, Sexualität, Sport, Drogen/Suchtprävention).

16.4 Sozialformen

16.4.1 Zu den Begriffen

Schulischer Unterricht vollzieht sich im allgemeinen in Jahrgangsklassen oder Kursgruppen, d. h. in Großgruppen, die durch soziale Herkunft, Interessen und Begabungsschwerpunkte, Lernbereitschaft und Arbeitsgeschwindigkeit und durch weitere Eigenschaften ihrer Mitglieder recht heterogen sein können. Diese Heterogenität kann den Lernenden die Möglichkeit zu vielfältigen sozialen Erfahrungen und zu gegenseitiger Förderung eröffnen.

Das Bemühen, Lernprozesse stärker zu individualisieren, führt zu Formen der inneren Differenzierung. Mehrere Gruppen von Maßnahmen der Binnendifferenzierung werden unterschieden: so z. B. die soziale, thematisch-intentionale, methodische und mediale Differenzierung (vgl. *Winkeler* 1975, 43; *Meyer, Hi.* 1997, 183). Die *soziale Differenzierung* ist die bedeutsamste.

Beim *Klassenunterricht* stellt die Lehrperson den Schülern die Unterrichtsinhalte in der »darbietenden Form« vor (evtl. mediengestützt oder mit Demonstrationsversuchen) oder versucht, diese nach dem »fragend-entwickelnden« Verfahren oder der »aufgebenden Form« mit den Schülern gemeinsam zu erarbeiten. Hier passt häufig auch der Terminus Frontalunterricht, wenn der Unterricht deutlich »lehrerzentriert« ist (vgl. *Meyer, Hi.* 1987 b, S. 180 ff; *Meyer/Meyer* 1997).

Bei einigen Formen der Großgruppenarbeit – vor allem beim Unterrichtsgespräch, beim freien Gespräch, bei der Diskussion, beim Streitgespräch – tritt die Lehrperson zurück und übernimmt nur die Moderation. Eventuell überlässt sie die Leitung des Gesprächs auch einer Schülerin oder einem Schüler. Solche Gesprächssituationen können durch die Anordnung des Stühle zum Sitzkreis besonders betont werden. Klassenunterricht ist auch dann gegeben, wenn Lernende für alle einen Vortrag halten oder ein Rollenspiel aufführen.

Bei der *(Klein-)Gruppenarbeit* unterscheidet man:

■ Themengleiche bzw. »arbeitsgleiche« oder homogene Gruppenarbeit. Alle Kleingruppen bearbeiten dasselbe Thema anhand der gleichen Arbeitsaufträge und Hilfsmittel.

■ »Arbeitsteilige« Gruppenarbeit mit heterogener Aufgabenstellung. Die Schülergruppen erhalten jeweils unterschiedliche Aufgaben, wobei diese verschiedene Gegenstände oder denselben Gegenstand betreffen können. Es wird auch dann von arbeitsteiliger Gruppenarbeit gesprochen, wenn die Aufgaben aller Gruppen gleich sind, sich aber auf unterschiedliche Teilthemen/Objekte beziehen.

■ »Gemischt-arbeitsteilige« Gruppenarbeit. Jeder Auftrag wird von mindestens zwei Kleingruppen parallel bearbeitet.

Haupttypen der Sozialformen

Großgruppenarbeit (so genannter **Klassen-** oder **Plenumsunterricht**): Es findet keine Differenzierung statt. Die Gesamtheit aller Schüler wird als Einheit betrachtet. Das Lernangebot ist für alle gleich, das Fortschreiten richtet sich danach, ob die Lehrperson den Eindruck hat, dass sie »weitergehen« kann.

(Klein-)gruppenarbeit: Die Klasse wird in mehrere Gruppen (meist zu je 3 bis 6 Schülern) aufgelöst.

Partnerarbeit (auch **Tandemarbeit**): Leicht zu organisierende Arbeitsform, bei der jeweils zwei Schüler zusammenarbeiten.

Allein-/Einzelarbeit: Jeder Schüler muss sich allein mit einer Aufgabe auseinandersetzen. Die früher übliche Gleichsetzung mit »Stillarbeit« ist nicht zwingend, da es methodische Alternativen gibt.

Besondere Organisationsformen der Gruppenarbeit sind die »Wandergruppenarbeit« und die »Stationsarbeit«. Im Arbeitsraum sind Plätze eingerichtet, auf denen jeweils das Material zur Lösung einer Aufgabe bzw. zur selbstorganisierten Arbeit bereit steht. Jede Schülergruppe oder auch einzelne Schüler bearbeiten eine der Aufgaben und gehen nach deren Lösung zum nächsten Arbeitsplatz über. Bei der *Wandergruppenarbeit* besteht in der Regel der Anlass darin, dass jedes Medium, das genutzt werden soll, nur in einem Exemplar oder in wenigen Stücken vorhanden ist (z. B. Stopfpräparate von Tieren, der Computer mit oder ohne Internetzugang). Bei der *Stationenarbeit* stehen demgegenüber die Stationen für Schritte in einer Lernsequenz, die mit individuellem Tempo nacheinander, oftmals auch in von den Schülern selbständig, frei zu wählender Reihenfolge (und Anzahl) bearbeitet werden sollen (vgl. *Graf, E.* 1997; *Gropengießer/Beuren* 2000; *Jungbauer* 2006).

Im Vergleich zum Gruppenunterricht ist die *Partnerarbeit* eine einfach zu handhabende Sozialform. Da die meisten in der Schule verwendeten Arbeitstische zwei Schülern Platz bieten, lässt sich diese Form ohne zusätzlichen Organisationsaufwand verwirklichen und deshalb auch für sehr kurze Unterrichtsphasen einsetzen. Beim Experimentieren ist Partnerarbeit besonders angebracht, da sie die Arbeitsteilung (ein Partner misst, der andere schreibt auf) begünstigt.

Alleinarbeit spielte früher in wenig gegliederten Schulen als »Stillarbeit« eine bedeutende Rolle, da die Lehrperson dadurch die Freiheit bekam, sich um andere Schülergruppen zu kümmern. Heute wird diese Sozialform häufig für kurze Unterrichtsabschnitte (z. B. beim Ausfüllen von Arbeitsblättern), bei Tests und Klassenarbeiten und für die Hausaufgaben verwendet. In der »Freiarbeit« oder »Wochenplanarbeit« eingesetzt, bietet sie viele Möglichkeiten zu thematischer, methodischer und medialer Differenzierung, die zum Teil auch über den Unterricht im engeren Sinne hinausgehen können (z.B. Beschaffung von Unterrichtsmaterial, Betreuung von Tieren und Pflanzen in der Schule, Beobachtungsaufgaben in freier Natur, Einzelreferate, Facharbeiten, Gestaltung von Arbeitsmappen).

Beim »Offenen Unterricht«, bei »Freiarbeit«, »Wochenplanarbeit« und bei »Projekten« spielen Gruppen- und Einzelarbeit gegenüber dem Klassenunterricht naturgemäß eine zentrale Rolle.

Viel diskutiert war zeitweise eine besondere Variante der Einzelarbeit, der *Programmierte Unterricht* (vgl. *Dudel* 1971; *Müller, J.* u. a. 1977; *Schuster, M.* 1981; *Krüger, B.* 1985). Grundlage war in den meisten Fällen ein Buchprogramm. Durch den Einsatz des Computers hat der Programmierte Unterricht eine ganz neue Form erhalten und ist dadurch (in anderer Form) wieder aktuell.   ▶ 27

16.4.2 Sinn und Bedeutung

Gruppen- und Einzelarbeit haben gegenüber dem Klassenunterricht den Vorteil, dass sich die Lernenden unmittelbarer, nämlich ohne die ständige Vermittlung durch die Lehrperson mit dem Lern- oder Übungsangebot auseinandersetzen. Prinzipien wie »Schüler- und Handlungsorientierung« lassen sich leichter realisieren (vgl. *Ruppert* 2002). Wie für alle Unterrichtsmethoden gilt auch für die Sozialformen der Grundsatz »variatio delectat«, »Abwechslung erfreut«. Es kann nicht darum gehen, den früher und oft auch heute noch dominierenden Frontalunterricht grundsätzlich »schlecht zu machen« und ganz durch eine der anderen Sozialformen ersetzen zu wollen (vgl. *Meyer/Meyer* 1997); aber die verschiedenen Formen sind je nach Unterrichtsinhalt und Klassensituation variabel einzusetzen. Ein guter Grundsatz ist der, dass in jedem Lernabschnitt eine gewisse Zeit für Gruppenarbeit und Spielraum für individuelle Einzelarbeit eingeplant werden. Dadurch wird dem Unterricht etwas von seinem Zwangscharakter genommen: Nicht immer müssen alle Lernenden zu einer bestimmten Zeit an einem vorgegebenen Thema arbeiten und dabei mit einem bestimmten Tempo auf einem exakt vorgeplanten Weg voranschreiten. Gruppen-, Partner- und Einzelarbeit ermöglichen eine gewisse Annäherung an das Lernen außerhalb der Schule. Keine der Differenzierungsformen vereinigt jedoch in sich alle Merkmale einer »natürlichen« Lernsituation. Die meisten Vorzüge in diesem Sinne bietet ein Gruppenunterricht, bei dem Schülergruppen langfristig an selbstgewählten Teilthemen in weitgehender Eigenverantwortung arbeiten (u. a. in Projekten). Innerhalb solcher Kleingruppen können die einzelnen Lernenden Aufgaben erfüllen, die ihren Neigungen und Fähigkeiten entsprechen. Das führt bei vielen zu mehr Spaß an der Arbeit, zu einem stärkeren Interesse an den betreffenden Inhalten oder dem Schulfach und zu größerer Selbständigkeit.

Erwerb sozialer Kompetenzen

Bei Kleingruppenunterricht und Partnerarbeit wird gelernt:

- ◼ aufeinander (und nicht nur auf die Lehrperson) zu hören,
- ◼ miteinander direkt (und nicht nur durch die Lehrperson vermittelt) zu sprechen,
- ◼ eine eigene Meinung zu äußern, mit anderen zu diskutieren, durchzusetzen oder zu revidieren,
- ◼ Kritik zu üben und die von anderen geäußerte Kritik zu überprüfen und gegebenenfalls zu akzeptieren,
- ◼ Spielregeln des Zusammenarbeitens einzuhalten,
- ◼ innerhalb eines Teams eine Aufgabe zu übernehmen und gewissenhaft zu erledigen,
- ◼ anderen Lernenden zu helfen und sich von anderen helfen zu lassen,
- ◼ Spannungen innerhalb einer Gruppe zu erkennen, zu ertragen und zu ihrer Lösung beizutragen,
- ◼ Gruppeninteressen gegenüber anderen zu vertreten und dabei die Begrenzung dieser eigenen Ansprüche durch die Interessen anderer zu akzeptieren und zu berücksichtigen.

Voraussetzung für eine erfolgreiche Gruppenarbeit ist, dass das benötigte Material (zur Auswahl) verfügbar, beschaffbar oder zugänglich ist (z. B. in der Leihbücherei, bei Verbänden oder Krankenkassen, im Internet). In Einzelfällen muss das Arbeitsmaterial auch didaktisch aufbereitet werden (z. B. durch gezielte Zusammenstellung von Zeitungsartikeln, durch Markierungen in Texten oder Abbildungen). Wird das Internet eingesetzt, sollte die Lehrperson vorab sicher stellen, dass die Lernenden seriöse und informative Internetseiten finden können.

Bei der Gruppen- und Partnerarbeit geht es jedoch nicht nur um das bessere Erreichen von Unterrichtszielen in der kognitiven oder psychomotorischen Dimension, sondern vor allem auch um das soziale Lernen, d. h. um den Erwerb von »sozialer Kompetenz« durch den direkten und nicht unbedingt von der Lehrperson angeleiteten Umgang der Lernenden miteinander (vgl. z. B. *Kösel* 1975; 1976; *Gudjons* 1993; *Staeck* 1995, 236 ff.).

Unverzichtbar ist (Klein-)Gruppenarbeit bei Themen, die im außerschulischen Leben in besonderem Maße kommunikative Kompetenz erfordern, wie z. B. bei Themen der Sexualerziehung, Suchtprävention oder der Umwelterziehung. Besonders wichtig sind die Erfahrungen, die unterschiedlich leistungsstarke Lernende miteinander in der Gruppenarbeit machen: Sie bereiten auf das gesellschaftliche Leben außerhalb der Schule vor.

7, 8, 10 ◀

Die bei der Gruppenarbeit gewonnenen Erfahrungen können sich auf den übrigen Unterricht positiv auswirken. Die Lernenden lernen sich besser kennen, und manche »stillen« Schüler gewinnen im Gruppenunterricht so viel Selbstvertrauen, dass sie sich schließlich auch am Klassenunterricht mehr beteiligen. Gruppenunterricht kann und soll dazu motivieren, über die eigentliche Aufgabe hinaus auch bei Hausaufgaben oder außerschulischen Vorhaben und später am Arbeitsplatz in Gruppen zusammen zu arbeiten.

Als besonderer Vorzug arbeitsteiliger Gruppenarbeit wird von einigen Autoren hervorgehoben, dass Unterrichtsinhalte schneller erarbeitet werden könnten (vgl. *Kuhn, W.* 1975 a; *Mostler/Krumwiede/Meyer* 1979, 50). Ein eindeutiger Vorteil von Gruppen- und Einzelarbeit besteht in der Chance, dass die Lehrperson beim »Herumgehen« oder bei Gesprächen über Zwischenergebnisse gezielt bei einzelnen Lernenden unterstützend eingreifen kann, was ihr beim Klassenunterricht kaum möglich ist. Sie lernt dabei auch die Lernenden besser kennen.

16.4.3 Zur Durchführung

Jede methodische Maßnahme im Unterricht sollte unter der Zielsetzung gesehen und gehandhabt werden, die Lernenden zu »selbständigem Denken, Urteilen und Arbeiten« und zu »sozialem Verhalten (…), zur Teamarbeit, zur Kooperation« zu erziehen« (*Ulshöfer* 1971, 32).

Klassen, die noch nicht an *Gruppenarbeit* gewöhnt sind, sollten schrittweise in diese Methode eingeübt werden. Zuerst sollte man möglichst häufig arbeitsgleiche Partnerarbeit von max. 20 Minuten Dauer einplanen. Eine Schulstunde kann dann dafür ausreichen, alle Phasen (siehe Kasten) durchzuführen und die »Spielregeln« solcher Zusammenarbeit zu klären und anzuwenden. Ein Schritt zur weiteren Differenzierung führt zur gemischt-arbeitsteiligen Partnerarbeit. Hier lernen Schüler, einen Teil ihrer Ergebnisse anderen zugänglich zu machen bzw. Mitschüler als Lehrende zu akzeptieren. Schüler mit gleichen Aufgaben können sich gegenseitig bei der Ergebnisdarstellung ergänzen und korrigieren. Die »Konkurrenz« spornt auch zu besonders sorgfältiger Arbeit an.

Der nächste Schritt führt zum arbeitsgleichen Gruppenunterricht (mit kurzer Laufzeit) und dann erst über den Zwischenschritt der gemischt-arbeitsteiligen Variante zur arbeitsteiligen Gruppenarbeit. Am Ende kann z. B. »Freiarbeit« oder ein »Projekt« stehen (vgl. *Ellenberger* 1993, 252). Wesentlich ist, dass den Schülern und Schülerinnen die Besonderheiten der verschiedenen Sozialformen im Unterricht bewusst werden. Sie sollen über Vor- und Nachteile nachdenken und diskutieren.

»Normale« gebundene Gruppenarbeit bedarf klarer Zielvorgaben und Aufgabenstellungen, die es ermöglichen, dass die Schüler bei der Arbeit in Gruppen ohne die Lehrperson auskommen können (vgl. *Gasser* 1997, 196). Das bedeutet aber nicht, dass die Aufgaben immer von der Lehrperson vorgege-

Phasen der Gruppenarbeit

1. Einführung in die Gruppenarbeit

Das Gesamtthema wird im Klassenunterricht in Unterthemen aufgegliedert. Die Schülergruppen bilden sich; die Themen werden den Gruppen zugeordnet bzw. von ihnen gewählt (arbeits- bzw. themengleich oder arbeitsteilig). Medien werden bereitgestellt; die Dauer des Arbeitens in Gruppen wird festgelegt.

2. Arbeit in Gruppen

Die Kleingruppen planen ihre Tätigkeit; sie verteilen Aufgaben (innerhalb der Gruppen kann es dabei streckenweise zu Einzelarbeit kommen).
Die Arbeitsergebnisse werden innerhalb der Gruppen besprochen und in eine für die dritte Phase geeignete Form gebracht.

3. Auswertung der Gruppenarbeit

Bei arbeitsgleicher Gruppenarbeit werden die Ergebnisse verglichen und evtl. korrigiert. Bei arbeitsteiliger Gruppenarbeit stellen die Kleingruppen ihre Ergebnisse der ganzen Klasse vor; Fragen der Mitschüler werden beantwortet, die Einzelresultate erörtert und gegebenenfalls zu einem Gesamtbild des behandelten Themas zusammengefügt. Der Unterrichtsertrag wird schriftlich fixiert; weitere Aktivitäten, z. B. eine Ausstellung oder eine Wandzeitung werden geplant. Einen günstigen Abschluss bildet ein kritischer Rückblick auf die Gruppenarbeit.

ben und formuliert werden müssten. Schrittweises Einbeziehen der Schüler führt sie auch in diesem Punkt zu mehr Eigenständigkeit: Zuerst wird die Lehrkraft selbst die Arbeitsaufträge festlegen und den Schülern auf Arbeitsblättern oder auf Folie vorlegen. Bei der Besprechung sollten die Schüler zum Nachvollziehen der Gedanken des Lehrers und zur Kritik herausgefordert werden. Später werden die Aufgaben im Unterrichtsgespräch unter möglichst starker Beteiligung der Schüler formuliert und – in einer letzten Stufe – in den Gruppen selbst entwickelt. Während bei der Partnerarbeit und einfacheren Formen des Gruppenunterrichts die *Gruppenbildung* meist unproblematisch ist, empfiehlt es sich, bei mehrstündiger arbeitsteiliger Gruppenarbeit auf die Zusammensetzung der Gruppen zu achten. Es sollte versucht werden, themenbezogene Interessen der Schüler zu berücksichtigen, aber – in der Regel – keine leistungshomogenen Gruppen zu bilden.

Die sozialen Ziele, die mit der Gruppenarbeit angestrebt werden, legen es nahe, zumindest bei arbeitsgleicher Aufgabenstellung darauf zu achten, dass die Schülergruppen in Bezug auf die Leistungsfähigkeit ihrer Mitglieder heterogen zusammengesetzt sind. Bei arbeitsteiliger Gruppenarbeit können natürlich auch unterschiedlich schwierige Teilthemen an unterschiedlich leistungsstarke Schülergruppen vergeben werden (Leistungsdifferenzierung). Das empfiehlt sich vor allem dann, wenn nicht alle Ziele für alle verbindlich sind. Zu Beginn einer neuen Gruppenarbeitsphase sollten die Gruppen jeweils neu gebildet werden. So erweitert sich der »soziale Raum« der Kinder (vgl. *Forsberg/Meyer* 1976, 47). Einer Rollenfixierung (siehe unten) kann leichter vorgebeugt werden.

Medien, die speziell für das selbständige Arbeiten von Lernenden bestimmt sind, werden durch entsprechende Unterrichtsmaterialien in fachdidaktischen Zeitschriften bereitgestellt (z. B. *Gropengießer/Beuren* 2000; *Kuhn, G.* 2001; *Stripf* 2005). Für die jeweils aktuelle Gruppenarbeit, die sich über mehrere Schulstunden hinzieht, können Schüler selbst Arbeitsmittel beschaffen, z. B. aus dem Bücherschrank der Eltern oder aus einer Leihbücherei. Da die verfügbaren Texte meist nicht für Schüler konzipiert sind, haben diese oft Verständnisschwierigkeiten (vgl. *Dreesmann/Ballod* 2006). Hier ergibt sich ein guter Anlass, den Umgang mit Nachschlagewerken und Buchregistern zu üben. Eine reiche Ausstattung des Klassenraums mit Lexika und Übersichtsbüchern sowie Internetzugang können als wichtigste Voraussetzung für erfolgreiche Gruppenarbeit bezeichnet werden. Sie verringern auch die Gefahr des Leerlaufs, der durch das unterschiedliche Arbeitstempo der Kleingruppen entstehen kann. Beim Einsatz des Internets sollten unbedingt Kriterien für das Erkennen seriöser Anbieter erarbeitet werden.

▶ 20

Die Möglichkeiten der *arbeitsteiligen Gruppenarbeit* werden dann optimal genutzt, wenn die Arbeiten der einzelnen Kleingruppen zur Lösung einer die Gruppenaufgaben umfassenden *gemeinsamen Aufgabe* notwendig sind (z. B. die Erarbeitung von Nahrungsketten, die gemeinsam zu einem Nahrungsnetz zusammengesetzt werden). Bei der Frage »War der Neandertaler ein Mensch oder ein Affe?« können im gemischt-arbeitsteiligen Verfahren einige Gruppen die Schädel von Gorilla und Neandertaler, andere die von Gorilla und Jetztmensch und die übrigen die von Neandertaler und Jetztmensch vergleichen. Erst alle drei Gruppenergebnisse zusammen liefern eine zutreffende Antwort (vgl. *Wraage* 1979). Ein Thema wie der Wunsch nach einem Heimtier kann arbeitsteilig bearbeitet werden, indem etwa die Fragen nach geeignetem Futter, Käfigen und Unterhaltskosten, Untersuchungen zum Verhalten und die Erarbeitung charakteristischer Merkmale des Tieres auf verschiedene Gruppen verteilt werden (vgl. *Ellenberger* 1993, 226 f.).

Als schwierigster Teil des Gruppenunterrichts – insbesondere des arbeitsteiligen – gilt die *Auswertungsphase*. Meistens müssen hierbei Sprecher der Arbeitsgruppen nacheinander über ihr Teilthema referieren (additives Verfahren, nach *Scheibner* aus *Ulshöfer* 1971, 46). Solche Schülervorträge stehen meist in Bezug auf ihre Struktur und ihre inhaltliche und methodische Qualität ei-

235

nem Lehrervortrag nach. Meist muss die Lehrperson auch im Interesse von sachlicher Richtigkeit und Verständlichkeit Schülervorträge unterbrechen.

Gelindert wird das Problem der Auswertung bei arbeitsteiliger Gruppenarbeit, wenn die Gruppenarbeit von vornherein als »Gruppenpuzzle« strukturiert wird. Unter diesem Stichwort werden unterschiedliche Verfahren praktiziert (vgl. *Rottländer* 1992; *Rottländer/Herrmann* 1996; *Bialke-Ellinghausen/Bennert/Hausmann* 2004; vgl. auch »Expertenpuzzle«, *Untermoser* 2004). Idealtypisch gibt es drei Arbeitsschritte

1. Arbeitsgleiche Vorbereitung des Themas und Aufteilung in Teilthemen in einer »Stammgruppe«.
2. Wechseln der Lernenden in eine »Expertengruppe«, wo sie sich zu den Teilthemen jeweils spezielles Wissen aneignen.
3. Zurückgehen in die Stammgruppe, wo sie jeweils ihr »Expertenwissen« weitergeben. Dabei vertiefen und festigen sie das eigene Wissen (»Lernen durch Lehren«) und bekommen das Expertenwissen der anderen vermittelt.

Vom Ansatz her erspart dieses Verfahren die »Abschlussrunde« mit den Gruppenberichten, da im Prinzip alle das Gleiche lernen konnten. Riskant und für besonders »wissbegierige« Schüler und Schülerinnen demotivierend ist die Abhängigkeit von der Fähigkeit einzelner Mitschüler und Mitschülerinnen, Wissen zu erwerben und zu vermitteln – nicht jedem oder jeder, der oder die zum »Experten« avanciert, trauen die anderen zu, tatsächlich ein Experte zu sein. Zur Ergebnissicherung ist daher auch bei dieser Methode ein kurzer zusammenfassender (kontrollierter) Austausch im Plenum günstig (z. B. eine tabellarische Übersicht an der Tafel).

All diese Probleme braucht es bei arbeitsgleicher Gruppenarbeit nicht zu geben, weil schon während der Arbeitsphase die Lehrperson darauf achten kann, dass die Ergebnisse bei allen korrekt sind. Nur wenn es darauf ankommt, die Ergebnisse arbeitsgleicher Gruppenarbeit miteinander zu vergleichen (z. B. bei einer Langzeitbeobachtung in freier Natur), ist eine »Abschlussrunde« unverzichtbar, kann aber auch hier durch unterschiedliche Präsentationsformen aufgelockert werden

16.4.4 Beispiele

Bei der Auswahl von Themen für Gruppenunterricht muss vor allem darauf geachtet werden, dass sich die Themen zwanglos in einigermaßen gleichgewichtige Unterthemen aufgliedern lassen.

In der Literatur finden sich viele entsprechende Beispiele, u. a. Höhere Pilze, Familien der Blütenpflanzen, wirbellose Tiere, Wirbeltierklassen, Säugetierordnungen (z. B. anhand von Schädeln). Ein analoges Verfahren ergibt sich, wenn bei der Betrachtung eines Lebensraums die Angepasstheit ver-

Schriftliche Kurzberichte der Kleingruppen auf Folien oder Fotokopien, die von den Mitschülern gelesen und im Klassenverband erörtert werden.

Darstellung der Ergebnisse in Form von **Medien**: Filmausschnitte, Dias, Bilder, selbstgefertigte Skizzen oder Demonstrationsversuche.

Zusammenfassung in Form von **tabellarischen Übersichten**, wobei die einzelnen Gruppen verschiedene Zeilen oder Spalten der Tabelle ausfüllen (einbauendes Verfahren, nach *Scheibner* aus *Ulshöfer* 1971, 46). Die Tabelleneintragungen können auch auf Folien vorgenommen und von jeweils einem Gruppenmitglied vorgestellt werden.

Von Kleingruppen erstellte Bilder und Texte werden zu einem Gesamtbild oder einer »**Mosaiktafel**« vereinigt (vgl. *Hirschmann* 1975).

Vereinigung der Gruppenergebnisse in einem **Unterrichtsgespräch** (verwebendes Zusammenschließen, nach Scheibner aus *Ulshöfer* 1971, 46). Dabei können die Schülergruppen als Experten auftreten, die von den anderen Schülern zu ihrem Spezialgebiet befragt werden (vgl. *Urschler* 1971).

Fortsetzung der Gruppenarbeit in neuer Zusammensetzung. Mindestens ein »Experte« bringt in eine neue Gruppe jeweils das Wissen ein, das in einer der vorhergehenden Arbeitsgruppen erworben worden ist (s. Gruppenpuzzle).

schiedener Pflanzen oder Tiere erarbeitet wird (z. B. Frühblüher des Laubwaldes, Einzeller in Heuaufgüssen). Schwieriger ist Gruppenunterricht mit einer *einzigen Pflanzen-* oder *Tierart* durchzuführen. Es besteht die Gefahr, »die natürliche Ganzheit eines Organismus ... (zu) zerreißen ... . Das könnte z. B. eintreten, wenn eine Gruppe die Wurzel, die zweite den Spross, die dritte das Blatt und die vierte die Blüte einer Pflanze untersuchen müsste« (*Esser, H.* 1978, 140 f.). Empfehlenswert ist, Versuche zur Pflanzen-, Tier- und Humanphysiologie in Gruppen durchzuführen (vgl. z. B. *Kasbohm* 1973 b; *Werner* 1976; *Etschenberg* 2000 c).

Bei gesellschaftlich kontroversen Themen (zu denen auch u. a. »Massentierhaltung« oder »Bevölkerungswachstum« oder »Ökobilanzen« gehören) werden die Probleme arbeitsteilig aus unterschiedlicher Perspektive erarbeitet. Die Gruppenarbeitsergebnisse werden vor der Klasse als Argumente bei einer Podiumsdiskussion benutzt oder auf einer Wandzeitung allen zugänglich gemacht. Bei manchen Themen sind die Ergebnisse nicht wichtiger als der »Weg dorthin«: Die Kommunikation der Lernenden in der Gruppe, das Ansprechen von Problemen und die Diskussion über Sichtweisen können

Aufgliederung von Teilthemen bei Pflanzen- oder Tiergruppen

Methode 1: Die Merkmale einer systematischen Gruppe werden im Klassenunterricht erarbeitet; anschließend werden einige Variationen des Grundtyps in Gruppenarbeit beispielhaft ausführlich behandelt.

Methode 2: Die Schülergruppen untersuchen ohne Vorgaben verschiedene Vertreter einer systematischen Gruppe; beim Zusammentragen der Ergebnisse werden dann die Gemeinsamkeiten aller Objekte erarbeitet. Wenn jede Kleingruppe gleichzeitig Vertreter zweier Pflanzen- oder Tiergruppen untersucht, also vergleichend vorgeht, erhöhen sich der Reiz des Gruppenunterrichts und die Effizienz der Untersuchung.

durchaus als wesentlicher »Zweck« einer Gruppenarbeit akzeptiert werden. Bei den Themen »Sexualität« und »Drogen« ist dies häufig der Fall (z. B. *Etschenberg* 1996 a; 2003 b; *Ruppert* 1998).

Im Bereich der Ökologie und des Umweltschutzes sollte Gruppenunterricht bevorzugt im Freiland erfolgen (z. B. Standortuntersuchungen – Messen von Temperatur, Licht, Luftfeuchtigkeit u. a. – Vegetationsuntersuchungen im Wald). Auch Texte sind geeignet, ökologische Aspekte wie die Schädlingsbekämpfung arbeitsteilig zu bearbeiten (vgl. *Oehmig* 1997). Ausführliche Anleitungen und Materialien für mehrwöchigen Gruppenunterricht zum Thema »Wasserverschmutzung« geben *Eulefeld* u. a. (1979). Sonderaufträge können Gruppen von Lernenden in ganz unerwarteter Weise aktivieren und fördern (vgl. z. B. *Kuhn, W.* 1975 a, 203; *Esser, H.* 1978, 139; *Stichmann* 1992; *Killermann/Hiering/Starosta* 2005, 200).

Zahlreiche *Lernspiele* bzw. spielerische Übungen können im Biologieunterricht – in Form von Einzel- oder Gruppenarbeit – durchgeführt werden (vgl. z. B. *Dulitz* 1995) und den Unterricht auflockern.

Arbeitsteilung bei einem komplexen Thema

Grüne Gentechnik

- Fachliche Grundlagen (u. a. Unterscheidung von genmanipulierten und transgenen Pflanzen)
- Ökologische Auswirkungen (u. a. durch Anwendung von Totalherbiziden; Eingriffe in Nahrungsketten/-netze)
- Gesellschaftliche Auswirkungen
- Gesundheitliche Risiken (z. B. durch Markergene; neuartige Allergene in Nahrungspflanzen)
- Ethische Aspekte (evtl. Eingriff in die »Schöpfung«)
- Gesetzliche Regelungen

238

17 Erkunden und Erkennen

Das Wissen der Biologie wird in einem Wechselspiel von Empirie und Theorie gewonnen. Erfahrung und Anschauung sind das Ergebnis von Erkunden und Erkennen. Beides, Erkunden und Erkennen, hängt in einer Weise zusammen, die es unmöglich macht, sie getrennt voneinander zu betreiben, ohne den naturwissenschaftlichen Anspruch aufzugeben. Das wissenschaftliche Unternehmen steht auf zwei Beinen: verlässliche empirische Daten und skeptische Vernunft. Dabei ist Erkunden bereits theoriegeladen und Erkennen evidenzbasiert. Erkenntnismethoden haben im Biologieunterricht als fachgemäße Arbeitsweisen ihren festen Platz. *Wichtige erschließende Begriffe:* Beobachten, Bestimmen, Experimentieren, Ordnen, Schutz- und Sicherheitsbestimmungen, Untersuchen, Vergleichen
Bearbeitet von *Harald Gropengießer*

17.1 Grundlegendes zu den Erkenntnismethoden

Oft ist in diesem Zusammenhang von *der* wissenschaftlichen Methode die Rede. Aber es gibt *die* naturwissenschaftliche Methode genauso wenig, wie es *das* naturwissenschaftliche Vorgehen gibt. Vielmehr gibt es nur grundlegende Kennzeichen des naturwissenschaftlichen Vorgehens. Innerhalb der unterschiedlichen Problemstellungen und Teildisziplinen sind verschiedene Wege gangbar. Die jeweiligen Vorgehensweisen werden z. T. während der Untersuchungen selbst gefunden. Es handelt sich damit um den komplexen Prozess des Problemlösens (*Klahr* 2002). Dabei sind bestimmte Aspekte der naturwissenschaftlichen Arbeitens erkennbar: beispielsweise eine naturwissenschaftliche Frage formulieren; den theoretischen Rahmen klären; Hypothesen aufstellen, einen Untersuchungsplan aufstellen; Daten erheben, aufbereiten und auswerten, Schlussfolgerungen ziehen; Befunde veröffentlichen (vgl. *Mayer, J.* 2002). Die Ausdrücke »Vorgehen« und »Weg« legen nahe, dies für »Schritte« zu halten, die immer in einer bestimmten Abfolge zu gehen seien. Aber ein schematisches Vorgehen wird dem Prozess des Problemlösens nicht gerecht, denn die Fragestellung und Methode naturwissenschaftlichen Arbeitens sind nicht unabhängig voneinander, sondern müssen aufeinander abgestimmt werden.

▶ 3.1.3

▶ 4.2

■ Die Aufgabe des naturwissenschaftlichen Unterrichts besteht nicht darin, den Lernenden naturwissenschaftliche Aussagen als ein feststehendes Tatsachengebäude zu vermitteln. Die Lernenden sollen vielmehr einen Einblick gewinnen, wie naturwissenschaftliche Erkenntnisse gewonnen werden und auf welchen Voraussetzungen sie beruhen.

Die Kenntnis und Anwendung naturwissenschaftlicher Methoden ist deshalb ein wichtiges Ziel im Biologieunterricht. Die Einsicht in die Voraussetzungen und Bedingungen sowie in den Weg der Erkenntnisgewinnung ermöglicht erst ein Urteilen über Geltung, Tragweite und Grenzen biologisch bestimmter Aussagen. Biologieunterricht sollte zu einem Verständnis dieses spezifisch biologischen bzw. naturwissenschaftlichen Modus der Welterschließung führen. Dabei sollen die Lernenden Einsicht in naturwissenschaftliches Arbeiten gewinnen. Beobachten, Untersuchen, Vergleichen und Experimentieren sind somit einerseits Formen naturwissenschaftlicher Methoden, also wissenschaftstheoretisch zu betrachten. Andererseits werden sie zu didaktisch rekonstruierten biologischen Unterrichtsgegenständen, die als *fachgemäße Arbeitsweisen* von den Lernenden durchzuführen sowie von den Lehrenden fachdidaktisch zu beurteilen und einzusetzen sind. Weiterhin sind sie als unterrichtsmethodische Handlungsmuster auch allgemeindidaktisch zu betrachten.

4 ◄

14.4 ◄

Unterrichtsvorschläge zum naturwissenschaftlichen Arbeiten erwecken oft den Eindruck, der Weg der Erkenntnis verlaufe vom »Erkunden zum Erkennen«, d. h., aus Daten lasse sich Allgemeingültiges erschließen (vgl. *Uhlig* u. a. 1962; *Grupe* 1977, 231; *Klautke* 1990; 1997). Diese Vorstellung lässt sich als »induktivistisch« kennzeichnen. Dem gegenüber muss betont werden, dass wissenschaftliches Untersuchen, Beobachten oder Experimentieren immer durch Fragestellungen, Hypothesen und Theorien (Anschauungen) über den Gegenstand geleitet wird und auf vorhergehenden Erkenntnissen aufbaut.

4.3 ◄

Weil Erkunden und Erkennen innig mit einander verknüpft sind, werden sie von Anfängern oft nicht geschieden (»Die Maus sitzt ängstlich am Rand«). Aber *Beobachtung* (»sitzt am Rande«) und deren fragwürdige *Deutung* (»ängstlich«) sind entsprechend dem Wechselspiel von Empirie und Theorie im wissenschaftlichen Erkenntnisprozess zu trennen.

17.2.2 ◄

Bild 17-1 ◄

Die Tätigkeit der Forschenden und Lernenden, d. h. ihr Erkunden, wird oft als Reaktion auf die Reize des zu erkennenden Objektes verstanden (vgl. *Grupe* 1977, 230). Entsprechend werden die Erkundungsformen auch nach den Eigenschaften der Objekte benannt: Unbewegte Objekte können danach betrachtet, ihr Bau untersucht werden; bewegte Objekte (Naturvorgänge) dagegen können beobachtet, ihre Funktionen experimentell analysiert werden. Gegen diese Terminologie ist einzuwenden, dass die Wirklichkeit jeweils von dem erkennenden Subjekt konstruiert wird und nicht allein von den Objekten oder den empirischen Daten determiniert ist. Erkunden ist immer eine Handlung des Forschenden (vgl. *Janich* 1999, 33 ff.). Dementsprechend sind die Erkenntnismethoden vom Subjekt des Erkennens her zu begreifen und zu beschreiben. Damit werden statt der vier genannten Erkundungsformen (Betrachten, Untersuchen, Beobachten und Experimentieren) nur noch zwei Methoden des Erkundens und Erkennens (Erkenntnismethoden) unterschieden: das *Beobach-*

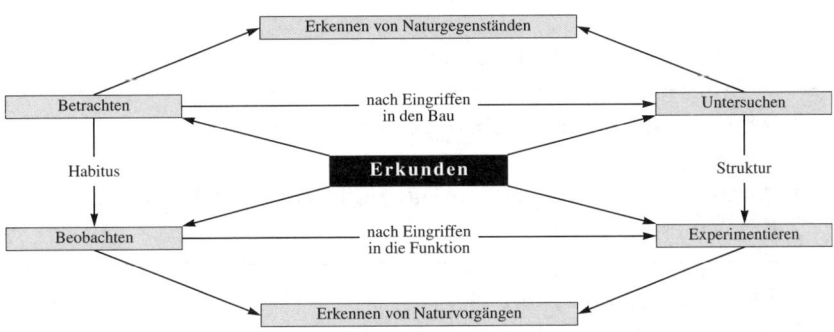

Bild 17-1: Erkundungsformen (nach *Uhlig* u. a. 1962, 175)

ten und das *Experimentieren.* »Betrachten« wird also im »Beobachten« aufgehoben und das Untersuchen wird als ein Beobachten verstanden, bei dem Hilfsmittel eingesetzt werden. Als weitere – auf Beobachten beruhende – Erkenntnismethode wird das *Vergleichen* behandelt.

Entsprechend der »hypothetisch-deduktiven« Wissenschaftstheorie sollte das unterrichtliche Vorgehen bei der Lösung eines biologischen Problems mit der Hypothesenbildung beginnen und den Lernenden jeweils ihre gedanklichen (theoretischen) Vorannahmen bei Beobachtung und Experiment bewusst machen.

▶ 4.2

Im Biologieunterricht kann wissenschaftliches Vorgehen meist nicht vollständig nachvollzogen oder nachgeahmt werden. Dies wäre zu langwierig und dem Vermögen der meisten Lernenden nicht angemessen. Untersuchungen zeigen, dass die Grundsätze wissenschaftlichen Vorgehens und die Logik der Schlussfolgerungen von den Lernenden nur schwer gelernt werden (vgl. *Kattmann/Jungwirth* 1988; *Jungwirth/Dreifus* 1990). Aber es können einzelne Aspekte naturwissenschaftlichen Arbeitens hervorgehoben werden, wie Vermuten, Beobachten und Messen, Vergleichen und Ordnen, Modellieren und Mathematisieren oder Recherchieren und Kommunizieren. Die im naturwissenschaftlichen Vorgehen häufig benutzte »Black-box-Methode« kann mit geeigneten Analog-Modellen bewusst gemacht und reflektiert werden (vgl. *Freese* 2005; *Frank* 2005). Die Zusammenhänge sollten mit leicht überschaubaren Problemstellungen deutlich werden, an denen das Experimentieren demonstriert (»Wie arbeitet ein Naturwissenschaftler?«) und geübt wird (*Palm* 1979 b; *Mayer* 2002; *Duit/Gropengießer/Stäudel* 2004; *Gropengießer/Hauk* 2005; *Krüger/Mayer* 2006; *Krüger/Gropengießer* 2006). Auf die Wechselbeziehungen zwischen wissenschaftlichen Erkenntnismethoden und den Sozialformen ist zu achten. Es ist zu vermuten, dass eine wissenschaftlich kritische Einstellung nur in einem Unterricht wächst, in dem die Lernenden auch selbstständig arbeiten können.

▶ 23.3

▶ 16

Problemstellung	1. Problemfindung, Formulierung von Hypothesen
Planung	2. Ableiten von empirisch überprüfbaren Folgerungen aus den Hypothesen 3. Ausarbeitung eines Plans zur Durchführung einer Beobachtung bzw. eines Experiments
Durchführung	4. Bereitstellen von Materialien 5. Aufbau der Anordnung zum Beobachten bzw. Experimentieren 6. Durchführung der Beobachtung bzw. des Experiments 7. Protokollieren der Beobachtungs- bzw. der Experiment-Ergebnisse
Auswertung	8. Deutung der Ergebnisse 9. Vergleichen der Deutung der Ergebnisse mit den Folgerungen aus den Hypothesen (Bestätigung oder Widerlegung)

Tab. 17-1: Schritte der hypothetisch-deduktiven Methode im Unterricht (nach *Dietrich* u. a. 1979, 118 f.; veränd.)

17.2 Beobachten und Untersuchen

17.2.1 Zu den Begriffen

»Mit Hilfe der Beobachtung ermitteln die Schüler Eigenschaften und Merkmale, räumliche Beziehungen oder zeitliche Abfolgen der jeweiligen biologischen Erscheinung, ohne dabei grundlegend verändernde Eingriffe an den Objekten oder Prozessen vorzunehmen« (*Dietrich* u. a. 1979, 114). *Helmut Sturm* (1974, 339) meint mit Beobachten »ein bewusstes Erfassen von Objekten und deren zeitlichen Veränderungen mit Hilfe der Sinnesorgane unter jeweils bestimmten Gesichtspunkten«.

Beobachten ist eine menschliche Handlung, bei der ein Kriterium darüber entscheidet, worauf Beobachter ihre Aufmerksamkeit richten und damit auch, was überhaupt mit den Sinnen wahrgenommen wird, d. h. welche Daten erhoben werden.

■ Mit den anzuwendenden Kriterien ist die Erkenntnismethode des Beobachtens von allem Anfang an durch Hypothesen und Theorien geleitet, also auf vorhergehende Erkenntnisse bezogen.

»Beobachte die Ortsbewegung der Maus«, könnte ein Beobachtungsauftrag lauten. Damit ist aber gleichzeitig auch festgelegt, was nicht beobachtet wird, z. B. das Nahrungsverhalten. Zudem wird eine Unterscheidung verlangt, beispielsweise »Rand oder Mitte«. Beim Beobachten haben wir es also mit Beobachtern, Kriterien und Objekten oder Ereignissen zu tun. Als Ergebnisse erhält man Daten zu Eigenschaften oder Merkmalen.

Beobachtet wird oft mit den Augen, wobei vieles erst sichtbar gemacht werden muss (vgl. *Etschenberg/Kremer* 2000). Dazu gibt es verschiedene Verfahren: Öffnen und Aufdecken, An- und Beleuchten, Durchleuchten, Trennen und Filtern, Anfärben, Wachsen lassen und Vermehren, Vergrößern, Zeitdehnung und Zeitraffung. Beobachten bezieht sich aber nicht nur auf den Gesichtssinn. Je nach Kriterium kann das Objekt mit verschiedenen Sinnen beobachtet werden, z. B. durch Sehen, Hören, Fühlen, Schmecken oder Riechen. Damit wird jede Beobachtung durch ein Verfahren erreicht. Oft werden dazu auch Instrumente eingesetzt. Dies ist deshalb nützlich und notwendig, weil die Möglichkeiten unserer Sinnessysteme begrenzt sind.

▶ 17.3

■ Durch Instrumente wie Lichtmikroskop oder Fernrohr kann die Leistungsfähigkeit unsere Sinne quantitativ erweitert werden. Andere Hilfsmittel wie Elektronenmikroskop oder Röntgengerät erweitern die Beobachtungsmöglichkeiten auch in Bereiche, für die wir keine Sensoren haben, also qualitativ.

Beobachtungen lassen sich oft quantifizieren. So zählen wir 5 Finger an der Hand eines Menschen oder 4 Kronblätter bei der Mohnblüte. Solche einfachen Zähloperationen setzen Objekte oder Ereignisse voraus, die unterscheidbar sind. Dabei wird sogar deren Nichtidentität zugelassen. Zwar kann man 3 Äpfel und 2 Birnen nicht zu 5 Äpfeln addieren, aber sehr wohl zu 5 Stücken Obst oder zu auch 5 Früchten. Mit dem Zählen ordnet man also einem Kollektiv von Dingen eine Zahl zu.

Messen kann ebenfalls als Zählen betrachtet werden: Man zählt dabei jeweils die Anzahl der Basiseinheiten. Gemessen wird nach einer Messvorschrift mit Messwerkzeugen, wie z. B. Meterstab, Waage, Stoppuhr, Thermometer oder Belichtungsmesser, die das Zählen durch Ablesen von Marken oder Zeigerstellungen auf Skalen erleichtern oder sogar durch angezeigte Ziffern ersetzen. Die abgelesenen Beträge geben an, welches Vielfache der Basiseinheit gleich der zu messenden Größe des Dinges oder Ereignisses ist. Die Basiseinheiten sind normativ gesetzt, wie z. B. Meter (m), Kilogramm (kg), Sekunde (s), Kelvin (K) oder Candela (cd), deren Einheitenzeichen festgelegt sind. Jede Basiseinheit steht für eine bestimmte (Mess-)Größe, wie z. B. Länge, Masse, Zeit, Temperatur oder Lichtstärke. Messoperationen sind anfällig für Irrtümer. Nur durch Sorgfalt, Wiederholungen und kritische Überlegungen kann die mögliche Genauigkeit auch erreicht werden.

Schritte der Datengewinnung

Erheben der Daten, also das eigentliche Beobachten.

Aufzeichnen der Daten, also die Dokumentation der Beobachtung (z. B. Beschreibung, Zeichnung, abgelesene Messwerte, Fotos).

Aufbereitung der Daten, z. B. das Anfertigen von Tabellen und Diagrammen.

Auswerten der Daten, also deren Interpretation und das Ziehen von Schlussfolgerungen.

■ Bei Messungen sind stets die (Mess-) Größe, der Betrag und das Einheitenzeichen anzugeben.

Beim Umgang mit Daten sollten die einzelne Schritte von der Erhebung bis zur Auswertung sorgfältig beachtet werden. Dies ist der Weg von der Beobachtung zur Deutung.

Nach der Intensität und Dauer kann man folgende Beobachtungsarten unterscheiden:

■ »Kurzzeitbeobachtungen« werden in einer Unterrichtsstunde abgeschlossen (z. B. Kriechbewegung einer Schnecke auf einer Glasplatte).

■ »Langzeitbeobachtungen« bedürfen großer Geduld und wiederholter Anregungen von Seiten der Lehrperson (z. B. Sprosswachstum bei keimender Bohne).

Geschieht das Beobachten mit Hilfsmitteln oder erforscht man zielgerichtet innere Zusammenhänge durch Eingreifen in die Objekte oder ist das Beobachtungsprogramm umfangreicher, wird oft der Terminus *Untersuchen* verwendet (*Grupe* 1977; *Dietrich* u. a. 1979). Wichtige Formen des Untersuchens sind z. B. das Sezieren und Präparieren oder Nachweisuntersuchungen sowie Untersuchungen biotischer und abiotischer Faktoren in Ökosystemen.

Ein theoriegeleitetes Kriterium unterscheidet eine Beobachtung von einer *Entdeckung*, denn dabei fällt jemandem etwas auf, was vorher nicht bedacht wurde. Eine Entdeckung kann aber Beobachtungen nach sich ziehen. So fällt bei einer Exkursion eine Meise auf, die einen Nistkasten anfliegt. Dies gibt Anlass zu der Frage, wie oft die Jungen gefüttert werden. Mit Hilfe einer Uhr wird die Häufigkeit des Nistkastenbesuches erfasst. Solche »Gelegenheitsbeobachtungen« sind unterrichtlich meist nicht eingeplant.

17.2.2 Zur Durchführung, Beispiele

Beim Beobachten setzen sich die Lernenden aktiv mit Gegenständen auseinander. Sie lernen zu unterscheiden und eignen sich Formenkenntnisse an, vor allem dann, wenn sie dazu Nachschlagewerke und Bestimmungsbücher benutzen. Das Beobachten von lebenden Organismen vermittelt den Lernenden die Zusammenhänge von Gestalt und Lebensweise besonders eindringlich. Die Lernenden studieren mit allen Sinnen Formen und Vorgänge in der Natur. Die Beobachtung von Naturvorgängen schafft einerseits Erlebnismöglichkeiten. Andererseits können die Lernenden durch eine professionell-methodische Haltung beim Beobachten auch einen emotionalen Abstand zu den Lebewesen gewinnen (vgl. *Memmert* 1975, 57).

▶ 17.4

Im Unterricht sollte die präzise Formulierung von Beobachtungen geübt werden. Dabei sollte deutlich werden, dass Beobachtungen unterschiedlich formuliert werden können. Viele der von den Lernenden angebotenen Formulierungen enthalten allerdings bereits Deutungen.

Bereits auf den unteren Klassenstufen der Sekundarstufe sollte man auch bei »Textanalysen« auf den Unterschied zwischen mitgeteilten Beobachtungen oder Versuchsergebnissen und deren Deutung achten.

▶ 25

■ Im Unterricht sollten Beobachtungen und Deutungen stets streng unterschieden werden. Das Ringen um mehr oder weniger treffende Formulierungen für Beobachtungen ist ein wichtiger Teil des naturwissenschaftlichen Arbeitens.

Viele Beobachtungen lassen sich nicht im Klassenzimmer durchführen, da die Tiere sich dort anders verhalten als in der freien Natur. Solche Beobachtungsaufgaben lassen sich besser als Hausarbeit durchführen, z. B.: »Welche Haltung nimmt die Katze ein a) wenn sie ruhig dasitzt, b) wenn sie schläft, c) wenn sie auf etwas lauert (achte dabei auf Augen, Ohren und Schwanz!)« (*Linder* 1950, 25). Die Notizen der Lernenden werden im Klassenunterricht ausgewertet und die Ergebnisse in Form von Sätzen, Tabellen oder Skizzen festgehalten.

Zwar ist die lebensweltliche Vorstellung, nach der Beobachten nicht viel mehr als bloßes Hinsehen sei, verbreitet, doch will auch Beobachten gelernt sein und dies sollte systematisch geschehen. Dazu wird ein schrittweises Vorgehen vorgeschlagen. Bei *Kurzzeitbeobachtungen* könnte die Unterrichtsstunde folgendermaßen ablaufen (vgl. *Staeck* 1972):

■ Fragestellung erarbeiten,

■ Hypothesen aufstellen,

■ Arbeitsanleitungen austeilen, Zeit vorgeben (besser, aber Zeit raubender sind gemeinsam mit den Lernenden entwickelte Arbeitsanleitungen),

■ Hilfsmittel erklären,

■ Hilfsmittel und Beobachtungsobjekte verteilen,

■ Beobachtung des Gegenstandes in Partner- oder Gruppenarbeit und Festhalten der Ergebnisse,

■ Sammeln der Ergebnisse der einzelnen Gruppen und Festhalten in einem Tafelanschrieb.

4 Schritte zum Beobachten

Erkennen von Merkmalen eines Objektes: Dazu werden die Fragestellung und entsprechende Gesichtspunkte (Kriterien) für das Erfassen von Merkmalen mündlich oder schriftlich als Arbeitsaufgaben genannt. Ein Beispiel liefert die Beobachtung einer Weinbergschnecke (*Linder* 1950, 27): »Achte auf ihre Bewegung. In wie viel Minuten vermag das Tier eine Strecke von 10 cm zu durchkriechen?«

Finden von **Kriterien für die Auswahl bestimmter Merkmale:** Zwar bestimmt die Fragestellung die Kriterien der Beobachtung, aber man kann auch neue Gesichtspunkte kreativ finden und dazu eine mögliche Fragestellung formulieren. Oft wenden wir aber bei der Betrachtung eines Gegenstandes die Aufmerksamkeit nur auf bestimmte Teile und Vorgänge.

Dokumentieren der erfassten Merkmale: Hier sind die Fähigkeiten zum Zählen, Messen, Zeichnen und Formulieren zu erlernen und zu üben.

Die bisher genannten Teilschritte sinnvoll zur **Lösung eines weiterführenden naturwissenschaftlichen Problems** zu nutzen: Dies ist der schwierigste Teil, da hier ein Mindestmaß an Überblick gefordert wird, das bei weiterem Erkenntnisfortschritt gesteigert werden soll. Das Studium verwandter Vertreter könnte z. B. zur Frage führen, wie homologe Merkmale innerhalb einer Verwandtschaftsgruppe abgewandelt sind.

Einfache *Langzeitbeobachtungen* richten sich auf das Eintreten und die zeitliche Aufeinanderfolge von Ereignissen im Jahreslauf (vgl. *Linder* 1950, 15 ff.), wie Laubentfaltung; Blühen und Fruchten von Bäumen (alle Lernenden sollten dabei einen bestimmten Baum, »ihren Baum«, auswählen); Aufblühzeit von Frühblühern; Eintreffen oder Wegzug von Singvögeln; Beobachtungen einer Wiese im Jahreslauf. Dazu bekommen die Lernenden ein Arbeitsblatt mit Beobachtungsaufgaben, das immer wieder an die Aufgabe erinnert. Die Zusammenfassung im Unterricht ist bei einheitlicher Darstellung wesentlich leichter. Derartige Beobachtungen bedürfen kaum der Anleitung und nehmen nur wenig Zeit in Anspruch. Sie sind jedoch geeignet, die Aufmerksamkeit der Lernenden für lange Zeit auf bestimmte Erscheinungen zu lenken und diese bewusst erfassen zu lassen.

Tab. 17-1 ◄

Schwieriger sind Langzeitbeobachtungen, bei denen ein Vorgang kontinuierlich zu verfolgen und aufzuzeichnen ist. Beispiele sind: Keimvorgänge bei Pflanzen (Bohne, Kresse, Mais), Entwicklungsvorgänge bei Fröschen oder Insekten. Die Beobachtungen können von einzelnen Lernenden zu Hause gemacht werden. Bei noch ungeübten Lernenden oder bei empfindlichen Lebewesen empfiehlt es sich aber, die Beobachtungen angeleitet im Unterrichtsraum durchzuführen. Die Lernenden erhalten zu Beginn oder am Ende der Stunde Zeit, an ihrer Aufgabe zu arbeiten. Die Lehrperson hat dadurch die Möglichkeit, die Lernenden individuell anzuleiten. Vor der Beobachtung wird eine Tabelle entwickelt, in die die Ergebnisse eingetragen werden. Auch Skizzen sind erwünscht.

Viele Beobachtungen können an lebenden Pflanzen und Tieren und an den Lernenden selbst durchgeführt werden, aber auch tote Objekte sind geeignet (wie Stopfpräparate, Einschlusspräparate, Ganzpräparate, Skelette und Skeletteile, Nester, Gewölle, getrocknete Pflanzenteile, Fraßspuren an Ästen und Rinden, Gallen).

Nachdem durch Beobachten eines Lebewesens dessen morphologische Strukturen erkannt sind, geht es beim *Sezieren* (und Präparieren) um das sachgerechte Auseinandernehmen mit Hilfsmitteln, wie Pinzette, Messer, Schere, Präpariernadel, Mikrotom sowie Lupe oder Mikroskop. Dadurch sind Einsichten über den inneren Bau der Pflanzen oder Tiere möglich. Das Untersuchen von Lebewesen wird zunächst an Pflanzen geübt. Die Zergliederung von Blüten ist einfach und benötigt keinen großen technischen Aufwand. Wie beim Beobachten werden die Lernenden auch beim Untersuchen durch gezielte Aufgabenstellungen angeleitet. Mit fortschreitender Übung werden sie immer mehr an der Problemlösung beteiligt (vgl. *Linder* 1950; *Weber* 1976; *Entrich* 1996).

Schon das Zergliedern einer Pflanze wird aber von empfindsamen Kindern als brutaler Eingriff empfunden. Beim Sezieren von Tieren, z. B. Zergliedern von toten Insekten oder Untersuchen des inneren Baus von Schlachttieren, sind die emotionalen Schranken bei den Lernenden noch stärker (*Bögeholz/ Rüter* 2004). Es gelten hier dieselben Regeln wie beim Präparieren. ▶ 22.1

Beim Untersuchen sind dieselben *Sicherheitsbestimmungen* zu beachten wie beim Experimentieren (GUV 2003; 2004; 2005). ▶ 17.5.4

17.3 Arbeiten mit Lupe und Mikroskop

17.3.1 Zu den Begriffen

Beim Untersuchen mit der *Lupe* benutzt man eine Sammellinse, die eine zwei- bis fünfzehnfache Vergrößerung ermöglicht. Wenn man sie dicht vor das Auge hält, kann man einen Gegenstand sehr nahe an das Auge bringen und sieht ihn trotzdem noch scharf (Nahsichtgerät). Als besonders praktisch erweisen sich für den Unterricht die Fadenzähler, die früher zum Zählen der Fäden bei Stoffgeweben benutzt wurden. Sie werden auf das zu untersuchende Objekt gestellt. Man geht mit den Augen so nahe an die Linse heran, bis man das Objekt deutlich und scharf erkennen kann. Auf höheren Klassenstufen kann die Lupe auch als Messinstrument eingesetzt werden (vgl. *Lahaune* 1986).

Unter *Mikroskopieren* versteht man das Beobachten von kleinen Objekten mit dem Mikroskop. Kleine Gegenstände (mikros, griech. klein) werden dadurch so vergrößert, dass man sie sehen (skopein, griech. schauen) kann. Beim Lichtmikroskop werden die Objekte mit Lichtstrahlen beleuchtet (Auflicht) oder durchleuchtet (Durchlicht). Durch Linsensysteme werden die Lichtstrahlen so gebündelt, dass sie den betrachteten Gegenstand auf der Netzhaut des Auges bis 1000fach vergrößert abbilden. Beim Elektronenmikroskop werden die Lichtstrahlen durch Elektronenstrahlen ersetzt. Dieses vergrößert bis zu tausendmal stärker. Die Bilder entstehen hier auf Mattscheiben oder Photoplatten (vgl. *Knoll* 1987 b). Wegen der hohen Kosten und der schwierigen Präpariertechnik werden Elektronenmikroskope in der Schule nicht eingesetzt. Es können aber entsprechende Bilder im Unterricht ausgewertet werden (*Graf/Gropengießer/Rensing* 1978; *Wanner* 1985).

Durch Lupe, Lichtmikroskop und Elektronenmikroskop wird das Auflösungsvermögen des Auges verbessert: Der normalsichtige Mensch kann aus 25 cm Entfernung zwei Punkte dann gerade noch getrennt sehen, wenn sie ungefähr 0,1 mm auseinander liegen. Mit Hilfe der Lupe sind noch zwei Punkte unterscheidbar, wenn sie 0,01 mm voneinander entfernt sind. Beim Lichtmikroskop brauchen sie nur 0,0002 mm auseinander zu liegen und beim Elektronenmikroskop nur 0,0000003 mm.

Beim Mikroskopieren werden verschiedene biologische Arbeitsweisen angewendet: Durch das Mikroskop können unbewegte Objekte untersucht, aber auch bewegte in ihrem Verhalten beobachtet werden. Mit dem Mikroskop kann man in Durchsicht nur bei dünnen Schichten Einzelheiten erkennen. Will man die innere Struktur von Lebewesen genauer untersuchen, so müssen sie, sofern sie nicht durchsichtig sind, zunächst durch Schneiden oder Zerzupfen präpariert werden.

Viele Objekte werden als Frischpräparate zur Untersuchung vorbereitet, z. B. Blattquerschnitte, Mundschleimhaut. Bei manchen Lebewesen kann man nur Einzelheiten erkennen, wenn man sie vorher fixiert, mit dem Mikrotom geschnitten, gefärbt und eingebettet hat: Dauerpräparate.

Mit Hilfe des Mikroskops können auch Experimente durchgeführt werden. So kann man Veränderungen der Objekte hervorrufen und diese beobachten, z. B. Plasmolyse, Reaktionen von Einzellern auf Reize.

17.3.2 Sinn und Bedeutung

Durch die Lichtmikroskopie wurde im 17. Jahrhundert eine völlig neue biologische Dimension der Organismen entdeckt, die durch die Elektronenmikroskopie seit 1930 erweitert wurde. Viele Lebewesen sind so klein, dass sie überhaupt nur mit Hilfe der Mikroskopie entdeckt und erforscht werden konnten. Auch über Bau und Funktion der großen Organismen erhielt man mit Hilfe der Mikroskopie völlig neue Erkenntnisse. Die Mikroskopie ist eine der wichtigsten biologischen Forschungsmethoden. Sie ermöglicht auch im Biologieunterricht ein problemorientiertes, forschendes Lernen (vgl. *Kurze/Müller/Schneider* 1977). Bestimmte Erkenntnisse können nur mit Hilfe des Mikroskops erfahrbar gemacht bzw. vermittelt werden. Dies gilt z. B. für die Zelltheorie (»Organismen bestehen aus Zellen«, »Zellen entstehen aus Zellen«), die das Verständnis der Grundlagen von Fortpflanzung und Entwicklung der Organismen sowie des Baues und der Funktion von Geweben und Organen ermöglicht bzw. wesentlich erleichtert (vgl. *Kästle* 1970; *Bauer* 1978; *Günzler* 1978; *Gross* 2002).

Beim Mikroskopieren in Einzel- oder Partnerarbeit werden kognitive, affektive und psychomotorische Lernmöglichkeiten eröffnet (vgl. *Günzler* 1978): An mehreren Objekten erfahren die Lernenden, dass alle Lebewesen aus Zellen bestehen. In einem zweiten Schritt lernen sie die wichtigsten Bestandteile der Zellen kennen. Das Abstraktions- und Vorstellungsvermögen der Lernenden wird geschult. Sie müssen das zweidimensionale mikroskopische Bild in die dreidimensionale Vorstellung vom Realobjekt übersetzen. Dazu sind räumliche Modelle als Vorstellungshilfen nötig (vgl. *Kästle* 1974; 1978; *Bonatz* 1980; *Knoll* 1987 a; *Jungbauer* 1990). Durch den Umgang mit dem Objekt und dem empfindlichen Gerät wird die Feinmotorik der Lernenden geschult. Sie lernen dabei, sehr genau auf Details zu achten. Bei der Beschreibung des Gesehenen wird die Ausdrucksfähigkeit geübt. Die Fähigkeit zur exakten Beobachtung wird durch Zeichnen des Gesehenen noch unterstützt (vgl. *Gropengießer* 1987). Vor allem jüngere Lernende mikroskopieren am besten in Partnerarbeit. Sie helfen sich gegenseitig beim Herstellen der Präparate und Einstellen des Mikroskops. Die gewonnenen Erkenntnisse werden mitgeteilt und ausgetauscht. Die Erfahrung einer völlig neuen Dimension ist für die Lernenden ansprechend und anregend. Die Entdeckerfreude kann sich von der Lehrperson auf die Lernenden, aber auch von den Schülern auf die Mitschüler übertragen. Viele mikroskopische Präparate (z. B. Diatomeen) sind von großer Schönheit und sprechen die Betrachter auch emotional an (vgl. *Knoll* 1987 a).

17.3.3 Zur Einführung in das Mikroskopieren

Die Auffassungen der Biologiedidaktiker vom richtigen Zeitpunkt der Einführung in das Mikroskopieren gehen weit auseinander. Einige Autoren lehnen die Einführung des Schüler-Mikroskopierens auf der Klassenstufe 5/6 vor allem mit folgenden Bemerkungen und Fragen ab (vgl. *Kruse* 1976; *Schulte* 1978 b):

249

■ Die Schüler des 5. Schuljahres werden im Hinblick auf die Arbeitstechnik überfordert. Sie sind nicht fähig, mit Skalpell, Rasiermesser und Mikroskop umzugehen.

■ Sind Kinder des 5. Schuljahres überhaupt kognitiv in der Lage, aus der Untersuchung der einzelnen Präparate ein räumliches Bild der mikroskopischen Wirklichkeit zu gestalten?

■ Sollten die Schüler nicht zuerst in die Arbeit mit der Lupe eingeführt werden?

Viele Autoren sprechen sich dagegen für den Beginn des Mikroskopierens im 5./6. Schuljahr aus (vgl. *Kästle* 1970; 1974; 1978; Rahmenplan des VDBiol 1973; *Dietle/Stirn* 1973; *Reeh/Kaiser* 1974; *Blum* 1976; *Werner, H.* 1976; *Bauer* 1978; *Starke* 1978; *Poser* 1982; *Bay/Rodi* 1983). Sie geben dafür folgende Begründungen:

■ Die Arbeit mit der Lupe wird bereits im Sachunterricht der Grundschule geübt. Im Biologieunterricht der Orientierungsstufe soll das Mikroskopieren als eine der wichtigsten Arbeitsmethoden an dem grundlegenden Sachverhalt »Lebewesen bestehen aus Zellen« erarbeitet werden.

■ Fähigkeiten und Fertigkeiten der Schüler zum Mikroskopieren sind nicht nur nach ihrer Altersstufe, sondern auch mit Blick auf ihre Interessen und ihre Übung zu beurteilen.

■ Der Zeitaufwand wird durch die interessierte Mitarbeit der Schüler mehr als wettgemacht.

■ Die Gefahr von Beschädigungen ist bei heutigen Mikroskopen – vor allem bei Verwendung gefederter Objektive und entsprechender Information der Klasse – nicht größer als bei anderen in der Schule verwendeten Geräten.

Als Kompromiss wird vorgeschlagen, das Thema »Zelle« im 5. Schuljahr nur unter Benutzung der Lupe und ergänzt durch die Mikroprojektion einzuführen (vgl. *Thiessen* 1978). Eine andere Lösung wäre es, erst in der 6. bis 8. Klassenstufe mit dem Mikroskopieren zu beginnen (vgl. *Knoll* 1987 a).

Für die Einführung in das Mikroskopieren sollten etwa 6 bis 12 Stunden veranschlagt werden (vgl. z. B. *Kästle* 1970; *Reeh/Kaiser* 1974; *Werner, H.* 1976; *Drutjons/Klischies* 1987). Beobachtungen bei der Einführung des Zellbegriffs in der Klassenstufe 5 haben gezeigt, dass die Schüler durchaus in der Lage sind, die Mikroskope zu bedienen und zu fruchtbaren Ergebnissen zu kommen. Schwierigkeiten gibt es vor allem bei der Deutung des Gesehenen. Dazu sind Mikroprojektion, Mikrodias und Modelle als Hilfen sinnvoll (vgl.

22.3.4 ◄ *Bay/Rodi* 1983).

250

17.3.4 Zur Durchführung

Lupen oder Fadenzähler sollten bereits für die Primarstufe in einem Klassensatz vorhanden sein (vgl. *Hofmeister/Ellmers/Adam-Vitt* 1987).

Mikroskope sind komplizierte, teure Untersuchungsgeräte, die nicht immer im Klassensatz zur Verfügung stehen. Billige Geräte haben ein schlechtes Auflösungsvermögen. Man sollte daher für die Arbeit der Schüler einfache und robuste Markenmikroskope beschaffen (vgl. *Kuohn* 1981; *Fleischer* 1981; *Kaufmann* 1990). Bei der Beschaffung von Mikroskopen für Schulen sollte folgendes beachtet werden:

- stabiles Stativ,
- genormte Tubuslänge (in der Regel 160 oder 170 mm),
- robustes Triebwerk,
- eingebaute Beleuchtung oder Ansteckleuchte,
- Irisblende,
- zweilinsiger Kondensor mit verstellbarer Kondensorhöhe,
- Objektive in Revolver eingebaut, Vergrößerung z. B. 3-, 10-, 40fach (numerische Apertur 0,08; 0,25; 0,65),
- Okular 10fach (Gesamt-Vergrößerung daher 30-, 100-, 400fach),
- bei scharfer Einstellung möglichst großer Abstand zwischen Objektiv und Objekt, stark vergrößernde Objektive mit Federung, gut justierte Objektive,
- leicht beschaffbare Ersatzteile.

Für das methodische Vorgehen beim Mikroskopieren werden folgende Vorschläge gemacht:

- kennen lernen und Beschreiben des Mikroskops durch Hantieren (Beleuchtungs- und Objektiveinstellung), Erarbeitung einer beschrifteten Skizze;
- Untersuchung eines einfachen Gegenstandes in Auf- und Durchlicht (Haar, Insektenbein, Feder) (*Schneeweiß* 1999) mit schwächster Vergrößerung (größter Objekt-Objektiv-Abstand, größtes Gesichtsfeld, größte Tiefenschärfe), langsame Steigerung der Vergrößerung (vgl. *Eschenhagen* 1987; *Riemeier* 2004) und der Schwierigkeit (*Mathias* 2004);
- Erkennen und Abstellen typischer und häufiger Fehler beim Mikroskopieren durch gezielte Übungen und Hilfen bei der Fehlersuche (vgl. *Gropengießer, H.* 1997 c);
- Untersuchung pflanzlicher Gewebe mit und ohne Deckglas, Zeichnung eines Gewebes (vgl. *Eschenhagen/Kattmann/Rodi* 1989, 157);
- Studium, evtl. auch Zeichnung einfacher Strukturen pflanzlicher Zellen (vgl. *Poenicke* 1979);
- Erarbeitung der Zelle als räumliches Gebilde mit Hilfe eines räumlichen Zellmodells (vgl. *Kästle* 1974; 1978): Im Mikroskop sieht man in Durchsicht nur einen »optischen Schnitt«;

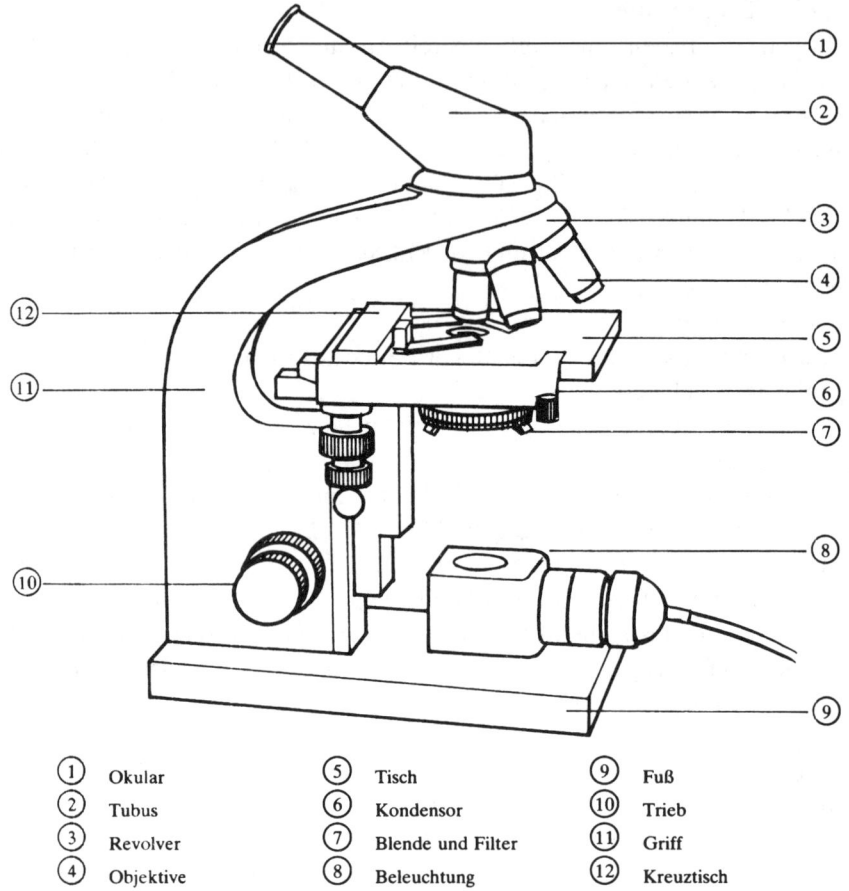

①	Okular	⑤	Tisch	⑨	Fuß
②	Tubus	⑥	Kondensor	⑩	Trieb
③	Revolver	⑦	Blende und Filter	⑪	Griff
④	Objektive	⑧	Beleuztung	⑫	Kreuztisch

Bild 17-2: Bau des Lichtmikroskops (nach *Schwarzenbach* 1979)

▪ Untersuchung tierlicher und menschlicher Zellen;
▪ Vergleich der pflanzlichen mit der tierlichen Zelle.

Aspekte zur *Gesundheit* und *Sicherheit* sind beim Mikroskopieren von vornherein zu beachten. Dies beginnt mit dem Aufstellen des Mikroskops so, dass eine unverkrampfte Körperhaltung beim Mikroskopieren möglich ist. Weiterhin sollten beim Mikroskopieren beide Augen geöffnet bleiben, wobei auch die Leuchtdichte gleich groß sein sollte. Direktes Sonnenlicht am Arbeitsplatz stört. Wird mit entspanntem Ziliarmuskel, d. h. mit Fernakkomodation mikroskopiert, ermüdet man nicht so rasch (vgl. *Gropengießer, H.* 1987). Auf Verletzungs- und Infektionsgefahren durch Präparierwerkzeuge, Objektträger und Deckgläser ist hinzuweisen. Schnitttechniken sind zu üben.

Zur Präparation von Pflanzen und Tieren werden vorteilhaft Stereo- oder *Präpariermikroskope* (Binokulare) verwendet. Sie haben schwache Vergrößerungen (10- bis 30fach), die Arbeit erfolgt bei Auflicht. Durch zwei Objektive und zwei Okulare erhält man einen räumlichen Eindruck. Ein Präpariermikroskop sollte für Demonstrationszwecke an jeder Schule zur Verfügung stehen. Als »Präpariergeräte« sollten Objektträger, Deckgläser, Pinzetten, evtl. Präpariernadeln, Spatel und Rasierklingen, bei denen eine Schneide mit Pflaster beklebt ist, in ausreichender Anzahl vorhanden sein.

Im Übungsraum sind breite Schülerarbeitstische sowie Strom- und Wasseranschluss für die einzelnen Arbeitsgruppen vorzusehen. Beim Einführen in das Mikroskopieren sollte die *Lerngruppe* nicht mehr als 20 bis 25 Schüler umfassen (vgl. *Kästle* 1970; *Reeh/Kaiser* 1974). Eventuell müsste die Klasse dafür geteilt werden oder es müsste für die Zeit der praktischen Arbeit ein zweiter Betreuer gefunden werden. Wenn manche Schüler schon Erfahrung mit dem Mikroskopieren besitzen, können sie bei Partnerarbeit ihrem Mitschüler helfen. Es sollte dann für zwei Schüler je ein Mikroskop zur Verfügung stehen. Für die praktische Arbeit mit dem Mikroskop eignen sich besonders Blockstunden, da für die Vorbereitungs- und Aufräumarbeiten viel Zeit benötigt wird.

▶ 28.1.2

Sind in der Schule nur wenige Mikroskope vorhanden oder ist die Zeit knapp, so können Mikroprojektion, Bildschirmmikroprojektion oder Dias (Mikrodias) sowie Filme von mikroskopischen Aufnahmen das Mikroskopieren der Lernenden ergänzen, aber nicht ersetzen (vgl. *Kruse* 1969; *Lüthje* 1994). Dabei sollte man aber nicht versäumen, auf die Dimension der entstehenden Projektionsbilder hinzuweisen. Die Demonstration ist allerdings im Vergleich zur Eigentätigkeit der Schüler und der Begegnung mit dem Originalobjekten (Lebewesen) häufig nur ein schwacher Ersatz (vgl. *Bay/Rodi* 1979, 36 ff.; *Killermann/Rieger* 1996).

▶ 22.3.4

17.3.5 Beispiele

Die Objekte für die Einführung in die Zellenlehre müssen leicht beschaffbar sein, die Zellen und ihre Inhalte müssen groß sein, die Präparate müssen leicht herstellbar sein (vgl. *Schulte* 1975). Zur Hervorhebung der Zellkerne sollte mit Iod-Kaliumiodid-Lösung oder mit Eosin-Lösung angefärbt werden.

Für die *Zellen-* und *Gewebelehre* eignen sich folgende Objekte (vgl. *Hilfrich* 1976; *Scharl* 1983; *Eschenhagen/Kattmann/Rodi* 1989):

■ Oberhaut der Zwiebelschuppe, Moosblättchen (Mnium), Wasserpestblättchen, Zellen von Tomate und Orange, Stärkekörner der Kartoffelknolle,

■ Fettgewebe (vgl. *Thiessen* 1978) und Lebergewebe (vgl. *Dietle* 1971) vom Schwein,

■ Mundschleimhaut des Menschen,

Tipps zur Deutung
mikroskopischer
Beobachtungen
(vgl.
Nott/Wellington
1997)

Lernende einer 7. Klasse mikroskopieren Moosblättchen sowie Zwiebel-haut und fertigen dabei Zeichnungen an. Die sehen anders aus als die Bil-der von einer Pflanzenzelle im Lehrbuch.

Zur Klärung der Situation können folgende Aufgaben gestellt werden:
- Sind auch noch weitere Strukturen zu entdecken?
- Seht euch nacheinander verschiedene Zellen an, indem ihr mit Hilfe des Feintriebs verschiedene Ebenen scharf stellt, und versucht das Ge-meinsame zu finden.
- Musterzeichnungen werden bereitgehalten und einzelnen Lernenden gezeigt.
- Abbildungen werden im Schulbuch oder als Folie gezeigt.
- Vergleiche mit dem mikroskopischen Bild werden angeregt.
- Nachdem die Mikroskope abgeräumt sind, wird mit den Lernenden über das Vorgehen von Wissenschaftlern gesprochen: Die beobachten nicht voraussetzungslos, sondern geleitet durch Hypothesen, Theorien und Vorstellungen anderer Wissenschaftler: Auch Wissenschaftler müssen zunächst lernen, eine gemeinsame Deutung der Beobachtun-gen zu finden.

- einzellige tierliche Lebewesen (Heuaufguss),
- einzellige und fädige Algen,
- Stängelquerschnitt durch den Kriechspross des Hahnenfußes,
- Blattflächenschnitt und Blattquerschnitt der Nieswurz oder Schwertlilie,
- Wurzelquerschnitt der Schwertlilie.

Für Untersuchungen zur *Physiologie* und *Genetik*, vor allem in der Sekundar-stufe II, sind folgende Objekte zu empfehlen:
- Epidermiszellen mit roter Vakuole, z. B. Zebrina pendula, Rhoeo discolor oder Rote Küchenzwiebel (Plasmolyse, Ionenfallenprinzip),
- Pantoffeltierchen, Augentierchen (Reizerscheinungen),
- Pantoffeltierchen, Wechseltierchen (Stoffwechsel),
- weiße Blutzellen der Miesmuschel (Phagozytose) (*Schneeweiß* 1998),
- Zellen der Wurzelspitze der Küchenzwiebel (Mitose),
- Zellen der Mundschleimhaut des Menschen (Sexchromatin).

17.4 Vergleichen, Ordnen und Bestimmen

17.4.1 Zu den Begriffen

Das Vergleichen wird oft begriffen als ein Verfahren, bei dem mindestens zwei Objekte oder Vorgänge einander gegenübergestellt und im Hinblick auf Ähnlichkeiten oder Gemeinsamkeiten und Unterschiede erfasst werden (vgl. *Sturm* 1967, 18; *Brezmann* 1996). *Marcus Hammann* (2002) argumentiert, dass dieses Verständnis zu kurz greift. Insbesondere wird so nicht deutlich, dass Vergleichskriterien das Ergebnis des Vergleichs bestimmen (vgl. *Janich* 1993).

Je nach dem Ziel des Vergleichens richtet sich die *Auswahl* der Vergleichsobjekte. Der Vergleich innerhalb einer Gruppe von Objekten leistet etwas anderes als der zwischen verschiedenen Gruppen. Man unterscheidet daher zweckmäßig »Innergruppen-Vergleich« und »Zwischengruppen-Vergleich« (auf die missverständlichen Termini »innerartlicher« und »zwischenartlicher« Vergleich – vgl. *Sula* 1968; *Memmert* 1975, 32 ff. – sollte man verzichten).

Beim Vergleich von Objekten innerhalb einer Gruppe (z. B. beim Vergleich von Steinfrüchten untereinander) fallen besonders die Unterschiede zwischen den einzelnen Objekten ins Auge, aus denen die entsprechenden Vergleichskriterien abgeleitet werden können. Die ebenfalls erkennbaren Übereinstimmungen sind nicht eindeutig als Merkmale der Gruppe einzustufen; denn es könnte sich auch um Eigenschaften von übergeordneten Gruppen handeln.

Der Vergleich über die Gruppengrenzen hinaus (z. B. Steinfrüchte – Beeren) rückt stärker die allgemeinen Eigenschaften in den Blick und lässt eine Trennung von Merkmalen der engeren Gruppe (z. B. äußerer Teil der Fruchtwand fleischig, innerer fest) und Merkmalen größerer Gegenstandsgruppen (z. B. Frucht saftig) zu.

Durch einen *Wechsel der Vergleichsebene*, d. h. durch Einbeziehen weiterer Objektgruppen, kann ein und derselbe Gegenstand als typischer Vertreter verschiedener Gruppen erkannt werden, z. B. die Kirsche als Steinfrucht im Gegenüber zu Beerenfrüchten und als fleischige Schließfrucht im Gegenüber zu trockenen Schließfrüchten (vgl. *Müller/Kloss* 1990).

■ Vergleichen ist eine Handlung, bei der ein Beobachter unter denselben fragegeleiteten Kriterien zwei oder mehr Objekte oder Ereignisse beobachtet und jeweils Daten zu Eigenschaften erhebt, und dann prüft, ob eine Äquivalenzrelation vorliegt: Sind die Eigenschaften gleich (z. B. Längen-, Farb-, Anzahl-, Muster-, Nahrungsgleichheit) oder sind sie ungleich?

Mit der Prüfung auf das Vorliegen der Äquivalenzrelation geht der Vergleich über die Beobachtung hinaus, kommt aber ohne sie nicht aus. Ein Vergleich kann somit als Versuch verstanden werden, Gleiches im Verschiedenen zu entdecken. Die Ebene des Vergleichs ist notwendigerweise abstrakter als die der zu vergleichenden Objekte (vgl. *Bateson* 1984, 15 ff.).

Elemente des Vergleichens (nach Eichberg 1972, 17)

Der Anstoß zum Vergleichen ist häufig eine Fragestellung, ein Auftrag oder eine Hypothese. In vielen Fällen genügt bereits die Feststellung eines auffälligen Kontrastes zwischen zwei Gegenständen zur Auslösung des Vergleichens.

Die Kriterien des Vergleichs ergeben sich aus den Eigenschaften oder Merkmalen, nach denen verglichen wird (z. B. Form, Größe, Farbe, stoffliche Beschaffenheit, Merkmalskombinate). Das Ergebnis eines Vergleichs wird stärker durch die Auswahl der Vergleichskriterien bestimmt als durch die Objekte als solche. Die Vergleichskriterien können bereits zu Beginn des Vergleichens vorliegen oder auch erst im Laufe des Verfahrens entwickelt bzw. ausgeschärft werden.

Die Objekte sind die konkreten Träger der Merkmale, aus denen die Vergleichskriterien abstrahiert werden. Häufig stellt auch eines der Objekte den Ausgangspunkt des Vergleichens dar, weil es bereits vorher bekannt ist. Das hinzutretende zweite Objekt gibt dann den Anstoß zum Herausstellen von Unterschieden und Ähnlichkeiten.

Im Ergebnis des Vergleichens liegt die Antwort auf die auslösende Frage vor, die durch das Herausarbeiten von Kategorien präzisiert worden ist. Das Vergleichsergebnis ist meist mehr als eine bloße Zusammenfassung der durch den Vergleich gelieferten Fakten. Es enthält häufig eine Wertung und Deutung, eine Unterscheidung von Wesentlichem und Unwesentlichem.

Vergleichen kann zu einer bestimmten Form des *Ordnens* führen. Alle Objekte, die eine Gleichheit bestimmter Eigenschaften zeigen, können zu Klassen oder Kategorien zusammengefasst werden (z. B. Pflanzenfresser – Fleischfresser – Allesfresser). Ein solches Ordnungssystem, mit einem übergeordneten Vergleichskriterium (z. B. Ernährung), lässt sich als »kriterienstet« kennzeichnen. In anderen »kriterienunsteten« Ordnungssystemen wird das Kriterium gewechselt (z. B. Meeresbewohner – Plattfische – Haie – Fleischfresser). Wenige Gymnasialschüler in der 6. Klasse können sicher kriterienstet ordnen, sie können es aber lernen (*Hammann* 2002, 77; 2004). Das Ordnen nach Kriterien birgt noch andere Tücken: Objekte lassen sich in zwei oder mehrere Kategorien einsortieren, weil die Kategorien nicht trennscharf sind. Beim Ordnen können auch Objekte als Rest (»Anderes«) übrig bleiben, die nicht sinnvoll zugeordnet werden können. Für das Ordnen steht nur eine überschaubare Anzahl grundlegender Möglichkeiten zur Verfügung. Ordnen lässt sich relativ einfach nach Kontinuum (klein bis groß; leicht bis schwer), nach Alphabet, nach Zeit (z. B.

256

Ereignisdauer; Jahrgang) oder nach dem Ort (z. B. Verortung auf einer Karte). Beim Ordnen nach anderen Kategorien sind oft schwierige logische Entscheidungen zu treffen, z. B. lebendig – tot – nicht lebendig – fossilisiert.

Lernende der 4. bis 8. Klasse ordnen von sich aus vorwiegend kriterienunstet und nicht-taxonomisch. Bei Tieren sind ihre Hauptkriterien Lebensraum und Fortbewegung. Dahinter steht ein »elementares Ordnen« nach Wasser (Wassertiere, Schwimmen); Luft (fliegende Tiere, Flugtiere, Lufttiere); Boden (Kriechen, Krabbeln, Kriechtiere); Land (Landtiere, laufende Tiere, Vierfüßer, Haustiere, Wildtiere) (*Kattmann/Schmitt* 1996). Pflanzen werden vorwiegend nach Aussehen, Nützlichkeit und Lebensraum geordnet, auch hier sind taxonomische Kriterien von geringer Bedeutung (*Krüger/Burmester* 2005).

Eine besondere Form des Vergleichens ist das *Bestimmen*. Dabei wird letztlich geprüft, ob spezifisch ausgewählte Merkmale des Referenzexemplars (Merkmale im Schlüssel oder in einer Abbildung) denen des vorliegenden Individuums gleichen.

Auch das Ordnen nach taxonomischen Kriterien führt nicht zwingend zum phylogenetischen System der Lebewesen. Hierzu müssen vielmehr zusätzliche Kriterien (ursprüngliche bzw. abgeleitete Merkmale) beachtet werden (vgl. *Hammann* 2005; *Kattmann* 2007).

Auch andere Arbeitsweisen der Biologie und des Biologieunterrichts, vor allem Untersuchen und Experimentieren, haben enge Beziehungen zum Vergleichen. So lassen sich die Gewebe und Organe nur durch vergleichendes Untersuchen voneinander abgrenzen und zu Organsystemen zusammenfassen; so baut jeder qualitative Versuch auf dem Vergleich mit einem Kontrollversuch auf; so beinhaltet jedes quantitative Experiment den Vergleich der gewonnenen Resultate.

17.4.2 Sinn und Bedeutung

In der Biologie, die es mit einer verwirrenden Mannigfaltigkeit auf den verschiedenen Ebenen des Lebendigen zu tun hat, spielt das Vergleichen eine besondere Rolle. Darauf weisen schon die Bezeichnungen einiger Teildisziplinen hin (z. B. Vergleichende Morphologie, Vergleichende Entwicklungsgeschichte). Die konsequente Anwendung des vergleichenden Verfahrens ermöglicht einerseits das Ordnen der Vielfalt und führt andererseits zu der Grunderkenntnis, dass alle Organismen in wesentlichen Eigenschaften übereinstimmen (Grundphänomene des Lebendigen).

Zwischen Beobachten und Vergleichen besteht eine Wechselwirkung: Wird die Beobachtungsfähigkeit der Lernenden entwickelt, so wächst gleichzeitig ihre Fähigkeit, sinnvolle Vergleiche vorzunehmen (vgl. *Eichberg* 1972, 102 ff.); durch das Vergleichen werden die Lernenden außerdem zu genauem Beobachten angeregt (vgl. *Rüther/Stephan-Brameyer* 1984).

Helmut Sturm (1967; 1974, 343) sieht im Vergleich das beste Mittel, um das selbständige Finden von Gesichtspunkten für das Beobachten einzuleiten. Die Gegenüberstellung von ähnlichen Gegenständen, die sich in einigen Merkmalen deutlich voneinander unterscheiden, lenkt den Blick der Lernenden häufig ohne jede weitere Anleitung auf die wichtigen Vergleichskategorien. Auf diese Weise fördert die vergleichende Betrachtungsweise die Selbsttätigkeit und damit die Selbständigkeit (vgl. *Weber* 1965, 70). *Sula* (1968, 37) stellt sogar das Verfahren, im Unterricht Begriffe allein mit Hilfe des Betrachtens einzelner Gegenstände – ohne Vergleich – zu bilden, als einen schwerwiegenden Fehler der Lehrperson hin; als Ausnahme lässt er nur den Fall gelten, dass alle Lernenden die zu beschreibenden und zu benennenden Merkmale eines Gegenstandes aus ihrer früheren Erfahrung sicher kennen, so dass diese Merkmale am neuen Gegenstand einfach wiedererkannt werden können (vgl. auch *Dietrich* u. a. 1979, 140 ff.).

Konsequent kriteriengeleitetes Vergleichen führt zur Erkenntnis der abgestuften Ähnlichkeit zwischen den Organismen und zum hierarchischen Klassifizieren (vgl. *Piaget/Inhelder* 1973; *Laufens/Detmer* 1980; *Hammann* 2002).

17.4.3 Zur Durchführung, Beispiele

Besonders häufig wird der Vergleich zwischen nahe verwandten *Pflanzen-* und *Tierarten* empfohlen, z. B. zwischen verschiedenen Arten von Schmetterlingsblütlern, Hund und Wolf, Kaninchen und Hase (vgl. *Klahm* 1982). Beliebt sind auch Vergleiche von verschiedenen Blütentypen bei Samenpflanzen, von Gebiss-, Schnabel- und Fußtypen. Dabei werden in erster Linie spezifische Anpassungsmerkmale deutlich (»statische Aspekte«). Durch Einbeziehung von Vergleichsobjekten aus weiteren Verwandtschaftskreisen werden taxonomische Gruppen oder Lebensformtypen charakterisiert, z. B. Molch und Eidechse (Lurch – Kriechtier), Fuchs und Reh (Fleischfresser – Pflanzenfresser).

17.4.1 ◄ Die lebensweltlichen Vorstellungen zum Ordnen nach Lebensräumen können unterrichtlich z. B. zur Klassifikation der Wirbeltiere genutzt werden (vgl. *Baumann* u. a. 1996).

Bei geschickter Auswahl der Objekte kann den Lernenden allmählich klar werden, dass Ähnlichkeiten zwischen verschiedenen Arten unterschiedliche Erklärungsmuster erfordern (vgl. z. B. *Klein* 1970). Viele Ähnlichkeiten beruhen auf verwandtschaftlichen Beziehungen – die einander ähnlichen Organe, Funktionen, Verhaltensweisen werden als homolog bezeichnet. Andere Ähnlichkeiten lassen sich nur als Angepasstheit an die jeweiligen Umweltbedingungen deuten – in diesem Falle spricht man von analogen oder konvergenten Strukturen und Funktionen. Ein Vergleich zwischen zwei Arten oder Gruppen kann zu den Phänomenen der Homologie oder Analogie sowie Konvergenz und Divergenz führen. So lassen sich zum Beispiel zwischen Hai und

Delfin große Ähnlichkeiten (in Bezug auf Körpergestalt, Fortbewegungsweise usw.) feststellen, nähere Verwandtschaftsbeziehungen der beiden Arten sind aber eindeutig auszuschließen. Der Vergleich führt zu dem Ergebnis, dass es sich um Fische bzw. Säugetiere handelt, die beide demselben Lebensformtyp (schnell schwimmende, räuberisch lebende Meerestiere) zugeordnet werden können (vgl. *Eschenhagen/Kattmann/Rodi* 1992; *Hedewig/Kattmann/Rodi* 1998). Der gezielte Vergleich systematischer Gruppen (Innengruppen-Außengruppen-Vergleich, Genealogie) dient zur Stammbaumrekonstruktion durch die Lernenden (vgl. *Hammann* 2005; *Kattmann* 2007).

Spezielle Formen des Vergleichs verschiedener Lebewesen stellen die von *Sturm* (1967) genannten Vergleiche zwischen Stammform und Zuchtformen von Kulturpflanzen und Haustieren und zwischen Gliedern stammesgeschichtlicher Ahnenreihen bzw. Stufenreihen dar (vgl. *Sieger* 1979, 54).

Vergleiche von *Entwicklungsstadien* einer Art sind vor allem dann aufschlussreich, wenn das Ausgangsstadium zwar in sich bereits strukturiert ist, die Eigenart seiner Teile aber nur schwer erkennen lässt. Das wohl beste Beispiel ist die Entwicklung einer epigäisch (oberirdisch) keimenden zweikeimblättrigen Pflanze (etwa der Gartenbohne): Untersucht man allein die Samen, sind die »fleischigen Samenhälften« kaum als Keimblätter anzusprechen; lässt man die Samen keimen, so wird ihre Blattnatur offensichtlich. Ein ähnlich günstiges Beispiel sind Knospen (vgl. *Sturm* 1967, 20). Während hierbei die allmähliche Entfaltung bzw. schrittweise Entwicklung beobachtet wird, betont der Vergleich der Entwicklungsstadien von Tieren mit Metamorphose (z. B. Schmetterlinge, Frösche) stärker die radikalen Veränderungen von einem Schritt zum nächsten. In jedem Falle regen solche Vergleiche zur Auseinandersetzung mit dem für die Ontogenese charakteristischen Phänomen »Veränderung unter Beibehaltung der Individualität« an.

Vergleiche zwischen *verschiedenen Arten* von Lebewesen betreffen nicht nur morphologisch-anatomische Elemente und damit verknüpfte Funktionen; sie können sich auch auf Abläufe direkt richten, vor allem auf Fortpflanzungs- und Entwicklungsvorgänge und Verhaltensweisen. Unter diesen »dynamischen« Aspekten lassen sich wiederum verschiedene Lebewesen vergleichen, beschreiben und nach verschiedenen Systemen ordnen. Der Vergleich von Insekten zeigt die Typen der allmählichen und vollständigen Verwandlung, der Vergleich ausgewählter Pflanzen die Formen ungeschlechtlicher und geschlechtlicher Fortpflanzung. Durch den Vergleich des Verhaltens des Menschen mit dem von Tieren gelingt es besonders gut, den Begriff »Eigenart« herauszuarbeiten, der die spezifischen Eigenschaften einer Organismenart bezeichnet (vgl. *Kattmann* 1980 a, 134 f.). Schließlich können auch verschiedene Arten im Hinblick auf das System ihrer Umweltbeziehungen (ökologische Nische) miteinander verglichen werden, z. B. Entenvögel, Spechtarten, Wasserwanzen.

Bei *ökologischen Systemen* setzt bereits die Ausgliederung von Elementen, z. B. bei einem Ökosystem wie See oder Wald, das Vergleichen voraus. Besonders wichtig ist dabei der Vegetationsvergleich, der es sozusagen auf den ersten Blick gestattet, eine gewisse Strukturierung vorzunehmen. Bei näherem Hinsehen kommen Vergleiche zwischen der Fauna verschiedener Lebensräume und Vergleiche zwischen den abiotischen Faktorenkomplexen hinzu (Feuchtigkeit, Bodenbeschaffenheit u. a.). Im Ökologieunterricht wird häufig die Wirkung bestimmter Faktoren auf die Zusammensetzung und das Gedeihen der Biozönose verglichen (z. B. Rotbuchenwald auf Muschelkalk und auf Buntsandstein). Auch hier lässt sich das Zeitelement berücksichtigen, etwa durch den Vergleich verschiedenaltriger Baumbestände im Hinblick auf den Faktor Licht. Sehr lohnend sind Vergleiche zwischen naturnahen und stark vom Menschen beeinflussten ökologischen Systemen.

30.2.5 ◀

Lebewesen oder deren Teile werden häufig auch mit *Artefakten* (z. B. Werkzeuge, technische Einrichtungen und Apparate) verglichen. Sehr beliebt sind die Vergleiche »Mitochondrien – Kraftwerke«, »Auge – Fotoapparat«, »Herz – Pumpe«. Für solche Vergleiche gilt: Man sollte den Geltungsbereich solcher Vergleiche deutlich eingrenzen. Viele der früher häufig benutzten Vergleiche zwischen Lebewesen und technischen Gebilden mit ganz anderen absoluten Größen (z. B. Roggenhalm – Eiffelturm) beruhen zudem auf physikalisch falschen Voraussetzungen und sollten deshalb vermieden werden (vgl. *Sturm* 1967; *Gropengießer* 1993).

17.5 Experimentieren

17.5.1 Zum Begriff

Das Experiment – im Folgenden auch »Versuch« genannt – wird häufig als eine gezielte »Frage an die Natur« (vgl. *Puthz* 1988) oder als »Fortführung von Beobachtungen unter künstlich veränderten Bedingungen« bezeichnet. Mit diesen Umschreibungen rückt das Experimentieren in die Nähe des Untersuchens; denn auch diese Erkenntnismethode bezieht sich auf eine Fragestellung und erfordert das Eingreifen in Objekte oder Zusammenhänge. Experimentieren geht aber über das Untersuchen hinaus, es umfasst mehrere Einzelschritte von der Problemstellung bis hin zur Auswertung (vgl. auch *Klautke* 1978; *Moisl* 1988). Die drei wichtigsten Kennzeichen des Experiments sind also (vgl. *Pietsch* 1954/55, 197):

■ Beobachtung der Messgröße unter hergestellten Umständen,
■ Isolation der Einflussgröße,
■ systematische Variation der Einflussgröße.

In einem Experiment wird – nach einem von Hypothesen geleiteten Versuchsplan – eine Situation zu Beobachtungszwecken hergestellt. Darin soll von einer zu beobachtenden bzw. zu messenden Größe (Messgröße, z. B. Pflanzenwachstum, gemessen als Sprosslänge) festgestellt werden, ob und welcher Zusammenhang mit einer hypothetischen Einflussgröße (z. B. Dünger) besteht. Die Einflussgröße wird dazu in den verschiedenen Versuchsdurchläufen systematisch variiert und in zwei oder mehr Ausprägungen (Varianten) eingesetzt (z. B. kein Dünger – mit Dünger oder kein – wenig – viel Dünger). Einer der Versuchsdurchläufe wird immer ohne Veränderung der Einflussgröße durchgeführt (Kontrollversuch, Kontrollvariable). Jeder der Versuchsdurchläufe wird mehrfach wiederholt. Alle anderen möglichen Einflussgrößen oder Faktoren (Störgrößen), welche die Messgröße verändern könnten, werden entweder ausgeschaltet, minimiert oder für alle Versuchsdurchläufe gleich gehalten. Dadurch wird die Einflussgröße in ihrer Wirkung isoliert. Die durch Beobachten der Messgröße erhobenen Daten der Versuchsvarianten werden dann verglichen. Ein möglicherweise vorliegender Zusammenhang wird unter Bezug auf eine Theorie als bloßes Gleichlaufen (Korrelation) oder als Ursache-Wirkungs-Beziehung (Kausalität) gewertet.

▶ 17.1

Der Begriff »Experiment« wird allerdings meist weiter gefasst. Man spricht auch dann von »Experimentieranleitungen«, wenn es sich eigentlich nur um die Beobachtung unter hergestellten Umständen handelt, z. B. Nachweisreaktionen von Nährstoffen oder Aufziehen von Kaulquappen in einem Aquarium. Solche Beobachtungen und Untersuchungen können mit der fachgemäßen Arbeitsweise »Experiment« zum unterrichtsmethodischen Handlungsmuster »experimentelle Lehrform« zusammengefasst werden oder »Schulversuche« genannt werden (vgl. *Pietsch* 1954/55).

Von einigen Autoren (vgl. z. B. *Reichart* 1982) wird das Experiment zu den Medien gerechnet oder als Arbeitsmittel bezeichnet. Im Sinne einer dringend notwendigen Vereinheitlichung der didaktischen Terminologie wird hier in Übereinstimmung mit den meisten Biologiedidaktikern (vgl. z. B. *Knoll* 1981) vorgeschlagen, nur die Experimentiergeräte als Medien zu bezeichnen. »Experimentieren« kann wissenschaftstheoretisch, fachdidaktisch oder allgemeindidaktisch gemeint sein, also entweder eine Form des naturwissenschaftlichen Arbeitens, eine fachgemäße Arbeitsweise oder eine Form unterrichtsmethodischen Handelns kennzeichnen. Differenzierende Bezeichnungen können hier hilfreich sein. Deshalb wird das Experiment als eine Form naturwissenschaftlichen Arbeitens auch »Forschungsexperiment« genannt, wenn es zur Bestätigung bzw. Falsifikation einer Hypothese dient, die aus einer bestimmten Fragestellung entwickelt wurde (vgl. *Dietrich* u. a. 1979, 113-123).

»*Lern- und Lehrexperimente*« unterscheiden sich in verschiedener Hinsicht von den Forschungsexperimenten. Gewisse Einschränkungen ergeben sich

261

Funktionen von Experimenten im Lernprozess

Das **entdeckende Experiment** enthält im Idealfalle alle Aspekte naturwissenschaftlichen Arbeitens. In vielen Fällen können nicht alle Schritte von den Lernenden selbständig durchgeführt werden. In Bezug auf die Versuchsplanung, speziell das Versuchsmaterial, sind häufig Hilfen zu geben.

Das **bestätigende Experiment** bestätigt Sachverhalte, die den Lernenden bereits bekannt sind, und soll Erfahrungen vertiefen.

bereits aus der Begrenztheit des verfügbaren Materials und der Unterrichtsdauer, durch Sicherheitsvorschriften und die begrenzte Experimentierfähigkeit der Lernenden. Zudem ist den Lehrenden (und oft auch den Lernenden) im Unterschied zu den Forschern das Ergebnis des Experiments bereits vor Versuchsbeginn bekannt ist. »Schulversuche können also nur bestätigenden Charakter haben« (*Mostler/Krumwiede/Meyer* 1979, 217). Mit dieser Feststellung ist eine Unterscheidung von »Forschungsversuch« und »bestätigender Versuch« im Biologieunterricht, wie sie z. B. von *Werner Siedentop* (1972, 97 ff.) vorgeschlagen wird, in Frage gestellt. Da aber zwischen einem Experiment, das auf der Grundlage selbstständiger, oft mühsamer Hypothesenbildung durch die Lernenden geplant wird, und einem Versuch, der allein zur Bestätigung bereits bekannter Sachverhalte eingesetzt wird, ein gewichtiger Unterschied besteht, empfiehlt es sich, diese beiden Typen auch terminologisch gegeneinander abzugrenzen. Hier werden die Bezeichnungen »entdeckender Versuch« und »bestätigender Versuch« vorgeschlagen. Objektiv gesehen, bestätigt auch der erste Versuchstyp nur bereits Bekanntes. Für die Schüler, für die dieses Bekannte subjektiv noch Neuland ist, handelt es sich um ein Unternehmen, das dem Forschen des Wissenschaftlers außerordentlich ähnlich ist. Diese Ähnlichkeit, aber auch die Andersartigkeit, wird durch den Terminus »entdeckendes Experiment« treffend zum Ausdruck gebracht (vgl. *Stichmann* 1970, 162; »klärendes Experiment« *Killermann/Hiering/Starosta* 2005, 150; vgl. auch „offenes Experimentieren" *Mayer, J.* 2006).

Vom entdeckenden und bestätigenden Experiment kann man noch den »Einführungsversuch« als eine Form unterrichtsmethodischen Handelns unterscheiden. Das einführende Experiment dient dem Einstieg in eine neue Fragestellung und wird von der Lehrperson so geplant, dass es die Lernenden in bestmöglicher Weise auf bestimmte Phänomene aufmerksam macht und sie zum weiteren Nachdenken anregt (vgl. *Siedentop* 1972; *Werner* 1976; *Moisl* 1988; *Killermann/Hiering/Starosta* 2005, 149). Das Einführungsexperiment kann den ersten Schritt eines entdeckenden Versuchs darstellen, also dieselbe Funktion wie eine problemhaltige Lernerfrage, Zeitungsnotiz oder Beobachtung haben, die zur Hypothesenbildung und zu den folgenden Schritten anregt. In den meisten Fällen wird es sich beim Einführungsversuch um eine Demonstration durch den Lehrer, also einen *Lehrerversuch* oder einen *Demonstrationsversuch* handeln. Einfache Versuche können aber auch einzelne Lernende, Tandems oder Kleingruppen durchführen, z. B. Versuche zur Änderung der Pulsfrequenz bei unterschiedlichen Tätigkeiten oder zum Verbrauch von Sauerstoff bei der Atmung. Führen Lernende die Versuche durch, spricht man von *Schülerversuchen*. ▶ 11.4.2

Nach dem Zeitaufwand unterteilt man Schulexperimente in »Kurzzeitversuche«, die im Verlauf einer Stunde oder Doppelstunde abgeschlossen werden können, und »Langzeitversuche«. Biologieunterricht ist durch einen hohen Anteil an Langzeitversuchen gekennzeichnet.

Im Hinblick auf den Exaktheitsgrad sind »qualitative« und »quantitative Experimente« zu unterscheiden. Bei *qualitativen Versuchen* geht es allein um die Entscheidung der Frage, ob ein Faktor für eine Erscheinung eine Rolle spielt oder nicht (z. B. Ist Licht für die Photosynthese notwendig?). Die Antwort besteht in einem klaren »Ja« oder »Nein«. Bei *quantitativen Versuchen* wird stärker differenziert: Mehrere Einzelergebnisse werden in Zahl und Maß ausgedrückt und miteinander in Beziehung gesetzt (z. B. Welche Abhängigkeit besteht zwischen Sauerstoffproduktion und Lichtintensität bei der Photosynthese grüner Pflanzen?). Quantitative Versuche stellen oft hohe Anforderungen an das Versuchsmaterial, die Exaktheit des Arbeitens und das Verständnis der Beteiligten. Sie ergeben sich häufig erst aus qualitativen Experimenten.

Wird ein Experiment nicht am Original, sondern an einem Modell vorgenommen, spricht man von einem »*Modellversuch*« (z. B. Pfeffer'sche Zelle oder Simulation der Selektion). In den Bildungswissenschaften hat der Terminus allerdings noch eine andere Bedeutung. Dort geht es um die zeitlich und räumlich begrenzte Einführung einer neuen Form von Bildung und Unterricht. ▶ 23

Gedankenexperimente spielen im Rahmen eines entdeckenden Versuchs eine wichtige Rolle: Auf die Schritte der Problemstellung und der Hypothesenbildung folgt der Schritt der Versuchsplanung, der nichts anderes ist als die gedankliche Vorwegnahme des eigentlichen Versuchs. Man kann aber auch dann von einem Gedankenexperiment sprechen, wenn im Unterricht ein Versuch nicht durchgeführt, sondern nur (durch einen Bericht des Lehrers oder mit Hilfe eines Informationsblattes) theoretisch dargestellt und ausgewertet wird. Im Biologieunterricht der gymnasialen Oberstufe spielt diese Form eine bedeutende Rolle (vgl. *von Falkenhausen* 1976, 127). Manche Gedankenexperimente sollen auch gar nicht ausgeführt werden, z. B. Extremalbetrachtungen. Im »Ethikunterricht« sollen konstruierte Situationen in der Diskussion helfen, geeignete Argumente und Grundsätze zu finden. In den Kognitionswissenschaften werden durch Gedankenexperimente – z. B. zur Frage, ob Computer denken können – Probleme herausgearbeitet und im Diskurs überprüft (*Buschlinger* 1993, 68 ff. u. 111 ff.).

17.5.2 Sinn und Bedeutung

Das Experiment ist »die« charakteristische Forschungsmethode der Naturwissenschaften. Zwar ist die Biologie keine rein experimentelle Wissenschaft, sondern in einigen Bereichen eine vorwiegend deskriptive und historische Disziplin, aber ihre experimentellen Anteile sind im Laufe ihrer Geschichte immer stärker in den Vordergrund getreten und dominieren zurzeit eindeutig. Die wichtigsten Erkenntnisse der letzten Jahrzehnte sind auf experimentellem Wege gewonnen oder bestätigt worden. Daraus ergibt sich also für den Biologieunterricht die Aufgabe, den Heranwachsenden ein Verständnis der Eigenart und Bedeutung des Experiments zu vermitteln. Dazu müssen die Lernenden selbst Versuche durchführen.

■ Man lernt »Experimentieren nur durch Experimentieren und nicht durch Anweisungen« oder »durch Zuschauen« (*Kerschensteiner* 1959, 126).

Eine wesentliche und immer wieder diskutierte Frage ist, ob sich die naturwissenschaftlichen Unterrichtsfächer gegenseitig in der Vermittlung der experimentellen Arbeitsweise vertreten können, d. h. wie weit die Einsichten, Fähigkeiten, Fertigkeiten und Einstellungen, die beim Experimentieren in einem Bereich gewonnen werden, auf andere Bereiche übertragbar sind. Als Antwort auf diese Frage mag sinngemäß das gelten, was bereits *Kerschensteiner* (1959, 121) in Bezug auf die Beobachtungsfähigkeit feststellte: »Aber wir müssen uns … bewusst bleiben, dass jede einzelne dieser Erfahrungswissenschaften nur jene Beobachtungsfähigkeit steigert, die auf die in dieser Wissenschaft organisierten Tatsachen gerichtet ist.« Ein guter Chemie- und Physikunterricht kann sich zwar sehr günstig für den Biologieunterricht auswirken, weil er den Lernenden eine allgemeine Wertschätzung des experimentellen Vorgehens, einen Einblick in den formalen Ablauf eines Experiments sowie gewisse grundlegende Denkverfahren und Handfertigkeiten vermittelt, er wird aber nie das Experimentieren im biologischen Bereich ersetzen können. Das gilt besonders im Hinblick auf solche Versuche, die nur oder fast nur im Biologieunterricht vorkommen, also vor allem Versuche mit lebenden Organismen und typische Langzeitversuche, z. B. zur Entwicklung von Lebewesen unter unterschiedlichen Bedingungen (vgl. *Berkholz* 1973).

Die hohe Wertschätzung, die dem Experimentieren seit je her von Biologiedidaktikern entgegengebracht wird, resultiert u. a. daraus, dass diese fachgemäße Arbeitsweise wesentliche Erkenntnis- und Dokumentationsmethoden sinnvoll zusammen bringt, z. B. Beobachten, Vergleichen, Beschreiben, Protokollieren, Zeichnen.

Die große Komplexität des Experimentierens trägt aber auch dazu bei, dass viele Biologielehrkräfte zu wenig experimentieren (vgl. *Düppers* 1975; *Beisenherz* 1980; *Meyer* 1986; 1987; *Klautke* 1990). Dabei kennzeichnet Experimentieren den Modus biologischer und naturwissenschaftlicher Welterschließung und ist auch noch in anderer Weise besonders wertvoll. Das Experimentieren – vor allem im Sinne des entdeckenden Versuchs – verlangt anhaltende gedankliche Auseinandersetzung und handelnden Umgang mit den Versuchsobjekten. Es bewirkt deshalb wie kaum eine andere Arbeitsform Lernfortschritte in den verschiedenen Zieldimensionen.

In der *kognitiven Dimension* fördert es das Ziel gerichtete, konsequente, planmäßige Reflektieren ebenso wie das selbstständige und kreative Denken (vgl. *von Boetticher* 1978). Die Lernenden erkennen durch eigenes Überlegen und Handeln die Wirksamkeit von Gesetzmäßigkeiten und die Möglichkeiten der Naturnutzung. Daneben gewinnen sie viele Einzelkenntnisse über Objekte, Versuchstechniken und -geräte. Einige didaktische Untersuchungen weisen darauf hin, dass solche Kenntnisse, weil sie durch intensive Auseinandersetzung mit den Gegenständen gewonnen werden, besonders lange im Gedächtnis bleiben (vgl. *Kasbohm* 1973 b; 1975; 1978; *Killermann* 1996; *Klautke* 1997).

Die Fortschritte in der kognitiven Dimension sind eng gekoppelt mit solchen in der *affektiv-emotionalen* Dimension. Die Lernenden erfahren beim Experimentieren, dass nur ausdauernde und zielstrebige Bemühungen, sorgfältiges und gewissenhaftes Arbeiten zum Erfolg führen. Sie können sich durch eigenes Tun davon überzeugen, dass es in vielen Situationen ohne intensive Zusammenarbeit in Gruppen, in denen sich jeder einzelne auf die anderen verlassen kann, nicht geht. Angesichts der oben erwähnten Schwierigkeiten beim Experimentieren werden die Lernenden einerseits zur Einsicht in die Begrenztheit des eigenen Wissens und Könnens gelangen; andererseits werden sie auch – bei angemessener Gestaltung des Experimentalunterrichts durch die Lehrperson – Vertrauen in die eigenen Fähigkeiten gewinnen. Das alles kann insgesamt zu einer positiven Einschätzung des Faches Biologie und damit zu einer Erhöhung der Motivation für die künftige Beschäftigung mit der lebendigen Natur und mit Herausforderungen der Biologie führen (vgl. *Ziemek* 2005).

Experimenteller Unterricht kann schließlich besonders dazu beitragen, wesentliche Unterrichtsziele der *psychomotorisch-pragmatischen Dimension* zu erreichen. Nach der Versuchsplanung müssen Geräte ausgewählt, zusammengestellt und gehandhabt werden. Die Auswertung der Experimente erfordert häufig den Einsatz besonderer Hilfsmittel und Techniken. Es bieten sich vielfältige Möglichkeiten der »technischen Erziehung« der Lernenden (*Pietsch* 1954/55). Hier sei nur an die Vielzahl und Verschiedenartigkeit der Arbeitsgeräte des Biologen erinnert: von der Pinzette und dem Mikroskop bis hin zum Spaten und Fernglas. Die Komplexität der Handlungen beim Experimentieren erfordert eine systematische Entwicklung der Arbeitsweise vom Einfachen zum Komplexen. Ob der Experimentalunterricht die dargestellten Erwartungen erfüllt, hängt entscheidend von der Auswahl der Experimente und ihrer Durchführung ab (vgl. *Stawinski* 1986).

Von entdeckenden Versuchen können dann positive Wirkungen erwartet werden, wenn sie entsprechend den Voraussetzungen der Lernenden eingesetzt werden. Einführungsversuche können vorwiegend die Beobachtungsfähigkeit und die damit verbundene Denkfähigkeit sowie die Motivation der Lernenden beeinflussen, während Bestätigungsversuche, vor allem in der Form von Schülerversuchen, in erster Linie die Handfertigkeit steigern können. Entdeckende Versuche können beim konsequenten Durcharbeiten der einzelnen Aspekte die Fähigkeiten der Lernenden allseitig fördern. *Empirische Untersuchungen* zeigen, dass der Lernzuwachs durch Demonstrationsexperimente stärker erhöht wird als durch Schülerexperimente. Schülerexperimente haben vor allem Wirkungen im affektiven Bereich: Das Interesse an Biologie wird durch sie signifikant erhöht (vgl. *Killermann* 1996; *Klautke* 1997).

17.5.3 Zur Durchführung

Neben den »Sicherheitsbestimmungen« sind bei Experimenten *allgemeine Regeln* zu beachten, die für alle Versuche gelten:

17.5.4 ◄

▪ *Je einfacher der Versuch ist, desto besser!* Wenn mehrere Versuchsanordnungen zur Verfügung stehen, die das gewünschte Resultat in der notwendigen Klarheit erbringen, so ist diejenige Anordnung zu wählen, die den geringsten Aufwand erfordert. Aber es gilt die Einschränkung, bei gleichwertigen Möglichkeiten denjenigen Versuchsaufbau zu wählen, den die Lernenden von sich aus vorschlagen.

▪ *Kontrollversuche* sind zur Deutung der Ergebnisse notwendig. In einem Parallelversuch wird der zu untersuchende Faktor weggelassen (Blindversuch). Soll z. B. mit Hilfe der Fehling'schen Probe nachgewiesen werden, dass Stärke durch Speichel zu einem reduzierenden Zucker abgebaut wird, so wird geprüft, ob nicht auch eine Aufschwemmung von Stärke in Wasser (ohne Speichel) die betreffende Reaktion ergibt. Bei Nachweisversuchen wird auch die Reaktion der nachzuweisenden reinen Substanz mit dem Reagenz geprüft (meist als Vorversuch). Will man beispielsweise Stärke in einer Kartoffelknolle nachweisen, so testet man vorher Stärkemehl, das als solches bekannt ist, mit Iod-Kaliumiodid-Lösung.

▪ Der *Versuchsaufbau* soll *gut überschaubar* sein. Gerade bei Demonstrationsversuchen sollen die Einzelteile der Versuchsapparatur möglichst groß sein; ihre Bedeutung im Ganzen des Versuchs muss erkennbar sein (sorgfältige Beschriftung, flankierende Tafel- oder Folienskizze); bei Demonstrationsversuchen ist für eine geeignete Beleuchtung und Hintergrundgestaltung zu sorgen; evtl. muss die Sitzordnung der Klasse geändert werden.

▪ Der Ablauf des Experiments soll *kritisch reflektiert* werden. Den Lernenden sollen die Hauptschritte des Experimentierens bewusst werden. Führt ein Versuch zu verschiedenen Ergebnissen, so werden die Quellen für die unterschiedlichen Resultate diskutiert und möglichst ergründet: Welche Gegenstände, Methoden, Bedingungen und Durchführungen waren anders als vorausgesetzt oder beabsichtigt? Wenn möglich, wird der Versuch mit verbesserten Methoden wiederholt.

■ Bei Versuchen mit lebenden Organismen kann sich wegen der unterschiedlichen Reaktionen der Lebewesen als nötig herausstellen, *parallele Messreihen* mit verschiedenen Individuen durchzuführen. Gegebenenfalls sollten mehrere verschiedene Versuchsansätze bereitgestellt werden.

■ *Protokollführung:* Der Versuchsablauf soll dokumentiert werden. Damit haben die Lernenden auch nach dem Unterricht die Möglichkeit, das durchgeführte Experiment gedanklich nachzuvollziehen. Das wird ihnen vor allem durch einfache Skizzen des Versuchsaufbaus erleichtert, die sie selbst entworfen oder von einer Zeichnung der Lehrperson übernommen haben. Wesentlich ist auch eine Gliederung des Protokolls entsprechend des Versuchsablaufs (vgl. *Wagener* 1982; 1992).

■ Experimente eignen sich für *innere Differenzierung*. Die Klasse sollte, sofern es sich von der Sache her anbietet, in Kleingruppen mit unterschiedlichen Experimentieraufgaben aufgegliedert werden (arbeitsteiliges oder gemischt-arbeitsteiliges Verfahren).

Besonders für *Langzeitversuche* gelten folgende Hinweise:

■ Versuchsaufbauten bei Langzeitversuchen sollen so aufgestellt werden, dass sie von allen Schülern der betreffenden Klasse häufig betrachtet werden können. Falls die Klasse einen eigenen Raum hat, sollten die Versuche dort angesetzt werden. Findet der Unterricht in einem Fachraum statt, sollten die Experimente jeweils in den Biologiestunden kurz gezeigt werden.

■ Die Beobachtungen sind für alle Schüler nachvollziehbar zu protokollieren. Eine Gruppe besonders interessierter Schüler stellt z. B. die im Laufe der Versuchsdauer erhobenen Daten in einem Protokoll zusammen, das für die ganze Klasse sichtbar ausgehängt wird.

■ Während des Versuchsablaufs werden die Ergebnisse ab und zu mit der ganzen Klasse besprochen. Um das Interesse der Schüler am Langzeitversuch dauerhaft aufrechtzuerhalten, gilt es, den Mittelweg zwischen zu seltener und zu häufiger Beschäftigung mit dem Experiment zu finden. Vor allem sollen die beobachtbaren Veränderungen gegenüber dem letzten registrierten Zustand festgestellt werden. Jeder einzelne Lernende sollte möglichst die Daten selbst erheben.

Sollen Lern-Lehrversuche daraufhin geplant und beurteilt werden, dass und ob naturwissenschaftliches Denken und Arbeiten deutlich wird, ist eine Prüfliste mit Fragen sinnvoll.

▶ Tab. 17-2

17.5.4 Hinweise zu Schutz- und Sicherheitsbestimmungen

Zur Sicherheit und Gesundheit der Lernenden gelten folgende *allgemeine Vorsichtsmaßnahmen*, die bei allen praktischen Arbeiten (also auch beim Beobachten, Untersuchen und Mikroskopieren) einzuhalten sind. Hierzu sind auch die Erlasse der Bundesländer heranzuziehen (vgl. GUV 2003; 2004; 2005).

- Lernende dürfen Fachräume nur in Ausnahmefällen allein betreten. Sie sind über Lage und Bedienung der Not-Aus-Schalter für Strom und den zentralen Haupthahn für Gas zu informieren. Löscheinrichtungen wie Feuerlöscher, Löschdecke und Löschsand sind in ihren Funktionen zu erklären.
- Das Verhalten im Katastrophenfall ist zu üben (Fluchtwege).
- Auf mögliche Gefahren ist hinzuweisen.
- Wichtig ist ein Mindestmaß an Disziplin.
- Notwendige Schutzmaßnahmen wie z. B. Brille und Einmalhandschuhe sind zu erläutern, bei Nichtbeachtung anzumahnen.
- Grundlegende hygienische Anforderungen sind einzuhalten, z. B. nicht essen, trinken oder schminken. Arbeitsflächen und Geräte sind zu säubern, evtl. auch mit handelsüblichen Mitteln zu desinfizieren. Das abschließende Händewaschen mit Seife ist obligatorisch.
- Mögliche allergische Reaktionen sind von einzelnen Personen zu erfragen.

- Versuche an *Lernenden* dürfen nur dann durchgeführt werden, wenn eine physische und psychische Schädigung ausgeschlossen werden kann und Hygieneregeln beachtet werden.

Die Lernenden müssen mit ihrer Rolle einverstanden sein (*Bretschneider* 1994). Blutentnahme bei Menschen ist verboten. EKG's und EEG's dürfen nur mit Geräten vorgenommen werden, die der Medizingeräteverordnung entsprechen. Versuche mit berührungsgefährlichen Spannungen und ionisierenden Strahlungen sind verboten. Licht, Schall und Wärme dürfen nur in ungefährlichen Intensitäten eingesetzt werden. Eine Überreizung der Sinnesorgane ist zu vermeiden. Mundstücke müssen hygienisch einwandfrei sein: entweder Verbrauchsmaterial oder sterilisierbare Glasstücke verwenden.

Beobachtungen und Experimente mit *Tieren* sind grundsätzlich erlaubt, unterliegen aber besonderer Sorgfaltspflicht (vgl. GUV 2003):

- Es dürfen nur solche Tiere herangezogen werden, die nicht aufgrund der geltenden Naturschutz- und Artenschutzbestimmungen besonders geschützt sind (vgl. *Krischke* 1987 b; BfN 2005). Zur Entnahme von geschützten Organismen aus der Natur ist die Genehmigung der zuständigen Naturschutzbehörde einzuholen. Die Organismen sind an der Entnahmestelle wieder auszusetzen.
- Im Biologieunterricht durchgeführte Beobachtungen und Verhaltensexperimente mit Tieren sind keine »Tierversuche« im Sinne des Tierschutzge-

Kriterien	Fragen
Planbarkeit	Können Lernende mögliche Einflussgrößen voraussehen? Sind Störgrößen voraussehbar? Können die Schüler Daten voraussagen?
Erfahrbarkeit	Ist das Untersuchungsobjekt/der Veränderungsprozess direkt beobachtbar? Ist die Variation der Einflussgröße erkennbar? Motivieren Untersuchungsobjekte und/oder Versuchsdurchführung?
Genauigkeit	Quantitative oder qualitative Auswertung ? Wie genau sind die Ergebnisse? Sind Fehlerquellen gering bzw. erkennbar?
Lernzuwachs	Welche inhaltlichen Ziele (Verständnis biologischer Konzepte) werden erreicht? Welche formalen Ziele (Einsicht in biologisches Arbeiten) werden erreicht? Welche sozialen Ziele (Teamarbeit) werden erreicht?

Tabelle 17-2: Fragen zur Planung und Beurteilung von Schulversuchen (vgl. *Mayer* 2002).

setzes. Die Haltungsbedingungen und die Versuche müssen so sein, dass den Tieren keine Schmerzen, Schäden oder Leiden zugefügt werden (vgl. *Pommerening* 1977; *Rupprecht* 1979; *Schaaf* 1986; *Krischke* 1987 b; *Puthz* 1988; *Heimerich* 1998; GUV 2003). Das gilt auch für die Behandlung der Tiere nach Beendigung des Versuchs.

■ Giftige Tiere oder Tiere, die Krankheiten übertragen, dürfen in der Schule weder gehalten noch eingesetzt werden, d. h. Säugetiere aus dem Freiland dürfen nicht eingesetzt werden, sie sollten stets aus behördlich kontrollierten Zuchten (Zoohandel) bezogen werden; und es sollten nur solche Vögel gehalten werden, denen amtstierärztlich bescheinigt wurde, dass sie frei von Ornithose (Psittakose) sind.

■ Hygienische Grundregeln sind zu beachten: Körperteile, die mit den Tieren in Berührung gekommen sind, werden gründlich gewaschen.

■ Es ist zu bedenken, ob die Versuchstiere bei den Lernenden Ekel- oder Angstgefühle hervorrufen können (vgl. *Schanz* 1972; *Berkholz* 1973; *Bögeholz/Rüter* 2004). Es hat keinen Sinn, Lernende dazu zu zwingen, Versuche mit Tieren durchzuführen, wenn sie diese nicht mögen (z. B. Regenwürmer, Nacktschnecken, Spinnen). Es kann aber nützlich sein, Lernende mit solchen Tieren freiwillig experimentieren zu lassen und dabei das Ziel zu verfolgen, ▶ 21.1.1 Lernenden Möglichkeiten anzubieten, mit Ekel- oder Angstgefühlen umzugehen (*Gropengießer/Gropengießer* 1985; *Killermann* 1996, 341 f.).

269

Vor der Arbeit mit (Teilen von) giftigen *Pflanzen* sind die Lernenden über mögliche Gefährdungen wie Vergiftungen oder allergische Reaktionen zu informieren. Das heißt: Bei Arbeiten mit Pflanzen wie z. B. Christrose (Helleborus niger), Maiglöckchen (Convallaria majalis), Herbstzeitlose (Colchicum autumnale) oder Aronstab (Arum maculatum) muss vor Beginn der Arbeit auf die Gefahr aufmerksam gemacht und ein sachgemäßes Verhalten eingefordert werden. Listen mit (sehr) stark giftigen Pflanzen finden sich in den Richtlinien zur Sicherheit im naturwissenschaftlichen Unterricht (GUV 2005). Hinweise finden sich auch in vielen Bestimmungsbüchern.

Beim Umgang mit Mikroorganismen sind durch besondere Vorsicht und sorgfältiges Arbeiten Infektionen auszuschließen. Eine für die mikrobiologischen Versuche angemessene Ausstattung ist Voraussetzung (vgl. *Bayrhuber/Lucius* 1992; 1993; 1996). Man sollte bevorzugt mit Mikroorganismen aus der Nahrungsmittelproduktion arbeiten. Alle Kulturgefäße sind mit Namen bzw. Herkunft der Mikroorganismen, dem Nährmedium und dem Datum zu kennzeichnen. Die Arbeitsflächen sollen flüssigkeitsdichte und desinfizierbare Oberflächen haben. Alle Arbeitsgeräte, die mit Mikroorganismen in Berührung gekommen sind, müssen sterilisiert werden. Hände und Unterarme gründlich mit Seife waschen, ggf. vorher mit handelsüblichen und geprüften Desinfektionsmitteln desinfizieren, mit Einmalhandtüchern abtrocknen (GUV 2003). Solche Maßnahmen sollten aber nicht vor der Arbeit mit Mikroorganismen abschrecken, sondern vielmehr Anlass sein, sie aus biologischer Sicht zu begründen (*Graf/Graf* 1991). Nicht mehr benötigte Kulturen von Mikroorganismen sind sachgerecht zu entsorgen: Die verschlossenen Kulturgefäße werden in speziellen Beuteln gesammelt und bei 1 bar Überdruck, entsprechend 121 °C, mindestens 20 Minuten autoklaviert.

Wenn allein schon wegen der Herkunft von Mikroorganismen, z. B. aus Fäkalien, Abwässern, Kadavern oder dem Intimbereich, mit Krankheitserregern zu rechnen ist, sind diese für den Unterricht ungeeignet. Mikroorganismen von Fingerabdrücken, Klinken von (Toiletten-)Türen, aus Luft, Wasser und Boden sind vor der Inkubation auf Nährböden mit Parafilm oder Klebeband zu versiegeln und geschlossen zu halten. Offenes Mikroskopieren oder Überimpfen ist wegen der möglichen Anreicherung pathogener Keime zu unterlassen. Ein Heuaufguss sollte nur mit höchstens handwarmem Wasser als Sukzessionsversuch angesetzt werden. Die Lehrperson kann dann jeweils einen Tropfen entnehmen, der von den Lernenden mikroskopiert wird.

Als Reinkulturen dürfen nur definierte, nicht humanpathogene Mikroorganismen eingesetzt werden. Solche Stämme sind von der DSM (Deutsche Sammlung von Mikroorganismen und Zellkulturen) zu beziehen (vgl. *Lucius* 1992).

18 Protokollieren, Zeichnen, Mathematisieren

Protokollieren ist eine Erfassungs- und Dokumentationstechnik mit einem Protokoll als Ergebnis. Das Protokoll ist ein in Form und Inhalt standardisierter, meist schriftlicher Bericht. In den Naturwissenschaften dokumentiert das Protokoll besonders die eingesetzten Methoden und Arbeitstechniken sowie die Befunde.

Zeichnen hat im Biologieunterricht eine lange Tradition. Lehrerzeichnungen motivieren Lernprozesse und geben Einblicke in Strukturen und Zusammenhänge des Lebendigen. Schülerzeichnungen offenbaren die Vorstellungswelt der Lernenden, geben Einblicke in den Kenntnisstand und zeigen durch ihre inhaltliche Botschaft auch Befindlichkeiten an. Zeichnungen können wesentliche Bestandteile von Protokollen sein. Mathematisieren heißt Ordnung an biologische Gegenstände herantragen und Aussagen und Befunde in allgemeingültiger Form ausdrücken. Beim Mathematisieren lassen sich drei Formen unterscheiden: Formalisierung, Quantifizierung, mathematische Modellbildung.

Wichtige erschließende Begriffe: Formalisierung, Quantifizierung, Modellbildung, Originale Begegnung, Protokollschema, Ästhetik

Bearbeitet von *Frank Horn*

18.1 Protokollieren

18.1.1 Zu Begriff, Sinn und Bedeutung

Protokollieren ist in der ursprünglichen Bedeutung des Wortes ein förmliches Niederschreiben, ein schriftliches Zusammenfassen der wesentlichen Punkte einer Besprechung. Protokollieren erfordert das Mitschreiben während des Gesprächs, setzt genaues Zuhören und die Fähigkeit zum Festhalten des Wesentlichen voraus. Was inhaltlich in das Protokoll aufgenommen werden soll, richtet sich nach der Art des Protokolls (Verlaufsprotokoll, Ergebnisprotokoll oder Mischform), nach der Aufgaben- bzw. Problemstellung und dem Zweck, den ein Protokoll erfüllen soll (vgl. *Cerwinka/Schranz* 2002).

Die Daten können beim Protokollieren unterschiedlich erfasst werden: hand- oder maschinenschriftlich als Text oder als Tabelle, Diagramm, zeichnerisch oder grafisch, wie z. B. in Mind Maps, foto-, audio- oder videografisch. Die erhobenen Daten werden dann meist bearbeitet (Mathematisierung), in einer bestimmten Form zusammengestellt und schriftlich oder elektronisch dokumentiert. Geräte wie Flip-Chart-Kopierer oder Copyboard erleichtern bei Diskussions- oder Entwicklungsprozessen in Gruppen die Dokumentation der Ergebnisse.

Im Biologieunterricht protokolliert man besonders beim Beobachten und Experimentieren. Beim Protokollieren wird der Sachverhalt durchdacht und strukturiert. Protokollieren wird aber auch bei der Evaluation des Lernens eingesetzt, z. B. beim Führen eines Lerntagebuchs (vgl. *Winkel* 1995, 329; *Asdonk* 1997, 5; *Labudde* 1997, 94).

■ Mit dem Protokollieren wird eine *Arbeitstechnik* gelernt, die in den Naturwissenschaften als unentbehrliches Mittel bei der Erkenntnisgewinnung und -sicherung gilt.

Die Lernenden werden durch das Protokollieren veranlasst, Aufgaben- und Problemstellungen zu erfassen bzw. zu entwickeln, das Vorgehen bei Beobachtungen, Untersuchungen und Experimenten exakt zu planen, gewissenhaft durchzuführen und unter Verwendung der Fachsprache sowie grafischer Darstellungen korrekt zu lösen. Dies trägt dazu bei, dass die Lernenden sich der einzelnen Denk- und Arbeitsschritte bewusst werden (vgl. *Wagener* 1992, 122 f.). Das Protokollieren kann dadurch das Verstehen der Prinzipien des Experimentierens und das naturwissenschaftliche Argumentieren fördern. Sorgfältige Protokollführung trägt zum Gelingen von Beobachtungen, Untersuchungen und Experimenten bei. Das Protokollieren ist daher für die Entwicklung von Sach-, Methoden- und Kommunikationskompetenz bedeutsam (vgl. auch *Schaefer* 1997).

Protokolle sind auch *Gedächtnishilfen*, was besonders bei Langzeituntersuchungen wichtig ist, weil nur auf diese Weise die Erinnerung an sämtliche Phasen des Gesamtablaufs gesichert werden kann.

Als Gedächtnishilfen sind Protokolle auch für die *Evaluation* von Unterricht bedeutsam, da durch sie – angefertigt durch die Lehrperson oder durch Lernende – frühere Unterrichtssituationen rekonstruiert und auf Schwächen und Stärken hin überprüft werden können (vgl. *Meyer, Hi.* 1987 b, 172 f.).

18.1.2 Zur Durchführung

Es sollte bereits während der Grundschulzeit gelernt werden, wie Beobachtungen, kleine Experimente und einfache Langzeitversuche in kurzen Texten, Zeichnungen oder Tabellen dargestellt werden können. Spätestens ab der fünften Jahrgangsstufe sollte für Beobachtungs- oder Versuchsprotokoll ein einfaches Schema zugrunde gelegt werden (z. B.: Unsere Frage – Unsere Vermutungen – Der Versuch – Die Ergebnisse – Die Antwort auf die Frage). Im darauf aufbauenden Biologieunterricht können anspruchsvollere *Protokollschemata* verwendet werden.

Bei ökologischen Untersuchungen werden häufig *Feldprotokolle* geführt, in die zahlreiche Freilandbedingungen aufzunehmen sind. Ein Feldprotokoll zur chemisch-physikalischen Beurteilung eines Fließgewässers sollte folgende

Ausführliches
Protokollschema
(Dietrich u. a.
1979, 159)

1. Ziel-(Aufgaben-, Problem-)stellung
2. Theoretische Überlegungen (Hypothesen, Vermutungen)
3. Gedankliche Planung zur Durchführung des Experiments, einschließlich der Geräte, Materialien und Bedingungen, evtl. Skizze der Experimentieranordnung
4. Darstellung der Durchführung des Experiments
5. Erfassen und Notieren der Ergebnisse und Messwerte
6. Auswertung der Ergebnisse, Ziehen von Schlussfolgerungen, weiterführende Fragen und Probleme

Gliederungspunkte aufweisen (vgl. *Barndt/Bohn/Köhler* 1990, 49 f.): Beobachter, Datum, Uhrzeit, Name des Gewässers, Untersuchungsstelle, Wetterverhältnisse (Bewölkung, Niederschläge, Wind), wasserbauliche Gegebenheiten (Wehre, Uferbefestigung u. a.), biologische Gewässergüte, Algenblüte, Wasserpflanzen, Uferpflanzen, Wassereigenschaften.

Die Lehrperson sollte beim Einsatz naturwissenschaftlicher Erkenntnismethoden Situationen schaffen, in denen die Lernenden solche Schemata anwenden können. Am Anfang empfiehlt es sich, kurze Beobachtungs- oder Experimentierphasen vorzusehen und dabei die Gliederungspunkte für das Protokoll vorzugeben (vgl. *Mitsch* 1971; *Wagener* 1992; 122 f.). Anhand der erstellten Protokolle werden positive Ansätze betont und Verbesserungsmöglichkeiten herausgestellt.

Bei *Langzeituntersuchungen* sollte schon vor dem Beginn über eine angemessene Form des Protokollierens gemeinsam beraten werden. Beispielsweise kann ein großformatiges Protokollblatt im Klassenraum angebracht werden, in das die Beobachtungen – für die Lernenden deutlich sichtbar – eingetragen werden. Wichtiger als ein bloßes Anwenden der Schemata ist daher die Einsicht in den Zweck des Protokollaufbaus. Sind die Lernenden mit dem Protokollieren vertraut, können sie daher das Protokollschema selbstständig zweckgerichtet abwandeln.

Der vielfältige Einsatz von Protokollen über Beobachtungen, Untersuchungen und Experimenten für bedeutungsvolles Lernen sollte ein Teil der *Aufgabenkultur* im Unterricht sein. Bedeutungsvolles Lernen braucht Anwendung des Gelernten (vgl. *Kattmann* 2003 a, 127). Beispielsweise können solche Aufgaben für den Unterricht entwickelt werden, in denen Protokolle als Lesetexte auftreten (Folie, Arbeitsblatt). Die Schüler erhalten die Aufgabe, aus den dargestellten Ergebnissen die Frage- bzw. Problemstellung für eine Beobachtung oder ein Experiment zu finden oder umgekehrt (vgl. *Amthor* 2002, 12).

▶ 14.8

Bodenversauerung am Beispiel der Rotbuche

Fragestellung: Gibt es unter einer Rotbuche graduelle Unterschiede in der Bodenversauerung oder ist sie überall gleich? Wird sich die Bodenversauerung nach längerer Zeit verändern?

Hypothesen: Das meiste Niederschlagswasser rinnt am Baumstamm hinunter und dringt unmittelbar am Baumstamm in das Erdreich ein. Die Bodenversauerung könnte daher in der Nähe des Stammes größer sein als im Erdreich, das weiter vom Stamm entfernt ist.
Lässt die Schadstoffbelastung der Luft nach, wird sich vermutlich auch der Grad der Bodenversauerung verringern.

Durchführung: 1996 wurde im Barnstorfer Wald, einem städtischen Park in Rostock, eine alte und mächtige Rotbuche ausgewählt. Vom Stammfuß des Baumes ausgehend wurden radial bis zu einer Entfernung von 5 m Bodenproben aus einer Tiefe von ca. 5-10 cm entnommen und in Bechergläser eingebracht. Arbeit im Labor: Die Bodenproben wurden mit destillierten Wasser aufgeschlämmt und danach filtriert. Anschließend wird der pH-Wert der Lösung elektronisch ermittelt. 2001 – fünf Jahre später – wurde die Untersuchung wiederholt.

Ausgewählte Mess-Ergebnisse:

Nr.	Entfernung vom Stamm der Rotbuche (in m)	pH-Wert 1. Untersuchung: 20.08.1996	pH-Wert 2. Untersuchung: 09.08.2001
0	Stammfuß (Westseite)	3,0	6,0
1	0,50	3,0	6,1
2	1,00	3,6	6,3
3	1,50	4,6	6,1
…			
8	5,00	5,4	6,8

Auswertung: Die Befunde der 1. Untersuchung belegen, dass unter der Rotbuche saurer Boden nachweisbar ist. Die Bodenversauerung ist am Stammfuß am größten. Die Hypothese wird angenommen. Die Befunde der 2. Untersuchung belegen, dass der Boden zum Messzeitpunkt kaum sauer ist. Der deutliche Rückgang des Schwefeldioxidgehaltes der Luft seit Ende der 90er Jahre kann den Rückgang der Bodenversauerung bei der Rotbuche bewirkt haben.

Das Protokollieren des Verlaufs einer ganzen *Unterrichtsstunde* durch die Lernenden ist ein anspruchsvolles Verfahren der Ergebnissicherung und sollte zuerst mit der ganzen Klasse geübt werden. Als Vorübung kann das systematische Aufstellen und Fixieren von Merksätzen dienen (vgl. *Heinzel* 1995). Die Erstellung der Protokolle ist formal und inhaltlich zu betreuen. Dazu zählen: Verlesen der Protokolle und Besprechen wesentlicher Punkte und offener Fragen, Erläutern der Unschärfen bzw. Fehler, Hilfen für eine anspruchsvolle sprachliche und formale Gestaltung, Sichern der Vervielfältigung der Protokolle (vgl. *Meyer, Hi.* 1987 b, 172 f.).

Nach solchen gemeinsamen Übungen an geeigneten Beispielen kann dazu übergegangen werden, die Protokollführung für ausgewählte Unterrichtsabschnitte einzelnen Schülern oder Kleingruppen turnusmäßig zu übertragen. Die Bedeutung des Protokollierens für Schüler und Lehrpersonen sollte dadurch betont werden, dass die »verabschiedeten« Protokolle in eine Mappe abgeheftet werden, die im Verlauf des folgenden Unterrichts immer wieder herangezogen werden kann.

18.2 Zeichnen

18.2.1 Zum Begriff

Beim Zeichnen handelt es sich um das Darstellen von Objekten sowie von Zusammenhängen, das an das Mittel der Linie gebunden ist (im Unterschied zum Malen – Gestalten einer Fläche mit Farbe). Mit dem Mittel der Linie geht es beim Zeichnen um die »Konstruktion von Welt« durch Sichtbarmachen von Objekten und Zusammenhängen (vgl. *Huber* 1998).

»Zeichnerische Darstellung« und »grafische Darstellung« (Diagramm) sind voneinander zu unterscheiden. Zeichnerische Darstellungen werden nach ihrem Abstraktionsgrad noch weiter aufgegliedert. So werden »Skizze«, »Schema« und »Symbol« unterschieden (vgl. *Spandl* 1974, 105; *Baer/Grönke* 1981). ▶ 23 und 18.3

18.2.2 Sinn und Bedeutung

Das Zeichnen ist im Biologieunterricht unter verschiedenen Aspekten bedeutsam. Es dient in erster Linie unter dem Aspekt des Gewinnens von Erkenntnissen der Entwicklung von Sachkompetenz der Schüler. Daneben ist das Zeichnen unter den Aspekten der Fähigkeits- und Fertigkeitsentfaltung für die Entwicklung von Lern-, Denk-, Umwelt- und instrumenteller Kompetenz von Bedeutung (vgl. *Schaefer* 1997, 41 ff.). *Martin Verführt* (1987 a, 77) kennzeichnet die biologische Sachzeichnung als Erkenntnismethode, die über die verschiedenen Stufen zunehmend abstrakterer Darstellungsformen zu modellhaften und theoretischen Denkweisen führt.

Das Zeichnen kann darüber hinaus auch als Brücke zu den künstlerischen Fächern in (u. a. bei Projekten) bedeutsam sein, indem es zum Beachten überfachlicher, besonders ästhetischer Sichtweisen hinführt (vgl. *Knoll* 1987 c; *Jüdes/Frey* 1993, 219; *Schecker* u. a. 1996).

Zeichnen dient vor allem dazu, Informationen über biologische Objekte (von der molekularen Ebene bis zur Ebene der ökologischen Vielfalt), ihre Eigenschaften, Merkmale sowie Zusammenhänge klar und knapp darzustellen. Eine Skizze an der Wandtafel bzw. auf einem Arbeitsblatt lässt, wenn sie gut durchdacht ist, die Lernenden das Wesentliche eines Phänomens, einer Experimentieranordnung oder eines Zusammenhangs oftmals auf einen Blick erkennen, wozu es sonst vieler erklärender Worte bedarf. Das Zeichnen bietet damit auch jenen Lernenden eine geeignete Ausdrucksmöglichkeit, die Schwierigkeiten haben, sich sprachlich zu äußern (vgl. *Borsum* 1987).

Zeichnungen, die nach und nach mit einer Lerngruppe erarbeitet werden, ermöglichen den Lernenden Einblicke in die *Struktur* der beobachteten Gegenstände und in das Vorgehen beim Anwenden fachgemäßer Arbeitsweisen. Beispielsweise werden das Erfassen von Formen, Formmerkmalen und Lagebeziehungen von biologischen Objekten und die geistige Verarbeitung gefördert. Das Zeichnen eines Weinblattes (Formenkenntnis) gelingt dann, wenn durch genaues Beobachten erkannt wird, wie die Ausbuchtungen sich nach den Blattadern richten. Beim Zeichnen wird dann die Form des Blattes »aufgebaut«, indem die Richtung der fünf Blattadern beachtet, ihre richtige Länge gefunden und dann die Außengrenze des Blattes verwirklicht wird (vgl. *Reindl* 1997, 3). Während der Entstehung bzw. Vervollständigung einer Zeichnung haben Lernende genügend Zeit zum Beobachten und Mitdenken. Rückfragen können durch Abänderung der Zeichnung, durch Zusatzskizzen oder durch Farbgebung bestimmter Einzelteile geklärt werden. Farben schaffen Übersicht, können helfen zu unterscheiden, zu ordnen und ähnliche Dinge zu sortieren. Das Gefühl und der ästhetische Eindruck sind zwar nicht ganz ausgeklammert, sind aber nachrangig (vgl. *Winkel* 1995, 260). Dies den Lernenden zu vermitteln, ist ein längerfristiger Prozess und bedarf der Geduld der Lehrenden. Anfangs lassen sich beispielsweise Zeichnungen finden, in denen der Lernende sich in die Beobachtung etwas »hineinwünscht«, d. h. Empfindungen und Vorstellungen in die Zeichnung einbringt, die deren sachlichen Wert mindern (vgl. *Horn* 1988, 168).

Zeichnen im Biologieunterricht kann in bestimmten, ausgewählten Lernsituationen aber auch – ausgehend von bereits im Kunstunterricht Erlerntem – zum *bildnerischen Gestalten* der Lernenden führen (vgl. *Unterbruner* 1993, 8). Dabei bauen die Lernenden den Gegenstand zwar nach dessen Form auf, gestalten ihn jedoch zugleich nach ihrer eigenen inneren Formvorstellung. Dabei entsteht eine neue Gestalt, die kein Abklatsch der Wirklichkeit ist (vgl. *Reindl* 1997, 4).

276

Die **Skizze** ist eine Zeichnung, die das Erscheinungsbild des originalen Objekts mehr oder weniger vereinfacht wiedergibt. Sie beschränkt sich auf das Wesentliche und ist »erscheinungsaffin«.

Das **Schema** ist eine zeichnerische Darstellung, die ein vereinfachtes Muster von einem Objekt oder Zusammenhang anschaulich präsentiert. Es umfasst wesentliche Merkmale und ist »merkmalsaffin«. Zweifellos gibt es zwischen Skizze und Schema fließende Übergänge, so dass die Zuordnung einer vorliegenden Darstellung in vielen Fällen schwer fallen dürfte (vgl. Piktogramme bei Hinweisschildern und »ikonische Darstellungen« in Diagrammen).

Das **Symbol** ist ein Bild- oder Schriftzeichen mit verabredeter oder unmittelbar einsehbarer Bedeutung. Es wird zur verkürzten Darstellung eines Begriffs, Objekts oder Sachverhalts verwendet (z. B. Symbole für männlich und weiblich; Baum, Staude, einjährig, mehrjährig). Das Symbol wird als »inaffin« bezeichnet, weil hierbei von der Erscheinungsform und den Merkmalen natürlicher Objekte ganz abgesehen wird und bestimmte Zeichen an deren Stelle treten. Symbole werden häufig in »Diagrammen« und bei der »Mathematisierung« verwendet.

Typen von Zeichnungen

Zeichnen durch die Lehrperson ist auch für »Unterrichtseinstiege« und die »Lernmotivation« bedeutsam. Zeichnungen eignen sich zur Pointierung von Problemen. Spricht die Zeichnung die Lernenden an, so werden sie das Problem leichter erkennen und nach Lösungswegen suchen (vgl. *Winnenburg* 1993, 6).

Zeichnen ist im Biologieunterricht ebenso als ein Mittel der *Evaluation* bedeutsam. An Zeichnungen können Lehrende erkennen, inwieweit die Lernenden Sachverhalte und Zusammenhänge wirklich verarbeitet haben und ein angemessenes Verständnis erreicht wurde (vgl. Beispiele bei *White/Gunstone* 1993, 98 ff.). Bei der Beurteilung von Zeichenleistungen sind die manuellen Fertigkeiten der einzelnen Schüler zu berücksichtigen. Maßgeblich ist die sachliche Richtigkeit der Zeichnung und nicht der ästhetische Eindruck.

In der biologiedidaktischen Forschung wird das Zeichnen auch als ein Mittel zur *Erhebung von Schülervorstellungen* eingesetzt (vgl. *White/Gunstone* 1993; *Holthusen* 2002; 2004).

18.2.3 Zur Durchführung

Die folgenden Regeln gelten vorwiegend für zeichnerische Darstellungen, lassen sich aber größtenteils auch auf grafische Darstellungen übertragen.

Beim Zeichnen von Objekten sollte man nach bekannten Grundformen suchen (z. B. Kreis, Quadrat, Dreieck, Zylinder). Diese geben die Ausgangsform oder Umrisse von Objekten ab. Viele Objekte sind aus verschiedenen Grundformen zusammengesetzt. Der erste Entwurf wird am besten mit sehr feinen **Bild 18-1** ◄ Strichen und Hilfslinien angelegt. So kann viel einfacher korrigiert werden.

Das biologische *Zeichnen der Lernenden* muss regelrecht geübt werden. Es sollte angestrebt werden, dass bereits während ihrer Grundschulzeit Techniken wie Zeichnen und Malen zum Themenbereich Umwelt und Natur kennen gelernt und eingeübt werden (vgl. *Faust-Siehl* u. a. 1996, 95 f.). Man kann so vorgehen, dass zunächst alle Lernenden ein Objekt beobachten und Skizzen anfertigen. In einem zweiten Schritt übertragen mehrere Lernende ihre Skizzen auf Folien oder die Wandtafel. Diese Zeichnungen werden gemeinsam verglichen und beurteilt. Anhand gelungener Zeichnungen erfolgt eine ausführliche Besprechung. Nach einigen Übungen kann dann zum direkten freien Zeichnen nach dem Objekt übergegangen werden.

Wie diese Vorgehensweise ist auch der Schwierigkeitsgrad der Zeichenaufgaben den wachsenden Fähigkeiten der Lernenden anzupassen. Begonnen werden sollte mit dem Zeichnen flacher Gebilde wie Blätter, Blattstellungen und Federn. Auch Körperteile, die weniger flach sind, sich aber weitgehend in einer Ebene erstrecken, sind anfangs geeignete Objekte. Schwieriger ist das Darstellen von Schnitten durch Objekte, weil hier bereits ein höherer Grad der Abstraktion erforderlich ist. Hier sollte von Längsschnitten (z. B. Zahn, Blüte) zu Querschnitten (z. B. Blütendiagramm) übergegangen werden.

Besondere Sorgfalt sollte – unter Anwendung spezieller Methoden – auf das Üben des Zeichnens mikroskopisch kleiner Objekte verwendet werden (vgl. *Siedentop* 1972, 77 f.; *Poenicke* 1979; *Gropengießer* 1987).

Weitere Möglichkeiten des Zeichnens im Biologieunterricht sind das *Abzeichnen*, das Übertragen und das Durchzeichnen (Pausen). Das Abzeichnen nach Vorlagen kann für Übungen im Zeichnen bedeutsam sein oder auch bei der Freilandarbeit, z. B. Abzeichnen von geschützten Arten (Pflanze, Raupe),

Bild 18-1: Beispiele für Zeichnen mit Hilfslinien (aus *Baer/Grönke* 1981, 289)

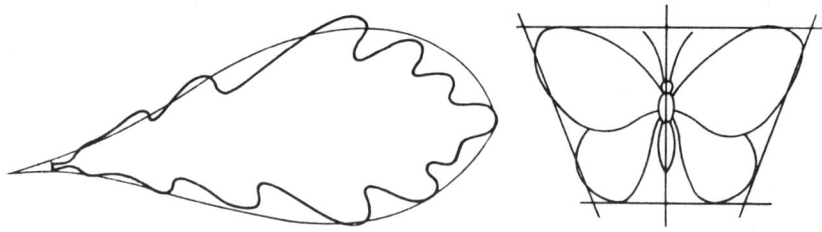

Zeichnungen sollen:

- ■ eher zu groß als zu klein sein;
- ■ nur mit Bleistift ausgeführt werden, um ein Korrigieren zu ermöglichen;
- ■ stets mit einer Überschrift oder Unterschrift versehen werden;
- ■ in der Regel Größenangaben enthalten, aus denen die Originalgröße der gezeichneten Objekte zu ersehen ist;
- ■ beschriftet werden. Die Fachwörter werden auf Hinweisstriche geschrieben, so dass ein Schriftblock entsteht. Hinweisstriche sollten gerade sein, möglichst horizontal verlaufen, sich nicht überschneiden und keine Pfeilspitze aufweisen (Pfeile werden in Diagrammen allein zur Kennzeichnung von Strömen und Relationen verwendet). Bei umfangreicher Beschriftung, die über die Zeichnung dominieren würde, werden an die Hinweisstriche nur Zahlen oder Buchstaben geschrieben und diese in einer Legende erläutert;
- ■ nur dann farbig sein, wenn Farben die Form besser zur Geltung bringen, auf Wesentliches aufmerksam machen, einander entsprechende Strukturen besser unterschieden werden sollen oder Farben eine symbolische Bedeutung gegeben wird (z. B. rot – sauerstoffreiches, blau – sauerstoffarmes Blut).

▶ Tabelle 24-1

die nicht entfernt werden dürfen. Das Übertragen als eine Technik des genauen Kopierens und Veränderns der Größe mit Hilfe eines einfachen Netzrasters (vgl. *Deacon* 1992, 7) kann z. B. bei ökologischen und vegetationskundlichen Arbeiten bedeutsam sein. Das Durchzeichnen kann sinnvoll sein beim Erfassen von Oberflächenstrukturen verschiedener Naturobjekte, z. B. Rindenstrukturen verschiedener Baumarten. Allerdings sollte bei diesen Arten des Zeichnens sowie beim farbigen Ausmalen einer vorgegebenen Skizze (schon wegen des Zeitaufwands) grundsätzlich sehr sparsam umgegangen werden.

Für das Zeichnen der Lehrenden gelten viele der oben genannten Regeln sinngemäß (vgl. *Wohlfahrt* 1974; *Lisse* 1974; *Bauer* 1976; 1981). Für die Erstellung von *Tafelzeichnungen* wird von *Wolfram Winnenburg* (1993, 6 ff.) aus wahrnehmungspsychologischer Sicht auf »Gesetze des Sehens« hingewiesen, deren Beachtung auch bei Folien Lernprozesse fördert:

- ■ »Figur-Kontrast-Unterschied«: Die Konturen einer Figur sollten betont werden, so dass diese sich deutlich vom Untergrund abheben. Bei Farbgebungen ist auf den Kontrast zum Tafeluntergrund zu achten.
- ■ »Nähe«: Zusammengehörende Dinge sollten nebeneinander in der Tafelzeichnung angeordnet werden.

▪ »Gleichartigkeit oder Ähnlichkeit«: In der Tafelzeichnung sollten gleiche oder ähnliche Dinge hinsichtlich ihrer Eigenschaften wie z. B. Größe, Farbe, Strukturierung übereinstimmen oder ähnlich symbolisiert werden.

▪ »Einfachheit«: Je einfacher eine Zeichnung angelegt ist, desto wirksamer ist sie.

▪ »Symmetrie«: In Zeichnungen sollten Symmetrien (z. B. bilaterale Symmetrie – Spiegelung; rotative Symmetrie – Drehung; translative Symmetrie – Verschiebung; ornamentale Symmetrie – ebene Bewegung) herausgearbeitet werden, da diese sich besonders gut einprägen (s. hierzu auch *Wille* 1986; *Hahn* 1995; *Sitte* 1997).

▪ »Dynamik«: Die Leserichtung erfolgt im europäischen Kulturkreis, durch die lateinische Schrift geprägt, auch bei bildlichen Darstellungen von links nach rechts. Dies ist beim Anfertigen, beim Beschriften sowie bei der Interpretation der Zeichnungen und des Tafelbildes zu beachten.

22.3 ◄
27.3 ◄
Tafelzeichnungen haben durch Transparente und Computerpräsentationen an Bedeutung verloren. Man sollte aber auf sie nicht verzichten, wenn Sachverhalte gemeinsam mit den Lernenden schrittweise veranschaulicht werden und längere Zeit vor Augen stehen sollen.

18.3 Mathematisieren

18.3.1 Zu Begriff, Sinn und Bedeutung

Mathematisieren besteht im Biologieunterricht darin, biologische Aussagen in mathematische »Sprache« zu übersetzen, wobei drei Formen zu unterschei-
27 ◄ den sind.

Die Lernenden sind Mathematisierungen aus dem Physik- und Chemieunterricht gewohnt. Im Biologieunterricht sollte die Mathematisierung aufgrund der besonderen methodischen Voraussetzungen der Biologie weder im gleichen Ausmaß noch in derselben Weise durchgeführt werden wie im Physik- und Chemieunterricht. Sie hat jedoch auch hier den Sinn, die Aussagen auszuschärfen und damit den Lernenden schrittweise nahe zu bringen. Dies führt zu größerer Präzision und Eindeutigkeit der Aussagen und erlaubt die Durchdringung schwer erfassbarer Zusammenhänge, die in der nicht immer eindeutigen Alltagsprache lange Satzfolgen erfordern würden (vgl. *Murawski/Bedürftig* 1995, 3; *Schönwald* 1996, 259; *Berck/Graf* 2003, 59).

Die »Modellierung« biologischer Sachverhalte (vgl. *Krainer/Wallner* 1995; *Reck* 1997 a) ist auch für die Entwicklung der Sprachkompetenz bedeutsam (vgl. *Schaefer* 1997, 42). Dabei ist die Darstellung von biologischen Sachverhalten zunächst aus der Alltagssprache in die Fachsprache der Biologie und

Formalisierung der Aussagen: Mathematische Formalisierung beruht auf einem eindeutigen Symbolsystem. Dazu gehören auch die entsprechenden Darstellungen mit Symbolen in Diagrammen.

Quantifizierung der Aussagen: Darstellung quantitativ erfassbarer Gesetzmäßigkeiten in Zahlen und Größensystemen, Anwendung von Rechenverfahren.

Mathematische Modellierung: Übersetzung eines umgangsprachlich formulierten Denkmodells in ein mathematisches Modell. Das Modell kann einschließlich der auf der mathematischen Ebene erhaltenen Ergebnisse auf die Problemsituation rückbezogen werden.

Formen der Mathematisierung

▶ 27.2.2

dann in die Formalsprache der Mathematik zu übersetzen, die als Metasprache für alle Fachsprachen verstanden wird (vgl. Stellungnahme … 1996, 40 f.). Auch bei der Rückinterpretation der Ergebnisse in die Alltagssprache sind sprachliche Leistungen zu erbringen.

■ Mathematisierung sollte auf diejenigen biologischen Bereiche beschränkt bleiben, in denen sie das Verständnis der Sachverhalte erleichtert, ohne den Blick auf andere Sichtweisen und Darstellungsmöglichkeiten zu verbauen (vgl. *Bantje* 1979; *Weninger* 1981; *Meyer, G.* 1988, *Reck* 1997 a).

18.3.2 Durchführung im Unterricht, Beispiele

Grundlegend für eine sachliche und didaktisch angemessene Mathematisierung sind u. a. die Verwendung sinnvoller Zahlenangaben (vgl. *Hesse* 2005) und die Hinführung der Schüler zu einer exakten Formalisierung (vgl. *Weninger* 1981). Letzteres gilt auch in jenen Bereichen, in denen eine Mathematisierung üblich ist, aber meist in unbefriedigender Weise und missverständlicher Symbolisierung durchgeführt wird. Was bei der genauen Formulierung der Hardy-Weinberg-Formel auf den ersten Blick wie ein übertriebener Formalismus aussehen mag, ist in Wirklichkeit die Voraussetzung für eine exakte und klare Einsicht in das Modell der erbkonstanten Bevölkerung, das durch die Formel beschrieben wird.

Mathematische Modelle sind als Denkmodelle für die »Modellierung« durch die Schüler und für das Arbeiten mit »Modellen« bedeutsam. Die von der verwendeten Theorie bestimmten Eigenschaften von Modellen sind beim mathematischen Modellieren besonders klar erkennbar. Die mathematische Modellierung erlaubt nicht nur Prognosen über das zukünftige Verhalten eines Biosystems, sondern kann auch tiefere Einsichten in wesentliche Systemzusammenhänge vermitteln. Zusammen mit der Simulation im Computer er-

▶ 23

Exakte
Formalisierung
(Weninger 1981,
159 f.)

Die übliche Form der **Hardy-Weinberg-Formel**

$AA : Aa : aa = p^2 : 2pq : q^2$

ist deshalb unkorrekt, weil im ersten Teil nicht Erbanlagenpaare, sondern deren Anzahlen gemeint sind. Anzahlen werden durch den Buchstaben »N« gekennzeichnet, die Erbanlagenpaare müssen daher im Index stehen:

$N (AA) : N (Aa) : N (aa) = p^2 : 2pq : q^2$.

Berücksichtigt man, dass nur die fortpflanzungsfähigen (ff) erwachsenen (adulten, ad) Individuen erfasst werden dürfen, so erhält die Formel die mathematisch korrekte Form:

$N(\text{ff ad, } AA): N(\text{ff, ad, } Aa) : N(\text{ff, ad, } aa) = p^2 : 2pq : q^2$.

27 ◀

öffnen sie ein neuartiges Lern- und Experimentierfeld im Biologieunterricht (vgl. *Pfligersdorffer* 1997; *Reck* 1997 a; b).

Eine mathematische Behandlung bietet sich bei den folgenden biologischen *Themen* besonders an:

▪ *Größenvorstellungen* sollten anschaulich gemacht und die Zuordnung u. a. beim Mikroskopieren geübt werden (vgl. *Morrison/Morrison* 1988; *Vornholz* 1999; *Tille* 2000).

▪ Der Umgang mit *Größen-Verhältnissen* wie Blattstellungen, Mischungsverhältnissen (Kochrezepte, Lösungen), Springleistungen (Verhältnis Sprungweite zu Körperlänge), Lauf-, Schwimm- und Flugleistungen (z. B. 20 m in 3 s) lässt sich im Unterricht als Anbahnung funktionalen Denkens verstehen und nutzen. »Verhältnisse« werden sowohl alltäglich als auch mathematisch in zwei Funktionen gebraucht: als Proportionalitätskonstanten und als gestalterische Beschreibungsmittel (*Führer* 2004, 46 f).

▪ Zum Thema Schichtung des Waldes kann die *Höhenbestimmung* von Bäumen mit Hilfe der Strahlensätze durchgeführt werden (Lattenpeilung, vgl. *Zender* 1997, 49; *Beuthan* 1996; selbst gebauter Quadrant, vgl. *Denke* 2004; gleichschenklig-rechtwinkliges Messdreieck, vgl. *Vollath* 2004).

▪ Bereits auf der Sekundarstufe I kann das Prinzip der *Oberflächenvergrößerung* mit einfachen mathematischen Methoden (z. B. Zerschneiden eines Würfels, Berechnung der Oberflächen) veranschaulicht werden (vgl. *Siedentop* 1972; *Tille* 1996; 1997). Die mathematische Bestätigung ist hier auch deshalb angebracht, weil es sich bei der Oberflächenvermehrung um ein bei den Organismen vielfach vorzufindendes Prinzip handelt (Dünndarm, Lunge, Kiemen, Niere, Leber, Kapillarnetze, Chloroplasten usw.).

▪ Schon auf der Sekundarstufe I sollte (ohne mathematische Ableitung) ein Verständnis für *Normalverteilung* und Interpretation der gaußschen Glockenkurve erreicht werden, um die Variabilität quantitativ erfassbarer

Merkmale in Populationen beschreiben zu können. Auf der Sekundarstufe II können weitere biometrische Methoden angewandt werden (vgl. *Stengel* 1975; *Strick* 1983; *Meyer, G.* 1988).

■ In der Sekundarstufe I und II sind die Zahlenverhältnisse der *Kombinatorik* bei der Anwendung der »Mendelschen Regeln« von Bedeutung (vgl. *Heiligmann* 1978). In der Sekundarstufe II ist besonders eine mathematische Ableitung und Anwendung der »Hardy-Weinberg-Formel« sinnvoll (vgl. *Schrooten* 1978; *Weninger* 1981). Nach der Ableitung kann das Hardy-Weinberg-Dreieck als Nomogramm eingeführt und zur weiteren Interpretation genutzt werden (vgl. *Knievel* 1983). Diese Kenntnisse sind dann Voraussetzung dafür, auch Heterozygotenvorteil und Fragen zur populationsgenetischen Wirksamkeit von eugenischen Programmen angemessen zu behandeln (vgl. *Kattmann* 1991 c). Bei komplexen Simulationen ist bei diesen Themen der Computer einzusetzen.   ▶ 27

■ Zum angemessenen Verständnis von *Wachstumsprozessen* sollten in der Sekundarstufe II die zugrunde liegenden mathematischen Funktionen behandelt werden (vgl. *Harbeck* 1976; *Winter* 1994). Dies gilt sowohl für das Wachstum von Organismen und die dort zu beobachtende Allometrie wie auch für Bevölkerungswachstum und »Populationsdynamik« (vgl. *Opitz* 1996; *Knauer* 1997; *Reck/Franck* 1997 a; b; *Reck/Wielandt* 1997).

■ Bei *ökologischen Themen* können weitere Sachverhalte mit den Mitteln der Mathematik erarbeitet werden, z. B. Wasseraufnahmefähigkeit des Bodens und Versiegelung, Begradigung von Flüssen und deren Auswirkungen, Waldschadensstatistik, Ozonalarm, Kohlenstoffdioxid-Gehalt der Atmosphäre (vgl. *Klimmek* 1996; *Winter* 1996; *Böhm* 1996; *Volk* 2004), Vermessung eines Sees als Grundlage für die Erstellung einer Karte und eines See-Modells (vgl. *Heidenreich* 2004).

■ Bei der Behandlung von infektiösen Krankheiten bei Menschen und Tieren kann Mathematisieren in Form der *Modellierung von Epidemien* (z. B. Grippe, BSE) zum Verständnis der Dynamik des epidemischen Verlaufs beitragen (vgl. *Reck* 2000; *Nowak/Kühleitner* 2003).

■ In der *Verhaltenslehre* können spieltheoretische Modelle zum Verständnis von Verhaltensstrategien beitragen (vgl. *Maier* 1994).

■ Prozesse und Ergebnisse der *Musterbildung bei Organismen* können einfach mathematisch modelliert werden (vgl. *Reck/Spindler* 1998). Auch wenn die mathematischen Grundlagen nur teilweise zu vermitteln sind, können auch die Konzepte der Fraktale und des kreativen Chaos hier zu einem Verständnis beitragen (vgl. *Schlichting* 1992; 1994; *Reck/Miltenberger* 1996; *Reck* 1997 b; *Komorek/Duit/Schnegelberger* 1998).

19 Sammeln und Ausstellen

Lernende, die zielgerichtet sammeln und ausstellen, entwickeln Interesse an Biologie und erfahren Kompetenzzuwachs vor allem hinsichtlich des Wissens und bestimmter, meist biologischer Arbeitsweisen. Mit dem Beobachten und Vergleichen beim Sammeln wie auch in Verbindung mit dem Bestimmen und Ordnen werden die Artenkenntnisse gefördert. Das Sammeln biologischer Objekte durch die Lernenden sollte von der Lehrkraft unterstützt werden, indem das gesammelte Material mehrfach sowie methodisch vielfältig in den Unterricht einbezogen und möglichst auch ausgestellt wird. Der Sammeleifer vieler Lernender muss mit Hinweisen auf die Naturschutzbestimmungen und auf themengebundenes Sammeln angeleitet werden.
Wichtige erschließende Begriffe: Ästhetik, Artenkenntnisse, Eigentätigkeit, Interessen, Kompetenzen, Naturschutz, Vergleichen
Bearbeitet von *Karl-Heinz Gehlhaar*

19.1 Zu den Begriffen

Das Zusammentragen von Gegenständen wird lebensweltlich als *Sammeln* bezeichnet. In Wissenschaft und Unterricht geht es um das systematische Suchen, Beschaffen und Aufbewahren einer abgrenzbaren Gruppe von Objekten oder Informationen. Wichtig sind Auswählen und Ordnen des Sammelgutes nach bestimmten Kriterien. Geordnete und kommentierte Sammlungen, die anderen Menschen zugänglich gemacht werden, heißen Ausstellungen.

Sammeln und *Ausstellen* sind Tätigkeiten, die dann eng aufeinander bezogen sind, wenn das Sammeln als Vorbereitung für eine Ausstellung dient. Aber auch die Ergebnisse von Projekten und Exkursionen können in Ausstellungen evaluiert und öffentlichkeitswirksam präsentiert werden.

Dieser Abschnitt ist dem Sammeln und Ausstellen durch Lernende gewidmet. Die Biologiesammlung in der Schule dient vor allem Lehrzwecken.

28 ◀

19.2 Sinn und Bedeutung

Das *Sammeln* ist eine grundlegende biologische Arbeitsweise. Durch das Suchen von Naturobjekten, das genaue Beobachten, Vergleichen, Bestimmen und Ordnen werden manuelle und geistige Fähigkeiten der Lernenden gefördert. Sammeln ermöglicht ein Einleben in den Formenschatz der Natur, erweitert die Artenkenntnis und bahnt ein Verständnis für Ordnungsprinzipien und systematische Zusammenhänge an. Die Lernenden gewinnen zu den von ihnen gesammelten Objekten ein persönliches Verhältnis, da jedes einzelne Stück etwas Besonderes darstellt und ihre Funde oft mit Erlebnissen verknüpft

Eine von Lernenden gestaltete Ausstellung kann

- die Motivation fördern, indem sie das Interesse der Lernenden an den Unterrichtsinhalten weckt.
- der Unterrichtsvorbereitung dienen, indem sie bestimmte Probleme aufwirft.
- der Wiederholung dienen, indem die im Unterricht verwendeten Gegenstände für ein längeres und intensiveres Betrachten für einige Zeit zur Verfügung gestellt werden.
- der Evaluation eines Lerninhalts oder einer Unterrichtsphase dienen, besonders eines Projektes.
- für die Wiederholung und Vertiefung des Gelernten bedeutsam sein.
- den Unterricht ergänzen, indem zusätzliche Objekte gezeigt und dadurch Transferleistungen gefördert werden.

Aufgaben einer Ausstellung

sind. Über die *Förderung biologischer Arbeitsweisen* hinaus werden auch allgemeine *Persönlichkeitseigenschaften* gestärkt, wie Aufmerksamkeit, Ordnungssinn, Ausdauer, Gewissenhaftigkeit, Sachlichkeit und Urteilsfähigkeit. Im Normalfall legen Lernende eine Sammlung für sich selbst an und oft stellen sie besonders schöne Sammlungsstücke in ihrem eigenen Zimmer aus.

Der wesentliche Wert des Ausstellens liegt in der aktiven Mitwirkung der Lernenden an der Gestaltung einer Ausstellung. Dadurch wird das Interesse am Biologieunterricht gefördert. Durch den regelmäßigen Umgang mit den Ausstellungsobjekten können auch ein Wissenszuwachs und die Festigung des Gelernten erreicht werden (vgl. *Sturm* 1972; *Grupe* 1977, 280; *Forster* 1978). Neben den beim Sammeln bereits geübten Arbeitsweisen wird gelernt, Ausstellungen zu planen und zu gestalten. Dabei spielen ästhetische Aspekte eine wichtige Rolle. Die Lernenden sollten die Ausstellung inhaltlich und von der Darstellung her so gestalten, dass jeder Betrachter das Anliegen versteht. Bei der Gestaltung einer Ausstellung verfolgen Lehrende und Lernende ein gemeinsames Ziel. Dabei ist gegenseitige Hilfe nötig. Durch die Zusammenarbeit wird das persönliche Kennen lernen in besonderer Weise gefördert.

19.3 Zur Durchführung, Beispiele

19.3.1 Praxis des Sammelns

Das Interesse der Lernenden am Sammeln sollte für Lernprozesse im Biologieunterricht genutzt werden. Das wird nur dann voll gelingen, wenn die Lernenden erkennen, dass ihre Sammeltätigkeit geschätzt wird. Deshalb wird

285

Hinweise zum Sammeln

Die **Wahl der Sammelobjekte** richtet sich nach den Interessen der Lernenden und nach den didaktischen Absichten der Lehrkraft, vor allem dann, wenn gezielt auf eine bestimmte Ausstellungsform hin gesammelt wird.

Wesentlich für den Erfolg der Sammeltätigkeit ist die Berücksichtigung der **Naturräume** und **Jahreszeiten**.

Für eine Dauersammlung sollten nur **leicht zu bearbeitende Objekte** gesammelt werden. Pflanzen und Pflanzenteile sind frisch in eine Pflanzenpresse einzulegen und nach dem Trocknen sorgfältig aufzubewahren. Skelettteile werden von Fleischresten, Vogelnester und Gewölle vor der Einordnung in die Sammlung von Milben und Insekten befreit.

17.5.4 ◄
22.1 ◄

Bei der Präparation, Konservierung und Desinfektion von zoologischen Objekten sind die **Sicherheitsbestimmungen** einzuhalten.

Bei allen Sammlungsobjekten sind genaue und möglichst vollständige **Angaben** wichtig, wie der Name des Objektes, eventuell die Zugehörigkeit zu einer taxonomischen Gruppe (Familie, Ordnung) oder zu einer Lebensgemeinschaft, Funddatum und Fundort.

17.5.4 ◄
22.1 ◄

Die Lernenden sollten auf keinen Fall zum Töten von Tieren angeregt werden (z. B. keine lebenden Schnecken, sondern nur leere Schneckenhäuser sammeln). Geschützte Pflanzen und Tiere dürfen nicht gesammelt werden. **Naturschutzbestimmungen** sind unbedingt zu beachten.

Wollen Lernende eine **private Sammlung** anlegen, sollte man sie dazu anhalten, nicht wahllos zu sammeln, sondern sich auf ein Gebiet (z. B. Schnecken oder Muscheln oder Zapfen oder Früchte) zu spezialisieren.

im Unterricht genügend Zeit zur Verfügung gestellt, sodass von Lernenden mitgebrachte Gegenstände betrachtet, besprochen und eventuell auch ausgestellt werden können (vgl. *Siedentop/Flindt* 1978).

Einige biologische Themen sind für Sammlungen besonders geeignet:

- Morphologische und systematische Sammlungen: Blütenpflanzen, Blattformen und Algen als Herbarien, Zweige und Knospen, Samen und Früchte, Zapfen, Borkenstücke, Holzschliffe, Pilze (Exsikkate), Moose, Flechten; Schädel von Schlachttieren, Schneckengehäuse, Muschelschalen.
- Ökologische Sammlungen: Pflanzen mit Insekten- oder Windbestäubung, Frühblüher, Schutt-, Wiesen- und Waldpflanzen; Ackerwildkräuter, Wasser-, Feuchtland- und Trockenlandpflanzen; Objekte mit Fraßspuren von Nagetieren oder Insekten; Gewölle; Bioindikatoren.

- Geologisch-paläontologisch-bodenkundliche Sammlungen: Fossilien, Gesteinsarten, Bodentypen.
- Aktuell-thematische Sammlungen: Zeitungsberichte, Abbildungen, Fotos, Fallstudien; statistische Angaben zu aktuellen Themen.

19.3.2 Gestaltung von Ausstellungen

Beim Ausstellen wird in der *Planungsphase* das Thema erarbeitet, und es werden Überlegungen angestellt, mit welcher Zielstellung, für welchen Personenkreis, an welchem Ausstellungsort, für welchen Zeitraum und mit welchen Mitteln die Ausstellung vorbereitet werden soll.

Als oberster Grundsatz für eine Ausstellung gilt: *Beschränkung statt Fülle.* Das *Thema der Ausstellung* muss durch eine entsprechend große und prägnante Überschrift deutlich sichtbar sein. Die Objekte sind sorgfältig zu beschriften. Es empfiehlt sich, ein Objekt als Blickfang aufzustellen, das durch Farbe, Form, Größe oder Beliebtheit das Interesse auf sich zieht. Auch die vergleichende Gegenüberstellung von Objekten kann einen solchen Anziehungspunkt bilden. Es sollte eine klare *Gliederung* der Ausstellung erkennbar sein. Unterschiedliche Schriftfarben oder Hintergrundfarben können Hinweise für zusammengehörige Teile geben. Von Lernenden erstellte Zeichnungen und Informationstexte können die Aussagen der Exponate verdeutlichen (vgl. *Borsum* 1987, 44; *Meyer* 1994).

Die *Dauer* einer Ausstellung hängt vor allem vom *Ziel* und von der Wahl der Objekte ab. So sollte beispielsweise eine Wechselausstellung den Schülern Gelegenheit geben, die Objekte mehrmals in Ruhe anzuschauen. Dazu ist eine *Dauer* von etwa vier bis sechs Wochen angebracht. Wenn die Ausstellung länger dauert, haben sich die Lernenden an sie gewöhnt, und das Interesse lässt nach. Die folgenden Formen von Ausstellungen lassen sich unterscheiden:

- *Kurzzeitausstellungen:* kleinere, zeitlich begrenzte, oft regelmäßig wechselnde Ausstellungen zu einem meist eng begrenzten Thema, z. B. »Kennübungen« für Pflanzen auf einem Pflanzentisch (Formenkenntnis), »Luftverschmutzung« mit geschädigten Zweigen von Bäumen und Sträuchern, Flechtenbewuchs, Fotos, Graphiken (Umwelterziehung), »Pilzexkursionen« (Formenkenntnis).

- *Langzeitausstellungen:* längere Zeit bestehende Ausstellungen zur Pflege und zum Beobachten von Tieren, z. B. Aquarium mit einheimischen Fischarten, Insektarium mit Stabschrecken, Terrarium mit Leopardgecko.

- *Sonderausstellungen:* kleinere Ausstellungen zur Bearbeitung sowie zu den Ergebnissen bestimmter Themen in Arbeitsgemeinschaften und Projekten, z. B. Schutz einheimischer Lurche, Anlegen eines Waldlehrpfades.

- *große Ausstellungen:* Ausstellungen in mehreren Räumen zu verschiedenen Themen zur Information der Öffentlichkeit über die biologische Arbeit an der

Ausstellungsthemen

Pflanzen und Pilze als Lebend- oder Herbarmaterial: systematische Aspekte (z. B. Pflanzenfamilien) oder ökologische Aspekte (z. B. Standortbedingungen, Zeigerarten) oder ästhetische Aspekte (z. B. Formen und Farben bei Pflanzen und Tieren)

Tiermonographien, Tiergruppen: Maulwurf, Hecht, Spechte, Insekten

Angepasstheit bei Tieren und Pflanzen: Land-, Flug- und Wassertiere

Lebensgemeinschaften bzw. Ökosysteme: Wiese, Acker, Wald, Hecke, Gewässer

Vivarien: Kleinsäuger, Fische, Amphibien, Reptilien, Insekten, Krebse

Artenschutz: Nistkastenaktion, Winterfütterung, geschützte Pflanzen und Tiere, Untersuchung eines Ökosystems

Umweltschutz: Luftreinhaltung, Gewässerschutz, Bodenschutz, Regenwald

Menschenkunde: Sehvorgang, Atmung, Verdauung, gesunde Ernährung

Gesundheitserziehung: Gefährdung durch Drogen, Herzinfarkt, AIDS

Schule, z. B. »Unsere Schule – eine umweltgerechte Schule«, »Trinkwasser – der Weg vom Gewässer zum Haushalt, ins Klärwerk, in den Vorfluter«.

Der *Ort der Ausstellung* richtet sich nach dem Kreis der Adressaten. Ist die Ausstellung nur für eine kleinere Gruppe gedacht, so wird sie im Klassenzimmer aufgebaut. Soll sie für die ganze Schule bedeutsam werden, so wird man sie vor dem Fachraum aufbauen. Noch besser ist eine zentrale Aufstellung in der Eingangshalle. Auch in Kleinbehältern können beispielsweise Ausstellungsstücke attraktiv gestaltet werden (vgl. *Nottbohm* 1996).

Für die *Unterbringung der Exponate* gibt es verschiedene Möglichkeiten. *Vitrinen* sind meist für eine Betrachtung der Exponate von mehreren Seiten gedacht. Dazu eignen sich besonders manche Präparate und räumliche Modelle. Das Anbringen von größeren Texten ist dort nicht so günstig. *Schaukästen* mit Glasschiebetüren sind für die Betrachtung von einer Seite zugänglich. Die Kombination eines *Tisches mit einer Korkstecktafel* bietet vielfältige Möglichkeiten der Ausstellung von botanischen und zoologischen Objekten. Von Vorteil ist, dass die gezeigten Gegenstände von verschiedenen Seiten betrachtet und auch sehr verschiedene Unterrichtsmittel verwendet werden können. Lebende Objekte sollten leicht zu versorgen sein. Nachtei-

Medien	Beispiele/Anmerkungen
Lebende Pflanzen	Topfpflanzen, Schnittpflanzen/übersichtlich beschriften, bei längerer Ausstellungsdauer regelmäßig auswechseln
Lebende Tiere	Fische, Lurche, Kleinsäuger, Insekten/bei sachgemäßer Unterbringung und sorgfältiger Pflege hoher Ausstellungswert
Experimente	Keimversuche, Wasserleitung und Transpiration bei Pflanzen, Photosynthese/Beschriftung und evtl. Protokolle erforderlich
Präparate Trockenpräparate Flüssigkeitspräparate Kunstharzeinschlüsse	Herbarbögen, Skelette, Insekten/sicher unter Glas oder in Vitrinen, Glaskästen unterbringen; Entwicklungsstadien innerer Organe/bruchsicher in Vitrinen unterbringen, gegen Entwendung sichern
Modelle statische Modelle dynamische Modelle	Morphologie: Blütenmodelle, DNA-Modelle Funktionen: Kiemenmodelle, Atmungsmodelle
Bilder	Fotos, Kunstwerke, Diagramme, Tabellen/Mindestgröße, Farben, bei Texten Schriftgröße, Lesbarkeit und Länge beachten

Tabelle 19-1: Die Eignung verschiedener Medien für Ausstellungen (nach *Forster* 1978, 74, verändert)

lig ist, dass diese dann vor dem Anfassen nicht geschützt sind. Deshalb ist es ratsam, bei empfindlichen Lebewesen ein Hinweisschild anzubringen oder einen geschlossenen Extrabehälter zu verwenden. (vgl. *Linder* 1950, *Witte* 1967, 143ff.; *Sturm* 1972, 220; *Gleisl* 1978, 244).

Unterrichtsmedien

20 Vielfalt und Funktionen von Unterrichtsmedien

Unterrichtsmedien sind Hilfsmittel beim Lernen und Lehren, die zur Veranschaulichung und Information dienen. Ihr Einsatz erfordert Methodenentscheidungen, um aus der Vielfalt der Medien auszuwählen und das ausgewählte Medium zielorientiert einzusetzen. »Unterrichtsmedien sind 'tiefgefrorene' Ziel-, Inhalts- und Methodenentscheidungen. Sie müssen im Unterricht durch das methodische Handeln von Lehrern und Schülern wieder 'aufgetaut' werden« (*Hilbert Meyer*).
Wichtige erschließende Begriffe: Abstraktion, Primärerfahrung, Sekundärerfahrung, Abbildung
Bearbeitet von *Ulrich Kattmann*

20.1 Zum Begriff, Einteilungen

Man unterscheidet zwischen Massenmedien, z. B. Zeitung, Rundfunk, Fernsehen und *Unterrichtsmedien*. Letztere sind Lehr- und Lernmittel, d. h. sie vermitteln Informationen, die im Unterricht für die Lehr- und Lernprozesse relevant sind wie z. B. Schulbuch, Arbeitstransparent, Wandbild. Im Bereich der Mediendidaktik wird der Terminus »Medium« mit unterschiedlichem Umfang verwendet (vgl. *Staeck* 1980, 7; *Knoll* 1981, 1; *Hedewig* 1993 a). Die meisten Biologiedidaktiker betrachten Lehrende und Lernende nicht als Medien, sondern als eigenständige Elemente des Unterrichts (vgl. *Staeck* 1980, 26; *Knoll* 1981). Lehrende und Lernende werden im Folgenden nicht zu den Medien gerechnet.

Medien sind aber zum Teil so komplex, dass eine Systematisierung nach sehr vielen Gesichtspunkten möglich ist. Häufig werden Medien durch diejenigen *Sinne* charakterisiert, die sie ansprechen. Neben dem visuellen Sinn (Gesichtssinn) und dem auditiven Sinn (Gehörsinn) spielen im Biologieunterricht der haptische (taktile Sinn, Tastsinn) und der olfaktorische Sinn (Geruchssinn) sowie der Geschmackssinn eine wichtige Rolle. Die »auditiven Medien« (z. B. Hörfunk, Schallplatten- und Kassettenwiedergabe) werden nur mit dem Gehör, die »visuellen Medien« (z. B. Arbeitstransparent, Dia, Stummfilm) nur mit dem Gesichtssinn erfasst. Es sind »Einkanal-Systeme«. Die »audiovisuellen Medien« (AV-Medien, z. B. Tonbildreihe, Tonfilm, Fernsehen) werden mit zwei Sinnen erfasst: »Zweikanal-Systeme«.

Bedeutsam ist die Unterscheidung von Primär- und Sekundärerfahrung. Von *Primärerfahrung* der Wirklichkeit spricht man, wenn Lernende mit ihren Sinnen unmittelbar oder mittelbar durch Geräte, die die Leistung der Sinnesorgane erweitern (z. B. Lupe, Mikroskop, Mikroprojektion, Fernglas, Stethoskop), mit den Gegenständen in Kontakt treten (vgl. *Bay/Rodi* 1978).

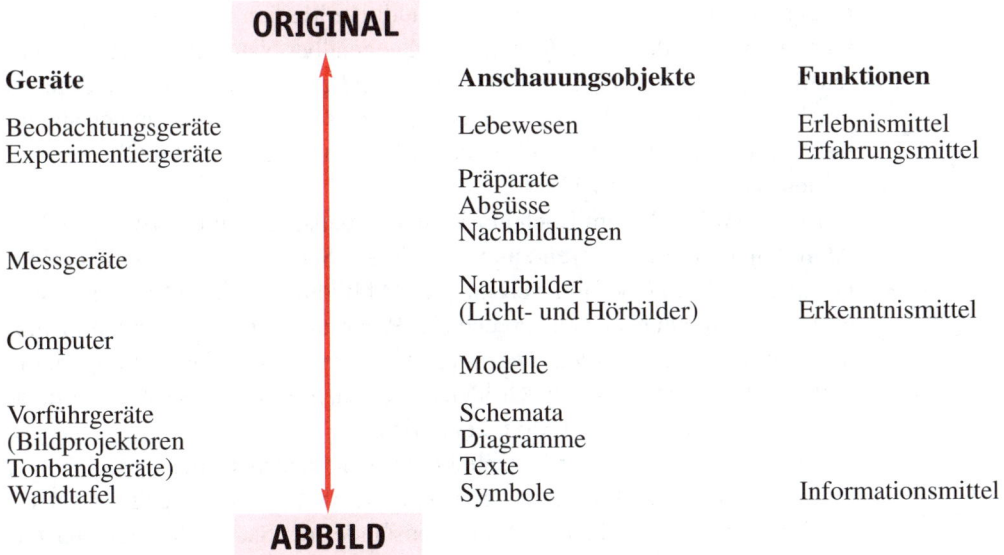

ORIGINAL

Geräte	Anschauungsobjekte	Funktionen
Beobachtungsgeräte Experimentiergeräte	Lebewesen	Erlebnismittel Erfahrungsmittel
	Präparate Abgüsse Nachbildungen	
Messgeräte	Naturbilder (Licht- und Hörbilder)	Erkenntnismittel
Computer	Modelle	
Vorführgeräte (Bildprojektoren Tonbandgeräte) Wandtafel	Schemata Diagramme Texte Symbole	Informationsmittel

ABBILD

Bild 20-1: Medien des Biologieunterrichts, geordnet nach der Stellung zwischen Original und Abbild, vom Konkreten zum Abstrakten

Bei der *Sekundärerfahrung* begegnet man nicht unmittelbar dem Naturgegenstand, sondern Nachbildungen, Bildern, Modellen, Schemata, Texten oder Symbolen. Sekundärerfahrung ist meist eine durch die Art der Vermittlungsinstanz – des Mediums – »gefilterte Erfahrung«. Primär- und Sekundärerfahrungen sind nicht scharf zu trennen, sondern bilden ein spannungsvolles Kontinuum. Dementsprechend lassen sich die Medien in der Spannung zwischen Primärerfahrung mit den »Originalen« und der Sekundärerfahrung mit den »Abbildern« anordnen, was zugleich eine Spannungslinie vom Konkreten zum Abstrakten darstellt. Dieser Spannungslinie lassen sich auch die Geräte zuordnen, mit deren Hilfe Informationen vermittelt werden. ▶ Bild 20-1

Geräte spielen im Biologieunterricht eine wichtige Rolle. »Beobachtungsgeräte« und »Experimentiergeräte« unterstützen die Gewinnung von Primärerfahrungen. Das Experiment selbst ist kein Medium, sondern eine Methode zur Erkenntnisgewinnung. »Vorführgeräte« (hardware, z. B. Diaprojektor, Filmprojektor, Tonkassetten und Videorecorder, Computer) vermitteln über verschiedene Informationsträger (software, z. B. CD, Film, Dia) Sekundärerfahrung. ▶ 17.5

Vielfältig ist der Gebrauch der Termini »Bild« und »Abbild«. *Bild* wird im umgangssprachlichen Sinn für zweidimensionale Darstellungen verwendet. *»Naturbilder«* sind zweidimensionale Momentaufnahmen eines Ausschnittes der Wirklichkeit. Sie lassen die Individualität des Objekts noch erkennen (Fo-

293

tos, naturgetreue Zeichnungen). Auch auditive Medien können dazu gezählt werden (»Hörbilder«). »Schemata« sind gegenüber Naturbildern vereinfachte Bilder, gegebenenfalls Abbildungen, die in Form von graphischen Zeichen und Farbgebung von allen individuellen, nebensächlichen Merkmalen abstrahieren und nur typische, repräsentative, übertragbare Züge des Objekts darstellen (vgl. *Memmert* 1975, 63).

Abbild wird in diesem Buch nur im mathematischen Sinn verwendet, d. h. Abbildungen repräsentieren einen definierten Satz von Eigenschaften eines Originals. »Modelle« sind vereinfachte Abbildungen von Originalen. Mit

23 ◄ Hilfe des Computers und entsprechender Programme können Simulationsmodelle dokumentiert werden. *Diagramme* sind graphische Darstellungen, die mathematische oder logische Größen enthalten. Sie sind insofern vereinfachte Abbildungen und haben Modellcharakter.

Sprache besteht als Unterrichtsmedium in gesprochenen oder geschriebenen *Texten*. Texte haben Bild- und gegebenenfalls Abbild- und Modellcharakter.

»Symbole« sind Zeichen, die für Gegenstände oder Sachverhalte stehen, ohne deren Merkmalen bildlich zu entsprechen, sie sind nicht merkmalsaffin.

18.2.1 ◄ Symbole können Buchstaben (z. B. chemisches Symbol H für Wasserstoff), Zahlen, andere mathematische Zeichen (u. a. +, –, Pfeile), Buchstaben-Zahl-Zeichen-Kombinate (mathematische Formeln, chemische Formeln, Reaktionssymbole) oder Wörter sein.

In »komplexen Medien« werden Naturbilder, Texte und Schemata kombiniert verwendet. So kann man auf Arbeitstransparenten, in Filmen und Lernspielen z. B. Naturgegenstände und Diagramme sowie Texte verwenden. Typisch komplexe Medien sind *Schulbücher* und *Computerprogramme* (z. B. CD-ROM). Ein Kombinat verschiedener Medien wird als »Medienverbundsystem« bezeichnet.

20.2 Sinn und Bedeutung

Medien spielen eine entscheidende Rolle für die Gestaltung des Unterrichts (vgl. *Schulz* 1977, 23, 34 ff.). Sie sind nicht nur schmückendes Beiwerk und Ergänzung, sondern konstitutive Elemente des Unterrichts. Allerdings sollte beachtet werden, dass sich der Medieneinsatz nicht gegenüber anderen Entscheidungen verselbstständigt. »Der Begriff Medium ist eine Theoriefalle. Was im Unterricht als Zweck und Mittel zu betrachten ist, ist eine Frage der Perspektive. ... Medien sind keine 'Selbst-Lehrsysteme', die den Lehrer ersetzen, sondern Lehr- und Lernhilfen, die mit möglichst viel methodischer Phantasie verlebendigt werden müssen« (*Meyer, Hi.* 1993, 36 f.).

Nach der *Funktion im Lernprozess* kann man die Medien ebenfalls in Spannung zwischen Original und Abbild gruppieren. Grundsätzlich sind zwei Gruppen zu unterscheiden (vgl. *Memmert* 1975; *Knoll* 1981):

■ Medien, die den Lernenden neue bzw. differenziertere *Erfahrungen* vermitteln, dienen als »Erlebnis-« und »Erfahrungshilfen« (z. B. lebende Organismen, Naturfilme, Geräte zur Beobachtung).

▶ Bild 20-1

■ Medien, die den Schülern zur Bildung und Festigung einer neuen oder erweiterten Erkenntnis bzw. Theorie verhelfen, sind *»Erkenntnis-« und »Informationshilfen«* (z. B. Modelle, Diagramme, vergleichende Darstellungen). Sie schaffen durch Abstraktion einen emotionalen Abstand zum originalen Objekt bzw. zum aktuellen Problem (distanzierende Funktion); sie isolieren bestimmte Ausschnitte bzw. Aspekte der Wirklichkeit (isolierende Funktion).

Nach der Stellung im Unterricht können vier Anwendungsbereiche von Medien herausgestellt werden: Motivierung, Informationsvermittlung, Erkenntnis- und Problemerschließung, Steuerung der handelnden Auseinandersetzung mit dem Unterrichtsgegenstand (vgl. *Staeck* 1980, 28). Zur Motivation werden am besten Naturobjekte oder kurze Filmszenen verwendet, für die Informationsvermittlung vor allem Präparate, AV-Medien und Texte. Zur Erkenntnis- und Problemerschließung sind Modelle, Schemata, Diagramme und Tabellen besonders wichtig.

Während manche Autoren der originalen Begegnung mit dem Naturobjekt die entscheidende Bedeutung beimessen und den Medien nur eine Ersatzfunktion zuschreiben, sind die meisten der Auffassung, dass bei manchen Fragestellungen allein Medien die angestrebten Zugänge und Erkenntnismöglichkeiten erschließen (vgl. *Memmert* 1975; *Werner, H.* 1973; *Bay/Rodi* 1978). Nicht unterschätzt werden sollte die ästhetische Funktion von Medien (vgl. *Retzlaff-Fürst/Horn* 2000; 2002).

20.3 Der Einsatz von Medien

Bei allen Vorteilen, die Medien für den Erkenntnis- und Lernprozess haben, sollte beachtet werden, dass ihr Einsatz eine Methodenentscheidung ist, bei der bestimmte Vorentscheidungen bereits getroffen wurden: Mit der didaktischen Aufbereitung dieser Medien werden gegenüber der Realität Veränderungen vorgenommen und dadurch Vorleistungen für die Erkenntnisgewinnung erbracht. Anscheinend Unwesentliches wird abgetrennt, anscheinend Wichtiges in der bestmöglichen Perspektive dargestellt. Was in der Natur oft nicht gleichzeitig vorkommt (z. B. Blüten und Früchte, Sommer- und Winterpelz), wird im Medium im nächsten Augenblick gezeigt. Dabei kann ein verfälschtes Bild entstehen: Alles erscheint den Lernenden als wunderbar geordnet und ist doch in der Natur so nicht zu beobachten.

Für den Medieneinsatz gibt es verschiedene Konzeptionen (vgl. *Staeck* 1980):

Kriterien zur Auswahl von Unterrichtsmedien

Welche **Intentionen** werden mit dem Einsatz des Mediums verfolgt?

Welche **Inhalte** können mit dem Medium oder den verschiedenen Medien erarbeitet werden?

Wirksamkeit: Wie wirkt das Medium vermutlich in der kognitiven, pragmatischen und affektiven Dimension im Lernprozess?

Lernvoraussetzungen: Ist das Medium im Abstraktionsgrad der Altersstufe angemessen? Haben die Lernenden ein entsprechendes Vorwissen?

Voraussetzungen bei den Lehrenden: Hat sich die Lehrperson vorher gründlich über den sachlichen Inhalt des Mediums informiert und über dessen Einsatz Gedanken gemacht? Ist sie in der Lage, das Medium auch technisch einwandfrei vorzuführen?

Örtliche und zeitliche Voraussetzungen: Sind die Vorführgeräte und Informationsträger zu beschaffen? Falls z. B. AV-Medien von Bildstellen geholt werden: Ist eine Vorbestellung sinnvoll, da an vielen Schulen dasselbe Thema zur gleichen Zeit behandelt wird? Lohnt sich der Zeit- und Kraftaufwand für die Suche, Beschaffung, Vorführung und Rückgabe der Medien im Verhältnis zum Nutzen im Lehr- und Lernprozess?

Unterrichtsverfahren und -organisation: Wie ist der Einsatz des Mediums vor- und nachzubereiten? In welcher Organisationsform wirkt das Medium am effektivsten?

- *»Enrichment-Modell«:* Die Medien dienen zur Bereicherung oder Illustration eines Unterrichts, der didaktisch nur wenig auf sie zugeschnitten ist.
- *»Kontext-Modell«:* Die Medien werden gezielt als Medienverbundsystem mit entsprechenden Begleitmaterialien für die Lehrkräfte und Arbeitsblättern für die Schüler zur Planung und Durchführung des Unterrichts entwickelt.
- *»Direct-Teaching«:* Die Medien werden im Zusammenhang mit Begleitmaterialien »selbstlehrend«, d. h. für das Eigenstudium, konzipiert. Die Lehrperson wird entbehrlich (z. B. Fernstudien-, Funkkollegmaterialien, Lehrprogramme).

20.4 Zur Effektivität von Unterrichtsmedien

Eine pauschale Fragestellung, welches Medium besser wirke als ein anderes, ist angesichts der unterschiedlichen Funktion von Unterrichtsmedien und unterschiedlichen Schwächen und Stärken didaktisch kaum sinnvoll. Die Ergebnisse von Medien-Vergleichs-Untersuchungen differieren schon aus diesem Grunde erheblich. Besonders unterschiedlich ist der Effekt des Einsatzes von lebenden Organismen gegenüber verschiedenen anderen Medien.

Die umfangreichste Vergleichs-Untersuchung führte *Lothar Staeck* (1980) durch. Er verglich in verschiedenen, nach denselben Lernzielen aufgebauten Unterrichtsvarianten (Treatments) verschiedene Medienkombinate zum Thema »Regenwurm«. Die Erarbeitung des Lerninhaltes mittels des realen Gegenstandes war sowohl im unmittelbaren Lernzuwachs als auch im längerfristigen Behalten der Instruktion durch das *Lernprogramm* unterlegen (Rangfolge der Medien hinsichtlich des Lernzuwachses und längerfristigen Behaltens: Buchprogramm mit Wandbild, Diareihe, lebender Regenwurm, Modell/Transparent, Film, nur Sprache). Da *Staeck* seine Resultate z. T. mit Besonderheiten der von ihm verwendeten Medien erklärt (das Buchprogramm war am besten auf die Lernziele abgestimmt; im Film passten die Informationen der unterschiedlichen Kanäle – Bild und Ton – nicht optimal zueinander), sind seine Ergebnisse auch beim selben Inhalt nur begrenzt übertragbar.

Die bisher vorliegenden Untersuchungen zur Effektivität von Medien im Biologieunterricht sind vorwiegend auf Lernerfolge in der kognitiven Dimension gerichtet. Diese Einschränkung ist angesichts der Schwierigkeiten, andere Dimensionen zu erfassen, verständlich. Die *pragmatische* und die *affektive Dimension* sind aber – vor allem bei der Begegnung mit den Naturgegenständen – besonders bedeutsam. Insofern ist interessant, dass das Mikroskopieren dem Videofilm auch in der affektiven Wirkung überlegen ist. Rund 79 % der Schüler bevorzugen bei freier Wahl das Mikroskopieren. Als Wahlmotive werden »Selbstständigkeit« und »lebende Objekte« angegeben (*Killermann/Rieger* 1996, 19). Die Effektivität unterschiedlicher Medien darf also nicht allein an Ergebnissen kognitiver Leistungstests gemessen werden. In einer Studie mit Schülern der Klassenstufe 5 von Haupt- und Realschulen stellte *Werner Baur* (1985) beim Unterricht über Frösche und Kröten fest, dass Einstellungsänderungen am wirksamsten durch das Treatment »Realobjekt«, weniger wirksam durch das Treatment »Schulbuch« und am wenigsten durch das Treatment »Dia« erreicht wurden. Aufgrund des Mangels an weiteren Untersuchungen und weiterer Vergleichskriterien ist es sehr schwierig, über die Wirksamkeit unterschiedlicher Medien didaktisch sinnvolle und allgemeingültige Aussagen zu machen.

▶ 21.1.3

21 Lebende Organismen

Beobachtungen an Lebewesen zählen zu den interessantesten Tätigkeiten der Lernenden, da über den direkten Kontakt Primärerfahrungen erworben und oft affektive Bindungen erreicht werden können. Die Auswahl der Pflanzen und Tiere sollte gemeinsam mit den Lernenden erfolgen, wobei die Ziele des Unterrichts wie auch die gesetzlichen Regelungen zu beachten sind. Die umfangreichen Erfahrungen mit lebenden Organismen sollten ermutigen: Lebewesen gehören in den Biologieunterricht und fördern in besonderer Weise die Lernmotivation.

Das sachgerechte Pflegen von Tieren und Pflanzen ist eine biologische Arbeitsweise und kann zu einer fürsorglichen Haltung der Schüler gegenüber dem Lebendigen beitragen. Die vielfältigen Aktivitäten der Schüler beim langfristigen Beschäftigen mit Lebewesen und der daraus resultierende Kompetenzzuwachs bei den Schülern rechtfertigen den relativ hohen Aufwand.

Wichtige erschließende Begriffe: Artgemäße Haltung, Artenkenntnisse, Artenschutz, Naturschutz, Interessen, Motivation, originale Begegnung, Pflegen, Primärerfahrung, Verantwortung

Bearbeitet von *Karl-Heinz Gehlhaar*

21.1 Lebewesen im Unterricht

21.1.1 Sinn und Bedeutung

Die Bedeutung des Unterrichts mit lebenden Pflanzen und Tieren ist in den letzten 300 Jahren (seit *Johann Amos Comenius*) sehr oft unterstrichen worden. Wie in den Chemieunterricht Chemikalien mitgebracht und verwendet werden, so selbstverständlich gehören Lebewesen in den Biologieunterricht. Wichtigste Funktionen, die mit dem Einsatz von lebenden Objekten verbunden werden können, sind vor allem in der frühen Sekundarstufe I die Motivierung der Lernenden für biologische Fragestellungen, das Entwickeln einer positiven Einstellung Lebewesen gegenüber sowie das Gewinnen von biologischen Grunderfahrungen (vgl. *Staeck* 1980, 40; *Wenske* 1981; *Gehlhaar* 1991; *Bretschneider* 1994; *Pütz/Geissler* 2005). Eine besondere Rolle spielt deshalb die »Pflege von Pflanzen und Tieren« durch die Lernenden.

■ Lebewesen sind Medien, die kaum didaktisch aufbereitet werden können.

Aus folgenden Gründen ziehen viele Lernende Tiere den Pflanzen vor (vgl. *Ruppolt* 1967): Sie haben oft mit Tieren schon zu Hause Kontakt gehabt; die Tiere bewegen sich; das Beobachten der Verhaltensweisen ist interessant; sie reagieren; man kann mit Tieren Kontakt aufnehmen (affektive Bindung);

10.4 ◄

Für Lebewesen charakteristisch sind das komplexe, zum Teil schwer fassbare Erscheinungsbild und die **Informationsdichte**.

Die **Fülle der Spontaneindrücke** und das in der Regel hohe Maß an Zuwendung (z. B. bei Meerschweinchen) oder emotionale Sperren (z. B. bei Spinnen) können lernhinderlich sein.

Lebende Objekte sind, wahrnehmungspsychologisch gesehen, als besonders komplex zu bezeichnen, da sie in der Regel **mehrere Sinne** beanspruchen. So werden z. B. beim Beobachten eines Meerschweinchens der Gesichts-, der Tast-, der Gehör- und evtl. der Geruchssinn angesprochen.

Der Einsatz von Lebewesen ist dann gegenüber dem aller anderen Medien vorzuziehen, wenn besonders **affektive Unterrichtsziele** wie auch eine wirklichkeitsadäquate Vorstellungsbildung bei den Lernenden angestrebt werden.

Das **Lernen** wird gefördert, wenn das Beobachten und Experimentieren der Lernenden mit Lebewesen erkenntnisgeleitet und nicht nur emotional begründet ist.

Lebewesen als Unterrichtsmedien

manche Tiere erscheinen den Schülern als »Persönlichkeiten«; höhere Tiere sind dem Menschen ähnlich. Viele Tiere (wie z. B. Katze und Hund) aber zeigen im Klassenzimmer häufig nicht die charakteristischen Verhaltensweisen. Dann ist ein guter Film dem lebenden Objekt vorzuziehen. Es sind aber auch Angst und Ekelgefühle zu beachten (vgl. *Schanz* 1972; *Gropengießer/Gropengießer* 1985; *Gebhard* 2001; *Bögeholz/Rüter* 2004).

Neben Tieren und Pflanzen wird auch der Mensch als lebender Organismus für Beobachtungen und Experimente einbezogen.

21.1.2 Zur Praxis des Einsatzes von lebenden Organismen

Zum Einsatz von lebenden Organismen im Biologieunterricht liegen einige Untersuchungsergebnisse vor, die einerseits die Notwendigkeit der Arbeit mit Lebewesen aufzeigen, andererseits aber auch auf Defizite verweisen.

Wilfried Stichmann (1970, 140) stellt fest, dass im Biologieunterricht die Arbeit mit Tafel und Kreide, Lehrbuch und Bild, Dia und Film sowie bestenfalls mit Stopf- und Spirituspräparaten gegenüber der Beschäftigung mit lebenden Organismen vorherrscht. Durch eine empirische Untersuchung an 231 Schulen von *Klaus Dumpert* (1976) werden diese Aussagen relativiert. Die Stichprobe ist für die damaligen bundesdeutschen (allgemeinbildenden) Schulen repräsentativ (s. S. 300).

299

Einsatz von
Lebewesen
(Dumpert 1976)

An 49% bis 65% aller Schulen werden lebende Organismen gehalten. Am häufigsten findet man Blütenpflanzen, dann andere Pflanzen und Fische. 52% der befragten Lehrkräfte geben an, dass sie es für unbedingt notwendig halten, im Biologieunterricht mit lebenden Organismen zu arbeiten. 42% der Lehrkräfte sind der Meinung, dass die Arbeit mit lebenden Organismen zwar nicht notwendig, wohl aber didaktisch nützlich sei.

Lebende Organismen werden im Biologieunterricht am meisten dafür verwendet, um deren Morphologie zu zeigen. Es folgt dann in abnehmender Häufigkeit ihre Verwendung für die Teildisziplinen Physiologie, Ökologie, Ethologie und Genetik.

Die meisten der in der Schule gehaltenen Organismen werden aus dem Freiland geholt, ein großer Teil von ihnen wird von Schülern mitgebracht. Außerhalb des Klassenraums werden lebende Organismen am häufigsten durch Exkursionen in den Biologieunterricht einbezogen, u. a. bei Klassenausflügen und beim Besuch von Waldlehrpfaden. Der Besuch von Zoos spielt eine geringe und die Schulgartenarbeit an (damaligen bundesdeutschen) Schulen fast gar keine Rolle.

Unter den Unterrichtsmethoden, die im Zusammenhang mit lebenden Organismen angewendet werden, hat das Stellen von Beobachtungsaufgaben eine besondere Bedeutung. In abnehmender Häufigkeit folgen das Demonstrieren der Lebewesen, das Schüler- und das Lehrerexperiment.

Axel Meffert (1980, 11) gibt an, dass bei 33% von kleineren Schulen mit weniger als 400 Schülern und bei 58% von größeren Schulen Tiere gehalten werden. Bei größeren Schulen ist der Prozentsatz wahrscheinlich deshalb höher, weil die Arbeitsbelastung der einzelnen Lehrkraft beim Betreuen der Tiere sinkt. Etwa 35% der allgemeinbildenden Schulen pflegen Pflanzen. In der Grundschule sind es allerdings 75%. Dieser relativ hohe Prozentsatz lässt sich aus den Inhalten des biologisch orientierten Sachunterrichts ableiten. Die 21.2 ◄ Pflege von Pflanzen hat in der Primarstufe einen hohen Stellenwert.

21.1.3 Zur Effektivität des Einsatzes lebender Organismen

Während bei einer Anzahl von Untersuchungen das lebende Objekt größere Lernleistungen bewirkte (vgl. *Düker/Tausch* 1957; *Leicht/Hochmuth* 1979; *Killermann* 1980 a; *Petsche* 1985), ergab sich bei anderen entweder kein Unterschied (vgl. *Werner, H.* 1973; *Leicht* 1984), oder andere Medien rangier- 20.3 ◄ ten weit vor dem »realen Gegenstand« (vgl. *Staeck* 1980).

Die Untersuchungen von *Karin Petsche* (1985) betrafen den Tierkundeunterricht mit den Themen »Polypen«, »Planarien«, »Regenwürmer«, »Krebse«

und »Schnecken« in sechs Klassen mit lebenden Organismen (Gruppe I), in sechs Klassen mit toten Organismen (Gruppe II) und in vier Klassen, für die keine Hinweise auf die Unterrichtsgestaltung über den Lehrplan der DDR hinaus gegeben wurden (Kontrollgruppe). Im Abschlusstest wurde von den Schülern das Arbeiten mit einem bisher nicht behandelten lebenden Organismus (Stabheuschrecke) verlangt. Gruppe I hatte offenbar im Laufe des Versuchszeitraums gelernt, mit lebenden Tieren umzugehen, worauf sich ihr signifikant besseres Ergebnis zurückführen lässt (vgl. *Petsche* 1985, 151).

Der von *Wilhelm Killermann* und *Wolfgang Rieger* (1996) durchgeführte Vergleich zwischen Mikroskopieren und Video ist zugleich ein Vergleich zwischen Lebewesen (pflanzliche Zellen, tierliche Einzeller) und Laufbildern. Der Behaltenstest zeigt hier die Überlegenheit des Mikroskopierens lebender Organismen.

◼ Die von einander abweichenden Untersuchungsergebnisse weisen insgesamt darauf hin, dass der Einsatz von Lebewesen keine hinreichende Bedingung für den Erfolg des Unterrichts ist. Vielmehr verlangen die vielen und vielfältigen Informationen beim Einsatz von Lebewesen methodische Sorgfalt.

21.1.4 Zur Durchführung, Beispiele

Bei *Exkursionen* und sonstiger Freilandarbeit können die Lebewesen in ihrer Umwelt beobachtet und besonders ökologische Fragestellungen erörtert werden.

▶ 30

Im *Klassenraum* können dagegen vor allem morphologische und physiologische Fragen mit entsprechenden Hilfsmitteln und durch Experimente geklärt werden, und zwar meist wesentlich besser als im Freien (vgl. *Baer* 1983; *Ogilvie/Stinson* 1995). Außerdem sind im Klassenraum die Beobachtungen leichter zu protokollieren und die Ergebnisse besser zusammenzufassen. Am intensivsten kommen die Schüler mit den lebenden Pflanzen und Tieren in Kontakt, wenn sie diese über einen längeren Zeitraum betreuen.

▶ 21.2

Zur *Auswahl von Tieren* für den Einsatz unter Schulbedingungen liegt eine Vielzahl von Erfahrungsberichten vor einschließlich methodischer Hinweise zur Unterrichtsgestaltung. Grundsätzlich sollten in der Schule keine ausländischen Arten gehalten werden, deren Vermehrung unter Gefangenschaftsbedingungen noch nicht im großen Maßstab gelungen ist (vgl. *Pauksch* 1987). Diese Regel sollte auch für diejenigen Arten gelten, die in ihren Heimatländern noch nicht zu den seltenen Arten zählen. Damit scheiden einige Tiere aus, die sich bei Hobby-Tierhaltern zurzeit großer Beliebtheit erfreuen, vor allem viele exotische Vögel, Reptilien, Amphibien und Fische. Eine Ausnahme für die Schule bilden Tiere, die seit Jahren regelmäßig nachgezogen werden und im Fachraum gepflegt werden können wie beispielsweise Zwergkrallenfrosch

Themen zu Pflanzen

Geschlechtliche und ungeschlechtliche Fortpflanzung bei Samenpflanzen: z. B. Heranziehen rasch keimender und wachsender Pflanzen aus Samen; Vermehrung durch Knollen, Zwiebeln, Ausläufer, Ableger, Stecklinge.

Umweltansprüche von Pflanzen: z. B. Feuchtigkeit, Mineralsalze, Wärme, Licht.

Physiologische Leistungen von Pflanzen z. B. Wassertransport in Gefäßen, Transpiration, Photosynthese, Phototropismus, Geotropismus.

Erscheinungen der Vererbung: z. B. Konstanz, Variabilität, Mutanten (vgl. *Winkel* 1975).

Metamorphosen der Grundorgane: z. B. Sprossachse als Windespross oder Ranke oder Dorn, Wurzel als Knolle oder Luftwurzel.

(aquatisch), Axolotl, Rippenmolch, Kornnatter, Leopardgecko und Schmuck-Wasserschildkröten (kleine Arten). Auf das Angebot des Fachhandels an exotischen Zierfischen, Insekten, Wasserpflanzen und Kleinsäugern kann ebenfalls zurückgegriffen werden, wenn eine Pflege der Lebewesen unter Schulbedingungen möglich ist (vgl. *Bay/Brenner* 1984; *Winkel* 1987).

Tab. 21-1 ◄

Bei der Auswahl von Pflanzen sind solche Arten zu bevorzugen, an denen man im Laufe der Zeit deutliche Veränderungen beobachten kann oder die charakteristische Erscheinungen deutlich zeigen (vgl. *Verfürth* 1987 a, 119).

Auch beim Einsatz von Pflanzen im Biologieunterricht sind die Sicherheitsbestimmungen (z. B. keine Giftpflanzen) und der Naturschutz (z. B. keine wild wachsenden Orchideen) zu beachten. An mehreren Arten lebender und leicht beschaffbarer Pflanzen lassen sich die anatomisch-morphologischen wie auch die physiologischen und ökologischen Besonderheiten anschaulich demonstrieren und erarbeiten.

Tab. 21-2 ◄
17.5.4 ◄

Die für den Unterricht benötigten Pflanzen sollten im Schulgelände angepflanzt werden (vgl. *Bay/Brenner* 1984; *Winkel* 1990 b; *Winkel/Fränz* 1990).

29 ◄

Eine Auswahl weiterer Pflanzenarten sollte im Fachraum gepflegt werden und somit ständig zur Verfügung stehen. Außer Pflanzen eignen sich auch manche Pilze zur Kultivierung (vgl. *Reiß* 1987).

Beim Einsatz von *Tieren* im Unterricht sind vor allem die Bestimmungen des Tierschutzgesetzes hinsichtlich einer artgerechten Haltung zu beachten (vgl. *Pommerening* 1977; *Eschenhagen/Kattmann/Rodi* 1991, 5 f.). Tiere dürfen im Unterricht auf keinen Fall unsachgemäß behandelt werden. Für Demonstrationszwecke (z. B. Erdkröte, Kaulquappen) erteilt die untere Naturschutzbehörde nach entsprechender Anfrage durch die Lehrkraft jedoch oft

17.5.4 ◄

eine zeitlich begrenzte Ausnahmegenehmigung. Ebenso ist zu beachten, dass bestimmte Tiere bei einzelnen Schülern Angst, Abwehr und Ekel hervorrufen können (vgl. *Gropengießer/Gropengießer* 1985). Gleichzeitig soll aber auch der Umgang mit diesen Tieren erlernt werden. Die *Beschaffung der Tiere und Pflanzen* erfolgt vorrangig über zoologische Fachgeschäfte, Blumengeschäfte und Gartencenter. Auch Schüler bringen gern ihr Heimtier für Demonstrationen mit oder geben selbst gezogene Jungtiere (z. B. Kleinsäuger, Fische) für die Pflege in der Schule ab. Ebenso interessiert sind Schüler, ihre nachgezogenen Pflanzen der Schule für den Unterricht und die Raumgestaltung zur Verfügung zu stellen.

Mikroorganismen werden im Biologieunterricht zum Beispiel bei Untersuchungen von Heuaufgüssen eingesetzt. Beim mikrobiologischen Arbeiten ist ▶ 17.5.4 besonders auf Hygiene und Sicherheitsvorschriften zu achten. Für die Arbeit mit Bakterien sind eine entsprechende Ausstattung und die Beschaffung von für den Unterricht geeigneten Reinkulturen angebracht (vgl. *Bayrhuber/Lucius* 1992, Band 3).

21.2 Pflegen von Pflanzen und Tieren

21.2.1 Zum Begriff

Bei der Pflanzen- und Tierpflege geht es grundsätzlich um eine längerfristige Beschäftigung mit lebenden Organismen. Im Allgemeinen handelt es sich um Individuen in ihrer Ganzheit, nur bei abgeschnittenen Baum- oder Strauchzweigen, bei der vegetativen Vermehrung und bei Gewebekulturen pflegt man Teile von Organismen. Statt des Ausdrucks »Pflege« wird häufig die Bezeichnung »Haltung« gebraucht. Durch die Verwendung des Begriffs »Pflege« soll betont werden, dass es sich in der Schule nicht nur um das Bereithalten oder Bereitstellen von Untersuchungsmaterial handeln sollte, sondern um eine aktive Zuwendung, die von einer bestimmten Einstellung zu Pflanzen und Tieren bestimmt wird (vgl. *Winkel* 1978 a; 1987).

■ Das Pflegen von Pflanzen und Tieren kann als biologische *Arbeitsweise* bezeichnet werden, da sie allein dem Biologieunterricht zukommt.

Beobachten oder Untersuchen, Experimentieren oder die Durchführung von Exkursionen haben auch in anderen Fächern eine Bedeutung; aber in keinem anderen Fach gibt es Elemente, die der Pflanzen- und Tierpflege vergleichbar sind.

Das Pflegen geht – auch im Bereich der Schule – häufig über in das *Vermehren* von Lebewesen. Das *Züchten*, d. h. das auf eine Veränderung der Pflanzen und Tiere gerichtete Vermehren, spielt in der Schule vorwiegend im Bereich der Vererbungslehre eine Rolle.

Arten	Themen (Anmerkungen)	Literatur
Säugetiere**		
Meerschweinchen	Nagezähne, Fortpflanzung,	*Betz/Erber* 1975
Goldhamster	Nestflüchter	*Erber/Schweitzer* 1978
Zwerghamster	Verhalten, Angepasstheit an	*Krischke* 1984; 1987 a; *Schlitter/Berck* 1987
	Trockengebiete, Fortpflanzung,	
	Nesthocker	
Hausmaus (Weiße	Verhalten, vor allem Lernen,	*Winkel* 1970 b; *Ellenberger* 1978;
Maus, Farbmaus)	Fortpflanzung, Nesthocker, Vererbung	*Schwarberg/Palm* 1978; *Falk* 1985
	(unangenehmer Geruch!)	
Rennmaus	Verhalten	*Mau* 1978; *Schröpfer* 1978; 1979; 1982; *David* 1992
	Angepasstheit an Trockengebiete,	
Zwergmaus	Verhalten, Fortpflanzung	*Reise* 1999
Degu	Sozialverhalten, Lernen, Fortpflanzung	*Mende/Stiebig* 1999
Vögel**	Meist nur als Schauobjekte verwendet	*Eversmeier/Koschnik* 1982
Kanarienvogel	Verhalten: Gesang, Sozialverhalten,	
Wellensittich	Nistkasten, Nistkörbchen	
Zebrafink		
Haushuhn	Verhalten	*Wolf/Stichmann* 1996
Reptilien*	Fortbewegung, Ernährung,	*Weber* 1991; *Witte* 1991
Strumpfbandnatter,	Trockenlufttiere	*Hallmen* 1997 b
Kornnatter	Nahrungsaufnahme, Entwicklung,	*Bunke* 2004
Schmuckschildkröten	Einstellungen	*Schmidt* u. a. 1999
Geckos	Verhalten, Fortbewegung, Ernährung	*Spieler/Skiba* 1999
Jemen-Chamäleon	Angepasstheit, Verhalten	*Kupfer* 2004
Amphibien*	Verhalten, Laich, Kaulquappen,	*Dombrowsky* 1977; *Hemmer* 1978
Grasfrosch,	Übergang zum Landleben	*Kasbohm* 1973 a
Erdkröte	Angepasstheit an das Wasserleben,	*Gospodar* 1983; *Klahm* 1983
Krallenfrosch	Verhalten, Aufzucht der Larven	*Bay* 1993 a; *Raether* 1978; 1979
Molche, Axolotl	Feuchtlufttiere	*Gonschorek/Zucchi* 1984; *Bauerle* 1997
Fische		
Silberkarausche	Fortbewegung, Atembewegungen,	*Erber* 1971; *Dombrowsky* 1977;
(Goldfisch)	Nahrungsaufnahme	*Mohn* 1978; *Pfisterer* 1979
Stichling	Fortpflanzungsverhalten	*Zupanc* 1990; *Philipsen* 1986; *Hedewig* 1999
Guppy	Sexualdimorphie, Verhalten,	*Berck/Theiss-Seuberling* 1977
	Entwicklung	
Paradiesfisch	Nestbau, Balz, Brutpflege	*Pfisterer* 1979; 1981
Kampffisch	Territorialverhalten	*Bergmann* 1984
Regenbogencichlide,		
Schneckenbuntbarsche	Verhalten	*Plösch* 1989; 1990; *Kalas* 2002
Insekten		*Illies* 1974; *Wyniger* 1974
Riesenschabe	Verhalten, allmähliche Verwandlung	*Teschner* 1979; *Eschenhagen* 1971
Zweifleckgrille,	Verhalten, vor allem Lautäußerungen	*Mau* 1979
Heimchen	der Männchen, allmähliche	*Bay* 1993 b; *Bäßler* 1965; *Frings* 1977; 1978;
Stabheuschrecke,	Fortbewegung, Verhalten, allmähliche	*Gehlhaar/Klepel* 1997;
Gespenstschrecke	Verwandlung	*Löser* 1991
Gottesanbeterinnen	Verhalten, Tarnen	*Heßler* 2003
Ameisen	Leben in »Staaten«, u. a. soziales	*Kirchner/Buschinger* 1971;
	Füttern, Kampfverhalten	*Irrgang* 2005; *Knoth* 1983;
		Tiemann/Hagemann 1993
Bienen, Hummeln	Verhalten, »Staaten«, Entwicklung,	*Sandrock* 1992; *Frings* 1994;
	Ökologie, Thermoregulation	*Görres-Glüsenkamp/Glüsenkamp* 2003; *Ottenie* 2003

Arten	Themen (Anmerkungen)	Literatur
Wespen	Formenkunde	*Pohl* 1994; *Hallmen* 1996 a; b; 1998
Kartoffelkäfer	Vollständige Verwandlung	*Eschenhagen* 1971; *Knoll* 1974 b
Mehlkäfer, Schwarzkäfer		*Eschenhagen* 1989 a; *Skaumal* 2000 b; *Heuser* 2000; *Keller* 2000
Kongo-Rosenkäfer		*Löser* 1991; *Löwenberg* 2000
Kohlweißling,		*Dylla* 1967; *Illies* 1974; *Hoehl* 1985;
andere Tagfalter*		*Lammert/Lammert* 1985; *Barnekow* 1999
Schwammspinner		*Bay* 1993 b; *Brauner* 1995
Taufliege,	Genetik, vollständige Verwandlung	*Kuhn/Probst* 1980
Stubenfliege		*Entrich* 1990
Gelbrandkäfer*	Schwimmen, Atmen (auch Larven)	*Löwe* 1976 a
Libellen*	Larven: Atmung, Beutefang	
Eintagsfliegen		
Köcherfliegen	Larven: Köcherbau, Köcherformen	
Stechmücken	Larven: Atmung, Entwicklung, Übergang zum Luftleben	*Walter/Wortmann* 1990
Spinnentiere		
Spinnen	Verhalten, Netzbau	*Kattmann* 1989; *Hertlein* 1994; *Zucchi/Balkenhol* 1994
Krebstiere	Orientierung, Nahrungsaufnahme,	*Hollwedel* 1972; *Müller* 1977
Wasserflöhe,	Nahrungsketten, Fortpflanzung	*Hasenkamp* 1978;
Salzkrebschen		*Eschenhagen/Bay* 1993
Landasseln	Orientierung, Ernährung, Entwicklung,	*Clausnitzer* 1981;
	Fortpflanzung, Ökologie	*Skaumal* u.a. 1997; *Biedermann* 1998
Flusskrebse		*Dahms/Schminke* 1987
Süßwassergarnelen	Morphologie, Verhalten	*Ziemek* 2005
Vielfüßer	Ernährung, Abwehrverhalten	*Hoebel-Mävers* 1970
Ringelwürmer		
Regenwürmer	Fortbewegung, Ernährung, Verhalten,	*Botsch/Brester* 1970;
	Ökologie	*Klahm/Meyer* 1987; *Skaumal* 1997;
		Schrader/Larink 1998
Tubifex		*Jobusch* 1983;
Blutegel		*Groß, U.* 1993
Mollusken	Sinnesleistungen, Fortbewegung,	*Knoblauch* 1973; *Janßen* 1995
Weinbergschnecke	Nahrungsaufnahme	*Werner, E.* 1978; *Grothe* 1987
Bänderschnecken		*Kattmann* 1989
Achatschnecke	Bau, Nahrungsaufnahme	*Witte* 1974; *Gaberding/Thies* 1980;
Tellerschnecken		*Skaumal* 2000 a
Muscheln		*Thies/Gaberding* 1981
Plattwürmer	Sinnesleistungen, Orientierung	*Hellmann/Wingenbach* 1977
Nesseltiere		
Süßwasserpolypen	Beutefang, Fortpflanzung	*Brauner* 1987; *Eschenhagen* 1993
Einzeller	Organellen, Fortbewegung, Ernährung,	*Sieger* 1973; *Dietle* 1975;
	Orientierung, Fortpflanzung	*Hilfrich* 1976; *Müller, H.* 1977; *Schulte* 1978 b;
		Hillen 1979; *Vater-Dobberstein/Hilfrich* 1982;
		Hedewig 1984 b

* Naturschutzbestimmungen beachten, ** Sonderbestimmungen beachten

Tabelle 21-1: Für den Unterricht empfohlene Tiere

Art	Unterrichtsthemen	Literatur
Brutblatt (Bryophyllum)	Vegetative Vermehrung (Blatt-Brutpflanzen) Sukkulenz	*Fränz* 1983
Fleißiges Lieschen	Stecklingsvermehrung, Wassertransport, Transpiration	*Strotkoetter* 1969; *Dietle* 1970; *Noack* 1985
Ampelpflanze (Tradescantia)	Stecklingsvermehrung, Plasmaströmung in Staubfadenhaaren	*Strotkoetter* 1969; *Fränz* 1981; 1983
Buschbohne, Feuerbohne	Epigäische bzw. hypogäische Keimung,	*Weber* 1973
Erbse	Wachstum, Blühen, Selbstbestäubung Fruchtbildung, Quellung	*Baer* 1983
Gartenkresse	Keimung, Versuche zu verschiedenen Tropismen	*Schwarz* 1979
Wau, Krapp, Waid	Färben	*Dietrich* 2002
Mimose	Seismonastie	*Winkel* 1977 a
Venusfliegenfalle	zum Insektenfang umgewandelte Blätter, Haptonastie	
Kakteen	Angepasstheit an Trockenheit, Sukkulenz	*Fränz* 1981; 1983
Wolfsmilcharten	Konvergenz	
Grünlilie	Vegetative Vermehrung (Tochterpflanzen an Ästen des Blütenstandes)	*Fränz* 1981; 1983
Wasserpest	Fotosyntheseversuche	*Baer* 1983
Weizen	Wurzelhaarbildung, Keimfähigkeit	*Baer* 1983
Rosen	Genetik, Metamorphose	*Pfisterer* 1995 b; 1997
Parkgehölze	Ökologie, Genetik	*Pfisterer* 1995 a
C-Farn	Chemotaxis, Genetik, Entwicklung	*Siemens/Meyfarth* 2001
Pilze	Entwicklung, Ernährung, Ökologie	*Reiß* 1987; *Oehmig* 1993; *Probst* 1993; *Müller/Gerhardt-Dircksen* 1997

Tabelle 21-2: Für den Unterricht empfohlene Pflanzen und Pilze

Werden an einer Schule Tiere an einer separaten Örtlichkeit (Freigehege, Tierraum) gehalten, kann man diese Einrichtung als »*Schulzoo*« bezeichnen (vgl. *Steinecke* 1951 b; *Krüger/Millat* 1962; *Verfürth* 1987 a, 1986; zu Erfahrungen mit Schulzoos vgl. *Peukert* u. a. 1987).

21.2.2 Sinn und Bedeutung

Eine Grundaufgabe des Biologieunterrichts besteht darin, den Lernenden ein unmittelbares, tätiges Umgehen mit Pflanzen und Tieren zu ermöglichen. Viele Lebewesen sind in der freien Natur nur zu bestimmten Zeiten und an bestimmten (oft von der jeweiligen Schule weit entfernten) Orten zu finden. Dadurch ist langfristige Planung gerade im Biologieunterricht sehr schwierig. Hierbei bietet sich oft das Pflegen von Lebewesen als Ideallösung an (vgl. *Bunk/Tausch* 1980).

Die Pflanzen- und Tierpflege soll auch die Umwelt der Lernenden mit Lebendigem anreichern. Denn immer stärker wird (auch von Nichtbiologen) die Verarmung der natürlichen Umwelt in Stadt und Land empfunden. Die Schule sollte auch in dieser Hinsicht eine gewisse Ausgleichsfunktion übernehmen. Eine Schule, deren Gelände mit verschiedenartigen Bäumen, Sträuchern und Stauden bepflanzt ist und in der ständig Pflanzen und Tiere gepflegt werden, kann auch in einer biologisch wenig anregenden Umgebung den Schülern wichtige Erfahrungen vermitteln, die im außerschulischen Bereich nicht mehr oder nur in eingeschränktem Ausmaß gewonnen werden können.

▶ 29

Tiere und Pflanzen, die für den Unterricht bereitgehalten werden, erfordern spezifische *Pflegemaßnahmen*. Eine pädagogisch bedeutsame Frage ist, ob die Schüler durch das Pflegen von Tieren und Pflanzen emotional so beeinflusst werden können, dass sie allmählich eine *fürsorgliche Haltung* gegenüber allem Lebendigen, also auch dem Mitmenschen gegenüber, gewinnen. Zu diesem schwierigen Problem gibt es keine empirisch abgesicherten Aussagen. Es ist aber kaum zu bestreiten, dass sich Kinder bei der selbstständigen Betreuung von Tieren und Pflanzen in verantwortlichem Handeln üben und dass sich

Weil die Lebewesen auf ihre Pfleger angewiesen sind, verpflichten sich Lehrkräfte und Lernende zu **intensiver Zuwendung**.

Es ist ein weiteres Ziel der Pflanzen- und Tierpflege, den Lernenden die Umweltansprüche der verschiedenen Tiere und Pflanzen deutlich werden zu lassen. Hier ist eine besonders günstige Gelegenheit, durch **direkte Erfahrung** (originale Begegnung) Einblick in die Lebensgewohnheiten von Organismen zu gewinnen.

Die Motivation zum Gewinnen solcher Einsichten ist stark, denn gerade dort, wo sich ein Mensch verantwortlich fühlt für ein anderes Lebewesen, wird er bestrebt sein, diesem das Leben in Gefangenschaft durch **fürsorgliche Pflege** erträglich zu machen.

Die Pflanzen- und Tierpflege bietet viele Möglichkeiten, Fragen der Beziehung zwischen verschiedenen Lebewesen und unbelebter Umwelt zu behandeln. Sie fördert damit das **Verständnis ökologischer Zusammenhänge**.

Bei der Pflege von Tieren und Pflanzen können die Lernenden zudem **Beobachtungen** anstellen, die beispielsweise Struktur-Funktions-Beziehungen verdeutlichen, Fortpflanzungs- und Entwicklungsvorgänge aufzeigen und wesentliche ethologische Einsichten vermitteln.

Bedeutung von Pflegemaßnahmen

diese Übung positiv auf Einstellungen und Haltungen auswirken kann (vgl. *Hemmer* 1977; *Bretschneider* 1994). Auch *soziales Verhalten* wird durch das Pflegen gefördert, etwa dann, wenn beispielsweise eine Schülergruppe die Verantwortung für ein Vivarium übernommen hat und sich nun darum bemüht, die

21.1.2 ◄ beste Form der Pflege zu finden und dies in der Gruppe zu beraten.

Gesunde Pflanzen und gut gepflegte Vivarien bieten einen ästhetischen Anblick und können auch vielen an der Pflege nicht Beteiligten Freude bereiten. Außerdem fördern sie die *Interessen* der Lernenden an biologischen Sachverhalten (vgl. *Gehlhaar/Klepel/Fankhänel* 1999). Die Lehrperson sollte auch diese Komponente der Pflege von Lebewesen bedenken. Schließlich hat das Pflegen von Pflanzen und Tieren ein unmittelbar pragmatisches Ziel. Durch die in der Schule gewonnenen Erfahrungen und Erkenntnisse sollen die Schüler in die Lage versetzt werden, Pflanzen und Tiere auch zu Hause sachgemäß

21.1.1 ◄ zu pflegen (vgl. *Stephan* 1970, 529). Unter den Händen von Kindern sterben auch heute noch viele Tiere, weil zwar Interesse vorhanden ist, aber das Wissen um deren Umweltansprüche und die Ausdauer für eine lang anhaltende Pflege fehlen. Positive Erfahrungen aus der Schulzeit können auch dazu beitragen, dass später im Erwachsenenalter Tier- oder Pflanzenpflege als Hobby betrieben wird. Außerschulische Einrichtungen, zum Beispiel Botanische Gärten und Schulbiologiezentren, können nur zum Teil das Pflegen von Lebewesen in den einzelnen Schulen ersetzen, weil langfristiges unmittelbares Beschäftigen mit den Tieren und Pflanzen nicht möglich ist.

21.2.3 Zur Durchführung, Beispiele

Das Pflegen von Pflanzen und Tieren in der Schule ist eine besonders verantwortungsvolle Aufgabe, die im Vergleich zu anderen Arbeitsformen des Biologieunterrichts an viele Voraussetzungen gebunden ist (vgl. *Probst* 1999 b).

Diese starke Voraussetzungsgebundenheit ist neben vielen anderen Gründen sicher mit dafür verantwortlich, dass keineswegs an allen Schulen Pflan-

21.1.2 ◄ zen und Tiere gepflegt werden.

Für die *Auswahl* der Pflanzen und Tiere gilt, dass Lebewesen, die in der Schule gepflegt werden, biologisch vielseitig interessant sein sollen, sich leicht und billig auch in größerer Anzahl halten lassen, nicht zu hohe Ansprüche an die Pflegefähigkeit und -zeit der Betreuer stellen dürfen, nicht viel Platz und möglichst keine Spezialräume erfordern sowie den Schulbetrieb nicht durch laute Geräusche oder unangenehmen Geruch stören dürfen (vgl. *Winkel* 1970 a, 26).

Tab. 21-1 ◄ Die Auswahl ist von den Zielen abhängig, zu denen die Lebewesen gehal-
Tab. 21-2 ◄ ten werden sollen. Bestimmte Tiere aus der freien Natur (z. B. Insekten, Spinnen, Asseln, Schnecken, Regenwürmer) sollten in der Regel nur eine gewisse Zeit im Biologiefachraum gehalten werden. Da viele Tierarten unter Na-

Gesetzliche Regelungen beachtet?

Wichtige gesetzliche Regelungen müssen beachtet werden (vor allem Naturschutz-, Tierschutz- und Pflanzenschutzbestimmungen sowie Erlasse zur Tierhaltung in der Schule (vgl. Clausnitzer 1982; Gospodar 1983; Pauksch 1987; Winkel 1987; Wagener 1992; GUV 2003; 2005).

Artgemäße Unterbringung garantiert?

Geeignete Behälter sind für eine artgemäße Unterbringung der Lebewesen notwendig, damit sich diese wohl fühlen und das sonstige Geschehen in der Schule nicht negativ beeinflussen (z. B. durch Geräusche und Gerüche). Die Pflanzenpflege erfordert Anzuchtschalen, Blumentöpfe oder -kästen, Zimmergewächshäuser, Freiflächen im Schulgelände und insbesondere Schulgärten. Für die Tierpflege benötigt man die verschiedensten Vivarien wie Käfige, Aquarien, Terrarien, Aquaterrarien sowie Insektarien (Spezialtypen: Bienenkästen, Formicarien für Ameisen).

Finanzielle Mittel vorhanden?

Für die Pflege von Pflanzen und Tieren sind ständig finanzielle Mittel erforderlich. So müssen zunächst Behälter, Tiere und Pflanzen gekauft werden. Aber auch für Blumenerde, Dünger, Einstreu, Futter und manchmal für einen Tierarztbesuch sind finanzielle Mittel erforderlich.

Betreuung in den Ferien sichergestellt?

Lebewesen müssen auch während der Ferien angemessen durch freiwillig helfende Schüler, den Hausmeister oder die Lehrperson betreut werden.

Verbleib von Tieren geklärt?

Es muss auch geklärt sein, was mit den Tieren geschehen soll, die nach einer gewissen Zeit der Pflege in der Schule nicht weiter verwendet werden können (vor allem in der Schule geborene Jungtiere, aber auch Alttiere).

Checkliste für das Pflegen

turschutz stehen, sind die *Naturschutzbestimmungen* zu beachten. Tiere, die in der Schule gepflegt werden, sollten schonend und möglichst vielseitig im Unterricht eingesetzt werden können (vgl. *Winkel* 1987).

In vielen Fällen wird es nicht möglich sein, ein Vivarium mit der ganzen Klasse gemeinsam einzurichten und zu pflegen, so wünschenswert das auch sein mag. Günstig ist es, wenn die Lehrperson gemeinsam mit interessierten Lernenden demonstriert, welche Einrichtungsgegenstände und Arbeitsschritte zur sachgemäßen Einrichtung und sorgsamen Pflege notwendig sind.

Die laufende Betreuung von Vivarien sollte von regelmäßig wechselnden Schülergruppen vorgenommen werden, die einander nach einem vorher festgelegten »Pflegeplan« ablösen (vgl. *Hallmen* 1997 a). Beim Aufstellen des

Hinweise zur Pflege

Man sollte mit einfachen Möglichkeiten der Tierpflege beginnen. In jeder Tiergruppe gibt es so genannte **»Anfängerarten«**, dazu zählen beispielsweise Mehlkäfer und Stabschrecken, Guppys und Schwertträger sowie Labormäuse und Meerschweinchen.

Relativ einfach ist die **Hälterung** der Tiere: Käfige für Kleinsäuger, Aquarien für Fische, Amphibien und Wirbellose Tiere, Insektarien zur Haltung von Grillen, Käfern, Stab- oder Gespenstschrecken.

Käfige für Kleinsäuger werden in Fachgeschäften in verschiedener Größe und Ausstattung angeboten. Grundsätzlich sollte man die Käfige etwas größer wählen, als sie für die betreffende Tierart empfohlen werden, denn es sollten den Tieren günstige Lebensbedingungen geboten werden, damit sie ihr arteigenes Verhaltensrepertoire möglichst uneingeschränkt zeigen. Bei der Ausstattung des Käfigs mit Spiel-, Kletter- und Bewegungsgeräten und der Reinigung sollte man lieber zu viel als zu wenig Aufwand treiben.

Heute wird für jede Kleinsäugerart ein **Standardfutter** als Körnermischung angeboten. Dabei erweist es sich jedoch als notwendig, eine größere Abwechslung vor allem durch Zufüttern von frischem, vitaminreichem Gemüse und Obst zu bieten. Über die jeweilige »Idealkost« kann man sich leicht durch Nachschlagen in der Spezialliteratur (z. B. Hefte von »GU Tier-Ratgeber«) informieren.

Bei der **Einrichtung von Aquarien** (vgl. *Dombrowsky* 1977; *Hähndel* 1979; *Kühn* 1981; *Siemon* 1982 a; b; *Aßmann/Bollmann/Gärtner* 1987; *Brucker/Flindt/Kunsch* 1995) sollte man auf jeden Fall an das Interesse von Lernenden als angehende Aquarianer anknüpfen (vgl. *Hauschild* 1997). Die technischen Hilfsmittel, die Fachgeschäfte bereithalten, wird man ebenfalls nutzen. Zwar ist es erstrebenswert, ein Kaltwasseraquarium für einheimische Fischarten so zu gestalten, dass sich ein gewisses Gleichgewicht zwischen den Wasserpflanzen als Sauerstoffspendern und den Tieren als Sauerstoffverbrauchern einstellt, aber diese Absicht ist nicht leicht zu verwirklichen. Sehr empfehlenswert ist eine Filteranlage; für die Beleuchtung eine Kunstlichteinrichtung und eine Zeitschaltuhr sowie Futterautomaten, die es gestatten, ein Aquarium einige Tage lang sich selbst zu überlassen.

Im **Schulgelände** können unter bestimmten Bedingungen auch pflegeleichte Nutztiere wie Hauskaninchen und Haushühner gehalten werden (vgl. *Wolf/Stichmann* 1996).

Pflegeplanes sind mehrere, gelegentlich widerstreitende Forderungen zu berücksichtigen: Zum einen muss eine gute Betreuung der Tiere sichergestellt sein; zum zweiten sollten viele Schüler an der Tierpflege beteiligt werden; zum dritten sollte dafür gesorgt werden, dass die Schüler sich mit ihrer Aufgabe identifizieren und Erfolge ihrer Bemühungen erkennen können. Folgende Lösung wird den verschiedenen Forderungen am ehesten gerecht:

- Die Klasse wird in *Pflegegruppen* eingeteilt; jede Gruppe umfasst drei bis vier möglichst unterschiedlich interessierte und erfahrene Lernende. Jede Gruppe ist im Laufe des Schuljahres einmal, und zwar drei bis fünf Wochen lang, für die Pflege eines Vivariums verantwortlich.
- Jede Gruppe führt während ihrer Pflegeperiode ein *Protokoll* über Veränderungen an dem betreffenden Vivarium bzw. an den Tieren. Wenn die Vivarien nicht sowieso in das Unterrichtsgeschehen einbezogen werden, berichtet jede Gruppe mindestens einmal über »besondere Ereignisse« (z. B. Geburten, Todesfälle, Krankheiten).

Artbeschreibungen

Beschriftung von Vivarien

- Abbildungen der betreffenden Art (Farbfotos, evtl. Weibchen und Männchen)
- Namen (deutsch und/oder wissenschaftlich)
- systematische Zugehörigkeit (Familie, Ordnung, Klasse, evtl. Stamm)
- Merkmale (Form, Farbe, Maximalgröße, Geschlechtsmerkmale)
- geographische Verbreitung (evtl. mit Kartenskizze)
- Umweltansprüche (Kennzeichen des Lebensraumes z. B. in Bezug auf Ernährung, Umgebungstemperatur, pH-Wert des Wassers, Vergesellschaftung mit anderen Arten)
- Besonderheiten der Lebensweise (z. B. Sozialverhalten, Fortpflanzungsverhalten, Ei- bzw. Jungenanzahl, Höchstalter, Geschlechtsreife)
- Fortpflanzung in Gefangenschaft (Anzahl der geborenen Jungtiere, Daten der Eiablage und des Schlüpfens der Jungen bzw. der Geburt)

Haltung und Pflege

- Haltungsbedingungen (z. B. Standort, Temperatur, Licht, pH-Wert des Wassers)
- Ernährung (z. B. Häufigkeit der Fütterung, Futtermenge, Lebendfutter, Trockenfutter)
- Reinigung des Vivariums (Häufigkeit, Art und Weise der Reinigung)
- Angaben zur technischen Einrichtung (z. B. Beleuchtungszeit, Filteranlage)

22 Präparate, Bilder, Arbeitsblätter

In jeder Biologiesammlung finden sich käufliche *Präparate, Abgüsse* und *Abdrücke*, die als Medien eingesetzt werden können. Deren Herstellung durch die Lernenden erfordert eine tiefer gehende Auseinandersetzung mit dem zu bearbeitenden Objekt. Gleichzeitig können die Ergebnisse zur Bereicherung der biologischen Sammlung beitragen.

Stehbilder fokussieren die Aufmerksamkeit der Lerngruppe auf einen speziellen Aspekt, fördern genaues Hinsehen, Nachdenken und Verbalisieren, weisen eine Vielfalt in Bezug auf Typen, Formen und Inhalte auf und sind in der Regel ohne großen Aufwand einsetzbar.

Arbeitsblätter, Arbeitshefte und *Portfolios* sind für Arbeitsaufträge, Dokumentation und Sicherung der Ergebnisse unerlässlich. Abhängig von Zielsetzung und Methodenkonzeption des Unterrichts können diese von den Lernenden unterschiedlich frei gestaltet werden.

Hörbilder (auditive Medien) enthalten für den Biologieunterricht interessante Naturgeräusche, besonders Tierstimmen.

Laufbilder, Film und Fernsehen, sind für Jugendliche wichtige und viel genutzte Informationsquellen. Auch der Biologieunterricht sollte zu einem kritischen Umgang mit diesen Medien anleiten. Das Herstellen von Filmen durch die Lernenden bietet vielfältige Möglichkeiten für einen handlungsorientierten Unterricht.

Wichtige erschließende Begriffe: Ästhetik, Dokumentation, Erfassen von Informationen, Ergebnissicherung, Gestaltung, Lernerfolgskontrolle, Medienkritik, Präparieren, Projektion, Zeitdimension
Bearbeitet von *Susanne Meyfarth*

22.1 Präparate

Präparate sind zur Beobachtung hergerichtete oder konservierte tote Organismen sowie Teile von Organismen. Präparationsobjekte und -techniken sind sehr vielgestaltig (vgl. *Entrich* 1996). Je nach Herkunft und Beschaffenheit der Organismen(teile) müssen zur unterrichtlichen Verwendung bzw. Präparation verschiedene Vorkehrungen getroffen werden. Um die fachspezifische Arbeitsweise des Präparierens einzuüben, kann man auf Organe von Schlachttieren zurückgreifen. Schweineaugen oder -lungen, Schweine- oder Hühnerherzen, Schweinefüße können frisch im Unterricht verwendet werden. Man kann sie aber auch bis zum Zeitpunkt der Verwendung in der Tiefkühltruhe lagern. In 4%iger Formalinlösung fixierte und gründlich gewässerte Schweinegehirne lassen sich besser handhaben als frische (vgl. *Lindner-Eff-land* u. a. 1998). Auch die Präparation einer Forelle, eines Karpfens, eines anderen Fisches oder einer Tintenschnecke ist frisch möglich (vgl. *Gropengie-ßer, I.* 1994 a; *Entrich* 1996). Aus Gewöllen von Greifvögeln und Eulen lassen sich bisweilen gut erhaltene Skelette der Beutetiere isolieren und anschaulich in einem Schaukasten darstellen (vgl. *Nottbohm* 2001).

Der Einsatz von *Flüssigkeitspräparaten* (Fische, einzelne Organe, Entwicklungsstadien, verschiedene Wirbellose in Alkohol) ist heute kaum noch üblich. Verschiedene Objekte können in Gießharz eingebettet und als *Einschlusspräparate* oder Bioplastiken präsentiert werden.

Trockenpräparate lassen sich wegen des Chitinpanzers recht einfach von Insekten und anderen Arthropoden anfertigen. Tote Bienen sollten zum Präparieren gesammelt werden. Oft werden Entwicklungsstadien von Insekten zusammen mit den getrockneten Futterpflanzen in einem Schaukasten untergebracht. Trockenpräparate größerer Tiere (Säugetiere, Vögel, Reptilien) sind kompliziert herzustellen. Knochen (auch Schädel-Präparate), Zähne, Federn, Fellproben, Panzer und Hornteile sowie trockene Samen und Früchte sind nach dem Säubern und Trocknen haltbar und robust, sie können daher leicht aufbewahrt und den Lernenden zur selbstständigen Arbeit in die Hand gegeben werden (vgl. *Quasigroch* 1979 b; *Andreas/Nottbohm* 1987). Skelett- und Hornteile verschiedener Tiere werden auch gern zusammen auf ein Schaubrett montiert, z. B. zum Vergleich von Säuger- und Vogelfüßen und von Vogelschnäbeln. Stopfpräparate, Dermoplastiken oder Methanol-Trockenpräparate lassen sich – eventuell in Zusammenarbeit mit naturkundlichen Museen – begrenzt selbst herstellen (vgl. *Piechocki* 1985/86; *Brucker/Flindt/Kunsch* 1995; *Echsel/Rácek* 1995).

Aus dem Bereich der Pflanzenkunde sind nur wenige Dauerpräparate für den Unterricht nötig, da frische Pflanzen meist leicht beschafft werden können. Empfehlenswert ist es aber, eine Sammlung von getrockneten Pflanzenteilen (Holzstücke mit Rinde, Zapfen, Früchte und Samen) sowie ein Herbar ausgewählter Pflanzenarten anzulegen. Das Laminieren von gepressten Pflanzen oder Teilen von Pflanzen ist eine gute Methode, um lange Haltbarkeit zu gewährleisten (vgl. *Dasbeck* 2002). Von Pilzfruchtkörpern können mit einer einfachen Methode gefriergetrocknete Dauerpräparate angefertigt werden (vgl. *Steffens/Storrer* 1995; *Krüger/Forêt/Meyfarth* 2005).

Unter *mikroskopischen Dauerpräparaten* versteht man Organismen oder Organismenteile, die – falls nötig – sehr dünn geschnitten, dann meist gefärbt und zwischen Objektträger und Deckglas in Kunstharz eingebettet wurden. ▶ 17.3

Das Präparieren und der Einsatz von Präparaten im Biologieunterricht sind keineswegs unumstritten. Präparate und Präparieren stoßen bei Lernenden zuweilen auf Abneigung oder Ekel und können so das Bemühen der Lehrpersonen um einen interessanten Unterricht beeinträchtigen. Das Präparieren von Tieren sollte daher nicht nur technisch, sondern auch psychologisch vorbereitet werden (*Gropengießer/Gropengießer* 1985). Niemand sollte zum Sezieren oder Präparieren gezwungen werden. Alternative Aufgabenstellungen sind vorzubereiten und anzubieten, z. B. Arbeiten mit dem Schulbuch, virtuelles Sezieren am Computer oder Führen des Protokolls bzw. Berichterstattung. Wirbeltiere dürfen grundsätzlich nicht, andere Tiere sollten nicht für Unterrichtszwecke getötet werden. Je kleiner die Objekte sind, desto schwieriger ist die Präparation und desto mehr Zeit benötigt man zur Einführung in die Technik. In vielen Fällen ist zu fragen, ob die entsprechenden Einsichten in die Anatomie der Lebewesen nicht besser anhand von anatomischen Model-

20 ◄ len oder Abbildungen vermittelt werden sollten.

Sicherheits- und Hygienevorschriften sind beim Herstellen von Präparaten ebenso einzuhalten wie die Bestimmungen von Naturschutz- und Tierschutz-

17.5.4 ◄ gesetzen. Wegen der Gefahr des Milben- oder Mottenbefalls sind Stopfpräparate in der Regel mit Giften (Pestiziden) behandelt. Sie sollten nur im geschlossenen Schaukasten, beispielsweise aus Acrylglas, eingesetzt oder nur mit Handschuhen berührt werden. Gewölle müssen wegen Infektionsgefahr (z. B. Tollwut) autoklaviert werden. Mögliche allergische Reaktionen sind zu beachten.

22.2 Abgüsse, Naturselbstdrucke, Nachbildungen und Scans

Abgüsse sind vor allem von Fossilien käuflich erhältlich und können auch im Unterricht selbst hergestellt werden (vgl. *Nottbohm* 1998). Ebenfalls lohnend ist die Herstellung von Gipsabgüssen von Pilzfruchtkörpern, die entsprechend koloriert werden (vgl. *Nogli-Izadpanah* 1993). Abgüsse können auch von der Borke von Bäumen hergestellt werden, indem Knetgummiabdrücke ausgegossen werden. Von der Epidermis verschiedener Laubblätter lassen sich Abzüge mit Hilfe von dünn aufgetragenem Hartkleber (z. B. Uhu) herstellen. Die Oberflächenstrukturen (Haare, Zellgrenzen, Schließzellen) lassen sich am Abdruck leicht mikroskopieren.

Naturselbstdruck ist ein Dokumentationsverfahren, mit dem man beispielsweise Blätter oder Vogelfedern abbilden kann. Dazu wird das Objekt mit Farbe eingestrichen und ein Abdruck mit einem dünnen und reißfesten Papier genommen (vgl. *Geus/Heilmann/Oettermann* 1995; *DiNoto/Winter* 1999).

Nachbildungen sind dreidimensionale naturgetreue Abbildungen von Naturobjekten (z. B. Kunststoffnachbildungen von Schädeln oder ganzen Skeletten, inneren Organen, von Amphibien oder Wirbellosen sowie von Fossilien). Sie werden häufig als »Modelle« bezeichnet. Da ihnen aber die Orientierung an einer Theorie und einem entsprechenden Denkmodell fehlt, sind

23.1 ◄ sie als körperliche »Naturbilder« anzusehen.

Von Pflanzen und Pflanzenteilen, auch von räumlich ausgedehnten Objekten wie z. B. Pilzen, Muscheln, kleinen Säugerschädeln, ja sogar lebenden Tieren lassen sich erstaunlich scharfe naturgetreue *Scans* mit einem Farbscanner erzeugen. Dabei können Teile vergrößert und verkleinert werden, Beschriftungen eingefügt, Wachstumsprozesse verfolgt und Details wie z. B. Behaarungen, Stängelmuster, Gallen etc. herausgestellt werden (vgl. *Probst* 1999 a; *Weiershausen/Graf* 2002).

22.3 Stehbilder

22.3.1 Allgemeines

Während Naturobjekte, viele Präparate sowie die meisten materiellen Modelle dreidimensional sind, werden die Objekte auf Bildern nur in zwei Dimensionen dargestellt. Bei den Stehbildern spielt im Gegensatz zu den Laufbildern auch die Dimension der Zeit keine Rolle. Im Biologieunterricht sind die folgenden Typen von Stehbildern von Bedeutung:

▶ 23.3

- *naturgetreue Bilder:* »Naturbilder« (Naturfoto, bildhafte Zeichnung),
- *Schemata* (Umrisszeichnung, Blütengrundriss, Bauplanzeichnung),
- *Diagramme* (Graphiken mit mathematischen Funktionen),
- *geographische Karten* (z. B. von Verbreitungsgebieten),
- *künstlerische Illustrationen* (z. B. Karikatur),
- *Stehbildkombinate* (z. B. Collagen, Plakate).

▶ 24

Bei Bildern hat die ästhetische Wirkung eine oft übersehene Bedeutung für das Lernen, das gefördert, aber auch behindert werden kann (vgl. *Retzlaff-Fürst/Horn* 2000). Hinsichtlich der *Wirkung von verschiedenen Bildtypen* auf das Lernen stellen *Cordula Schneider* und *Ulla Walter* (1992, 327) aufgrund einer empirischen Untersuchung fest: »Entgegen der Meinung vieler Unterrichtender, die Abbildungen müssten so realitätsgetreu wie möglich sein, weisen unsere Untersuchungsergebnisse auf eine andere Möglichkeit hin. Für den Aufbau sowohl kurz- und langfristiger Wissensstrukturen eignen sich alle Bildsorten, die eine Herausforderung an die Lernenden darstellen. Dies bedeutet, dass der einfache Bildtypus, bei dem der Leser die Information schnell erfasst und nur oberflächlich verarbeitet, nicht so häufig eingesetzt werden sollte. … Hingegen führen komplexe Bildtypen, die einen überwindbaren Lernwiderstand hervorrufen, zu einer intensiven und bewussten Verarbeitung.«

22.3.2 Bilder in Büchern und Bildmappen

Schulbücher sind meist mit vielen bunten Abbildungen ausgestattet, die die Arbeit im Unterricht und das Nacharbeiten zu Hause erleichtern. Zu bestimmten Unterrichtsthemen gestaltete *Bilderhefte* sind geeignet, die Lernenden emotional anzusprechen und sie die veranschaulichten Phänomene selbstständig erarbeiten zu lassen (vgl. Beilagen zur Zeitschrift Unterricht Biologie). Bilderhefte oder Einzelbilder aus Bildmappen wird man u. a. bei denjenigen Unterrichtsthemen einsetzen, bei denen die affektiv-emotionale Dimension im Vordergrund steht (vgl. *Kattmann* 1978; *Gruen/Kattmann* 1983).

Will die Lehrkraft die Aufmerksamkeit der ganzen Lerngruppe auf ein Bild konzentrieren, so besteht z. B. mit Hilfe einer *Flexcamera*, die an einen Fernseher bzw. Monitor angeschlossen wird, die Möglichkeit, Abbildungen aus Büchern zu projizieren. In manchen Schulen wird evtl. noch ein *Episkop* vorhanden sein. Die Bilder sind allerdings nicht so hell wie bei der Tageslicht- oder der Diaprojektion. Man muss daher vollständig verdunkeln. Mit Hilfe der Flexcamera und des Episkops kann man auch kleinere Naturobjekte farbig projizieren (mit dem Arbeitsprojektor geht dies nicht).

Durch *Ordnen von Bildern* können sich die Lernenden in Einzel- oder Gruppenarbeit im Systematisieren üben, z. B. beim Thema »Verwandtschaft bei Tieren« (Ordnen von Bildern eines Memory-Spiels).

Die Lernenden sollten auch angeregt werden, zu Unterrichtsthemen Bilder aus Zeitschriften und Illustrierten zu sammeln und im Klassenzimmer (»Pinnwand«, »Wandzeitung«) aufzuhängen oder ins »Arbeitsheft« einzukleben. Bei bestimmten Themen (z. B. Gesundheitserziehung: Rauchen, Drogen) kann man die Lernenden zum Herstellen von *Collagen* anregen (vgl. *Zucchi* 1979).

22.3.3 Poster und Wandbilder

Poster sind große Farbdrucke von Fotos oder Farbbildern. Sie sind gelegentlich biologiedidaktischen Zeitschriften beigelegt. Die Bezeichnungen »*Bildtafel*«, »*Lehrtafel*« und »*Wandbild*« werden gleichbedeutend gebraucht. Man versteht darunter bis zu 2 x 2 m große farbige Bilder für den Unterricht. Die biologischen Lehrtafeln stellen die Objekte teilweise in ihrer Umgebung dar. Es gibt aber auch monographische Darstellungen von einzelnen Pflanzen und Tieren sowie Schautafeln zur Systematik. Auf demselben Wandbild sind zu einzelnen Arten oft Details schematisch abgebildet.

Im Gegensatz zur Tafelskizze, die im Allgemeinen nur für eine Unterrichtsstunde stehen bleibt, sind Wandbild und Poster jederzeit verfügbar und brauchen zur Darbietung wenig technisch-organisatorischen Aufwand. Sie können länger in der Klasse hängen, so dass man wiederholt auf sie zurückgreifen kann. Magnetische Wandkarten ermöglichen es, z. B. das Beschriften von Schemazeichnungen wiederholt zu üben. Viele von Verlagen angebotene Wandbilder weisen Mängel auf (vgl. *Staeck* 1980). Sie sind mit Details überladen. Die Tafeln sind nicht mit allen Teilen in jeder Altersstufe einsetzbar. Teilausschnitte sind oft für eine genauere Betrachtung in der Klasse zu klein. Abbildungsmaßstäbe sind häufig nicht angegeben. Da man Einzelteile kaum abdecken kann, ist ein entwickelndes Unterrichtsverfahren schwer möglich.

22.3.4 Dia und Diaprojektor

Unter *Diapositiv* (verkürzt Dia) versteht man ein transparentes Kleinbild, das gerahmt ist und mit Hilfe eines Diaprojektors vorgeführt wird. Dias werden im Unterricht einzeln oder als Diareihen eingesetzt. Die meisten Dias sind Naturfotografien. Fotografierende Biologen bereiten das Naturfoto bereits im Moment der Aufnahme durch Wahl der Perspektive, des Objektivs und des Bildausschnitts didaktisch auf. Mit Hilfe von Vorsatzlinsen oder Zwischenringen kann man beim Aufnehmen das Objekt vergrößern (Nahaufnahme, Makrofotografie). Das Aufnehmen von Bildern durch das Mikroskop nennt man Mikrofotografie. Durch Nahaufnahmen und Mikrofotografie zeigen sich dem Betrachter morphologische und anatomische Einzelheiten, die normalerweise dem Auge verborgen bleiben, bis hin zu rasterelektronischen Aufnahmen, die nachträglich koloriert werden. Scheue Großtiere (z. B. Vögel) werden durch Fernrohre beobachtet und fotografiert: Telefotografie. Durch Fotografie von schematischen Abbildungen, Graphen und Tabellen entstehen Schemadias (Zeichendias). Beim Einsatz im Unterricht sprechen Dias aufgrund ihrer großen Helligkeit und Projektionsgröße den visuellen Sinn an. Dias ersetzen die Naturobjekte, wenn diese gar nicht oder nicht in dem für die Behandlung notwendigen Entwicklungszustand verfügbar sind. Ihr Einsatz ist mit geringem technischen Aufwand verbunden, denn lichtstarke Projektoren lassen einen Einsatz bei nur schwach verdunkelten Räumen zu.

Mit Diascannern lassen sich Farbdias auf Folien für Tageslichtprojektoren oder *Präsentationsprogramme* kopieren. Digital erstellte oder digitalisierte Dias können mit entsprechenden Computerprogrammen überarbeitet und mittels Beamer projiziert werden.

Die *Projektion* ermöglicht eine Konzentration der Klasse auf den Unterrichtsgegenstand. Dias können auch Impulse zum selbstständigen Erkunden und anschließenden Unterrichtsgespräch geben. Dabei sollten die Lernenden genügend Zeit für die Betrachtung haben. Erst soll das Bild, dann sollen die Lernenden und zum Schluss soll die Lehrperson sprechen. Dias beleben die Erinnerung; so können Eindrücke von einer Exkursion oder einem gezeigten Film wieder aufgefrischt werden (vgl. *Staeck* 1980).

Nicht nur die Lehrpersonen, sondern auch die Lernenden können durch selbst hergestellte Naturfotografien den Biologieunterricht beleben (vgl. *Heinrich* 1975). Durch gezielte Arbeitsaufträge (z. B. Dokumentation von Langzeitbeobachtungen bei der Entwicklung von Lebewesen oder der Entwicklung einer Wald-Lebensgemeinschaft im Jahreslauf) wird das entdeckende Herangehen an die Naturobjekte gefördert. Mehr als das Produkt sollte dabei der Prozess des Lernens im Vordergrund stehen. Arbeitsgemeinschaften sind für dieses Vorhaben besonders geeignet (vgl. *Bay/Rodi* 1979, 27-29). Mit Digitalkameras lassen sich auch Mikrofotos ohne Adapter herstellen.

Projektion von Naturobjekten

Flache Naturobjekte (z. B. Blätter, zergliederte Blüten, Früchte, Insektenflügel und -beine, Fingerabdrücke auf Tesafilm) kann man zwischen zwei Diagläser bringen und so als Objektdias rahmen.

Bei einer **Küvetten-Projektion** bringt man statt des Dias eine Küvette in den Strahlengang des Projektors. Das Bild steht allerdings auf dem Kopf. So kann man z. B. Kleinlebewesen des Wassers zeigen. Füllt man eine Küvette mit Roh-Chlorophylllösung, so ermöglicht ein in den Strahlengang gebrachtes Gitternetz oder Prisma die Demonstration der Absorption von rotem und blauem Licht bei der Fotosynthese.

Setzt man an die Stelle der normalen Optik des Diaprojektors einen Mikrovorsatz, so kann man **Mikropräparate** projizieren. Im Vergleich zu den Mikrodias ist diese Projektion aber sehr lichtschwach. Dafür haben die Lernenden die Möglichkeit, die Herstellung der Mikropräparate zu verfolgen oder sogar selbst durchzuführen. Mikropräparate, die nur eine schwache Vergrößerung benötigen, kann man auch direkt projizieren (vgl. *Kronfeldner* 1980; *Buschendorf* 1981; *Sturm* 1981).

Einzeldias werden für Unterrichtszwecke nach unterschiedlichen didaktischen Gesichtspunkten zu *Diareihen* zusammengestellt.

- In *monographischen Reihen* wird ein Objekt unter verschiedenen Gesichtspunkten betrachtet (z. B. Honigbiene, Gesunde Zähne).
- Bildreihen mit *Übersichtscharakter* stellen einen umfassenderen Problemkreis unter verschiedenen Aspekten dar (z. B. einheimische Schlangen, Tiere überwintern).
- *Tonbildreihen* bestehen aus einer Diaserie und einem dazugehörigen, meist auf einer Kassette gespeicherten Kommentar. Die Koordination von Bild und Ton wird durch einen Signalton gewährleistet. Der Bildwechsel erfolgt im Allgemeinen alle 15 bis 20 Sekunden; damit ist die Präsentationsdauer für viele Lernende zu kurz.
- *Multimediale Präsentationen* mit dem Computer haben Diareihen und Tonbildreihen im Unterricht weitgehend abgelöst. Sie haben den Vorteil der Animation und der Kombination mit Lauf- und Hörbildern. Computergestützte Präsentationen verführen allerdings häufig zur Überfrachtung an Eindrücken und Informationen.

22.3.8 ◄

27 ◄

22.3.5 Arbeitstransparente und Arbeitsprojektor

Die Verwendung von Arbeitstransparenten (Folien) und deren Projektion durch ein kombiniertes Spiegel-Linsen-System eröffnet vielfältige methodische Möglichkeiten. »Arbeitsprojektion« (AP) bedeutet, dass die Arbeitstransparente (AT) nicht unverändert projiziert werden, sondern dass mit ihnen durch Zeichnen, Beschriften oder Übereinanderlegen gearbeitet werden kann. Durch gezielte Auswahl der Teile von Aufbautransparenten ist ein flexibler, am Unterrichtsprozess orientierter Einsatz möglich (vgl. *Jaenicke* 1986).

Die Arbeitsprojektion heißt auch Overhead-Projektion oder »Rückwärtsprojektion«. Die Lehrperson steht mit dem Gesicht zur Lerngruppe, während sie an dem Transparent arbeitet. Dadurch hat sie einen besseren Kontakt zur Klasse als beim Tafelanschrieb. Der Ausdruck »Tageslichtprojektion« gibt an, dass man zur Projektion nicht verdunkeln muss; vor allzu großer Helligkeit sollte man aber die Projektionsleinwand abschirmen. Da nicht verdunkelt ist, kann die Lehrkraft während der Erarbeitung mit den Lernenden Sichtkontakt halten. Unter »Folie« im engeren Sinne versteht man ein Transparent im DIN A4-Format, das die Lehrperson oder Lernende im Unterricht beschriften und entsprechend einer Tafel benutzen. Man kann aber auch Folien vorbereiten und dann im Unterricht ergänzen. Für die vorbereiteten Teile verwendet man am besten Permanent-Folienstifte, für die Ergänzung im Unterricht wasserlösliche Stifte. Nach Abwischen der wasserlöslichen Beschriftung kann die vorbereitete Folie wieder benutzt werden. Damit die Lernenden die *Beschriftung* auf den Transparenten lesen können, darf sie nicht zu klein (mindestens 5 mm) und nicht zu dünn sein. Käufliche Arbeitstransparente haben gegenüber den selbst hergestellten die Nachteile, dass sie wesentlich teurer und nicht so gut auf die jeweilige Unterrichtsplanung abgestimmt sind (vgl. *Hintermeier* 1983 a). Die Lehrkraft sollte sie vor dem Einsatz im Hinblick auf sachliche Richtigkeit und methodische Aufbereitung überprüfen (vgl. *Armbruster/Hertkorn* 1977, 88 ff.; *Staeck* 1980, 57 ff.; *Schminke/Schultz* 1981).

Die meisten käuflichen Arbeitstransparente enthalten schematische Zeichnungen. Es gibt aber auch »Diatransparente«, die Naturobjekte als Fotografien abbilden. Bei kombinierten Systemen werden Naturfoto und Schema vergleichend projiziert. Mit Hilfe von Farbscannern können auch eigene Fotos auf Folien kopiert und für Arbeitstransparente verwendet werden.

Um komplexe Sachverhalte darzustellen, verwendet man *Aufbautransparente*. Auf eine Grundfolie können von den vier Seiten Deckfolien (Overlays) hereingeklappt werden (Klapptechnik). Eine letzte Folie enthält dann oft die Beschriftung.

Der Arbeitsprojektor ist eines der vielseitigsten Medien. Durch die Projektion von fertigen, oft sehr komplexen Zeichnungen und umfangreichen Lückentexten besteht aber die Gefahr, dass einige Lernende überfordert werden. Bei einem dosierten Einsatz wird von einem gesteigerten Lernerfolg berichtet (vgl. *Jaenicke* 1986). Durch die Arbeitsprojektion spart die Lehrperson in vielen Fällen sehr viel Zeit. Darunter können aber die Spontaneität und die

Entwickeln neuer Bilder durch **Verschieben und Entfernen von Deckfolien**

Schichtmodelle: Zwischen Folien werden Abstandshalter gelegt. So kann man z. B. die verschiedenen optischen Ebenen beim Aufbau der Zelle zeigen, die durch Herauf- oder Herunterdrehen der Projektionsoptik jeweils scharf eingestellt werden können (vgl. *Staeck* 1998).

Schatten gebende bewegliche Teile, so genannte **Figurinen** werden eingesetzt, um Zuordnungen flexibel vorzunehmen, Prozesse zu veranschaulichen (z. B. Nahrungsnetze; Antigen-Antikörperreaktionen; Replikation der DNA; Chromosomen im Zellzyklus).

Transparente farbige Teile (»Folienschnipsel«) können wie Figurinen oder Aufbausätze verwendet werden. Allerdings verschieben sich die einzelnen Teile leicht, sodass eine Beschriftung erschwert wird.

Kleine **Funktionsmodelle** können in der Projektion stark vergrößert erscheinen (z. B. Schlagbaummechanismus bei der Salbeiblüte, *Bay/Rodi* 1979, 119; Schluckvorgang, Peristaltik, Resorption, Muskelkontraktion, *Hedewig* 1981 a, 34 ff.).

Schattenrissprojektion: Vergleich von Fledermausskelett und Vogelflügelskelett, verschiedene Stadien der Laubzersetzung, Entwicklung von Blütendiagrammen (vgl. *Moisl* 1981). Die an die Tafel projizierten Naturobjekte können an der Wandtafel im Umriss nachgezeichnet werden. Solche Umrisse eignen sich für die Übertragung in die Arbeitshefte und dienen dann der Ergebnissicherung. Auch lebende Organismen geben Schattenrisse: Bewegungsanalysen lassen sich bei Insekten, Asseln und Würmern durchführen. Allerdings muss darauf geachtet werden, dass die ausgestrahlte Wärme die Tiere nicht schädigt und dass diese oft sehr lichtscheu sind und daher der Projektion ausweichen.

Demonstration einfacher **Experimente** in Petrischalen: z. B. Hämolyse, Diffusion und Fotosynthese (vgl. *Brucker* 1975; *Berkholz* 1977; *Arend/Bäßler/Storrer* 1984; *Storrer/Arend* 1984; *Storrer/Bäßler/Arend* 1984).

Kreativität der Lernenden leiden (vgl. *Rüther* 1980, 203). Die Arbeitsprojektion sollte die Arbeit mit der Wandtafel daher nicht ersetzen (vgl. *Quasigroch* 1979 a; *Knievel* 1986). Text- und Bildinformation können an der Wandtafel für eine längere Unterrichtssequenz sichtbar bleiben, während man bei der Arbeitsprojektion normalerweise nicht die Ergebnisse einer Unterrichtssequenz

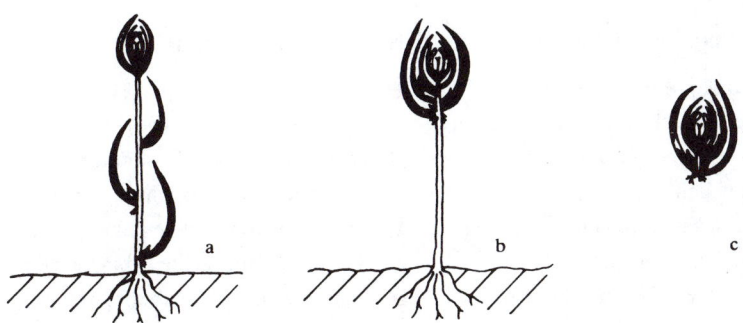

Bild 22-1: Beispiel für die Benutzung von Arbeitstransparenten
(nach *Vogel* 1980, 209)
a) Gesamttransparent: Schema des Aufbaus einer Blütenpflanze;
b) die drei Overlays nach oben gezogen: Schema einer End-Knospe;
c) das Grundtransparent mit Wurzel und Stängel entfernt: Schema einer
   Zwiebel

in einer Übersicht festhalten kann. Durch kombinierten Einsatz von Tageslichtprojektor und Wandtafel kann dieser Mangel behoben werden.

22.3.6 Wandtafel

Dunkle, mit heller Kreide zu beschriftende Tafeln sind in der Schule üblich.
Es gibt aber auch weiße, mit speziellen Faserschreibern zu beschriftende Tafeln (Weißwandtafeln), wie sie in der betrieblichen Bildung und der Erwachsenenbildung üblich sind. Die im allgemeinen an der Vorderseite des Lehr-
oder Fachraums angebrachten dreiteiligen »Altartafeln« oder zweiteiligen
»Schiebetafeln« dienen vor allem dazu, den Unterrichtsablauf in Stichworten
und Skizzen festzuhalten. Diese Aufzeichnungen können die Lernenden jederzeit leicht in ihre Arbeitshefte übernehmen. Die in vielen Räumen an den
Seitenwänden vorhandenen starren Tafelflächen eignen sich besonders zum
Festhalten von Langzeitbeobachtungen und für Zeichnungen der Lernenden
(vgl. *Bauer* 1981, 63 f.; *Jungbauer/Hertlein* 1996; *Graf* 2004).

Die Qualität der Tafelarbeit wird wesentlich durch die Exaktheit und Sau-
berkeit des *Tafelbilds* bestimmt. Farben im Tafelanschrieb dienen gelegentlich der Darstellung realer Gegenstandsfarben, häufiger jedoch als Symbole
zur Hervorhebung eines Sachverhaltes. Dabei sollte die Farbsymbolik gezielt
gewählt und eingesetzt werden. Einfache Strichzeichnungen, die sich auf das
Wesentliche beschränken, sind besonders wertvoll. Malereien an der Wandtafel sind heute im Biologieunterricht nicht mehr üblich. Dafür gibt es Dias,
Transparente oder Bildtafeln. Beim Zeichnen an der Tafel sollte darauf geachtet werden, dass die Zeichnung links angefertigt wird und die Beschriftungs-

Einsatz der Wandtafel

Nutzungstechniken	Methodische Funktionen
◼ aufklappen/zuklappen	◼ Information über Verlauf, Ziele und Schwerpunkte des Unterrichts
◼ hochschieben/herunterschieben	
◼ anschreiben (Texte, Listen, Tabellen)	◼ Sammeln von Schülerbeiträgen
	◼ Darstellen von Versuchsanordnungen
◼ verdeckt schreiben	◼ Darstellen von Sachverhalten in Skizzen, Schemata, Übersichten, Tabellen etc.
◼ dunkel vorzeichnen	
◼ zeichnen (Skizzen, Schemata, Übersichten, Diagramme) (malen)	◼ Fokussieren der Wahrnehmung
	◼ Herausarbeiten von Zusammenhängen
	◼ Zusammenfassen von Arbeitsergebnissen
◼ schraffieren	◼ Kontrollieren von Arbeitsergebnissen
◼ farbig unterstreichen	◼ Vorbild für die Heftgestaltung und den Hefteintrag
◼ ankleben	
◼ magnetisch befestigen	◼ Gedächtnisstütze, Notizen
◼ wegwischen	◼ Glossar

linien nach rechts zeigen. So wird vermieden, dass die Lernenden in die Zeichnung hineinschreiben (zur Konzeption von Tafelbildern vgl. z. B. *Jungbauer* u. a. 1996; 1998; 2005).

22.3.7 Aufbausätze

Aufbausätze sind zusammensetzbare Bilder, mit deren Hilfe man an einer Tafel Strukturen, Funktionen und vor allem Prozesse darstellen kann. Sie sind ein geeignetes Mittel, um Unterrichtsschritte fortschreitend zu dokumentieren. Die gewonnenen Erkenntnisse lassen sich mit Hilfe der Aufbausätze gut sichern, vor allem dann, wenn entsprechende Arbeitsblätter zur Verfügung stehen, die das Aufbaubild festhalten.

Die Erarbeitung braucht nicht allein von der Lehrperson, sondern kann auch von den Lernenden (unter mehr oder weniger starker Anleitung) vorgenommen werden. Es handelt sich dabei aber fast immer um Frontalunterricht. Für Gruppenarbeit müssten die Aufbausätze (evtl. in verkleinerter Form) mehrfach vorhanden sein. Die Ergebnisse der Gruppenarbeit können dann an der Tafel zusammengetragen werden.

22.3.8 Interaktive Weißwandtafeln

Eine neue Variante der Tafelarbeit ist mit den so genannten »Smart Boards« in Kombination mit einem PC und einem Daten-Projektor möglich. Das Bild des Monitors wird auf die Weißwandtafel projiziert. Die Oberfläche der Weiß-

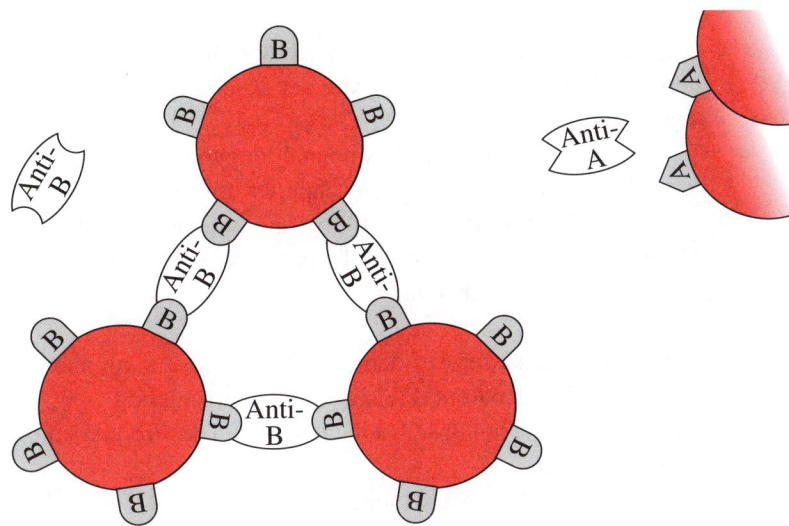

Bild 22-2: Magnetaufbausatz zur Agglutination bei Blutgruppen.

wandtafel ist berührungsempfindlich. Alle Operationen, die sonst mit der Maus gesteuert werden, lassen sich mit den Fingern auf der Oberfläche durchführen. Man kann auf der Weißwandtafel schreiben, markieren, hervorheben und löschen und sie mit einem Schwamm reinigen. Alle Informationen können aber auch gespeichert werden und stehen dadurch für viele verschiedene Aufgaben zur Verfügung: lesen und neu bearbeiten, drucken, per E-Mail versenden oder auch als Grafik bearbeiten. Die interaktive Weißwandtafel eignet sich darüber hinaus hervorragend als Großbildschirm für Videofilme (vgl. *Corazolla* 1999).

22.4 Arbeitsblatt, Arbeitsheft und Arbeitsmappe, Portfolio

Arbeitsblätter sind Medien, die zu einzelnen Stunden oder für spezielle Aufgaben einer Stunde ausgegeben werden. Sie werden am besten von der Lehrperson eigens für den Unterricht entwickelt bzw. aus Vorlagen modifiziert. Von Schulbuchverlagen gibt es ein großes Angebot für Kopiervorlagen, z. T. auf CD, ebenso in Lehrerhandbüchern und biologiedidaktischen Zeitschriften (vgl. z. B. *Brogmus/Dircksen/Gerhardt* 1983 f.; *Kleesattel* 2000). Das Arbeitsblatt bietet vielfältige Einsatzmöglichkeiten:

- Zeitungsartikel durcharbeiten und anschließend diskutieren
- aus Tabellen Diagramme erstellen
- Beobachtungs- und Versuchsanleitungen bereit stellen
- Abbildungen von komplizierten Sachverhalten beschriften
- strukturierte Aufgaben bearbeiten
- Lernerfolge kontrollieren

323

Formen von
Aufbausätzen

Bild 22-2 ◄

Magnet-Aufbausätze: Als Unterlage wird hier eine Stahltafel oder magnetische Wandtafel benutzt. Auf der Rückseite der beweglichen Teile sind Magnethafter angebracht.
Vorteile: Die einzelnen Teile sind auf der ganzen Tafel verschiebbar, haften gut und ermöglichen einen schnellen Einsatz im Unterricht. Die Beschriftung der Teilbilder ist auf der Tafel jederzeit möglich.
Nachteile: Es muss eine Stahltafel oder eine magnetische Tafel im Unterrichtsraum vorhanden sein.

Folien-Aufbausätze: Auf dem Arbeitsprojektor kann man zerschnittene Folien (Minitransparente) auslegen und verschieben.
Vorteile: Sie sind leicht selbst herzustellen. Das Produkt kann als Kopiervorlage dienen.
Nachteile: Die Teile verschieben sich leicht.

Styropor-Aufbausätze: Die Elemente kann man aus Untertapeten oder dünnen, geschnittenen Dämmplatten ausschneiden und beschriften oder mit Karton bekleben. Sie haften an der nassen Tafel.
Vorteile: Sie können leicht selbst hergestellt werden und sind billig.
Nachteile: Die Styroporteile fallen beim Trocknen der Tafel nach 15 bis 20 Minuten ab. Auf der nassen Tafel lässt sich nur schlecht schreiben.

Flanell-Aufbausätze: Die Elemente haben als Unterlage eine Flanelltafel. Sie werden aus Filz ausgeschnitten, oder es wird auf die Rückseite von Kartonteilen eine raue Faserschicht aufgeklebt.
Vorteile: Die einzelnen Bilder sind auf der ganzen Fläche frei beweglich.
Nachteile: Eine Beschriftung der Flanelltafel ist nicht möglich. Beschriftungskästchen und -pfeile müssen daher ebenfalls vorbereitet werden.

In den Arbeitsblättern sind meist Text- und Bildinformationen, Lückentexte oder Zuordnungsaufgaben, unbeschriftete Abbildungen und Arbeitsaufträge miteinander kombiniert. Bei Zuordnungsaufgaben können auch Teile ausgeschnitten und entsprechend aufgeklebt werden. Sehr häufig kann man die Arbeitsblätter im Zusammenhang mit einem (identischen) Arbeitstransparent oder mit einem Aufbausatz für die Zusammenfassung und Ergebnissicherung verwenden. Das Beschriften von Skizzen und das Ausfüllen von Lückentexten können auch als Hausaufgabe erfolgen.

Arbeitsblätter haben im Vergleich zu Aufzeichnungen im Arbeitsheft den Vorteil der Zeitersparnis. Allerdings wird durch sie der Unterricht stark gelenkt, vor allem, wenn sie schon zu Beginn des Unterrichts ausgeteilt werden und sehr differenziert angelegt sind. Wenn Texte und Zeichnungen immer vorgegeben werden, üben sich die Lernenden zu wenig im eigenständigen Formulieren von Sachverhalten und selbstständigen Arbeiten. Aus diesem Grunde sollten das Ausfüllen von Arbeitsblättern und das Eintragen ins Arbeitsheft im Wechsel angewendet werden.

Im *Arbeitsheft* halten die Lernenden die Ergebnisse der Biologiestunden fest und haben damit eine Gedächtnisstütze (vgl. *Heinzel* 1995). Sie sollten angeleitet werden, exakt zu dokumentieren, selbstständig Notizen zu machen, zwischen wichtigen und unwichtigen Daten zu unterscheiden und eigene Standards für die Bewertung von Arbeitsheften zu entwickeln (vgl. *Bolay* 1998 c). Wenn Arbeitsheft und Arbeitsblätter im Wechsel verwendet werden, empfiehlt sich, das Heft als eine Sammlung von DIN A 4-Blättern in einem Schnellhefter anlegen zu lassen. Die Blätter sollten nummeriert und mit Datum versehen werden. Manche Lehrpersonen lassen statt der Schnellhefter Arbeitsmappen führen, in die die Blätter lose eingelegt werden. Die Lernenden können dann ihr Material noch leichter nachträglich ergänzen, aber nicht so gut Ordnung halten wie im Hefter.

Portfolios (»Künstlermappen«), sind eine »Auswahl von Beweismitteln« (vgl. *Brunner/Schmidinger* 2001), die zeigen, dass die Lernenden bestimmte Lernziele erreicht haben oder an welcher Stelle sie auf dem Weg zu diesen Zielen sind. Somit enthält auch die Lehrperson Rückmeldung über den Lernfortschritt und darüber, ob vermittelte biologische Konzepte erfasst worden sind (vgl. *Valdez* 2001). Portfolios enthalten z. B.

- in eigenen Worten wiedergegebene Lerninhalte
- schriftliche Ausarbeitungen
- Versuchs- und Beobachtungsprotokolle
- kommentierte Sammlungen von Materialien
- Dokumentation der über einen längeren Zeitraum selbstständig übernommenen Aufgaben
- Fotos von Tätigkeiten oder Produkten
- Daten, Graphen, Diagramme, Skizzen
- Mind Maps oder Concept Maps
- Zeitungs- und Zeitschriftenartikel zum bearbeiteten Thema
- Rezensionen von Büchern und Fernsehsendungen
- Interviews mit Experten
- Ergebnisse von Internet-Recherchen
- Reflexionen über die eigene Arbeit
- Testergebnisse

Bei offenen Lernformen und differenziertem Unterricht können Portfolios Grundlage der Leistungsbeurteilung sein (vgl. *Duit/Häußler* 1997; *Kattmann* 1997 b, 13; *Pheeney* 1998; *Garthwait/Verrill* 2003).   ▶ 15

Weiter gehende Möglichkeiten bietet das »e-Portfolio«: es gestattet mit Hilfe des Computers und von Präsentationsprogrammen den Austausch von Daten und Arbeitsergebnissen, die Präsentation der Arbeit vor der Lerngruppe oder Eltern, das Einfügen von Filmsequenzen und durch das Erstellen von Hyperlinks die Verknüpfung von alt bekannten und neu erworbenen Kenntnissen und damit kumulatives Lernen (vgl. *Garthwait* 2003).

27 ◄

22.5 Hörbilder

Vor allem bei Wirbeltieren (und manchen Insekten) sind vielfältige Formen der Lauterzeugung zu beobachten (vgl. *Janßen* 1991). Mit einem Sonographen oder auch einem leistungsfähigen Laptop mit Soundkarte und entsprechender Software können Schallereignisse als *Sonagramme* aufgezeichnet und ausgewertet werden.

Bestimmte Lautäußerungen von Tieren, die für den Menschen nicht hörbar sind (z. B. Ultraschall der Fledermäuse) können durch Frequenzmodulation in den menschlichen Hörbereich transformiert werden. Auch bioelektrische Vorgänge kann man durch Übertragung auf einen Lautsprecher hörbar machen (z. B. Phono-Elektrokardiogramm). Bei der Wiedergabe akustischer Eindrücke ist die Schallplatte heute fast vollständig durch die Compactdisc (CD) ersetzt worden. Diese hat einen größeren Speicherplatz und die einzelnen Tondokumente sind besser anwählbar als bei der Schallplatte. Für eigene Aufnahmen sind z. B. Geräte mit Minidisc (MD) geeignet.

Das Angebot an auditiven Medien für den Biologieunterricht ist gering, da die meisten akustischen Informationen bei den Laufbildern mitgeliefert werden. Nach der Art der Gestaltung unterscheidet man:

- Aufnahmen von *Naturgeräuschen*, häufig mit Kommentar (z. B. Laute der Fledermäuse, Stimmen von Amphibien, des Haushuhns, vgl. *Klahm* 1984). Im Handel sind vor allem Vogelstimmen-CDs erhältlich. Im Biologieunterricht sollten die Unterscheidungs- und Wiedererkennungsfähigkeit geübt und damit der Gehörsinn der Lernenden verfeinert werden. Lernende können Vogelstimmen oder andere Naturgeräusche sowie Interviews und Geräuschcollagen auch selber aufnehmen. Mit Hilfe aufgenommener Vogelstimmen können die Lernenden auch das Revierverhalten der betreffenden Vogelarten studieren (vgl. *Witte* 1973).
- Bei *Dokumentationen* (Features) handelt es sich meistens um Interviews und Gespräche mit Fachleuten oder Betroffenen, z. B. HIV-infizierten Personen (vgl. *Staeck* 2002).
- *Hörspiele* enthalten eine Spielhandlung. Sie konzentrieren die Aufmerksamkeit auf das gesprochene Wort und wirken motivierend, indem sie das Vorstellungsvermögen anregen (vgl. *Skiba/Spieler/Kivilip* 2000). Sie werden vor allem zur Darstellung biologiegeschichtlicher Ereignisse eingesetzt. Hörspiel-

szenen können von der Lehrkraft selbst als Einstieg zur Motivation oder zusammen mit den Lernenden zur Ergebnissicherung hergestellt werden (vgl. *Klenke/Wigbers* 1995; *Werner* 1997; *Miehe* 1998; *Eschenhagen/Längsfeld* 1981).

22.6 Laufbilder

22.6.1 Filme

Im Vergleich zum Dia kommt beim Film die Dimension der Zeit hinzu. Dies ist im Biologieunterricht besonders zur Darstellung von Bewegungs- und Entwicklungsvorgängen bedeutsam. Im Vergleich zur Herstellung eines Fotos kann der Produzent beim Filmen wesentlich stärker gestalterisch eingreifen. Die Lehrkraft muss dies beachten, wenn sie den Lernenden einen Film als »Dokumentation der Natur« vorstellt. An die naturgetreue Darstellung (Wirklichkeitsgehalt) von Naturfilmen müssen höchste Anforderungen gestellt werden, weil der Film auf Lernende suggestiv einzuwirken vermag (vgl. *Stichmann* 1974, 25 f.; *Müller, G. J.* 1981; *Teutloff* 1994). Es ist eine wichtige Aufgabe des Biologieunterrichts, die Lernenden zu einem kritischen Filmverständnis zu führen (vgl. *Etschenberg* 1994 c).

Die *räumlichen Dimensionen* von Filmen entsprechen denen bei Fotografien (Natur-, Tele-, Nah- und Mikroaufnahmen). Mit Hilfe von Röntgenstrahlen kann man Vorgänge im Inneren des Körpers studieren. Durch Infrarotlicht lassen sich lichtscheue Tiere in ihrem natürlichen Lebensraum beobachten.

Auch die *zeitliche Dimension* lässt sich im Film variieren. Bei der Zeitraffung wird der natürliche Bewegungsablauf durch den Film beschleunigt. Die Zeitdehnung (Zeitlupe) ermöglicht das Studieren sehr schneller Bewegungen. Durch die Bewegung der Kamera (Perspektive und Schwenk) werden Zusammenhänge leichter erkannt. Die meisten Tonfilme haben zusätzlich noch einen *Kommentar*. Zur Vertiefung des Eindrucks ist es bedeutsam, dass Bilddokumentation und Kommentar sich verstärken und der Kommentar nicht vom Wesentlichen ablenkt.

Entsprechend ihrer Gestaltung haben Filme eine unterschiedliche Bedeutung. Die Aufgabe der größten Anzahl biologischer Filme liegt zwischen Dokumentieren, Lehren und Unterhalten (vgl. *Bauer* 1980). Die entsprechende Einteilung in *Filmtypen* (s. S. 328) gilt daher nicht streng.

Die bisher genannten Filmtypen werden meist als *Videos* oder *DVD's*, nur selten noch als *16 mm Filme* angeboten. Sie können bei den Kreis- und Landesbildstellen ausgeliehen werden. Die moderne Gerätetechnik (Großbildprojektion) kann die Nachteile des Fernsehbildes aufheben. Großbildprojektoren können evtl. bei Bildstellen ausgeliehen werden. Auch der Beamer (Datenprojektor) ermöglicht eine Großbildprojektion.

Filmtypen

Die Filme der Naturforscher (vor allem Filme zum Verhalten von Tieren; vgl. *Lieb* 1980) sind reine **Dokumentationsfilme**, die Vorgänge in der Natur festhalten. Verhaltensabläufe müssen ohne »Manipulation« durch den Bearbeiter dokumentiert werden können. Sie sind oft für einen Außenstehenden zu langatmig und daher für den Schulunterricht nicht immer brauchbar (vgl. das Angebot des IWF).

Der **Unterrichtsfilm** zielt in seiner inhaltlichen und didaktischen Bearbeitung auf den Unterricht – oft sogar für eine bestimmte Altersstufe.

Der **Unterhaltungsfilm** ist lang, spricht in oft sehr kurzen Szenen vielerlei Themen an und hat eine meist auffällige Begleitmusik (z. B. FWU 42 02554, Wiesensommer). Der reine Unterhaltungsfilm wird im Unterricht selten verwendet.

Der Einsatz von Filmen im Unterricht erfordert eine sorgfältige Vorbereitung. Vor der Verwendung eines Films sollte die Lehrperson sich diesen anschauen und mit Hilfe des Beiheftes – unter Berücksichtigung der Klassensituation und der Unterrichtsziele – prüfen, ob sie ihn ganz oder in Teilen, mit oder ohne Ton vorführen will. Dabei muss sie auch emotionale Aspekte wie Begleitmusik und Farbe beachten. Durch Filmdarstellungen können Sympathien ebenso wie Ekelgefühle verstärkt werden (vgl. *Rolletschek* 2001). Eine Untersuchung zum Thema AIDS zeigte, dass durch einen Dokumentarfilm das Behalten von Fakten, durch einen Spielfilm die Einstellung gegenüber HIV-Infizierten verbessert wurde (vgl. *Killermann* 1996, 343 f.).

Mit einer Digitalkamera können Filme heute relativ leicht selbst hergestellt werden. Die *Produktion von Filmen mit Lernenden* ist am ehesten in Arbeitsgemeinschaften möglich. Neben Tierbeobachtungen bietet sich dies z. B. für Interviews, Experimente und Dokumentationen von Gruppenarbeit oder außerschulischem Arbeiten an. Die aufgenommenen Szenen können direkt betrachtet werden, sie können mit einem Schnittprogramm bearbeitet werden (vgl. *Hildebrandt* 2001). Auch die digitale Überarbeitung (Überblendung, Titelgestaltung, Einfügen von Texten etc.) ist möglich.

22.6.2 Fernsehsendungen

Das Fernsehbild ist im Normalfall wesentlich kleiner als das Bild der Filmprojektion, aber es ist sehr klar und lichtstark, so dass die Darbietung in einem nur teilweise verdunkelten Raum erfolgen kann. Fernsehsendungen können im Klassenraum direkt übernommen werden oder über Aufzeichnungen (mit Hilfe eines Video-Recorders) vorgeführt werden. Im Gegensatz zu den Unterrichtsfilmen bringen die Fernsehsendungen meist aktuelle Themen mit Aussagen von Fachleuten, Diskussionen und Interviews. Biologisch orientierte Sendungen, insbesondere Tiersendungen, der *allgemeinen Programme* werden vor allem von Kindern und Jugendlichen recht gern in der Freizeit angeschaut (vgl. *Lukesch* 1996, *Theunert/Eggert* 2001). Diese Sendungen sind meist als »Unterhaltungssendungen« konzipiert. Die Lernenden verfügen durch regelmäßiges Anschauen dieser Sendungen über eine Fülle von Kenntnissen, die im Unterricht genutzt werden können. Eine Gefahr des »Fernsehkonsums« ohne Möglichkeit der Aussprache besteht u. a. darin, dass die in vielen Fernsehfilmen enthaltenen Anthropomorphismen nicht erkannt werden. Populärwissenschaftliche Sendungen faszinieren oft durch ihre Bilddokumente, enthalten aber häufig fachliche Fehler oder missverständliche Aussagen, so dass ihr Einsatz kritisch und fachdidaktisch überlegt erfolgen sollte.

Für das Fach Biologie ist das Angebot im Schulfernsehen verhältnismäßig spärlich (vgl. *Schubert/Teutloff* 1993). Im Gegensatz zum allgemeinen Fernsehen hat das Schulfernsehen folgende Besonderheiten:

- Schulfernsehen wird z. T. während der Unterrichtszeit (oft in Wiederholungen) gesendet. Die Sendungen dürfen aufgezeichnet werden.
- Die Schulfernsehsendungen orientieren sich in Themenauswahl und Aufbereitung an den Lernenden und am Lehrplan. Die Sendereihen bestehen meist aus 5 bis 6 Einzelsendungen von 20 bis 30 Minuten Dauer.

Das Schulfernsehen kann – bei entsprechender Vor- und Nachbereitung durch die Lehrkraft – eine Abwechslung in den Biologieunterricht bringen, zumal die Sendungen neueres Anschauungsmaterial verwenden und aktuell aufbereitet sind (vgl. *Dearden* 1982).

Ist in der Schule eine Digitalkamera vorhanden, so können Aufnahmen direkt in die Klasse übertragen oder aufgezeichnet und später wiedergegeben werden. Für den Biologieunterricht ergeben sich durch ein solches schulinternes Fernsehen folgende Möglichkeiten (vgl. *Bäßler* 1969): Kleine Gegenstände (z. B. kleine Insekten) werden bei entsprechender Einstellung (des Zoom-Objektivs) auf dem Bildschirm stark vergrößert abgebildet und können von der ganzen Klasse gleichzeitig betrachtet werden. Setzt man eine Videokamera oder Flexkamera auf ein Mikroskop mit entsprechender Beleuchtung, so erhält man ein Videomikroskop, mit dem man mikroskopisch kleine Lebewesen sehr gut zeigen kann, ohne die Objekte stark zu erwärmen, wie das bei der Mikroprojektion oft geschieht (vgl. *Lüthje* 1994).

Langzeitbeobachtungen z. B. in Vogel- oder Insektennistkästen oder Zeitrafferaufnahmen von Keimungs- und Knospungsvorgängen sind mit einer *Webcam* möglich (vgl. *Lehnert* 2002). Mit Hilfe einer Digitalkamera lassen sich auch Rollenspiele aufzeichnen und kritisch reflektieren.

23 Modelle

Neben den Originalen (Lebewesen, Biosysteme) sind Modelle – als ihre vereinfachten Abbilder – wesentliche Lern- und Lehrmittel im Biologieunterricht. Ihr Einsatz erfordert unter den Medien wohl den größten Theoriebezug, weil stets die Entsprechungen zum Original sowie die Leistungen, aber auch die Grenzen eines Modells zu bedenken sind. Neben den körperlichen Modellen haben Diagramme sowie unter bestimmten Umständen auch Texte Modellcharakter.
Wichtige erschließende Begriffe: Abbildung, Analogie, Entsprechung, Homologie, Konstrukt, Modellexperiment, Modellierung, Vereinfachung
Bearbeitet von *Ulrich Kattmann*

23.1 Zum Begriff

Das Wort »Modell« ist abgeleitet von der Verkleinerungsform des lateinischen Wortes »modus«, nämlich modulus, was soviel wie Maß, Maßstab oder Art und Weise bedeutet. Die Definitionen des Begriffes »Modell« stimmen darin überein, dass sie als Gegenbegriff den des »Originals« enthalten: Modelle sind vereinfachte Abbildungen von Originalen. Sie repräsentieren somit gedankliche und materielle Realität (vgl. *Halbach* 1977; *Nachtigall* 1978, 132; *Stachowiak* 1980; *Meyer, Hu.* 1990). Als Grundlage aller Modelle können die Modellvorstellungen angesehen werden, die wir uns aus denkökonomischen Gründen machen: »So behilft sich das menschliche Bewusstsein damit, Teilbereiche der Wirklichkeit durch Denkmodelle abzubilden, um wenigstens in Teilbereichen erfolgreich denken zu können« (*Steinbuch* 1977, 10).

Der Prozess der *Modellierung* setzt stets einen Theoriebezug voraus. Ausgehend von gegenständlicher Realität (Originalen) verläuft er über die gedankliche Realität zu gegenständlichen Modellen, d. h. von Denkmodellen zu Anschauungsmodellen.

Bild 23-1 ◄

Originale haben (wie alle Gegenstände) unendlich viele Eigenschaften. *Denkmodelle* bilden dagegen nur diejenigen Eigenschaften ab, die als wesentlich erscheinen. Welche Eigenschaften als wesentlich betrachtet werden, entscheiden die Annahmen (Theorien, Hypothesen), nach denen die originale Wirklichkeit gedeutet wird und die Denkmodelle gebildet werden.

Wird ein Denkmodell in ein *Anschauungsmodell* umgesetzt, so hat dieses als Gegenstand wiederum unendlich viele Eigenschaften. Neben den im Sinne der Modellierung wesentlichen, hat es immer auch unwesentliche Eigenschaften, das Beiwerk oder den Überschuss. Modelle sind also keine Kopien

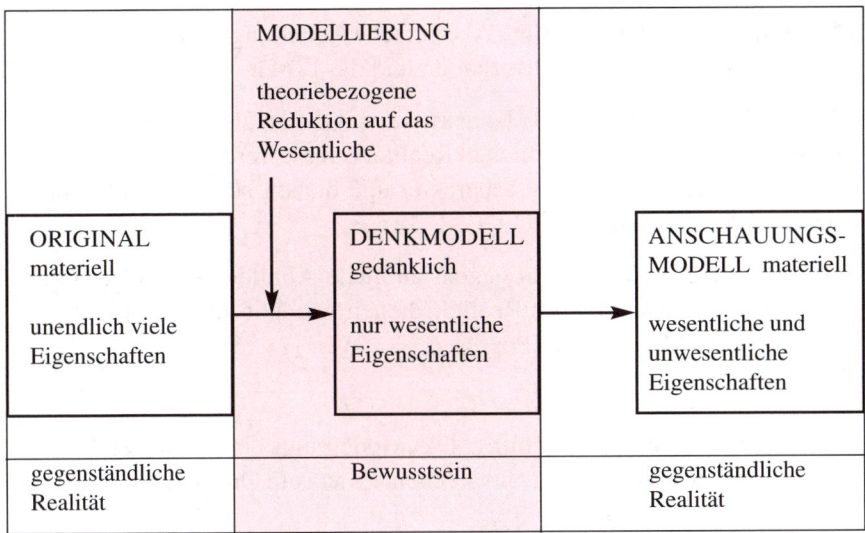

Bild 23-1: Modellbildung (nach *Steinbuch* 1977, verändert)

der Originale; ihre Eigenschaften sind nicht mit denen der Originale identisch; sie sind vielmehr theoriebezogene Abbilder von Originalen. Bei einem Vergleich von Original und Modell sind die Entsprechungen der abzubildenden Eigenschaften des Originals den abgebildeten Eigenschaften des Modells gegenüberzustellen. Weiterhin sind die Verkürzungen (nicht abgebildete Eigenschaften des Originals) sowie die Überschüsse zu beachten.

Originale und Modelle können sich hinsichtlich des Substrats (Aufbau aus anderen chemischen Stoffen), der Dimension (Verkleinerung, Vergrößerung) und der Abstraktion (Anzahl wesentlicher Eigenschaften) unterscheiden.

23.2 Sinn und Bedeutung

Ein gemeinsames Kennzeichen aller Modelle ist ihr zweifach finaler Charakter: Zum einen wird die Modellierung im Hinblick auf bestimmte Zwecke durchgeführt, zum anderen werden die so gebildeten Modelle zu bestimmten Zwecken eingesetzt (z. B. in der Absicht, mit bestimmten Zielen zu forschen bzw. zu unterrichten). Modelle sind also zweckmäßig konstruierte Hilfsmittel mit den *Funktionen* der Erkenntnisgewinnung und Erkenntnisvermittlung (vgl. *Schulte* 1978 a; *Simon* 1980).

Damit Modelle diesen Funktionen genügen können, sind an sie sachliche und didaktische *Anforderungen* zu stellen (vgl. *Stachowiak* 1980; *Dietrich* u. a. 1979, 124). Es ist zu beachten, dass diese Anforderungen immer nur innerhalb der Grenzen des Zweckes anzuwenden sind, für die das Modell hergestellt wurde oder eingesetzt werden soll.

▶ 23.4

Denkökonomische Funktion: Als einfache Abbildungen erleichtern Modelle das Erfassen von Sachverhalten und das Lösen von Problemen.

Heuristische Funktion: Als Konstrukte, mit denen als wesentlich angesehene Teile der gegenständlichen Realität erfasst werden, haben Modelle Hypothesen- und Entwurfscharakter und dienen zur Problemfindung und Problemeingrenzung.

Anschauungsfunktion: Als gegenständliche Abbilder sowohl ideeller wie auch gegenständlicher Realität dienen Modelle der Veranschaulichung von Strukturen und Prozessen.

**Anforderungen an
Modelle**

Ähnlichkeit und Entsprechung: Das Modell muss in den wesentlichen Eigenschaften dem Original entsprechen. Es ist dem Original daher in den Hauptmerkmalen ähnlich.

Einfachheit und Adäquatheit: Das Modell soll einfacher als das Original sein, es soll die wesentlichen Eigenschaften adäquat abbilden.

Exaktheit und Fruchtbarkeit: Das Modell soll so exakt sein, dass es unter definierten Bedingungen Voraussagen über das Original zulässt.

Die meisten käuflichen Modelle dienen als Erklärungs- oder als Demonstrationsmodelle. Für die Verwendung vor einer Lerngruppe sind sie aber meist zu klein. Selbst hergestellte Demonstrationsmodelle sollten genügend groß sein und das Wesentliche deutlich hervorheben. Eine konsequente Farbgebung einander entsprechender Teile hilft, das Wesentliche zu erfassen.

Die Effektivität des Einsatzes gegenständlicher Modelle haben *Kurt Leibold* und *Siegfried Klautke* (1999) an einem Modell zur Fotosynthese überprüft.

23.3 Einteilung in Typen, Beispiele

Zur Einteilung in verschiedene Modelltypen gibt es zahlreiche Vorschläge. Grundlegend ist die Unterscheidung zwischen (gedanklichen) Denkmodellen und (materiellen) Anschauungsmodellen. Zu den *Denkmodellen* zählen vor allem rein mathematische Abbildungen und die damit verbundenen Vorstellungen, z. B. das Modell des »idealen Gases« in der Physik und das der »erbkonstanten Bevölkerung« (vgl. *Weninger* 1981, 185 ff.). Zu den *Anschauungsmodellen* zählen alle gegenständlichen Modelle.

Nach der Funktion im Erkenntnisprozess kann zwischen *Forschungsmodellen* sowie *Lern-* und *Lehrmodellen* unterschieden werden. Forschungsmodelle

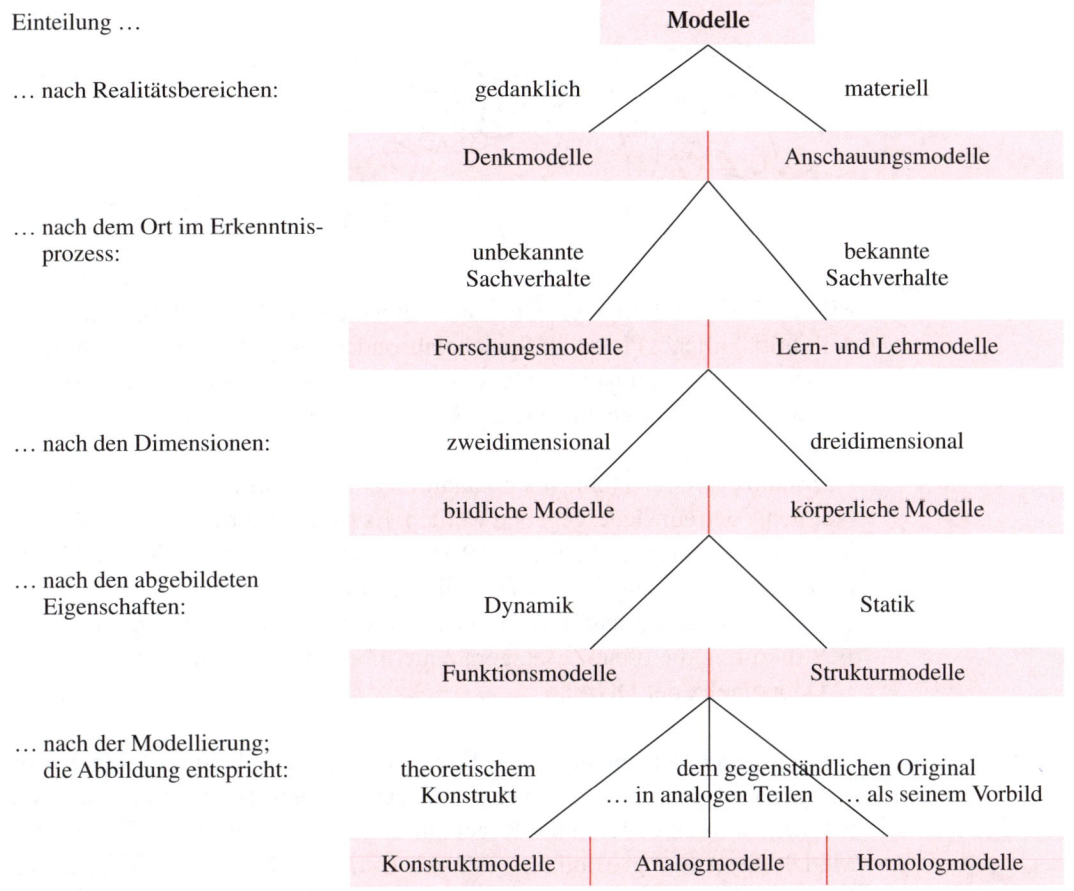

Einteilung …

… nach Realitätsbereichen:

… nach dem Ort im Erkenntnisprozess:

… nach den Dimensionen:

… nach den abgebildeten
Eigenschaften:

… nach der Modellierung;
die Abbildung entspricht:

Bild 23-2: Einteilung von Modellen nach verschiedenen Gesichtspunkten

können zu Lern-Lehrmodellen werden, wenn sie im Lernprozess eingesetzt ► Bild 23-4
werden (wie in diesem Buch Bild 23-4).

Bei den Anschauungsmodellen können dreidimensionale, d. h. *körperliche*,
und zweidimensionale, *bildliche Modelle* (ikonische und symbolische Darstellungen) unterschieden werden. Zu den bildlichen Modellen gehören auch
»Diagramme« und »Symbolsysteme«, die Strukturen oder Funktionen abbilden (z. B. chemische Formeln und Zeichen für Nährstoffe und deren BJaustei-
ne). Die Zeichen sollten im selben bildlichen Modell stets denselben Abstraktionsgrad haben, und sie sollten eindeutig sein (vgl. *Kattmann* 1983 c; *Mül-* ► 24
ler/Brehme/Lepel 1985; *Lepel/Kehren* 1996 b; *Langlet* 2006).

Nach der Art der dargestellten Eigenschaften wird zwischen Strukturmodel-
len und Funktionsmodellen unterschieden.

333

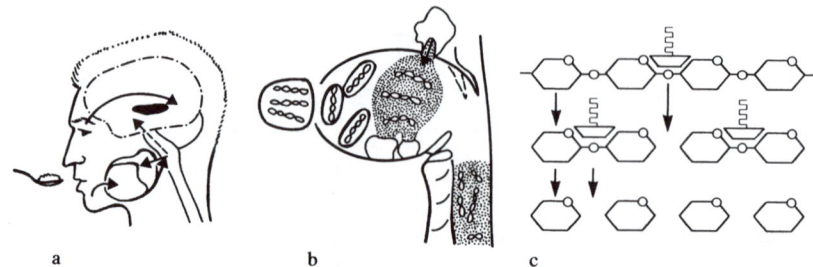

a   b   c

Bild 23-3: Darstellungsformen von bildlichen Modellen. a) Ikonisches Modell (bildähnliches) Modell: Speichelabsonderung als Reflex; b) vermischtes Modell: Stärkeabbau im Mund; c) symbolisches Modell: biochemische Vorgänge beim Stärkeabbau (nach *Müller/Brehme/Lepel* 1985)

Strukturmodelle zeichnen sich dadurch aus, dass mit ihnen Baumerkmale möglichst getreu wiedergegeben werden. Es sind meist Modelle der Morphologie und Anatomie (vgl. *Staeck* 1980, 43; *Erber/Klee* 1988). Sie sind häufig zerlegbar. Sie eignen sich zur Darstellung von:

■ sonst nicht analysierbaren Organen und Organismen (z. B. Torso);
■ Strukturen, die ohne Zusatzgeräte nicht beobachtet werden können (z. B. Doppelhelix der DNA).

Funktionsmodelle bilden den Verlauf von Prozessen ab. Sie ermöglichen damit die Analyse von Funktionen und Mechanismen. Die anatomischen Verhältnisse werden dabei in der Regel nur ungenau erfasst (z. B. Donder'sches Modell der Atmung; Blutkreislauf, vgl. *Gude* 1988; Innenohrfunktion, vgl. Ronneberger 1990; Augenmodelle, vgl. *Erber/Klee* 1986). Modelle der DNA ermöglichen die Darstellung der Replikation; die Pfeffer'sche Zelle ist ein Modell für die osmotischen Vorgänge in der Zelle; mit Kugeln und Wänden mit Poren können molekulare Vorgänge bei der Osmose (als Modell vom Modell der Pfeffer'schen Zelle) simuliert werden (vgl. *Gropengießer* 1981; *Bartsch/Rüther/Toonen* 1990); Funktionsmodelle der Wirbelsäule erlauben Angaben über Beweglichkeit und quantitative Aussagen zur Statik der menschlichen Wirbelsäule (vgl. *Schneider, H.* 1981; *Hedewig* 1990 a). Zu den Funktionsmodellen gehören auch die Simulationen von ökologischen, populationsbiologischen und evolutionären Prozessen (z. B. Mimikry-Modell, vgl. *Gropengießer/Laudenbach* 1987). Mit einem Blackboxmodell (oder auch mit einem Puzzle) kann das wissenschaftliche Vorgehen abgebildet werden (*Frank* 2005; *Freese* 2005).

Eine weitere Möglichkeit, Modelle zu ordnen, bezieht sich auf die Art und Weise, in der sie Originale abbilden (Art der Modellierung). Diejenigen Mo-

334

delle, die einem gegenständlichen Original nachgebildet sind (»das Original ist gleichsam ‚Stammform'«), heißen *Homologmodelle*. Sie geben das Original selten in den Dimensionen, häufig aber in den Proportionen und damit in der Gestalt wieder. Dies trifft vor allem auf Strukturmodelle zu.

Bei *Analogmodellen* wird das Anschauungsmodell nicht eigens hergestellt, sondern das Original wird mit einem Gegenstand der vorgegebenen Realität verglichen: Ein Gegenstand wird dem Original als Modell zugeordnet, wobei Funktionsanalogien betrachtet werden. Die Eigenschaften des Originals werden durch das zugeordnete Modell nur in einer bestimmten Anzahl von Eigenschaften widergespiegelt. Diese Eigenschaften lassen sich bei Original und Modell einander zuordnen (analogisieren), ohne dass im übrigen eine Übereinstimmung (z. B. in der Gestalt) zwischen beiden vorhanden ist. (z. B. Vergleich des Stempels der Salbeiblüte mit einem Schlagbaum; der Zelle mit einem Unternehmen (vgl. *Cavese* 1978, 183); der Enzymkinetik mit der Schalterabfertigung (vgl. *Köhler, H.* 1985 b). Zu den Analogmodellen gehören auch Vergleiche zwischen biologischen und technischen Systemen (vgl. *Gropengießer* 1993). Beim Vergleich zwischen einem Lebewesen und einer Kerzenflamme können Leistungen und Beschränkungen von Analogmodellen besonders deutlich werden (vgl. *Schaefer* 1972 a; 1977 a; *Kattmann* 1980 b; 1990). Die Kerzenflamme ist wesentlich einfacher strukturiert als ein Lebewesen, was ihrem Modellcharakter als einfaches Abbild des Originals entspricht. Sie zeigt Merkmale, die denen von Lebewesen analog sind, wie Stoffwechsel (nur abbauender), Bewegung (autonomes Flackern), Wachstum und Regulation (Beibehalten bestimmter Größe und Wiederherstellen nach Störungen). Die Kerzenflamme vermag sich selbst aufzubauen und zu differenzieren (in nicht leuchtende und leuchtende Zone) sie kann sich aber nicht fortpflanzen und zeigt weder Sinneswahrnehmung noch Vererbung, da sie keine Informationsströme und Informationsspeicher besitzt. Das Leuchten der Flamme ist für den Gebrauch der Kerze ein wesentliches, in der Funktion als Analogmodell jedoch ein unwesentliches Merkmal (Beiwerk).

Konstruktmodelle bilden schließlich kein gegenständliches Original ab, sondern lediglich ein gedachtes Gefüge, also ein theoretisches Konstrukt. Das Original findet sich in der gegenständlichen Realität nicht: Das Original ist in diesem Fall ein Denkmodell: Konstruktmodelle beruhen also vorwiegend oder ausschließlich auf (theoriegeleiteten) Rekonstruktionen und Konstruktionen (z. B. rekonstruierter Schädel eines Fossils, Abbildung eines Bauplans, Mensch mit Facettenaugen). Zu solchen Konstruktmodellen gehören auch phantasievolle Modellorganismen, mit denen Evolution abgebildet werden soll, z. B. die Rhinogradentier (*Stümpke* 1975), die Caminalcules (*Sokal* 1966; *Halbach* 1977) oder die Schrägen Hangnager (*Kattmann* 1992 g). Als Konstrukt-Modelle können auch Science-Fiction-Texte betrachtet werden

▶ Tab. 23-1

▶ Tab. 23-2

▶ Bild 23-4

335

Zelle	Entsprechungen	Unternehmen
Membran	Schutz, Abgrenzung	Wände, Zäune, Türen
ER	Transport	Gänge, Flure
Kern	Steuerung und Kontrolle	Geschäftsleitung
Nukleolus	Informationsübergabe und -aufbereitung	Datenverarbeitung
Chromosom	Informationsspeicherung	Datenbank
Vakuole	Speicherung von Stoffen	Speicherraum, Magazin
Ribosom	Produktion	Fabrik
Mitochondrium	Energieumwandlung	hauseigenes Kraftwerk
Golgi-Apparat	»Einpacken«, Stoffabgabe	Packraum, Versand

Tabelle 23-1: Analogmodell: Entsprechung der Organellen einer Zelle mit Teilen eines Unternehmens (nach *Cavese* 1978, 183, verändert)

Entsprechungen	Fehlende Merkmale (Verkürzungen)	Unwesentliche Merkmale (Beiwerk, Überschuss)
Durchflusssystem	Stufenbau von Durchflusssystemen	
Materieflüsse	Informationsfluss	
Energiefluss		z. B. Leuchten
Selbstorganisation		
Stoffwechsel	aufbauender Stoffwechsel	
Bewegung	Sinneswahrnehmung	
Wachstum	Vererbung	
Regulation	Reproduktion	

Tabelle 23-2: Die Kerzenflamme als Analogmodell zu »Lebewesen«

Bild 23-2 ◄
Bild 23-5 ◄ (vgl. *Teutloff* 2006). Modelle kann man nacheinander unter allen genannten Aspekten betrachten und beurteilen.

23.4 Zur Durchführung

Im Biologieunterricht der Schule können Lehr- und Lernmodelle als Mittel der Erkundung und des Entdeckens, der Erklärung und Bestätigung sowie der Veranschaulichung und Demonstration eingesetzt werden. Lernmodelle sollen vor allem dem forschenden Lernen dienen (vgl. *Reichart* 1978 a). Wenn die Schüler das Modell selbst in die Hand nehmen und damit umgehen kön-

Bild 23-4: Konstruktmodell: Mensch mit Facettenaugen und Fliege mit Lin-
senaugen. Ein Mensch würde ein Facettenauge von etwa 1m Durchmesser
benötigen, wenn dieselbe Winkelauflösung wie bei einem Facettenauge erreicht werden soll. Ein Linsenauge mit der Winkelauflösung des Auges einer
Fliege wäre etwa ebenso groß wie deren Facettenauge (aus *Kirschfeld* 1984).

nen (visueller und taktiler Sinn), können sie dadurch stark motiviert werden
(vgl. *Memmert* 1974). Am intensivsten beschäftigen sich die Lernenden mit
Modellen, wenn sie diese selbst entwickeln und herstellen (vgl. *Gropengießer* 1981; *Erber/Klee* 1988; *Meyer, Hu.* 1990; *Zink* 2005).

Zum Umgang mit Modellen gehört die *Modellkritik*. Sie ist besonders wichtig, um die wesentlichen (theoriebezogenen) Eigenschaften der Modelle zu erfassen und so auch die Entsprechung von Modell und Original genau zu erkennen. Vor dem Einsatz von Modellen und der Durchführung von Modell-
versuchen sind daher Original und Modell gegenüberzustellen. Dabei sollte
deutlich werden, dass mit einem Modell die Wirklichkeit nicht einfach nachgebildet, sondern im Sinne der Theorie (Hypothese) über das Original konstruiert wird. Da besonders Funktionsmodelle oft die anatomischen oder morphologischen Details der Originale nicht wiedergeben, ist es bei ihnen besonders wichtig, die Teile des Modells mit den entsprechenden Teilen des Originals genau zu parallelisieren und so die Entsprechungen zwischen Modell

337

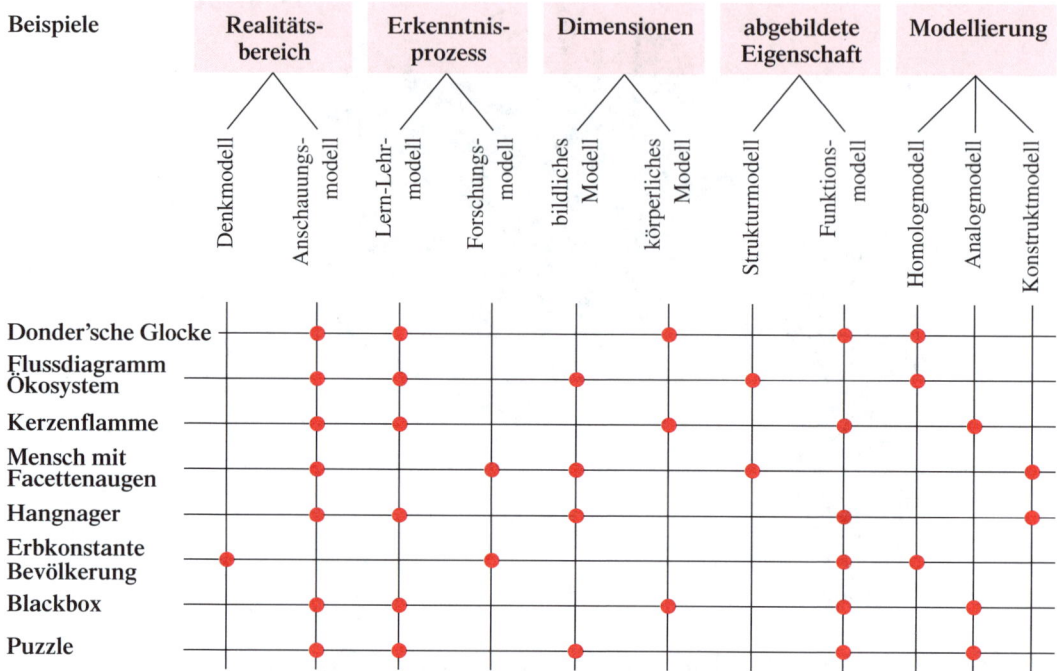

Bild 23-5: Beispiele zur Einteilung von Modellen unter verschiedenen Gesichtspunkten

Tab. 23-1 ◄ und Original präzise zu bestimmen (vgl. *Eschenhagen* 1981; *Meyer, Hu.* 1990; *Neupert* 1996).

■ Um eine Verwirrung der Lernenden zu vermeiden, sollten grundsätzlich die *Begrenztheit* der Aussagekraft der verwendeten Modelle und der mit ihnen durchgeführten Experimente diskutiert werden.

Dabei sind die von der Theorie gesetzten Beschränkungen (Abstraktionen und Vereinfachungen, Verkürzungen und Beiwerk des Modells) besonders zu beachten. Als Modell wird im besten Fall ein theoriegerechtes Abbild des Originals konstruiert, das der Wirklichkeit immer nur in derselben Weise entsprechen kann, wie es die zugrundeliegende Theorie tut. Der Zweck für den das Modells konstruiert wird oder hergestellt worden ist, begrenzt dessen Aussagekraft. Ein häufiger Fehler im Umgang mit Modellen besteht darin, den Vergleich mit dem Original zu überdehnen und im Beiwerk des Modells Entsprechungen zu suchen, die das Modell nicht leisten kann (Überschuss).

Tab. 23-2 ◄

Der gezielte Einsatz von Modellen zur Erkundung und zum Entdecken wird auch als Modellmethode bezeichnet. Beobachtungen und Experimente werden hierbei – wie üblich – nach dem hypothetisch-deduktiven Vorgehen durchgeführt, an die Stelle des Originals tritt lediglich das Modell. Das Vor-

17.1 ◄

Modellkritik

Leistungen des Modells: *Entsprechungen*
In welchen wesentlichen Eigenschaften stimmen Original und Modell überein?
Werden die wesentlichen Eigenschaften des Originals anschaulich abgebildet?

Grenzen des Modells: *Verkürzungen*
Welche wesentlichen Eigenschaften des Originals werden nicht abgebildet?

Überschuss des Modells: *Beiwerk*
Welche unwesentlichen Eigenschaften hat das Modell?
Welche unwesentlichen Eigenschaften des Modells können leicht zu Fehldeutungen führen?

gehen ist also prinzipiell das gleiche wie bei den sonstigen Beobachtungen und Experimenten. Die Modellbildung wird in der Phase der »Planung« vollzogen. In der »Durchführung« werden der Bau des Modells und das Experimentieren mit dem Modell, in der Phase der »Auswertung« werden der Vergleich zwischen Modell und Original angestellt sowie die Schlussfolgerungen vom Modell auf das Original gezogen. Besonders diese letzte Phase muss sorgfältig durchgeführt werden, damit die am Modell gewonnenen Ergebnisse in ihrer Tragfähigkeit zur Erklärung des überprüften Problems richtig eingeschätzt werden können (vgl. *Dietrich* u. a. 1979, 123 ff.; *Pawelzig* 1981; *Neupert* 1996). Wann im Unterricht Modelle und wann Originale (Lebewesen) eingesetzt werden, muss jeweils didaktisch sorgfältig abgewogen werden. Modellversuche sind insbesondere dann angebracht, wenn das Original nicht verfügbar oder für bestimmte Untersuchungen ungeeignet ist (vgl. z. B. zur Erregungsleitung: *Ducci/Oetken* 1999; Osmose: *Gropengießer* 1981). Keinesfalls können Modelle die Originale völlig ersetzen (gegen *Reichart* 1982). Dies gilt auch für die Beschreibung und Analyse von Prozessen mit Hilfe mathematischer Modelle (z. B. »Computersimulation«).

▶ 27

Da kein Modell (auch kein Denkmodell) das entsprechende Original optimal repräsentiert, sollten verschiedene Modelle und Modellversuche und gegebenenfalls weitere Medien eingesetzt werden, um ein vielseitigeres und damit umfassenderes Bild zu vermitteln, als es mit nur einem Modell oder nur einem Experiment möglich ist.

24 Diagramme

Diagramme sind bildliche Formen mathematischer Abbildungen. Sie werden zum Biologielernen vielfältig eingesetzt, sowohl zur Demonstration als auch zur Interpretation und Darstellung von Versuchsergebnissen. Dabei wird häufig übersehen, dass Diagramme zweidimensionale Modelle darstellen, die theoriebezogen ausgewählt und interpretiert werden sollten.

Wichtige erschließende Begriffe: Abbildung, Flüsse, Modell, Mathematisierung, Regelkreisdarstellungen, Relationen

Bearbeitet von *Ulrich Kattmann*

24.1 Zum Begriff, Sinn und Bedeutung

Unter Diagrammen werden hier nur diejenigen graphischen Darstellungen verstanden, in denen mathematische und logische Größen bzw. Operationen (Relationen, Mengen, Anzahlen und Ausmaße) abgebildet werden. Vereinfachende Skizzen (Schemata), wie Blütengrundrisse oder Körperumrisse von Lebewesen, werden nicht berücksichtigt.

Diagramme sind als mathematische Abbildungen immer zugleich *bildliche Modelle*. Ihr Einsatz zum Lehren und Lernen gleicht daher dem Arbeiten mit »Modellen«. Die Art der Verwendung von Diagrammen hat wesentlichen Einfluss darauf, in welchem Verständnis und welcher Interpretation wissenschaftliche Daten vermittelt werden (vgl. *Nieder* 2000; *Roth, W.-M.* 2003). Die in den Diagrammen enthaltene »Mathematisierung« dient dazu, Zusammenhänge und Strukturen herauszustellen sowie Beobachtungen und Versuchsergebnisse sinnvoll zu ordnen. Die Darstellung soll dabei helfen, Gleichartiges leichter zu erkennen und Verschiedenartiges leichter zu unterscheiden. Durch die Darstellung werden Beobachtungen und Versuchsergebnisse aber nicht nur veranschaulicht, sondern zum Teil auch interpretiert (zum Beispiel durch das Konstruieren einer Kurve aufgrund von Messergebnissen). In der ordnenden, verdeutlichenden und interpretierenden Funktion liegt die wesentliche didaktische Aufgabe von Diagrammen.

24.2 Zur Anwendung im Unterricht

24.2.1 Grundsätze

Diagramme können nach eigenen Vorstellungen der Lernenden konzipiert und dann gemeinsam analysiert und interpretiert werden (vgl. *Bell* 2004). Wenn die Lehrperson Diagramme konsequent konstruiert und verwendet (s. S. 342), kann deren Bedeutung von den Lernenden erkannt werden, und sie können die Grundsätze für Diagramme dann gezielt in eigenen Arbeiten anwenden (z. B. bei Protokollen und Aufgaben). Das Interpretieren von Diagrammen wird wohl am besten gelernt, indem diese von den Lernenden selbst angefertigt werden. Dabei sollen sie auch entscheiden und rechtfertigen können, welchen Diagrammtyp sie zur Darstellung auswählen. Daher wird bei den folgenden Beispielen stets auf den speziellen Anwendungsbereich der jeweils behandelten Diagramme hingewiesen (vgl. *Astolfi/Coulibaly/Host* 1977; *Leicht* 1981 a, 107 ff.).

▶ Tab. 24-1

24.2.2 Anwendungsbereiche, Beispiele

Bei der grafischen Darstellung von *Messwerten* sollten die diskrete bzw. stete Verteilung der Werte beachtet werden:

▶ Bild 24-1

■ Werden die Messungen in der Auswertung im Sinne eines gesetzmäßig ablaufenden Prozesses oder einer regelhaften Verteilung gedeutet (stete Verteilung), so wird durch das Kurvenbild meist eine mathematische Funktion abgebildet (z. B. Proportionalität durch eine Gerade, Normalverteilung durch die Gauß'sche Glockenkurve). Die eingezeichneten Verbindungen zwischen den Messpunkten sind Interpolationen, die als wahrscheinliche Ergebnisse nicht vorgenommener Messungen gelten können. Bei kontinuierlichen Messungen und bei mathematischen Funktionen kann aus den Messwerten also ein *Kurvendiagramm* konstruiert werden (z. B. eine Wachstumskurve oder bei statistischen Erhebungen eine Regressionsgerade). Stets sollten das Eintragen der ermittelten Messwerte und das Zeichnen des Kurvenbildes unterschieden werden. Die mit der Kurve gegebene Interpretation muss mit den Lernenden diskutiert werden.

■ Ist eine Deutung der Messwerte als Kurve nicht möglich (diskrete Verteilung), so ist die Darstellung als *Punktdiagramm* angemessen. Da eine Kurvenlinie einen kontinuierlichen Prozess nur vortäuschen kann, ist das Zeichnen von Verbindungslinien zwischen den Messwerten in diesem Fall zu vermeiden.

Für die Darstellung und die Interpretation von Zahlenwerten ist ein Säulendiagramm immer dann besser geeignet als ein Kurvendiagramm, wenn die den Werten zugrundeliegenden Messungen nicht kontinuierlich erfolgten. Es können an Stelle von Säulen auch senkrechte oder waagerechte Säulen gewählt werden. Bei kontinuierlicher Skala werden die Säulen eng aneinandergerückt (»Histogramm«).

Eine besondere Form eines waagerecht angelegten Säulendiagramms ist das »Altersklassendiagramm« einer Bevölkerung (sogenannte Alterspyramide). Der Nullpunkt liegt bei dieser Darstellung in der Mitte, die Säulen sind nach links und rechts für die Geschlechter getrennt gezeichnet. Dieser Diagramm-

341

Auswahl des Diagrammtyps:

Die Art der jeweiligen grafischen Darstellung sollte stets sorgfältig bedacht werden. So kann verhindert werden, dass ungewollt – allein durch die den ausgewählten Diagrammtyp – Unterschiede oder Gemeinsamkeiten vorgetäuscht werden, die in der Sache gar nicht vorhanden sind.

Verwenden von Symbolen:

Diagramme sollten stets so angelegt sein, dass sie von den Lernenden direkt ohne Rückgriff auf einen erläuternden Text »gelesen« werden können. Dazu müssen die verwendeten Symbole (z. B. Pfeile, Kästen, Buchstaben, Wörter) eindeutig festgelegt sein und in einem Diagramm konsequent immer dasselbe bedeuten. Dies gilt insbesondere für Pfeile, da diese viele Bedeutungen haben können, die aber in ein und demselben Diagramm nicht wechseln dürfen.

Pfeiltyp	Bedeutung
	In Pfeildiagrammen und im Abfolgediagramm:
⟶	Relation (z. B. »... darauf folgt.«, »...wird gefressen von«)
⟶	wechselseitige Relation (nicht notwendig gleichzeitig wirkend)
⟷	stets gleichzeitig (synchron) wirkende Relation
	In Flussdiagrammen:
⟶	Informationsstrom (z. B. Reiz, Sollwert)
⇨	Materiestrom (Massestrom, z. B. Wasser, Mineralstoffe)
➡	Energiestrom (z. B. Wärme, Licht)
⇨	kombinierter Energie- und Massestrom (z. B. Nahrung)
⇄	entgegen gesetzte Ströme (stets zwei Pfeile, kein Pfeil mit Doppelspitze, da Ströme nicht gleichzeitig in zwei Richtungen fließen können!)

Beschriftung und Legende:

Größen, Einheiten und Beträge sind exakt anzugeben (z. B. in der Beschriftung eines Achsenkreuzes). In der Legende ist die Bedeutung der verwendeten Symbole anzugeben.

Überschrift:

Jedes Diagramm erhält eine prägnante, zutreffende Überschrift, die den Diagrammtyp und den Inhalt des Dargestellten angeben sollte.

Anwendungsbereiche	Diagrammtypen
Anzahlen, Ausmaße	Punktdiagramm, Säulendiagramm Bei steter (regelhafter oder gesetzmäßiger) Verteilung: Kurvendiagramm
Anteile an einer Gesamtheit	Kreissektoren-Diagramm (Tortendiagramm), Mehr-Achsen-Diagramm (Sterndiagramm)
Klassen	Mengen-Kreis-Diagramm (Venn-Diagramm) Kastentabelle (Caroll'sches Diagramm) Baumdiagramm (Dendrogramm)
Stammeslinien	Stammbaum
Relationen, Zuordnung	Pfeildiagramme
Prozesse	»Blockdiagramme« *Abfolgediagramm:* Pfeile stellen Relationen dar, in Blöcken stehen Prozesse *Flussdiagramme:* Pfeile stellen Ströme oder Flüsse und deren Richtungen dar, in Blöcken stehen Speicher oder Apparate
Genealogie	Familiendiagramm (»Familienstammbaum«)
Genetik	Erbgangsdiagramm (Kreuzungsdiagramm)
Ökologie, Verhalten, Kybernetik	Flussdiagramme, Pfeildiagramme, Abfolgediagramm

Tabelle 24-1: Anwendungsbereiche verschiedener Diagrammtypen

typ eignet sich immer dann, wenn Werte zweier verschiedener Gruppen einander gegenübergestellt werden sollen, (z. B. beim Vergleich von Geschlechtsgruppen, von Daten aus verschiedenen Jahren, Jahreszeiten oder Regionen).

Zur Darstellung von Anteilen an einer Gesamtheit eignen sich besonders Kreissektorendiagramme (Tortendiagramme). Will man Anteile mehrerer Gesamtheiten vergleichen, so kann man die Werte in einem Mehr-Achsendiagramm (Sterndiagramm) vereinen.

▶ Bild 24-2

Klassifizieren nennt man das Einordnen einer Anzahl von Gegenständen in bestimmte Klassen. Der Prozess und das Ergebnis der Aufgliederung einer Gesamtmenge können in einem Baum binärer Entscheidungsschritte, einem Dendrogramm dargestellt werden, wie es den meisten Bestimmungstabellen zugrunde liegt. Derartige Dendrogramme werden in Ähnlichkeitsanalysen sehr häufig benutzt. Sie werden oft sogar in Lehrbüchern als »Stammbäume« bezeichnet. Das ist jedoch nicht richtig. Dendrogramme enthalten lediglich Angaben über die Ähnlichkeit zwischen Gruppen (Ähnlichkeitscluster), die mit Hilfe bestimmter Klassifikationskriterien ermittelt wurden. An Dendrogrammen sind außerdem die Entscheidungsschritte abzulesen, die zu der ge-

▶ Bild 24-3

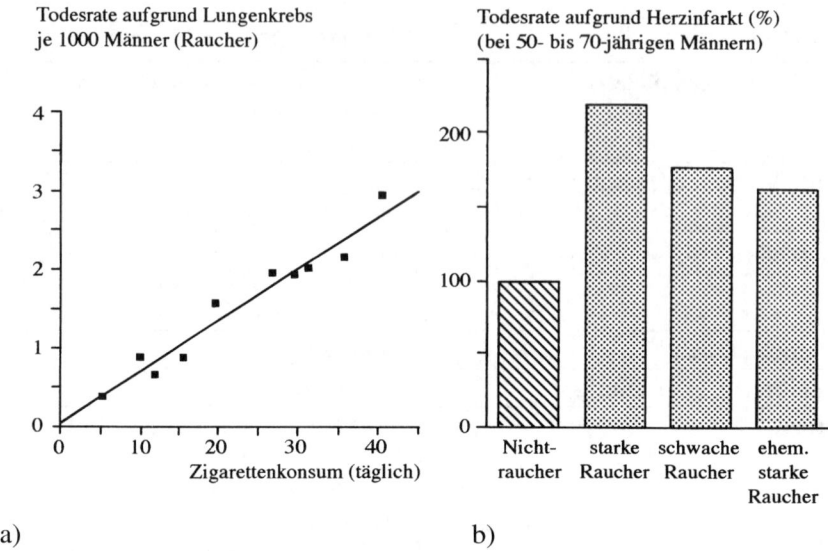

a)   b)

Bild 24-1: a) Punktdiagramm und Kurvendiagramm. Abhängigkeit der
Todesrate aufgrund von Lungenkrebs vom Zigarettenkonsum. Als Kurve
ist die Regressionsgerade gezeichnet.
b) Säulendiagramm. Todesraten aufgrund von Herzinfarkt bei Männern.
Die Nichtraucher sind gleich 100 % gesetzt.
c) Überführen eines Säulendiagramms in ein Kurvendiagramm (Normalverteilung von Samenlängen).

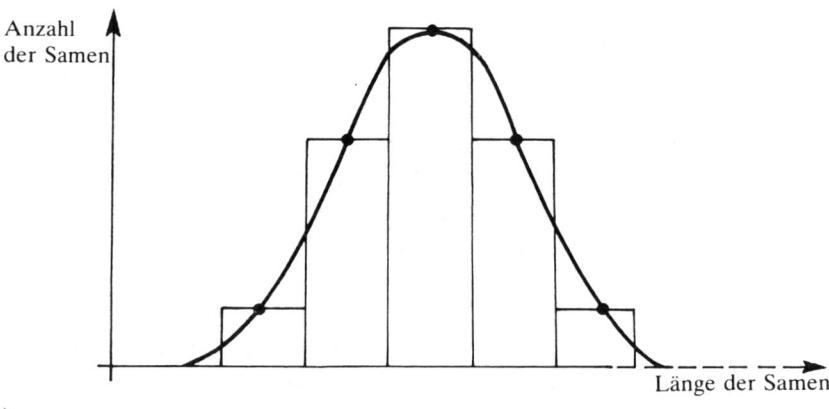

c)

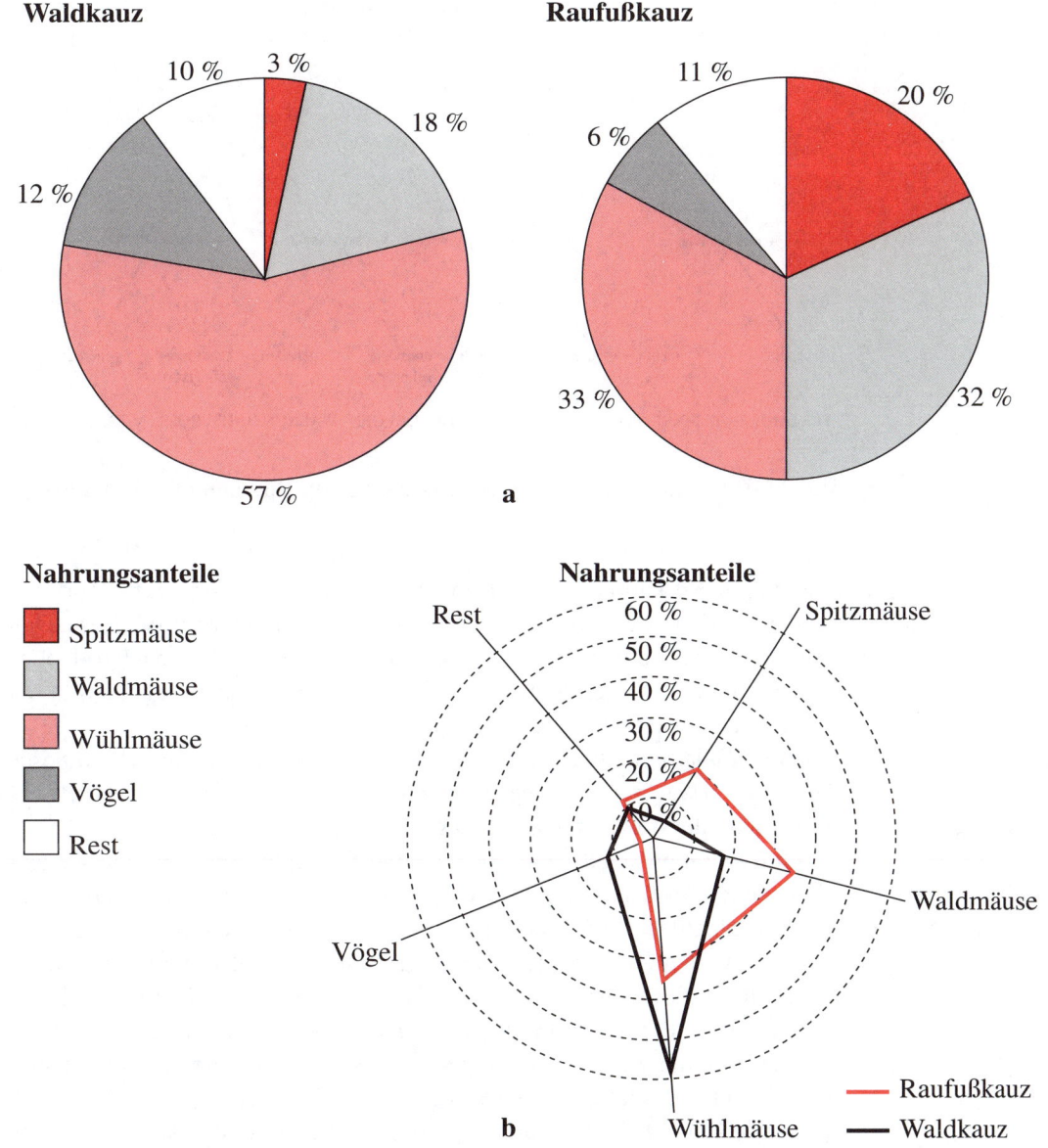

Bild 24-2: Nahrungsanteile beim Waldkauz und Raufußkauz;
a) Tortendiagramme (Kreissektorendiagramme);
b) Sterndiagramm (Mehr-Achsendiagramm)

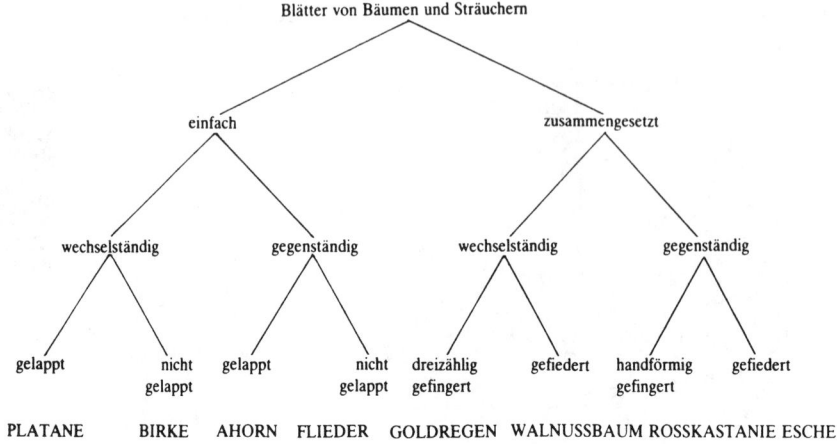

Bild 24-3: Dendrogramm zur Klassifizierung von Bäumen und Sträuchern

wählten Klassifikation führen. Dendrogramme sollten vor allem dann verwendet werden, wenn die einzelnen Entscheidungsschritte mit dem Diagramm von den Lernenden selbst konstruiert oder zumindest nachvollzogen werden können. Die Reihenfolge der Entscheidungsschritte legt man in der Richtung am besten von oben nach unten fest.

Stammbäume enthalten stets eine Zeitleiste und zusätzliche Hypothesen über den Verlauf der Stammesgeschichte. Bei Stammbäumen verläuft die Zeitachse in der üblichen Darstellung von unten nach oben.

Relationen sind regelmäßig vorhandene Beziehungen zwischen Gegenständen oder Größen. In konkreten Systemen sind sie empirisch feststellbar. Bild 24-4 ◄ Beziehungsgefüge werden häufig durch *Pfeildiagramme* dargestellt. Die Pfeile können in den Diagrammen alle möglichen Relationen repräsentieren. Es ist jedoch sorgfältig darauf zu achten, dass innerhalb ein und desselben Pfeildiagramms die Pfeile immer nur ein und dieselbe Art der Relation abbilden. In einer Nahrungskette und einem Nahrungsnetz wird durch die Pfeile stets die Relation »... werden gefressen von ...« symbolisiert (vgl. *Eschenhagen/ Kattmann/Rodi* 1991, 107). Im Diagramm zur Rangordnung steht jeder Pfeil für die Relation »... dominiert über ...«, zur ökologischen Nische für die Relation »Das Lebewesen ... benötigt ...«. Derartige Pfeildiagramme können bei geschickter Wortwahl direkt gelesen, d. h. in sprachliche Formulierungen umgesetzt werden.

Prozesse werden meist in Form von *Blockdiagrammen* dargestellt. In diesen sind Blöcke (Kästchen, Ovale, Rhomben etc.) durch Pfeile verbunden. Hinter dieser Form verbergen sich aber zwei verschiedene Darstellungsweisen. Im

346

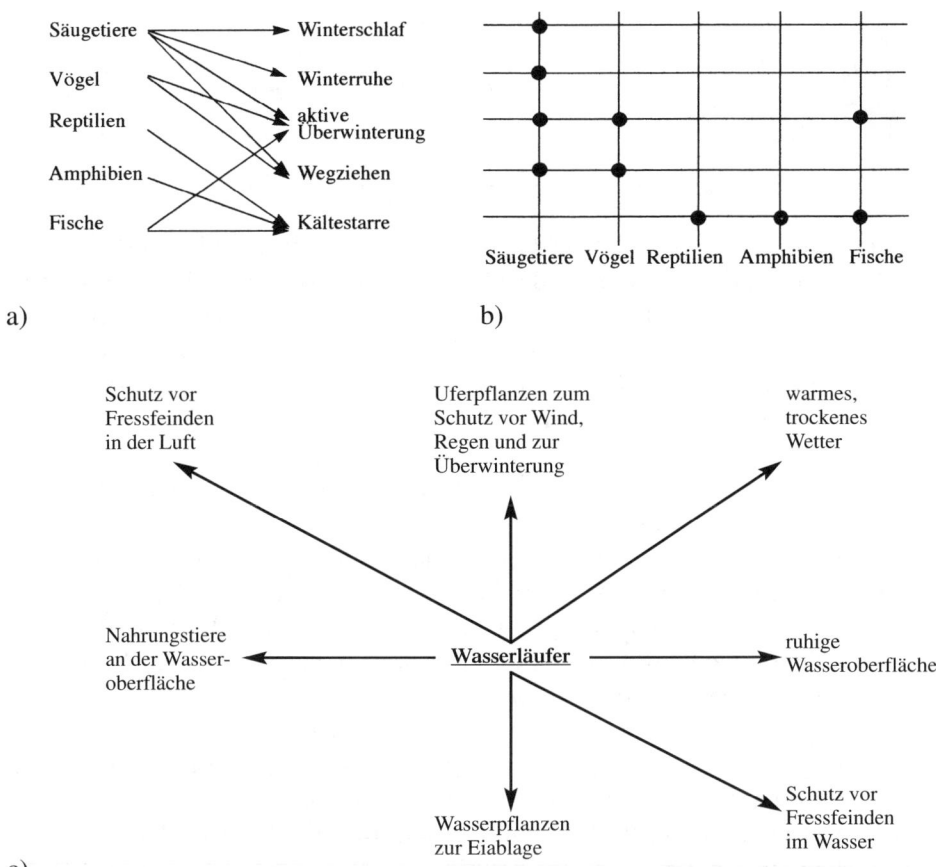

a)

b)

c)

Bild 24-4: Diagramme für Relationen a) Verhalten von Tieren im Winter.
Pfeildiagramm: Jeder Pfeil bedeutet die Relation »Unter den ... gibt es
Tiere, die überwintern durch ...«; b) Koordinationsdiagramm;
c) Pfeildiagramm: ökologische Nische (Umweltbeziehungen des Wasserläufers). Jeder Pfeil bedeutet die Relation »Diese Organismenart benötigt ...«

Abfolgediagramm haben sie die Bedeutung der Relation »darauf folgt ...« (der
in diesem Zusammenhang missverständliche Name »Fließdiagramm« ist zu ▶ Bild 24-6
vermeiden). In *Flussdiagrammen* symbolisieren die Pfeile keine Relationen,
sondern Flüsse. Im einfachsten Fall symbolisieren die »Pfeile« ausschließlich
Informationsströme. Ein Beispiel hierfür ist das *Reiz-Reaktionsdiagramm*.
Der Organismus (gezeichnet als Block) wird dabei als »black box« angesehen. Die Informationsströme, die eingehenden Reize (»input«) und die erfolgenden Reaktionen (»output«) werden entsprechend als Pfeile gezeichnet. Es

347

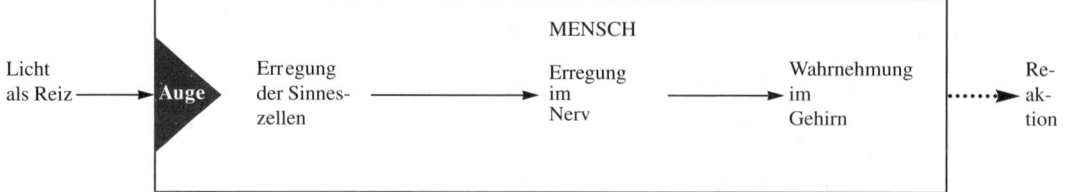

Bild 24-5: Reiz-Reaktionsdiagramm für die Sinneswahrnehmung (nach *Kattmann/Palm/Rüther* 1982, 133). Im einfachsten Fall wird die Darstellung der Informationsströme im Organismus weggelassen. Ergänzt werden kann die Darstellung des Informationsstromes von der Wahrnehmung bis zum Erfolgsorgan. Das Erfolgsorgan kann dann als nach außen gerichtetes Dreieck gezeichnet werden.

ist günstig, die Pfeile für Reize und die für Reaktionen zu unterscheiden. Dies kann dadurch geschehen, dass der Reaktionspfeil gepunktet wird (vgl. *Meyer, G.* 1979). Außerdem wird meist das empfangende Sinnesorgan als Halb-

Bild 24-5 ◀ kreis oder als nach innen gerichtetes Dreieck symbolisiert.

Durch das Hintereinanderschalten mehrerer Reiz-Reaktionsdiagramme können Handlungsketten, die zwischen mehreren Individuen ablaufen, dar-

Bild 24-6c ◀ gestellt werden, wie bei der Stichlingsbalz.

In der *Genetik* sind besondere Diagrammtypen üblich, die von der Symbolik der bisherigen Diagrammtypen abweichen. Besonders in der Humangenetik werden Familiendiagramme (sogenannte Stammbäume) verwendet. In ihnen werden weibliche Personen durch Kreise, männliche durch Kästchen symbolisiert, Personen unbekannten Geschlechts werden durch einen Rhombus, Merkmalsträger durch ausgefüllte Personensymbole gekennzeichnet (●; ■). Abstammungsverhältnisse werden durch Striche angegeben: Eltern werden durch waagerechte, Eltern und Kinder durch senkrechte Striche verbunden. Geschwister werden durch waagerechte Striche verknüpft, die sich senkrecht verzweigen. Alle anderen Verwandtschaftsbeziehungen ergeben sich aus der Stellung des Personensymbols im Diagramm. Familiendiagramme mit Angabe der Merkmalsträger erlauben Schlüsse auf den Erbgang eines Merkmals.

In Kreuzungs- oder *Erbgangsdiagrammen* wird die Verteilung der Allele bei der Fortpflanzung und damit das *statistische* Auftreten von Merkmalen im Erb-

Bild 24-7a ◀ gang simuliert. Dazu werden die Allele in Körperzellen und Keimzellen symbolisiert. Im mendelschen Standardfall ist die Eltergeneration für die betrachteten Merkmale reinerbig. Die statistische Häufigkeit der Merkmale in der 2. Tochtergeneration ergibt sich aus den Anteilen im *Kombinationsquadrat*.

Besonders wichtig ist die Form der in Erbgangsdiagrammen und Familiendiagrammen verwendeten *Gensymbole*. Die übliche Form von Groß- und Klein-

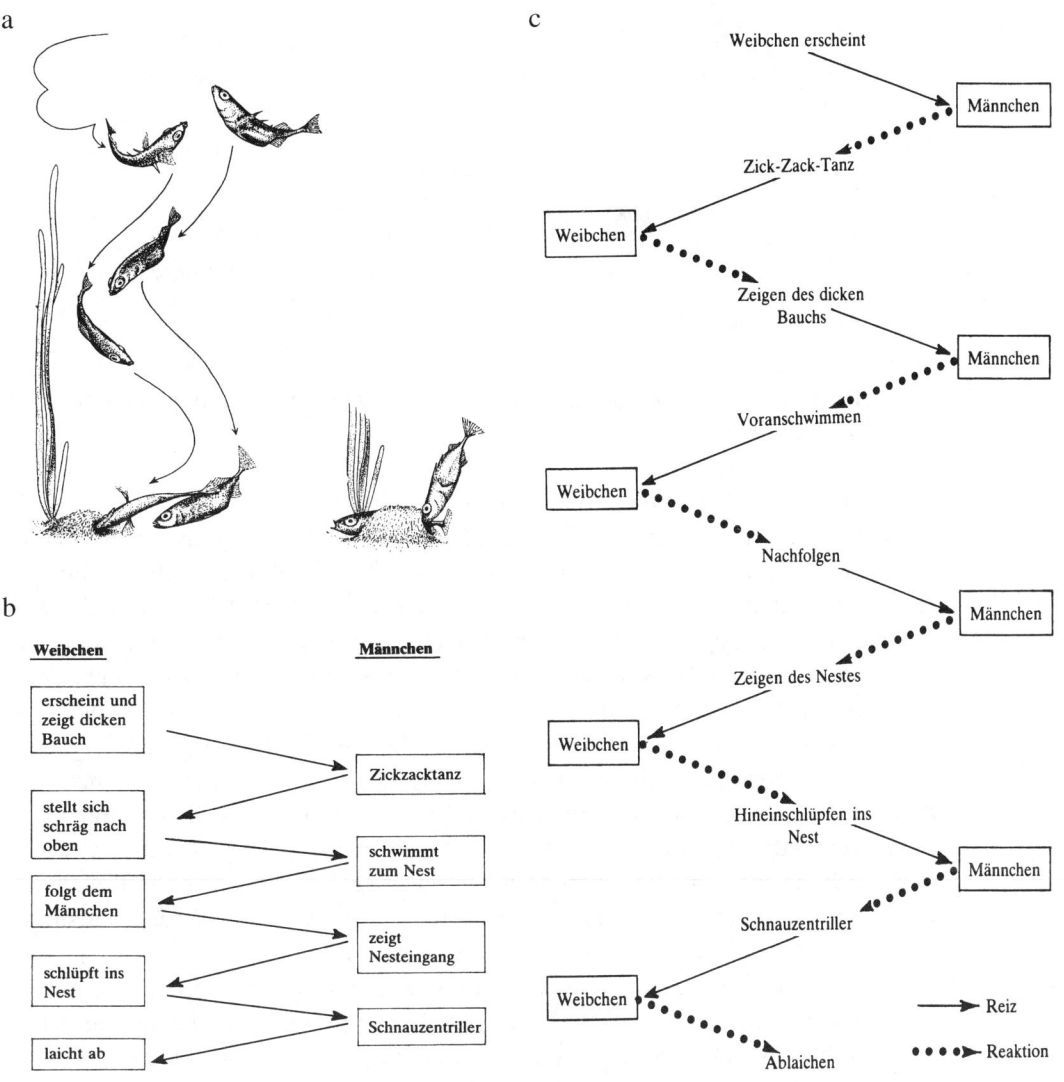

Bild 24-6: Abfolgediagramme und Flussdiagramm am Beispiel der Stichlingsbalz (es ist davon abgesehen, dass das Balzverhalten des Stichlings
nicht so eindeutig fixiert ist, wie es die isolierte Handlungskette nahelegt).
a) Bildliches Diagramm (nach *Tinbergen*). b) Abfolgediagramm. Jeder Pfeil
bedeutet die Relation »darauf folgt ...«. c) Flussdiagramm (nach *Katt-
mann/Palm/Rüther* 1983). Die vom Reiz-Reaktionsschema abgeleitete Darstellung zeigt das Ineinandergreifen von Reaktionen und Auslösern deut-
licher als das üblicherweise verwendete Abfolgediagramm.

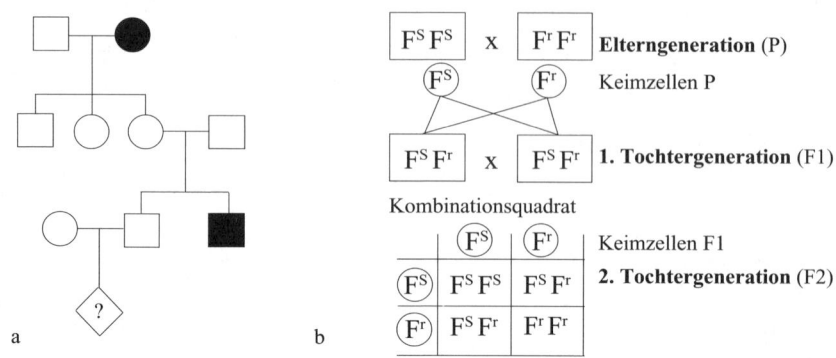

Bild 24-7: a) Familiendiagramm; b) Erbgangsdiagramm mit Gen-Symbolen nach *Tille* (1991)

buchstaben hat mehrere Nachteile: Sie ist ungeeignet für Fälle, in denen mehr als zwei Allele vorkommen; die Groß- und Kleinschreibung suggeriert, dass die Allele dominant bzw. rezessiv seien, während diese Eigenschaften streng genommen nur auf die Merkmale bezogen werden dürfen. Diese Nachteile werden vermieden, wenn man einem Vorschlag von *Rolf Tille* (1991) folgt und zur Symbolisierung jeweils zwei Buchstaben verwendet: einen Großbuchstaben, der den Genort symbolisiert (z. B. »F« als Symbol des Genorts für das Merkmal »Farbe«) und jeweils einen Indexbuchstaben für das Allel, das die jeweilige Merkmalsausprägung bewirkt (z. B. »S« für »schwarz« als dominantes Merkmal; »r« für rot als rezessives Merkmal). Mit diesen Gensymbolen wird vermieden, für Merkmale und Gene dieselben Symbole zu verwenden (wie es z. B. bei den AB0-Blutgruppen üblicherweise geschieht), und so wird auch dem Missverständnis vorgebeugt, die Gene seien verkleinerte Eigenschaftsträger (vgl. *Frerichs* 1999; *Hedewig/Kattmann/Rodi* 1999).

Sehr komplexe Diagramme sind in der *Kybernetik, Verhaltenslehre* und *Ökologie* üblich. Bei der Darstellung der Blöcke im Ökosystemdiagramm empfiehlt sich neben der Differenzierung der Ströme (s. S. 342) eine Differenzierung der organismischen Teile (Produzenten, Konsumenten, Reduzenten), bei denen die Blöcke abgerundet werden, von den nichtlebenden Teilen (Detritus, Nährstoffvorräte etc.), die als (eckige) Kästen gezeichnet werden.

Unter *Regelung* wird ein Verhalten verstanden, bei dem ein System sich selbst so steuert, dass nach einer Einwirkung der vorherige Zustand mindestens einer Größe (»Normalzustand«) annähernd oder vollständig wieder hergestellt wird (vgl. *Hassenstein* 1977). Kybernetisch definiert ist Regelung die Selbststeuerung mit negativer Rückwirkung (»Regelkreis«, vgl. *Schaefer* 1972 b). Im Biologieunterricht werden hauptsächlich drei Bereiche von Regelungen beschrieben, und zwar die Regulation

Bild 24-7b ◄

Bild 24-8 ◄

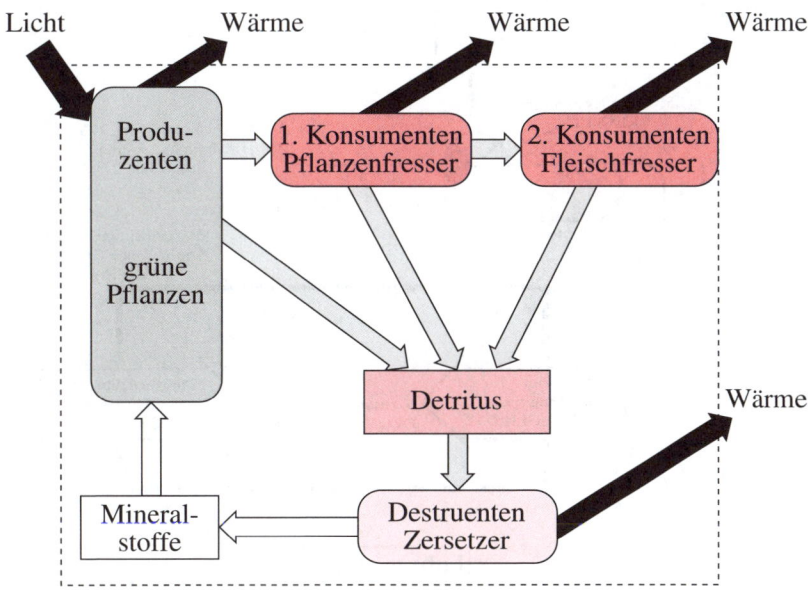

Bild 24-8: Komplexes Flussdiagramm. Modell des Stoffkreislaufs und des Energieflusses in Ökosystemen (nach *Eschenhagen/Kattmann/Rodi* 1991, 73)

■ des Verhaltens;
■ des Stoff- und Energiewechsels;
■ der ökologischen Beziehungen und des Populationswachstums.

   Ziel der *Regelkreisdarstellung* ist es meist, möglichst alle Regelungsphänomene zu beschreiben. Diese kybernetischen Diagramme stellen die Strukturübereinstimmungen von Systemen heraus, deren Elemente dennoch ganz verschieden sein können. Die kybernetischen Diagramme beschreiben also die den verschiedenen Systemen zugrundeliegenden allgemeinen Strukturen und machen so das Verhalten dieser Systeme auf einer abstrakten Ebene vergleichbar. Darin liegt ihre hauptsächliche didaktische Funktion (vgl. *Schaefer* 1972 a; b; 1978 b; *Bayrhuber* 1974; *Högermann* 1989 b; *Kattmann* 1990; *Bell* 2004). Von verschiedenen Autoren wurden jedoch z. T. sehr unterschiedliche Regelkreis-Diagramme vorgeschlagen (vgl. *Eschenhagen/Kattmann/Rodi* 1985, 261 ff.), von denen das Schema von *Hassenstein* in Materialien und Schulbüchern am häufigsten verwendet wird.

   Das Diagramm von *Hassenstein* (1977) erfasst die Informationsübertragungs- und Reaktionsmechanismen differenziert, die Regelgröße wird jedoch einfach als eine Zustandsgröße behandelt, die auf einem bestimmten Wert konstant oder annähernd gleich zu halten ist. Diese Beschreibung passt gut für Ver- ▶ Bild 24-9a

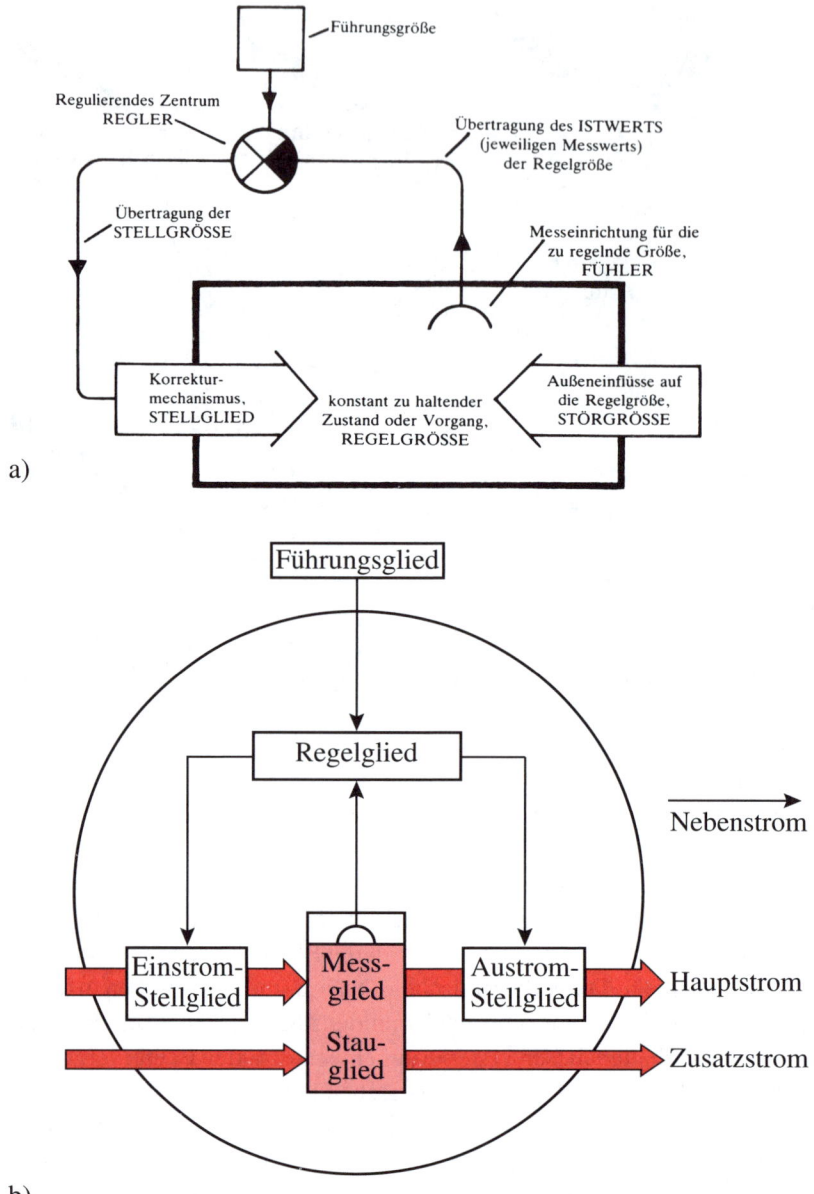

a)

b)

Bild 24-9: Regelkreis-Flussdiagramme a) nach *Hassenstein* (1977; mehrere Abbildungen kombiniert); b) Diagramm des »homöostatisch gesicherten Fließgleichgewichts« (nach *Kattmann* 1980 c). Die Terminologie ist im Wesentlichen dem Diagramm von *Schaefer* (1972 a) entnommen, die Anordnung der Ströme und Glieder jedoch als Durchflusssystem gestaltet.

haltensreaktionen (Gleichgewichtsregulation, Pupillenregelkreis, Orientierungsreaktionen; vgl. z. B. *Probst* 1973), weniger gut jedoch für physiologische Regelungsprozesse. Bei diesen erfolgt die Regelung nämlich über Zu- und Abströme. Beispielsweise wird bei der Wärmeregulation im Hassenstein-Schema die Zustandsgröße »Temperatur« eingesetzt. Die Regelung erfolgt jedoch über Wärmezuströme und Wärmeabströme. Mit der statisch gedachten Zustandsgröße wird die Dynamik der Regelung bei physiologischen Prozessen nicht erfasst.

Für die Regelung des Stoff- und Energiewechsels sollte daher prinzipiell von den Verhältnissen bei *Durchflusssystemen* ausgegangen werden (vgl. *Kattmann* 1980 c; 1990). In einem Durchflusssystem kann sich allein durch Wechselwirkungen zwischen den Größen ein Fließgleichgewicht einstellen. Das System der Wechselwirkungen in einem solchen Durchflusssystem kann in technischen Systemen oder im Organismus durch Rückkopplungsmechanismen ergänzt werden. Ein solches Kombinat aus Fließgleichgewicht und homöostatischer Regelung durch Rückkoppelungsmechanismen (Servomechanismen) wird als »*homöostatisch gesichertes Fließgleichgewicht*« bezeichnet (*Kattmann* 1980 b; 1990). Dem entspricht das für dieses Regelungssystem entwickelte Flussdiagramm.

▶ Bild 24-9b

Während bei allen von technischen Regelungssystemen abgeleiteten Regelkreisdiagrammen davon ausgegangen wird, dass Einflüsse auf die Regelgröße »Störgrößen« darstellen, veranschaulicht das Diagramm des homöostatisch gesicherten Fließgleichgewichts, dass in Biosystemen die Einströme und Ausströme als solche keine Störungen sind, sondern dass sie im Gegenteil zur Erhaltung des organismischen Fließgleichgewichts (durchgehender Hauptstrom) unbedingt notwendig sind (vgl. die Anwendungen des Diagramms bei *Hedewig* 1990 a, 22; *Eschenhagen/Kattmann/Rodi* 1995, 165 ff.). Grundlegend ist dabei, dass den Lernenden nicht ein statisches, sondern ein dynamisches Bild der Vorgänge im Organismus vermittelt wird.

■ Die an technischen Systemen gewonnenen kybernetischen Vorstellungen werden häufig unkritisch auf Steuerungs- und Regulationsvorgänge bei Organismen und anderen Biosystemen übertragen, ohne dass dabei die Grenzen und die Angemessenheit der Übertragung genügend beachtet werden.

Insbesondere wurde auch versucht, ganz verschiedenartige Vorgänge mit ein und demselben Diagrammtyp zu beschreiben, obgleich dieser Voraussetzungen enthält, die für einen Teil der Regelungsprozesse gar nicht zutreffen. Es wird dann also eine Strukturgleichheit von Systemen suggeriert, die gar nicht oder nicht vollständig vorhanden ist.

In der fachwissenschaftlichen und fachdidaktischen Literatur ist häufig der Versuch zu finden, derartige *Regelkreis-Flussdiagramme* auf Vorgänge in Ökosystemen anzuwenden. Die Autoren übersehen dabei, dass die in den

Blöcken dieser Diagramme symbolisierten Bauteile (Speicher, Apparate, Glieder) und auch getrennte Informationsbahnen (also von Masse- und Energieströmen getrennte Informationsströme) in Ökosystemen nicht vorhanden sind (vgl. *Schaefer/Bayrhuber* 1973).

Allgemein anwendbare Beschreibungsformen für Regelungsprozesse sind die anschaulichen *Abfolgediagramme* nach *Hardin* (1966). Mit ihnen werden Prozesse beschrieben, bei denen nach einer Abweichung der Regelgröße vom »Normalzustand« dieser wiederhergestellt wird. Die einzelnen Prozesse sind durch die Relation »darauf folgt ...«, hier in der Regel durch eine Kausalbeziehung, verbunden. Dabei können die Einzelprozesse unterschiedlich sein, je nachdem, ob vom Normalzustand nach »oben« oder »unten« abgewichen wird. Daraus ergeben sich zwei Prozessfolgen, je eine für die beiden »Störungsfälle«. Dieses Diagramm kann auf alle möglichen Typen und Bereiche von Regelungsprozessen angewendet und dabei sinnvoll differenziert oder erweitert werden. Es lassen sich mit ihm im Bereich des Verhaltens zum Beispiel eine einfache Kompensationsreaktion (z. B. Pupillenregelkreis) oder das komplexe Verhalten einer Eidechse bei der Wärmeregulation beschreiben. Schließlich lassen sich mit demselben Grunddiagramm auch Regelungen von Populationen und ökologischen Gefügen veranschaulichen. Bei der Anwendung des Diagramms auf die Wärmeregulation des menschlichen Körpers wird deutlich, wie das Diagramm für komplizierte Fälle differenziert werden kann (vgl. *Eschenhagen/Kattmann/Rodi* 1995, 140 ff., 165). Das Diagramm setzt allerdings voraus, dass auch dann von einem »Normalzustand« gesprochen wird, wenn die Regelgröße, wie häufig in physiologischen und ökologischen Prozessen, periodisch um einen Mittelwert schwankt. Mit der Festlegung auf einen Normalzustand wird im Diagramm also von derartigen periodischen Abweichungen abstrahiert.

Im Vergleich zu den *Abfolgediagrammen* nach *Hardin* haben die *Pfeilwirkungsdiagramme* nach *Schaefer* (1972 a; vgl. *Bayrhuber/Schaefer* 1980) stärker abstrahierenden Charakter. Die Pfeile symbolisieren jeweils Kausalbeziehungen zwischen Größen und entsprechen damit der allgemeinsten Definition von Steuerung. Im Pfeildiagramm werden positive (fördernde) und negative (hemmende) Kausalrelationen unterschieden. Demnach gibt es drei Typen von Kausalkreisen zwischen zwei Größen »Aufschaukelungskreis«, »Konkurrenzkreis«, »Regelkreis«. Der hohe Abstraktionsgrad, der mit dieser Darstellung erreicht wird, zeigt sich besonders deutlich darin, dass auf diese Weise strukturell ganz unterschiedliche Typen von Regelungssystemen gleichartig dargestellt werden (z. B. kybernetische Servomechanismen und ökologische Durchflusssysteme). Dieses hohe Abstraktionsniveau kann Lernende und Lehrende dazu verführen, die Pfeilwirkungsdiagramme allzu schematisch ohne Rücksicht auf die tatsächlich nachweisbaren Kausalgefü-

Bild 24-10 ◄

Bild 24-11 ◄

354

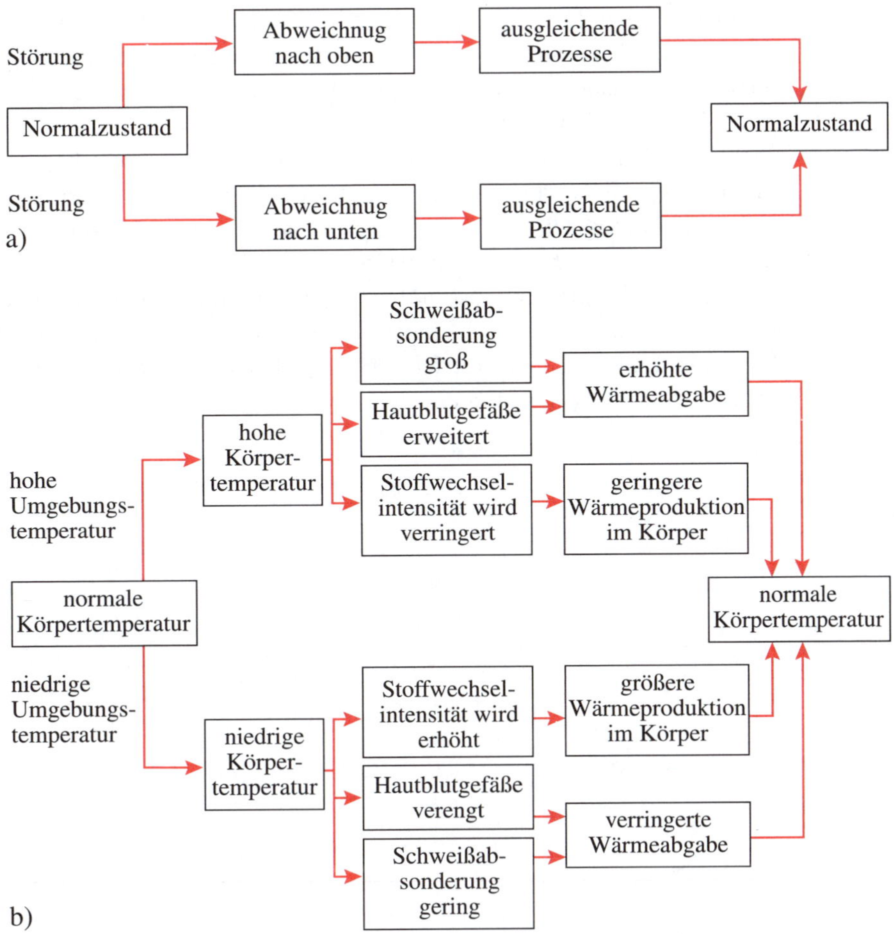

```
Störung ──────┐      ┌─────────────┐      ┌──────────────┐
              └─────▶│ Abweichnug  │─────▶│ ausgleichende│──────┐
              ┌─────▶│ nach oben   │      │  Prozesse    │      │
┌──────────────┐     └─────────────┘      └──────────────┘      ▼
│ Normalzustand│                                          ┌──────────────┐
└──────────────┘                                          │ Normalzustand│
              ┌─────▶┌─────────────┐      ┌──────────────┐└──────────────┘
Störung ──────┘      │ Abweichnug  │─────▶│ ausgleichende│      ▲
                     │ nach unten  │      │  Prozesse    │──────┘
a)                   └─────────────┘      └──────────────┘
```

Bild 24-10: Abfolgediagramm zur Beschreibung von Regelungsvorgängen (nach *Hardin* 1966; verändert). a) allgemeines Diagramm; b) Diagramm der Wärmeregulation im Körper des Menschen (nach *Kattmann/Rüther* 1990)

Bild 24-11: Drei Typen von Kausalkreisen, dargestellt im Pfeildiagramm nach *Schaefer* (1972 a)

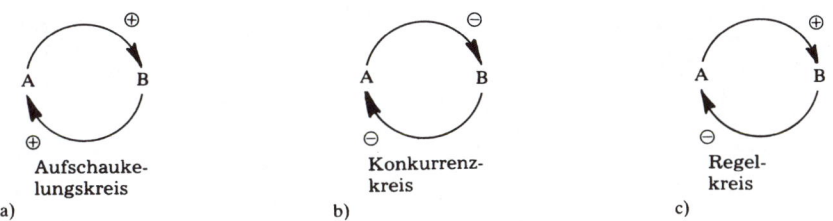

a) Aufschauke-lungskreis

b) Konkurrenz-kreis

c) Regel-kreis

355

ge anzuwenden. Dies gilt ganz besonders im ökologischen Bereich, da hier leicht Kausalbeziehungen postuliert werden, die zwar plausibel erscheinen, aber einer genaueren Prüfung nicht standhalten und auch die Systemdynamik nicht hinreichend abbilden (vgl. *Palm* 1978; *Dulitz* 1990; *Kattmann* 1990; *Bay/Rodi* 1991, 33 ff.). Aus diesem Grunde ist fragwürdig, ob mit umfangreichen Pfeilwirkungsdiagrammen zum System Erde angemessene Einsichten in ökologische und soziale Zusammenhänge bzw. vernetztes Denken

10.5.3 ◀ erreicht wird (vgl. *Kattmann* 2004 a, 13).

Aufgrund der großen Abstraktheit der Pfeildiagramme und der schwierigen Überlegungen, die für eine angemessene Verwendung von Pfeilwirkungsdiagrammen im Unterricht nötig sind, wird empfohlen, diese frühestens in der 8. Klassenstufe einzusetzen.

25 Texte

Gesprochene und geschriebene Texte sind die bedeutendsten Unterrichtsmedien, da sie bei fast allen Sozialformen und Methoden eine Rolle spielen. Die in Texten verwendete Sprache ist für das Lernen und Lehren von Biologie besonders zu nutzen, wobei die Sprachebene von besonderer Deutung ist. Bei der Analyse geschriebener Texte sind geeignete methodische Schritte zu beachten.

Wichtige erschließende Begriffe: anthropomorphe Vorstellungen, Begriff, Metapher, Terminus, Unterrichtssprache, Verbalismus

Bearbeitet von *Ulrich Kattmann*

25.1 In Texten verwendete Sprache

25.1.1 Zum Begriff

Als Texte werden gesprochene oder geschriebene Sätze bezeichnet. Sie sind im Unterricht nach wie vor das am meisten verwendete Medium. Sie nehmen als Äußerungen von Lehrenden und Lernenden den weitaus größten Teil der Unterrichtsdauer ein.

Die *Funktionen von Sprache* sind vielfältig. Im Unterricht sollte die Verständigung im Vordergrund stehen. Diese Aufgabe ist angesichts der anderen genannten Funktionen keineswegs selbstverständlich. Verständigung kann besser gelingen, wenn die dem Lernen abträglichen Funktionen von Sprache nicht übersehen, sondern bewusst vermieden werden.

25.1.2 Alltagssprache – Fachsprache – Unterrichtssprache

Die Sprachen, mit denen in den Wissenschaften geredet und geschrieben wird, erscheinen dem Laien häufig unverständlich und fremd. Lernende empfinden dies kaum anders. Wissenschafts- oder *Fachsprachen* beruhen auf Übereinkünften der Wissenschaftler der jeweiligen Fachgebiete. Sie unterscheiden sich damit in wesentlichen Punkten von der *Alltagssprache* (vgl. *Memmert* 1975, 42 ff.; *Werner, H.* 1973, 158 ff.; *Schaefer* 1980, 101). Die spezifische Aufgabe der Fachsprachen besteht in der »Objektivierung«. Das Ausgesagte soll möglichst unabhängig vom Kontext und vom Sprecher – also intersubjektiv gelten. Definitionen sollen für alle verbindlich sein. Objektivierung bedeutet also zunächst Intersubjektivität, dann aber auch: Verfügbarmachen für den wissenschaftlichen Gebrauch. Fachsprachlich eindeutig definierte Begriffe sind wissenschaftlich leicht handhabbar.

In der Alltagssprache oder Umgangssprache sind die verwendeten Wörter und Sätze meist mehrdeutig. In naturwissenschaftlichen Fachsprachen wer-

Funktionen von (Fach-)Sprache

Abgrenzung: Die spezifische Sprache, die ein Wissenschaftler verwendet, grenzt ihn nicht nur gegenüber den Laien, sondern auch gegen Wissenschaftler anderer (nah verwandter) Sparten ab.

Einschüchterung: Sprache kann als »Waffe« gegen den Gesprächspartner verwendet werden. Fachsprache taugt besonders gut zum Imponieren.

Verständigung: Sprachen dienen der Kommunikation zwischen Menschen. Als Verständigungsmittel liefert Sprache die nötigen Hinweise, um das Gemeinte zu verstehen.

den dagegen »Eindeutigkeit« und »Situationsunabhängigkeit« (Kontextunabhängigkeit) angestrebt: Fachwörter sollen auch in unterschiedlichen Zusammenhängen zuverlässig ein und denselben Begriff bezeichnen; Fachwörter und Fachaussagen sollen so normiert und formalisiert werden, dass sie für alle möglichen Situationen verwendbar sind, auf die sie überhaupt zutreffen. Wo es möglich und sinnvoll ist, führt dies zur Überführung der Fachaussagen in mathematische Symbolsysteme (»Mathematisierung«).

Trotz der aufgeführten Eigenschaften sind Fachsprachen nicht unabhängig von der Alltagssprache, sondern setzen diese voraus. Sie wurzeln in dieser, indem aus ihr immer wieder Vorstellungen und Bezeichnungen entnommen und im Sinne der Fachaussagen umgedeutet werden. Fachsprachen weichen dabei von den durch die Alltagssprache geprägten Vorstellungen ab, engen diese ein oder gehen über diese hinaus.

Alltagssprache und Fachsprache haben gemeinsam, dass sie zur Verständigung dienen sollen. Damit ist aber auch die Fachsprache, trotz der angestrebten, von Personen unabhängigen »Objektivität«, immer an das Verstehen der Adressaten gebunden. Wie die Alltagssprache wird die Fachsprache »dann daraufhin beurteilt, ob der Schreiber/Sprecher den Adressaten seine Ergebnisse und Erfahrungen deutlich verständlich machen kann und ob diese dann mit den eigenen Erfahrungen und Ergebnissen der Leser/Hörer übereinstimmen bzw. sich vereinbaren lassen« (*Hilfrich* 1979, 154; vgl. *Spanhel* 1980). Fachsprachen sind also gruppenspezifische Umgangssprachen der Wissenschaftler. Sie sind »Soziolekte« der jeweiligen Wissenschaftlergemeinschaft.

Unterricht ist kein Abbild von Wissenschaft. Sprache im Biologieunterricht ist daher auch nicht das reduzierte Abbild der biologischen Fachsprache, die als Soziolekt der Wissenschaftler nicht einfach übernommen werden kann. Bei der Vermittlung wissenschaftlicher Aussagen an die Öffentlichkeit (Popularisierung) und im Unterricht ist es unerlässlich, die jeweilige Fachsprache mit einer den Adressaten adäquaten Alltagssprache zu verbinden.

358

Unterrichtssprache hat die Funktion, zwischen dem Soziolekt der Wissenschaftler und der allgemeinen Umgangssprache zu vermitteln. Alltagssprache ist dabei durch Elemente der Fachsprache zu ergänzen, Fachsprache teilweise in Alltagssprache zu übersetzen. Alltagssprachliche Elemente der Fachsprache sind besonders auf die mit ihnen vermittelten Vorstellungen zu hinterfragen (vgl. *Hilfrich* 1979; Knoll 1979; *Kattmann* 1992 e; f; 2001). Fachsprache ist im Unterricht als Mittel der Verständigung und Anschauung zu nutzen. Die in den Texten verwendete Sprache ist wie andere Elemente des Lernens und Lehrens von Biologie didaktisch zu rekonstruieren. Die Bildung einer angemessenen Unterrichtssprache ist daher eine eigenständige fachdidaktische Aufgabe (vgl. *Schaefer/Loch* 1980; *Lepel/Kattmann* 1991; *Entrich/Staeck* 1992; *Merzyn* 1998).

25.1.3 Begriffslernen und Fachsprache

Beim Begriffslernen ist klar zwischen drei Bereichen zu unterscheiden: den sprachlichen Ausdrücken (Zeichen), den gedanklichen Konstrukten (Vorstellungen) und den bezeichneten Teilen der Wirklichkeit (Referenten). Zwischen der Verwendung von Sprache, der Begriffsbildung und dem Erfassen der Wirklichkeit besteht ein enger Zusammenhang. Die Unterscheidung der Bereiche ist jedoch wesentlich für die Interpretation von Erkenntnisprozessen und die Analyse von Texten. *Begriffe* gehören zum gedanklichen Bereich. »Begrifflich« heißt nichts anderes als »gedanklich«. Begriffe werden sprachlich durch Termini (Wörter, Symbole) bezeichnet; ihre Bedeutung wird durch Definitionen oder Umschreibungen vermittelt. Individuen (in Biologie auch die höherer Ordnung: Taxa) werden durch *(Eigen-)Namen* bezeichnet (Artnamen etc.). Namen und Termini können zusammenfassend als Fachwörter bezeichnet werden. Die sprachliche Schulung, das genaue und klare Formulieren, kann die Urteilsbildung und das schlussfolgernde Denken fördern. Die Lernenden sollen erfahren, dass es in der Biologie Übereinkünfte darüber gibt, welches Wort jeweils zur Benennung eines Begriffes oder eines Individuums benutzt wird. Sie sollen lernen, Fachwörter in ihrer Bedeutung zu erkennen und sie zutreffend zu verwenden.

▶ Tab. 25-1

Vielfach wird beklagt, dass der Biologieunterricht mit Begriffen *überladen* und die Verwendung der entsprechenden Fachtermini zudem uneinheitlich sei. Es wird daher vorgeschlagen, zentrale Termini insbesondere aufgrund von Häufigkeitsanalysen auszuwählen und überflüssige Termini nicht mehr zu verwenden (vgl. *Berck, H.* 1986; *Graf* 1989 a; 1995; *Berck/Graf* 1992; *Schäfer/Berck* 1995; *Berck, K.-H.* 2001, 82 ff.).

Strittig ist die Verwendung umgangssprachlicher Termini gegenüber den Fachwörtern. In vielen Fällen ist es günstiger gleich das (meist fremdsprachliche) Fachwort zu lernen (vgl. *Berck, K.-H.,* 2001, 82). »Blattgrünkörner« ist

359

Zeichen	Vorstellung	Referent
Aussagengefüge	Theorie	Wirklichkeitsbereich
Satz oder Aussage	Konzept	Sachverhalt
Terminus	Begriff	Klasse von Dingen oder Ereignissen
Eigenname		Individuum

Tabelle 25-1: Sprachlicher, gedanklicher und referentieller Bereich: Zuordnung von Termini auf verschiedenen Komplexitätsebenen (nach *Gropengießer* 1997 a, 26, verändert)

ein kindertümelnder Terminus, der nur scheinbar leichter zu lernen ist als das Fachwort »Chloroplast«. Englische Kinder lernen z. B. in ihrer Muttersprache für »Flusspferd« ohne Schwierigkeiten »Hippopotamus«. Die Wahl der Termini sollte jedoch nicht schematisch, sondern nach Kriterien erfolgen, mit denen die Sachgemäßheit und die Funktion beim Lernen berücksichtigt werden (vgl. *Kattmann* 1993 b). Termini, mit deren Hilfe eindeutige Vorstellungen entwickelt werden, können Hilfen zum Lernen sein und sind keine Lernhindernisse. Dies belegen u. a. Untersuchungen zur logischen Verknüpfung von Begriffen und zu Begriffsnetzen (vgl. *Brehme/Domhardt/Lepel* 1984; *Graf* 1989 a; b; 1995; *Müller/Kloss* 1990; *Oehmig* 1990; *Bretschneider* 1992; *Brezmann* 1992; *Lepel* 1996 a; b).

■ Die schematische Übernahme oder Festlegung von Termini führt im Unterricht zu *Verbalismus*, bei dem den Wörtern die Begriffe fehlen.

Wörter sind für sich genommen keine Bedeutungsträger. Termini werden erst dann für die Lernenden bedeutsam, wenn der sprachliche und begriffliche Kontext über bloße Definitionen hinaus hergestellt und die mit der Fachsprache verknüpften Vorstellungen erkannt werden. Biologieunterricht sollte auch sprachlich an die Erfahrungen und Vorstellungen der Lernenden anknüpfen. Fachsprache kann beim Lernen sinnvoll nur insoweit verwendet werden, als es gelingt, die Begriffe und Sachverhalte auf das Vorwissen zu beziehen und auf dem Hintergrund der gemachten Erfahrungen zu verstehen. Auf diese Weise wird vermieden, dass Fachwörter unverstanden nachgesprochen werden, weil sie nicht mit Anschauung verbunden werden.

Dem Aufdecken von Zusammenhängen zwischen Alltagserfahrungen und Fachsprache dienen u. a. Untersuchungen zum Verhältnis des logischen Kerns zum assoziativen Umfeld eines Begriffs (vgl. *Schaefer* 1980; 1983 a; b; 1992). Es zeigt sich, dass affektive Faktoren die Vorstellungen zu einem Fachbegriff stark beeinflussen können.

Die Aufgabe der Fachsprache, Sachverhalte und Begriffe durch Aussagen und Termini möglichst genau zu bezeichnen, wird im Unterricht oft dadurch erschwert, dass die Fachwörter mit unpassenden Vorstellungen verbunden sind, nicht eindeutig verwendet werden oder das Gemeinte nur ungenau erfassen. Es ist also nicht verwunderlich, dass hieraus entsprechende Unklarheiten und *Lernschwierigkeiten* resultieren (vgl. *Pfundt* 1981 a). Die Beziehungen zwischen der verwendeten Sprache und dem Lernen von Begriffen sind daher genau zu untersuchen. Hier führt die Frage weiter, welche Anschauungen die Fachwörter selbst vermitteln.

Die Fachsprache enthält aus der Umgangssprache übernommene *euphemistische Umschreibungen* (z. B. »Artenschwund« statt »Ausrottung von Arten«) und vom Nützlichkeitsstandpunkt geprägte Wendungen (z. B. »Unkräuter« statt »Wildkräuter«), die nicht sachgerecht sind (vgl. *Friedmann* 1981; *Gigon* 1983; *Trommer* 1990 b; *Chew/Laubichler* 2003).

Im Sinne der »Eindeutigkeit« werden Fachwörter in einer gegenüber dem Alltagsgebrauch des Wortes eingeengten Bedeutung verwendet. Der stets mitschwingende alltägliche Sinn kann die fachliche Bedeutungszuweisung behindern. So können Lernende die Unterscheidung von »Reiz und Erregung« in der Sinnesphysiologie schon deshalb schwer nachvollziehen, weil mit der Bezeichnung »Reiz« unmittelbar die Alltagsvorstellungen von »Schönheit«, »Gereiztheit« und damit eben auch von »Erregung« verknüpft sind. Ein weiteres Beispiel geben die Vorstellungen zu »Wachstum und Zellteilung«, die besser »Zellverdopplung« heißen sollte (vgl. *Riemeier* 2005 a; b). Sind die Namen ▶ 1.2 oder Termini ungünstig gewählt, so muss direkt gegen die Alltagsbedeutung gelernt werden. So werden mit den Namen «Kriechtiere« und »Weichtiere« jeweils alle kriechenden bzw. weichen Tiere assoziiert und den anders definierten biologischen Taxa zugeordnet. Beim Verwenden des lateinischen Namens »Reptilien« werden diese falschen Zuordnungen nicht gemacht (*Kattmann/Schmitt* 1996; vgl. *Kattmann* 2001).

Fachwörter passen – auch aus »historischen Gründen« – manchmal schlecht zu dem bezeichneten Begriff. Am Beispiel der Zellenlehre lässt sich gut zeigen, wie unter diesen Umständen widersprüchliche Vorstellungen in den Köpfen der Schüler gebildet werden können (vgl. *Kattmann* 1993 b). Am Beispiel des Terminus »Nährstoff« zeigt sich die fachliche Mehrdeutigkeit und die fälschliche oder missverständliche Verwendung (vgl. *Hedewig* 2003). Wie ein Begriff benannt wird, hängt vielfach von den in einer Wissenschaft *herrschenden Konzepten* ab. Ein Beispiel für ein herrschendes Konzept ist das der »Anpassung« bzw. »Angepasstheit« der Organismen an ihre Umwelt (zur Unterscheidung vgl. *Schrooten* 1981 a). Die herrschende Vorstellung führt zu Fehlbezeichnungen und Misskonzepten wie »Fehlanpassungen« und »Voranpassung« oder »Präadaptation« (vgl. *Kattmann* 1992 f; *Baalmann* u. a. 2004). Ebenso sind genetische Termini, wie »Erbkrankheit« durch obsolete Vorstellungen von »Vererbung« – und gegebenenfalls genetizistischem – Denken geprägt und sollten entsprechend durch streng genetische Termini ersetzt werden (vgl. *Kattmann/Frerichs/Gluhodedow* 2005).

25.1.4 Anthropomorphe Vorstellungen und Metaphern

Anthropomorphe Vorstellungen und Redeweisen sind ein Grundelement des Denkens und Sprechens. Sie sind daher auch in der Fachsprache enthalten. In allen Lebensaltern, besonders aber bei jungen Lernenden, ist auch an diejenigen anthropomorphen Sichtweise anzuknüpfen, bei denen die Umwelt beseelt und vermenschlicht wird. Auch beim fachlichen Lernen sind diese Vorstellungen zu respektieren, um emotionale Beziehungen nicht zu beschädigen bzw. sogar zu fördern (vgl. *Gebhard* 1990; 2001; 2005 b; *Etschenberg* 1994 a; *Kattmann* 2005). Beim Biologie-Lernen sind aber dennoch einige Differenzierungen zu beachten. Die jeweils angesprochene anthropomorphe Anschauung kann dem Lernen förderlich, aber auch missleitend sein. Biologiefachliche Aussagen sollten dann mit besonderer Sorgfalt formuliert werden, wenn die Gefahr besteht, dass menschliches Erleben und Handlungsweisen unreflektiert auf das Naturgeschehen übertragen werden (vgl. *Dylla/Schaefer* 1978, 67 ff.; *Friedmann* 1981).

Finale Ausdrucksweisen sind häufig uneindeutig und verführen leicht dazu, zweckgerichtete Faktoren und planvolles Handeln anzunehmen. »Jeder Satz, der sich auf Lebewesen bezieht und die Wörter 'weil', 'damit', oder 'um zu' enthält, sollte kritisch geprüft werden« (*Eschenhagen* 1976, 6), und zwar darauf, ob die Aussagen eindeutig eine biologische Ursache angeben (kausale Erklärung) oder die biologische Bedeutung eines Sachverhalts beschreiben (»funktionale Beschreibung«) oder ob sie die Annahme zwecktätiger und zielgerichteter Faktoren nahe legen (teleologische Erklärung).

Die *Personifizierung* von biologischen Strukturen oder Prozessen kann zu irreführenden Vorstellungen führen. Hierzu gehören Wendungen wie »Die Natur als Erfinder« oder Mutation und Selektion als »Konstrukteure des Artenwandels« (*Konrad Lorenz*; vgl. *Eschenhagen* 1976, 6). In der Humanbiologie ist darauf zu achten, dass nicht einzelne Körperteile personifiziert werden. Die Personifizierung kann schon allein darin bestehen, dass Organe grammatikalisch als Subjekte auftreten und somit als Handelnde erscheinen: Nicht »das Auge sieht«, sondern der Mensch sieht »mit« den Augen.

Außerdem machen Fachwörter gegenüber ihrer anschaulichen Verwendung in der Alltagssprache notwendigerweise einen *Bedeutungswandel* durch. Fachsprache enthält daher zahlreiche Metaphern, die in ihrer Bedeutung über das fachlich Gemeinte hinausgehen und häufig zu unangemessenen Vorstellungen verleiten. Ein Beispiel sind die Assoziationen, die lebensweltlich mit dem Terminus »Kartoffelstärke« verbunden sind und zu nicht vorhergesehenen Lernhindernissen führen können (vgl. *Langlet* 1999). Weitere Beispiele

362

sind die Metaphern vom »Kampf ums Dasein« und von der »Vererbung«. Die auftretenden *begrifflichen Fehldeutungen* belegen die »Macht der Namen«: Metaphern können durch das Mitschwingen ihrer umgangssprachlichen Bedeutung auf das Gelernte einen stärkeren Einfluss haben als das mit dem Fachbegriff Gemeinte.

Mit anthropomorphen Vorstellungen werden unanschauliche Objekte und Prozesse veranschaulicht. Sie sind daher ein mentales *Mittel zum Lernen*. Dabei sollte aber ständig bewusst sein, dass jede anthropomorph-metaphorische Redeweise Missverständnisse und unsachgemäße Anschauung bewirken kann. Es ist dann eine *Metaposition* anzustreben, bei der die vermenschlichende Sprache als Metapher verstanden wird. Ziel ist es, dass der anthropomorphe Vergleich im Sinne eines »Als ob« begriffen und so lediglich als Anschauungsmittel und Lernhilfe verwendet wird und nicht als buchstäbliche Beschreibung. Dies ist zu erreichen, wenn Metaphern »Zu Ende gedacht werden« (*Langlet* 2004, 56), d. h.:

■ Metaphern sind auf die ursprüngliche Bedeutung zurück zu führen,

■ aus dem Kontext zu lösen, in dem verwendet werden,

■ in anderer Weise zu verdeutlichen oder zu verfremden, indem sie dargestellt, gezeichnet, gespielt werden.

Auch in Termini und Eigennamen der Fachsprache gibt es Metaphern, die eher Brücken zum Lernen sind, und andere, die eher Lernhindernisse darstellen. Letzteres gilt z. B. für den Terminus »ökologische Nische«, dessen räumliche Deutung regelmäßig zu unangemessenen Vorstellungen bei den Lernenden führt. Es muss daher versucht werden, den Begriff anders zu umschreiben, nämlich als das »Gefüge der Umweltbeziehungen einer Art« oder kurz die »Art-Umwelt«. Die fachlich korrekte, aber unanschauliche Aussage bleibt beim Lernen jedoch oft wirkungslos. Als anschauliche »Brücken-Metapher« für »ökologische Nische« kann »Beziehungskiste einer Art« angeboten werden. Anthropomorph gestaltete Texte können das Lernen eindrücklich fördern und sind auch zur Reflexion über die fachlichen Vorstellungen geeignet (vgl. *Nissen/Probst* 1997; *Cypionka/Cypionka* 2004). Anthropomorphe Metaphern sind also nicht zu vermeiden, sondern durch geschickte Auswahl zu nutzen. Reflektiert gewählte Metaphern können zu Werkzeugen werden, mit denen das Lernen von Biologie eingeleitet, verstetigt und verbessert werden kann (vgl. *Ritchie/Cook* 1994; *Tobin/Tippins* 1996; *Ohlhoff* 2002; *Kattmann* 2005 a). Die Auswahl zutreffender, lernförderlicher Metaphern ist also ebenso bedeutend wie die Reflexion missleitender Eigennamen und Termini (vgl. *Kattmann* 1992 f; 1993 b; 2001).

25.1.5 Zur Durchführung

Im Biologieunterricht sind also methoden- und adressatenspezifische Sprachformen zu entwickeln und zu üben.

Gesprochene Texte sollte die Lehrperson dadurch kontrollieren, dass sie wesentliche *Fragen* sowie kurze *Lehrervorträge* und die zu erarbeitenden Merksätze vor dem Unterricht schriftlich formuliert. Dadurch kann sie deren sachliche Richtigkeit prüfen und deren Verständlichkeit abschätzen.

Im *Unterrichtsgespräch* ist jeweils durch gegenseitige Korrektur und Hilfe der Lernenden selbst, gegebenenfalls durch Nachfragen zu sichern, dass die Bedeutung der verwendeten Fachwörter genügend klar ausgehandelt ist. Dabei sollte auf die Ausdrucksweise der Lernenden eingegangen werden. Man wird zwar auf sachgemäße Formulierungen achten, aber vermeiden, dass lediglich diejenigen Wörter aus den Lernenden herausgefragt werden, die die Lehrperson im Sinn hat. Soweit es sachlich vertretbar ist, sollte man eine nicht so elegante, aber sachgemäße Formulierung der Lernenden übernehmen.

Wenn das Miteinandersprechen durch emotionale Befangenheit eingeschränkt ist, kann Gruppenarbeit das freie Reden fördern, besonders dann, wenn gesprächsauslösende Medien verwendet werden (z. B. Bilder, Situationskarten; vgl. *Seger* 1990; *Fahle/Oertel* 1994).

Die *sprachliche Ausdrucksfähigkeit* der Lernenden kann durch das Formulieren von Merksätzen, das Zusammenfassen der Ergebnisse einer Stunde und das Protokollieren, vor allem aber durch kurze (5 bis 10 Minuten dauernde) *Schülervorträge* geübt werden. Der Vortragstext sollte nicht auswendig gelernt, sondern anhand von Stichwörtern vorgetragen werden. Den Lernenden sollten dabei Hilfen gegeben werden, die an das freie Sprechen und genaue Formulieren heranführen. Dazu gehören das übersichtliche Notieren der Stichwörter, die Gliederung der Aussagen und das Hervorheben des Wesentlichen. Das eigene Formulieren kann hier dadurch gefördert werden, dass man 25.2.2 ◀ die Schritte der Textanalyse entsprechend anwendet.

Das *Begriffslernen* besteht im Biologieunterricht wesentlich im Klassifizieren, Vernetzen durch Begriffsbeziehungen und Definieren (vgl. *Müller/Kloss* 1990; *Heinzel* 1990; *Berck/Graf* 1992, 79 f.; *Brezmann* 1992; 2004; *Berck* 2001, 82 ff.). Um Verbalismus zu vermeiden, sollten die Lernenden die vorgeschlagenen Schritte zum Begriffslernen aktiv mit gestalten können.

Verfahren, die in der Begriffsforschung zur Überprüfung des Begriffslernens angewendet werden, eignen sich im Unterricht zur Aneignung und Festigung, wenn sie von den Lernenden selbst durchgeführt werden. So bilden die Lernenden nach der Mapping-Methode aus vorgegebenen Termini und Relationen »Begriffsnetze« (sogenannte Maps, vgl. *Graf* 1989 a; b; *Kattmann* 1997 b, 12; *Lumer/Picard/Hesse* 1998). Assoziationstests können zur Motivation, Definitionstests zum logisch korrekten Formulieren und Multiple-choice-Tests zum

364

Ermitteln der wesentlichen Merkmale des Begriffs durch Beobachtung oder Experiment, Vergleiche mit Texten, Grafiken, Bildern etc.

Definition des Begriffs, mit der die wesentlichen Merkmale erfasst werden.

Übungen zur **Unterscheidung von wesentlichen und unwesentlichen Merkmalen** des Begriffs. Die Angabe von unwesentlichen Merkmalen wird dabei durch die Lehrperson variiert.

Abgrenzung des Begriffs gegenüber früher gelernten. Wesentliche ähnliche bzw. abweichende Merkmale werden verglichen. Allgemeines und Besonderes werden dabei unterschieden.

Ermitteln der **Beziehungen** zwischen dem neuen und früher gelernten Begriffen (Teil-Ganzes-, Oberbegriff-Unterbegriff-Relationen).

Anwendung des neuen Begriffs beim Lösen von Aufgaben, wobei der Begriff weiter veranschaulicht und eingeprägt wird.

Klassifizieren und **Systematisieren** der gelernten Begriffe (z. B. durch Begriffsnetze, »concept maps«).

Schritte zum Begriffslernen (nach Ussowa/Plötz 1985)

tiefer gehenden, differenzierenden Verständnis der Begriffe beitragen, wenn die jeweiligen Lösungen eingehend besprochen werden (vgl. *Schaefer* 1992).

Das Finden angemessener Termini ist wesentlicher Teil einer fachgemäßen Begriffsbildung, bei der die für den Unterricht geeigneten Fachwörter sorgfältig anhand eines Kriterienkataloges auszuwählen sind (vgl. *Kattmann* 1993 b). Die beste Möglichkeit besteht darin, Fachwörter zusammen mit den Lernenden zu finden und die angemessenste Bezeichnung auszuhandeln.

In vielen Fällen wird man aber nicht darum herumkommen, ungünstig geprägte, jedoch gebräuchliche Fachwörter in den Unterricht einzuführen, und zwar auch dann, wenn diese missverständlich oder irreführend sind (vgl. oben zur »ökologischen Nische«). »Aus Gründen der Ökonomisierung und Effektivierung des Unterrichts sollten von vornherein [Termini und] Namen verwendet werden, die den Schülern die Sache möglichst unmittelbar geben und damit Umschreibungen überflüssig machen. Ist die sachliche, begriffliche und terminologische Klärung pädagogisch richtig durchgeführt worden und wird den Schülern erst dann das übliche (in diesem Fall ungeschickt gewählte) Fachwort mitgeteilt, können ernsthafte Schwierigkeiten vergleichsweise leicht vermieden werden« (*Weninger* 1970, 407). Lehrende und Lernende sollen auf diese Weise fähig werden, kritisch mit der Fachsprache umzugehen. Den Lernenden soll dabei auch deutlich werden, dass sowohl die Spra-

365

che wie die Sachverhalte häufig einer starren Festlegung und überschneidungsfreien, exkludierenden Begriffsbildung entgegenstehen (vgl. *Schmidt, E.* 1992). Widersprüchliche Konzepte und unterschiedliche Betrachtungsweisen können durch das Kennenlernen verschiedener wissenschaftsgeschichtlicher Konzepte bewusst gemacht werden (vgl. *Kattmann* 1993 b).

25.1.6 Bilingualer Biologieunterricht

Bilingualer Unterricht ist Fachunterricht, der zum Teil in einer Fremdsprache, gewöhnlich Englisch, durchgeführt wird. Fremdsprachige und deutschsprachige Phasen wechseln einander ab. Englisch im Biologieunterricht ist aus pädagogischen und fachlichen Gründen bedeutsam:

■ Englisch ist die Wissenschaftssprache der Naturwissenschaften. Im Biologieunterricht erweitert sie das Fachverständnis durch Einsicht in die Bedeutung von Fachwörtern und ermöglicht die Analyse von originalen Fachtexten.

■ Biologieunterricht im Englischen erfasst Sachverhalte sprachlich neu, d. h. aus der Sicht des Englischen (interkultureller Aspekt).

■ Für Lernende mit hoher kommunikativer Kompetenz im Englischen wird der bilinguale Biologieunterricht (auch bei bisher geringem Biologieinteresse) attraktiv gemacht.

■ Der Unterricht nutzt und fördert die Sprachkompetenz besonders derjenigen Lernenden, deren Muttersprache nicht Deutsch ist.

■ Englisch wird durch Reisen ins Ausland und internationalen Austausch und das Internet zunehmend zur allgemeinen Verkehrssprache, die als Basiskompetenz für berufliche Qualifikation und private Tätigkeiten unverzichtbar wird.

Die Didaktik des bilingualen Unterrichts stellt spezifische Anforderungen (vgl. *Hemmelgarn/Ewig* 2003; *Richter* 2004; *Dahnken* 2005). Generell gelten für die fachdidaktische Gestaltung des bilingualen Biologieunterrichts dieselben Regeln wie für den deutschsprachigen Unterricht. Als Hilfen liegen einige ausgearbeitete Unterrichtseinheiten (vgl. *Knust/Müller-Schrobsdorff* 2001; *Richter* 2004) und ein bilinguales Wörterbuch (*Klein, E.* 2005) vor.

25.2 Analysieren von Texten

25.2.1 Zu Begriff, Sinn und Bedeutung

Textanalysen werden im Unterricht zweckmäßigerweise an geschriebenen Texten durchgeführt. Auch in den Naturwissenschaften spielen Texte eine wichtige Rolle, und zwar für die Dokumentation der wissenschaftlichen Arbeiten, die Diskussion der Ergebnisse (wissenschaftliche Originaltexte) und

25.2 ◄

bei der Vermittlung der wissenschaftlichen Erkenntnisse an eine breitere Öffentlichkeit (Lehrbuchtexte, populärwissenschaftliche Texte). Die einzig wirklich textfreie Arbeitsweise ist der stumme Impuls, aber auch nur dann, wenn er nicht als Tafelanschrieb, sondern mit einem Gegenstand ausgelöst wird. Es lohnt sich, auf Textelemente bei anderen Methoden und Medien besonders zu achten: z. B. auf den Kommentar und die Einblendungen bei Ton- bzw. Stummfilmen oder auf die Beschriftung bei Zeichnungen und Folien.

Im Biologieunterricht sollen Texte zu Versuchen (Versuchsberichte und Versuchsanleitungen) von den Lernenden verstanden und sachgemäß umgesetzt werden.

Wissenschaftliche Originaltexte und gute populärwissenschaftliche Texte können vor allem dazu dienen, einen Einblick in dasjenige wissenschaftliche Arbeiten zu geben, das durch eigenes Beobachten und Experimentieren nur schwer zugänglich ist (z. B. Arbeiten mit kompliziertem apparativen Aufwand, Feldbeobachtungen, Ausgrabungen, Forschungsreisen). Texte zur Geschichte der Biologie vermitteln darüber hinaus Erkenntniswege der Biologie. ▶ 5

Nicht vergessen werden sollte die motivierende Wirkung von anschaulich schildernden literarischen Texten oder von problemhaltigen aktuellen Texten.

25.2.2 Zur Durchführung

Die Lernenden sollen spontan auf einen emotional ansprechenden Text reagieren können. Zur genaueren Analyse sind Texte jedoch methodisch kontrolliert zu analysieren. Die Schritte der Textanalyse können die Lernenden bei genügender Einübung selbstständig durchführen und variieren. Falls ein Originaltext schwierige Termini enthält, mit denen im Unterricht nicht weitergearbeitet wird, empfiehlt es sich, diese bereits im vervielfältigten Text durch eine Fußnote oder durch eine in eckige Klammern gesetzte Erläuterung zu erklären. Eine interessante Variante der Textarbeit schildert *Elke Rottländer* (1992) in Form des Gruppenpuzzle. ▶ 16.4.3

Bei Texten, die die persönliche Sichtweise des Autors oder gegensätzliche Gesichtspunkte behandeln, sollte die Textanalyse möglichst zu Diskussionen führen. Die Aufgabe der Lehrperson ist es dann, sich bei der Leitung des Gesprächs zurückzuhalten und dafür zu sorgen, dass der Text selbst zum Sprechen kommt. Dies geschieht durch Nachfragen, Verstärken von diesbezüglichen Aussagen der Lernenden und Vermeiden von Kommentaren oder Beurteilungen einzelner Äußerungen oder Textaussagen.

25.2.3 Beispiele

Zur Textanalyse sind besonders Texte zum *Verhalten der Tiere* geeignet, wie sie in »populärwissenschaftlichen Schriften« zu finden sind. Bei der Unterscheidung von Beobachtung und Deutung sind vor allem anthropomorphisierende

Klären von im Text verwendeten **unbekannten Wörtern**, insbesondere von Fachwörtern. Da in Textanalysen ungeübte Lernende nur bemüht sind, den allgemeinen Sinn eines Textes zu erfassen, ist ein Nachfragen der Lernenden und notfalls der Lehrkraft nach den für das genaue Verständnis wichtigen Begriffen unbedingt notwendig.

Nachvollziehen des **Gedankenganges** des Textes. Es wird gesichert, dass die Hauptaussagen des Textes vor der Weiterarbeit erfasst werden:
– Erstellen einer kurzen schriftlichen Zusammenfassung;
– Gliedern eines längeren Textes in Abschnitte;
– Finden von Überschriften für die einzelnen Abschnitte des Textes;
– Formulieren der wichtigsten Schritte des Textes in eigenen Worten.

Unterscheidung von **Beobachtung und Deutung**. Für eine kritische Einstellung und ein eigenständiges Beurteilen eines Textes ist es wichtig, zwischen den nachprüfbaren Beobachtungen und Versuchsergebnissen einerseits sowie den Deutungen und Urteilen eines Autors andererseits zu unterscheiden. Der Unterschied zwischen Beobachtungen und Deutungen wird herausgearbeitet, indem in Einzelarbeit alle diejenigen Teile eines Textes unterstrichen werden, die Deutungen enthalten. Da es Grenzfälle gibt, müssen kontroverse Meinungen über die Anteile von Beobachtung und Deutung diskutiert werden.

Nennen und Erörtern der **Vorannahmen** (epistemische Position, Sichtweise) des Autors. Anhand der formulierten oder der versteckt im Text enthaltenen Hypothesen wird der theoretische, geschichtliche oder weltanschauliche Zusammenhang hergestellt, in dem ein Text steht. Es wird geprüft, ob die **Folgerungen** des Textes schlüssig sind, ob und wie die Vorannahmen die Fragestellung und die Ergebnisse beeinflussen und ob (interne) Widersprüche feststellbar sind (aber nicht, ob man anderer Meinung ist!).

Vergleich des Textes mit **gegenteiligen Auffassungen**. Die Aussagen eines Textes können mit dem Vorwissen der Schüler oder aber mit einem parallel bearbeiteten Text in Widerspruch stehen. In beiden Fällen ist wichtig, die Texte zunächst in ihrer eigenen Argumentation zu verstehen. Die Lernenden können auf diese Weise Teile von wissenschaftlichen Kontroversen in der Diskussion nachvollziehen.

Texteinordnung. Texte unterschiedlicher literarischer Form bzw. mit unterschiedlichen Argumentationsebenen werden jeweils anhand ihrer Merkmale charakterisiert und in eine Kategorie eingeordnet (z. B. naturwissenschaftlicher Sachtext – Propagandatext – religiöser Lehrtext; aktuelle Meldung, historische Quelle).

Interpretationen tierlichen Verhaltens zu beachten. Hierzu eignen sich auch Texte aus *Brehms* Tierleben (vgl. *Friedmann* 1981). Besonders ergiebig sind *Erlebnis- und Forschungsberichte*, beispielsweise von Anthropologen über Entdekkungen zur Abstammung des Menschen (z. B. *Robert Broom*, zitiert bei *Kattmann/Pinn* 1984). Daneben können Texte aus dem Alltag analysiert werden, die einen Bezug zur Biologie haben, um eine Hilfe zum Verstehen und kritischen Umgang zu geben (z. B. Texte von Werbeanzeigen, Beipackzettel zu Medikamenten, Zeitungsmeldungen, Artikel in Zeitschriften und Lexika, vgl. *Beyer* 1995; *Hesse/Lumer* 2000; *Dreesmann/Ballod/Weidemann* 2005).

Mit geeigneten *historischen Quellentexten* sollen die Lernenden den Gang der Forschung und Forschungsdiskussionen nachvollziehen können (vgl. *Scharf* 1983; *Kattmann/Pinn* 1984; *Rimmele* 1984; *Stripf* u. a. 1984; DIFF 1985 ff.; 1990; *Quitzow* 1986; 1990; *Wood* 1997). Die Methode der Textanalyse eignet sich bei älteren Lernenden (Sekundarstufe II) besonders zur Klärung von »Methodenproblemen« in der Wissenschaft (vgl. *Beyer/Kattmann/Meffert* 1980; *Schrooten* 1981 b; *v. Falkenhausen* 1989).

Texte sind außerdem zur Auseinandersetzung mit philosophischen, *weltanschaulichen* und *ethischen Fragen* unerlässlich, um Positionen und Fälle zu verdeutlichen (vgl. *Süßmann/Rapp* 1981; *Birnbacher/Hörster* 1982; *Birnbacher/Wolf* 1988; *Bade* 1989; *Dulitz/Kattmann* 1990; *Erhard* u. a. 1992). Hier ist es besonders nützlich, Texte unterschiedlicher Kategorien nacheinander zu behandeln, dann zu vergleichen und einzuordnen (vgl. *Böhne-Grandt/Weigelt* 1990). Die genannten Probleme werden auch in literarischen Texten angesprochen, wobei Texte aus Science-Fiction-Romanen zugleich als Konstruktmodelle der Wirkungen von Wissenschaft betrachtet werden können (vgl. *Teutloff* 2006). Anthropomorph gestaltete Texte können auch zur Evaluation des fachlich Gelernten dienen (*Nissen/Probst* 1997).

Es lohnt auch, Texte von *Unterrichtsmedien* untersuchen zu lassen, um den Schülern den Umgang mit diesen zu erleichtern oder sie auch kritisch gegenüber diesen Medien einzustellen (»gegen den Strich lesen«). So ist es empfehlenswert, bestimmte Passagen des Schulbuches analysieren zu lassen (vgl. ▶ 2.6 *Marquardt/Unterbruner* 1981). Desgleichen kann der Kommentartext zu einem Unterrichtsfilm vervielfältigt und die Aufgabe gestellt werden, das im Kommentar Ausgesagte mit dem im Film Gezeigten zu vergleichen.

26 Biologie-Schulbücher

Als Schulbuch kann jeder gedruckte und gebundene Text bezeichnet werden, der ein staatliches Genehmigungsverfahren durchlaufen hat, um in der Schule als Lehr- und Lernmittel eingesetzt zu werden. Im Biologieunterricht haben wir es weniger mit Lesebüchern, als vielmehr mit Lehr-, Lern- und Arbeitsbüchern und manchmal mit Materialsammlungen zu tun.

Wichtige erschließende Begriffe: Genehmigung, Schulbuchauswahl, Textverständlichkeit

Bearbeitet von *Ulrike Unterbruner*

26.1 Zur Bedeutung

Schulbücher sind jeweils an den Anforderungen bestimmter Schulstufen, oft auch bestimmter Schultypen, orientiert. Gegenüber anderen Büchern zeichnen sich Schulbücher durch eine Reihe von Gestaltungsmerkmalen aus, z. B. durch einen hohen Anteil an Abbildungen, Arbeitsanleitungen und manchmal auch durch Lehrerbegleittexte. Ein weiteres Charakteristikum von Schulbüchern besteht darin, dass sie als einziges Medium begutachtet und ministeriell genehmigt werden müssen.

Schulbücher haben erfahrungsgemäß einen wichtigen Platz in der unterrichtlichen »Landschaft«. Die Aussage *Werner Siedentops* (1972, 124), »für manche Kinder, vielleicht sogar Familien, ist das Lehrbuch die einzige Quelle biologischer Erkenntnis«, ist heute allerdings überholt. Dem Medium Schulbuch steht mittlerweile eine große Anzahl von Kinder- und Jugendsachbüchern bzw. allgemein verständlichen Fachbüchern gegenüber. Zudem findet die Vermittlung biologischer Inhalte über populäre Fernsehfilme und die Neuen Medien (Internet, CD-ROM, DVD) statt. Doch dürfte die Wirkung des Biologie-Schulbuches schon allein auf Grund seiner Verfügbarkeit nach wie vor größer sein als die jedes anderen im Biologieunterricht eingesetzten Mediums. *Werner Wiater* (2003, 13) betont, dass »das Schulbuch … ein indirektes Mittel der staatlichen Beeinflussung des Schulwesens [ist]. Durch das Zulassungsverfahren ist seine politische Funktion unverkennbar«. Dadurch soll die Konformität des schulischen Lernens mit den obersten Bildungs- und Erziehungszielen sichergestellt werden sowie die Übereinstimmung der Schulbücher mit den geltenden Richtlinien oder Lehrplänen. Schulbücher sind somit »zum Leben erweckte Lehrpläne« (*Marquardt/Unterbruner* 1981, 10).

Was die fachdidaktischen und pädagogischen Funktionen des Schulbuchs betrifft, wird auf eine Vielzahl von Nutzungs- und Unterstützungsmöglichkeiten hingewiesen (vgl. *Wiater* 2003). *Weber* (1992) betont, dass das Biologie-

Schulbuch von Lernenden und Lehrkräften in vielfältiger Weise genutzt werden kann, zum Beispiel

- zum Lesen und Interpretieren von Texten und zur Besprechung von Abbildungen, Diagrammen oder Tabellen im Klassenunterricht;
- zur Erarbeitung von Inhalten oder Lösung von Aufgaben während des Unterrichts in Form von Einzel-, Partner- oder Gruppenarbeit;
- zur Unterrichtsvorbereitung durch einzelne Schüler oder Schülergruppen (Referate, Versuche, Demonstrationen u. a.);
- zum Bearbeiten von Hausaufgaben und zur Wiederholung und Festigung erworbener Kenntnisse im Anschluss an den Unterricht;
- zum Nacharbeiten durch Schüler, die Unterricht versäumt haben;
- zum freien Lesen und Betrachten der Bilder;
- als Nachschlagewerk für die Schüler und ihre Angehörigen;
- als Hilfe für die Lehrperson zur Strukturierung von Unterrichtsinhalten.

Wesentlich ist, das Schulbuch möglichst vielseitig und variabel einzusetzen. Mit dem Medium Schulbuch sollte genau so umgegangen werden wie mit anderen Medien auch: Man sollte ihm unter Berücksichtigung aller anderen Parameter des Unterrichts – wie Ziele, Inhalte, Methoden – eine angemessene Funktion zuweisen (vgl. *Koch* 1977 a; *Stawinski* 1982; *Hahn* 1983).

Ob die Bedeutung von Schulbüchern durch die rasante Entwicklung der neuen Medien zukünftig in Frage gestellt ist, wird unterschiedlich diskutiert. So geben einerseits Länder und Kommunen immer weniger Geld für Schulbücher aus (vgl. *Vollstädt* 2002). Andererseits können die Neuen Medien derzeit Schulbücher aber nicht ersetzen. *Hermann Astleitner* u. a. (1998) kamen in einer vergleichenden Analyse (CD-ROM und Schulbuch) zum Schluss, dass die Verwendung von CD-ROMs im Allgemeinen weder zu deutlich besseren noch zu wesentlich schlechteren Lernergebnissen bei Schülern führt als der Gebrauch des Schulbuchs. Entscheidender sind die inhaltliche, didaktische und pädagogische Qualität des jeweiligen Lehrmittels sowie der Einsatz wie auch die Motivation der Lehrperson.

Die in der Delphi-Studie »Lernen mit neuen Medien« befragten Experten räumen dem Schulbuch auch zukünftig eine wichtige Rolle ein. Weniger als 5% der Befragten geht davon aus, dass die Bedeutung des Mediums Schulbuch zukünftig »stark« abnehmen wird. Gefordert wird hingegen ein »Medienmix« von neuen und traditionellen Medien (*Vollstädt* 2002; vgl. auch *Olechowski/Spiel* 1995; *Bamberger* u. a. 1998; *Wiater* 2003).

26.2 Kriterien zur Beurteilung von Biologie-Schulbüchern

Wie eine Sichtung der biologiedidaktischen Literatur zeigt, war das Schulbuch vor allem in den 70er Jahren ein Forschungsgegenstand. Gestaltung von

Schulbüchern wie auch eine Vielzahl von Kriterien zur Beurteilung vorliegender Schulbücher standen im Mittelpunkt des Interesses (vgl. *Beier* 1971; *Pfeiffer* 1971; *Klautke* 1974; *Koch* 1977 b; *Hillen* 1978; *Loidl* 1980; *Unterbruner* 1984; vgl. auch *Rauch/Wurster* 1997).

Bei der Beurteilung von (Biologie)Schulbüchern ist das Kriterium der *Sachrichtigkeit* allgemein anerkannt. Weit verbreitet ist die Ansicht, dass Sachfehler in Biologie-Schulbüchern der Sekundarstufe I kaum vorkommen (vgl. *Beier* 1971, 22; *Loidl* 1980, 696). Diese Behauptung hält aber einer Überprüfung nicht stand. *Roland Hedewig* und *Ina Wenning* (2002) haben in einer Analyse von 14 eingeführten Schulbüchern der Sekundarstufe I und II aus 5 Verlagen zahlreiche Fehler nachgewiesen. Anhand von konkreten Beispielen vor allem aus Humanbiologie und Ökologie kritisieren sie die Wiedergabe eines veralteten Forschungsstands, unkritische Verwendung und falsche Gleichsetzung von Begriffen, unzulässige Verallgemeinerungen, unzutreffende bildhafte Vergleiche und das Fehlen wesentlicher Details in Abbildungen und Erklärungen. Das Nachhinken von Schulbüchern hinter dem wissenschaftlichen Erkenntnisstand erklärt sich nach *Werner Wiater* (2003) zum Teil aus den ökonomischen Sachzwängen der Schulbuchproduktion und deren Tolerierung durch die Schulbehörden (»Gesetz der Verspätung«).

Die *Inhaltsauswahl* eines Schulbuchs wird von den Gutachtern an den Richtlinien gemessen. Aber die inhaltlichen Vorgaben in den Lehrplänen sind im Allgemeinen nicht detailliert und die Schulbuchautoren entscheiden, wo sie Schwerpunkte setzen oder Ausweitungen vornehmen. Nach *Siegfried Klautke* (1974) ist im einzelnen zu fragen, ob die gewählten Inhalte die Motivation der Schüler fördern, ob aktuelle Ergebnisse der Wissenschaft berücksichtigt sind, ob die Inhalte geeignet sind, den Schülern neben Grundeinsichten und Lebenshilfen auch Methodenbewusstsein und Methodenbeherrschung zu vermitteln.

Entsprechend der Auswahl der Inhalte und ihrer Anordnung im Buch lassen sich mehrere *Typen* von Biologie-Schulbüchern ausmachen (vgl. *Maurer* 1978; *Loidl* 1980). Beim *systematisch-morphologischen Typ* orientiert sich die Stoffanordnung am System des Pflanzen- und Tierreichs. Die monographische Betrachtungsweise dominiert; Zusammenfassungen und Verallgemeinerungen dienen vorwiegend der Orientierung im Sinne der Systematik. Allgemeine Zusammenhänge, z. B. ökologischer Art, kommen meist zu kurz. Dieser Schulbuchtyp war bis in die siebziger Jahre vor allem in der Unter- und Mittelstufe des Gymnasiums verbreitet.

Auch der *Lebensraumtyp*, der seine größte Bedeutung im Bereich der Hauptschule hatte, spielt heute keine wesentliche Rolle mehr. Wichtige Aspekte der Allgemeinen Biologie sind nicht oder nur unter Zwang in das Gliederungsschema (Lebensräume und Jahreszeiten) einzufügen und können nicht in der wünschenswerten Geschlossenheit behandelt werden.

Der *Kennzeichen-des-Lebendigen-Typ* ist durch die Stoffanordnung nach Gesichtspunkten der Allgemeinen Biologie charakterisiert. Während dieser Schulbuch-Typ früher nur in der Oberstufe des Gymnasiums eine Rolle spielte, sind ihm heute die meisten Schulbücher zuzuordnen. Zweifellos ermöglicht dieser Typ die größte Variabilität im Einzelnen. Er entspricht auch am ehesten Beschreibungen zur Neustrukturierung der Bezugswissenschaft Biologie nach den Teildisziplinen des Faches (z. B. Physiologie, Ethologie, Ökologie).

Die *Anordnung der Inhalte* ist vor allem von der Konzeption bestimmt, die dem Schulbuch zugrunde liegt. Eine Beurteilung der Stoffanordnung läuft daher häufig auf eine Kritik der Konzeption hinaus. Daneben ist zu prüfen, ob komplexe Themen durch vorhergehende Kapitel genügend vorbereitet werden und ob Zusammenhänge zwischen den Teilen des Buches deutlich werden. Wichtig ist schließlich, dass die Abschnitte innerhalb der einzelnen Kapitel logisch aufeinander aufbauen und alle Elemente der Einheiten sinnvoll miteinander verknüpft sind. Eine Orientierung an *Unterrichtszielen*, wie sie *Siegfried Klautke* (1974) fordert, sollte im Schulbuch erkennbar sein. Fraglich ist allerdings, ob die Unterrichtsziele auch im Schülerbuch (nicht nur im Lehrerbegleitbuch) angegeben werden sollen.

Biologie-Schulbücher sollten auch in Hinblick auf ihren *ideologischen Gehalt* beurteilt werden, wenngleich Schulbücher immer noch als »*selbst eher unbefragte Medien*« zur Unterstützung und Entlastung schulischer Lehr- und Lernprozesse betrachtet und genutzt werden (*Stein* 2003, 235; vgl. auch *Loidl* 1980). Nach *Klautke* (1974), ist es in diesem Sinne positiv zu bewerten, wenn demokratische Haltungen gefördert, autoritäre Praktiken abgelehnt und emanzipatorische Aspekte betont werden. Die Realisierung dieser Forderung mahnt auch *Erika Hasenhüttl* (1997) an, die in einer Analyse von Kapiteln zur Sexualerziehung in Biologie-Lehrbüchern anti-emanzipatorische Werthaltungen (z. B. hinsichtlich Rollenverteilung und Darstellung der Sexualität) feststellt.

Die politische Bildung, die Schulbücher vermitteln, ist relevant in Hinblick auf die Anwendung biologischer Erkenntnisse in Wirtschaft und Gesellschaft. Eine Analyse österreichischer Biologie-Schulbücher zeigte, dass diese gesellschaftsrelevante Dimension meist nicht oder nur unzureichend behandelt wurde (vgl. *Unterbruner* 1984). Politische Bildung findet damit aber statt, und *Peter Heintel* (1977, 39) sieht darin eine problematische Beeinflussung, »weil sie geschieht, ohne dass sie als solche in klaren Konturen auftritt und thematisierbar ist. Ohne dass es die Beteiligten genau wissen oder gar dazu Stellung nehmen können«. Ideologiekritik an Schulbüchern kann Elemente eines »heimlichen Lehrplans« (*Zinnecker* 1976) zutage fördern, d. h. unbeabsichtigte oder nicht offen gelegte mögliche Wirkungen aufdecken. *Gerhard Gamm* (1989) stellt beispielsweise hinsichtlich des vermittelten Naturbildes ideologische Hintergründe fest. Lehrpersonen sollten sich nicht scheuen, ideologiekritische Schulbuch-Analysen gemeinsam mit ihren Schülern durchzuführen (vgl. *Marquardt/Unterbruner* 1981; *Stein* 2003). Auch *Bernd Oehmig* (1992) plädiert als Gegengewicht zur »klinisch-sterilen Sprache« der Schulbücher für kritisch reflektierende Gespräche.

Ein weiterer wichtiger Bereich betrifft die in den Schulbüchern verwendeten *Fachwörter* (Termini). Analysen von Biologie-Schulbüchern ergaben, dass die Texte im Vergleich zu anderen Fächern enorm viele Fachwörter enthalten (vgl. *Berck* 1986; *Graf* 1989 a; b; *Kelterborn* 1994). Auch Analysen von *Richard Bamberger* u. a. (1998) zeigen, dass in Biologieschulbüchern im Gegensatz z. B. zu Schulbüchern aus Physik oder Chemie (zu) informationsdichte, beschreibende Texte dominieren. Nach Untersuchungen von *Dittmar Graf* steht die Anzahl biologischer Fachwörter »in einem krassen Missverhältnis zu der Fähigkeit der Schüler zum Begriffslernen« (1989 b, 219). Der Autor zieht daraus den Schluss, dass die Anzahl der Fachausdrücke stark reduziert werden müsse. Ferner regt er an, dass ein biologischer »Grundwortschatz« für Lehrpläne und Schulbücher erarbeitet werden sollte, dessen Beherrschung für eine biologische »Grundbildung« notwendig ist (vgl. *Graf* 1989 a, 239).

Auch *Bernd Oehmig* (1990) fordert eine Verringerung der Anzahl an Fachwörtern. Er stellt aber fest, dass für die Lerneffektivität eines Textes weniger die Anzahl der Termini als die Gliederung und Gestaltung des Textes, die Qualität der erläuternden Beispiele, die Einfachheit und Eindeutigkeit der Definitionen, die Betonung der wichtigsten Begriffe (»Zielbegriffe«) sowie deren Vernetzung im Buchtext und im Unterrichtsgespräch entscheidend sind.

Eine ganze Reihe wichtiger Anforderungen betrifft die *Textgestaltung*. Ein wesentliches Kriterium ist die *Verständlichkeit*. Das Verständlichkeitskonzept von *Inghard Langer, Friedemann Schulz von Thun* und *Reinhard Tausch* (2002) ist hilfreich für die Textbeurteilung, seine Brauchbarkeit ist mehrfach empirisch belegt (zu Lexikontexten vgl. *Dreesmann/Ballod* 2006).

Der Verständlichkeit wurde auch mit Hilfe von Tests nachgegangen, in denen Schüler nach der Lektüre von Texten aus Biologie-Schulbüchern Fragen zu beantworten hatten (vgl. *Koch* 1977 a; *Etschenberg* 1984 b).

Im Hinblick auf die *Bildausstattung* ist zu fragen, ob die Anzahl der Bilder angemessen ist, ob die Abbildungen einen hohen Aussagewert haben, ob die unterschiedlichen Abbildungstypen (wie Fotos, Schemata) sachgemäß eingesetzt sind, die Bildlegenden treffend und hinreichend sind und ob eine adäquate Bild-Text-Verschränkung gegeben ist. Die Funktionen von Bildern wurden früher vorwiegend im Sinne eines Beitrages zur Textverständlichkeit, der Motivation und einer Verbesserung der Behaltensleistung gesehen. Neuere kognitionspsychologische Ansätze betonen die Bedeutung von Bildern in Lernprozessen unter einem zusätzlichen Aspekt, nämlich dem des Aufbaues

■ »Einfachheit« (nicht Schwierigkeit des Inhaltes, sondern Art der Darstellung, d. h. sprachliche Formulierung, Wortwahl, Satzbau)
Polaritäten: einfache Darstellung – komplizierte Darstellung; kurze, einfache Sätze – lange verschachtelte Sätze; geläufige Wörter – ungeläufige Wörter; Fachwörter erklärt – Fachwörter nicht erklärt; konkret anschaulich – abstrakt unanschaulich

■ »Gliederung/Ordnung« (äußere Gliederung und innere Ordnung)
Polaritäten: gegliedert – ungegliedert; folgerichtig – zusammenhanglos, wirr; übersichtlich – unübersichtlich; gute Unterscheidung von Wesentlichem und Unwesentlichem – schlechte Unterscheidung von Wesentlichem und Unwesentlichem; der rote Faden bleibt sichtbar – man verliert oft den roten Faden; alles kommt schön der Reihe nach – alles geht durcheinander

■ »Kürze/Prägnanz« (Länge des Textes in Verhältnis zum Informationsziel)
Polaritäten: zu kurz – zu lang; aufs Wesentliche beschränkt – viel Unwesentliches; gedrängt – breit; aufs Lehrziel konzentriert – abschweifend; knapp – ausführlich; jedes Wort ist notwendig – vieles hätte man weglassen können

■ »Anregende Zusätze« (Zutaten zur Förderung von Interesse, Anteilnahme, Lust am Lesen)
Polaritäten: anregend – nüchtern; interessant – farblos; abwechslungsreich – gleichbleibend neutral; persönlich – unpersönlich

Im Hinblick auf die vier Merkmale wird ein Text durchgesehen und jedes Merkmal anhand der Polaritäten mittels einer fünfstufigen Skala von + 2 bis – 2 beurteilt. Ein optimal verständlicher Text ist durch folgende Beurteilung charakterisiert: Einfachheit +2, Gliederung/Ordnung +2, Kürze/Prägnanz 0 oder +1, anregende Zusätze 0 oder +1.

Dimensionen der Textverständlichkeit (nach Langer/ Schulz von Thun/ Tausch 2002)

mentaler Modelle. Der gelungenen Integration von Bild und Text kommt dabei wesentliche Bedeutung zu (vgl. *Weidenmann* 1994).

► 27.3.1

Anhand empirischer Untersuchungen an verschiedenen Schülergruppen konnten *Kordula Schneider* und *Ulla Walter* (1992) die Bedeutung der »Bild-Text-Verschränkung« für den Lernerfolg bestätigen. Am effektivsten erwies sich eine Bild-Text-Gestaltung mit komplementären Inhalten und Strukturierungshinweisen: Bild wie Text sind (nichtredundante) Informationsträger; der Text enthält Hinweise auf die ergänzenden Bildinformationen, wodurch der Leser strukturiert durch Bild und Text geführt wird. Die Analyse von Schulbüchern und Lernmaterialien zeigt hingegen, dass Bilder häufig redundante Inhalte des Textes enthalten, schmückendes oder motivierendes Beiwerk zum Text sind und manchmal auch in keiner Beziehung zum Text stehen.

Der Einsatz eines Schulbuches hängt in gewissem Maße auch von der äußeren *Aufmachung* und *Ausstattung* ab. Als Einzelkriterien können gelten: Format des Buches, Satz und Schriftbild (modernes, kinder- bzw. jugendgerechtes Layout), Anordnung der Einzelthemen, Abbildungen und Textblöcke, Gestaltung des Umschlags, Vorhandensein und Qualität eines Inhaltsverzeichnisses sowie eines Sachregisters.

Das Vorhandensein eines Lehrerbegleitbuchs oder Materialienbandes gilt als ein weiteres Gütekriterium für ein Biologie-Schulbuch, wenn es die folgenden Funktionen berücksichtigt:

- Darlegung der didaktischen Konzeption des Schulbuches;
- Erläuterung des Schulbuchaufbaus;
- allgemeine Hinweise zur Benutzung des Schulbuches;
- Hilfen zur Durchführung des Unterrichts zu den einzelnen Schulbuch-Kapiteln, gegliedert in Sachinformationen (falls notwendig), Didaktische Überlegungen, Unterrichtsziele, Hinweise zur praktischen Unterrichtsgestaltung (z. B. mit Lösungen der im Schulbuch gestellten Aufgaben, Kopiervorlagen, Testvorschlägen), Nachweis von Medien und weiterführender Literatur.

27 Computerprogramme und Internet

Der Computer vereinigt in Verbindung mit den verschiedenen Programmtypen alle bisherigen medialen Darstellungsweisen. Ob Bild, Film oder Video, Text – gesprochen oder geschrieben, Grafiken oder Animationen, Musik oder Tonwiedergaben, sie alle können durch die neue Technik präsentiert werden. Das Internet steht als das umfangreichste und vielfältigste Informations- und Kommunikationsmedium zur Verfügung. Der Computer übertrifft damit alle gängigen Formen der Informationsvermittlung und eröffnet in der Darstellung und im Erlernen biologisch-naturwissenschaftlicher Zusammenhänge neue Perspektiven. Hoffnung auf Innovation einerseits und Sorge über eine Technisierung mit all den möglichen negativen Begleiterscheinungen andererseits begleiten die Entwicklung. »Der Einsatz dieses neuen Mediums darf ... nicht Selbstzweck sein, sondern muss in ein übergreifendes didaktisch begründetes Konzept eingebettet sein« (MNU 1985).

Wichtige erschließende Begriffe: Aufmerksamkeitsverteilung, Multimedia, Kognitivismus, Konstruktivismus, Simulation, virtuelle Realität, »WebQuest«

Bearbeitet von *Georg Pfligersdorffer*

27.1 Zum Begriff

Computer sind Geräte (Hardware). Sie erlangen erst durch Programme (Software) ihre vielfältigen Einsatzmöglichkeiten. Für den Biologieunterricht können unterschiedliche Programmtypen mit jeweils spezifischen Einsatzbereichen differenziert werden. Zur Einteilung von Software gibt es recht verschiedene Vorschläge. Sie reichen von einer dichotomen Unterscheidung in Software zur Informationsdarbietung oder zum Experimentalbereich (*Lindner-Effland* 2003, 22) bis hin zu einer achtstufigen Gliederung (*Tulodziecki/Herzig* 2002, 17 f.). ▶ Tab. 27-1

27.2 Sinn und Bedeutung

27.2.1 Multimedia

Mit Multimedia wird Natur in Bild und Ton umfassend dargestellt. *Informations- und Lernprogramme* bieten mit ihrer Verschränkung von visueller und auditiver Codierung eine innovative Veranschaulichung naturwissenschaftlicher Phänomene. Die Qualität der angebotenen Produkte reicht vom gut strukturierten multimedialen Informationsmedium bis hin zum digitalisierten Bilderbuch (*Hasebrook* 1995 a; b; *Issing/Klimsa* 1995).

Funktion	Eigenschaften	Bedeutung	Hinweise
Information	multimedial und hypermedial strukturiert, on- bzw. offline verfügbar	Bereitstellung aktueller naturwissenschaftlicher Informationen, interaktive Visualisierung von biologischen Prozessen, mediale Präsentation von Natur in Bild und Ton	Seriosität der Informationsquellen? Orientierungs- und Navigationsprobleme: »lost in hyperspace«
Lernen »Drill & practice«	einfache Übungssoftware (Rechnen, Grammatik, Vokabeln)	individuelles Lernen, sofortige Rückmeldung auf Lösungen	
»Edutainment-Infotainment«	unterhaltsame Lehr- und Lernangebote mit Spielelementen	Verbindung von Lernen mit Spaß und Erlebnissen, Motivation	Erlebnisse bleiben virtuell
Tutorien, »intelligente« Tutorien	aufwändig gestaltete Instruktionsprogramme	Anwendungsbeispiele lerndiagnostische Instrumente, verstärkt problemorientierte Vorgehensweisen	lernpsychologische Gestaltung ist komplex
Simulationen Experimentieren		virtuelle Durchführung von (gefährlichen) Experimenten	
Systemsimulationen, Planspiele, Modellbildung	reale Systeme werden durch mathematische Modelle abgebildet und interaktiv beeinflusst	Populationskurven im Zeitraffer und »Was wäre wenn?«-Studien bieten besondere Lern-Erfahrungen	Grenzen von Modellen
Training	Simulation psychomotorischer Fertigkeiten	mikrobiologische Techniken, Tiersektion, Pflanzenbestimmung, Mülltrennung	Grenzen virtueller Manipulation
Kommunikation und Vernetzung	weltweiter Austausch von Informationen, grenzenlose Kommunikation	Umweltdaten, ökologische Parameter und Naturbeobachtungen können ausgetauscht werden. Der Datenvergleich hilft, die Situation vor Ort besser zu verstehen.	Anregung zur Naturbeobachtung, Kommunikation, internationale Projekte
Messwerte-Erfassung	Datenerfassung in großen Mengen oder über große Zeiträume	Einsatz erfolgt im Zusammenhang mit Realexperimenten	großer Aufwand an Technik und Betreuung
Werkzeuge	Datenbanken, Text- und Bildbearbeitung, Grafikgestaltung, Autorenprogramme	Lernende können selbst multimediale Informationsprogramme entwickeln	zeitaufwändig, aber hoher Spaß- und Kreativitätsfaktor

Tabelle 27-1: Für den Einsatz im Biologieunterricht geeignete Programmtypen

378

Das Internet ist derzeit wohl das wichtigste und umfassenste Informationsmedium. Hinzu kommen Datenbestände, Enzyklopädien und Materialsammlungen auf digitalen Speichermedien (CD, DVD). Ihre multimediale Gestaltung bedeutet, dass Texte verknüpft sind mit visuellen Darstellungen in Form von Abbildungen, Filmen und Animationen, begleitet von auditiven Informationen und Effekten. Die hypermediale Strukturierung führt dazu, dass Inhalte nicht wie in einem Buch linear gereiht, sondern als Netzwerk angeordnet sind. Über Mausklicks kann der Lernende ausgehend von Informationsknoten verknüpfte Erläuterungen sowie weiterführende Inhalte aufrufen, sich Texte und Medien assoziativ erschließen und seinen Lernvorgang damit interessen- bzw. bedürfnisorientiert gestalten (*Weidenmann* 2001; 456f.).

Für die anschauliche Vermittlung steht den Lehrenden nun ein hervorragendes Medium zur Verfügung. Wenn es um die kreative Nutzung und Gestaltung von Multimedia-Inhalten durch die Lernenden selbst geht, dann haben diese jetzt ein innovatives *Werkzeug*: Mit einer Autorensoftware, einer digitalen Film- oder Fotokamera sowie Tonaufzeichnungsgeräten können naturwissenschaftliche Themen so vielfältig wie noch nie gestaltet und erfahren werden.

27.2.2 Computersimulationen

Computersimulationen sind dynamische modellhafte Nachbildungen realer Gegebenheiten. Sie sind Quellen neuer Lernerfahrungen im Biologieunterricht und schaffen interaktive *virtuelle Wirklichkeiten*, d. h. durch die Software bereit gestellte »Erlebnisräume« (vgl. *Hiering* 1995; *Pfligersdorffer* 1999). Von besonderer Bedeutung sind Systemsimulationen deshalb, weil sie Bereiche erschließen, die auf Grund ihrer Komplexität zumeist einer unmittelbaren Erfahrung nicht zugänglich sind. Einzelprozesse mögen hinsichtlich ihrer Entwicklung noch vorstellbar sein, komplexe Wechselwirkungen hingegen lassen sich vom Menschen nicht mehr nachvollziehen (vgl. *Wedekind* 1980). Während der Mensch nur etwa eine Handvoll Faktoren hinsichtlich ihrer Dynamik und Wechselwirkung zu überblicken vermag, sind der Simulation mit dem Computer kaum Grenzen gesetzt (vgl. *Preuss* 1991).

Im Biologieunterricht zählen zwar originale Begegnung und primäre Erkenntnisgewinnung zu den didaktischen Grundprinzipien. Überall dort aber, wo die Arbeit mit dem Original zu aufwändig, zu kompliziert, zu teuer, zu riskant oder aus moralisch-ethischen Gründen ausgeschlossen ist, ermöglicht die Simulation eine angemessene Bearbeitung des Themas (*Hiering* 1995).

Prinzipielle *Vorteile* von Computersimulationen gegenüber anderen Methoden sind: geringer Aufwand, beliebige Wiederholbarkeit, automatische Dokumentation des Verlaufs, Ungefährlichkeit, keine Beeinträchtigung von Lebewesen durch ein Experiment, Überschaubarkeit, Dimensionen der abgebil-

▶ 23

deten Realität können beliebig abgeändert werden, Vielzahl gleichzeitig erfasster Faktoren sowie Veranschaulichung komplexer Sachverhalte.

Das hohe Maß an *Interaktivität* erlaubt es den Lernenden, Eingriffe in das simulierte System vorzunehmen, Parameter zu verändern und in der Folge Auswirkungen ihres Handelns zu analysieren. Mit der schnellen und unmittelbaren Rückmeldung auf Eingriffe der Lernenden eignen sich Simulationen besonders für problemorientiertes Vorgehen mit entdeckendem Lernen, Hypothesenbildung sowie für den Erwerb von deklarativem (was) und prozeduralem (wie) Wissen (vgl. *Wedekind* 1979; *Mandl* 1997).

Hinsichtlich des didaktischen Wertes von Computersimulationen nimmt die *Veranschaulichung* eine zentrale Rolle ein. So lassen sich dynamische Vorgänge, Entwicklungen und Verläufe durch graphische Darstellung anschaulich und verständlich gestalten. Dies gilt auch für komplexe und vernetzte Systeme, wie sie in der Ökologie, Humanbiologie und vielen anderen Bereichen anzutreffen sind (vgl. *Hiering* 1990 a; *Meisner* 1997; *Reck/Wielandt* 1997).

Besonders interessante Simulationen sind mit Welt- und Systemmodellen möglich – so genannten Systemsimulationen. Hypothesengeleitet können die Lernenden untersuchen, wie die einzelnen Faktoren zueinander in Beziehung stehen, das Gesamtsystem beeinflussen und unter welchen Bedingungen am ehesten nachhaltige Entwicklungen erreicht werden (vgl. *Bossel* 1985; *Bossel* u. a. 1993; *Nowak/Bossel* 1994). Ziele dieser Simulationen sind das Erfassen von Zusammenhängen und das vernetzte Denken. Sie verstehen sich als »kleine Denkschulung für den Umgang mit komplexen Systemen« (*Vester* 1990, 10; 1997).

An umweltorientierten Simulationen lassen sich die Eigenschaften ökologischer Systeme veranschaulichen und studieren. Lernende erfahren die Vernetzung der Faktoren, die Dynamik der Beziehungen, exponentielle und zeitverzögerte Entwicklungen und strukturelle Komplexität (vgl. *Simon/Wedekind* 1980; *Pfligersdorffer* 1994 a; *Pfligersdorffer/Seibt* 1997). Wie die Menschen sich unter diesen komplexen Umweltsituationen verhalten und zu welchen Fehlern sie neigen, machen Planspiele erlebbar (vgl. *Dörner* 1975; 1991, 1996; *Ernst/Spada* 1993; *Meadows* u. a. 1995).

27.4 ◀

Computersimulationen sollten es ermöglichen, ökologisches (Ge-)Wissen und den Umgang mit Systemeigenschaften unserer Umwelt – komplex, unbestimmt, langsam – zu trainieren. »Computersimulationen bieten wohl erstmals die Möglichkeit, den Umgang mit solchen Realitäten in einer Weise zu üben, die der Erfahrungsbildung in der ‚echten' Realität recht nahe kommt« (*Dörner* 1996, 510; vgl. auch *Kriz* 2000). Tatsächlich erbrachte eine Untersuchung von *Monika Maierhofer* (2001; *Maierhofer/Pfligersdorffer* 2001) Lerneffekte in diesem Sinne. Die Lernenden erkannten nach einem Unterricht mit dem Simulationsprogramm »Der See« (*Hiering* 1991) auch bei anderen Modellen kritische Systemeigenschaften besser und gingen angemessener mit deren Komplexität um.

27.2.3 Netzwerke

Vernetzungen sind im Zeitalter der Globalisierung auch im Sinne der Umwelterziehung notwendig. Internetplattformen erleichtern die weltweite Kommunikation. In der Umwelterziehung haben Netzwerke besondere Bedeutung, und die Leitidee des lokalen Handelns und globalen Denkens stellt hier eine zentrale Dimension dar: Umweltprobleme kennen keine nationalen Grenzen und lassen sich durch lokale Verordnungen nicht in den Griff bekommen.

Lehrenden und Lernenden ist mit diesem Medium ein neues *Werkzeug* in die Hände gegeben. In einer überregionalen bis weltweiten Kommunikation können Informationen über ökologische Beobachtungen vor Ort ausgetauscht werden, überwinden die Lernenden soziale, nationale und kulturelle Grenzen und tragen so dazu bei, dass sich Menschen näher kommen und ihrer Verantwortung für Natur bewusster werden. Diese Ziele werden allerdings noch nicht in wünschenswertem Umfang realisiert (vgl. *Gräsel/Seybold* 2001).

Netzwerke dienen weiterhin als Informationsquelle für aktuelle biologische und umweltkundliche Belange. Das Lernen kann dabei anhand authentischer Probleme selbstgesteuert und im sozialen Kontext ablaufen (vgl. *Mandl* 1997; *Gräsel* u. a. 1997). Mit der Realisation dieser Ansätze ändert sich auch zusehends die Rolle der Lehrperson vom »Wissensvermittler hin zum Wissensmanager und Organisator von Lernprozessen« (*v. Lück* 1993, 7; vgl. 1996; *Rüschoff* 1995).

Die Anzahl der Umweltbildungsadressen im Internet hat sich in den letzten Jahren deutlich erhöht und das Netz an Umweltdatenbanken ist dichter und komplexer geworden. Freilich ist die Nutzung dieser ökologischen Zeigerdaten und Umweltindizes nicht ganz einfach und erfordert die entsprechende Kompetenz. *Heino Apel* (1999, 241) verweist in diesem Zusammenhang darauf, dass man unter Naturbeobachtung zunächst etwas Sinnenhaftes versteht, etwas, das mit Sehen, Riechen und Fühlen zu tun hat. Es muss gelernt werden, unanschauliche Messwerte und Graphen zu interpretieren, da sich oftmals nur über diese Darstellungen die Zustände unserer Umwelt erschließen lassen. Spezielle Plattformen mit umweltpädagogischer Orientierung erleichtern es, durch besondere Veranschaulichung sowie durch Modelle der Partizipation den Bezug zwischen den abstrakten Daten und der konkreten Situation vor Ort herzustellen (etwa GLOBE, vgl. *Howland/Becker* 2002; *Pfligersdorffer* 1997).

27.3 Lernen mit dem Computer, Theorie und Effektivität

27.3.1 Allgemeines

Besondere Hoffnungen werden mit den »Neuen Medien« im Hinblick auf die Verwirklichung innovativer und demokratischer Lehr- und Lernformen verknüpft. Beim Lehren und Lernen mit Computermedien kann man im Wesentlichen drei theoretische Konzepte unterscheiden: Die *kognitivistische Theorie* geht davon aus, dass Wissensinhalte von den Lehrenden auf die Lernenden übertragen werden können, während die *konstruktivistische Theorie* die Position vertritt, dass jedes Wissen durch die Lernenden aufs Neue konstruiert und in ihrem subjektiven Verständnis verankert werden muss (*Tulodziecki/Herzig* 2002; *Reinmann-Rothmeier/Mandl* 2001; *Meschenmoser* 2002, *Urhahne* u. a. 2000). Dazwischen vermitteln die pragmatischen und integrierenden Konzepte des »Multimedia-Lernens« (*Mayer, R. E.* 2001) sowie des »gemäßigten Konstruktivismus«. Die letztgenannten Konzepte haben auch für den Einsatz des Computers im Biologieunterricht die größte Bedeutung.

Multimedia-Lernprogramme folgen zumeist einer kognitionstheoretischen Sicht von Lehren und Lernen. Dort, wo die Vermittlung von Inhalten im Vordergrund steht, hat dieses Konzept seine Stärken (»Primat der Instruktion«, *Reinmann-Rothmeier/Mandl* 2001, 606). Inhalte werden klar strukturiert, in einer Schritt-für-Schritt Abfolge dem Lerner näher gebracht sowie multimedial repräsentiert. Aber es kann auch das Missverständnis vorliegen, man könne Wissen wie Informationspakete unverändert vom Lehrenden auf den Lernenden übertragen. Im Idealfall werden deshalb die Verarbeitungsstrategien der Lernenden berücksichtigt. Das Programm stellt den Lernenden dann strukturierende Lernhilfen, z. B. »advance organizers« (*Ausubel* u. a. 1980, 209 ff.) zur Verfügung und gestaltet die Instruktion im Sinne der »dualen Codierung« (*Mayer, R. E.* 2001; *Tulodziecki/Herzig* 2002), d. h. mit Wort und Bild. Außerdem werden nach der Theorie des Multimedia-Lernens nach *Richard E. Mayer* (2001) Fragen, Impulse oder Aufgaben geboten, die eine aktive Verarbeitung der Inhalte durch die Lernenden fördern.

In modernen »intelligenten« *tutoriellen Programmen* sucht man vermehrt problemorientierte und konstruktivistische Vorgehensweisen umzusetzen (vgl. *Mandl/Gruber/Renkl* 1992; 1994; *Arzberger/Brehm* 1994).

Simulationen, Autorenprogramme und *Kommunikationswerkzeuge* folgen meist dem Konzept des »gemäßigten« Konstruktivismus (*Reinmann-Rothmeier/Mandl* 2001; *Gräsel* 2000; *Dubs* 1995; *Gerstenmaier/Mandl* 1995). Ihre prinzipielle Problemorientierung unterstreicht das Bild der Wissenskonstruktion gegenüber dem von Wissensübertragung (vgl. *Weidenmann* 2001; 453). Dies entspricht damit in weiten Teilen dem, was im Biologieunterricht als entdeckendes Lernen bezeichnet wird. Moderne Ansätze des Lernens mit dem

Bild 27-1 ◄

4.3; 11.2 ◄

11.2 ◄

16.2 ◄

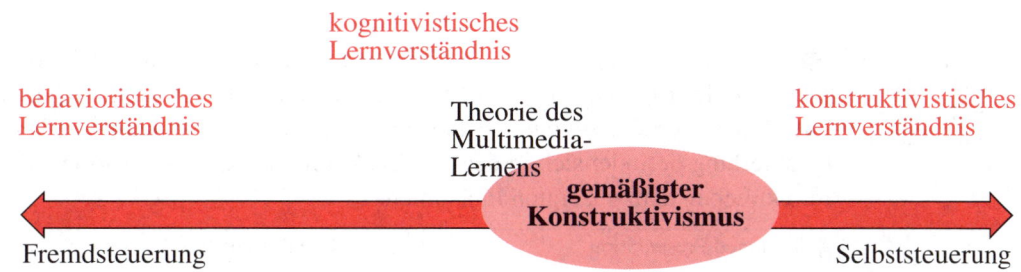

Bild 27-1: Die verschiedenen Paradigmen des Lernens mit dem Computer – angeordnet auf dem Kontinuum der Steuerung des Lernprozesses.

Computer sind durchweg diesem Konzept verpflichtet. Beispielsweise ist das ▶ 27.4 Konzept von »LifeLab« – ein virtuelles naturwissenschaftliches Labor – daraufhin ausgerichtet, dass die Lernenden die Rolle des Forschers einnehmen (Bibliographisches Institut 2005). Mit ihren Fragen oder Problemstellungen befinden sie sich in einer authentischen Experimentalsituation und versuchen Antworten zu finden. »Chatrooms« oder Foren ermöglichen die gemeinsame Konstruktion von Wissen.

Metaanalytische Untersuchungen stellen tendenziell positive *Effekte des Lernens* mit dem Computer im Hinblick auf Wissen und Einstellungen fest (vgl. Übersicht bei *Urhahne* u. a. 2000, 161). Etwas stärkere Effekte finden sich bei jüngeren Lernenden (vgl. *Frey* 1989; *Kulik/Kulik* 1991; *Niegemann* 1995; *Hasebrook* 1995 a; b). Andere empirische Überblicksarbeiten zeigen dagegen ein eher widersprüchliches und nur schwer zu generalisierendes Bild (vgl. *Pondorf* 1998). *Andrew Dillon* und *Ralph Gabbard* (1998) kommen in ihrer Metastudie von insgesamt 30 empirischen Arbeiten zum Lernen mit Hyperstrukturen zu dem Ergebnis, dass mit den meisten Hypermedia-Programmen das Verständnis der Lernenden nicht gefördert wird.

Andere Untersuchungen weisen durchaus positive Effekte eines hypertextstrukturierten Lernmediums im Vergleich zu einem weniger vernetzt (bzw. linear) aufgebauten Medium nach (*Urhahne/Schanze* 2003). In mehreren Untersuchungen zeigt sich, »dass die individualisierte Form des Lernens am Computer und die freie Einteilung der Lernzeiten und des Arbeitstempos im Gegensatz zum starren Frontalunterricht eine erhebliche Reduktion der Lernzeit ergibt (20% bis 70%)« (*Hasebrook* 1995 a; b).

383

Prinzipien der multimedialen Präsentation (R. E. Mayer 2001)

■ **Nachbarschaftsprinzip (»spatial contiguity«):** Sich aufeinander beziehende Text-Bild Informationen sollten im räumlichen Zusammenhang angeboten werden. »Integrierte Präsentation«: Im Unterschied zur linken Darstellung befindet sich in der rechten Abbildung der Informationstext direkt neben dem gezeigten Phänomen.

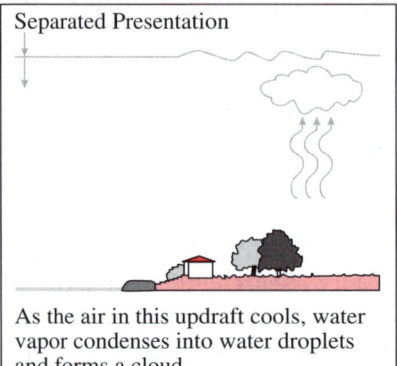

Separated Presentation

As the air in this updraft cools, water vapor condenses into water droplets and forms a cloud.

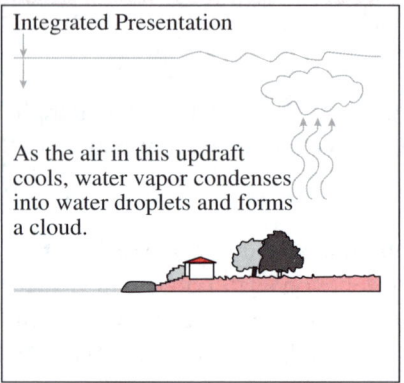

Integrated Presentation

As the air in this updraft cools, water vapor condenses into water droplets and forms a cloud.

■ **Modalitätsprinzip:** Der Lernvorgang ist effektiver, wenn Bildinformationen (insbesondere Animationen) von gesprochenen (anstatt geschriebenen) Erläuterungen begleitet werden (vgl. auch *Blömeke* 2003, 62).

■ **Prinzip der zeitlichen Nähe:** Es ist wichtig darauf zu achten, dass Informationen, wie Animationen und verbale Erläuterung in einem engen zeitlichen Kontext stehen.

■ **Kohärenzprinzip:** »Weniger ist mehr«. Man lernt besser, wenn die Texte knapp sind und kein zusätzliches überflüssiges Material enthalten.

■ **Redundanzprinzip:** Wird Bildinformation mit verbal dargebotener Information zusätzlich noch als Text auf dem Bildschirm abgebildet, führt dies wahrnehmungsmäßig meist zur »Überlastung«.

27.3.2 Multimedia-Lernen

Während Texte Sachverhalte linear beschreiben, stellen bildhafte Darstellungen eine komplementäre, ganzheitliche und nichtlineare Informationsvermittlung dar. Die Theorie des *»Multimedia Learning«* nach *Richard E. Mayer* (2001) bezieht sich auf die Frage, ob mit der Verbindung von Wort und Bild besser, schneller und mit mehr Interesse gelernt wird.

Geschriebene Texte und Bilder werden über den visuellen Sinn aufgenommen, gesprochene Texte und Töne über den auditiven Sinn. Da unser Aufnahmesystem nur eine beschränkte Menge an Informationen innerhalb einer Zeiteinheit verarbeiten kann (»limited capacity«), müssen die Inputs gefiltert werden. Die selektierten Informationen werden schließlich in einem »Arbeitsspeicher« weiter verarbeitet. Hier werden sie vom Lerner in kohärente mentale Repräsentationen umgebaut. In einem letzten entscheidenden Verarbeitungsschritt, der vom Lernenden aktiv geleistet werden muss (»active processing«), werden diese verbalen und piktoralen Modelle miteinander und auch mit dem Vorwissen in Beziehung gebracht und so in den Langzeitspeicher integriert.

Auf der Grundlage dieser Anschauung vom Lernen verglich *Richard E. Mayer* in einer Reihe von Experimenten *Multimediapräsentationen* mit anderen Informationseinheiten hinsichtlich ihrer *Lernerfolge*. Diese Experimente waren typischerweise wie folgt aufgebaut: Studentinnen und Studenten in Versuchs- und Vergleichsgruppen hatten die Aufgabe, kurze in sich abgeschlossene Informationsmaterialien durchzulesen. Die dargebotenen Materialien waren in Bezug auf die enthaltenen Inhalte identisch, unterschieden sich jedoch bezüglich ihrer Darbietung. So erhielt die Treatmentgruppe ihre Informationen nach Kriterien der Theorie des Multimedia Lernens gestaltet, die Vergleichsgruppe hingegen nicht. In einem Nachtest wurden Behaltensleistung und das Verständnis mittels eines Transfer-Tests erhoben. Aus dem jeweiligen Lernerfolg wurden die Prinzipien der Gestaltung von Multimedia-Programmen abgeleitet.

Claudia Nerdel (2002) untersuchte die Wirkung von *Animationen* auf den Wissenserwerb. Die Versuchspersonen bearbeiteten dazu ein Multimedia-Programm zum Thema »Atmungskette an der inneren Mitochondrienmembran«. Es konnte nur eine tendenzielle Überlegenheit der Gruppe mit Animation gegenüber der Vergleichsgruppe mit Standbildern gezeigt werden.

Wie verteilen Lernende ihre *Aufmerksamkeit* in einem Multimediaprogramm auf Texte und Bilder? Dies haben *Roland Brünken* und *Detlev Leutner* (2001) unter schulischen Bedingungen überprüft. Jene Gruppe, die Informationen audiovisuell erhielt, lernte signifikant besser als jene mit ausschließlich visueller Informationsdarbietung. Dieses Ergebnis stellt sich jedoch differenzierter dar, wenn die Lernenden mit einem Bildverständnistest speziell auf den Lernerfolg durch bildlich dargebotene Informationen hin überprüft wurden. Dabei erreichten die Probanden unabhängig von den Vermittlungsformen vergleichbare Punktwerte. Bildhafte Informationsvermittlung erfordert für die Leistungsfeststellung auch entsprechende bildliche Elemente (vgl. *Brünken* u. a. 2000).

▶ 15

Zentrales und immer wiederkehrendes Problem ist die *Orientierung in Hypermedien* bzw. die Desorientierung im Lernmedium: »Lost in Hyperspace«. Die Lernenden verlieren in dieser vielfältigen Lernumgebung ihr Ziel aus den Augen, verirren sich auf ihrem Lernpfad von Link zu Link oder verstricken sich in Detailinformationen. Untersuchungen zeigen, dass streng hierarchische Texte schneller erschlossen werden als Hypertexte. Mit Hypertexten wird daher z. T. signifikant weniger gelernt als mit schriftlichen, linear aufgebauten Materialien (vgl. *Niegemann* 1995, 91 ff.; *Klimsa* 1995, 13; *Glowalla/Häfele* 1995; *Kreft/Neuhaus* 2004). Lernende mit geringen metakognitiven Fähigkeiten und Vorkenntnissen haben größte Schwierigkeiten, dieses Medium effektiv zu nutzen (*Dillon/Gabbard* 1998; vgl. auch *Weidenmann* 2001, 457 f.; *Blömeke* 2003, 69). Generell werden die Schwierigkeiten schwächerer Lernender damit erklärt, dass sie sehr viel mehr Energie in die Orientierung und Strukturierung der Inhalte investieren müssen, während Lernende mit Vorkenntnissen auf eine Vorstrukturierung zurückgreifen und die Informationen des Hypermediums selektiv nutzen können.

Besondere *Navigationshilfen* und grafische Übersichten können diese Lernergruppe unterstützen (*Möller/Müller-Kalthoff* 2000). Wenn darüber hinaus noch konkrete Lernwege vorgegeben werden, ist die Akzeptanz bei den Lernenden deutlich höher als bei Programmen mit völlig freier Navigation (*Krüger, D.* 2002 a). Andere Ergebnisse zeigen allerdings, dass als Hilfe gedachte »Mikroaufgaben« den Lernerfolg nicht verbessern, möglicherweise aber strukturierte Vorgaben für Protokollnotizen (*Kramer* 2005; *Kramer/Prechtl/Bayrhuber* 2005).

Sigrid Blömeke kommt anhand mehrerer empirischer Untersuchungen und Metaanalysen (2003, 70 ff.) zu dem Schluss, dass selbst bei sorgfältigster Gestaltung von multimedialen Lernprogrammen die *instruktionale Unterstützung* der Lernenden durch den Lehrer letztlich unverzichtbar ist. Hilfestellungen müssen »genau zu dem Zeitpunkt gegeben werden, an dem sie benötigt werden, anstatt vorab als Leitfaden oder im Nachhinein als Rückmeldung« (*Blömeke* 2001, 71). Es ist interessant, dass es sich bei den beschriebenen Schwierigkeiten nicht wirklich um neue Lernprobleme handelt, sondern eher um Phänomene, wie sie typischerweise im Umgang mit komplexen Systemen auftreten: Verlust der Orientierung, Fluchttendenzen mit der Folge von Vereinfachungen und dem Aufstellen von Ersatzzielen etc. (vgl. *Dörner* 1991).

27.3.3 Lernen mit Computersimulationen

In Wissenschaft und Forschung werden Computersimulationen bereits routinemäßig eingesetzt. Im Biologieunterricht können Animationen und Simulationen den Lernprozess positiv beeinflussen (vgl. *Urhahne* u. a. 2000, 165 f.; *Urhahne* 2002). Durch die prozesshafte Darstellung von Abläufen werden unangemessene Vorstellungen vermieden und dynamische Konzepte von Lernenden schneller begriffen. Interaktive Eingriffsmöglichkeiten lassen Kausalzusammenhänge schneller erkennen und erhöhen Motivation, Neugier und Interesse.

Überraschenderweise können diese Erwartungen durch Übersichtsuntersuchungen zu Lernprogrammen mit Simulationen kaum bis überhaupt nicht bestätigt werden. Zwar zeigen einige empirische Arbeiten, dass Computersimulationen positive Effekte bringen; zusammenfassend kommen *Ton de Jong* und *Wouter R. van Joolingen* aber zu dem Schluss, dass es keine klaren und eindeutigen Befunde zu Gunsten der Simulationen gibt (1998, 181). Ein Grund dafür dürfte darin liegen, dass die Lernenden nur bedingt metakognitive Fähigkeiten für den Umgang mit Simulationen besitzen. Bei der Problemlösung wird zumeist nach Versuch und Irrtum vorgegangen, außerdem werden selten brauchbare Hypothesen für das Simulationsexperiment aufgestellt und systematisch untersucht. Bei der Veränderung der Parameter bleibt man häufig im spielerischen Niveau, verfolgt unangemessene Strategien und beobachtet nur jene Daten, die auf die eigenen Vorannahmen bezogen sind – unter Ausblendung anderer Möglichkeiten (*Blömeke* 2003, 71; vgl. *Urhahne* u. a. 2000, 166).

Ein positives Bild von interaktiven Simulationen zeichnet dagegen *Zacharias Zacharia* (2003, 796 f.) aufgrund seiner Literaturauswertung. Er stellt einen erfolgreichen Einsatz dieses Mediums in den Fächern Physik, Chemie und Biologie fest, und zwar hinsichtlich des Begriffslernens sowie der Entwicklung von günstigen Einstellungen zu Wissenschaften allgemein. Diese Einschätzung wird auch von Lehrenden geteilt, die Erfahrungen mit einer mehrwöchigen simulationsunterstützten Lehreinheit sammeln konnten. Danach waren die Befragten der Meinung, dass dadurch eine aktivierende Lernumgebung geschaffen wurde, in der die Lernenden motiviert und herausgefordert waren und die Möglichkeit bekamen, sich mit Phänomenen der Natur und damit zusammenhängenden Faktoren zu beschäftigen (*Zacharia* 2003, 807).

Einen entscheidenden Einfluss auf die Lerneffekte hat neben dem Medium seine unterrichtliche Einbettung: Studierende, die sich problemorientiert mit einem Versuchsprogramm auseinandersetzen konnten, erzielen in Teilbereichen signifikant bessere Effekte als jene, bei denen Simulationen nur zur Veranschaulichung eingesetzt werden (*Windschitl/Andre* 1998; vgl. auch *Unterbruner/Unterbruner* 2005).

27.4 Zur Durchführung, Beispiele

27.4.1 Allgemeines zum Einsatz von Computerprogrammen

Die Verwendung des Computers wird durchaus kontrovers diskutiert. Die Kritikpunkte reichen dabei von der Reduktion der Erfahrungsräume über die Induktion eines mechanistischen Weltbildes bis hin zu einem weitgehend tolerierten Diebstahl geistigen Eigentums (Raubkopien; vgl. *Hentig/Setzer* nach *Seibt* 1995; *Twenhöven* 2004). *Einwände* betreffen vor allem die Naturferne, die Technik- und Wirtschaftsgläubigkeit (vgl. *Köhler* 1985; *Kähler/Tischer* 1988; *Landsberg-Becher* 1988) und die Befürchtung einer unangemessenen »Mathematisierung des Biologieunterrichts« (*Schaefer* nach *Bosler* u. a. 1979).

Befürworter sehen in diesem Medium die Chance für den Einzug einer neuen Lehr- und Lernkultur: »Biologie inter@ktiv« (vgl. *Arnold* 2000 a; *Weidenmann* 2001, 452 f.; *Schulz-Zander* 2003) und im Hinblick auf den Biologieunterricht die Möglichkeit für völlig neue Lernerfahrungen. Je nach gewählter Software ergeben sich dabei unterschiedliche Nutzungskonzepte. Die kritische Auswahl der auf dem Markt befindlichen Produkte und ihre sorgfältige Beurteilung im Hinblick auf den unterrichtlichen Einsatz sind in jedem Fall unbedingte Voraussetzung. Hilfestellung dafür geben ständig aktualisierte Listen von Softwareprodukten und ihre Besprechungen, wie sie von den Bildungsservern, Arbeitsgemeinschaften und Vereinen veröffentlicht werden (vgl. Landesinstitut f. Schule u. Weiterbildung 2000; *Merz* 2004). Auch die Beurteilung der Computerarbeit durch Lernende geben Hinweise auf den methodisch gezielten Einsatz (vgl. *Pondorf* 1999).

Inzwischen stehen in praktisch allen deutschen Schulen der Sek. I u. II Computer für den unterrichtlichen Einsatz zur Verfügung (BMBF 2003). Nach wie vor findet sich die größte *Einsatzhäufigkeit* im Fach Informatik. Die Naturwissenschaften finden sich in der Kategorie »häufiger Einsatz« mit 19% erst an 6. Stelle hinter Mathematik und Deutsch. Dabei wird folgende Software eingesetzt: 82% Lernsoftware, 65% Multimedia- und Nachschlagewerke, 55% Programme zum Erstellen multimedialer Anwendungen sowie 44% Software mit Werkzeugcharakter, 36% Programmiersprachen und 12% Branchensoftware. Ein recht deutliches Bild ergibt die Befragung über den tatsächlich erlebten Computereinsatz im Biologieunterricht. So berichten Schülerinnen und Schüler des 11. bis 13. Jahrgangs von 10 Schulen aus Hannover zu 96%(!), dass sie nur *selten* bzw. *nie* den Computer im Unterricht eingesetzt hätten (*Krüger, D.* 2002 b, 163). Die schon früh geforderte Integration dieser Technologien in den Unterricht scheint also nur zum Teil verwirklicht, obwohl man curriculare Konzepte als Entscheidungsgrundlage für die Kultusminister zur Einführung der Informationstechnologie entwickelt und evaluiert hat (vgl. *Sturm* 1982).

■ Die entscheidende Frage lautet nicht »Wie kann ich den Computer im Unterricht einsetzen?« sondern vielmehr »Welche didaktischen Ziele lassen sich für Lernende und Lehrende mit dem Computer besser erreichen?«

Die im Folgenden ausgewählten Beispiele bewegen sich zwischen einem kognitivistischen und konstruktivistischen Lernverständnis und folgen zumeist einem problemorientierten Ansatz.

27.4.2 Informationen aus dem Internet

Lernende sollen Recherchen zu spannenden und herausfordernden Problemen durchführen. Dabei geht es darum, das Informationspotential des Internets zu nutzen (vgl. *Rausch* 2000; *Graf, D.* 2001 b). Ein prinzipieller Weg, um mit der Informationsfülle des Internets konstruktiv umzugehen, ist der Einsatz von *WebQuests* (*Dodge* 1997). Dafür steht das Internet mit seinen Abermillionen Seiten neben Büchern, Journalen, Filmen etc. als eine der Informationsquellen zur Verfügung. Die Lehrenden führen als Informationsmanager in die jeweilige Thematik ein, formulieren die Problemstellungen und geben die nötigen Hilfen zur Problembewältigung. Alle anderen Arbeiten führen die Lernenden in Abstimmung miteinander durch. Sie holen sich die Informationen und versuchen das Problem zu lösen. Sie stellen ihre Ergebnisse zusammen, präsentieren Aufgaben und reflektieren abschließend den Prozess ihres Lernverhaltens (*Mai/Meeh* 2002; *Staiger* 2001).

▶ Bild 27-2

▶ 16.3

Einen Überblick über die umweltorientierten Netzwerke und schulischen Projekte bekommt man über die Schulplattformen, Suchmaschinen im WWW und verschiedene Publikationen (z. B. *Hartard* u. a. 1995; *Schröder/Tissler* 1995; *Albert* u. a. 1996; *Pfligersdorffer* 1997; *Apel* 1999; *Schulz* 2001). Als Tipp gegen die Informationsflut ist es zweckmäßig, vor der Recherche im Internet ein Suchraster zu erstellen. Hierfür sollten Fragen zu den jeweiligen Themenbereichen formuliert und eine Liste mit entsprechenden Suchworten ausgearbeitet werden (*Wedershoven/Bickel* 2000). Ein spannender Weg besteht darin, das Gruppenpuzzle bei einer Internetrecherche beispielsweise zum Thema Gentechnik einzusetzen (*Wedershoven* 2003).

▶ 6

27.4.3 Simulationen

Simulationen waren ursprünglich die im Biologieunterricht am meisten genutzte Form des Computereinsatzes (vgl. *Meyer/Meyer* 1975; *Wedekind* 1981; *Winde* 1981; *Göbel/Koblischke* 1981; *Koschwitz* 1985; *Hiering* 1990 a; *Koschwitz/Wedekind* 1993). Durch Multimedia und Internet geriet die Beschäftigung mit Simulationen in den Hintergrund. Während im kommerziellen Sektor Spielsimulationen und simulierte virtuelle Abenteuer-Welten boomen, steht der Entwicklungsaufwand für pädagogisch-didaktisch orientierte Simulationen dazu kaum noch in Relation.

Für den Biologieunterricht relevante Programme sind vor allem Simulationen mit experimenteller Orientierung, wie z. B. Populations-Dynamik, Regelkreisläufe, Herz-Kreislaufsimulationen, Bakterienzüchtungen oder molekularbiologische Experimente (vgl. *Hiering* 1991; 1997; *Hilty/Seidler* 1991; *Pradel* 1992; *Nüchel* 1993; *Arnold* 2000 d; *Gilbert* u. a. 2005; *Gelbart/Yarden* 2006). In virtuellen mikrobiologischen Labors können ohne Einschränkungen gefährliche Organismen gezüchtet und bestimmt werden (vgl. *Hiering* 1997). Eine virtuelle Froschpräpa-

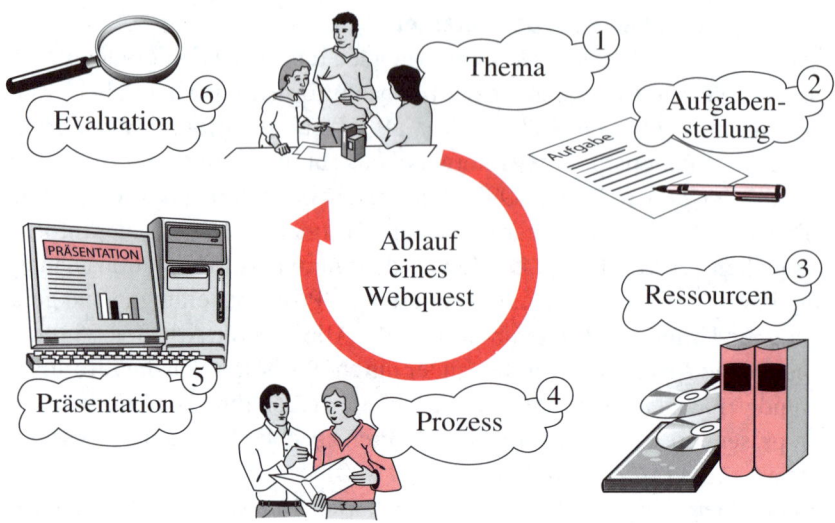

Bild 27-2: Schrittfolge eines WebQuests (nach *Staiger* 2001, 53)

ration (die aus dem Internet abrufbar ist) ermöglicht anatomische Studien, ohne dass dabei auch nur ein einziger Frosch getötet werden muss (Lawrence Berkeley National Laboratory 1994-1996; vgl. auch *Fabian* 2004). Umfangreiche Züchtungsversuche können durch die Simulation mendelscher Erbgänge im Computer ersetzt werden (vgl. *Mendel* 1985; *Pondorf* 1997; *Arnold* 2000 b; c; *Nüchel* 2002).

Auf Computersimulationen sind die Grundsätze des Arbeitens mit Modellen anzuwenden. Es ist deutlich zu machen, dass die an Simulationen gewonnenen Ergebnisse zunächst einmal nur für dieses Computermodell Gültigkeit haben. Inwieweit Rückschlüsse auf die originalen Gegebenheiten möglich sind, ist davon abhängig, wie die wesentlichen Merkmale des Originalausschnitts abgebildet werden können und wie angemessen der Einsatz des Modells erfolgt (vgl. *Bossel* 1994, 27; *Reck* 1997 a, 3 f.). Durch wiederholte Verknüpfungen mit der originalen Situationen werden die Unterschiede zwischen virtuell und real deutlich (vgl. *Hiering* 1997; *Pfligersdorffer/Seibt* 1997).

27.4.4 Modellbildung und Planspiele

Für Modellbildung und systemisches Arbeiten steht eine ganze Reihe von Softwareprodukten zur Verfügung (vgl. *Ossimitz* o. J.) Trotz ihrer Bedeutung für biologische, ökologische und umweltkundliche Themen ist ihr Einsatz im Unterricht nach wie vor unterrepräsentiert.

Mit Hilfe der Lernumgebung Co-Lab haben *Thosten Bell* und *Sascha Schanze* (2005, 26) das Phänomen des Treibhauseffektes mit Lernenden studiert und als Modell abgebildet.

Computergestützte *Plan- und Rollenspiele* ermöglichen emotionale und authentische Lernerfahrungen. Ein bekanntes Planspiel ist »Ökolopoly« bzw. »Ecopolicy« (*Vester* 1990; 1997). Ein mehrfach ausgezeichnetes »Spiel« ist das von *Dennis Meadows* u. a. (1995) entwickelte »fish banks«. Die Spieler führen dabei Fischereibetriebe und versuchen, ihren individuellen Gewinn zu maximieren, ohne die Gesamtressource zu schädigen. Es gelingt den Akteuren fast nie, diese beiden Ziele zu vereinen. Das erlebte Geschehen wird dabei als valides Abbild gesellschaftlicher und umweltrelevanter Prozesse verstanden (*Pfligersdorffer* 2002; vgl. *Herget/Bögeholz* 2005).

27.4.5 Computerlernen und originale Begegnung

Die Beschäftigung mit Multimedia und PC muss nicht notwendigerweise in Konkurrenz zur originalen Begegnung stehen, wie die nachfolgenden Beispiele zeigen. Die Verknüpfung der *Beobachtung an Lebewesen* mit der Arbeit am Computer zeigt *Friedrich Gervé* (2001) am Beispiel des Sachunterrichts. Im Vordergrund steht die Aktivität der Lernenden mit einer Informationsrecherche und der Betrachtung von Naturobjekten.

In der Multimedia CD »Abenteuer Wald« erkunden die Lernenden in einer »Balance zwischen Instruktion und Anregung zu konstruktivistischer Aktivität« den späteren Exkursionsraum (*Unterbruner* 2001, 87). Hier geht es darum, die Motivationskraft der neuen Medien mit den Erlebnismöglichkeiten der realen Naturbegegnung zu verschränken. Den Lernenden werden Untersuchungsaufgaben in der Natur gestellt. Die Lernenden informieren sich vor einer geplanten Exkursion über die zu erwartenden Pflanzen und Tiere. Zur Exkursion können diese Materialien dann ausgedruckt werden. Bei der Aufgabe »Detektive gefragt« bekommen die Lernenden beispielsweise Informationen über Fraßspuren, die es dann im Gelände zu finden und – ausgestattet mit einer Digitalkamera – zu dokumentieren gilt (*Unterbruner* 2004).

Im Projekt »Satellitenbilder im Biologieunterricht« werden Computerarbeit, Internetrecherche und konkrete Freilandarbeit miteinander verschränkt: »Global denken, lokal handeln« – mit den neuen Kommunikations- und Informationstechniken erhält dieser Grundsatz so eine neue Dimension (*Bosler/Lude* 1999; *Lude* 1999). Anhand von Satellitenbildern werden ökologische und umweltrelevante Fragestellungen ausgewertet. Um zu zutreffenden Auswertungen zu gelangen, werden Referenzgebiete im lokalen Umfeld der Schule kartiert und ihre entsprechenden farblichen Darstellungen im Satellitenbild analysiert. Von diesen Referenzgebieten ausgehend, können dann mit elektronischer Datenverarbeitung sogar Rückschlüsse auf weltweite Situationen gezogen werden.

391

Lernorte

28 Biologiefachräume und Biologiesammlung

Biologiefachräume an Schulen stellen die wichtigsten Lernorte für den Biologieunterricht dar. Sie sollen in ihrer Anlage und Gestaltung über alle wesentlichen Voraussetzungen verfügen, damit Lernende im Klassenverband, in Gruppen, als Partner oder individuell unter Einsatz »fachgemäßer Arbeitsweisen« Allgemeinbildung auf biologischem Gebiet erwerben können.

Die *Biologiesammlung* hat sich, ausgehend von der Gestalt eines Naturalienkabinetts im 17. Jahrhundert, heute zu einem integralen Bestandteil des Lernorts Schule entwickelt. Sie umfasst vielfältige Medien für die Gestaltung von Lehr-Lernprozessen.

Wichtige erschließende Begriffe: Arbeitsweisen, Medien, originale Begegnung, Sozialformen, Unterrichtsformen, Pflegen

Bearbeitet von *Frank Horn*

28.1 Biologiefachräume

28.1.1 Allgemeines

Die Effektivität eines auf Beobachtung und Experiment ausgerichteten Biologieunterrichts hängt wesentlich von der Anlage und Ausstattung der Fachräume ab (vgl. *Meffert* 1980; *Stawinski* 1986). Die spezifischen Arbeitsweisen des Faches Biologie schränken eine gemeinsame Benutzung von Fachräumen ein:

- Langzeitbeobachtungen von Pflanzen und Tieren sind in einem Raum, in dem häufig mit Chemikalien gearbeitet wird, nicht ratsam.
- Im Fach Biologie wird – im Vergleich zu Physik und Chemie – weniger experimentiert, dafür mehr beobachtet und untersucht. Man muss Langzeitversuche aufbauen und stehen lassen können. Hierfür sind geeignete Stellflächen an den Fensterseiten erforderlich.
- Für das Fach Biologie sind bewegliche Tische und fest montierte Energiesäulen oder flexible Versorgungskanäle unter der Decke für Daten, Strom und Gas erforderlich, damit Gespräche und eine Gruppierung um Naturobjekte möglich sind. Fest montierte Schülertische sind hierfür hinderlich.

28.1.2 Anzahl, Größe und Ausstattung der Biologiefachräume

Insgesamt lassen sich folgende Raumtypen unterscheiden (vgl. *Büchter* 1972, 3; *Hadel* 1972, 327; *Palm* 1979 a, 5 ff.; LEU 1980; *Kaufmann* 1989):

- *Fachunterrichtsräume:* Lehrsaal (Hörsaal, Demonstrationsraum, Vortragsraum), Übungsraum (Praktikumsraum, Gruppenarbeitsraum mit Experimentiertischen, Schülerexperimentierraum, Mikroskopierraum), Lehr-Übungsraum (Großgruppenraum);

■ *Hilfsräume:* Vorbereitungsraum. Sammlungsraum (oft in einem Raum vereinigt), Tierhaltungsraum, Werkstatt, Dunkelkammer (Fotolabor), Lehrerstation (Fachbereichsbibliothek).

Aus finanziellen Gründen wird das gesamte Raumprogramm nur an sehr großen Schulen (z. B. vier- und mehrzügigen Schulen) verwirklicht werden können. In kleineren, einzügigen Schulen, vor allem Haupt- und Realschulen, ist bestenfalls ein gemeinsamer naturwissenschaftlicher Fachraum für Physik, Chemie und Biologie vorhanden (vgl. *Breuer* 1971 b, 545). Da ein Fachraum erst optimal genutzt wird, wenn er 26 Stunden in der Woche belegt ist, kann man das auch akzeptieren. Anhand der Lehrpläne (vgl. *Hedewig* 1980) lässt sich zeigen, dass für dreizügige Haupt- und Realschulen je ein Fachunterrichtsraum für Biologie und für dreizügige Gymnasien sogar mindestens je zwei nötig sind. Die vorgesehenen Unterrichtsräume sind für die Schultypen und -größen in den Schulbaurichtlinien der Länder festgelegt.

Die Fensterfront der Biologieräume sollte zum Schutz vor zu starker Besonnung von Pflanzen und Vivarien sowie Dauerversuchen nicht nach Süden, sondern besser nach Osten zeigen. Die Größe der Räume wird durch die Funktion (Lehrsaal, Übungsraum oder Lehr-Übungsraum) und durch die Richtlinien für die Klassenbildung bestimmt. Für die Jahrgangsstufen 5 bis 10 sind Räume mit maximal 40 Plätzen einzurichten. Die Kultusminister der Bundesländer haben Richtlinien zur Sicherung der Fachräume, Einrichtungen und Geräte sowie zur Aufbewahrung der Geräte erlassen.

Der *Lehrsaal* hat einen Lehrer-Experimentiertisch, große Tafel- und Projektionsflächen und ansteigendes, fest eingebautes Gestühl. Damit die Entfernung der Schüler zum Experimentiertisch möglichst gering ist, sind die »Tischflächen« des Gestühls sehr schmal. Vorteile: Der Saal kann auch für eine große Anzahl von Schülern verhältnismäßig klein sein, er ist für den Demonstrationsunterricht optimal ausgestattet. Nachteile: Arbeiten mit dem Naturobjekt und Schülerexperimente sind nicht möglich.

Der *Übungsraum* besitzt Energiesäulen (mit Gas-, Wasser- und Stromanschluss) für Gruppen zu höchstens 6 bis 8 Schülern. Für kurze Besprechungen sollte Tafelfläche zur Verfügung stehen. Der Fußboden des Raumes ist eben. Die Geräte für die Schülerarbeiten sollten in der Nähe der Schülerarbeitsplätze untergebracht sein. Für Biologie ist es zweckmäßig, wenn die Arbeitstische nicht fest an den Energiesäulen montiert sind.

Anstelle fest eingebauter Energiesäulen bieten sich auch moderne naturwissenschaftliche Systemeinrichtungen (z. B. NAWIS; Waldner) an. Versorgungseinrichtungen wie Daten, Strom, Wasser und Gas kommen aus einem von der

Decke abgehängten Gerüst. Die Schülertische im Übungsraum können dadurch entsprechend der verschiedenen Sozial- und Unterrichtsformen angeordnet werden. Reine Übungsräume werden vor allem für Oberstufenkurse an Gymnasien gefordert, in denen bevorzugt Langzeitversuche durchgeführt werden sollen. Vorteil: Der Raum ist für praktische Schülerarbeiten optimal ausgestattet. Nachteil: Demonstrationsunterricht ist nur bei kleinen Schülergruppen möglich.

Bild 28-1 ◀ Der *Lehr-Übungsraum* ist ein Kombinat aus Lehrsaal und Übungsraum. Er enthält große Tafel- und Projektionsflächen, einen Demonstrations-Experimentiertisch, Schränke für die Schüler-Arbeitsgeräte und Versorgungseinrichtungen. An der Stirnseite des Raumes sollen ein Lautsprecher und an der Decke ein Datenprojektor (Beamer) installiert werden. Da im Biologieunterricht nicht nur in Partnerarbeit experimentiert, sondern auch in Gruppenarbeit beobachtet wird, sollten die Tische beweglich sein (vgl. *Leicht* 1971; *Palm* 1979 a, 9). Vorteile: Alle für den Biologieunterricht wichtigen Unterrichtsformen können im Lehrsaal-Übungsraum durchgeführt werden. Die beweglichen Tische können mit geringem Aufwand während des Unterrichts umgestellt werden, so dass Demonstrationsunterricht, Gruppenarbeit oder Schülerdiskussion möglich sind. Getrennte Lehr- und Übungsräume sind aber fast immer gleichzeitig belegt. Dann ist ein Wechsel der Räume, um die Organisationsform zu ändern, kaum möglich. Nachteile: Der Abstand der Schüler zum Experimentiertisch ist größer als im Lehrsaal, sofern sie an ihren Plätzen bleiben. Die Demonstrationsobjekte und Demonstrationsexperimente müssen dann auf dem Experimentiertisch erhöht aufgebaut werden, wenn der Saal nicht in Stufen ansteigt.

Der *Vorbereitungsraum* ist häufig in einen Sammlungsraum integriert. Er sollte folgende Einrichtungsgegenstände enthalten:

■ Sitz- und Schreibgelegenheit;
■ Experimentiertisch mit Ablauf und Tropfbrett zur Vor- und Nachbereitung von Versuchen und Pflanzenausstellungen;
■ Stellflächen für fahrbare Tische.

Als weitere Hilfsräume und Sonderräume empfiehlt es sich, einen getrennten *Tierhaltungsraum* einzurichten, der für die betreuenden Schüler zugänglich ist. Aus hygienischen Gründen dürfen Tiere (mit Ausnahme von Aquarientieren) nicht im Klassenraum gehalten werden (vgl. *Hedewig* 1993 a, 53). Den Biologielehrkräften sollte auch eine Werkstatt zur Herstellung von Versuchseinrichtungen, Käfigen für die Tierhaltung etc. zugänglich sein. An großen Schulen könnten noch ein *Gruppenarbeitsraum* für den naturwissenschaftlichen Bereich mit Büchern für die Schüler und eine *Lehrerstation* mit naturwissenschaftlichen Fachbüchern eingerichtet werden.

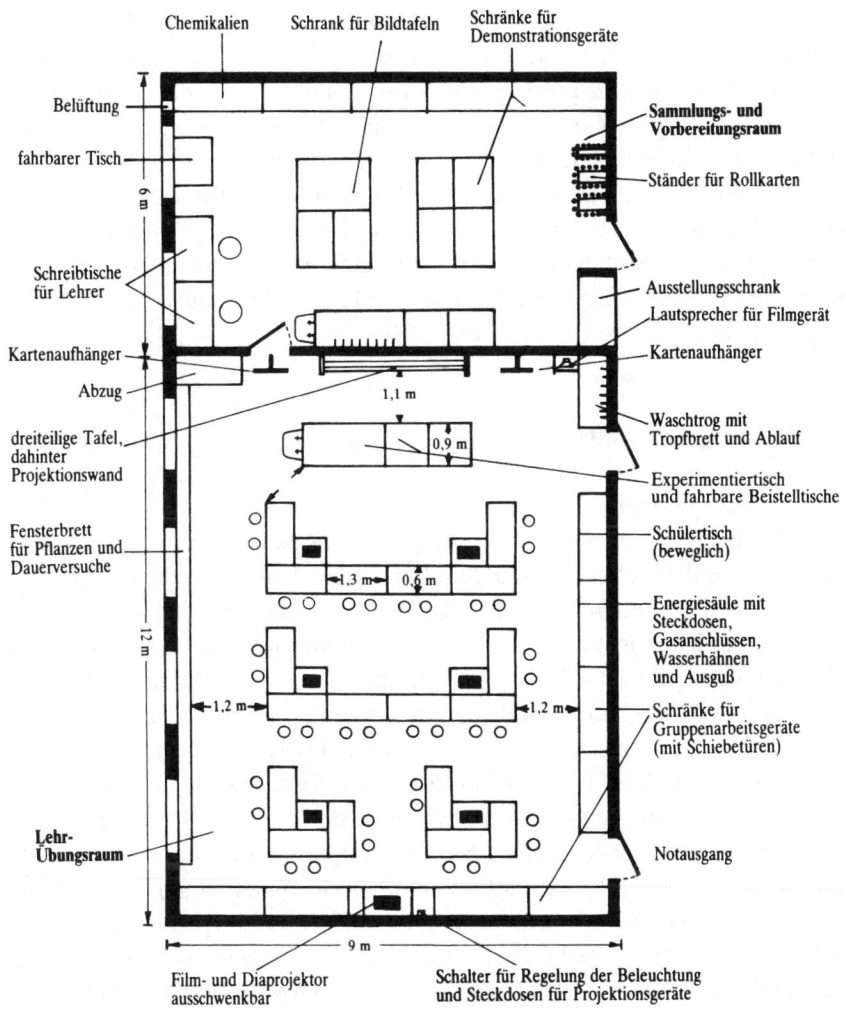

Bild 28-1: Entwurf für die Ausstattung eines Biologie-Lehr-Übungsraumes mit dem dazugehörigen Vorbereitungsraum.

Oft muss der Biologieunterricht im *Klassenzimmer* stattfinden. In der Sekundarstufe I wurden 1980 an Gesamtschulen 75%, an Gymnasien ca. 70%, an Realschulen 59% und an Hauptschulen nur 33% des Biologieunterrichts im Fachraum unterrichtet (*Meffert* 1980, 12; *Meyer* 1986, 308). Ein Klassenzimmer, in dem Biologieunterricht durchgeführt wird, sollte verdunkelt werden können und mindestens ein Waschbecken enthalten. Die Tische können für Partnerarbeit in Hufeisenform aufgestellt werden, so dass in der Mitte ein größerer Platz frei bleibt, von dem aus die einzelnen Arbeitsgruppen mit Ma-

397

terialien versorgt werden können (vgl. *Palm* 1979 a, 13; *Bay/Rodi* 1983). Experimentiergeräte werden auf einem fahrbaren Tisch, einem Tablett oder in einem Gerätekoffer transportiert. Als Wärmequellen dienen elektrische Kochplatten oder tragbare Kartuschen-Gasbrenner. Auch die meisten Objekte der Biologiesammlung lassen sich in das Klassenzimmer transportieren. Auf einen eigenen Vorbereitungs- und Sammlungsraum zur Biologie kann allerdings auf keinen Fall verzichtet werden. Biologieunterricht im Klassenzimmer ist nur als ein Notbehelf zu betrachten. Bereits bei nicht ausreichend ausgestatteten Fachräumen verarmt in der Regel das experimentelle Arbeiten im Biologieunterricht (*Weigelt/Grabinski* 1992, 3).

28.2 Biologiesammlung

28.2.1 Zum Begriff

Bei der Biologiesammlung handelt es sich um eine Sammlung derjenigen Medien, die entsprechend den Zielen, Inhalten und methodischen Vorgehensweisen des Biologieunterrichts für das Fach Biologie an einer Schule bereitgehalten werden. Sie sind vorwiegend in einem biologischen Sammlungsraum untergebracht. Die Biologiesammlung ist veränderbar und muss dem zeitgemäßen Biologieunterricht entsprechen (vgl. *Baer/Grönke* 1981; *Verführt* 1987 a). Biologiesammlungen lassen sich bis zu den Anfänge des naturkundlichen Unterrichts in der Schule zurückverfolgen (z. B. zu *Andreas Reyher*). Sie enthielten lange Zeit vorwiegend gesammelte Naturgegenstände (»Naturalienkabinette«). Später umfassten sie zusätzlich ein Arsenal an speziell für den Unterricht hergestellten und vom Fachhandel angebotenen Geräten und Anschauungsmaterialien. Zur Biologiesammlung sind auch Bücher, Zeitschriften, selbst erstellte Portfolios (vgl. *Winter* 2003, 81), multimediale Lernspiele (vgl. *Unterbruner/Unterbruner* 2002) sowie lebende Pflanzen und Tiere zu rechnen, die im Schulgebäude gehalten werden.

Einige Fachdidaktiker (z. B. *Baer/Grönke* 1981; *Brucker/Flindt/Kunsch* 1995; *Killermann/Hiering/Starosta* 2005) unterscheiden eine »Arbeitssammlung« von einer »Lehr-«, »Schau«- oder »Anschauungssammlung«. Da auch diejenigen Objekte, die in erster Linie zu Demonstrationszwecken genutzt werden, zur Erarbeitung von Unterrichtsthemen herangezogen werden können und umgekehrt auch »Arbeitsobjekte« zur Demonstration geeignet sind, wird im Folgenden auf die Differenzierung des Begriffs »Biologiesammlung« verzichtet.

■ **Anschauliche Einführung** in ein Unterrichtsthema

■ **Gewinnen von Vorstellungen** zu Strukturen, Funktionen und Entwicklungen von biologischen Objekten

■ **Erwerb biologischer Kenntnisse** wie Beobachten, Experimentieren, Arbeit mit Modellen, Bestimmen

■ **Üben und Wiederholen**

■ **Systematisieren** biologischer Kenntnisse, wie z. B. zur Abstammung der Organismen

■ Heranführen der Schüler an die **»Idee des Pflegerischen«** (*Winkel* 1995, 53 ff.)

■ Gestaltung **offenen Unterrichts** und des problemorientierten Unterrichts durch Bereitstellen von Materialien (vgl. *Ellenberger* 1993)

■ **Evaluieren der Lernergebnisse** z. B. durch Heranziehen ausgewählter Medien (Naturobjekte, Präparate, Nachweisreagenzien, Modelle, Anschauungstafeln) für mündliche und schriftliche Kontrollen

■ Gestaltung der **»Fünf-Minuten-Biologie«** (vgl. *Stichmann* 1992, 4 ff.)

■ Durchführung von **berufs- oder studienbezogenen Arbeiten** in Wahlpflichtkursen sowie in biologischen Arbeitsgemeinschaften (vgl. *Wagener* 1992, 168)

28.2.2 Sinn und Bedeutung

Die Biologiesammlung ist für einen modernen Biologieunterricht unabdingbar. Mit dem Einsatz von Sammlungen können jedoch nicht alle Ziele des Biologieunterrichts erreicht werden. Bei phänologischen Beobachtungen wie auch beim Erfassen der biologischen Vielfalt und ökologischen Aspekten ist das Lernen im Biologieunterricht auf direkte Naturbegegnungen angewiesen (vgl. *Kreiselmaier* 2002). Ähnliches gilt für Themen der angewandten Biologie.

28.2.3 Zur Beschaffung der Sammlungsobjekte

Die Neueinrichtung der Biologiesammlung ist sehr kostenaufwändig. Zur Erhaltung und Ergänzung der Sammlung ist ein jährlicher Aufwand erforderlich, z. B. für die Anschaffung neuer Medien, für Ersatzteile und Wartung von Geräten, Neubeschaffung von Chemikalien und Glasgeräten als Verbrauchsmaterialien im Unterricht, Futterkosten für gehaltene Tiere (vgl. *Wagener*

399

1992, 168). Meist ist eine der Biologielehrkräfte für die Verwaltung, die Pflege und den Ausbau der Sammlung verantwortlich (Sammlungsleitung). Die Sammlungsobjekte lassen sich auf verschiedene Weise erwerben:

- Die meisten Sammlungsgegenstände werden gekauft. Das Angebot an Medien aller Art durch den Fachhandel ist heute umfangreich und differenziert. Einen Überblick verschaffen Kataloge der Lehrmittelfirmen, Lehrmittelausstellungen wie Didacta und Interschul und Besprechungen neuer Medien in einschlägigen Zeitschriften. Kriterien der Beurteilung für Neuanschaffungen sind: die wissenschaftlich einwandfreie Gestaltung (z. B. bei Wandbildern, Modellen, Arbeitstransparenten), der fachdidaktische Wert (d. h. lernzielentsprechende Verwendbarkeit), die Haltbarkeit sowie die einfache Aufbewahrungs- und Pflegemöglichkeit.

- Eine Reihe von Objekten lässt sich durch *Sammeltätigkeit* der Lehrpersonen und durch spontanes bzw. angeleitetes Sammeln der Schüler beschaffen. Schüler bringen häufig Objekte mit, die ihnen biologisch interessant bzw. fragwürdig erscheinen (vgl. *Billich* 1992). Viele dieser Objekte lassen sich in die Biologiesammlung eingliedern, indem sie beispielsweise herbarisiert (z. B. auch Algen; vgl. *Kämmerer/Lindner-Effland* 1997, 20 f.), präpariert (vgl. *Entrich* 1996), gehältert (z. B. Seesterne; vgl. *Jäger/Twenhöven* 1993, 35 ff.) oder einfach eingegliedert werden (z. B. Sammelgut des Strandes; *Schmidtke* 1990). Für die Behandlung aktueller Themen ist das Sammeln von Bildern, von Zeitungs- und Zeitschriftenaufsätzen sowie von Informationen aus dem Internet (Links, Volltexte zu Themen, Daten und Fakten, Argumentationen) sowie deren Katalogisierung nützlich.

- Die *kostenlose Beschaffung* von Sammlungsobjekten gelingt über bestimmte Personen und Institutionen, z. B. Arzt, Landwirt, Förster, Fischer; Schlachthof, Botanischer und Zoologischer Garten, Naturkundemuseum, Krankenkasse sowie Sponsoren (z. B. Bank, Versicherungsgruppe).

- Eine Reihe von Sammlungsgegenständen kann von Lehrpersonen und Lernenden in *Selbstherstellung* angefertigt werden, z. B. Arbeitsfolien, Wandbilder, Dias, Fotos, einfache Struktur- und Funktionsmodelle, Experimentiergeräte, »Natur-Tagebuch« (vgl. *Baer/Grönke* 1981, 304; *Knoll* 1981; *Meier* 1993, 28 ff; *Brucker/Flindt/Kunsch* 1995; *Berck* 2001, 99).

- Viele *Gegenstände des täglichen Lebens* können anstelle teurer Laborgeräte benutzt werden (z. B. Joghurtbecher, Sahnebecher, Filmdosen anstelle von Bechergläsern, vgl. *Palm* 1979 a; c; *Lucius* 2000, 9).

28.2.4 Die Aufbewahrung und Pflege der Sammlungsobjekte

Die Art und Weise der Aufbewahrung der Sammlungsobjekte hat Auswirkungen auf die Zugriffsmöglichkeit im Unterricht, auf den Pflegeaufwand sowie auf die langfristige Erhaltung und Bewahrung der Sammlungsbestände.

Kleinmaterialien und Arbeitsgeräte des täglichen Bedarfs werden am besten in verschließbaren Schränken der Fachräume aufbewahrt. Das gilt vor allem für Mikroskope und Lupen; Präpariergeräte wie Pinzetten, Präpariernadeln, Skalpelle; Glasgeräte wie Blockschalen und Bechergläser sowie für Diaprojektor, Abspielgeräte für Videokassette und DVD, Monitore, Videokamera, Beamer und elektronische Schwanenhals-Kamera. Die in Klassensätzen vorhandenen Geräte sollten jeweils für sich in deutlich gekennzeichneten Behältnissen aufbewahrt werden. Sie werden vom Fachhandel – auch für Gerätesätze – in verschiedenen Größen angeboten. Diese können auf Grund ihrer normierten Größen geordnet und raumsparend aufbewahrt werden. Manche Vorteile bieten selbst angefertigte Behälter für die verschiedenen Gerätesätze, z. B. für Präpariernadeln, Scheren, Skalpelle (vgl. *Hackbarth* 1981, 125). Bei dieser Aufbewahrungsweise kann rasch überprüft werden, ob der Gerätesatz vollständig ist.

Naturobjekte als Klassensätze bzw. als Arbeitssätze für Kleingruppen, z. B. Fellproben, Gewölle, Schädel und Knochen von Kleinsäugern, Schneckenhäuser, sollten in der Regel im Sammlungsraum aufbewahrt und bei Bedarf in den Fachraum transportiert werden. Auch diese Sammlungsobjekte sollten geordnet und raumsparend untergebracht werden. Empfehlenswert ist eine Aufbewahrung in festen Regal- oder Schrankböden. Bei Naturobjekten sollte der Ausstellungscharakter der Biologiesammlung beachtet werden. Dazu sollten in staubdichten Glasschränken gut erhaltene und aussagekräftige Objekte mit Beschriftung aufbewahrt werden. Die Beschriftung kann entweder am Objekt selbst angebracht oder dem Objekt in Form einer Karte oder eines »Reiters« aus festem Karton beigegeben werden. Die wichtigsten Elemente der Beschriftung (z. B. Karteinummer, Artname, Geschlechtsangabe) sollten an einer normalerweise nicht sichtbaren Stelle des Objekts angebracht werden. Wenn das Objekt im Unterricht ohne Beschriftung eingesetzt werden soll, wird diese zugeklebt oder verbleibt im Schrank.

Die Unterbringung von *Präparaten* im Sammlungsraum setzt voraus, dass diese nicht dem Sonnenlicht ausgesetzt sind. Kunstharzeinschlüsse sind vor flüchtigen Lösungsmitteln zu schützen und möglichst nicht im selben Schrank mit Flüssigkeitspräparaten aufzubewahren.

Gut bewährt haben sich die fest an der Wand installierten Aufhänger für *Wandbilder* und *Karten*. Die Anordnung der Bilder kann nach dem biologischen System bzw. nach Themengebieten des Biologieunterrichts erfolgen. Mehrere Möglichkeiten gibt es für die Aufbewahrung von Dias. Spezielle Diaschränke bieten den Vorteil, dass vor dem Einsatz jedes einzelne Bild gegen die Leuchtwand an der Rückseite des Schrankes leicht zu betrachten ist. Die einzelnen Dias lassen sich so leicht zu einer Reihe zusammenstellen. Dias können auch in Sichtkassetten, bereits in Reihen zusammengestellt, aufbewahrt werden.

Die Aufbewahrungsorte der Sammlungsobjekte sollen nicht nur aus der Beschriftung des Mobiliars hervorgehen, sondern auch aus der Sammlungskartei zu ermitteln sein. Bei der Anlage der *Sammlungskartei* sollte der Sammlungsleiter praktikable Lösungen entwickeln. Besonders hilfreich ist hierbei der Einsatz des Computers (vgl. *Terstegge* 1988). Für die Erfassung der Sammlungsobjekte sind folgende Rubriken empfehlenswert: laufende Nummer, Tag des Zugangs, Bezeichnung des Objekts, Preis, Tag des Abgangs, Ursache des Abgangs, Aufbewahrungsort, thematischer Bezug zum Unterricht. Sammlungen können nach unterschiedlichen Einzelkriterien geordnet werden, z. B. sind systematische oder ökologische Ordnungssysteme möglich (vgl. *Brucker/Flindt/Kunsch* 1995, 136). Günstig ist die Anlage einer zweiten Kartei, die vornehmlich der Unterrichtsvorbereitung dient. Sie ist vor allem nach Unterrichtsthemen geordnet. In diese Kartei können neben den schuleigenen Sammlungsobjekten auch schulfremde Medien aufgenommen werden, vor allem Medien aus den Bildstellen (vgl. *Baer/Grönke* 1981, 314).

27 ◄

Die *Pflege* der Sammlungsobjekte wird durch ihre sachgemäße Unterbringung erheblich vereinfacht. Dicht schließende Schränke bewahren die Sammlungsobjekte vor Staub und Beschädigung durch Schädlinge, passende Behältnisse verringern Bruchschäden bei Glasmaterialien und Geräten, Abdunkelung bewahrt die Präparate vor Ausbleichung. Dennoch sind Pflegemaßnahmen erforderlich. Dazu sind vor allem zu zählen:

- ▓ Regelmäßige Wartung der Großgeräte; Reinigung der Präparate.
- ▓ Bestimmte Sammlungsobjekte sollten jährlich gründlich auf Schädlingsbefall hin untersucht und neu desinfiziert werden: Herbarien, Stopfpräparate, Insektensammlungen, Federn, Nester. Vorbeugend sollten Mottenschutzpapiere in die Sammlungsschränke bzw. Behältnisse eingebracht werden. Durch Schenkung erhaltene Präparate sollten immer einer »Quarantäne« unterzogen werden, d. h. unter Abschluss gehalten und vorbeugend mit Schädlingsbekämpfungsmitteln behandelt werden.

28.2.5 Übersicht über die Ausstattung der Biologiesammlung

Für die Ausstattung einer Biologiesammlung sollten folgende Gegenstandsgruppen berücksichtigt werden (vgl. auch *Demel* 1978; LEU 1982; *Wagener* 1992, 168 ff; GUV 2003; 2004; 2005):

- ▓ Grundgeräte für experimentelles Arbeiten, z. B. Brenner mit Zubehör, Heizplatten, Kühlschrank, Wärmeschränke, Zentrifugen, Handwerkzeug;
- ▓ Messgeräte, z. B. Waagen, Maßbänder, digitales Thermo- und Hygrometer, elektronisches pH-Meter, Windgeschwindigkeitsmesser;
- ▓ Stativmaterial, z. B. Bunsenstativ, Hebebühne, Universalklemme;
- ▓ Geräte für das Arbeiten mit Lupe und Mikroskop, z. B. Lehrermikroskope, Schülermikroskope, Lupen, Mikrotom;

- Glasgeräte und Laborkleinmaterial, z. B. Bechergläser, Erlenmeyerkolben, Messzylinder, Reagenzgläser, Standzylinder, Glasstäbe und -rohre, Deckgläser, Objektträger, Blockschälchen, Petrischalen, Pipetten, Mörser mit Pistill, Thermosflaschen, Porzellanschalen, Trichter, Glasrohrschneider, Gummistopfenbohrer, Tiegelzangen, Holzzangen, Gummischläuche, Draht-Keramik-Gitter, Reagenzglasständer, Scheren, Pinzetten, Nadeln;
- Spezialgeräte für Physiologie und Ökologie, z. B. Umweltmesskoffer mit diversem Zubehör;
- Geräte für das Sammeln, Präparieren und Pflegen von Tieren, z. B. Netze, Präparierbestecke, Aquarien und Terrarien mit Zubehör;
- Chemikalien für Schüler- und Demonstrationsexperimente;
- Ganzpräparate und Teilpräparate, einschließlich Skelette, z. B. Stoffpräparate, Einschlusspräparate, Anschauungskästen;
- Mikropräparate, z. B. zur Allgemeinen Biologie, Zytologie, Botanik, Zoologie, Ökologie, Mikroorganismen;
- Modelle zu allen Themengebieten der Biologie;
- Projektions-, Ton- und Fernsehgeräte sowie Zubehör, z. B. Tageslichtprojektoren, Kopierfolien, Textmarker, Episkop, Farbfernsehgerät, Videorekorder, Diaprojektor, Kassettenrecorder und CD-Spieler;
- Materialien, Geräte und Einrichtungen zur Arbeitssicherheit, Unfallverhütung, Entsorgung, z. B. Sicherheitsschränke, Schürzen, Schutzhandschuhe, Schutzbrillen, Gasabzug, Entsorgungsbehälter;
- Videokassetten, Tonkassetten/CD, Diapositive;
- Arbeitstransparente;
- Wandbilder, Poster;
- Computer mit Zubehör.

29 Schulgelände und Schulgarten

Das Schulgelände ist ein wesentlicher Lebensraum für Schülerinnen und Schüler. Es kann zur Profilbildung einer Schule beitragen und wird dann unter Beteiligung der Nutzer geplant, gestaltet und gepflegt. Eine Aufteilung in vier bzw. fünf verschiedene Nutzungsräume schon bei der Planung hat sich in der Praxis bewährt. Naturräume auf dem Schulgelände bieten Zugang zu lebenden Organismen und sollten auch im Interesse des Biologieunterrichts gestaltet und genutzt werden.

Mit der Arbeit im Schulgarten werden kognitive, affektive und psychomotorische Ziele verbunden. Entsprechend können Schüler wichtige Kompetenzen erwerben. Schulgärten haben eine lange Tradition und gewinnen zunehmend an Bedeutung.

Wichtige erschließende Begriffe: Artenkenntnis, Biotope, naturnaher Garten, Nutzungsräume, Schulgartenarbeit

Bearbeitet von *Hans-Joachim Lehnert*

29.1 Zu den Begriffen

Unter *Schulgelände* versteht man den Bereich der Schule mit Schulhaus, Sporthalle, Sportplatz, Pausenhof und den dazwischen liegenden Flächen. Hier soll der Schwerpunkt der Betrachtung auf die »Außenanlagen« gelegt werden. Früher bestanden diese oft nur aus einem großen, geteerten, eventuell mit Bäumen umstandenen Schulhof. Sie waren häufig mit ausländischen Bäumen und Sträuchern bepflanzt; die Grünflächen wurden von einem gepflegten Zierrasen eingenommen, der meist nur wenige Grasarten enthielt. Heute bemüht man sich, das Schulgelände aufzulockern und in kleinere Flächen zu strukturieren. Dabei hat sich das Konzept der Nutzungsräume bewährt: Bereits bei der Planung wird in Bereiche für Ruhe, Spiel, Kreativität und Natur differenziert (*Pappler/Witt* 2001). Auf diese Weise werden Konflikte zwischen den verschiedenen Nutzergruppen vermieden.

An manchen Schulen ist innerhalb des Schulgeländes ein Bezirk als *Schulgarten* abgegrenzt, der intensiver bearbeitet wird. Dort sind Beete angelegt, die regelmäßig gepflegt werden oder auf denen gegärtnert wird (vgl. *Bay* 1986). Die Betreuung des Schulgartens erfolgt vor allem durch die Schüler und Lehrkräfte. In wenigen Fällen befinden sich Schulgärten auch in der Nähe der Schulen auf eigenem Gelände. Von einigen Autoren (*Winkel* 1997, 22; *Birkenbeil* 1999) wird unter dem Begriff »Schulgarten« wiederum das gesamte naturnah gestaltete Schulgelände verstanden.

Es wird häufig empfohlen, einen Teil des Geländes oder Gartens naturnah
Tab. 29-1 ◄ zu gestalten bzw. als »Naturgarten« anzulegen (vgl. *Schwarz* 1980; 1981;

Naturgarten	Konventioneller Garten
vorwiegend Lenkung	stärkere Gestaltung
Eingriffe nicht massiv	massive Eingriffe
Beobachten, Überlegen, Pflegen	Pflege nach Pflegeplan
Einsatz von wenig Fremdenergie	Einsatz von viel Fremdenergie
kein Einsatz von Gift	regelmäßiger und teils massiver Einsatz von Gift
keine Verwendung von Mineraldünger	Verwendung von Mineraldünger

Tabelle 29-1: Unterschiede zwischen Naturgarten und konventionellem Garten (nach *Salzmann* 1980)

1983 a; b; *Kloehn/Zacharias* 1984; *Hintermeier* 1983 b; *Lütkens* 1983; *Akkermann* 1985; *Wessel* 1986; *Heininger* 1986; *Neuhaus/Winkel* 1987; *Nogli-Izadpanah/Probst* 1991; *Schilke/Zacharias* 1992; *Klawitter* 1992; *Kleber/Kleber* 1994; *Winkel* 1995; 1997; *Birkenbeil* 1999). Dort sollten einheimische Bäume und Sträucher gepflanzt werden. An die Stelle des Zierrasens treten bunte und artenreiche Blumenwiesen. Wo es das Gelände erlaubt, werden auch Teiche angelegt und verschiedene »Biotope« geschaffen.

In einigen Städten gab es bereits im vorletzten Jahrhundert von den Stadtgärtnereien betreute *Zentralschulgärten*, aus denen sich mehrfach »Schulbiologiezentren« (z. B. in Hamburg, Hannover, Leipzig) entwickelt haben.

29.2 Sinn und Bedeutung

Eine sinnvolle Gestaltung des Schulgeländes ermöglicht es, den Unterricht auf kurzem Weg ins Freie zu verlegen (vgl. *Rauch* 1981, 57; *Birkenbeil* 1999) und vor allem botanische, aber auch zoologische und ökologische Fragestellungen zu bearbeiten (*Müller/Müller* 2003; *Lehnert* 2005).

Anlage und Benutzung des »Schulgartens« im engeren Sinn haben sich im Laufe der Geschichte gewandelt (vgl. *Winkel* 1997; *Pehofer* 2001). Er geht in seiner Tradition bis auf die Klostergärten (z. B. St. Gallen um 800) zurück. Im 19. Jahrhundert diente der Schulgarten als »Wirtschaftsgarten« der Einführung in landwirtschaftliche Techniken und war daher ein bäuerlicher Nutzgarten. Den zweiten entscheidenden Anstoß erhielt die Gestaltung des Schulgartens Ende des 19. Jahrhunderts durch die Förderung des Biologieunterrichts. Der Schulgarten diente nun vorwiegend als *biologischer Garten*. In ihm fand der Biologieunterricht von Zeit zu Zeit als Demonstrationsunterricht oder in Gruppenarbeit statt (vgl. *Oberseider* 1981). Einen weiteren Impuls erhielt die Nutzung des Schulgartens durch die Arbeitsschulbewegung der zwanziger Jahre. Der Schulgarten wurde zum *Arbeitsgarten* (vgl. *Schmitt* o. J.; *Walder* 2002).

Kompetenzerwerb im Schulgarten

Schüler können
- Verantwortung übernehmen,
- die Folgen eigenen Tuns abschätzen,
- im Sinne nachhaltiger Entwicklung handeln,
- Zeit erfahren und zunehmend größere Zeiträume überblicken,
- Ausdauer erwerben,
- mit anderen zusammen arbeiten,
- Kulturtechniken anwenden,
- Nutz- und Zierpflanzen kultivieren,
- biologische Vielfalt kennen lernen,
- Stoffkreisläufe und biologische Gesetzmäßigkeiten aufdecken.

In der DDR war der Schulgarten im Rahmen der polytechnischen Erziehung bedeutsam (vgl. *Böhme* u. a. 1987; Ministerrat der DDR 1988; *Wittkowske* o. J.). So hatte fast jede Schule einen Schulgarten. In den Klassenstufen 1 bis 4 gab es das Fach *»Schulgartenunterricht«*. Der Schulgarten war in erster Linie ein Nutzgarten; das fachgerechte Gärtnern mit dem Ziel einer guten Ernte stand im Vordergrund. Seitdem gab es tiefgreifende organisatorische und didaktische Veränderungen (vgl. *Teutloff* 1991; *Schwier* 1993). Der Schulgartenunterricht wurde nur in Sachsen-Anhalt und in Thüringen als selbstständiges Schulfach in der Primarstufe beibehalten. Einen Studiengang *»Schulgartenunterricht«* gibt es an den Universitäten Halle-Wittenberg und Erfurt (*Schlüter* 2001).

In manchen Schulen, z. B. Waldorfschulen, betreuen einzelne Schüler in eigener Verantwortung einen Sommer lang einen Beetabschnitt. So wird das Prinzip der Arbeitsschulbewegung »Lernen durch die Hand« verwirklicht (vgl. *Gögler* 1982). Die dauerhafte Betreuung von Lebewesen durch die Schüler kann dazu beitragen, pflegerisches Verhalten einzuüben (vgl. *Winkel* 1978 a, 1995; *Blum* 1979; *Falke* 1979; *Stichmann/Stichmann-Marny* 2001). Als Experimentierfeld ist der Schulgarten geeignet, die Eingriffe des Menschen in den Naturhaushalt zu verdeutlichen (*Steckhan* 1975; *Kleber/Kleber* 1994; *Winkel* 1981; 1997). Beim Einüben naturgemäßer Anbaumethoden lernen die Schüler, wie man diese Eingriffe im Sinne nachhaltiger Entwicklung möglichst gering halten kann.

Affektive und psychomotorische Unterrichtsziele werden im üblichen Unterricht häufig zugunsten der kognitiven vernachlässigt. Bei der Schulgartenarbeit können alle drei Lernzieldimensionen berücksichtigt und weit reichende Kompetenzen erworben werden, vor allem Gestaltungskompetenz 13 ◄ (vgl. *de Haan* 2001). Die Arbeit im Schulgarten fördert die Zusammenarbeit

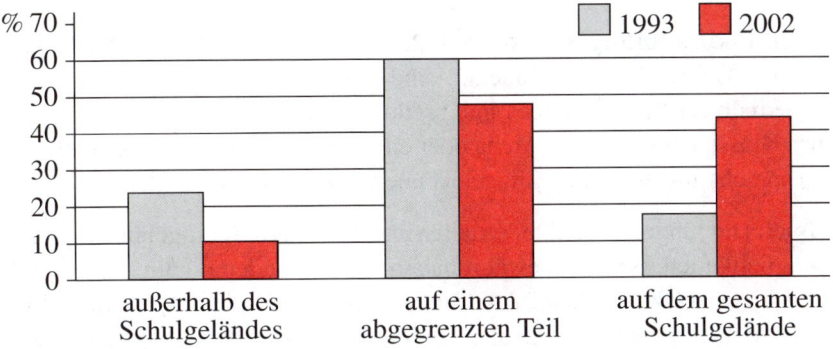

Bild 29-1: Veränderte schulgärtnerische Aktivitäten an Grundschulen in Sachsen (nach *Stampe/Arndt* 2004)

der Schüler; Konflikte müssen gemeinsam gelöst werden; Fächer übergreifendes und Fächer verbindendes Arbeiten ist angesagt (*Birkenbeil* 1999). Handlungsorientierte Lernformen bieten sich im Rahmen der Schulgartenarbeit an (*Wittkowske* 2001; *Pütz/Geissler* 2005); häufig werden Projekte durchgeführt. Einige Schulen haben die Schulgartenarbeit und die naturnahe Gestaltung ihres Schulgeländes in den Prozess der lokalen Agenda 21 eingebunden. Schulgartenarbeit bietet damit Gelegenheit, Schule zu öffnen.

▶ 30.2

■ Das gesamte Schulgelände kann als »unterrichtsfördernde Gartenanlage« genutzt werden.

Häufig entfällt daher eine Trennung in Grünanlagen und Schulgarten. Die Lernenden wirken dann an der Gestaltung und Pflege des naturnahen Schulgeländes mit (vgl. *Rauch* 1981, 134; NUA 1999, *Pappler/Witt* 2001; *Grün* 2003). Die Verlagerung der Schulgartenarbeit auf das gesamte Schulgelände spiegelt sich auch in Umfragen aus mehreren Bundesländern wider (*Stampe/Arndt* 2004; *Müller/Müller* 2003; *Schilke* u. a. 2004; *Alisch* u. a. 2005). Durch eine gut gepflegte Anlage kann das ästhetische Empfinden der Schüler geschärft werden. Dadurch wird die Bereitschaft gefördert, sich der Natur fühlend, denkend und handelnd zuzuwenden (vgl. HILF 1988).

29.3 Anlage und Pflege von biologisch nutzbaren Teilen des Schulgeländes

Beim Schulneubau wird meist nur auf die Ausstattung der Gebäude geachtet. Für die Flächen zwischen den Gebäuden bleibt kaum Geld übrig. Es ist leider immer noch nicht die Regel, dass bei der Planung und Gestaltung der Außenanlagen Fachleute hinzugezogen werden. Wenn ein qualifizierter Garten- oder Landschaftsarchitekt mitwirkt, besteht die Aussicht, dass die Schule ein nach pädagogischen und fachdidaktischen Gesichtspunkten gestaltetes Gelände erhält (vgl. *Rauch* 1981, 55). Die gesamte Schulgemeinde und vor allem

Nutzung des Schulgeländes

Ruhe und Erholung: Teile des Schulhofs werden als Erholungsfläche gestaltet. Mehrere kleine Einheiten sind günstiger als eine große Fläche. Innerhalb des Schulgeländes sind Freiluft-Unterrichtsplätze, z. B. ein grünes Klassenzimmer, eine Arena oder ein Atrium vorzusehen. Für kleinere Gesprächsrunden sollten Sitzgelegenheiten angeboten werden.

Spiel: Die jüngeren Schüler erhalten am Rande des Schulgeländes Spielmöglichkeiten. Bestens bewährt haben sich Geländemodellierungen und Baumstämme zum Klettern und Balancieren. Die Lernenden sollten dort auch in ihrer Freizeit Gelegenheit zu Sport und Spiel haben (vgl. Friedrich Verlag 1995). Zur Durchführung von Festen empfiehlt sich die Anlage eines »Partyplatzes«, eventuell mit einer Feuerstelle, einem Lehmbackofen und Möglichkeiten zum Grillen.

Kreativität: Durch Freiluftwerkstätten, Malwände usw. können Aktivitäten nach draußen verlagert werden.

Natur: Auf der Wunschliste der Lernenden steht grundsätzlich an erster Stelle Wasser in jeder Form, dicht gefolgt von Bäumen, Hecken und Wiesen mit natürlichen Wegen (vgl. *Pappler/Witt* 2001).

die Biologielehrkräfte sollten sich bemühen, frühzeitig auf die Planung des Schulgeländes Einfluss zu nehmen. Aber auch bereits vorhandene Schulhöfe können nach modernen Konzeptionen umgestaltet werden, indem versiegelte Flächen aufgebrochen und Naturräume gestaltet werden (vgl. *Rauch* 1981; *Teutloff* 1983; *Köhler* 1987; LEU 1995; NUA 1999; *Grün* 2003). Hierfür ist ein 10-stufiges Modell der Nutzerbeteiligung bei Planung, Bau und Pflege vorgeschlagen worden (*Pappler/Witt* 2001). Um die verschiedenen Wünsche und Bedürfnisse der Lernenden, aber auch der anderen Beteiligten, zu ermitteln und um späteren Konflikten vorzubeugen, werden die Überlegungen zur Schulgeländegestaltung auf Räume für Ruhe und Erholung, Spiel, Kreativität und Natur bezogen. Für jüngere Schüler sollen zusätzlich Räume für sinnliche Erfahrungen, kurz »Sinnesräume«, eingeplant werden (*Grün* 2003; *Köhler* 2005) Vielfältige Anregungen für die Planungsphase liefert ein Multimedia-Schulhofberatungskoffer (Akademie für Lehrerfortbildung 2001).

Bei der Anlage des Schulgeländes sollte man einen »parkähnlichen« Bereich vorsehen, der vor allem die für den Biologieunterricht wichtigsten einheimischen *Bäume* und *Sträucher* enthält. Die wenigen bedeutsamen ausländischen Arten pflanzt man am besten gesondert an (vgl. *Schad* 1981, 188 f.). Folgende Bäume und Sträucher können empfohlen werden:

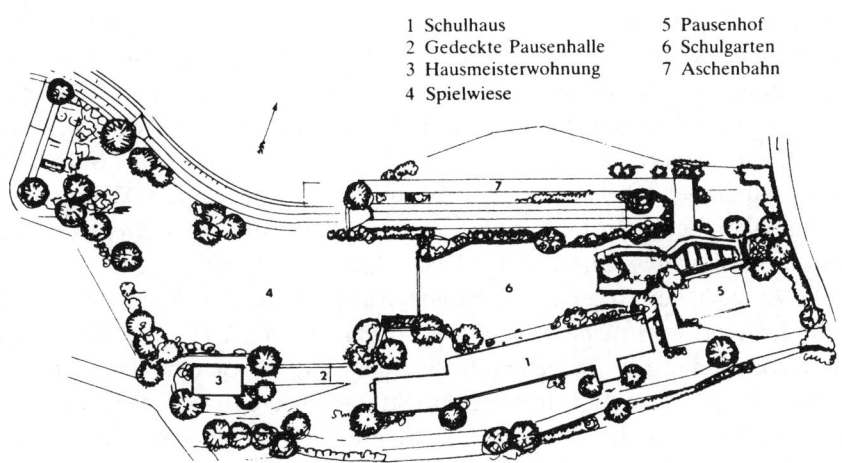

1 Schulhaus
2 Gedeckte Pausenhalle
3 Hausmeisterwohnung
4 Spielwiese

5 Pausenhof
6 Schulgarten
7 Aschenbahn

Bild 29-2: Beispiel einer gegliederten Schulanlage (nach *Rauch* 1981, 56)

- *Einheimische Bäume:* Apfel, Kirsche, Eberesche, Linde, Bergahorn, Feldahorn, Spitzahorn, Hainbuche, Birke, Erle, Rotbuche, Esskastanie, Eiche, Weide, Pappel, Ulme, Esche, Lärche, Fichte, Gemeine Waldkiefer, Weißtanne.
- *Fremdländische Bäume:* Robinie, Rosskastanie, Ginkgo, Metasequoia, Omorika-Fichte.
- *Einheimische Sträucher:* Wildrosen, Felsenbirne, Hartriegel, Kornelkirsche, Haselnuss, Holunder, Schneeball, Weißdorn, Schlehe, Wacholder.
- *Fremdländische Sträucher:* Sommerflieder, Flieder, Forsythie, Zaubernuss, Echter Jasmin, Tamariske, Winterjasmin.
- *Kletterpflanzen* u. a. zur Begrünung von Pergolen und Gebäuden: wilder Wein, Geißblatt, Blauregen, Waldrebe, Pfeifenwinde und Kletterhortensie.

Von einer Baumart sollten mehrere Exemplare gepflanzt werden, z. B. von der Rotbuche verschiedene Mutanten (z. B. Blutbuche, Hängebuche, schlitzblättrige Buche). Am Apfel lassen sich viele Phänomene aufzeigen, wenn fünf bis sechs Sorten und Wildformen sowie die Wuchsformen der verschiedenen Veredelungsunterlagen gepflanzt werden. Dann können die Schüler auch wichtige Arbeiten der Baumpflege kennen lernen sowie »nützliche« und »schädliche« Insekten studieren (vgl. *Becker* 1979). Die Kirsche ist wichtig für das Thema »Von der Blüte zur Frucht«.

In Randbereichen des Schulgeländes und zur Strukturierung des Geländes können unter Mitarbeit der Lernenden Hecken gepflanzt werden (vgl. *Denker* 1979; *Wildermuth* 1981; *Holtappels* 1981; *Dahlhoff* 1998), die gleichzeitig als Schutzgehölze für Vögel dienen (vgl. *Winkel* 1979; *Schulz-Kühnel* 1981). Blu-

409

menreiche Dauerwiesen (vgl. *Briemle* 1981 a), die nur spärlich gedüngt und nur ein- bis zweimal im Jahr gemäht werden, können aus Zierrasen entstehen (Anleitungen bei *Salzmann* 1981; *Kloehn/Zacharias* 1984). Lernende können Vergleiche zwischen einer Dauerwiese und einem Rasen anstellen (vgl. *Stenzel* 1979; *Höppner* 1981). Wie der Naturgarten der Kantonsschule Solothurn nach vieljährigem Bestehen nachweist, macht die Pflege eines Naturgartens wenig Arbeit und spart Kosten (vgl. *Schwarz* 1981; 1983 a; b; *Breitenmoser/Schwarz* 1981; *Oberholzer/Lässer* 1983; *Pappler/Witt* 2001).

Das Anlegen von so genannten Biotopen auf dem Schulgelände ist in jedem Falle lohnend (vgl. *Kloehn/Zacharias* 1984; *Kleber/Kleber* 1994; *Winkel* 1997). Sand- und Kiesflächen bilden Pionierstandorte. Steinhaufen, Totholzstapel und Lehmwände bringen weitere Strukturen, die zu einer Erhöhung des Artenreichtums auf dem Schulgelände führen. Ein Feuchtgebiet mit einem einige Quadratmeter großen und an der tiefsten Stelle mindestens 1 m tiefen Teich (vgl. *Wildermuth* 1978; *Winkel* 1979; *Zimmerli* 1980) sorgt dafür, dass auch ein sonst in Schulnähe meist nicht vorhandener Feuchtbiotop für den Biologieunterricht verfügbar ist. Es können auch »Lehrpfade« eingerichtet werden, die Lehrern und Schülern Anregungen für den Unterricht geben (vgl. *Rodi* 1986; *Gerhardt-Dircksen* 1991).

30.1.2 ◄

Über die Frage, ob man lebende Tiere in Käfigen auf dem Schulgelände halten soll, gehen die Ansichten auseinander (»Schulzoo«, vgl. *Steinecke* 1951 b; *Krüger/Millat* 1962; *Verfürth* 1986). Reizvoll und wichtig ist die Aufstellung eines Honigbienenstandes. Biologische Schädlingsbekämpfung wird durch Schaffen von Lebensgrundlagen für Nützlinge mit den Schülern praktiziert (z. B. Bauen von Nistkästen für Vögel und Nisthilfen für solitäre Hautflügler; vgl. *Eschenhagen/Kattmann/Rodi* 1991, 7; *Winkel* 1997; *Köhler/Koop* 1999). Durch Einsatz von besonderen Beobachtungskästen bieten sich reizvolle Einblicke in die Fortpflanzungsbiologie der Tiere (*Burger* 2004; *Lehnert* 2002).

Für die Beurteilung von Wachstumsvorgängen spielen Klimafaktoren eine entscheidende Rolle. Daher ist die Errichtung einer Wetterstation auch für den Biologieunterricht sinnvoll (vgl. *Krüger/Millat* 1962; *Dorst* 1979).

29.4 Anlage eines Schulgartens

Entschließt man sich zur Anlage eines Schulgartens im engeren Sinne (vgl. *Kilger* 1981; *Fränz* 1982), so sollte dieser nicht vom Schulgebäude aus eingesehen werden können, damit die Lernenden in den Klassen nicht abgelenkt werden. Vor allem kleinere Schulgärten in unmittelbarer Schulnähe – insbesondere, wenn sie einen Teich enthalten – sollten durch einen Zaun, besser durch eine Naturhecke o. Ä. abgegrenzt werden (vgl. *Steinecke* 1951 b; *Zimmerli* 1980, 44; *Dahlhoff* 1998). Dadurch wird die Anlage gegen unkontrollierte und unsachgemäße Behandlung durch Menschen und das Eindringen gro-

Akzeptanz: Einstellung der Schulaufsicht, der Schulträger, der Schulleitung, des Kollegiums, des Fachkollegiums, des Hausmeisters und der Raumpflegerinnen.

Organisatorische Grundbedingungen: Wird die Arbeit im Schulgarten in den Klassen-Biologieunterricht integriert oder wird eine Arbeitsgemeinschaft gegründet? Gibt es eine verantwortliche Leitung durch erfahrene Lehrkräfte und wie steht es um deren Fortbildungsmöglichkeiten? Gibt es eine Betreuung auch während der Ferien?

Finanzielle Voraussetzungen: Gibt es Finanzierungszusagen auch über die Zeit der Schulgartengründung hinaus?

Problem des Vandalismus: Besteht die Gewähr, dass die Anlage nicht mutwillig zerstört wird; dass Beschriftungstafeln für Beete und Einzelpflanzen erhalten bleiben?

Ziele der Schulgartenarbeit: Wird der Schwerpunkt auf einen Lehr-, einen Arbeits- oder einen Liefergarten gelegt? Soll der Arbeitsgarten von einer bestimmten Altersstufe (Primarstufe, Sekundarstufe I oder II) betreut werden? Welches Verhältnis zwischen praktischer Arbeit und unterrichtlichem Ertrag wird angestrebt?

Inhaltliche Schwerpunkte: Liegt die Hauptbedeutung des Schulgartens auf der Systematik, der Ökologie, der angewandten Biologie?

Möglichkeiten der **Unterbringung der Gartengeräte** (in einem Schuppen oder einem Abstellraum des Schulhauses).

Eignung des Standorts, im Besonderen des Bodens, für die Anlage eines Schulgartens.

ßer Tiere, z. B. Hunde, geschützt. Auch die Betreuung wird erleichtert. Allerdings bringt die Abkapselung auch Nachteile: Der Anblick des Schulgeländes wird durch einen Zaun empfindlich gestört; interessierte Beobachter haben keinen freien Zugang mehr. Bevor ein Schulgarten eingerichtet wird, sollten wichtige Voraussetzungen geklärt werden.

Einrichtung und Pflege eines Schulgartens erfordern viel Engagement. Darüber hinaus beeinträchtigen einige Probleme die Schulgartenarbeit. Dennoch sollten sich wegen des großen Bildungswerts möglichst viele Kollegen für die Anlage und Erhaltung eines Schulgartens einsetzen. Dies gelingt am zuverlässigsten, wenn die Schulgartenarbeit Teil des Schulprofils ist.

Nach dem Zweck kann man im Schulgarten folgende Gebiete unterscheiden:

■ *Systematische Beete* sollten einige Pflanzenfamilien mit mehreren Beispie-

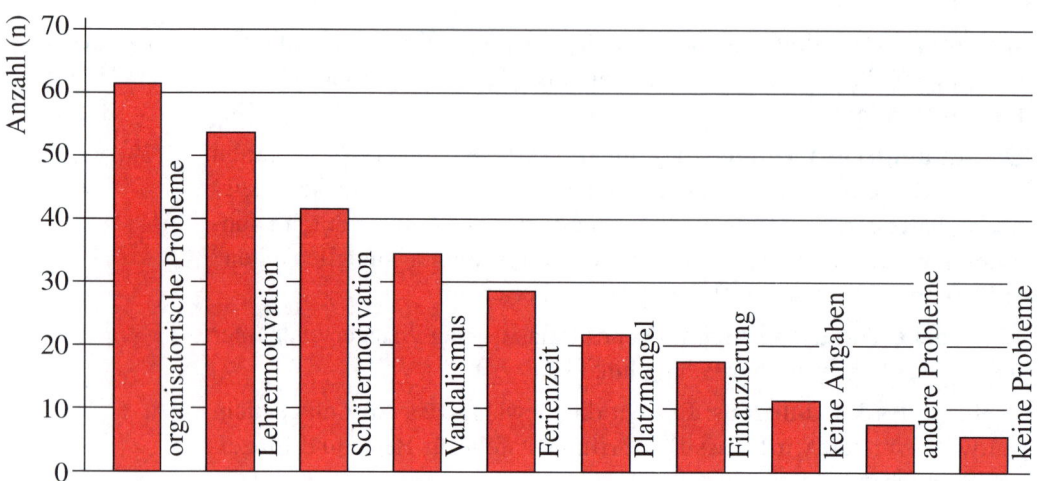

Bild 29-3: Probleme der Schulgartenarbeit am Beispiel einer Umfrage an 241 weiterführenden Schulen in NRW (Mehrfachnennungen waren möglich) (nach *Müller/Müller* 2003, 34)

len enthalten. Dazu eignen sich vor allem Liliengewächse, Hahnenfußgewächse, Rosengewächse, Lippenblütler, Rachenblütler und Korbblütler.
■ Auf den *ökologischen Beeten* kann die Angepasstheit von Pflanzen an Umweltbedingungen dokumentiert werden. Auch verschiedene Bestäubungsweisen und Verbreitungsmechanismen sollten vertreten sein.
■ Auf *Versuchsbeeten* können die mendelschen Regeln z. B. mit Erbsen oder Wunderblumen demonstriert werden. Auf *Probeflächen* werden ökologische Experimente zu unterschiedlichen Bewirtschaftungsformen durchgeführt: Ein Teil eines mit den gleichen Kulturpflanzen bebauten Beetes wird mit organischem, ein anderer Teil mit mineralischem Dünger behandelt, ein dritter Teil bleibt ungedüngt; die Erträge werden miteinander verglichen. Den Schülern kann dabei die Bedeutung des naturgemäßen Anbaus und der Mischkulturen nahegebracht werden (vgl. *Briemle* 1981 b; *Hedewig* 1986 a; *Klawitter* 1992; *Kreuter* 1992). Für das Verständnis des naturgemäßen Anbaus und das Denken in Kreisläufen ist es erforderlich, dass der Kompost auf dem Schulgelände selbst hergestellt wird (*Köhler* 1999).
■ *Nutzbeete* werden zum Kennenlernen wichtiger Nutzpflanzen (Getreide, Kartoffeln, Gemüse, Gewürzpflanzen, Heilpflanzen) und ihrer Pflege angelegt. Ob eigene *Blumenbeete* vorgesehen werden, hängt vom vorhandenen Platz und den zur Verfügung stehenden Arbeitskräften ab.

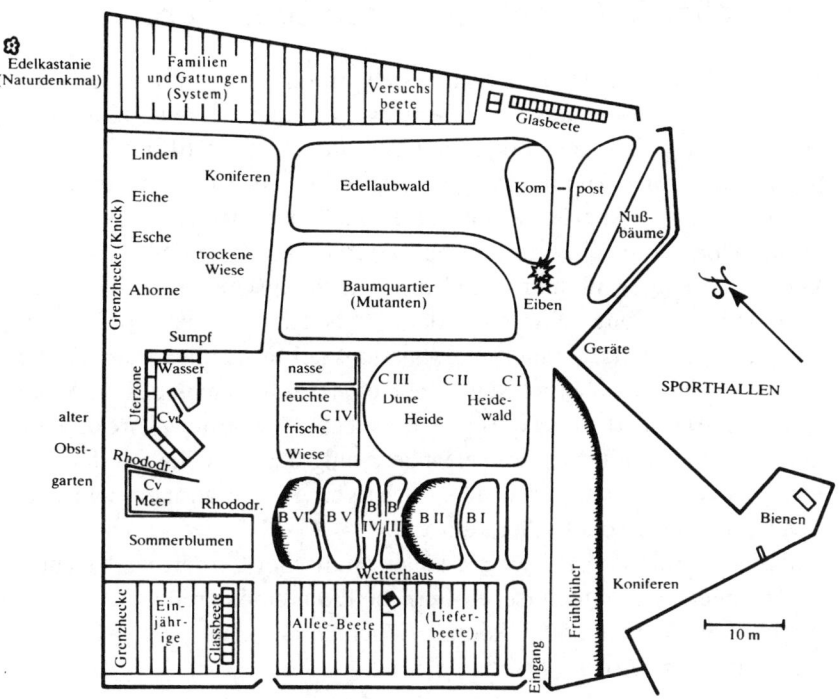

Bild 29-4: Beispiel eines Schulgartens; B Beete (darunter Steinbeete),
C formationsbiologische Anlagen (aus *Steckhan* 1975, 109)

■ Für morphologisch-anatomische Untersuchungen und Bestimmungsübungen braucht man oft mehrere Exemplare derselben Art, die man am besten auf *Lieferbeeten* gesondert anbaut. Das ist für diejenigen Arten nötig, deren Beschaffung aus der freien Natur nicht oder nur schwer möglich ist, z. B. Christrose (*Helleborus niger*) für Blattquerschnitte, *Iris germanica* für die Wurzelanatomie oder verschiedene Frühlingsgeophyten für den Vergleich und die Untersuchung der unterirdischen Speicherorgane.

2002 wurde die *Bundesarbeitsgemeinschaft Schulgarten* (BAGS) gegründet (www.bag-schulgarten.de). Diese Einrichtung fördert die Schulgartenarbeit durch den Aufbau eines bundesweiten Netzwerkes »Schulgarten«, durch Informations- und Erfahrungsaustausch und durch Öffentlichkeitsarbeit. In mehreren Bundesländern und auf regionaler Ebene haben sich Arbeitskreise gegründet, in denen sich Lehrer gegenseitig unterstützen und weiterbilden. Weiterhin wird die Schulgartenarbeit durch regelmäßige Wettbewerbe, durch Gartenfachberater und Bildungseinrichtungen (Naturschutzzentren, Schulbiologiezentren, Hochschulen) gefördert.

413

30 Freiland, Umweltzentren und Lernlabore

Für den Biologieunterricht bieten sich Freiland, Umweltzentren und Lernlabore als *außerschulische Lernorte* an. Ihnen ist gemeinsam, dass dort Unterricht in einer informellen Lernumgebung stattfindet, die sich u. a. durch ein Erkundungsangebot, unmittelbare Erfahrungen, Kommunikation mit Experten sowie Authentizität auszeichnet.

Obwohl das Aufsuchen außerschulischer Lernorte den Interessen der Lernenden entgegenkommt, sind die Forschungsbelege für ihre Lernwirksamkeit bislang schwach. Jedenfalls bedarf es einer expliziten didaktischen Planung, damit das Exkursionsziel tatsächlich zum Lernort wird. Wesentlich zu berücksichtigende didaktische Aspekte sind: Abwägen von Aufwand zu erwartendem Nutzen, Vorbesuch/Vorexkursion durch die Lehrkraft, Vor- und Nachbereitung des Besuchs mit den Lernenden, Aufbau möglichst längerfristiger Kooperationen zwischen Schule und außerschulischem Lernort.

Wichtige erschließende Begriffe: außerschulischer Lernort, außerschulischer Unterricht, authentisches Lernen, Exkursion, Freilandunterricht, originale Begegnung, Schulkooperationen

Bearbeitet von *Jürgen Mayer*

30.1 Zu den Begriffen »außerschulische Lernorte« und »außerschulischer Unterricht«

30.1.1 Übersicht

Die Lernorte sind beim außerschulischen Unterricht sehr unterschiedlich: *Lebensräume* (Wald, Wiese, Gewässer), z. T. als didaktisch gestaltete Naturlehrgebiete (z. B. Lehrpfad, Freilandlabor) oder mit integrierten *Einrichtungen* (Naturschutz-, Umweltzentrum), Produktions- und Dienstleistungsbetriebe als Beispiele angewandter Biologie (Bauernhof, Forstamt, Molkerei, Kläranlage), Schülerlabore und Science Center sowie biologische Sammlungen (Botanischer Garten, Tierpark, Zoo, Museum). Da letztere umfangreichere Bildungsaufgaben mit eigenständiger Pädagogik ausgebildet haben, werden sie in einem gesonderten Kapitel behandelt.

Im Bereich des außerschulischen Unterrichts gibt es keine allgemein anerkannte *Terminologie*. So werden u. a. die Bezeichnungen »Exkursion« (Unterrichtsgang, Lerngang, Lehrwanderung), »Freilandunterricht« und »außerschulischer Unterricht« gleichbedeutend verwendet. Der traditionelle Terminus »Exkursion« ist für Besichtigungen von Instituten (Lernlaboren) und Besuchen von Umweltzentren nicht gebräuchlich. Die unterschiedlichen Formen

Tab. 30-1 ◄

31 ◄

Lernorte	Beispiele	Information
Naturlehrgebiete	Schutzgebiete Naturerfahrungsräume Lehrpfad, Schulwald Freilandlabor	www.europaparc-deutschland.de www.waldpaedagogik.de
Biologie- und Umwelt- zentren	Schulbiologie-, Naturschutzzentrum Umweltzentrum, Umweltstation Umweltmobil	 www.umweltbildung.de www.umweltmobil.de
Naturheime und Bauernhöfe	Schulland-, Jugendwaldheim Schulbauernhof Jugendfarm	www.schullandheim.de www.lernenaufdembauernhof.de www.bdja.org
Lernlabore: Schüler- labore/Science Center	Schülerlabore, Kinderuniversitäten Wissenschaftstage/Sommeruni Forschungsinstitute/Industrie Science Center	www.lernort-labor.de www.ecsite.net/new/members.asp www.universum-bremen.de www.phaeno.de
Biologische Sammlungen	Botanischer Garten/Grüne Schule Zoo/Zooschule/Tierpark Naturkundemuseum	www.biologie.uni-ulm.de/argp/ www.zoos.de www.museumsnetz.de

Tabelle 30-1: Außerschulische Einrichtungen für den Biologieunterricht

des Unterrichtens außerhalb der Schule werden hier als »außerschulischer Unterricht« zusammengefasst (vgl. *Hedewig/Knoll* 1986; *Entrich/Staeck* 1988; *Killermann/Staeck* 1990; *Groß* 2006). ▶ 30.2

30.1.2 Freiland und Naturlehrgebiete

Prinzipiell kann jeder Ort im *Freiland* (so genanntes Biotop) als Lernort genutzt werden: Wald, Wiese, Gewässer, Park oder Stadtbereiche. Insbesondere Areale, die von der Schule aus leicht erreichbar sind, bieten sich für den Unterricht als »Naturlehrgebiete« an (vgl. *Hedewig* 1982). Die Schulnähe dieser Lernorte hat den Vorteil eines kurzen Anmarschweges; so ist eine tägliche Beobachtung möglich; die didaktische Gestaltung des Lernortes (Anlegen spezifischer »Biotope«, Stege, Gerätehütten u. ä.) sowie die Überwachung des Gebietes sind einfach. Die Nähe zum Schulgelände kann die Arbeit aber auch beeinträchtigen, Tierbeobachtungen können durch ständige Störungen erschwert werden.

Schutzgebiete sind ausgewiesene Areale, die dem Schutz von Natur und Landschaft dienen. Je nach Schutzstatus unterscheidet man – in abnehmender Schutzintensität – Naturschutzgebiete, Nationalparks, Biosphärenreservate, Landschaftsschutzgebiete, Naturparks und Naturdenkmäler. Vielfach sind zur Erfüllung der Forschungs- und Bildungsaufgaben Biologische Stationen eingerichtet, die der Erhebung von biologischen Daten, der Durchführung der Pflegemaßnahmen und der Erfolgskontrolle in den Schutzgebieten sowie meist auch der Öffentlichkeitsarbeit dienen. Auch Außenstellen von Universitäten in ökologisch besonders interessanten Landschaften tragen nicht selten den Namen Biologische Station.

Naturlehrpfade sind Wege, an denen durch Hinweise auf besonders bemerkenswerte Naturerscheinungen aufmerksam gemacht wird (vgl. *Erdmann* 1975; *Stichmann* 1977; 1985 b; *Baade* 1980; *Wessel* 1980; *Zimmerli* 1980; *Hedewig* 1985; *Knieps* 1990; *Ebers* 1996; *Ebers/Laux/Kochanek* 1997; *Hedewig* 2005). Mit Lehrpfaden wird das Ziel verfolgt, »bei der Bevölkerung Interesse für die Natur zu wecken und das Engagement der Menschen für umweltbewusstes Verhalten und den Naturschutz zu fördern« (*Ebers* 1996, 1). Nach der inhaltlichen Thematik unterscheidet man

- ■ *Botanische Lehrpfade*, (z. B. Baumlehrpfad),
- ■ *Zoologische Lehrpfade* (z. B. Vogellehrpfad),
- ■ *Geologische Lehrpfade*,
- ■ Biotop-Lehrpfade (z. B. Wald-, Stadtlehrpfad (vgl. *Klenk* 1986; *Kleine* 1982),
- ■ Lehrpfade zur Angewandten Biologie (z. B. Wein-, Waldschadenslehrpfad),
- ■ erweiterte (kombinierte) Naturlehrpfade (mit geschichtlichen, heimatkundlichen oder technikgeschichtlichen Objekten),
- ■ Naturerlebnispfade betonen die sinnliche Wahrnehmung und Körpererfahrung in der Natur (vgl. *Ebers/Laux/Kochanek* 1997).

Waldlehrpfade machen in Deutschland ca. die Hälfte der etwa 600 Lehrpfade aus (vgl. *Ebers* 1996). Nach der Methode der Darstellung gibt es z. B. Lehrpfade ausschließlich mit Informationstafeln, solche mit Nummern und einer Begleitbroschüre, Sinnespfade mit Übungen zur sinnlichen Wahrnehmung und Bewegung in der Natur, mobile Pfade, bei denen Informationen und Geräte in einem Koffer oder Rucksack enthalten sind (vgl. *Trommer/Ilgner* 1986), den die Besucher mit sich führen, interaktive Pfade mit angeleiteten Eigenaktivitäten der Besucher sowie schließlich solche, die mehrere dieser Methoden einbeziehen (vgl. *Ebers* 1996). Die Broschüren und Geräte werden meist am Ausgangspunkt angeboten, z. B. einer Jugendherberge oder einem »Naturschutzzentrum«. Über die meist passive Wissensaneignung hinaus wird mit neueren Konzepten ein aktives Lernen durch Aufgaben, Beobachtungen und Untersuchungen angestrebt (vgl. *Brauner* 1993; *Ebers/Laux/ Kochanek* 1997).

Lehrpfade werden meist von Schulen und Naturkundevereinen in Zusammenarbeit mit der Schutzgemeinschaft Deutscher Wald, den Forst- und Landwirtschaftsämtern, Fremdenverkehrsämtern, Stadt- oder Gemeindeverwaltungen und Landratsämtern eingerichtet. Schulklassen können auf den Lehrpfaden geführt werden oder in Gruppen an Aufgaben arbeiten (vgl. z. B. *Hedewig* 1986 b). Besonders bedeutsam werden sie, wenn sie an Projekttagen gemeinsam erstellt (vgl. *Wessel* 1980; 1992) oder auf dem Schulgelände eingerichtet werden (vgl. *Gerhardt-Dircksen* 1991).

Als Freilandlabore bezeichnet man weitgehend ursprünglich belassene, z. T. nach didaktischen Grundsätzen gestaltete Lebensräume, die für Freilandarbeiten mit Lernenden genutzt werden. Sie sollen auf engem Raum unterschiedliche Biotope mit einer artenreichen Pflanzen- und Tierwelt enthalten und mit Einrichtungen versehen sein, die das Arbeiten der Lernenden erleichtern (vgl. *Fokken/Witte* 1979; *Hedewig* 1981 b; *Peukert* 1983).

Freilandlabore werden meist in Zusammenarbeit mit Hochschulen, Schulen, Naturschutzbehörden oder privaten Naturschutzverbänden angelegt (vgl. *Zimmerli* 1980; *Hedewig* 1981 b). Voraussetzung ist, dass ein weitgehend naturbelassenes Gelände in Schulnähe vorhanden ist, das in Pacht genommen oder aufgekauft werden kann. Der Pflanzenbestand kann durch Anpflanzung von fehlenden Arten aus der Nachbarschaft ergänzt werden. Eine Arbeitshütte mit Arbeitsplätzen und eine Trockentoilette sind zu errichten. Die Hütte sollte auch einen abschließbaren Raum für die Aufbewahrung von Geräten (z. B. Messgeräte, Mikroskope, Ferngläser) und Bestimmungsliteratur enthalten. Nach *Roland Hedewig* (1981 b, 51) kann ein Freilandlabor folgende Funktionen erfüllen:

■ Durchführung von *Freilanduntersuchungen* durch die Lernenden unter der Anleitung der Biologielehrkräfte während mehrstündiger Exkursionen;

■ Nutzung für die *Ausbildung von Biologiestudierenden;* hier bieten sich Möglichkeiten für projektorientierte Arbeiten;

■ Durchführung von Exkursionen im Rahmen der *Lehrerfortbildung* zur Demonstration von Möglichkeiten der Freilandarbeit;

■ Nutzung durch die *Öffentlichkeit* als Informationszentren für angrenzende Naturschutzgebiete und die Naturschutzarbeit.

Schulwälder sind begrenzte Waldgebiete in der Nähe von Schulen, die unter der Anleitung von Förstern und Biologielehrkräften durch die Lernenden betreut werden (vgl. *Grupe* 1977; *Wessel* 1980, 40). Sie können spezielle Anpflanzungen enthalten, z. B. Baumschule und »Arboretum«. Die Betreuung und Pflege eines Schulwaldes bietet die Möglichkeit, durch praktisches Arbeiten die Funktionen des Waldes, die Waldnutzung sowie Umweltgefährdung und Schutz des Waldes nachzuvollziehen.

30.1.3 Umweltzentren

Umweltbildungseinrichtungen sind Institutionen bzw. Teile von Institutionen, die sich außerhalb der allgemein bildenden Schule und der beruflichen Bildung mit Umweltbildung befassen (ANU 1996; *Giesel/de Haan* u. a. 2001; *Giesel/de Haan/Rode* 2002). Dazu gehören beispielsweise Umweltakademien, Naturschutzzentren, Vogelschutzwarten, Naturparkzentren und Nationalparkhäuser, Freiland- bzw. Freilichtmuseen (vgl. *Knauss* 1992), Umweltgärten, Biologische Stationen, Ökologiezentren, Schulbiologiezentren und Landesschulzentren für die Umweltbildung. Insofern können auch Naturlehrgebiete, Waldschulheime oder Sammlungen im weiteren Sinne als Umweltbildungseinrichtungen bezeichnet werden.

Das spezifische Anliegen vieler Umweltzentren ist es, unmittelbares Naturerleben zu vermitteln, Umweltuntersuchungen durchzuführen und projektorientiertes, aktives Lernen zu fördern (vgl. *Dempsey/Janßen/Reuther* 1993). Sie haben sich in einer »Arbeitsgemeinschaft Natur- und Umweltbildung« (vgl. ANU 1996) sowie in einem »Bundesweiten Arbeitskreis der staatlich getragenen Bildungsstätten im Natur- und Umweltschutz« (vgl. BANU 1997 a) zusammengeschlossen. Unter inhaltlichen Gesichtspunkten lassen sich folgende Gruppen von Umweltzentren unterscheiden (vgl. *Eulefeld/Winkel* 1986):

■ Umweltzentren mit Schwerpunkt im *Erziehungsbereich* sind zum einen »Schulbiologiezentren«, die Schulen entsprechend den Lehrplänen mit Pflanzen und Tieren versorgen. Sie leihen Geräte aus, halten botanische, zoologische, ökologische Schülerkurse, erarbeiten Unterrichtshilfen und betreiben Lehrerfortbildung, vor allem im Bereich der Umwelterziehung (z. B. Schulbiologiezentrum Hannover; vgl. *Reese* 1986 a). Zum anderen werden zu diesem Typ Umweltzentren und »Naturschutzzentren« gerechnet, die ihre Aufgabe hauptsächlich in der Organisation von Umwelt- bzw. Naturschutzmaßnahmen sehen. Sie konzentrieren sich meist stärker auf Erwachsene, bieten aber häufig auch Lehrgänge für Schulen an. In Landesschulzentren für Umweltbildung stehen meist Themen der Ökologie und des Umweltschutzes im Vordergrund, wie ökologischer Landbau, Gewässerreinhaltung, naturnahe Waldbewirtschaftung.

■ Umweltzentren mit Schwerpunkt im *Informationsbereich* sind Einrichtungen, die Seminare, Symposien, Kolloquien zu Umweltthemen sowie Lehrgänge, Praktika und Exkursionen anbieten und z. T. wissenschaftliche Untersuchungen zu Umwelt- und Naturschutzproblemen durchführen. Sie dokumentieren Daten und Materialien, führen berufliche Fortbildung im Bereich Umwelt-

und Naturschutz durch und beraten die Öffentlichkeit (z. B. »Umweltakademien« der Länder vgl. BANU 1997 b; BUND-Naturschutzzentren).

- *Ökozentren* führen Seminare und Einzelveranstaltungen mit praktischen Übungen über Ökologie und Ökonomie, Naturgärten, gesunde Ernährung, ökologisches Bauen, sanfte Techniken und alternative Energien durch.
- *Naturparkzentren* dienen zur Information der Besucher von Naturschutzgebieten, Nationalparks und Naturparks durch Führungen, AV-Medien, Vorträge und Kurse (vgl. *Janßen* 1984; *Killermann* 1987).

30.1.4 Naturheime und Bauernhöfe

Schullandheime, Jugendwaldheime und Schulbauernhöfe eröffnen durch den ganz- oder mehrtägigen Besuch spezifische Möglichkeiten des Unterrichts: Die Lehrpersonen sind frei von schulorganisatorischen Sachzwängen und können leichter fächerübergreifend sowie situationsgebunden und handlungsorientiert arbeiten. Gemeinsame Erlebnisse und die Verbindung von Unterricht und Freizeit steigern die Motivation und das Interesse der Lernenden (vgl. *Thiel/Sibbing* 1983). Durch das Zusammenleben von Lernenden und Lehrenden können intensiver als in der Schule die Zielsetzungen der Individual- und Sozialerziehung erreicht werden.

Der Aufenthalt in einem *Schullandheim* kann an Lebensräume und Landschaften heranführen, wie Gebirge, See, Moor, die den Lernenden sonst nur schwer zugänglich sind, und erleichtert die Naturbegegnung sowie den Unterricht mit Lebewesen (vgl. Verband deutscher Schullandheime 1980; *Winkel* 1986). In den letzten Jahren bemühen sich die Schullandheime intensiv um die Umwelterziehung (vgl. *Kersberg* 1987; BASP 1990; *Kruse/Ritz* 1991).

Im *Jugendwaldheim* können die Lernenden unter Anleitung eines Försters praktische Waldarbeiten durchführen, z. B. Anziehen und Setzen von Jungbäumen (vgl. *Bolay* 1976; 1998 a; b; *Otto* 1990; 1994). Neben den Jugendwaldheimen, die meist Mehrtagesangebote machen, gibt es Waldschulen, die Tagesangebote entwickelt haben (vgl. ANU 1996; WaldpäP 1996).

Auf einem *Schulbauernhof* nehmen die Lernenden an der Arbeit des Landwirtes teil und können sich mit der Vernetzung der Beziehungen zwischen Landwirtschaft, Ernährung, Gesundheit und Umwelt auseinandersetzen (vgl. Landesinstitut für Schule und Weiterbildung 1992 a; *Woydich/Tempel/Marks* 1996). So genannte Jugendbauernhöfe und *Jugendfarmen* bieten meist in der Nähe von Großstädten die Möglichkeit – eingebunden in die offene Kinder- und Jugendarbeit – an Projekten zur Tierpflege, Gartenarbeit und anderen landwirtschaftlichen Arbeiten teilzunehmen.

30.1.5 Schüler-Labore und Science Center

In den vergangenen Jahren sind an verschiedenen Universitäten und Forschungseinrichtungen in Deutschland öffentliche Labore entstanden, die den Lernenden die Möglichkeit eröffnen, in einer authentischen Umgebung Experimente selbständig durchzuführen (*Ringelband/Prenzel/Euler* 2001, *Heinzerling/Latzel* 2002). Zahlreiche Labore sind in Netzwerke und Fördergemeinschaften integriert (www.lernort-labor.de).

Die angebotenen Inhalte der Labore sollen nicht Schulunterricht ersetzen, vielmehr sollen Angebote gemacht werden, die an Schulen schwer oder gar nicht zu realisieren sind. Insofern werden vor allem gentechnische Versuche angeboten (vgl. *Maxton-Küchenmeister* 2003). Die größten Labore sind: Gläsernes Labor/Berlin, XLAB/Göttingen (*Neher* 2002), Schüler-Labor Gentechnik/Hamburg sowie das LoLa/Lübeck. Die Schülerlabore bieten unterschiedliche Veranstaltungen an, wie Schüler-Experimentiertage, Sommeruniversitäten, Betreuung von Facharbeiten, langfristige Kooperationsprojekte mit Schulen sowie in der Lehreraus- und -weiterbildung. Dabei decken sie das gesamte Spektrum von der 1. bis zur 13. Klasse ab; jedoch sprechen die einzelnen Labore in der Regel jeweils nur ausgewählte Klassenstufen an.

Die Konzeption vieler Schülerlabore basiert auf der zentralen Annnahme, dass das Durchführen von Experimenten automatisch das Interesse der Lernenden an den Naturwissenschaften fördere und das entsprechende Verständnis verbessere. Für diese Hypothese, die auch von zahlreichen Biologiedidaktikern und Lehrkräften als Argument für experimentelles Arbeiten im Klassenunterricht angeführt wird, gibt es bislang nur wenig empirische Belege.

30.2.3 ◄

Science Center nehmen hinsichtlich ihrer didaktischen Konzeption eine Mittelstellung zwischen Museum und Schüler-Labor ein. Sie enthalten in der Regel Ausstellungsteile (ähnlich einem Museum), z. T. interaktive Exponate unter Einbeziehung neuer Medien sowie oftmals Experimentierstationen. Ihr Ziel ist vor allem, Erfahrungen mit wissenschaftlichen Phänomenen zu ermöglichen und den Besuchern ein positives Erlebnis zu verschaffen. Mitmachen, Erleben und Staunen stehen dabei im Mittelpunkt der pädagogischen Konzepte. Pädagogische Grundlage der Konzeption sind die Förderung von Neugier und intrinsischer Motivation, spielerische Erkundung und selbst bestimmtes Lernen (*Rennie/Mc Clafferty* 1996).

Weltweit existieren heute etwa 1200 Science Center. Die aus den USA stammende Konzeption ist in Deutschland noch nicht weit verbreitet; die bekanntesten sind das Universum in Bremen, das Phaeno in Wolfsburg sowie die phaenomenta in Flensburg.

30.2 Außerschulischer Unterricht

30.2.1 Sinn und Bedeutung

Der außerschulische Unterricht ist ausgesprochen vielgestaltig. Den Lernenden stehen Objekte, Phänomene und Institutionen zur Verfügung, die über die Möglichkeiten des Unterrichts im Klassenraum hinausgehen und ihn insofern ergänzen und erweitern. Der außerschulische Unterricht ist nicht an die räumliche und in der Regel nicht an die zeitliche Reglementierung des Unterrichts im Klassenraum gebunden und eröffnet daher umfassende und längerfristige, sonst unzugängliche Erfahrungen.

Darüber hinaus sprechen auch spezifische Aspekte des *Lernens* für die Nutzung außerschulischer Lernorte. Ein wesentlicher Aspekt des außerschulischen Unterrichts ist die Begegnung der Lernenden mit Lebewesen und biologischen Phänomenen. Dabei bieten sich Chancen zu Eindrücken, gelegentlich sogar zu Erlebnissen, die im übrigen Unterricht, in dem die Objekte lernzielgerecht ausgewählt, präpariert und meist isoliert dargeboten werden, selten gegeben sind. Damit kann auch der Vielfalt der menschlichen »Naturverständnisse« und »Naturbeziehungen« (neben wissenschaftlichen auch ästhetische, instrumentelle und naturschützende Aspekte) Rechnung getragen werden (vgl. *Kattmann* 1993 a; *Mayer* 1994 b; 1996 b). Die vielseitigen Eindrücke hinterlassen dabei Spuren im Fühlen, Denken und Handeln und können über die reine Vermittlung fachlicher Kenntnisse hinaus ein lebendiges Bewusstsein für den Wert der Natur hervorrufen. Dies ist ein wesentlicher Einflussfaktor für »umweltgerechtes Verhalten« (vgl. *Pfligersdorffer* 1984; *Mayer/Bögeholz* 1999; *Bögeholz* 1999).

▶ 10

Die relativ *offenen Sozialformen* des außerschulischen Unterrichts bieten besondere Chancen des Kennenlernens und der Zusammenarbeit, so dass der Unterricht zu einem Gemeinschaftserlebnis werden kann, das die Basis für eine fruchtbare Weiterarbeit im Klassenzimmer darstellt. Die Bearbeitung von Beobachtungs- und Untersuchungsaufgaben im außerschulischen Unterricht ermöglicht eine variable Gruppenbildung aufgrund von Interessen bzw. besonderen Fähigkeiten. Die häufig in Zoos und Museen eingesetzten Methoden des Trails und der Ralley können das Vorgehen auch hier bereichern. Zudem kann außerschulischer Unterricht auch sinnvoll in Wandertage und Schulfahrten integriert werden (*Wiechmann* 1990; *Trommer* 1991; *Brämer* 1992; 1996; *Nottbohm* 1993). Besichtigungen von Betrieben und der Besuch von Institutionen zeichnen sich dadurch aus, dass die Lehrpersonen vorübergehend von Experten ersetzt werden. Sie werden selbst zu Lernenden.

▶ 16

▶ 31.1

Bedeutung des außerschulischen Lernens

Bestimmte biologische Phänomen sind nur vor Ort in **originaler Begegnung** über alle Sinne angemessen zu vermitteln; z. B. Lebensweisen von Tieren und Pflanzen (u. a. Vogelexkursion), Lebensgemeinschaften im Lebensraum, jahreszeitliche Erscheinungen, Stufen menschlicher Beeinflussung (Hemerobie), Bioindikation.

Authentische Kontexte müssen oftmals vor Ort aufgesucht werden, um entsprechende Tätigkeiten vor Ort anschaulich und praktisch zu erleben und auch selbst durchzuführen; z. B. Einblick in biologische Berufsfelder wie Forstwirtschaft, Landwirtschaft oder Gartenbau.

Das Ansprechen der **affektiven Dimension** intensiviert Naturerfahrungen, umweltbezogene Werthaltungen und Motivation; z. B. sinnliches Erfassen der Phänomene, Spiele zum »Naturerleben« (*Janßen* 1988).

Charakteristische **biologische Arbeitsweisen** (Feldmethoden) sind unabdingbar an die Arbeit im Freiland geknüpft; z. B. formenkundliches Arbeiten, Freilandbeobachtungen und Untersuchungen von Böden, Gewässern und Lebensgemeinschaften, pflanzensoziologische Aufnahmen, Anlegen und Pflegen von Lehrpfaden und Schulteichen.

Handlungsorientierung und **selbstständiges, praktisches Arbeiten** können stärker gefördert werden als im sonstigen Unterricht. Die Eigentätigkeit der Lernenden spielt auch in Science Centern oder Schülerlaboren eine große Rolle (vgl. *Ringelband/Prenzel/Euler* 2001).

Projektartige Arbeitsvorhaben lassen sich vielfach leichter durchführen als im Klassenunterricht. Dies gilt besonders für Untersuchungen komplexer Sachverhalte (z. B. Biotop-, Gewässeruntersuchung, Biotopgestaltung, Erkundung von Landschaften: Meer, Alpen; vgl. *Hedewig* 1993 b; *Nottbohm* 1993; *Gerhardt-Dircksen* 1999). Die Exkursionen selbst können projektartig angelegt werden, so dass das selbstorganisierte Lernen der Teilnehmer gefördert wird. Arbeitsteilige Gruppenarbeit bietet den Lernenden dabei auch Möglichkeiten zur individuellen Schwerpunktsetzung (vgl. *Baalmann/Fischbeck* 1994).

Außerschulisches Lernen stellt wertvolle Handlungs- und Erprobungsfelder für das **soziale Lernen** bereit (z. B. durch Auflösung des Klassenverbandes, längere Aufenthalte in Landheimen, auf Klassenfahrten, ungeplante Lernsituationen). Durch die intensiven Kontakte des Zusammenlebens können sich die Beteiligten von einer ganz anderen Seite kennen lernen als im Klassenunterricht. Die ungezwungene Arbeitsatmosphäre vermindert Kommunikationsbarrieren.

422

30.2.2 Zur Planung außerschulischen Unterrichts

Außerschulischer Unterricht bedarf – wie jede andere Unterrichtsform – der sorgfältigen Vorbereitung. Bei außerschulischem Unterricht besitzt diese Phase jedoch ein besonderes Gewicht. Im Allgemeinen wird der Vorbereitungsaufwand zum Besuch von außerschulischen Lernorten pro Zeiteinheit höher sein als beim üblichen Klassenraumunterricht. Eine Reihe zusätzlicher Unsicherheitsfaktoren ist zu bedenken, angefangen bei den Witterungsverhältnissen bis hin zur Frage der Aufsicht. In der Planung von außerschulischem Unterricht ist die langfristige von der kurzfristigen Vorbereitung zu unterscheiden.

▶ 14.1

Die *langfristige Vorbereitung* besteht darin, dass sich die Lehrperson einen Überblick über die Möglichkeiten verschafft, die die Umgebung ihres Schulortes für den Biologieunterricht bietet. Als Ergebnis solcher Bemühungen könnte eine »biologische Standortkartei« entstehen (vgl. *Hoebel-Mävers/Bieler* 1978), die es den Lehrenden gestattet, für bestimmte Zwecke geeignete außerschulische Lernorte ohne viel Mühe ausfindig zu machen. Sehr hilfreich ist es, wenn ein »Atlas außerschulischer Lernorte« oder ein »Biologischer Wegweiser« vorliegt (vgl. Freie Hansestadt Hamburg 1986; HILF 1992; ANU 1996; *von Falkenhausen/Klaffke-Lobsien/Eulig* 1994; *Rixius* 1994; *Vogt* u. a. 1997).

Insbesondere ist zu klären, was der Lernort an spezifischen Möglichkeiten zum Erreichen der Unterrichtsziele bietet. Häufig ist eine private *Vorexkursion* notwendig, um die Planung mit den Realitäten abzustimmen. Sollen in die Durchführung des Unterrichts weitere Personen (Experten) einbezogen werden, so muss man mit diesen genaue Absprachen über die verfügbare Zeit, Schwerpunkte der zu vermittelnden Inhalte und der verwendeten Methoden treffen. Weiterhin sollten die Lernenden über die thematische Einbindung, den Lernort, organisatorische Maßnahmen und die geplanten Arbeitsformen unterrichtet werden. Manche Formen außerschulischen Unterrichts erfordern die spezielle Vorbereitung einzelner Lernender oder Lernergruppen.

Die langfristige Vorbereitung kann die *kurzfristige Vorbereitung* erleichtern, aber nicht ersetzen. Jeder einzelne Schritt außerschulischen Unterrichts erfordert eine ganz spezielle Vorbereitung, insbesondere die Gliederung und Auswertung vor Ort, die dennoch jeweils flexibel auf die aktuellen (zuweilen nicht vorhersehbaren) Bedingungen vor Ort abgestellt werden müssen.

30.2.3 Zur Durchführung am Lernort

Die Arbeit vor Ort besteht vor allem aus folgenden Schritten:

- Bekannt machen mit dem *Lernort*
- Wiederholung des *Arbeitsplans*, Festlegung des Zeitrahmens
- Demonstration *unbekannter Arbeitstechniken*, Klärung von Nachfragen
- *Projektdurchführung* (Beobachten, Beschreiben, Protokollieren, Kartieren, Befragen, Fotografieren)

Welche **Unterrichtsziele** sollen angestrebt werden?

Welcher **Lernort** eignet sich am besten zum Erreichen der angestrebten Ziele?

Wie können nötige **Informationen über den Lernort** erlangt werden? Welche Hilfsmittel – Karten, Prospekte, Abbildungen – können das Kennenlernen erleichtern?

Organisatorischer Rahmen: Welche *Dauer* soll der außerschulische Unterricht haben?
Wie groß darf die Reisegruppe sein? Wie hoch sind die *Kosten*? Welche (preisgünstigen) *Verpflegungsmöglichkeiten* gibt es vor Ort? Wie ist die *Anreise* zum Lernort zu gestalten (Bus, Bahn, Fahrrad, etc.)?

Möglichkeiten der **Einrichtung** am Lernort: Welche *Arbeitsmittel* und *Räume* stellt die Einrichtung zur Verfügung. Wird Unterricht (z. B. Führungen) durch Experten angeboten, der den Vorkenntnissen der Lernenden entspricht?

Welche **Jahreszeit/Tageszeit** ist am Geeignetsten für ein bestimmtes Thema? Welche Termine/Ausweichtermine sind möglich?

Welche **Ausrüstung** (Kleidung, Schuhwerk) erfordern der Lernort und die Arbeitsweisen?

Welche **Themen** und Schwerpunkte bieten sich an? Welche Teilthemen können für Gruppenarbeit formuliert werden?

Mit welchen **Arbeitsweisen** während des außerschulischen Unterrichts können die angestrebten Unterrichtsziele am besten erreicht werden (Demonstration durch Lehrkräfte, Experten, einzelne Lernende, Lernergruppen; Gruppenarbeit, Partnerarbeit, Einzelarbeit)?

Welche **Arbeitsmittel** sind notwendig (Notizheft, Arbeitsblätter, Bleistift; Sammelgefäße, Fanggeräte; Lupen, Ferngläser; Werkzeuge, z. B. Spaten, Baumschere; Messgeräte; Bestimmungsbücher)?

Gliederung: Lassen sich bestimmte Haltepunkte vorherbestimmen? Welche Begrenzungen gibt es in Bezug auf Naturschutz? Bestehen Ablenkungsfaktoren?

Wie soll die **Auswertung** des außerschulischen Unterrichts erfolgen? (Nachbereitung durch eine Hausaufgabe? Protokolle der Arbeitsgruppen? Ausstellung?)

■ *Ergebnissammlung*, Vergleiche, Ergänzung, Deutung
■ Entscheidung über *Mitnahme von Objekten* vom Lernort (Auch lebende Tiere mitnehmen? Wie lassen sich diese hältern und danach leicht halten? Kann man sie später wieder an einem geeigneten Ort aussetzen?)

Bei der Durchführung sollten folgende Regeln beachtet werden: Bei *Demonstrationen* muss sichergestellt sein, dass alle Lernenden die wesentlichen Informationen aufnehmen. Daher sollte man nicht zu viele Informationen vermitteln wollen und die Beteiligung der ganzen Lerngruppe sichern. *Führungen*, wie in Museen und Zoos, sollten im Freiland eher selten gemacht werden, geeignet sind sie aber zur ersten Einführung in das Gebiets oder in die Einrichtung. Auf lange Vorträge sollte verzichtet werden, stattdessen sollten die Lernenden zu eigenen Äußerungen angeregt werden. ▶ 31.1

Die »*Gliederung*« (Artikulation) des außerschulischen Unterrichts sollte für die Lernenden aus dem Exkursionsverlauf deutlich werden. Gruppen-, Partner- oder Einzelarbeit sollten motivierend und klar strukturiert sein bzw. von den Lernenden selbst entsprechend vorbereitet werden (vgl. *Baalmann/Fischbeck* 1994). Sie sollten über die zeitliche Begrenzung der Arbeit informiert sein.

Die *Arbeitsaufträge* müssen verständlich formuliert sein und den Lernenden einleuchten. Sie sollten bei sorgfältiger und zügiger Arbeitsweise zu einem deutlichen Erfolg führen können. Es ist darauf zu achten, dass möglichst wenige Lebewesen geschädigt werden. Das heißt: Pflanzen oder Pflanzenteile brauchen nicht herausgerissen bzw. abgerissen zu werden. Kleintiere kann man zwar in vielen Fällen für einige Minuten (höchstens Stunden) zur Demonstration und Bestimmung in Gläsern halten. Danach werden sie wieder am Fundort ausgesetzt. Es sind die Natur- und Tierschutzbestimmungen zu beachten.

Ein erstes *Zusammentragen von Ergebnissen* während des außerschulischen Unterrichts sollte einerseits der Abrundung und Sicherung der gewonnenen Einsichten dienen, andererseits den Ausblick auf den folgenden Unterricht eröffnen. Beobachtungs- und Untersuchungsergebnisse sind daher zu protokollieren. Fragen, die nicht gleich beantwortet werden können oder sollen, sind zu notieren, so dass sie später Berücksichtigung finden. Es ist zu entscheiden, welche Fundobjekte mit in die Schule genommen werden sollen, und im Einzelfall abzuwägen, wie sinnvoll die Mitnahme ist.

30.2.4 Zur Auswertung und Vertiefung im Klassenraum

Mit der Rückkehr an den Schulort ist der außerschulische Unterricht in der Regel noch nicht beendet. Ausgeteilte Arbeitsmittel und Bücher müssen eingesammelt und die mitgebrachten Pflanzen und Tiere versorgt werden.

425

Die eigentliche Auswertung wird vor allem darin bestehen, die Ergebnisse auf die Lösung der gestellten Untersuchungsfragen zu beziehen und zu reflektieren sowie noch offene Fragen zu sammeln. Eine Hauptaufgabe ist es, die Ergebnisse in den Ablauf des Unterrichts einzufügen und damit in größere Zusammenhänge zu stellen. Daher sollten die verschiedenen Beobachtungen während einer Exkursion zueinander bzw. zu bereits vorhandenen Kenntnissen in Beziehung gesetzt sowie für den folgenden Unterricht nutzbar gemacht werden. Die Auswertung kann vielfältig sein:

- Beobachten und Untersuchen der mitgebrachten Objekte, das Herbarisieren von Pflanzen,
- Vorführen von Dias der Exkursion,
- Umsetzung der Ergebnisse in Karten, Tabellen, Diagrammen u. ä.,
- Erarbeiten eines Exkursionsberichts,
- Gestalten einer Ausstellung,
- Planung der weiteren Arbeit.

30.2.5 Themen des außerschulischen Unterrichts

Insbesondere durch die *Umwelterziehung* erhielt der außerschulische Unterricht neue Impulse (vgl. *Zimmerli* 1980; *Beck* 1984; *Hedewig/Knoll* 1986; *Verfürth* 1987 a; *Entrich/Staeck* 1988; *Janßen* 1988; *Eulefeld* u. a. 1993). Die Kooperation von Schulen und außerschulischen Lernorten wurde durch zahlreiche Modellversuche zur Umwelterziehung gefördert (vgl. DGU/IPN 1989; 1990; 1991). Dadurch wurde die klassische Exkursionsdidaktik durch Methoden zur Freilandbiologie (vgl. *Kuhn/Probst/Schilke* 1986; *Probst/Schilke* 1995) und zum Naturerleben (vgl. *Janßen* 1988; *Probst* 1996), zur Formenkunde (vgl. *Mayer* 1993; 1995) sowie durch vielfältige Formen der Freilandarbeit ergänzt (vgl. *Hedewig/Knoll* 1986; *Entrich/Staeck* 1988).

Aufgabe von *formenkundlichen Exkursionen* ins Freiland ist, die Lebewesen möglichst gut kennen zu lernen, sie von anderen Arten zu unterscheiden und sie bestimmten Organismengruppen zuzuordnen. Während im Klassenraum häufig nur abgepflückte Pflanzenteile und präparierte Tiere demonstriert werden können, kann man die Lebewesen draußen im natürlichen Zustand beobachten. Im Freiland können so – im Sinne einer zeitgemäßen Formenkunde – die Namen und die morphologischen Merkmale der Organismen mit ihren charakteristischen Verhaltensweisen und Lebensräumen verknüpft werden (vgl. *Mayer/Horn* 1993; *Mayer* 1994 a). Dadurch wird nicht nur die Motivation der Schüler zum Beobachten und Bestimmen gefördert, sondern auch durch Einsicht in Zusammenhänge das Behalten erleichtert.

Im Kontext der *Umwelterziehung* dienen Exkursionen vor allem auch der Erkundung von menschlichen Einflüssen auf die Umwelt. Vor allem vegetationskundliche Untersuchungen (z. B. Transekte) lassen konkrete Rückschlüsse auf

Exkursionsthemen	Unterrichtsbeispiele
Formenkunde/Organismengruppen	
Pilze	*Gerhardt-Dircksen/Müller* 1992
Vogelstimmen	*Nottbohm* 1991
Fledermäuse	*Schmidt/Bilo/Müller* 1991
Verhalten	*Schmidt* 1990
Angepasstheit	
Pflanzen/Insekten	*Rodi* 1991; *Jungjohann/Probst* 1998; *Kattmann* 2001
Tiere im Watt	*Grimm, H.* 1988
Jahreszeiten	*Gerhardt-Dircksen/Brogmus/Harting* 1992
Lebensgemeinschaften/Ökosysteme	
Gewässer	*Schmidt/Eschenhagen* 1991; *Gerhardt-Dircksen/Fey* 1994
Wald	*Rüther* 1991; *Haß* 1993; *Gerhardt/Dircksen* 1999
Hecke	*Horstmann/Lienenbecker/Vieth* 1997
Trockenrasen	*Killermann/Vopel* 1993
Boden	*Mayer* 1996 a
Vegetationsuntersuchungen	*Winkel* 1981; *Gerhardt/Dircksen* 1982; *Eschenhagen* 1991
Landschaften	
Meer	*Peukert* 1982; *Hesse* 1983; *Maier* u. a. 1986; *Schilke* 1991
Watt	*Grimm, H.* 1988
Alpen	*Simonsmeier* 1984; *Beyer/Hellmessen/Köhler* 1986
Einwirkungen des Menschen (z. B. Flussbegradigung, Hemerobie-Stufen)	*Leder* 1992; *Hoebel-Mävers* 1994
»Sekundärbiotope« (z. B. Kiesgrube)	*Stichmann* 1988 a; *Gerhardt-Dircksen* 1992 b

Tabelle 30-2: Themen für den Freilandunterricht

die herrschenden Umweltbedingungen zu. Bei diesen Exkursionen wird es darum gehen, die Lernenden für Probleme des Landschafts- und Naturschutzes zu sensibilisieren und einen verantwortlichen Umgang mit der Natur und Umwelt zu fördern.

Schließlich sind solche Themen außerschulischen Unterrichts zu nennen, die der Besichtigung biologisch interessanter Betriebe oder Institutionen zu Aspek-

427

ten der *Angewandten Biologie* und des *Berufsbezugs* dienen, z. B. Schrebergartenkolonie, Gärtnerei, Bauernhof, Hühnerfarm, Pflanzgarten im Forstbetrieb, Fischereibetrieb, Imkerei, Champignonzucht; Molkerei, Mühle, Zuckerfabrik, Bierbrauerei; Kläranlage, Wasserwerk, Müllkompostierungsanlage; Gewerbeaufsichtsamt, Pflanzenschutzamt, Hygiene-Institut (vgl. *Berck/Erber/Hahn* 1978; *Mostler/Krumwiede/Meyer* 1979, 223; *Schroer* 1980).

30.1.5 ◄   Der *naturwissenschaftlichen experimentellen Arbeitsweise* und anschaulichen Experimenten dient der außerschulische Unterricht in Lernlaboren (Schülerlabore, Science Center).

30.2.6 Zur Effektivität außerschulischen Unterrichts

Effekte des außerschulischen Unterrichts auf Wissen und Motivation von Lernenden wurden in zahlreichen empirischen Studien untersucht, insbesondere in den USA (vgl. *Crompton/Sellar* 1981; sowie die Bibliographien *Bolscho* 1987; *Teichert* 1993). Die Wirkung von verschiedenen Exponaten hat *Jorge Groß* (2006) erhoben und analysiert. In zahlreichen Untersuchungen wurden Effekte des außerschulischen Unterrichts auf Exkursionen (vgl. *Pfligersdorffer* 1984; *Killermann/Scherf* 1986; *Rexer/Birkel* 1986; *Scherf* 1986; *Starosta* 1991; *Starosta/Wein* 1992), im Freilandlabor (*Hedewig* 1984 a), an Lehrpfaden (vgl. *Hedewig* 1986 b; *Ebers* 1996), in Umweltzentren (*Gebauer/Rode* 1993; *Bogner* 1997; *Bögeholz* u. a. 2002) sowie in Waldschulheimen (vgl. *Thiel/Sibbing* 1983; *Bolay* 1998 a; b) untersucht.

Generell werden in den empirischen Studien die positiven Effekte von außerschulischem Unterricht auf Wissensvermittlung und auf die affektive Dimension (Interesse am Unterricht, soziales Gruppenverhalten, Einstellungen zum Naturschutz) bestätigt. Manche Untersuchungen erbrachten Hinweise darauf, dass in Biologie weniger leistungsfähige Schüler durch Exkursionen mehr gefördert werden können als durch Klassenunterricht (vgl. *Pfligersdorffer* 1984, 177; *Rexer/Birkel* 1986). Eine Wirkungsevaluation der Umweltbildung des Nationalparks Harz zeigte in allgemeiner Hinsicht weder kurz- noch mittelfristige Effekte auf das Natur- und Umweltschutzinteresse der Teilnehmenden (*Bittner* 2003 a; b). Insgesamt muss davor gewarnt werden, die Wirkungen des außerschulischen Unterrichts zu überschätzen (vgl. *Hiering/Killermann* 1991; *Killermann* 1996). Auch die inhaltliche Wirkung entspricht nicht immer den Intentionen, die die Gestalter mit ihrem Lernort verbinden (vgl. *Groß/Gropengießer* 2005; *Groß* 2006).

Über die Arbeit in Schülerlaboren existieren bislang nur wenige Untersuchungen (vgl. *Euler* 2001; *Engeln* 2004; *Scharfenberg/Klautke/Bogner* 2005; *Ziemek/Keiner/Mayer* 2005). So konnte *Franz Josef Scharfenberg* zeigen, dass das Experimentieren allein sich nicht unmittelbar positiv auf den Wissenserwerb auswirkt. Vielmehr spielen die experimentellen Vorerfahrungen sowie das Vorwissen aus dem Unterricht eine herausragende Rolle (vgl. *Scharfenberg/Klautke/Bogner* 2005).

Das Interesse der Lernenden kann jedoch allgemein als hoch eingeschätzt werden (*Engeln* 2004; *Ziemek/Kremer* 2005), wobei sich z. T. erhebliche Defizite im Verständnis des wissenschaftlich-experimentellen Vorgehens zeigen (vgl. *Ziemek/Mayer/Keiner* 2004). Wesentliche Ansatzpunkte zur Verbesserung der Lernwirksamkeit dürften vor allem in einer intensiveren Vor- und Nachbereitung des Laborbesuchs von Seiten der Schule (vgl. *Engeln* 2004) sowie der Stärkung des »Offenen Experimentierens« von Seiten der Schülerlabore sein (vgl. *Mayer/Keiner/Ziemek* 2006).

Zur *Gestaltung* von außerschulischem Unterricht lassen sich aus den empirischen Erkenntnissen folgende Hinweise ableiten:

- ▪ Außerschulischer Unterricht sollte bedeutungsvolle *Erfahrungen* vermitteln, die im Klassenraum nicht möglich wären.
- ▪ Die Lernumgebungen sollten in ihrer Komplexität angemessen sein, um Interesse zu wecken.
- ▪ Exponate u. a. von Museen sollten besonders die Vorstellungen der Lernenden beachten, da Lernangebote sonst übersehen werden.
- ▪ Lernende profitieren am meisten vom außerschulischen Unterricht, wenn die Interaktionen und Lernprozesse durch eine mittlere *Neuartigkeit* gekennzeichnet sind. Es gibt Anzeichen dafür, dass ein zu hoher Neuartigkeitsgrad den intendierten Lernprozess eher behindert. Wiederholte Besuche eines Geländes oder einer Einrichtung erzielen hohe Lernerfolge in allen Altersgruppen, insbesondere aber bei jüngeren Schülern.
- ▪ Der Lernerfolg eines Ausfluges kann wesentlich gesteigert werden, wenn die Lernenden schon *Vorinformationen* über den Exkursionsort erhalten haben. Sie sollten gut vorbereitet und mit den Zielen der Exkursion vertraut sein. Selbstverständlich sollte auch die Lehrperson selbst mit dem Gebiet oder der Institution vertraut sein.
- ▪ Die *Abstimmung mit dem Unterricht im Klassenraum* sollte möglichst eng sein. Im Klassenraum sollte in die Grundkenntnisse eingeführt werden, im Freilandunterricht sollten diese dann durch sinnliches Erleben, Erkundungen und Untersuchungen vertieft und erweitert werden. Eine Festigungsphase im Klassenraum sollte sich anschließen.

31 Botanischer Garten, Zoo und Naturkundemuseum

In Botanischen Gärten, Zoos und Naturkundemuseen kann man bestimmte Lebewesen oder biologische Objekte sicher vorfinden. Die Institutionen haben oft eigene Bildungskonzepte, Lehrmaterialien und Lehrpersonen. Die Lernangebote können in Kooperation mit diesen Bildungseinrichtungen für die spezifischen Bedürfnisse der Lerngruppe geplant werden.

Wichtige erschließende Begriffe: Artenkenntnis, außerschulische Lernorte, Kooperation mit Bildungseinrichtungen, originale Begegnung

Bearbeitet von *Hans-Joachim Lehnert*

31.1 Allgemeines

Botanische Gärten, Zoos und Museen haben im Spektrum außerschulischer Lernorte eine besondere Stellung. Sie sind wissenschaftliche Einrichtungen mit Bildungsauftrag und betreiben eigene Forschungen. Ihrem Bildungsauftrag kommen die drei Institutionen nach, indem sie biologische Objekte der Öffentlichkeit präsentieren. Die Nutzung für den schulischen Biologieunterricht wird dadurch vorangetrieben, dass z. T. hauptamtliche Lehrkräfte als Garten-, Zoo- oder Museumspädagogen Bildungskonzeptionen für die jeweilige Einrichtung entwickeln. Teilweise sind auch eigene Unterrichtsräume eingerichtet, in denen die Veranstaltungen durchgeführt werden (Gartenschulen, Zooschulen, Museumsschulen).

Tab. 30-1 ◄

Eine Lehrkraft, die eine der Institutionen mit einer Lerngruppe besuchen will, sollte sich mit den Mitarbeitern frühzeitig beraten und überlegen, in welcher Form die Arbeit in der Institution zu gestalten ist, wie sie mit den Lernenden den Besuch vorbereitet und wie er später nachbereitet werden kann (vgl. *Weiser* 2001 a). Im Übrigen ist die Planung ähnlich wie für die anderen außerschulischen Lernorte.

30.2.1 ◄
30.2.2 ◄

31.2 Botanische Gärten

Botanische Gärten sind einerseits Stätten der wissenschaftlichen Forschung, andererseits solche der Belehrung, Bildung und Erholung für viele Menschen (vgl. *Winkel* 1990 a, 10; *Schmidt* 1996; *Rauer* u. a. 2000; *Fischbeck-Eysholdt* 2001). Sie haben vor allem folgende Aufgaben: Arbeiten zur Pflanzensystematik, Pflanzengeographie, Vegetationsgeschichte, ökologische Forschung, Kultivierung potentieller Zimmerpflanzen, Heilpflanzenforschung und Artenschutz. Gerade dem Erhalt alter Kultursorten und gefährdeter Arten durch Einrichtung von Schutzsammlungen, z. T. auch von Samenbanken, kommt angesichts des weltweiten Artenverlusts zunehmende Bedeutung zu. In den 94

Lernen im Museum, Zoo oder Botanischen Garten kann abhängig vom Alter der Lernenden, der Thematik und den Angeboten der Einrichtung methodisch unterschiedlich gestaltet werden.

Führung: Die Führung einer Lerngruppe zu einem bestimmten Thema ist eine bewährte Form der Informationsvermittlung. Die präsentierten Objekte stehen dabei im Mittelpunkt. Führungen von Mitarbeitern der Einrichtungen finden aus gutem Grund in kleinen Gruppen mit nicht mehr als 15 Personen statt und besitzen den Charakter eines Gesprächs mit vielen Interaktionsmöglichkeiten. Sie binden die Lernenden so ein, dass keine Langeweile aufkommt. Die meisten Einrichtungen bieten Führungen für verschiedene Altersstufen an (*Breimhorst* 2001; *Weiser* 2001 a; b; *Mallock* 2002). Man sollte sich rechtzeitig mit dem Führungsdienst in Verbindung setzen. Manche Angebote sind über Monate ausgebucht.

Trail, Rallye: Hier steht den Lernenden ein kleines thematisches Arbeitsheft zur Verfügung, in das Informationen, Fragen, Aufgaben, Zeichnungen, Spiele eingearbeitet sind. Viele Einrichtungen bieten solche Arbeitsmaterialien zu verschiedenen Themen an. Mit Hilfe von Markierungen finden die Lernenden ihren Weg. Diese Form ist gut geeignet, sich am Lernort zu orientieren und ihn mit seinen vielfältigen Angeboten kennen zu lernen. Diese Lernform wird besonders von Jüngeren (Orientierungsstufe, Sekundarstufe I) geschätzt. Man sollte sich erkundigen, ob sich die Lernenden ohne Begleitung Erwachsener frei bewegen dürfen.

Themengebundener Unterricht, Stationenarbeit: Wichtig für dieses Vorgehen ist speziell zum Thema erstelltes Arbeitsmaterial (vgl. *Dürr/Rodi* 1981; *Erber/Göttert* 1981; *Janßen* 1982). Da vor den einzelnen Exponaten meist nicht für eine große Lerngruppe Platz ist, arbeiten die Lernenden arbeitsteilig für etwa 60 bis 90 Minuten selbstständig an ihren Aufgaben. Zur Überprüfung ihrer Arbeit können sie Lösungsblätter erhalten oder die Ergebnisse in einzelnen Gruppen oder mit allen Lernenden besprechen. Man sollte Arbeitsblätter bevorzugen, die Objekt bezogene Erfahrungen und praktische Aneignungsweisen (eigenes Erforschen) unterstützen, damit den Lernenden das Papier nicht wichtiger als das Objekt wird. Viele Einrichtungen bieten entsprechende Arbeitsmaterialien an.

Arbeitsunterricht, Projektarbeit: Lernende erfahren bei dieser Form durch eigene Tätigkeit, wie in den Einrichtungen gearbeitet wird. Beispiele sind Präparier- oder Bestimmungskurse im Museum oder Stecklingsvermehrung im Botanischen Garten. Dafür sind in der Regel Arbeitsräume, zusätzliches Material, Bücher usw. vorhanden (zur Projektarbeit im Zoo vgl. *Beyer* 2003 a).

deutschen botanischen Gärten sind etwa 50.000 unterschiedliche Pflanzenarten in Kultur (*Rauer* 2000; vgl. *Hurka/Neuffer/Friesen* 2005).

Pflanzen sind als Unterrichtsgegenstand bei Schülern nicht so beliebt wie Tiere. Die Arbeit im Botanischen Garten kann jedoch motivierend wirken. Die inhaltlichen Schwerpunkte lassen sich der Systematik und Morphologie, Ökologie (z. B. Bestäubungsökologie, extreme Angepasstheiten, Biodiversität), Biogeographie, Genetik und Stammesgeschichte zuordnen. Arbeitsvorschläge gibt es z. B. zu Themen wie Ökosystem Regenwald, Zimmerpflanzen, Nutzpflanzen und Wildformen, Heil- und Giftpflanzen (vgl. *Fränz* 1982; *Winkel* 1982 a; 1990 a; *Verfürth* 1987 a; *Franz-Balsen/Leder* 1993; *Lehnert/Wöhrmann* 1998; AG Pädagogik im Verband Botanischer Gärten 2004). Neben dem Kenntnisgewinn können Arbeitstechniken geübt sowie die Sinneswahrnehmungen geschult werden (*Gülz* 1993). Das Empfinden für die Schönheit der Natur und das Staunen über die Artenvielfalt fördern die Naturverbundenheit (vgl. z. B. *Fränz* 1982; 1985; *Winkel* 1982 a; *Große* 1987).

Eine Übersicht über die Botanischen Gärten findet sich in *Schmidt, L.* (1996) und im Informationssystem Botanischer Gärten (2004).

31.3 Zoologische Gärten und Tierparks

Zoos sind Einrichtungen, in denen einheimische und fremdländische Tiere in Gehegen, die vielfach als naturähnliche Biotopausschnitte gestaltet sind, gehalten und den Besuchern vorgestellt werden. Es besteht keine scharfe Grenze zu Tier- und Wildparks, in denen häufig nur einheimische Tierarten gehalten werden. Zoos, Tier- und Wildparks haben die Aufgabe, das Bedürfnis vieler Menschen nach Erholung zu erfüllen, zu informieren, dem Artenschutz zu dienen und Forschungsmöglichkeiten für verschiedene Wissenschaften zu bieten (vgl. *Dylla* 1965; *Winkel* 1977 b; *Beyer* 1988; 1989; 1992; *Flasskamp* 1996; *Weiser* 2001 a).

In vielen Zoos ist eine »Zooschule« eingerichtet, und es stehen Arbeitsmaterialien für Schüler zur Verfügung (vgl. *Rath* 1978; *Kirchshofer* 1981; 1982; *Verfürth* 1986; *Haßfurther* 1986; *Hertrampf/Laßke* 1986; *Nittinger/Krull/Rüdiger* 1992; *Pies-Schulz-Hofen* 1992; *Weiser* 2001 a). Manche Tiergärten haben einen »Kinderzoo«, in dem die Kinder frei herumlaufende Tiere streicheln und manchmal füttern dürfen; auf manchen Tieren darf auch geritten werden. Die Erlebnisse im Zoo, die unmittelbare Begegnung und das genaue Beobachten tragen dazu bei, dass Lernende ihre Einstellungen gegenüber Tieren und der Natur entwickeln. Sie nehmen die Wirkungen des Menschen und seine Verantwortung den Tieren gegenüber wahr und stärken ihr Interesse an der Tierwelt. Entsprechend ist die Tierbeobachtung die wichtigste Arbeitsweise im Zoo, für die ausreichend Zeit eingeplant werden sollte (vgl. *Dylla* 1965; *Kuhn* 1975 b; *Winkel* 1977 b; *Rath* 1978; *Kirchshofer* 1981; 1982; *Verfürth*

Zoo-Themen	Unterrichtsvorschläge
Körperbau, Lebensweise und Umwelt einzelner Arten	*Kirchshofer* 1977; *Rath* 1977; *Witte* 1992; *Johannsen* 2001; *Weiser* 2001 b; *Bogusch/Bogusch/ Weiser* 2001 a; b; *Brauner* 2001
Ethologie, Verhaltensbeobachtungen, Soziobiologie	*Lethmate* 1977; *Rath* 1977; *Kirchshofer* 1983; *Schneider* 1984; *Heilen* 1987; *Seger/Witte* 1991; *Beyer* 2003 b; *Hofmann* 2003; *Klaus* 2003; *Oberwemmer* 2003
Evolutionshinweise, natürliche Verwandtschaft, Biodiversität	*Leder/Kämper* 1992; *Poehler* 1992; *Mair* 1994
moderne artgerechte Zootierhaltung	*Beyer* 1998; *Titzmann* 1998; *Storrer/Wüst* 2003
Artenschutz durch Erhaltungszucht und Auswilderung	*Beyer* 1988; *Flasskamp* 1996; *Maas* 1998; *Bogusch/Bogusch/Weiser* 2001 a; b; *Obermayr* 2003

Tabelle 31-1: Relevante Themen für die Arbeit im Zoo

1986; 1987 a; *Seger* 1990; 1996; *Beyer* 1992; *Gerhardt-Dircksen* 1992 a; *Nittinger* 1992; *Hartmann* 2003 a; b). Eine Übersicht über die pädagogischen Einrichtungen in Zoologischen Gärten findet sich bei *Weiser* (2001 a); *Fileccia* (2003) hat die Internetadressen inländischer und vieler ausländischer Zoos zusammengestellt.

31.4 Naturkundliche Museen und Ausstellungen

Museen haben im Wesentlichen drei Aufgaben: Sammeln und Bewahren, Forschen und Dokumentieren, Erschließen und Vermitteln. In modernen Naturkundemuseen werden Objekte ausgestellt, die eine Beziehung zur belebten Welt haben (Präparate, Nachbildungen, Modelle) oder von früher lebenden Organismen zeugen (Fossilien). Selten werden auch lebende Tiere und Pflanzen gehalten.

Bei der Präsentation ist die systematische Aneinanderreihung vieler Objekte nach taxonomischen Gesichtspunkten häufig nicht mehr vorherrschend. Themen der Evolution, der Ökologie und des Umweltschutzes spielen eine besondere Rolle (vgl. *Wiese* 1988). Die Stellung des Menschen in der Natur wird oft zum Leitgesichtspunkt erhoben, z. B. »Mensch und Natur« oder »Landschaft und Mensch« (vgl. *Dürr* 1992). »Erläuternde Texte, Bilder, Grafiken und technische Hilfsmittel von einfachen mechanischen Modellen über audio-

433

Museum-Themen	Beispiele
Beziehungen zwischen Bau und Funktion	Angepasstheit an das Wasserleben: Bartenwal, Delfin, Robbe, Pinguin
Artenfülle und Formenvielfalt	Vögel, Insekten, Muscheln, Korallen, Schwämme
Evolution, bezogen auf taxonomische Gruppen	Pflanzen, Tiere, Mensch
ausgestorbene Tiere	Urvogel, Saurier, Säugetiere der Eiszeit
Biologie interessanter Tiergruppen	Kloakentiere, Beuteltiere
Ökosysteme	See, Fluss, Wald, Feld, Tropischer Regenwald, Antarktis
Anthropologische Fragen	Abstammung, geografische Vielfalt des Menschen, »Naturvölker«

Tabelle 31-2: Themen für die Arbeit im Naturkundemuseum

visuelle Medien bis zu Computern verbinden, unterstützen und interpretieren die einzelnen Objekte und machen die Ausstellung insgesamt zu einem vielfältig nutzbaren Erlebnis- und Lernort« (*Gries* 1996). Lernpsychologisch sind so genannte Hands-On-Medien bedeutsam. Das sind Exponate, die zum Weiterdenken auffordern (die Lösung kann z. B. durch Knopfdruck erfragt werden), die zum Anfassen und zu Aktivitäten ermutigen und anregen (vgl. *Witte* 1986; *Schmitt-Scheersoi* 2003, 29 f.). Die Freude daran, etwas Neues kennen zu lernen, sich mit Naturobjekten zu beschäftigen, die in der Schule meistens nicht vorhanden sind, schafft gute Lernvoraussetzungen. Der Gegenstand – im wörtlichen Sinn (als Objekt) und im übertragenen Sinn (als Inhalt oder Thema) – ist Auslöser eines konstruktiven Lernprozesses (*Weschenfelder/Zacharias* 1992).

Die Präsentationsformen moderner Museen und auch die (z. T. von Museumspädagogen erarbeiteten) Lernangebote sollten inhaltlich und methodisch so gestaltet sein, dass nicht nur der Verstand, sondern auch die Sinne in vielfältiger Weise angesprochen werden (vgl. *Rodi* 1975 b; *Winkel* 1978 b; *Feustel* 1981; *Hesse* 1994; *Gries* 1996; *Mallock* 2002). Für die Aufgabenstellung hat sich eine halboffene Form als günstig erwiesen (*Wilde/Urhahne/Klautke* 2003). Eine umfangreiche Themenliste mit den in Museen verwendeten Methoden und Arbeitsmaterialien findet sich bei *Erber/Göttert* (1981).

Elemente klassischer Museen und Anteile von Erlebnisparks gehen in die »Science Center« ein, eine neue Form von Ausstellungen, die in besonderer
30.1.5 ◄ Weise interaktive Erfahrungen ermöglichen. Interaktive Zugänge zum The-

ma Biodiversität bietet das Informationssystem TREBIS im Dornbirner Museum »inatura« (*Krombaß/Harms* 2006).

Auch Vereine, Verbände oder andere außerschulische Institutionen (z. B. Greenpeace, BUND, Gesundheitsamt, Pro Familia) bieten in unregelmäßigen Abständen Ausstellungen lokal an. Sie sind oft für den Biologieunterricht von Interesse, da Aktuelles oder regional Bedeutsames thematisiert wird, z. B. zur Gesundheitserziehung (Rauchen und Alkohol), zur Wahrnehmung, zu Ökologie und Umweltschutz sowie zum Artenschutz. Je nach pädagogisch-didaktischer Ambition des Anbieters werden manchmal spezielle Materialien für Lernende bereitgehalten. Meistens jedoch müssen die Lehrkräfte nach einem Vorab-Besuch ihre Impulse und Aufgabenstellungen für die Lernenden selbst planen und den Ausstellungsbesuch selbst gestalten.

Nach einer Untersuchung von *Gerhard Winkel* (1978 b, 12) beurteilen 52% der 16-jährigen Besucher die Museen als interessant und besuchenswert, aber nur wenige Schüler besuchen sie regelmäßig (1% sehr oft, 2% oft, 6% öfter, 17% manchmal, 29% selten, 45% nie). Über Sonderausstellungen und einzelne Exponate zu Themen der Umwelt, Gesundheit und Genetik liegen ausführliche Evaluations- und Wirkungsstudien vor (vgl. *Scher* 1998; *Krüger* 2000; *Groß* 2004 a; b; 2006; *Groß/Gropengießer* 2005).

Quellen

32 Biologiedidaktische Quellen

Das Wissen der Biologiedidaktik lässt sich aus den folgenden, recht unterschiedlichen Originalquellen schöpfen:
- wissenschaftliche Zeitschriften
- Zeitschriften für die Gestaltung von Unterricht
- wissenschaftliche (Buch-)Reihen
- (Buch-)Reihen für die Gestaltung von Unterricht.

Spezielle Bibliografien erleichtern die Literaturrecherchen.

Fachdidaktische Quellen sind für wissenschaftliche Arbeiten und Publikationen unentbehrlich und für eine gründliche Unterrichtsplanung ein wesentliches Hilfsmittel.

32.1 Zeitschriften

Nur wenige Zeitschriften konzentrieren sich allein oder hauptsächlich auf wissenschaftliche Artikel zur Biologiedidaktik. In vielen werden zusätzlich auch Entwicklungsarbeiten zur Gestaltung von Biologieunterricht veröffentlicht. Einige schließen auch die Didaktik weiterer Fächer, z. B. die Didaktik der Mathematik, mit ein.

In Zeitschriften, die sich an Lehrkräfte verschiedener Schulstufen und Schularten wenden, werden vor allem neuartige Unterrichtssequenzen, die teilweise auf fachdidaktischen Konzeptionen beruhen und im Unterricht erprobt sind, veröffentlicht.

32.1.1 Zeitschriften für Didaktik der Biologie

Zeitschrift für Didaktik der Naturwissenschaften (laufend frei im Netz)
Journal of Biological Education
IDB Münster. Berichte des Institutes für Didaktik der Biologie
Journal of Research in Science Teaching
Science Education
International Journal of Science Education
Research in Science Education
The Electronic Journal of Science Education
Electronic Journal of Literacy Through Science (free online)
Research in Science & Technological Education
Journal of Science Education and Technology
International Journal of Science and Mathematics Education
Journal of Computers in Mathematics and Science Teaching

Manche Zeitschriften beziehen sich auf spezielle Gebiete oder Gruppen von Lernenden:
Cell Biology Education (free online)
Environmental Education Research
International Journal of Environmental Education and Information
The Journal of Environmental Education
Canadian Journal of Environmental Education
Journal of Elementary Science Education (free online)
Public Understanding of Science
Journal of Science Teacher Education

32.1.2 Zeitschriften für den Unterricht

Unterricht Biologie
Praxis der Naturwissenschaften-Biologie
Der mathematische und naturwissenschaftliche Unterricht
The American Biology Teacher
School Science Review
School Science and Mathematics
Science Scope
Science Teacher
Journal of College Science Teaching
Sache–Wort–Zahl
Science and Children
Journal of Natural Resources and Life Sciences Education

32.2 Wissenschaftliche Buchreihen

Die Buchreihen umfassen jeweils eine Serie von Bänden, die fachdidaktische Dissertationen oder Forschungsbeiträge von fachdidaktischen Tagungen enthalten.
IPN-Buchreihe (http://www.ipn.uni-kiel.de/aktuell/buecher/buchzeit.htm)
Beiträge zur Didaktischen Rekonstruktion. Schriftenreihe zur fachdidaktischen Lehr-Lernforschung, herausgegeben von Ulrich Kattmann, Barbara Moschner und Ilka Parchmann. Oldenburg: Didaktisches Zentrum
Lehr- und Lernforschung in der Biologiedidaktik. Innsbruck: Studienverlag
Erkenntnisweg Biologiedidaktik. Beiträge der Frühjahrsschulen der Sektion Biologiedidaktik im VDBiol
Didaktik in Forschung und Praxis. Hamburg: Verlag Dr. Kovac
Europäische Hochschulschriften. Reihe XI. Frankfurt a. M.: Peter Lang

32.3 Handbücher und Sammelwerke für den Unterricht

Eschenhagen, D./Kattmann, U./Rodi, D. (Hrsg.) (1989-1999). Handbuch des Biologieunterrichts Sekundarbereich I. 8 Bände. Köln: Aulis

Jaenicke, J./Kähler, H. (Hrsg.) (1994 ff.). Unterrichtspraxis Biologie. Sekundarbereich I. 20 Bände. Köln: Aulis

Freytag, K./Wisniewski, H. (Hrsg.) (2001 ff.). Z.E.U.S. Materialien Biologie. 8 Bände. Köln: Aulis

Jäkel, L. (1995-2000). Fertig ausgearbeitete Unterrichtsbausteine für das Fach Biologie. Kissing: WEKA

Jaenicke, J. (Hrsg.) (1983 ff). Materialien zum Kursunterricht Biologie. Sekundarstufe II. Köln: Aulis

RAAbits Biologie (1994 ff.). Grundwerk für die Sekundarstufe I/II. Stuttgart: Raabe

Unterrichts-Materialien Biologie. Grundwerk (Sekundarstufe II). Freising: Stark

32.4 Bibliografien und Literatur-Datenbanken

Duit, R. (2004). Bibliography – STCSE. Students' and Teachers' Conceptions and Science Education (free online)

IPN-Bibliographie Umweltbildung

Deutscher Bildungsserver. URL: http://www.bildungsserver.de/ (FIS)

Google Scholar. URL: http://scholar.google.com/

SearchERIC. URL: http://searcheric.org/

33 Literaturverzeichnis

Abkürzungen der zitierten Zeitschriften/Reihen:

ABT	The American Biology Teacher
biol. did.	biologica didactica
BioS	Biologie in der Schule
BU	Der Biologieunterricht
BzDR	Beitäge zur Didaktischen Rekonstruktion
DDS	Die Deutsche Schule
IDB	Institut für Didaktik der Biologie Münster
IJSE	International Journal of Science Education
JBE	Journal of Biological Education
JRST	Journal of Research in Science Teaching
MNU	Der mathematische und naturwissenschaftliche Unterricht
NiU-B	Naturwissenschaften im Unterricht, Biologie
PdN-B	Praxis der Naturwissenschaften, Biologie
SE	Science Education
SMP	Sachunterricht und Mathematik in der Grundschule
UB	Unterricht Biologie
WPB	Westermanns Pädagogische Beiträge
ZfDN	Zeitschrift für Didaktik der Naturwissenschaften

Abkürzungen für Verbände und Institute

BZgA	Bundeszentrale für gesundheitliche Aufklärung, Bonn
DGG	Deutsche Gesellschaft für Geschlechtererziehung
DGU	Deutsche Gesellschaft für Umwelterziehung
diz	Didaktisches Zentrum Universität Oldenburg
DIFF	Deutsches Institut für Fernstudien, Tübingen
FWU	Institut für Film und Bild, München
GDSU	Gesellschaft für Didaktik des Sachunterrichts
IPN	Leibniz Institut für die Pädagogik der Naturwissenschaften, Kiel
IPTS	Institut für Theorie und Praxis der Schule, Kiel
HILF	Hessisches Institut für Lehrerfortbildung
KMK	Konferenz der Kultusminister
LEU	Landesstelle für Erziehung und Unterricht, Stuttgart
VDBiol	Verband Deutscher Biologen

Ach, J. S./Runtenberg, C. (2002). Bioethik: Disziplin und Diskurs. Zur Selbstaufklärung angewandter Ethik. Frankfurt/M.: Campus
– (2004). Zur Ethik von Keimbahneingriffen. In: *Hößle/Höttecke/Kircher* (2004), 216–223

Adam, H. (1993). Kinder als Opfer von Krieg und Verfolgung. In: *Barke, R.* (Hrsg.), »Aber wir müssen zusammenbleiben.« Hamburg: Dölling und Galitz

Adl-Amini, B. (1980). Verwissenschaftlichung des Schulwesens und Idee einer Theorie der explikativen Didaktik. In: *Rodi/Bauer* (1980), 21–35

Adorno, T. W. (1971). Erziehung zur Mündigkeit. Frankfurt/M.: Suhrkamp

AG Pädagogik im Verband Botanischer Gärten (2004). URL: http://www.biologie.uni-ulm.de/argp/publikationen.html

Aguirre, J. M./Haggerty, S. M./Linder, C. J. (1990). Student-teachers' conceptions of science, teaching and learning: A case study in preservice science education. IJSE 12, No. 4, 381–390

Akademie für Lehrerfortbildung Dillingen (2001). Multimedia-Schulhofberatungskoffer »Lebensraum Schulhof«. Dillingen

Akkermann, R. (1985). Schulgärten. Bonn: Deutscher Naturschutzring

Albert, R. u. a. (1996). Fließgewässeruntersuchung und Datenfernübertragung. Kronshagen: IPTS

Alisch, J. u. a. (2005). Schulgärten und naturnah gestaltetes Schulgelände in Baden-Württemberg – eine empirische Untersuchung. In: *Lehnert/Köhler* (2005), 7-37

Alsop, S./Watts, M. (2003). Science education and affect. IJSE 25, H. 9, 1043–1948

441

Altner, G. (1991). Naturvergessenheit. Darmstadt: Wiss. Buchgesellschaft
– (1998). Umweltethik und Umweltbildung. In: *Beyersdorf/Michelsen/Siebert* (1998), 20–26
Ammon, G. (1971). Gruppendynamik der Aggression. Berlin
Amthor, U. (2002). Experimente als Aufgaben. PdN-B 51, H. 8, 8–12
Andreas, U./Nottbohm, G (1987). Wir legen eine Federsammlung an. UB 11, H. 122, 49
Ant, H./Stipproweit, A. (Hrsg.) (1986 a). Beiträge zur Geschichte und Didaktik der Biologie, Bd. 1/1985. Frankfurt: Haag + Herchen
– (1986 b). Biologieunterricht im Dienste des Nationalsozialismus. In: *Ant/Stipproweit* (1986 a), 31–48
ANU (Arbeitsgemeinschaft Natur- und Umweltbildung) (Hrsg.) (1996). Umweltzentren in Deutschland. München: ökom
Apel, H. (1999). Umweltbildung im Internet. Unterrichtswissenschaft 27, H. 3, 232–251
Arber, A. (1960). Sehen und Denken in der biologischen Forschung. Reinbek: Rowohlt
Arcury, T. A./Johnson, T. P. (1987). Public environmental knowledge. Journal of Environmental Education 18, H. 4, 31–37
Arend, D./Bäßler, U./Storrer, J. (1984). Einsatz von Dia- und Overheadprojektor im experimentellen Biologieunterricht I. PdN-B 33, H. 3, 91–94
Armbruster, B./Hertkorn, O. (1977). Arbeitstransparente im Unterricht. Köln: Greven
– (1978). Allgemeine Mediendidaktik. Köln: Greven
Arnold, G. (2000 a). Neues Lernen? PdN-B 49, H. 1, 4–9
– (2000 b). Genetik interaktiv. PdN-B 49, H. 1, 15–25
– (2000 c). Mendel-Genetik in der Sekundarstufe II. PdN–B 49, H. 7, 1-9
– (2000 d). Ökologie interaktiv. PdN-B 49, H. 7, 15–23
Arnold, W. u. a. (1995). Netzwerk Gesundheitsfördernde Schulen. Flensburg/Kiel/Magdeburg
Arzberger, H./Brehm, K.-H. (Hrsg.) (1994). Computerunterstützte Lernumgebungen. Planung, Gestaltung und Bewertung. München: Publicis MCD
Asdonk, J. (1997). Forschen im naturwissenschaftlichen und technischen Unterricht. In: Friedrich Verlag (1997), Lernbox, 5
Aßmann, B./Bollmann, S./Gärtner, H. (1987). Ein Aquarium ist kein Möbelstück. UB 11, H. 128, 26–28

Astleitner, H./Sams, J./Thonhauser, J. (1998). Womit werden wir in Zukunft lernen? Schulbuch und CD-ROM als Unterrichtsmedien. Ein kritischer Vergleich. Wien: ÖBV Pädagogischer Verlag
Astolfi, S. P./Coulibaly, A./Host, V. (1977). Ein lernzielorientierter Biologielehrplan für die Klassen 5 und 6. IPN-Arbeitsberichte 27. Kiel: IPN
Asztalos, A. (1981). Schule kaputt? Braunschweig: Westermann
Auer, A. (1984). Umweltethik. Düsseldorf: Patmos
Auernheimer, G. (2004). Interkulturelles Lernen und Handeln. In: *Sommer/Fuchs* (2004), 620–632
Aurand, K./Hazard, B. P./Tretter, F. (Hrsg.) (1993). Umweltbelastungen und Ängste. Opladen: Westdeutscher Verlag
Ausubel, D. P. (1960). The use of advanced organizers in the learning and retention of meaningful verbal material. Journal of Educational Psychology 51, 267–272
– */Novak, J. D./Hanesian, H.* (1980). Psychologie des Unterrichts, Band 1. Weinheim: Beltz
Avenarius, H. (2001). Einführung in das Schulrecht. Darmstadt: Wissenschaftl. Buchgesellschaft
Baade, H. (1980). Gestaltung eines Naturlehrpfades und seine Nutzung im Biologieunterricht. BioS 29, H. 2–3, 77–83
Baalmann, W./Fischbeck, M. (1994). Selbstorganisiertes Lernen im Rahmen mehrtägiger Exkursionen. In: *Kattmann* (1994 a), 141–153
– */Frerichs, V./Kattmann, U.* (2005). Genetik im Kontext von Evolution. MNU 58, H. 7, 420–427
– */Kattmann, U.* (2000). Birkenspanner. UB 24, H. 260, 32–35
– u. a. (2004). Schülervorstellungen zu Prozessen der Anpassung. ZfDN, 10, 7–28
Bach, K. R. (1991). Die Sexualitäten des Menschen im Biologieunterricht. BioS 40, H. 5, 177–181
Bade, L. (1985). Ethische Aspekte des Naturschutzes. UB 9, H. 108, 37–40
– (1986). Ethische Dimensionen des Naturschutzes. PdN-B 35, H. 2, 19–24
– (1989). Ethik und Biologie. Lesehefte Ethik. Stuttgart: Klett
– (1990 a). Bioethik. Eine annotierte Bibliographie. Kiel: IPN
– (1990 b). Biotechnik – Chancen und Probleme. UB 14, H. 151, 31–36
– (1992). Ehrfurcht vor dem Leben – ein neues Unterrichtsprinzip. PdN-B 41, H. 3, 43–45

Badura-Lotter, G./Dietrich, J. (2006). Ethische Urteilsbildung im Biologieunterricht. PdN-B 55, H. 4, 13–21

Baedeker, C./Kalff, M./Welfens, M. J. (2001). Clever leben: MIPS für KIDS. Zukunftsfähige Konsum- und Lebensstile als Unterrichtsprojekt. München: ökom

Baer, H.-W. (1983). Biologische Schulexperimente. Berlin: Volk und Wissen (Aufl. 1981, Köln: Aulis)

– */Grönke, O.* (1981). Biologische Arbeitstechniken. Köln: Aulis (4. Aufl.)

Baier, H./Wittkowske, S. (Hrsg.) (2001). Ökologisierung des Lernortes Schule. Bad Heilbrunn: Klinkhardt

Bak, P./Chen, K. (1991). Selbstorganisierte Kritizität. Spektrum, H. 3, 62–71

Bamberger, R. u. a. (1998). Zur Gestaltung und Verwendung von Schulbüchern. Wien: ÖBV

Bange, W. (1989). Schöpfung oder Evolution: Ein unzeitgemäßer Konflikt. PdN-B 38, H. 8, 37–43

Bantje, O. (1979). Schwerpunkte und Grenzen der Mathematisierung des Biologieunterrichts. MNU 32, H. 3, 166–172

BANU (Bundesweiter Arbeitskreis der staatlich getragenen Bildungsstätten im Natur- und Umweltschutz) (1997 a). Liste der staatlich getragenen Bildungseinrichtungen für Naturschutz. Natur und Landschaft 72, H. 3, 149

– (1997 b). Leitlinien Umweltbildung 2001. Natur und Landschaft 72, H. 3, 150 f.

Barndt, G./Bohn, B./Köhler, E. (1990). Biologische und chemische Gütebestimmung von Fließgewässern. Bonn: Vereinigung Deutscher Gewässerschutz (3. Aufl.)

Barnekow, D. (1999). Die wunderbare Verwandlung. UB 23, H. 248, 14–17

Barth, J./Bengel, J. (1998). Prävention durch Angst? Stand der Furchtappellforschung. Forschung und Praxis der Gesundheitsförderung. Bd. 4 Köln: BzgA

Bartsch, A./Rüther, F./Toonen, R. (1990). Die Pfeffersche Zelle: Realität und Modell. UB 14, H. 160, 34–37

BASP (Bayerische Akademie für Schullandheimpädagogik) (Hrsg.) (1990). Umwelterziehung im Schullandheim. Hamburg: Verband Deutscher Schullandheime

Bäßler, U. (1965). Das Stabheuschreckenpraktikum. Stuttgart: Franckh

– (1969). Einsatz von Fernsehkameras im Biologieunterricht. BU 5, H. 3, 85–87

Bastian, J./Gudjons, H. (Hrsg.) (1988). Das Projektbuch. Hamburg: Bergmann + Helbig (2. A.)

– (Hrsg.) (1990). Das Projektbuch II. Hamburg: Bergmann + Helbig

Bateson, G. (1984). Geist und Natur. Frankfurt: Suhrkamp

– (1985). Ökologie des Geistes. Frankfurt: Suhrkamp

Bauer, A. u. a. (Hrsg.) (2003). Entwicklung von Wissen und Kompetenzen im Biologieunterricht. Kiel: IPN

Bauer, E. W. (1976). Zeichnen auf Tafel und Folie. Humanbiologie. Berlin: CVK

– (1978). Unterrichtsstunde mit einer 5. Realschulklasse. »Lebewesen sind aus Zellen aufgebaut«. In: *Eulefeld/Rodi* (1978), 213–221

– (1980). Grenzen der Schau. In: *Rodi/Bauer* (1980), 187–189

– (1981). Schreiben, zeichnen und malen an der Tafel. UB 5, H. 60/61, 63–65

Bauerle, K. (1997). Ein Tier, das nie erwachsen wird. UB 21, H. 222, 24–26

Baumann, B. u. a. (1996). Vom Wasser aufs Land – und zurück. UB 20, H. 218, 17–21

Bäumer, Ä. (1990). NS-Biologie. Stuttgart: Hirzel

Bäumer-Schleinkofer, Ä. (1992). NS-Biologie und Schule. Frankfurt: Lang

Baumert, J./Bos, W./Watermann, R. (1999). TIMSS/III. Berlin: Max-Planck-Institut für Bildungsforschung

Baumert, J./Lehmann, R., u. a. (Hrsg.) (1997). TIMSS. Mathematisch-naturwissenschaftlicher Unterricht im internationalen Vergleich. Deskriptive Befunde. Opladen: Leske + Budrich

Baur, W. (1985). Zur Veränderung von Einstellungen durch Unterricht. Dissertation. Weingarten

Bay, F. (1986). Schulgartenarbeit in der Grundschule. In: *Hedewig/Knoll* (1986) 64–71

– (1993 a). Entwicklung bei Wirbeltieren. In: *Eschenhagen/Kattmann/Rodi* (1993), 21–38

– (1993 b). Entwicklung bei Insekten. In: *Eschenhagen/Kattmann/Rodi* (1993), 83–102

– */Brenner, J.* (1984). Wir pflegen Pflanzen und Tiere. Tübingen: DIFF

– */Rodi, D.* (1978). Grundzüge einer Biologiedidaktik der Sekundarstufe I. Tübingen: DIFF

– */Rodi, D.* (1979). Medien im Unterricht. Fernstudium Erziehungswissenschaft. Tübingen: DIFF

– */Rodi D.* (1983). Einführung in das Mikroskopieren im Biologieunterricht der Hauptschule. Pädagogische Welt 37, H. 3, 153 f.; 167–171

– /*Rodi, D.* (1991). Beziehungen zwischen Beutegreifern und Beutetieren. In: *Eschenhagen/Kattmann/Rodi* (1991), 32–48

Bayrhuber, H. (1974). Über den Wert kybernetischer Fragestellungen im Bereich der Biologie. MNU 27, H. 5, 293–301

– (1977). Kann Biologieunterricht nach einem systemtheoretischen Ansatz strukturiert werden? In: *Kattmann/Isensee* (1977), 244–258

– (1988). Ethische Fragen der Biotechnik im Biologieunterricht. In: *Hedewig/Stichmann* (1988), 62–74

– (1992). Ethische Analyse der Gentherapie von Keimzellen im Unterricht. In: Friedrich Verlag (1992), 128–131

– (1999). State of art of biology didactic research in Europe. In: *Bandiera, M.* u. a. (Eds.), Research in Science Education in Europe. Dordrecht: Kluwer, 7-14

– /*Brinkman, F.* (Hrsg.) (1998). What–Why–How? Research in Didaktik of Biology. Kiel: IPN

– /*Harms, U./Kroß, A.* (Hrsg.) (2001). Unterrichtsmaterialien zur Gentechnik und Ethik. Handbuch der praktischen Mikrobiologie und Biotechnik, Band 4. Hannover: Schroedel

– /*Lucius E. R.* (Hrsg.) (1992, 1993, 1996). Handbuch der praktischen Mikrobiologie und Biotechnik. Band 1–3. Hannover: Metzler

– /*Mayer, J.* (1990). Biologieunterricht in den Westdeutschen Bundesländern. BioS 39 (1990), H. 11, 408–413; H. 12, 467–476

– /*Mayer, J.* (2001). Forschung in der Biologiedidaktik. Bd. 3, In: *Bayrhuber* u. a. (Hrsg.), Lehr- und Lernforschung in den Fachdidaktiken. Innsbruck: Studien Verlag, 11–19

– /*Schaefer, G.* (1980). Kybernetische Biologie. Köln: Aulis (2. Aufl.)

– /*Stolte, S.* (1997). Schülervorstellungen von Bakterien und Konsequenzen für den Unterricht. In: *Bayrhuber* u. a (1997), 311–315

– u. a. (Hrsg.) (1994). Interdisziplinäre Themenbereiche und Projekte im Biologieunterricht. Kiel: IPN

– u. a. (Hrsg.) (1997). Biologieunterricht und Lebenswirklichkeit. Kiel: IPN

– u. a. (Hrsg.) (1998). Biologie und Bildung. Kiel: IPN

– u. a. (Hrsg.) (2001). Lehr- und Lernforschung in den Fachdidaktiken. Innsbruck: Studien Verlag

– u. a. (Hrsg.) (2005). Bildungsstandards Biologie. Tagung der Sektion Biologiedidaktik, Bielefeld. Kiel: IPN

– /*Unterbruner, U.* (Hrsg.) (2000). Lehren und Lernen im Biologieunterricht. Innsbruck: Studienverlag

Beck, H. (Hrsg.) (1984). Umwelterziehung im Freiland. Köln: Aulis

– (1993). Schlüsselqualifikationen. Darmstadt: Winkler

Becker, P. E. (1988). Zur Geschichte der Rassenhygiene. Stuttgart/New York: Thieme

Becker, R. (1979). Der Kleinst-Apfelbaumgarten. UB 3, H. 36/37, 19–25

Beckmann, H.-K. /Biller, K. (Hrsg.) (1978). Unterrichtsvorbereitung. Braunschweig: Westermann

Beer, W. (1982). Ökologische Aktion und ökologisches Lernen. Opladen: Westdeutscher Verlag

– /*Haan, G. de* (Hrsg.) (1984). Ökopädagogik. Weinheim/Basel: Beltz

– /*Schober, F./Wulff, C.* (Hrsg.) (1988). Die Schöpfung als Supermarkt? Hannover: Buchdruckerwerkstätten

Beier, W. (1971). Auswahl von Biologiebüchern durch den Lehrer. Blickpunkt Schulbuch, H. 11 (Juli), 20–24

Beiler, A. (1965). Die lebendige Natur im Unterricht. Ratingen: Henn

Beisenherz, W. (1980). Die Bedeutung des Experimentes im Biologieunterricht der gymnasialen Oberstufe der Sekundarstufe II. PdN-B 29, H. 7, 216–219

– (1993). Entwicklung beim Menschen. In: *Eschenhagen/Kattmann/Rodi* (1993), 38–68

Bell, T. (2004). Komplexe Systeme und Strukturprinzipien der Selbstregulation – Konstruktion grafischer Darstellungen, Transfer und systemisches Denken. ZfDN 10, 183–204

– /*Schanze, S.* (2005). Modellbildung zum Thema Treibhauseffekt. Computer + Unterricht 57, 24–27

Bengel, J./Strittmatter, R./Willmann, H. (1998). Was erhält Menschen gesund? Antonovskys Modell der Salutogenese. Forschung und Praxis der Gesundheitsförderung, Bd. 6. Köln: BzgA

Berck, H. (1986). Begriffe im Biologieunterricht. Köln: Aulis

Berck, K.-H. (1980). Biologiedidaktik – Ein Beitrag zur Ortsbestimmung. In: *Rodi/Bauer* (1980), 86–97

– (1992). Der Einstieg in eine Biologiestunde. MNU 45, H. 1, 44–48

– (1996). Biologieunterricht – exemplarisch für das Exemplarische. ZfDN 2, H. 3, 17–24

- (2001). Biologiedidaktik. München: Quelle & Meyer, 2. Aufl.
- (2002). Evolutionslehre im Biologieunterricht. PdN-B 51, H. 1, 35–38
- /Erber, D./Hahn, H. (1978). Kennzeichen biologiedidaktischer Exkursionen. PdN-B 27, H. 1, 1–5
- /Graf, D. (1992). Begriffsauswahl und Begriffsvermittlung – Überblick über den Forschungsstand für den Biologieunterricht. In: Entrich/Staeck (1992), 76–90
- /Graf, D. (2003). Biologiedidaktik von A bis Z. Wiebelsheim: Quelle & Meyer
- /Klee, R. (1992). Interesse an Tier- und Pflanzenarten und Handeln im Natur- und Umweltschutz. Frankfurt: Lang
- /Theiss-Seuberling, H. B. (1977). Schulversuche mit Guppys (Lebistes reticulatus) zur Erarbeitung grundlegender ethologischer Sachverhalte. MNU 30, 432–440; 486–493
- Berger, R./Hänze, M. (2004). Das Gruppenpuzzle im Physikunterricht der Sekundarstufe II – Einfluss auf Motivation, Lernen und Lernleistung. ZfDN 10, 205–219
- Bergmann, H. H. (1984). Über die Verwendung des Kampffisches (Betta splendens) im ethologischen Unterricht. BU 20, H. 2, 42–61
- Berkholz, G. (1973). Das Experiment im Biologieunterricht – Tierversuche in der Schule? NiU 21, H. 12, 541–548
- (1977). Die Arbeitsprojektion als Hilfsmittel bei der Durchführung von Experimenten im Biologieunterricht. NiU-B 25, H. 6, 188–191
- Bertalanffy, L. von (1932; 1951). Theoretische Biologie. Bd. I. Berlin: Borntraeger; Bd. II. Bern: Francke (2. Aufl)
- (1990). Das biologische Weltbild. Wien/Köln: Böhlau (Neudruck der 1. Aufl. 1949)
- /Beier, W./Laue, R. (1977). Biophysik des Fließgleichgewichts. Braunschweig: Vieweg
- Betz, B./Erber, D. (1975). Vergleichende Beobachtungen zum Lernverhalten an Goldhamster, Hausmaus und Meerschweinchen im Hinblick auf die Verwendbarkeit im Biologieunterricht. Teil 1 u. 2. PdN-B 24, H. 3, 57–66; H. 4, 94–100
- Beuthan, S. (1996). Mathematik auf dem Schulhof. Praxis Mathematik 38, H. 3, 104–107.
- Beyer, A. (Hrsg.) (1998). Nachhaltigkeit und Umweltbildung. Hamburg: Krämer
- Beyer, I. (1995). Aktuelle Biologie – Zeitungs- und Zeitschriftenartikel als Grundlage zu Aufgaben. PdN-B 44, H. 1, 1–30
- Beyer, L./Kattmann, U./Meffert, A. (1980). Methodenprobleme bei der Erforschung von Naturvölkern. UB 4, H. 44, 36–40
- /Kattmann, U./Meffert, A. (Hrsg.) (1982). Biologie und Gesellschaft. UB 6, H. 72/73
- Beyer, P.-K. (1988). Artenschutz – eine Aufgabe Zoologischer Gärten? PdN-B 37, H. 6, 29–32
- (1989). Biologieunterricht und Umwelterziehung in der Schule im Vergleich zum naturnahen Unterricht im Tierpark. PdN-B 38, H. 7, 37–40
- (1992). Der außerschulische Lernort Zoo – Didaktische Überlegungen. PdN-B 41, H. 3, 1–5
- (1998): Fühlen sich Tiere im Zoo wohl? UB 22, H. 231, 20–23
- (2003 a), Projektarbeit im Zoo. PdN-B 52, H. 7, 1–4
- (2003 b). Praktische Ethologie im Zoo. PdN-B 52, H. 3, 5–12
- Beyer, W./Hellmessen, U./Köhler, K.-H. (1986). Vegetationskundlich-ökologische Untersuchungen an Skipisten im Rahmen einer Alpenexkursion. PdN-B 35, H. 3, 37–45
- Beyersdorf, M./Michelsen, G./Siebert, H. (Hrsg.) (1998). Umweltbildung. Neuwied-Kriftel: Luchterhand
- BfN (Bundesamt für Naturschutz) (2005). Textsammlung Naturschutzrecht. URL: http://www.bfn.de/09/0907.htm
- Bialke-Ellinghausen, J./Bennert, H./Hausmann, E. (2004). Somatische Gentherapie. UB 28, H. 291, 43
- Bibliographisches Institut/F. A. Brockhaus (Hrsg.) (2005). LifeLab. Mannheim
- Bieberbach, M. (2000). Effizienz von Projektunterricht: Empirische Untersuchungen über den langfristigen Lernerfolg (…) am Beispiel des Themas „Lebensraum Bach" in der 3. Jahrgangsstufe der Grundschule. Herdecke: GCA-Verlag.
- Bickel-Sandkötter, S. (Hrsg.) (2003 a). Computer, Internet & Co. im Biologieunterricht. Berlin: Cornelsen
- (2003 b). Einbindung von Multimediasequenzen in den Fachunterricht. In: Bickel-Sandkötter (2003 a), 27–44
- Biedermann, W. (1998). Ökologische Experimente mit Asseln. PdN-B 47, H. 4, 6–9
- Bildungskommission NRW (1995). Zukunft der Bildung – Schule der Zukunft. Berlin: Luchterhand
- Billich, V. (1992). Sammeln, Vergleichen, Kennenlernen. UB 16 176, 25–26

Billig, A. (1990). Möglichkeiten der Bewußt-seins- und Verhaltensänderung durch Umwelterziehung. In: Schulische und außer-schulische Lernorte der Umwelterziehung. Kiel: IPN

Billmann-Mahecha, E./Gebhard, U. (2004). »Wenn wir keine Blumen hätten ...« Empiri-sche Vignetten zum ästhetischen Verhältnis von Kindern zur Natur. Journal für Psycho-logie, H. 1, 50–76

– */Gebhard, U./Nevers, P.* (1997). Naturethik in Kindergesprächen. Grundschule 29, H. 5, 21–25

Biological Sciences Curriculum Study (1973). Biological Science. An inquiry into life. New York: Harcourt, Brace & World (3. Aufl.)

Birkenbeil, H. (1973). Zum Problem der Motivation im Biologieunterricht. NiU 21, H. 2, 86–89

– (Hrsg.) (1999). Schulgärten: planen und anle-gen, erleben und erkunden, fächerverbindend nutzen. Stuttgart: Ulmer

Birkner, C. (1990). Die Konstruktion von Auf-gaben für die mündliche Abiturprüfung. PdN-B 39, H. 5, 39–46

Birnbacher, D. (Hrsg.) (1997). Ökophilosophie. Stuttgart: Reclam

– */Hörster, N.* (Hrsg.) (1982). Texte zur Ethik. dtv 6042. München: DTV (4. Aufl.)

– */Wolf, J.-C.* (1988). Verantwortung für die Natur. Hannover: Schroedel

Bischof, N. (1991). Das Rätsel Ödipus. München: Piper (2. Aufl.)

Bittner, A. (2003 a) Außerschulische Umwelt-bildung in der Evaluation. In: *Bauer, A.* u. a. (Hrsg.), Entwicklung von Wissen und Kom-petenzen. Kiel: IPN, 209 – 212

– (2003 b). Außerschulische Umweltbildung in der Evaluation. Hamburg: Kovac

– (2005). Wildnis in der (außer)schulischen Umweltbildung – fachliche Klärung und Schülervorstellungen als konzeptionelle Grundlagen. In: *Bayrhuber* u. a. (2005), 64–67

Bittner, C. (1979). Die Ermittlung von Schüler-interessen zu dem vorgegebenen Thema »Vögel«. NiU-B 27, H. 8, 233–240

– (1983). »Die duftenden Blumen sind unsere Schwestern, die Rehe, das Pferd, der große Adler – sind unsere Brüder«. UB 7, H. 82/83, 29–34

BLK (1997). Gutachten zur Vorbereitung des Programms „Steigerung der Effizienz des mathematisch-naturwissenschaftlichen Unterrichts". Bonn: BLK

– (1999). Bildung für eine nachhaltige Entwick-lung – Orientierungsrahmen. Materialien zur Bildungsplanung und Forschungsförderung, 69. Bonn: BLK

Blömeke, S. (2001). Kompetenzerwerb in der universitären Lehrerausbildung. Paderborn: Universität (Habilschrift)

– (2003). Lehren und Lernen mit neuen Medien. Unterrichtswissenschaft 31, H. 1, 57–82

Bloom, B. S. u. a. (1972). Taxonomie von Lernzielen im kognitiven Bereich. Weinheim: Beltz

Blum, A. (1979). Affektive Einflüsse von Experimenten im Schulgarten. UB 3, H. 36/37, 28 f.

Blum, H. (1976). Gedanken und Hinweise zum Mikroskopieren in der Unterrichtsstunde. BioS 25, H. 9, 393–394

Blumenstock, L. (1995). Interesse fördern – eine pädagogische Aufgabe. Grundschule 27, H. 6, 10

Bmb+f (1996/1998). Delphi-Befragung. Poten-tiale und Dimensionen der Wissensgesell-schaft – Auswirkungen auf Bildungsprozesse und Bildungsstrukturen

BMBF (Bundesministerium für Bildung und Forschung) (Hrsg.) (2003). IT-Ausstattung der allgemeinbildenden und berufsbildenden Schulen in Deutschland. Bonn: Eigenverlag: URL: http: www. bmbf. de/pub/it-ausstattung _der_schulen_gesamt_2003. pdf (7.4.2004)

Boehnke, K. /Macpherson, M. J. (1993). Kriegs- und Umweltängste sieben Jahre danach: Ergebnisse einer Längsschnittstudie. In: *Aurand* u. a. (1993), 164–179

Boersma, K. T. (1998). The Janus face of deve-lopmental research. In: *O. de Jong* u. a. (Eds.), Bridging the gap between theory and practise. Hong Kong: ICASE, 31–47

Boetticher, A. von (1978). Experimenteller Unterricht – eine Kompensationsmöglichkeit für Schüler mit geringer Sprachdifferenzie-rung? NiU-B 26, H. 6, 177–181

Bögeholz, S. (1997). Biologieunterricht und All-gemeinbildung. Pädagogik 49, H. 6, 42–47

– (1999). Qualitäten primärer Naturerfahrung und ihr Zusammenhang mit Umweltwissen und Umwelthandeln. Opladen: Leske + Bu-drich

– (2006). Explizit Bewerten und Urteilen – Bei-spielkontext Streuobstwiese. PdN-B 55, H. 1

– */Barkmann, J.* (1999). Kompetenzerwerb für Umwelthandeln. DDS 91, H. 1, 93–101

– */Barkmann, J.* (2005). Rational choice and be-yond: Handlungsorietierende Kompetenzen für den Umgang mit faktischer und ethischer Komplexität. In: *Klee/Sandmann/Vogt* (2005), 211–224.

– /*Rüter, S.* (2004). Wenn Erfahrung weht tut – The dark side of nature expierence. In: *Gropengießer/Janßen-Bartels/Sander* (2004), 80–95

– u. a. (2002). Außerschulische Bildung für Nachhaltige Entwicklung in Schleswig-Holstein und und ihre Bedeutung für die Landes-Nachhaltigkeitsstrategie. In: *Haan, de G./Giesel, K. D.* (Hrsg.) (2002). Außerschulische Umweltbildung. Berlin: Forschungsgruppe Umweltbildung an der Freien Universität, 55–68

– u. a. (2004). Bewerten – Urteilen – Entscheiden im biologischen Kontext. ZfDN 10,89–115

Bogner, F. X. (1997). Einstellungen gegenüber Natur und Bereitschaft zu umweltbezogenem Verhalten bei Schülerinnen und Schülern der Sekundarstufe I. In: *Bayrhuber* u. a. (1997), 360–364

– (1998). The influence of short-term outdoor ecology education on long-term variables of environmental perspective. Journal of Environmental Education 29, H. 4, 17–29

– /*Wiseman, M.* (2004). Outdoor ecology education and pupils' environmental perception in preservation and utilization. Science Education International 15, H. 1, 27–48

Bogusch, A./Bogusch, C./Weiser, M. (2001 a). Auswilderung – eine Erfolgsstory? UB 25, H. 265, 25–26, 31–33

– (2001 b). Zucht und Auswilderung des Löwenäffchens. UB 25, H. 265, 27–30

Böhm, R. (1996). Ozonalarm. Mathematik Lehren 76, 54–57

Böhme, W. u. a. (1987). Schulgartenarbeit, methodische Empfehlungen. Berlin: Volk und Wissen

Böhne-Grandt, R./Weigelt, C. (1990). Wissenschaftsrealität und Mythos in biologischen Erkenntniswegen. In: *Killermann/Staeck* (1990), 209–215

Böhnke, H. (1978). Die Behandlung wissenschaftlicher Erkenntnisweisen im Biologieunterricht der gymnasialen Oberstufe. MNU 31, H. 8, 490–495

Bojunga, W. (1985). Non scholae sed vitae discimus! Einige Gedanken und Grundpositionen zu einer zeitgemäßen Didaktik des Biologieunterrichts auf der gymnasialen Oberstufe. PdN-B 34, H. 6, 41–45

– (1990). Die Evolution der Organismen. Köln: Aulis

Bolay, E. (1976). Die Arbeit im Waldschulheim – mit einer Unterrichtseinheit »Vom Samen zum Forst«. BU 12, H. 3, 67–84

– (1980). Motivation im Unterricht. NiU-B 28, H. 4, 110–117

– (1998 a). Das Waldschulheim. In: *Bayrhuber* u. a. (1998)

– (1998 b). Das Waldschulheim – lernen beim Arbeiten in freier Natur. BioS 47, H. 1, 10–15

– (1998 c). Das Biologieheft – ein vernachlässigtes Medium. BioS 47, H. 3, 134–137

Bologna-Erklärung (1999). URL: www.hrk-bologna.de/bologna/de/download/dateien/ Bologna_Erklaerung.pdf

Bolscho, D. (1987). Umwelterziehung in der Schule. Kiel: IPN

– (1997). Umweltbildung für umweltgerechtes Handeln. In: *Zimmer* (1997), 202–212

– (2002). Zur Popularisierung des Leitbildes Nachhaltige Entwicklung. In: *Bolscho/ Michelsen* (2002), 301–305

– /*Eulefeld, G./Seybold, H.* (1980). Umwelterziehung. München: Urban & Schwarzenberg

– /*Michelsen, G.* (2002). Umweltbewusstsein unter dem Leitbild Nachhaltiger Entwicklung. Ergebnisse empirischer Untersuchungen und pädagogische Konsequenzen. Opladen: Leske + Budrich

– /*Seybold, H.* (1996). Umweltbildung und ökologisches Lernen. Berlin: Cornelsen Scriptor

Bölts, H. (1995). Umwelterziehung. Darmstadt: Wissenschaftliche Buchgesellschaft

Bonatz, H. H. (1978). Der »bedenkliche Haken« des Atmungsmodelles. In: *Wenk/Trommer* (1978 a), 197–202

– (1980). Seifenschaum als Zellgewebemodell. UB 4, H. 42, 43–44

Born, B./Gebhard, U. (2005). Intuitive Vorstellungen und explizite Reflexion. Zur Bedeutung von Alltagsphantasien bei Lernprozessen zur Bioethik. In: *Schenk* (2005), 255–271

Borneff, J./Borneff, M. (1991). Hygiene. Stuttgart: Thieme (5. Aufl.)

Borsum, W. (1987). Die Schülerzeichnung im Sachunterricht. UB 11, H. 123, 42–44

Bosler, U. u. a. (1979). Computersimulation im Biologieunterricht. log in, H. 3, 18–25

Bosler, U./Lude, A. (1999). Satellitenbilder im Biologieunterricht. URL: http://www.ipn. uni-kiel.de/projekte/a7_2/a72_info.htm (30.3.2004)

Bossel, H. (1985). Umweltdynamik. 30 Programme für kybernetische Umwelterfahrungen auf jedem BASIC-Rechner. München

– (1994). Modellbildung und Simulation. Braunschweig/Wiesbaden: Vieweg

– /*Meadows, D.* u. a. (1993). Das Simulationsprogramm World 3–91: Die neuen Grenzen des Wachstums. Stuttgart: Bild der Wissenschaft

Botkin, J. W./Elmandjra, M./Malitza, M. (Hrsg.) (1979). Das menschliche Dilemma: Zukunft und Lernen. Wien: Molden

Botsch, D./Brester, U. (1970). Einige Schulversuche zur Lebensweise der Regenwürmer. NiU 18, H. 8, 347–350

Brämer, R. (1979). Die Beliebtheit des naturwissenschaftlichen Unterrichts als Kriterium für seine Sozialisationswirksamkeit. Zeitschrift für Pädagogik 25, H. 4, 259–273

– (1992). Natur zu Fuß erschließen. Pädagogik und Schulalltag 47, 294–301

– (1996). Wanderführerschein für Lehrer/innen. DDS 88, H. 4, 509–517

– (2004). Jugendreport Natur '03. Nachhaltige Entfremdung. Schutzgemeinschaft Deutscher Wald, Landesverband Nordrhein-Westfalen

– (2006). Natur obskur. München: kom

Brand, K. W./Poferl, A./Schilling, K. (1998). Umweltmentalitäten. In: *de Haan/Kuckartz* (1998), 39–68

Brandt, W. (2005). Das Fach Naturwissenschaft. PdN-B 54, H. 3, 4–6

Braun, A. (1983). Umwelterziehung zwischen Anspruch und Wirklichkeit. Frankfurt/M.: Haag + Herchen

– (1984). Ist die Umwelterziehung auf dem richtigen Weg? Geographie und Unterricht, H. 9, 322–326

– (1987). Untersuchungen über das Umweltbewußtsein bei Lernenden im Schulalter. In: *Callies/Lob* (1987), Bd. 2, 56–61

– (2003). Umwelterziehung auf dem Prüfstand. Ergebnisse einer empirischen Untersuchung über Kenntnisse, Einstellungen und praktizierte Handlungsweisen 9-11jähriger Schüler der Primarstufe. Sache – Wort – Zahl 31, H. 55, 49–52

Brauner, K. (1980). Gesundheitserzieherische Bestrebungen und ihre Realisierbarkeit aus pädagogischer Sicht. biol. did. 3, H. 2, 69–81

– (1987). Wir beobachten und züchten Süßwasserpolypen. UB 11, H. 127, 45–48

– (1993). Vom Bachlehrpfad zum Bachlernpfad. UB 17, H. 188, 48–49

– (1995). Schwammspinner-Zucht ohne Probleme. UB 19, H. 202, 52

-- (2001). Zootieren auf die Füße geschaut. UB 25, H. 265, 27–30

Brehme, S./Domhardt, D./Lepel, W.-D. (1984). Begriffe und Begriffssysteme im Biologieunterricht. BioS 33, H. 6, 224–229

Brehmer, K. (1993). Ethik im Biologieunterricht. PdN-B 42, H. 3, 41–47

Breimhorst, D. (2001). Die Grüne Schule Palmengarten. In: *Lehnert/Ruppert* (2001), 121–130

Breitenmoser, U./Schwarz, U (1981). Naturgärten. PdN-B 30, H. 8, 225–228

Brenner, U. (1989). Umwelt-Umfrage. Hätten Sie's gewußt? natur, H. 4, 78–82

Bretschneider, J. (1992). Wie konsequent ist die biologische Fachsprache? In: *Entrich/Staeck* (1992), 140–146

– (1994). Lebende Objekte im Biologieunterricht. BioS 43, H. 3, 169–171

Breuer, K. (1971 a). Gesundheitserziehung im Biologieunterricht. NiU 19, H. 2, 82–89

– (1971 b). Die Ausstattung der Hauptschulen für den Biologieunterricht. NiU 19, H. 12, 544–548

– (1990). Übungen, Tests und tutorielle Programme. In: *Asselborn u. a.* (1990), 133–139

Brezmann, S. (1992). Die Welt der Begriffe im Biologieunterricht. MNU 45, H. 8, 498–503

– (1996). Das Vergleichen und seine Beziehungen zu anderen Schülertätigkeiten. BioS 45, H. 6, 321–326

– (2004). Beschreiben, Erklären, Definieren und andere Erkenntnistätigkeiten. Frankfurt/M.: Haag + Herchen

Briemle, H. (1981 a). Rasen oder Wiese. PdN-B 30, H. 8, 244–246

– (1981 b). Naturnaher Nutzgarten. PdN-B 30, H. 8, 246–249

Brinschwitz, T. (2002). Lernervorstellungen von Zellen – Eine Re-Analyse der Befunde empirischer Erhebungen. In: *Vogt/Retzlaff-Fürst* (2002), 27–40

Brockhaus, W. (1958). Biologie in unserer Zeit. Essen: Neue Deutsche Schule

Brogmus, H./Dircksen, R./Gerhardt, A. (1983/84). Arbeitsblätter zum Thema »Die Natur im Wechsel der Jahreszeiten« (1 bis 10). NiU-B 31, H. 4, 137–143; H. 7, 227–230; H. 8, 259–262; H. 10, 335–338; 338–343; 32, H. 1, 1–5; 6–9; H. 4, 113–120; H. 6, 117–183; H. 10, 321–331

Brohmer, P. (1936). Die Deutschen Lebensgemeinschaften. Osterwieck/Berlin: Zickfeldt

Bromme, R. (1997). The teacher as an expert: Everyday concepts and some facts about the knowledge base of the teaching profession. In: *Bünder, W./Rebel, K.* (Hrsg.) (1997). Teacher education. Vol. 1. Kiel: IPN, 23–40

Brucker, G. (1975). Der Tageslichtprojektor im Einsatz bei experimentellen Untersuchungen zur Fotosynthese. PdN-B 24, H. 8, 217–218

– (1978). Fach: Biologie. Vom Lernfach zur Integration. Düsseldorf: Schwann

– (1979). Lernen mit Strukturen im Biologieunterricht. biol. did. 2, H. 1, 17–41

– (1980). Biologieunterricht – pädagogische Analysen, Texte und Beispiele. Stuttgart: Klett

– (1993). Ökologie und Umweltschutz. Ein Aktionsbuch. Heidelberg: Quelle & Meyer

– */Flindt, R./Kunsch, K.* (1995). Biologisch-ökologische Techniken. Wiesbaden: Quelle & Meyer

Brülls, S. (2004). Lehramtsstudierende und Wagenschein. BzDR 5. Oldenburg: diz

Brünken, R./Leutner, D. (2001). Aufmerksamkeitsverteilung oder Aufmerksamkeitsfokussierung? Unterrichtswissenschaft 29, H. 4, 357–365

– */Steinbacher, S./Leutner, D.* (2000). Räumliches Vorstellungsvermögen und Lernen mit Multimedia. In: *Leutner/Brünken* (2000), 37–46

Bruner, J. S. (1970). Der Prozeß der Erziehung. Düsseldorf: Schwann

Brunkhorst-Hasenclever, A. (2000). Perspektiven der Fachdidaktik. IDB 9, 1–9

Brunner, I./Schmidinger, E. (2001). Leistungsbeurteilung in der Praxis – Der Einsatz von Portfolios im Unterricht der Sekundarstufe I. Linz: Veritas

Büchter, F. R. (1972). Zur Erstellung naturwissenschaftlicher Unterrichtsräume im Hinblick auf optimale Arbeitsbedingungen in der Klasse 5–10. NiU 20, H. 1, 3–7

Buddensiek, W. (1994). Die soziale Architektur einer ökologischen Schule. In: *Schreier* (1994)

Bühs, R. (1986). Tafelzeichnen kann man lernen. Hamburg: Bergmann + Helbig

Bund der Jugendfarmen und Aktivspielplätze e.V. (Hrsg.) (1995). Kontaktadressenliste, (Haldenwies 14, 70567 Stuttgart)

BUND/Misereor (Hrsg.) (1996). Zukunftsfähiges Deutschland – Ein Beitrag zu einer globalen nachhaltigen Entwicklung. Basel: Birkhäuser

Bunk, B./Tausch, J. (1980). Verhaltenslehre. Braunschweig: Westermann

Bunke, V. (2004). Schlangen in der Schule. UB 28, H. 296, 47-52

Bünning, E. (1959). Der Lebensbegriff in der Physiologie. Studium Generale 12, H. 3, 127–133

Burger, J./Gerhardt, A. (2003). Energie im biologischen Kontext. MNU 56, H. 6, 324–329, H. 7, 423–437, H. 8, 496–502

Burger, S. (2004). Licht ins Dunkel – Wenn Meisen Kinder kriegen. UB 28, H. 293, 20–24

Burow, F. /Hanewinkel, R. (1994). Nichtrauchen ist »in«. UB 18, H. 198, 34–36

Busche, E./Marquardt, B./Maurer, M. (Hrsg.) (1978). Natur in der Schule. Reinbek: Rowohlt

Buschendorf, J. (1981). Objektdias im Biologieunterricht. BioS 30, H. 6, 237–239

Buschlinger, W. (1993). Denk-Kapriolen? Gedankenexperimente in Naturwissenschaften, Ethik and Philosophy of Mind. Würzburg: Königshausen & Neumann

Büttner, C. (1984). Kinder und Krieg. Frankfurt: Campus

Bybee, R. W. (1997). Toward an understanding of scientific literacy. In: *W. Gräber/C. Bolte* (Eds.). Scientific Literacy. An international Symposium. Kiel: IPN, 37–68.

– (2002). Scientific Literacy – Mythos oder Realität? In: *Gräber* u. a. (2002) 21–43

BZgA (Hrsg.) (1996). Sexualität und Kontrazeption aus der Sicht der Jugendlichen und ihrer Eltern. Wiederholungsbefragung (*Schmid-Tannwald/Kluge*). Köln

– (2003). Auf dem Weg zur rauchfreien Schule. Köln: BzgA

Campbell, N. A./Reece, J. B. (2003). Biologie. Heidelberg: Spektrum (6. Aufl.)

Calließ, J./Lob, E. (Hrsg.) (1987; 1988). Praxis der Umwelt- und Friedenserziehung. Düsseldorf: Schwann, Bde. 1 und 2: Grundlagen. Umwelterziehung; Band 3: Friedenserziehung

Cavalli-Sforza, L. L. (1999). Gene, Völker, Sprachen. München, Wien: Hanser

Cavese, J. A. (1978). Lebendige Zelle AG – Ein Modell für die Zelle. In: *Wenk/Trommer* (1978), 182–186

Cerwinka, G./Schranz, G. (2002). Protokollführung leicht gemacht. Wien: Ueberreuter

Chew, M. K./Laubichler, M. D. (2003). Natural enemies – metaphor or misconception? Science 301, 52 f.

Chiout, H./Steffens, W. (1978). Unterrichtsvorbereitung und Unterrichtsbeurteilung. Frankfurt: Diesterweg (4. Aufl.)

Christen, F. (2004). Einstellungsausprägungen bei Grundschülern zu Schule und Sachunterricht und der Zusammenhang mit ihrer Interessiertheit. Kassel: Kassel University Press.

– /Vogt, H./Upmeier zu Belzen, A. (2002). Einstellungen von Grundschulkindern zu Schule und Sachunterricht. In: Klee/Bayruber (2002), 19–32

Chroust, P. (1984). Vom schnellen Tod – »Euthanasie« im Nationalsozialismus. UB 8, H. 100, 46–50

Clausnitzer, H.-J. (1981). Die Assel im Unterricht. NiU-B 29, H. 5,129–134

– (1982). Bundesartenschutzverordnung und Biologieunterricht. UB 6, H. 68, 39–40

– (1983). Die Problemfindungsphase im Biologieunterricht. NiU-B 31, H. 5, 147–149

– (1992). Freie Arbeit im Biologieunterricht. UB 16, H. 172, 49 f.

Comenius, J. A. (1658). Orbis sensualium pictus. Dortmund: Harenberg (Nachdruck 1978)

Corazolla, D. (1999). Die interaktive Tafel im Unterricht – ein Erfahrungsbericht. Lernwelten 2, 80–83

Cornell, J. (1979). Mit Kindern die Natur erleben. Oberbrunn: Ahorn

– (1991). Mit Freude die Natur erleben. Mülheim: Verlag an der Ruhr

Crompton, J. L./Sellar, C. (1981). Do outdoor education experiences contribute to positive development in the affective domain? Journ. of Environmental Education 12, H. 4, 20–29

Crost, H./Hönigsberger, H. (1993). Mit Umwelterziehung die Schule verändern. In: Seybold/Bolscho (1993), 83–95

Cypionka, H./Cypionka, R. (2004). Gespräch auf dem Komposthaufen. In: Gropengießer/ Janßen-Bartels/Sander (2004), 216–220

Cypionka, R. (2005). Schülervorstellungen zu Pflanzen als Lebewesen in Evolution und Entwicklung. In: Bayrhuber u. a. (2005.), 196.

Czihak, G./Langer, H./Ziegler, H. (Hrsg.) (1976). Biologie. Berlin/Heidelberg/New York: Springer (4. Aufl. 1990)

Dahnken, A. (2005). Englisch in der Hauptschule. BzDR 9. Oldenburg: diz

Dahms, H.-U./Schminke, G. (1987). Flußkrebse für das Schulaquarium. UB 11, H. 127, 42–43

DAK (1996). Verflixte Schönheit. Projekt-Ideen für die Schule. Hamburg

Dalhoff, B. (1994). Rettung von Amphibien – eine Videoproduktion. UB 18, H. 192, 24–30

– (1998). Möglichkeiten zur Umfriedung des Schulgeländes. BioS 47, H. 3, 186–191

Dally, A. (Hrsg.) (1997). Geschichte und Theorie der Naturwissenschaften im Unterricht. Loccum. Evangelische Akademie

Dasbeck, A. (2002). Das transparente Herbarium. UB 26, H 274, 53

Darwin, C. (1859). On the Origin of species. London: Murray [dtsch.]: (1963). Die Entstehung der Arten, Stuttgart: Reclam

Daum, E. (1988). Der neue Gefühlskult in der Umwelterziehung. Oldenburger Vordrucke, H. 32, Oldenburg: Universität (ZpB)

Daumer, K (1982). Bericht der Arbeitsgruppe »Lehrpläne für die Sekundarstufe II« In: Hedewig/Rodi (1982), 137–141

David, R. W. (1992). Das Lernverhalten der Mongolischen Rennmaus. UB 16, H. 172, 34–39

Dawson, V./Taylor, P. (2000). Do adolescents' bioethical decisions differ from those of experts? JBE 37, H. 4

Deacon, J. (1992). Zum Bleistift: Zeichnen. Mülheim: Verlag a. d. Ruhr

Dearden, M. (1982). Experiment. Beispiele aus der biologischen Forschung. UB 6, H. 74, 25–44

Deci, E. L. (1975). Intrinsic motivation. New York

– /Ryan, R. M. (1993). Die Selbstbestimmungstheorie der Motivation und ihre Bedeutung für die Pädagogik. Zeitschrift für Pädagogik 39, H. 2, 223–238

– /Ryan, R. M. (2000). The »what« and »why« of goal pursuits: Human needs and the self-determination of behavior. Psychological Inquiry 11, 227–268

Degenhardt, L. (2002). Nachhaltige Entwicklung und Lebensstile. In: Bolscho/Michelsen (2002), 13–45

– u. a. (2002). Partizipationsformen von Kindern und Jugendlichen am Beispiel des außerschulischen Umweltbildungskonzepts von Greenpeace. In: Bolscho/Michelsen (2002), 169–188

Deichmann, U. (1992). Biologen unter Hitler. Frankfurt/New York: Campus

Demel, W. (1978). Grundausstattung für den Biologieunterricht. In: Killermann/Klautke (1978), 313–324

Dempsey, R. (1993). Umweltzentren in Europa: Ergebnisse einer Befragung. In: Dempsey, R. u. a. (Hrsg.). Arbeitsbericht der Aktion Fischotterschutz e.V., H.10, 211–255

– /Janßen, W./Reuther, C. (Hrsg.) (1993). Umweltzentren im wiedervereinten Deutschland und im zukünftigen Europa. Habitat Nr.10. Hankensbüttel

– /Rode, H./Rost, J. (1997). Environmental conservation at the school as seen by students vs. school administration (NARST proposal). Kiel: IPN

Demuth, R. (1992). Elemente des »Umweltwissens« bei Schülern der Abgangsklassen der Sekundarstufe I. NiU-Chemie 3, Nr. 12, 36–38

Denke, V. (2004). Wie die alten Seefahrer ihren Weg fanden. Mathematik lehren. H. 124, 8–12

Denker, W. (1979). Hecken im Schulgelände. UB 3, H. 36/37, 68–69

Deutscher Bildungsrat (1970). Strukturplan für das Bildungswesen. Bonn

Dewey, J. (1916). Demokratie und Erziehung. Braunschweig: Westermann (3. Aufl.1964)

DGU/IPN (Hrsg.) (1989–1991). Modelle zur Umwelterziehung in der Bundesrepublik Deutschland. Kiel: IPN

– (1990 a). Die Einrichtung fächerübergreifender, lokaler und regionaler Netze zur Umwelterziehung. Kiel: IPN

– (1990 b). Schulische und außerschulische Lernorte in der Umwelterziehung. Kiel: IPN

Diamond, J. (1998). Arm und Reich. Das Schicksal menschlicher Gesellschaften. Frankfurt/M.: Fischer

Dichanz, H./Mohrmann, K. (1980). Unterrichtsvorbereitung. Stuttgart: Klett (4. Aufl.)

Dick, L. van (1991). Freie Arbeit, Offener Unterricht, Projektunterricht, Handelnder Unterricht, Praktisches Lernen – Versuch einer Synopse. Pädagogik 43, H. 6, 31–34

Didi, H. J. u. a. (1993). Einschätzungen von Schlüsselqualifikationen aus psychologischer Perspektive. Bonn: Institut für Bildungsforschung

Diekmann, H./Engstfeld, C./Forkel, J. (1994). Kooperation mit außerschulischen Bildungseinrichtungen. In: Friedrich Verlag (1994), 129–134

– /Preisendörfer, P. (1992). Persönliches Umweltverhalten. Diskrepanz zwischen Anspruch und Wirklichkeit. Kölner Zeitschrift für Soziologie und Sozialpsychologie 44, H. 2, 226–251

– /Preisendörfer, P. (1998). Umweltbewußtsein und Umweltverhalten in Low- und High-Cost-Situationen. Zeitschrift für Soziologie 27, H. 6, 438–453

Dietle, H. (1970). Weitere Versuche mit dem Fleißigen Lieschen. NiU 18, 310–313

– (1971). Zellen als Bausteine der Lebewesen. Mikrokosmos 60, 252–255

– (1975). Das Mikroskop in der Schule. Stuttgart: Franckh (2. Aufl.)

– /Stirn, A. (1973). Die Zelle im Biologieunterricht. Die Schulwarte 26, H. 7, 1–16

Dietrich, G. (1985). Der Biologieunterricht in vier Jahrzehnten nach unserer Befreiung. BioS 34, H. 5, 173–179

– u. a. (Hrsg.) (1979). Methodik Biologieunterricht. Berlin: Volk und Wissen (2. Aufl.)

Dietrich, J. (2006). Zur Interdisziplinarität zwischen Biologie und Ethik. PdN-B 55, H. 4, 22–26

Dietrich, V. (2002). Färben mit Pflanzen – Färberpflanzen im Schulgarten. MNU 55, H. 7, 428–431

Dietz, L. J. (1996). Unterwegs zum digitalen Datensex. I: DGG-Informationen 19, H. 4, 1–5

Dietze, J./Gehlhaar, K.-H./Klepel, G. (2005). Untersuchungen zum Entwicklungsstand von Biologieinteressen von Schülerinnen und Schülern der Sekundarstufe II. In: *Klee/Sandmann/ Vogt* (2005), 133–145

DIFF (Hrsg.) (1985 ff.). Evolution der Pflanzen- und Tierwelt. Studienbriefe. Tübingen

– (1990). Evolution des Menschen. Tübingen

Dijk, E. van/Kattmann, U. (2006). A research model for the study of science teachers' PCK and improving teacher education. Teaching and Teacher Education 22

Dillon, A./Gabbard, R. (1998). Hypermedia as an educational technology. Review of Educational Research 68, H. 3, 322–349. URL: http://www.gslis.utexas.edu/~adillon/publications/hypermedia%20. pdf (10.3.2004)

DiNoto, A./Winter, D. (1999). The pressed plant – the art of botanical specimens, nature prints and sun prints. New York: Tabori & Chang

Dittmer, A. (2006). Wissenschaftsphilosophie am Rande des Faches? MNU 58

Dobzhansky, T. (1973). Nothing in biology makes sense except in the light of evolution. ABT 35, 10–21.

Dodge, B. (1997). Some thoughts about WebQuest. URL: http://edweb.sdsu.edu/courses/edtec596/about_webquests.html (31.3.2004)

Döhl, J. (1993). Altern und Tod. In: *Eschenhagen/ Kattmann/Rodi* (1993), 150–173

Dombrowsky, S. (1977). Serie Aquaristik: Das Schulaquarium. NiU-B 25, H. 3, 79–85; H. 4, 114–122; H. 6, 167–177; H. 8, 233–235

Dörner, D. (1975). Wie Menschen eine Welt verbessern wollten... Bild d. Wissenschaft 12, H. 2, 48–53

– (1991). Die Logik des Mißlingens. Reinbek: Rowohlt

– (1996). Der Umgang mit Unbestimmtheit und Komplexität und der Gebrauch von Computersimulationen. In: *Diekmann, A./Jaeger, C. C.* (Hrsg.), Umweltsoziologie. Kölner Z. für Soziologie u. Sozialpsychologie 36, Sonderheft, 489–515

Dorst, W. (1979). Schüler rüsten ihren Schulgarten aus. NiU-B 27, H. 10, 296–297

Dreesmann, D. C./Ballod, M. (2006). Nachschlagen statt Nachfragen? MNU 59, H. 1, 49–56; H. 4, 242–247

– /Ballod, M./Weidemann, C. (2005). »Gewusst wie!« oder »Gewusst wo?« Welchen Beitrag leisten Nachschlagewerke zur Vermittlung wissenschaftlichen Wissens? In: Klee/Sandmann/Vogt (2005), 195–208

Driesch, H. (1921). Philosophie des Organischen. Leipzig: Quelle & Meyer (2. Aufl.)

– (1957). Das Wunder der Regeneration: In: Dennert, W. (Hrsg.). Die Natur, das Wunder Gottes im Lichte der modernen Forschung. Bonn: Athenäum, 131–138

Driver, R./Easley, J. (1978). Pupils and paradigmas. Studies in Science Education, H. 5, 61–84

Drutjons, P. (1980). Gesellschaftsrelevanz des Biologieunterrichts. 19 Statements. UB 4, H. 48/49, 28–46

– (1982). Biologieunterricht 5-10. Weinheim/Basel: Beltz

– (1986). Umwelterziehung als neuartige Aufgabenstellung des Biologieunterrichts. UB 10, H. 119, 46–48

– (1987). Fürsorge für kommende Generationen? UB 11, H. 125, 32–37

– (Hrsg.) (1988 a). Umwelterziehung. UB 12, H. 134

– (1988 b). Plädoyer für eine andere Umwelterziehung. UB 12, H. 134, 4–13

– /Klischies, A. (1987). Einführung in die Handhabung des Mikroskops. UB 11, H. 129, 18–21

Dubs, R. (1995). Konstruktivismus. Zeitschrift für Pädagogik 41, H. 6, 889–903.

– (2002). Science Literacy: Eine Herausforderung für die Pädagogik. In: Gräber u. a. (2002), 69–82

Ducci, M./Oetken, M. (1999). Die Erregungsleitung am Nerven in elektrochemischen Modellexperimenten. MNU 52, H. 1, 28–33

Dudel, H. (1971). Ein Vergleich zwischen programmiertem Selbstunterricht (PU) und schulbuchmäßigem Selbstunterricht (SU). MNU 24, H. 5, 299–303

Duderstadt, H. (1977). Biologisch-prognostisches Denken als Strukturierungsmoment des Biologieunterrichts. In: Kattmann/Isensee (1977), 35–45

Duffy, T. M./Jonassen, D. H. (1991). Constructivism: New implications for instructional technology? Educational Technology 31, H. 5, 7–12

Duit, R. (1992). Forschungen zur Bedeutung vorunterrichtlicher Vorstellungen für das Erlernen der Naturwissenschaften. In: Riquarts u. a. (1992), 47–84

– (1993). Schülervorstellungen – von Lerndefiziten zu neuen Unterrichtsansätzen. NiU-Physik 4, H. 16

– (1995). Zur Rolle der konstruktivistischen Sichtweise in der naturwissenschaftsdidaktischen Lehr- und Lernforschung. Zeitschrift für Pädagogik 41, H. 6, 905–923

– (2000). Konzeptwechsel und Lernen in den Naturwissenschaften in einem mehrperspektivischen Ansatz. In: Duit/Rhöneck (2000), 77–103

– (2004). Fachdidaktiken als Forschungsgebiete und als Berufswissenschaften der Lehrkräfte – das Beispiel Didaktik der Naturwissenschaften. Beiträge zur Lehrerbildung 22, H. 1, 20–28

– (2006). Bibliography – STCSE. Students' and teachers' conceptions and science education. URL: http://www.ipn.uni-kiel.de/aktuell/stcse/stcse.html

– /Gropengießer, H./Stäudel, L. (2004). Naturwissenschaftliches Arbeiten. Unterricht und Material 5-10. Seelze-Velber: Friedrich

– /Gropengießer, H./Kattmann, U. (2005). Towards Science education that is relevant for improving practice: The model of educational reconstruction. In Fischer, H. E. (ed.). Developing Standards in Research on Science Education. London: Taylor & Francis, 1-9

– /Häußler, P. (Hrsg.) (1997). Unterricht bewerten. NiU-P 8, H. 38

– /Jung, W./Pfundt, H. (Hrsg.) (1981). Alltagsvorstellungen und naturwissenschaftlicher Unterricht. Köln: Aulis

– /Mayer, J. (Hrsg.) (1999). Studien zur naturwissenschaftsdidaktischen Lern- und Interessenforschung. Kiel: IPN

– /Rhöneck, C. v. (Hrsg.) (2000). Ergebnisse fachdidaktischer und psychologischer Lehr-Lern- Forschung. Kiel: IPN

Düker, H./Tausch, R. (1957). Über die Wirkung der Veranschaulichung von Unterrichtsstoffen auf das Behalten. Zeitschrift für experimentelle und angewandte Psychologie 4, H. 4, 384–399

Dulitz, B. (1990). Beuteiter-Beutegreifer-Regulation. UB 14, H. 158, 26–31

– (Hrsg.) (1995). Spiele im Biologieunterricht. Sammelband UB. Seelze: Friedrich

– /Kattmann, U. (1990). Bioethik. Fallstudien für den Unterricht. Stuttgart: Metzler

– /Kattmann, U. (1991). Verantwortung für die Biosphäre. Behandlung ethischer Fragen am Beispiel »Vernichtung des Regenwaldes« in der Sekundarstufe II. UB 15, H. 162, 46–50

Dumpert, K. (1976). Eine Umfrage über die Verwendung lebender Organismen im Biologie- und Sachkundeunterricht an Schulen der Bundesrepublik. PdN-B 25, H. 3, 57–68; H. 4, 100–104

Duncker, L./Popp, W. (Hrsg.) (1997). Über Fächergrenzen hinaus. Band 1. Heinsberg: Diek

Düppers, W. (1975). Wie weit ist der Biologieunterricht experimenteller Unterricht? MNU 28, H. 4, 197–199

Düring, R. (1991). Ganzheitliche Umwelterziehung am Beispiel des Waldes. Frankfurt: Haag + Herchen

Dürr, C. (1992). Biologieunterricht im Museum. Frankfurt: Haag + Herchen

– /Rodi, D. (1981). Erste Schritte in Richtung Museumspädagogik. Unicornis 1, H. 2, 33–34

Dylla, K. (1965). Methoden des Unterrichtens im Zoologischen Garten. BU 1, H. 5, 52–65

– (1967). Schmetterlinge im praktischen Biologie-Unterricht. Köln: Aulis

– (1973). Zur Motivation der Schüler im Biologieunterricht. PdN-B 22, H. 7, 185–190; 23 (1974), H. 10, 266–273

– (1976). Zur Relevanz der Schülerinteressen für den Biologieunterricht auf der Orientierungsstufe. PdN-B 25, H. 12, 321–329

– (1978). Zur Mitarbeit von Lehrern in der Curriculumentwicklung. biol. did. 1, H. 4, 203–234

– (1980). Ansätze zu einem problemorientierten Biologieunterricht auf der gymnasialen Oberstufe der Sekundarstufe II. PdN-B 29, H. 2, 42–52

– /Schaefer, G. (1978). Tiere sind anders. Köln: Aulis

– u. a. (1974). Zur Didaktik eines zeitgemäßen Biologie-Unterrichts. MNU 27, H. 3, 139–144

Ebers, S. (1996). Die Lehrpfadsituation in Deutschland. Leverkusen

– /Laux, L./Kochanek, H.-M. (1997). Vom Lehrpfad zum Erlebnispfad. Wetzlar: Naturschutzzentrum

Echsel, H./Rácek, M. (1995). Biologische Präparation. Wien/München

Eckebrecht, D. (1995 a). Instinktlehre – Vom Umgang mit Originalarbeiten. Dargestellt am Beispiel Springspinnen. PdN-B 44, H. 2, 41–43

– (1995 b). Schlüsselreize. UB 19, H. 208, 43–48

– /Schneeweiß, H. (2003). Naturwissenschaftliche Bildung. Stuttgart: Klett

Ehrnsberger, R. (1985). Entscheidungen im Naturschutz. UB 9, H. 108, 33–36

Eichberg, E. (1972). Über das Vergleichen im Unterricht. Hannover: Schroedel

Eigner-Thiel, S./Bögeholz, S. (2004). Bildung für nachhaltige Entwicklung aus Sicht von MultiplikatorInnen außerschulischer Bildungsträger. Umweltpsychologie 8, H. 2, 80-100

Ellenberger, W. (1978). Angeborenes und erworbenes Verhalten bei Mäusen. NiU-B 26, H. 2, 45–59

– (Hrsg.) (1993). Ganzheitlich-kritischer Biologieunterricht. Berlin: Cornelsen

Elliott, J. (1993). Umwelterziehung in Europa: Innovation, Marginalisation oder Integration. In: OECD/CERI-Bericht »Umwelt, Schule, handelndes Lernen«. Frankfurt u. a.: Lang, 24–45

Engeln, K. (2004). Schülerlabors: authentische, aktivierende Lernumgebungen als Möglichkeit, Interesse an Naturwissenschaften und Technik zu wecken. Berlin: Logos

Entrich, H. (1976). Lehrerbildung Biologie. IPN Arbeitsberichte 25. Kiel: IPN

– (1979). Überlegungen zur Situation und zur Reform der Biologielehrerausbildung. In: Eulefeld/Rodi (1979), 124–141

– (1990). Die Stubenfliege – ein harmloses Ungeziefer? UB 14, H. 154, 16–20

– (1994). Biologie in der Bildungsdiskussion. Alsbach: Leuchtturm

– (1995). Von der Biologie zu den Biowissenschaften – von der Biologiedidaktik zur Didaktik der Biowissenschaften? BioS 44, H. 2, 65–73

– (Hrsg.) (1996). Präparieren. UB 20, H. 213

– (1997). Natur schützen – Zukunft öffnen. BioS 46, H. 4, 197–205

– (1998). Ist der Bildungsauftrag an den Biologieunterricht noch zeitgemäß? BioS 47, H. 4, 197–206

– /Eulefeld, G./Jaritz, K. (Hrsg.) (1995). Fallstudien zur Umwelterziehung. Kiel: IPN

– /Gebhard, U. (1990). Friedenserziehung als Aufgabe des Biologieunterrichts. In: Killermann/Staeck (1990), 35–39

– /Staeck, L. (Hrsg.) (1988). Außerschulisches biologisches Arbeiten im Brennpunkt der fachdidaktischen Diskussion. Bremen: Universität

– /Staeck, L. (Hrsg.) (1992). Sprache und Verstehen im Biologieunterricht. Alsbach: Leuchtturm

– /*Staeck, L.* (Hrsg.) (1994). Biologische Bildung in einem Europa des politischen Umbruchs. Alsbach: Leuchtturm

Erber, D. (1971). Der Zebrabuntbarsch, ein Fisch für das Aquarium. Teil 1 u. 2. PdN-B 20, H. 5, 87–93; H. 11, 201–204

– /*Göttert, E.* (1981). Biologieunterricht im Naturkundemuseum. MNU 34, H. 3, 130–139

– /*Klee, R.* (1986). Zwei Modelle zur Akkommodation des menschlichen Auges. MNU 39, H. 4, 233–237

– /*Klee, R.* (1988). Die Herstellung von Blütenmodellen durch Schüler. MNU 41, H. 7, 428–432

– /*Schweizer, B.* (1978). Zum Bauverhalten des Goldhamsters. MNU 31, H. 2, 108–112; H. 4, 226–230

Erber, M. (1977). AG-Sitzungsbericht über sexualpädagogische Probleme. NiU-B 25, H. 2, 58–61

– (1978).»Sexualerziehung im Teamwork«. NiU-B 26, H. 9, 281–287; H. 11, 342–346

Erdmann, W. (1975). Lehrpfade und ihre Gestaltung. Oldenburg: Holzberg

Erhard, R. u. a. (1992). Akzente. Materialien zur Ethik im Biologieunterricht. Köln: Aulis

Ernst, A. M./Spada, H. (1993). Bis zum bitteren Ende? In: *Schahn, J./Giesinger, T.* (Hrsg.). Psychologie für den Umweltschutz. Weinheim: Beltz, 17–27

Erten, S. (2000). Empirische Untersuchungen zu Bedingungen der Umwelterziehung. Ein interkultureller Vergleich auf der Grundlage der Theorie des geplanten Verhaltens. Marburg: Tectum.

Eschenhagen, D. (1971). Die Metamorphose der Insekten unter didaktischem Aspekt. Teil 1 und 2. NiU 19, H. 10, 450–457; H. 11, 492–494

– (1976). Das Thema Evolution im Unterricht. UB, H. 3, 2–12

– (1977). Zu den Aufgaben der Fachdidaktik. NiU-B 25, H. 1, 24–26

– (Hrsg.) (1978). Säugling und Kleinkind. UB 2, H. 27

– (1981 a). Funktionsmodelle – kritisch betrachtet. UB 5, H. 60/61, 19–21

– (1981 b). Ökologieunterricht und Umwelterziehung in der Grundschule. In: *Riedel/Trommer* (1981), 47–69

– (1983 a). Kann und sollte Biologieunterricht »Existenzbiologie« sein? UB 7, H. 85, 51–52

– (1983 b). Das Konzept »Problemlösender Unterricht« und die Biologiedidaktik. In: *Lange/Löhnert* (1983), 223–233

– (1984). Untersuchungen zu Pflanzen- und Tierkenntnissen von Schülern. In: *Hedewig/Staeck* (1984), 143–156

– (1985). Vermittlung von Pflanzen- und Tierkenntnissen in der Grundschule. SMP 13, H. 4, 120–126

– (1987). Die Vogelfeder – Mikroskopierobjekt für Anfänger. UB 11, H. 129, 21 f.

– (1989 a). Die Entwicklung von Tieren (Beispiel Mehlkäfer). SMP 17, H. 6, 249–254

– (1989 b). Anmerkungen zu Konzeptionen der Umwelterziehung. UB 13, H. 144, 43–46

– (1990). Das Projekt, eine auch für den Biologieunterricht wichtige methodische Grundform. In: *Killermann/Staeck* (1990), 40–44

– (1991). Stadtökologie. In: *Eschenhagen/Kattmann/Rodi* (1991), 275–292

– (1993). Ungeschlechtliche Fortpflanzung bei Tieren. In: *Eschenhagen/Kattmann/Rodi* (1993), 241–248

– /*Bay, F.* (1993). Eingeschlechtliche Fortpflanzung bei Tieren. In: *Eschenhagen/Kattmann/Rodi* (1993), 248–260

– /*Kattmann, U./Rodi, D.* (1985). Fachdidaktik Biologie. Köln: Aulis (1. Aufl.)

– /*Kattmann, U./Rodi, D.* (Hrsg.) (1989; 1991; 1992; 1993; 1995). Handbuch des Biologieunterrichts Sekundarbereich I. Bde 1; 8; 2; 3; 5. Köln: Aulis

– /*Längsfeld, V.* (1981). Biologie in der Grundschule im Lichte der Aussagen von Schülern des 5. Schuljahres. NiU-B 29, H. 3, 71–77

Eschner, J./Wolff, J./Schulz, W. (1991). ASKA. Eine Schule spart Energie. Ergebnisse einer Arbeitsgemeinschaft. Kiel: IPN

Esser, H. (1969). Beobachtungen zur Molchentwicklung. Teil 1–3. PdN 18, H. 5, 81–92; H. 6, 105–112; H. 7, 123–129

– (1978). Der Biologieunterricht. Hannover: Schroedel (3. Aufl.)

Esser, J. (1973). Zur Theorie und Praxis der Friedenspädagogik. Wuppertal: Jugenddienst

Etschenberg, K. (1979). Zielorientierter Biologieunterricht in der Sekundarstufe I. Hamburg: Sample

– (1984 a). Lernvoraussetzungen der Schüler für das Fach Biologie in der Sekundarstufe I beim Übergang aus der Grundschule. In: *Hedewig/Staeck* (1984), 129–142

– (1984 b). Informationsaufnahme aus Biologiebuchtexten. NiU-B 32, H. 4, 130–136

– (1986). Sexualität und Partnerschaft. UB 10, H. 119, 2–8

– (1990 a). AIDS – noch (k)eine Seuche wie viele andere. UB 14, H. 152, 4–13

– (1990 b). Formen der Motivierung im Biologieunterricht. In: *Killermann/Staeck* (1990), 45–52
– (1992 a). Sexualerziehung/-pädagogik. In: *Dunde, S.* (Hrsg.), Handbuch Sexualität. Weinheim: Deutscher Studienverlag, 241–245
– (1992 b). Fünf Minuten Gesundheitserziehung. UB 16, H. 176, 14–17
– (1993 a). Sexualerziehung. In: *Eschenhagen/Kattmann/Rodi* (1993), 294–300
– (1993 b). Sexualität und Gesundheit. In: *Eschenhagen/Kattmann/Rodi* (1993), 334–342
– (1994 a). Anthropomorphismen als pädagogisches und fachdidaktisches Problem im Biologieunterricht. In: *Kattmann* (1994 a), 109–117
– (1994 b). Sexualität und Gesundheit. UB 18, H. 191, 4–13
– (1994 c). Informationsaufnahme aus Filmen. UB 18, H. 192, 52 f.
– (1995). Anders l(i)eben als die meisten. UB 19, H. 204, 21–31
– (1996 a). AIDS – Material für 7. bis 10. Klasse. Hrsg. von der BZgA. Stuttgart: Klett
– (1996 b). Vorbild, Vermittler, Berater. In: Friedrich Verlag (1996 b), 89–93
– (1996 c). Schwanger in der Badewanne. In: Friedrich Verlag (1996 b), 104–107
– (1996 d). Unterricht mit Gästen. UB 20, H. 217, 12–15
– (1996 e). Du und ich – wir beide. Handreichung für den Unterricht. Berlin: Cornelsen
– (Hrsg.) (1996 f). Sexualität. Sammelband UB. Velber: Friedrich
– (Hrsg.) (1997 a). Ökofaktor Mensch. UB 21, H. 226
– (1997 b). Den Bau einer Tulpenblüte kennen UB 21, H. 230, 14–17
– (1997c). Zeitbombe Mensch. UB 21, H. 226, 34–41
– (Hrsg.) (1998). Sexualität und Fortpflanzung beim Menschen. UB 22, H. 237, 4–14
– (2000 a). Erziehung zu Lust und Liebe. Päd. Forum 28/19, H. 3, 180–103
– (2000 b). Sexualerziehung in der Grundschule. Berlin: Cornelsen
– (2000 c). Ich möcht' so gerne dein Herz klopfen seh'n. UB 24, H. 256, 46–48
– (2003 a). Spaß mit und am Risiko. UB 27, H. 281, 24–34
– (2003 b). Sucht. UB 27, H. 281, 4–13
– (2004). Visitenkarte Haut. UB 28, H. 292, 4–13

– (2005). Gesundheitsförderung und Prävention durch Biologielehrer und -lehrerinnen. In: *Bayrhuber* u. a. (2005), 193
– /*Erber, M./Kattmann, U.* (1993). Formen partnerbezogener Sexualität. In: *Eschenhagen/Kattmann/Rodi* (1993), 307–334
– /*Gerhardt, A.* (1984). Was sollen Schüler der Sekundarstufe I im Fach Biologie lernen? NiU-B 32, H. 4, 121–127
– /*Kremer, B. P.* (2000). Sichtbar machen. UB 24, H. 256, 4–13
Eulefeld, G. (1977). Ein ökologisches Strukturierungsprinzip für das Biologie-Curriculum in der Sekundarstufe I. In: *Kattmann/Isensee* (1977), 125–157
– (1979). Ökologie und Umwelterziehung im Schulunterricht. DDS 71, H. 11, 671–676
– (1991). Die DGU als Dienstleistungsunternehmen für die Entwicklung des Umweltbewußtseins. DGU-Nachrichten, Nr. 4
– (1992). Empirische Studien im Bereich Umwelterziehung. Kiel: IPN
– (1993 a). Umwelterziehung als unverzichtbarer Erziehungsauftrag der allgemeinbildenden Schulen. DGU-Nachrichten, Nr. 7, 8–13
– (Hrsg) (1993 b). Studien zur Umwelterziehung. Kiel: IPN
– /*Bolscho, D./Seybold, H.* (Hrsg) (1991). Umweltbewußtsein und Umwelterziehung. Kiel: IPN
– /*Kapune, T.* (Hrsg.) (1979). Empfehlungen und Arbeitsdokumente zur Umwelterziehung – München 1978. Kiel: IPN
– /*Puls, W.* (1978). Umwelterziehung in den Schulfächern Biologie und Geographie. NiU-B 26, 251 f.
– /*Rodi. D.* (Hrsg.) (1978). Biologielehrerausbildung. Köln: Aulis
– u. a. (1979). Probleme der Wasserverschmutzung. Köln: Aulis
– u. a. (1981). Ökologie und Umwelterziehung. Stuttgart/Berlin/Köln/Mainz: Kohlhammer
– u. a. (1988). Praxis der Umwelterziehung in der Bundesrepublik Deutschland. Kiel: IPN
– u. a. (1993). Entwicklung der Praxis schulischer Umwelterziehung in Deutschland. Kiel: IPN
– /*Winkel, G.* (Hrsg.) (1986). Umweltzentren, Stätten der Umwelterziehung. Kiel: IPN
Euler, M. (2001). Lernen durch Experimentieren. In: *Ringelband/Prenzel/Euler* (2001), 13–42
Eversmeier, A./Koschnik, K. (1982). Die Rennmaus. UB 6, H. 66, 11–14
Ewers, M. (1974). Bildungskritik und Biologiedidaktik. Frankfurt: Athenäum

– (Hrsg.) (1978 a). Wissenschaftsgeschichte und naturwissenschaftlicher Unterricht. Bad Salzdetfurth: Franzbecker

– (1978 b). Biologiedidaktik. Fachdidaktische Trendberichte. Betrifft Erziehung 11, H. 1, 60–63

– (1979). Biologiedidaktik ist nicht »angewandte Biologie«, sondern Sozialwissenschaft. biol. did. 2, H. 2, 117–121

Ewert, J.-P./Kühnemund, H. (1986). Neuroethologie. Ethologie 4. Tübingen: DIFF

Fabian, C. A. (2004). Evolutionary biology. Digital dissection project. ABT 66, H. 2, 128–132

Fäh, H. (1984). Biologie und Philosophie. Stuttgart: Metzler

Fahle, W.-E./Oertel, G. (1994). »Miteinander reden«. UB 18, H. 191

– u. a. (1992). AIDS. Hrsg. von der BZgA. Stuttgart: Klett

Falk, B. (1985). Brutpflege bei Mäusen. UB 9, H. 102, 15–17

Falke, F. (1979). Gartenarbeiten im Schulgarten. UB 3, H. 36/37, 12–15

Falkenhan, H.-H. (Hrsg.) (1981). Handbuch der praktischen und experimentellen Schulbiologie. Studienausgabe. Köln: Aulis

– /Müller-Schwarze, D. (1981). Biologische Quellen. In: Falkenhan (1981), Band 8, 2–250

Falkenhausen, E. von (1976). Die Stellung des Experiments im Biologieunterricht. Teil 1-3. PdN-B 25, H. 2, 50–53; H. 3, 75–78; H. 5, 124–128

– (1979). Anforderungen und Anspruchsniveau im Biologieunterricht der Sekundarstufe II. PdN-B 28, H. 4, 97–103

– (1980). Zu den EPA Biologie. PdN-B 29, H. 3, 86–95

– (1981). Leistungsmessung im Biologieunterricht. In: Falkenhan (1981), Bd. 1, 309–353

– (1988). Wissenschaftspropädeutik im Unterricht. Köln: Aulis (2. Aufl.)

– (1989). Unterrichtspraxis zum wissenschaftspropädeutischen Unterricht. Köln: Aulis

– (1991). Wissenschaftspropädeutik im Unterricht. BioS 40, H. 4, 116–120

– (1992). Richtung. Zum Biologieunterricht in den Neunziger Jahren. Biologie heute, 385, 5–9

– (2000). Biologieunterricht – Materialien zur Wissenschaftspropädeutik. Köln: Aulis

– /Döring, R./Otto, A.-R. (1990). Abituraufgaben Biologie. Köln: Aulis (5.Aufl.)

– /Klaffke-Lobsien, G./Eulig, M. (Hrsg.) (1994).

Natur in und um Hannover. Seelze: Kallmeyer

– /Rottländer, E. (1994). Was können die Naturwissenschaften unter besonderer Berücksichtigung der Biologie zur Bildung beitragen? In: Jäkel u. a. (1994), 118–120

– u. a. (1992). 50 neue Abituraufgaben Biologie. Köln: Aulis

Faust-Siehl, G. u. a. (1996). Die Zukunft beginnt in der Grundschule. Reinbek: Rowohlt

Fels, G. (1978). Zur Situation der Biologie in der Sekundarstufe II. BU 14, H. 3, 68–82

Feustel, H. (1981). Biologieunterricht im Naturkundemuseum. In: Falkenhan (1981), Bd. 2, 309–322

Feyerabend, P. (1976/1986). Wider den Methodenzwang. Frankfurt/Main: Suhrkamp

Fietkau, H. J. (1984). Bedingungen ökologischen Handelns. Weinheim: Beltz

Figge, P. A. W. u. a. (1977). Betrifft: Sexualität. Braunschweig: Westermann

Fileccia, M. (2003). Biologieunterricht – Tipps aus dem Internet. Ein Besuch im Zoo. PdN-B 52, H. 7, 45–46

Finke, E. (1998). Interesse an Humanbiologie und Umweltschutz in der Sekundarstufe I. Hamburg: Kovac

– /Klee, R. (1998). Interessen an der Humanbiologie in der Sekundarstufe I. In: Bayrhuber u. a. (1998), 350–354

Fischbeck-Eysholdt, M. (2001). Der botanische Garten als Ort für Umweltbildung. URL: http://docserver.bis.uni-oldenburg.de/publikationen/dissertation/2002/fisbot01/pdf/fisbot01.pdf

Fischer, H. E./Draxler, D. (2001). Aufgaben und naturwissenschaftlicher Unterricht. MNU 54, H. 7, 388–393

Fischer, R./Rixius, N. (1994). Öffnung von Schule in die regionale Umwelt. In: Friedrich/Isensee/Strobl (1994), 245–250

Fischerlehner, B. (1993).»Die Natur ist für die Tiere ein Lebensraum, und für uns Kinder ist es so eine Art Spielplatz«. In: Seel u. a. (1993), 148–163

Fischler, H. (2001). Verfahren zur Erfassung von Lehrer-Vorstellungen zum Lehren und Lernen in den Naturwissenschaften. ZfDN 7, 105–120

Flasskamp, A. (1996). Der Zoo als Arche Noah. BioS 45, H. 5, 316–319

Fleck, L. (1980). Entstehung und Entwicklung einer wissenschaftlichen Tatsache. Einführung in die Lehre vom Denkstil und Denkkollektiv. Frankfurt/Main: Suhrkamp

Fleischer, H. (1981). Möglichkeiten zum effektiven Einsatz des Mikroskopierens im Biologieunterricht. BioS 30, H. 10, 425–433

Flores, F. (2003). Representation of the cell and its processes in high school students: an integrated view. IJSE 25, H. 2, 269–281

Fokken, U./Witte, G. (1979). Freilandlabor und alternativer Biologieunterricht. Wetzlar: Naturschutzzentrum Hessen e. V.

Forsberg, B./Meyer, E. (Hrsg.) (1976). Einführung in die Praxis der schulischen Gruppenarbeit. Heidelberg: Quelle & Meyer

Forster, H. (1978). Die Schulausstellung. UB 3, H. 24/25, 73–76

Forum Umweltbildung (Hrsg.) (2003). Umweltwissen und Umwelthandeln von Kindern und Jugendlichen im Kontext der Nachhaltigkeit. Wien: Umweltdachverband

Frank, A. (1992). Offener Unterricht in der Sekundarstufe I. UB 16, H. 177, 46 f.

– (2005). Naturwissenschaftliches Arbeiten mit der Blackbox. UB 29, H. 307/308, Beilage

– /Gropengießer, I. (Hrsg.) (2005). Standards & Kompetenzen. UB 29, H. 307/308

Fränz, D. (1981). Pflegeleichte Topfkulturen in der Schule. MNU 34, H. 4, 236–243

– (1982). Lernort Botanischer Garten. NiU-B 30, H. 8, 303–313

– (1983). Welche Pflanzen sollen in einer Schule vorhanden sein? MNU 36, H. 4, 236–243

– (1985). Unterrichtsgänge in einem Botanischen Schaugarten. MNU 38, H. 2, 105–112

Franz-Balsen, A./Leder, K. (1993). Ökosystem Regenwald. PdN-B 42, H. 4, 1 ff

Freese, J. (2005). Puzzelnd forschen. UB 29, H. 307/308, 60–63

Freie und Hansestadt Hamburg, Behörde für Schule und Berufsbildung (Hrsg.) (1986). Biologischer Wegweiser für Hamburg und Umgebung. Hamburg

Frerichs, V. (1999). Schülervorstellungen und wissenschaftliche Vorstellungen zu den Strukturen und Prozessen der Vererbung. Oldenburg: diz

Freudig, D. (2005). Faszination Biologie. München: Elsevier Spektrum

Frey, C. (1992). Verantwortung nicht nur für das Handeln, sondern auch für das Denken. In: *Preuschoft/Kattmann* (1992), 1–18

Frey, K. (1982). Die Projektmethode. Weinheim/Basel: Beltz

– (1989). Effekte der Computerbenutzung im Bildungswesen. Z. f. Pädagogik 35, H. 5, 637–656

– (Hrsg.) (1991). ETH-Fallstudien. Zürich: OrellFüssli

– /Bländsdorf, K. (Hrsg.) (1974). Integriertes Curriculum Naturwissenschaft der Sekundarstufe I: Projekte und Innovationsstrategien. Weinheim, Basel: Beltz

– /Häußler, P. (Hrsg.) (1973). Integriertes Curriculum Naturwissenschaft: Theoretische Grundlagen und Ansätze. Weinheim, Basel: Beltz

– /Lattmann, U. P. (1971). Effekte der Operationalisierung von Lernzielen. Schweizerische Zeitschrift für Psychologie und ihre Anwendungen 30, 119–127

Freyer, M. (1995 a). Vom mittelalterlichen Medizin – zum modernen Biologieunterricht. Passau: Rothe

– (1995 b). Etablierung des »Biologieunterrichts« im Lateinischen bzw. Höheren Schulwesen (Mittelalter bis Ende des 19. Jh.s). BioS 44, H. 4, 242–245

Friedmann, H. (1981). Sperber und Habicht – heimtückische Meuchelmörder? BU 17, H. 2, 50–77

Friedrich Verlag (Hrsg.) (1983). Frieden. Jahresheft I, Seelze

– (1985). Bildschirm. Jahresheft III, Seelze

– (1986). Lernen. Jahresheft IV, Seelze

– (1988). Bildung. Jahresheft VI, Seelze

– (1990). Gesundheit. Jahresheft VIII, Seelze

– (1992). Verantwortung. Jahresheft X, Seelze

– (1993). Unterrichtsmedien. Jahresheft XI, Seelze

– (1994). Schule. Jahresheft XII, Seelze

– (1995). Spielzeit. Jahresheft XIII, Seelze

– (1996 a). Prüfen und Beurteilen. Jahresheft XIV. Seelze

– (1996 b). Liebe und Sexualität. Schüler. Seelze

– (1997). Lernmethoden Lehrmethoden. Jahresheft XV, Seelze

– (1998 a). Arbeitsplatz Schule. Jahresheft XVI, Seelze

– (1998 b) Zukunft. Schüler. Seelze

– (2003). Aufgaben. Jahresheft XXI, Seelze

Fries, E./Rosenberger, R. (1981). Forschender Unterricht. Frankfurt/M.: Diesterweg (5. Aufl.)

Frings, H.-J. (1977). Die Gespenstschrecke im Unterricht. NiU-B 25, H. 8, 235–242

– (1978). Fortpflanzung und Entwicklung von Gespenstschrecken in der Schülerbeobachtung. NiU-B 26, H. 2, 33–40

– (1994). Experimentelle Bienenkunde in der Schule. Hannover: Schulbiologiezentrum

Führer, L. (2004). Verhältnisse. Mathematik lehren, H. 123, 46–51.

Gaberding, K-H./Thies, M. (1980). Miesmuscheln im Watt. UB 4, H. 43, 29–35

Gadermann, U. (1992). AIDS aus biologischer und sozial-ethischer Sicht im Unterricht der Jahrgangsstufe 10. BioS 41, H. 5, 183–188; H. 6, 211–216

Gaebel, A. (2000). Ist der Vogel Strauß ein Dinosaurier? UB 24, H. 260, 12–15

Galinsky, G./Regelmann, J.-P. (1984). Einflußnahme eines politischen Systems auf eine Wissenschaft: Trofim D. Lyssenko und die Wirkungen auf die Biologie in der Sowjetunion 1928–1959. BU 20 (1984), H. 4, 65–106

Galtung, J. (1971). Gewalt, Frieden und Friedensforschung. In: *Senghaas* (1971), 45–64
– (1973). Probleme der Friedenserziehung. In: *Wulf* (1973), 124–151

Gamm, G. (1989). Gesellschaftliches Handeln. Zum Naturbild in Biologiebüchern. Umwelt lernen 41, H. 1, 10–12

Gansloßer, U. (2000). Tinbergens vier Fragen. PdN-B 49, H. 6, 38 f.

Garthwait, A./Verrill, J. E. (2003). Portfolios: Documenting student progress. Science and Children, 40, H. 8.

Gärtner, H. (1977). Lehrplan Biologie. Analyse und Konstruktion. Hamburg: Sample
– (1990). Umwelterziehung und Umweltbewußtsein. In: *Hoebel-Mävers/Gärtner* (1990), 86–96

Gasser, P. (1997). Neue Lernkultur – Eine integrative Didaktik. 2. Auflage Gerlafingen: Eigenverlag

Gawor, H. (1988). Frieden als Aufgabe der Bildungsarbeit im informellen Sektor. Regensburg: Roderer

GDNÄ (Hrsg.) (2002). Allgemeinbildung durch Naturwissenschaften. Denkschrift. Köln: Aulis

Gebauer, M. (1994). Kind und Umwelt. Frankfurt: Lang
– (2005). Zum Zusammenhang von Naturkonzeptionen und Naturerfahrungen bei Grundschulkindern. In: *Klee/Sandmann/Vogt* (2005), 147-162
– /*Harada, N.* (2005). Wie Kinder die Natur erleben. In: *U*nterbruner/Forum Umweltbildung (2005), 43–61
– /*Rode, H.* (1993). Erste Ergebnisse einer Pilotstudie zum Lernverhalten in Umweltzentren. In: *Eulefeld* (1993), 247–259

Gebhard, U. (1986). »Es gibt auch ein Bewußtsein meiner Kruste – das ist auch wichtig – sonst geht das Innere kaputt.« In: *Hedewig/Knoll* (1986), 312–321

– (1988 a). Naturwissenschaftliches Interesse und Persönlichkeit. Frankfurt: Nexus
– (1988 b). Gegenstand und Gefühl. In: *Hedewig/Stichmann* (1988), 284–297
– (1990). Dürfen Kinder Naturphänomene beseelen? UB 14, H. 153, 38–42
– (1992 a). Träumen im Biologieunterricht? UB 16, H. 172, 44–46
– (1992 b). Welche Sprache finden Kinder und Jugendliche für die Wahrnehmung der Umweltzerstörung? In: *Entrich/Staeck* (1992), 168–175
– (1993 a). Natur in der Stadt. In: *Sukopp, H./ Wittig, R.* (Hrsg.), Stadtökologie. Stuttgart: Fischer, 97–112
– (1993 b). Psychoanalytische Aspekte von Wahrnehmen, Denken und Erkennen. In: *Kühnemund/Frey* (1993), Band I, 36–44
– (1994). Vorstellungen und Phantasien zur Gen- und Reproduktionstechnologie bei Jugendlichen. In: *Jäkel* u. a. (1994), 144–156
– (1997). Die Rolle von Naturkonzeptionen bei Vorstellungen von Jugendlichen zur Gentechnologie. In: *Bayrhuber* u. a. (1997), 301–305
– (1999 a). Alltagsmythen und Metaphern. Phantasien von Jugendlichen zur Gentechnik. In: *Schallies M./Wachlin K.D.,* Biotechnologie und Gentechnik im Bildungswesen. Berlin: Springer, 99–116
– (1999 b). »Länger leben hat schon seine Vorteile«. Gentechnik im Bewußtsein von Jugendlichen. In: FriedrichVerlag (1999), Velber, 90–94
– (1999 c). Zu den Schwierigkeiten eines Friedens mit der Natur. S + F. Vierteljahrschrift für Sicherheit und Frieden 17, H. 4, 253–259
– (2000 a). Sinn, Bedeutung und Motivation. In: *Bayrhuber/Unterbruner* (2000), 67–78
– (2000 b). The role of nature in adolescents' conceptions of gene technology. In: *Bayrhuber, H./Garvin, W./Graiger, J.* (Eds.). Teaching Biotechnology at School: A European Perspective. EIBE, Kiel: IPN, 137–147
– (2001). Kind und Natur. Opladen: Westdeutscher Verlag, 2. Aufl.
– (2002). Wie die Gene ins Feuilleton kommen: Phantasien und Alltagsmythen. In: *Dally A./Wewetzer, C.* (Hrsg.). Die Logik der Genforschung. Rehburg-Loccum (Loccumer Protokolle 24/01), 55–72
– (2003). Die Lesbarkeit der Welt und die Bedingtheit des Lebens. Lernen als Sinnsuche. In: *Bey, J.-P./Schweitzer, I./Wendorff, R.* (Hrsg.). Die Lesbarkeit der Welt. Vertrautwerden im Dialog. Kronshagen: IPTS, 31–54

– (2003). Die Sinndimension im schulischen Lernen: Die Lesbarkeit der Welt. In: *Moschner/Kiper/Kattmann* (2003), 205–223
– (2004). Wie beim Nachdenken über Gentechnik Menschenbilder aktualisiert werden. In: *Gropengießer/Janßen-Bartels/Sander* (2004), 25–40
– (2005 a). Natur, Atmosphäre und Erlebnis. Zur ästhetischen Dimension von Naturerlebnissen. In: *Unterbruner/*Forum Umweltbildung (2005), 23–42
– (2005 b). Symbole geben zu denken. Sprache und Verstehen im naturwissenschaftlichen Unterricht. In: *Hößle/Michalik* (2005), 48–59
– /*Billmann-Mahecha, E./Nevers, P.* (1997). Naturphilosophische Gespräche mit Kindern. In: *Schreier, H.* (Hrsg.). Mit Kindern über die Natur philosophieren. Heinsberg: Diek
– /*Feldmann, K./Bremekamp, E.* (1994). Hoffnungen und Ängste. In: *Bremekamp, E.* (Hrsg.). Faszination Gentechnik und Fortpflanzungsmedizin. Bad Heilbrunn: Klinkhardt, 11–25
– /*Hößle, C./Johannsen, F.* (2005). Eingriff in das vorgeburtliche menschliche Leben. Neukirchen-Vluyn: Neukirchener
– /*Johannsen, F.* (1990). Gentechnik als ethische Herausforderung. Gütersloh: Mohn
– /*Langlet, J.* (1997). Natur als Leitbild? Grundschule 29, H. 5, 11–14
– /*Martens, E./Mielke, R.* (2004). »Ist Tugend lehrbar?« Zum Zusammenspiel von Intuition und Reflexion beim moralischen Urteil. In: *J. Rohbeck* (Hrsg.). Ethisch-philosophische Basiskompetenz. Dresden: Thelem, 131–164
– /*Mielke, R.* (2002). Alltagsmythen und Selbstkonzepte zur Gentechnik. In: *Klee/Bayrhuber* (2002), 75–88
– /*Mielke, R.* (2003). »Die Gentechnik ist das Ende des Individualismus.« Latente und kontrollierte Denkprozesse bei Jugendlichen. In: *D. Birnbacher/J. Siebert/V. Steenblock* (Hrsg.). Philosophie und ihre Vermittlung. Hannover: Siebert, 202–218
– /*Nevers, P./Billmann-Mahecha, E.* (2003). Moralizing trees: Anthropomorphism and identity in children's relationships to nature. In: *Clayton, S./Opotow, S.* (Eds.). Identity and the natural environment. Cambridge, M.: MIT Press

Gecks, L. C./Reißmann, J. (1993). Zur Problematik schulischer Umwelterziehung. In: *Pieschl* (1993), 35–67

Gehlhaar, K.-H. (1990). Kenntnisse über Organismus-Umwelt-Beziehungen im Biologieunterricht der Klassen 5-10 als Beitrag zur Herausbildung eines umweltbewußten Verhaltens der Schüler. In: Karl-Marx-Universität (Hrsg.). Biologiemethodik. Leipzig, 80–90
– (1991). Arbeit mit dem biologischen Objekt. BioS 40, H. 9, 335–336
– /*Graf, D./Klee, R.* (1994). Bericht über das Symposium »Biologieunterricht und Umwelt«. In: *Bayrhuber* u. a. (1994), 201–207
– /*Klepel, G.* (1997). »Gespenster« im Biologieraum. UB 21, H. 222, 20–23
– /*Klepel, G./Fankhänel, K.* (1999). Analyse der Ontogenese der Interessen an Biologie, insbesondere an Tieren und Pflanzen, an Humanbiologie und Natur- und Umweltschutz. In: *Duit/Mayer* (1999), 118–130

Gelbart, H./Yarden, A. (2006). Learning genetics through an authentic research simulation. JBE 40, H. 3, 107–112

Gerhardt, A. (1994). Was Schüler lernen, was Schüler verstehen – Schülervorstellungen und ihre Bedeutung für den Biologieunterricht. In: *Kühnemund/Frey* (1994), Band I, 45–59
– (1994). Analyse von Schülervorstellungen im Bereich der Biologie und ihre Bedeutung für den Biologieunterricht. In: *Jäkel* u. a. (1994), 121–132
– /*Dircksen, R.* (Hrsg.) (1982). Biologieunterricht im Freiland – Das Wattenmeer. NiU-B 30, H. 5
– /*Piepenbrock, C.* (1992). Untersuchungen zu Alltagsvorstellungen von Schülern im Biologieunterricht der Sekundarstufe I – Beispiel Energie. In: *Entrich/Staeck* (1992), 257–266
– /*Rasche, B./Rusche, G.* (1993). Vorstellungen von Schülern der Sekundarstufe I im Bereich der Biologie. IDB, H. 2, 63–75

Gerhardt-Dircksen, A. (1991). Der Arbeitslehrpfad auf dem Schulgelände. BioS 40, H. 6, 232–237
– (Hrsg.) (1992 a). Unterricht im Zoo. PdN-B 41, H. 3
– (Hrsg.) (1992 b). Biotope aus zweiter Hand. PdN-B. 41, H.6
– (Hrsg.) (1999). Freilandbiologie: Projekt Wald. PdN-B 48, H. 8
– /*Bayrhuber, H.* (Hrsg.) (2004). Biosystem Erde. PdN-B 53, H. 3
– /*Brogmus, H./Harting, W.* (1992). Blickpunkt Natur. Köln: Aulis
– /*Fey, J. M.* (Hrsg.) (1994). Ökosystem Stadtbach. PdN-B 43, H. 2
– /*Hurka, H.* (2005). Das Biodiversitätsproblem. PdN-B 54, H. 4, 1–7

– /Müller, S. (1992). Eine Pilzexkursion.
PdN-B 41, H. 7, 3–10

– /Müller, S. (Hrsg.) (2000). Biologieunterricht
fachübergreifend/fächerverbindend.
PdN-B 49, H. 8

Gerok, W. (Hrsg.) (1989). Ordnung und Chaos
in der unbelebten und belebten Natur. Stuttgart: Wissenschaftliche Buchgesellschaft

Gerstenmaier, J./Mandl, H. (1995). Wissenserwerb unter konstruktivistischer Perspektive.
Zeitschrift für Pädagogik, 41, H. 6, 867–888

Gervé, F. (2001). Mit dem Computer lernen im
Sachunterricht. Computer und Unterricht
H. 43, 44–49.

Geus, A./Heilmann, P.N./ Oettermann, S. (1995).
Natur im Druck. Ausstellung zur Geschichte
und Technik des Naturselbstdrucks.
Marburg: Basilisken

GFD (2002). Fachdidaktische Kompetenzbereiche, Kompetenzen und Standards für die
1. Phase der Lehrerbildung (BA + MA).
URL: http://gfd.physik.hu-berlin.de/

– (2004). Kerncurriculum Fachdidaktik. URL:
http://gfd.physik.hu-berlin.de/

Giesel, K. D./Haan, de G./Rode, H. (2002). Umweltbildung in Deutschland. Berlin: Springer.

– u. a. (2001). Außerschulische Umweltbildung
in Zahlen. Berlin: Schmidt

Giest, H. (Hrsg.) (2001). Umweltbildung und
Schulgarten. Potsdam: Universität

Gigon, A. (1983). Ausgestorben oder ausgerot-
tet? Natur und Landschaft 58, H. 11, 418–421

Gilbert, P. u. a. (2005). Experimente zur
Molekularbiologie. PdN-B 52, H. 2, 39–41

Gleisl, W. (1978). Pflanzenausstellungen.
BioS 27, H. 6, 244–246

Gliboff, S. (1999). Gregor Mendel and the laws
of evolution. History of Science 37, 217–235

Glöckel, H. (1996). Vom Unterricht.
Heilbrunn: Klinkhardt

Glowalla, U./Häfele, G. (1995). Einsatz elektronischer Medien: Befunde, Probleme und Perspektiven. In: Issing/Klimsa (1995), 415–434

Glück, G. (1998). Sexualpädagogische Konzepte – eine Expertise. Köln: BzgA

– /Scholten, A./Strötges, G. (Hrsg.) (1992).
Heiße Eisen in der Sexualerziehung.
Weinheim: Deutscher Studienverlag (2. Aufl.)

Glumpler, E. (Hrsg.) (1994). Koedukation.
München: Klinkhardt

Göbel, I./Koblischke, A. (1981). Der Computer
im Biologieunterricht. UB 5, H. 60/61, 51–81

Goebel-Pflug, J. (1998). Tiertransporte.
UB 22, H. 231, 24–33

Gögler, F. (1982). Altersstufengerechter
Gartenbauunterricht. BU 18, H. 2, 38–41

Göhlich, M. (Hrsg.) (1997). Offener Unterricht,
Community Education, Alternativschulpädago-
gik, Reggiopädagogik. Weinheim/Basel: Beltz

Gonon, P. (Hrsg.) (1996). Schlüsselqualifikationen kontrovers. Aarau: Sauerländer

Gonschorek, R./Zucchi, H. (1984). Über den
Einsatz des Axolotls (Ambystoma mexica-
num) im Biologieunterricht.
BU 20, H. 2, 28–41

Goodwin, B. (1994). Der Leopard, der seine
Flecken verliert. München: Piper

Göpfert, H. (1988). Naturbezogene Pädagogik.
Weinheim: Deutscher Studienverlag

Gorissen, M. (2001). Prionen: Geheimnisvolle
Invasoren. UB 25 H. 268, 44–49

Görres-Glüsenkamp, C./Glüsenkamp, R. (2003).
Das Bienenjahr. UB 27, H. 283, 17–23

Gospodar, U. (1983). Amphibienschutz und
Schulbiologie. UB 7, H. 78, 60–62

Götz, E./Knodel, H. (1980). Erkenntnisgewinnung in der Biologie. Stuttgart: Metzler

Gould, S. J. (1986). Der falsch vermessene
Mensch. Frankfurt: Suhrkamp

– (1991 a). Wie das Zebra zu seinen Streifen
kommt. Frankfurt: Suhrkamp

– (1991 b). Zufall Mensch. München: Hanser

– (1994). Bravo Brontosaurus. Hamburg:
Hoffmann und Campe

Gräber, W. u. a. (Eds.) (2002). Scientific
literacy. Opladen: Leske + Budrich

Gräsel, C. u. a. (1997). Lernen mit Computer-
netzen aus konstruktivistischer Perspektive.
Unterrichtswissenschaft 25, H. 1, 4–18

– (1999). Die Rolle des Wissens beim Umwelthandeln. Unterrichtswissenschaft 27, H. 4, 196-212

– (2000). Gestaltung problemorientierter
Lernumgebungen. In: Bayrhuber/Unterbruner
(2000), 186–194

– /Seybold, H. (2001). Die Chats in Globe: Ein
gelungenes Beispiel globaler Kommunikation. In: Herz, O./Seybold, H./Strobel, G.
(Hrsg.). Bildung für nachhaltige Entwicklung. Opladen: Leske+Budrich, 293–301

Graf, D. (1989 a). Begriffsauszählungen in
Biologiebüchern der Sekundarstufe I.
MNU 42, H. 4, 231–239

– (1989 b). Begriffslernen im Biologieunterricht
der Sekundarstufe I. Frankfurt: Sample

– (1995). Vorschläge zur Verbesserung des
Begriffslernens im Biologieunterricht.
MNU 48, H. 6, 341–345; H. 7, 392–395

– (2001 a). Welche Aufgabentypen gibt es?
MNU 57, H. 7, 422–425

– (2001 b). Das Internet und der Biologieunterricht. MNU 54, H. 1, 4–9

– /Schorr, E. (1992). Regelkreise. In: *Entrich/
Staeck* (1992), 410–412

– /Berck, K.-H. (1998). Das Sequenzierungspro-
blem von Inhalten für den Biologieunterricht.
MNU 51, H. 3, 135–141

Graf, E. (1995). Unterrichtseinstiege im Biologieunterricht. BioS 44, H. 1, 1–6; H. 2, 74–77;
H. 3, 129–136; H. 4, 199–201

– (1997). Lernen in Stationen.
In: Friedrich Verlag (1997), 80–84

– (2004). Biologiedidaktik. Auer, Donauwörth

Graf, H.-U./Graf, U. (1991). Mikrobiologie und
Biotechnologie. Hannover: Schroedel

Graf, H.-U./Gropengießer, H./Rensing, L. (1978).
Funktion von Zellorganellen.
PdN-B 27, H. 12, 323–331

Grefe, C./Jerger-Bachmann, I. (1992). Das
blöde Ozonloch – Kinder und Umweltängste.
München: Beck

Gries, B. (1996). Das Naturkundemuseum als
außerschulischer Lernort. IDB 5, 1–17

Griese, W. (1983). Wissenschaftspropädeutik in
der gymnasialen Oberstufe. Oldenburg

Grimm, Floyd M. III (1978). Computer simulations as a teaching tool in community colle-
ges. ABT 40, H. 6, 362–364; 370

Grimm, H. (2003). Lernen an Umweltzentren.
UB 27, H. 285, 4–11

– (Hrsg.) (1988). Wattenmeer. UB 12, H. 136

Grimm, J./Grimm, W. (Hrsg.) (1984). Deutsches
Wörterbuch. Band 12. München: dtv
(Nachdruck)

Grimme, L. H. (1986). 10 Jahre European Com-
munities Biologists Association (ECBA).
In: *Hedewig/Knoll* (1986), 329–333

Grob, A. (1991). Meinung – Verhalten – Umwelt. Berlin/Wien: Lang

Gropengießer, H. (1981). Vom Original zum
Modell – Modellentwicklung am Beispiel
Osmose. UB 5, H. 60/61, 28–33

– (1987). Mikroskopisches Zeichnen und Sehen. UB 12, H. 129, 48–50

– (1993). Biologie und Technik.
UB 17, H. 190, 4–13

– (1996). Die Bilder im Kopf. Von den Vorstellungen der Lernenden ausgehen.
In: Friedrich-Verlag (1996), 11–13

– (1997 a). Schülervorstellungen zum Sehen.
ZfDN 3, H. 1, 1997, 71–87

– (1997 b). Aus Fehlern beim Mikroskopieren
lernen. UB 21, H. 230, 46–47

– (1997 c). Verständnisse erfassen. Unterrichts-
nahe Untersuchungsmethoden für Schülervorstellungen. In: *Bayrhuber* u. a. (1997),
258–262

– (1999). Was die Sprache über unsere Vorstellungen sagt. ZfDN 5, H. 2, 57–77

– (2001). Didaktische Rekonstruktion des Sehens.
BzDR 1. Oldenburg: diz

– (2003 a). Lebenswelten, Denkwelten, Sprech-
welten. BzDR 4. Oldenburg: diz

– (2003 b). Lernen und Lehren – Thesen und
Empfehlungen zu einem professionellen Verständnis. REPORT Literatur und Forschungs-
report Weiterbildung 26, H. 3, 29-39

– (2004). Denkfiguren zum Lehr-Lernprozess.
In: *Gropengießer/Janßen-Bartels/Sander*
(2004), 8–24

– (2005). Qualitative Inhaltsanalyse in der
fachdidaktischen Lehr-Lernforschung.
In: *Mayring/Glaeser-Zikuda* (2005), 172–189

– /Gropengießer, I. (1985). Ekel im Biologieunterricht. UB 9, H. 106, 40–42

– /Janßen-Bartels, A./Sander, E. (Hrsg.) (2004).
Lehren fürs Leben. Köln: Aulis

– /Kattmann, U. (1994). Lehren fürs Leben.
BioS 43, H. 5, 321–328

– /Kattmann, U. (2002). Das »Schweigen der
Fächer« gebrochen: Wie kann die Trennung
von Fachwissenschaft und Lehrerbildung in
konsekutiven Studiengängen (BA/MA)
vermieden werden?
In: *Hinz/Kiper/Mischke* (2002), 185–193

– /Laudenbach, B. (1987). Mimikry – Modelle
für den Unterricht in der Sekundarstufe II.
PdN-B 36, H. 4, 43–47

Gropengießer, I. (Hrsg.) (1985). Gesunde
Schule. UB 9, H. 106

– (1990). Gesunde Schule gestalten.
In: Friedrich Verlag (1990), 35–38

– (Hrsg.) (1991). Nahrungsmittelqualität.
UB 15, H. 161

– (1994 a). Untersuchungen an Naturobjekten –
noch zeitgemäß? In: *Kattmann* (1994 a),
119–127

– (Hrsg.) (1994 b). Krebs. UB 18, H. 198

– (2003). Fit und schön. UB 27, H. 284, 4 –12

– (2004). Atmen ist Leben – ein Beitrag zur
Kompetenzentwicklung. In: *Gropengießer/
Janßen-Bartels/Sander* (2004), 167–172

– /Beuren, A. (2000). Lernen an Stationen.
UB 24, H. 259

– /*Gropengießer, H.* (1985). Gesunde Schule. UB 9, H. 106, 4–14

– /*Hauk, C.* (2005). Die Hefe macht's – naturwissenschaftlich denken und arbeiten. UB 29, H. 307/308, 24–27

Groß, J. (2004 a). »Die Lüneburger Heide ist für mich unberührte Natur«. In: *Vogt* u. a. (2004), 51–64

– (2004 b). Lebensweltliche Vorstellungen als Hindernis und Chance bei Vermittlungsprozessen. In: *Gropengießer/Janßen-Bartels/Sander* (2004), 119–130

– (2006). Biologie verstehen: Wirkung außerschulischer Lernangebote. BzDR 16. Oldenburg: diz

– /*Gropengießer, H.* (2005). »Ich glaube, dass jeder unterschiedlich ist« Schülervorstellungen zur Variation im Science Center. In: *Bayrhuber* u. a. (2005), 60–63

Groß, U. (1993). Der medizinische Blutegel (Hirudo medicinalis) als Objekt für den Biologieunterricht. MNU 46, H. 2, 102–105

– (2002). Eine Anleitung zur Präparation von Bakterien aus Joghurt. MNU 55, H. 5, 299–300

Große, E. (1987). Nutzung Botanischer Gärten für den Biologie-Unterricht. BioS 36, H. 10

– (1993). Naturnaher Unterricht in der Botanik-Schule Halle. BioS 42, H. 5, 169–177

Grothe, R. (1987). Die Große Achat-Schnecke. UB 11, H. 127, 48–50

Gruen, E./Kattmann, U. (1983). Gemeinsame Zeichen. Ein Bilderheft. UB 7, H. 82/83, 15–25

Grün, A. (2003). Vom Asphalthof zu Spielhügel und Duftgarten. Grundschulunterricht 4. 33–36

Grupe, H. (1977). Biologie-Didaktik. Köln: Aulis (4. Aufl.)

Gude, R. (1988). Neue Funktionsmodelle zum Thema Blutkreislauf. UB 12, H. 132, 54–57

Gudjons, H. (1993). Handbuch Gruppenunterricht. Weinheim: Beltz

Gudjons, H. (1997). Handlungsorientiert lehren und lernen. Bad Heilbrunn: Klinkhardt (5. Aufl.)

Gudjons. H., u. a. (Hrsg.) (1986). Didaktische Theorien. Hamburg: Bergmann & Helbig

Gülz, G. (1993). »Spiel mit« im Botanischen Garten. PdN-B 42, H. 4, 16–19

Günzler, E. (1978). Zum Thema »Zelle im 5. Schuljahr«. Teil I. NiU-B 26, H. 7, 193–195

Gürtler, A./Werner, E. (1966). Faustskizzen für den naturkundlichen Unterricht. Worms: Wunderlich (18. Aufl.)

– /*Lacher, K. /Kreuzinger, S.* (2001). Landart für Kinder. Hipoltstein: Landesbund für Vogelschutz

GUV Bundesverband der Unfallkassen (Hrsg.) (2003). Richtlinien zur Sicherheit im Unterricht. Naturwissenschaften etc. URL: http://regelwerk.unfallkassen.de/

– (Hrsg.) (2004). Umgang mit Gefahrstoffen im Unterricht. URL: http://regelwerk.unfallkassen.de/

– (Hrsg.) (2005). Giftpflanzen. URL: http://regelwerk.unfallkassen.de/

Guzetti, J. u. a. (1993). Promoting conceptual change in science. In: Reading Research Quaterly 28, 116–159

Haan, G. de (1995). Perspektiven der Umweltbildung/Erziehung. DGU-Nachrichten 12, 19–30

– (1999). Zu den Grundlagen der »Bildung für nachhaltige Entwicklung« in der Schule. Unterrichtswissenschaft 27, H. 3, 252–280

– (2001). Bildung für nachhaltige Entwicklung. In: *Baier/Wittkowske* (2001), 197–217

– (2002). Die Kernthemen der Bildung für eine nachhaltige Entwicklung. Zeitschrift für Entwicklungspädagogik, H. 1 URL: http://www.blk21.de/index.php?page=105 (20.4.2005)

– /*Kuckartz, U.* (1996). Umweltbewußtsein. Opladen: Westdeutscher Verlag

– /*Kuckartz, U.* (Hrsg.) (1998). Umweltbildung und Umweltbewusstsein. Opladen: Leske + Budrich

– u. a. (1997). Umweltbildung als Innovation. Berlin u. a.: Springer

Haase, H.-M. (2003). Worldrangers: Ein pädagogischer Beitrag für eine nachhaltige Entwicklung. Hamburg: Kovac

Habel, W. (1990). Wissenschaftspropädeutik: Untersuchungen zur Gymnasialen Bildungstheorie des 19. und 20. Jahrhunderts. Köln: Böhlau

Hackbarth, H. (1981). Die Arbeitssammlung. In: *Falkenhan* (1981), Bd. 1, 113–157

Hadel, W. (1972). Entwurf eines naturwissenschaftlichen Schulpavillons mit zahlreichen Verwendungsmöglichkeiten. NiU 20, H. 8, 327–330

Haeberle, E. J. (1985). Die Sexualität des Menschen. Berlin: de Gruyter (2. Aufl.)

Haerle, F. (2006). Personal epistemology of the 4th graders: Their beliefs about knowledge and knowing. BzDR 14. Oldenburg: diz

Hafner, L. (1980). Anmerkungen zur Kritik am gegenwärtigen Biologieunterricht der Sekundarstufe II. MNU 33, H. 3, 169–172

Hagen, J./Alchin, D./Singer, F. (1996). Doing Biology. New York: Harper Collins

Hagman, M./Olander, C./Wallin, A. (2003). Re-search-based teaching about biological evolution. In: Lewis/Magro/Simonneaux (2003), 105–119

Hahn, M. (1983). Zum Einsatz von Arbeitsblatt und Schulbuch. NiU-B 31, H. 5, 165–170

Hahn, W. (1995). Symmetrie als Entwicklungsprinzip in Natur und Kunst. Gladenbach: Art & Science

Hähndel, V. (1979). Das Schulaquarium. UB 3, H. 36/37, 60–65

Halbach, U. (1977). Modelle in der Biologie. In: Schaefer/Trommer/Wenk (1977), 64–84

Hallmen, M. (1996 a). Die Ansiedelung von Hummeln an Schulen. MNU 49, H. 4, 227–232

– (1996 b). Schüler dressieren Hummeln und Wildbienen. MNU 49, H. 5, 299–305

– (1997 a). Ein Konzept zur Organisation der Haltung von Tieren an Schulen. MNU 50, H. 4, 244–246

– (1997 b). Einige Überlegungen zur Haltung von Strumpfbandnattern. MNU 50, H. 5, 310–312

– (1998). Wildbienen – beobachten und kennenlernen. Stuttgart: Klett

Hammann, M. (2002). Kriteriengeleitetes Vergleichen im Biologieunterricht. Innsbruck etc.: Studienverlag

– (2003). Aus Fehlern lernen. UB 27, H. 287, 31–35

– (2004). Kompetenzentwicklungsmodelle. Merkmale und ihre Bedeutung – dargestellt anhand von Kompetenzen beim Experimentieren. MNU 57, H. 4, 196–203

– (2005). Stammbaumtraining durch Vergleichen. UB 29, H. 310, 38–44

– (2006). Kompetenzförderung und Aufgabenentwicklung. MNU 59, H. 2, 85–95

– u. a. (2006). Fehlerfrei experimentieren. MNU 59, H. 6, 292–299

Hänsel, D. (Hrsg.) (1986). Das Projektbuch Grundschule. Weinheim/Basel: Beltz

– (Hrsg.) (1997). Handbuch Projektunterricht. Weinheim/Basel: Beltz

– /Müller, H. (Hrsg.) (1988). Das Projektbuch Sekundarstufe. Weinheim/Basel: Beltz

Harbeck, G. (1976). Mathematische Modelle für Wachstumsvorgänge. In: Schaefer/Trommer/Wenk (1976), 91–110

Hardin, G. (1966). Biology, its principles and implications. San Francisco/London: Freeman

Harms, U. (2001). Tiere für die Schönheit. PdN-B 50, H. 5, 1–6

– (2002). Biotechnology education in schools. In: EJB Electronic Journal of Biotechnology [online]. 15 December 2002, vol. 5, no.3, 1–6. URL: http://www.ejb.org

– /Bartsch, U. (2000). Die Evolution der Eucyte. UB 24, H. 260, 36–41

– /Bayrhuber, H. (1999). Biotechnologie im Unterricht. In: Schallies, M. und Wachlin, K. D. (Hrsg.). Biotechnologie und Gentechnik. Berlin, Heidelberg: Springer, 87–98

– /Kroß, A. (1998). Gentechnik und Ethik. In: Bayrhuber u. a. (1998)

– /Runtenberg, C. (2001). Einführung in die didaktische Konzeption der Materialien. In: Bayrhuber/Harms/Kroß (2001), 1–6

– /u. a. (2000). Das menschliche Genomprojekt. E.I.B.E. URL: http://www.EIBE.org

– u. a. (2004). Kerncurriculum und Standards für den Biologieunterricht in der gymnasialen Oberstufe. In: H.-E. Tenorth (Hrsg.), Kerncurriculum Oberstufe II. Weinheim, Basel: Beltz, 22–84

Hart, R. A. (1997). Children's participation. London: Earthscan

Hartard, E./Jänsch, N./Seuring, D. (Hrsg.) (1995). Vernetzte Lern-Welten. Frankfurt: Landesbildstelle

Hartinger, A. (1995). Interessenentwicklung und Unterricht. Grundschule 27, H. 6, 27–29

– (1997). Interessenförderung. Bad Heilbrunn: Klinkhardt

Hartmann, A. (Hrsg.) (2003 a). Lernort? Zoo! PdN-B 52, H. 3

– (Hrsg.) (2003 b). Projektort? Zoo! PdN-B 52, H. 7

Hartmann, M. (1948). Die philosophischen Grundlagen der Naturwissenschaften. Jena: Fischer

– (1953). Allgemeine Biologie. Stuttgart: Fischer

Hartung, H./Menzel, W. (1983). Wir verleihen den Friedensnobelpreis. PdN-B H. 82/83, 149–155

Harwardt, M. (1996). »Low Tech« kontra »Upper Class«? UB 20, H. 218, 22–26; 31

Hasebrook, J. P. (1995 a). Lernen mit Multimedia. Z. f. Pädagogische Psychologie 9, H. 2, 95–103

– (1995 b). Multimedia-Psychologie. Heidelberg u. a.: Spektrum

Hasenhüttl, E. (1997). Wenn der Samen mit dem Ei … . Wien: Verlag für Gesellschaftskritik

Hasenkamp, K. R. (1978). Versuche zur Nahrungsaufnahme bei Daphnia pulex. MNU 31, H. 8, 496–497

Haß, G. (1993). Ökologische Schülerexkursion in die Schorfheide. BioS 42, H. 2, 52–58

Hass, H. (1999). Natur und Begriff.
Frankfurt/M.: Lang

Hassenstein, B. (1977). Biologische Kybernetik.
Heidelberg: Quelle & Meyer (5. Aufl.)

Haßfurther, J. (1986). Möglichkeiten der Um-
weltbegegnung im Rahmen der Zooschule.
In: *Hedewig/Knoll* (1986), 296–298

Hauenschild, K. (2002). Kinder in nachhaltig-
keitsrelevanten Handlungssituationen.
In: *Bolscho/Michelsen* (2002), 85–125

Hauptmann, A. u. a. (1996). Nachhaltiger
Umgang mit Ressourcen? Tübingen: DIFF

Hauschild, G. (1997). Angehenden Aquarianern
mit Rat und Tat zur Seite stehen. BioS 46,
H. 2, 70–77

Häußler, P./Duit, R. (1997). Die Portfolio-
methode. NiU-Physik 8, H. 38, 24–26

– */Lind, G.* (1998). Weiterentwicklung der
Aufgabenkultur im mathematisch-naturwis-
senschaftlichen Unterricht.
URL: www.sinus-transfer.de

– u. a. (1998). Naturwissenschaftsdidaktische
Forschung: Perspektiven für die Unterrichtspraxis. Kiel: IPN

Hazard, B. (1993). Umwelterziehung in der
Schule aus umweltmedizinischer Sicht.
In: *Eulefeld* (1993), 93–110

Heck, G./Schurig, M. (Hrsg.) (1991). Friedenspädagogik. Darmstadt: Wissenschaftliche
Buchgesellschaft

Hedewig, R. (1980). Biologielehrpläne im
Wandel. UB 4, H. 48/49, 15–26

– (1981 a). Modellversuche auf dem Arbeitsprojektor. UB 5, H. 60/61, 34–36

– (1981 b). Das Freilandlabor Dönche in Kassel.
biol. did. 4, H. 1, 47–52

– (1982). Zum Problem der Freilandarbeit im
Biologieunterricht. In: *Hedewig/Rodi* (1982),
206–224

– (1984 a). Das Schülerinteresse an Freilandarbeit. In: *Hedewig/Staeck* (1984), 157–173

– (Hrsg.) (1984 b). Einzeller. UB 8, H. 97

– (1985). Der Naturlehrpfad. Wetzlar:
Naturschutzzentrum Hessen

– (Hrsg.) (1986 a). Ökologischer Landbau.
UB 10, H. 115

– (1986 b). Die Entwicklung von Fähigkeiten bei
fachdidaktischen Exkursionen in einem Wald-
lehrpfad. In: *Hedewig/Knoll* (1986), 196–211

– (1988). Naturvorstellungen von Schülern.
In: *Hedewig/Stichmann* (1988), 212–229

– (1990 a). Körpertemperatur und Fieber.
UB 14, H. 158, 21–25

– (1990 b). Empfehlungen zur Lehrerausbildung. Antwort. Biologie heute, Nr. 375, 6 f.

– (1991 a). Die Diskrepanz zwischen Wissen
und Handeln im Gesundheitsverhalten.
BioS 40, H. 10, 373–378

– (1991 b). Differenzierung durch biologische
Projekte. In: *Zabel* (1991 c), 198–214

– (1992 a). Umfrage über interdisziplinäre
Themen und Projekte im Biologieunterricht.
UB 16, H. 177, 48

– (1992 b). Zeitgemäßer Biologieunterricht.
In: BioS 41 (1992), H. 3, 81–90

– (1993 a). Medien im Biologieunterricht.
In: Friedrich Verlag (1993), 52–53

– (1993 b). Umwelterziehung in der Lehrerausbildung in Deutschland. In: *Seybold/Bolscho*
(1993), 175–190

– (1993 c). Biologieunterricht und Projekte.
UB 17, H. 188, 4–11

– (1994). Theorie und Praxis interdisziplinärer
Projektarbeit im Biologieunterricht der alten
Bundesländer. In: *Bayrhuber* u. a. (1994),
54–69

– (1997). Biologielehrpläne und Lebenswirklichkeit. In: *Bayrhuber* u. a. (1997), 372–378

– (1999). Stichlinge im Aquarium.
UB 23, H. 248, 47

– (2000). Tanzen mit System – die Evolution
der Bienentänze. UB 24, H. 260, 20–25

– (2003 a). Ist Wasser ein Nährstoff?
MNU 56, H. 4, 226–230

– (2003 b). Wie wirksam ist Umweltbildung?
Jahrbuch Naturschutz Hessen 8, 151–158

– (2005). Lehrpfade – Lernpfade – Erlebnispfa-
de. In: Jahrbuch Naturschutz Hessen 9,
226–234

– */Kattmann, U./Rodi, D.* (Hrsg.) (1998; 1999).
Handbuch des Biologieunterrichts Sekundar-
bereich I. Band 7: Evolution; Band 6:
Genetik. Köln: Aulis

– */Knoll, J.* (Hrsg.) (1986). Biologieunterricht
außerhalb des Schulgebäudes. Köln: Aulis

– */Rodi, D.* (Hrsg.) (1982). Biologielehrpläne
und ihre Realisierung. Köln: Aulis

– */Staeck, L.* (Hrsg.) (1984). Biologieunterricht
in der Diskussion. Köln: Aulis

– */Stichmann, W.* (Hrsg.) (1988). Biologieunterricht und Ethik. Köln: Aulis

– */Wenning, I.* (2002). Fachliche Fehler in
Biologieschulbüchern. MNU 55/5, 293–298

Heenes, H. (1993). Das Lymphsystem und
seine Entdeckungsgeschichte.
PdN-B 42, H. 5, 26–30

Heid, H. (1992). Ökologie als Bildungsfrage?
Zeitschrift für Pädagogik, H. 1, 113–138

Heidenreich, M. (2004). Vermessung eines Sees.
Mathematik lehren, H. 124, 49–53

Heilen, M. (1987). Zooschulunterricht – Das Beispiel Primaten. UB 11, H. 121, 48–50

Heiligmann, W. (1978). Beispiele für die mathematische Behandlung biologischer Probleme. BU 14, H. 2, 4–13

Heimann, P./Otto, G./Schulz, W. (1977). Unterricht – Analyse und Planung. Hannover: Schroedel

Heimerich, R. (1997). Was halten Jugendliche von Naturschutz? ZfDN 3, H. 1, 43–51

– (1998). Tiere im Biologieunterricht? UB 22, H. 231, 50 f.

Heininger, J. (1986). Schulgarten. Gedanken zu einem bekannten Thema. PdN-B 35, H. 2, 31

Heinrich, D. (1975). Dia-Sammlungen für die Behandlung ökologisch/soziologischer Themen, ihre Anfertigung durch Schüler und ihre Nutzung für rationelles Arbeiten. BioS 24, H. 11, 465–470

Heintel, P. (1977). Politische Bildung als Prinzip aller Bildung. Wien/München: Jugend & Volk

Heinzel, I. (1990). Lehren und Lernen am Beispiel des Bildens von Begriffen, Definierens und Beweisens im Biologieunterricht. In: *Killermann/Staeck* (1990), 94–97

– (1995). Hospitiert und kommentiert – Fixierung des Wissensgewinns im Schülerheft. BioS 44, H. 3, 147–150

Heinzerling, P./Latzel, G. (2002). Schülerlabore in Deutschland. PdN-Chemie, 51, 8.

Heitkämper, P. (Hrsg.) (1994 a). Neue Akzente in der Friedenspädagogik. Münster

– (1994 b). Zur Begründung der Friedenspädagogik. In: *Heitkämper* (1994 a), 31–40

Hellberg-Rode, G. (Hrsg.) (1991). Umwelterziehung. Münster/New York: Waxmann

– (1993). Umwelterziehung im Sach- und Biologieunterricht. Münster/New York: Waxmann

Helldén, G. (2000). Environmental education and pupils' understanding of biological processes. In: *Bayrhuber/Unterbruner* (2000), 132–143

– (2004). What will be happen to the leaves on the ground. In: *Gropengießer/Janßen-Bartels/Sander* (2004), 96–108

Heller, K. A./Hany, E. A. (2001). Standardisierte Schulleistungsmessungen. In: *Weinert, F. E.* (Hrsg.). Leistungsmessungen in Schulen. Weinheim/Basel. Beltz

Hellmann, W./Wingenbach, U. (1977). Reizphysiologische Schulversuche mit Strudelwürmern. PdN-B 26, H. 7, 178–185

Helmke, A. (2003). Unterrichtsqualität – Erfassen, Bewerten, Verbessern. Seelze: Kallmeyer

Hemer, F. (2001). Instruktion versus Selektion: Die Vielfalt der Antikörper. UB 25, H. 268, 20–23

Hemmelgarn, M./Ewig, M. (2003). Bilingualer Biologieunterricht. IDB 12, 39–62

Hemmer, H. (1977). Tierhaltung und Naturschutz in modernen Biologie-Curricula (Sekundarstufe I). MNU 30, H. 5, 300–302

– (1978). Kröte und Frosch im Unterricht. Heidelberg: Quelle & Meyer

– /Werner, R. (1976). Zur Relevanz des derzeitigen Biologieunterrichts hinsichtlich der Schülerinteressen. PdN-B 25, H. 7, 169–174

Hempel, C. G. (1965). Aspects of scientific explanation and other essays in the philosophy of science. New York: The Free Press

Henke, J. (1973). Inwieweit kann die gegenwärtige empirische Sexualforschung Entscheidungshilfen zur inhaltlichen Strukturierung eines sexualpädagogischen Curriculum-Projektes leisten? In: *Fischer, W. u. a.* (Hrsg.). Inhaltsprobleme in der Sexualpädagogik. Heidelberg: Quelle & Meyer, 87–98

Hentig, H. von (1987). Arbeit am Frieden. München/Wien: Hanser

Herder Lexikon der Biologie (1984). Biologie. Bd. 2. Freiburg: Herder

Herget, M./Bögeholz, S. (2005).Ökologisch-soziale Dilemmata erarbeiten. In: *Bayrhuber u. a.* (2005), 163–166

Herkner, B. (2004). Was hat ein Fisch an Land verloren? UB 28, H. 299, 12–15

Herrmann, B. (Hrsg.) (1994). Umweltgeschichte. UB 18, H. 195

Hertlein, U. (1994). Die Klasse der Spinnentiere – Beispiele für den Einsatz im Biologieunterricht. PdN-B 43, H. 3, 1–7

Hertrampf, H. P./Laßke, M. (1986). Biologieunterricht einmal anders – 15 Jahre Zooschule. BioS 35, H. 12, 485–487

Hesse, M. (1983). Artenkenntnis bei Studienanfängern. BU 19, H. 4, 94–100

– (1984 a). »Artenkenntnis« in der Sekundarstufe I (Hauptschule). NiU-B 32, H. 5, 163–165

– (1984 b). Empirische Untersuchungen zum Biologie-Interesse bei Schülern der Sekundarstufe I. NiU-B 32, H. 10, 344–350

– (1994). Eine Rallye im Naturkundemuseum. PdN-B 43, H. 6, 1–6

– (2005). Zahlen in der Biologie. MNU 58, H. 3, 138–143

– /Lumer, J. (2000). Biologische Themen in Wochenzeitschriften. MNU 53; H. 3, 138–146

465

Heßler, C. (2003). Perfekte Tarnkünstler. UB 27, H. 290, 28–37

Heubgen, H. (1982). Das Problem der Urzeugung. UB 6, H. 75, 38–43

Heuser, P. (2000). Die Entwicklungszeit der Mehlkäferpuppe. UB 24, H. 255, 36–38

Heydenreich, M./Halves, J./Bittner, A. (2003). Wege in die Wildnis – eine Projektwoche im Nationalpark Harz. UB 27, 285, 38–45

Hiering, P. G. (1990 a). Computersimulation im Biologieunterricht. In: *Killermann/Staeck* (1990), 59–67

– (1990 b). Ergebnisbericht des Arbeitskreises »Computereinsatz im Biologieunterricht«. In: *Killermann/Staeck* (1990), 68–70

– (1991). Was ist los im See? Computer + Unterricht 1, H. 3, 49–52

– (1995). Oft gestorben und doch nicht tot. Chancen und Gefahren der Computersimulation aus didaktischer Sicht. Simulation in Passau, H. 1, 12–14

– (1997). Versuche mit Bakterien – Realexperiment und Computersimulation. UB 21, H. 221, 40 ff.

– */Killermann, W.* (1991). Original oder Abbild? BioS 40, H. 6, 228–232

Hildebrandt, J. (2001). film: ratgeber für lehrer. Köln: Aulis

HILF (Hrsg.) (1988). Erlebnisraum Schulgarten. Fuldatal/Kassel

– (1992). Heraus aus der Schule, aber wohin? Lernorte außerhalb der Schule. Fuldatal

Hilfrich, H.-G. (1976). Einzeller als Zellmodelle. UB, H. 2, 16–22

– (1979). Der Stellenwert und die Bedeutung der sprachlichen Verständigung für den grundlegenden Biologieunterricht. In: *Ewers* (1979 a), 149–163

Hilge, C. (1998). Vorstellungen zu Mikroorganismen und mikrobiologischen Prozessen. In: *Bayrhuber* u. a. (1998)

– (1999). Schülervorstellungen und fachliche Vorstellungen zu Mikroorganismen und mikrobiellen Prozessen. Oldenburg: diz

– (2000). Using every-day and scientific conceptions for developing giudelines of teaching microbiology. In: *Bayrhuber/Unterbruner* (2000), 120–131

Hilgers, A. (1995). Richtlinien und Lehrpläne zur Sexualerziehung – eine Expertise. Köln: BZgA

Hilke, R./Kempf, W. (Hrsg.) (1982). Aggression. Naturwissenschaftliche und kulturwissenschaftliche Perspektiven der Aggressionsforschung. Bern: Huber

Hillen, W. (1978). Kriterien für die Auswahl von Biologiebüchern für die Klassen 5/6. NiU-B 26, H. 12, 366–371

– (1979). Reizphysiologische Versuche am Pantoffeltierchen. NiU-B 27, H. 9, 257–269

Hilty, L. M./Seidler, R. (1991). Regelkreise im Ökosystem See. Computer und Unterricht 1, H. 3, 26–32

Hines, J. M./Hungerford, H. R./Tomera, A. N. (1986/87). Analysis and synthesis of research on responsible environmental behavior: A meta-analysis. Journal of Environmental Education 18, H. 2, 1–8

Hinrichs, R./Kattmann, U. (2005). Evolution und Zuckerkrankheit: Die «Hunger-Überlebens-Gen»-Hypothese. UB 29, H. 310, 32–37

Hinske, M./Weigelt, C. (1988). Unterrichtseinheit »Retortenbaby«. In: *Hedewig/Stichmann* (1988), 136–151

Hintermeier, H. (1983 a). Selbstgestaltete Overheadfolien als Arbeitshilfe im Biologieunterricht. Pädagogische Welt 37, H. 3, 140–153

– (1983 b). Naturschutz vor der Haustüre: Der Garten als Lebensraum. NiU-B 31, H. 8, 278–287

Hinterreiter, P. (1997). Sexualerziehung in der Unterrichtspraxis. BioS 46, H. 1, 28–30

Hinz, R./Kiper, H./Mischke, W. (Hrsg.) (2002). Welche Zukunft hat die Lehrerausbildung in Niedersachsen? Baltmannsweiler: Schneider Hohengehren

Hirsch-Hadorn, G. u. a. (1996). Die Welt in 20 Jahren – eine qualitativ-deskriptive Studie bei Jugendlichen in der Schweiz. Bildungsforschung und Bildungspraxis 18, H. 3, 392–419

Hirschfelder, P./Rüther, F./Düning, S. (1984). »Das Herz ist der kleinen Welt Sonne«. UB 8, H. 100, 20–29

Hirschmann, W. (1975). Mosaikunterricht im Klassenverband und Zweier-Team. PdN-B 24, H. 6, 161–163

Hodson, D. (1998). Science Fiction: The continuing misrepresentation of science in school curriculum. Curriculum Studies 6, No. 2, 191–216

Hoebel-Mävers, M. (1970). Vielfüßer (Myriapoda) im Unterricht. BU 6, H. 3, 4–24

– (1994). Lernortdidaktische Studien zu einem Transekt in HH-Wilhelmsburg. In: *Jäkel* u. a. (1994), 182–185

– */Bieler* (1978). Die biologische Standortkartei. PdN-B 27, H. 12, 309–315

– u. a. (1976). Offenes Curriculum als Konstruktion im Handlungsfeld. Ahrensburg: Czwalina

Hoehl, E. (1985). Nachtpfauenaugen im Klassenzimmer. UB 9, H. 104, 48–49

Hofmann, C. (2003). Rangordnung in einem Wolfsrudel. PdN-B 52, H. 7, 14–20

Hoffmann, L. (1990). Mädchen und Physik. NiU-Physik, H. 1

Hofmeister, H./Ellmers, B./Adam-Vitt, B. (1987). Entdeckungen mit der Lupe, UB 11, H. 129, 14–17

– u.a. (1982). Lebendig oder nicht? UB 6, H. 75, 15–20

Högermann, C. (1989). Zum Stellenwert der Kybernetik im Biologieunterricht. MNU 42, H. 1, 21–26

Högger, D. (2000). Unterricht zum Leitbild der Nachhaltigen Entwicklung. In: *Bayrhuber/Unterbruner* (2000), 172–184

Hollwedel, W. (1972). Lebendbeobachtungen an Wasserflöhen. BU 8, H. 1, 33–42

– (1975). Landschaftsökologische Arbeiten mit einer 8. Hauptschulklasse. NiU 23, H. 10, 447–451

Holtappels, E. (1981). Die Hecke – ein naturnaher Lebensraum. UB 5, H. 55, 20–24

Holtappels, H. G./Hugo, H.-R./Malinowski, P. (1990). Wie umweltbewußt sind Schüler? DDS 81, 224–235

Holthusen, K. (2002). Zeichnen im Biologieunterricht – Methode zur Ermittlung von Schülervorstellungen zur »Nachhaltigkeit«. In: *Vogt/Retzlaff-Fürst* (2002), S. 89–100

– (2004). Konzepte zur Nachhaltigkeit. Hamburg: Kovac

Homfeldt, H.-G. (Hrsg.) (1993 a). Sinnliche Wahrnehmung – Körperbewußtsein – Gesundheitsbildung. Weinheim: Deutscher Studienverlag (2. Aufl.)

– (Hrsg.) (1993 b). Anleitungsbuch zur Gesundheitsbildung. Baltmannsweiler: Schneider Hohengehren

Höppner, H. (1981). Rasen betreten verboten. UB 5, H. 55, 14–19

Hörmann, M. (1965). Methodik des Biologieunterrichts. München: Kösel (2. Aufl.)

Horn, F. (1987). Standpunkte und ihre Umsetzung in den neuen Lehrplänen für die Klassen 5 bis 10. BioS 36, H. 6, 209–215

– (1988). Beobachtungen und Experimente im Biologieunterricht der Klassen 5 bis 10. BioS 37, H. 5, 166–177.

– (1989). Erläuterung des Lehrplans Biologie. Berlin: Volk und Wissen

– (1997). Biologische Bildung in der Schule. BioS 46, H. 5, 261–265

Hornung, G. (1998 a). Tierquälerei aus Unkenntnis und falscher Tierliebe. UB 22, H. 231, 13–15

– (Hrsg.) (1998 b). Mit Gefühl & Mitgefühl. UB 21, H. 231

Hörsch, C. (2004). Wie ist die Welt entstanden? Kreationismus und Evolutionstheorie in amerikanischen Schulen. In: *Gropengießer/Janßen-Bartels/Sander* (2004), 180–189

– /Kattmann, U. (2005). Mikroorganismen und mikrobielle Prozesse im Menschen. In: *Bayrhuber* u. a. (2005.), 182

Horstmann, D./Lienenbecker, H./Vieth, W. (1997). Ökologische Untersuchungen im Freiland – lebensnaher Biologieunterricht an der Schulhecke. PdN-B 46, H. 1, 1–5

Hößle, C. (2001 a). Ethische Dimensionen der Gentechnik im Unterricht. Teile 1–4. PdN-B 50, H. 5–8; 51, H. 1, 30–33

– (2001 b). Moralische Urteilsfähigkeit. Innsbruck: Studien Verlag

– (2004 a). Bevor die Faust zuschlägt. Pädagogisches Forum 32, H.1, 28–39

– (2004 b): Kinderwunsch – Wunschkind. In: *Hößle/Höttecke/Kircher* (2004), 162–172

– (2005). »Das ist doch kein Mensch« – Schülervorstellungen zum Status des menschlichen Embryos. In: *Klee/Sandmann/Vogt* (2005), 71–84

– (2006). Kind um jeden Preis? PdN-B 55, H. 4, 7–12

– /Höttecke, D./Kircher, E. (Hrsg.) (2004). Lehren und Lernen über die Natur der Naturwissenschaften. Baltmannsweiler: Schneider Hohengehren

– /Michalik, K. (Hrsg.) (2005). Philosophieren mit Kindern und Jugendlichen. Baltmannsweiler: Schneider Hohengehren

Höttecke, D. (2001). Die Vorstellungen von Schülern und Schülerinnen von der Natur der Naturwissenschaften. ZfDN 7, 7–24

Howland, D./Becker, M. L. (2002). Globe – The science behind launching. Journal of Science Education and Technology 11, H. 3, 199–210

Hoyningen-Huene, P. (1999). The nature of science. Nature & Ressources 35. No. 4, 4–8

– (2001). Die Systematizität von Wissenschaft. In: *Franz, H.* u. a. (Hrsg.). Wissensgesellschaft. Bielefeld: IWT-Paper 25

Huber, H. D. (1998). Zeichnen als Konstruktion von Welt. In: *G. Reinhardt/B. Zimmer* (Hrsg.). Arbeiten auf Papier. Köln: Wienand, 137–141

Huber, L. (1991). Fachkulturen. Neue Sammlung 31, H. 1, 3–24

Huhse, K. (1968).Theorie und Praxis der Curriculum-Entwicklung. Institut für Bildungsforschung in der Max-Planck-Gesellschaft. Studien und Berichte 13. Berlin

Huitzing, D. (1995). Wertvielfalt der Natur. In: *Stokking/Pieschl* (1995), 121–147

Hunger, H. (1975). Sexualität und die Schwierigkeit der Lehrer, ein Schulfach daraus zu machen. Psychologie heute 2, H. 2, 47–56

Hurka, H./Neuffer, B./Friesen, N. (2005). Botanische Gärten. PdN-B 54, H. 4, 26–29

Hurrelmann, K. (1992). Orientierungskrisen und politische Ängste bei Kindern und Jugendlichen. In: *Mansel* (1992), 59–78

– (1994). Schulstreß – Freizeitstreß – Familienstreß. In: *Gropengießer, I./Thal, J.* (Hrsg.), Gesundheitsförderung und Lebensweisen. Arbeitsbericht 106/94, Bremen: WIS

– (2002). Psycho- und soziosomatische Gesundheitsstörungen bei Kindern und Jugendlichen. Bundesgesundheitsblatt 45, H. 11, 866–872

– u. a. (2003). Jugendgesundheitssurvey. Juventa

Husslein, A. (1982). Voreheliche Beziehungen. Wien: Herder

IBM-Jugendstudie '95 (1995). Wir sind o.k.! Köln: Institut für empirische Psychologie

Illies, J. (1974). Wir beobachten und züchten Insekten. Stuttgart: Franckh (4. Aufl.)

Illner, R. (1999). Einfluß religiöser Schülervorstellungen auf die Akzeptanz der Evolutionstheorie. Oldenburg: Universität, Fak. V. URL: http://docserver.bis.uni-oldenburg.de/publikationen/dissertation/2000/illein99/illein99.html

– /Gebauer, M. (1997). Bericht über das Symposion »Evolution und Lebenswirklichkeit«. In: *Bayrhuber* u. a. (1997), 211–218

Informationssystem Botanischer Gärten (2004). URL: http://www.biologie.uni-ulm.de/systax/infgard/index.html

IPN (1974 ff.). IPN Einheitenbank Curriculum Biologie. Köln: Aulis

IPTS (Hrsg.) (1995). Sexualpädagogik und AIDS-Prävention. Kiel

Irrgang, S. (2005). Die Waldameisen. UB 29, H. 306, 10–15

Issing, L. J./Klimsa, P. (Hrsg.) (1995). Information und Lernen mit Multimedia. Weinheim: Psychologie Verlags Union

Iwon, W. (1975). Motivierung im problemlösenden Unterricht. NiU 23, H. 12, 531–533

– (1989). Methodenmonotonie im Unterricht? UB 13, H. 141, 49

Jaenicke, J. (1986). Der Arbeitsprojektor – ein Medium unter vielen. PdN-B 35, H. 8, 25–43

Jäger, G./Twenhöven, F. L. (1993). Sternstunden an der Ostsee. UB 17, H. 186, 35–38

Jahn, I. (1990). Grundzüge der Biologiegeschichte. UTB 1534. Jena: Fischer

– (Hrsg.) (2000). Geschichte der Biologie. Heidelberg: Spektrum

Jäkel, L. (1991). Art und Exaktheit biologischer Alltagserfahrungen 10-16jähriger Schüler und Möglichkeiten ihrer Nutzung im Unterricht. Wissenschaftliche Zeitschrift, Universität Potsdam 35, H. 7, 77–91

– (1992). Lernvoraussetzungen von Schülern in bezug auf Sippenkenntnis. UB 16, H. 172, 40–41

– u. a. (Hrsg.) (1994). Der Wandel im Lernen von Mathematik und Naturwissenschaften. Band II: Naturwissenschaften. Weinheim: Deutscher Studien Verlag

Janich, P. (1993). Der Vergleich als Methode in den Naturwissenschaften. Senck. Ges. 40, 13–28

– /Weingarten, M. (1999). Wissenschaftstheorie der Biologie. München: Fink

Jank, W./Meyer, H. (2002). Didaktische Modelle. Berlin: Cornelsen 5. Aufl.

Janßen, W. (1978). Definitionen zu den Begriffen Umwelt, Umweltschutz, Lebensschutz. Biologische Abhandlungen Bd. 5, Nr. 55–58, 18–23

– (1982). Strukturen des Erlebens und Lernens, didaktische Leitlinien für Entwicklung und Einsatz von Arbeitsbögen in naturwissenschaftlichen Sammlungen. In: *Winkel* (1982 a)

– (1984). Naturschutzerziehung im Naturkundemuseum. In: *Berck/Weiss* (1984), 179–193

– (1988). Naturerleben. UB 12, H. 137, 2–7

– (1991). Stimmen der Wirbeltiere. UB 15, H. 163, 4–13

– (Hrsg.) (1993). Formenkenntnis wozu? UB 17, H. 189

– (Hrsg.) (1995). Muscheln und Schnecken. UB 19, H. 205

– /Trommer, G. (Hrsg.) (1988). Naturerleben. UB 12, H. 137

Jax, K. (2002). Die Einheiten der Ökologie. Frankfurt/M: Lang

Jelemenská, P. (2004). Die lebensweltlichen Erfahrungen und das Verständnis der Einheiten in der Natur. In: *Gropengießer/Janßen-Bartels/Sander* (2004), 60–69

– (2006). Biologie verstehen: Ökologische Einheiten. BzDR 12. Oldenburg: diz

Jenchen, H. J. (1992). Ökologie im Schulalltag. Münster: Ökotopia

Jensen, G. (2003). Eigenständiger Computerunterricht oder Computerunterricht im Fachunterricht? In: *Prenzel, M. u. a. (Hrsg.).* Leitfaden zum didaktischen Einsatz von Computeranwendungen. Kiel: IPN, 9–17

Jeske, H. (1978). Zum geschichtlichen Verhältnis von Biologie und Gesellschaft am Beispiel der Herausbildung der Zellenlehre. In: *Ewers* (1978 a), 141–164

Jeßberger, R. (1990). Kreationismus. Berlin, Hamburg: Parey

Jewell, N. (2002). Examining children's models of seed. JBE 36, 3, 116–122

Jobusch, G. (1983). Attrappenversuche mit Tubifex. PdN-B 32, H. 1, 21–28

Johannsen, M./Krüger, D. (2005). Schülervorstellungen zur Evolution. IDB 14, 23–48

Johannsen, F. (1982). Schöpfungsglaube und Evolutionstheorie. UB 6, H. 76, 11–14
– (1997). Schöpfung und Evolution. In: *Bayrhuber* u. a. (1997), 201–205

Johannsen, K. (2001). Zeige mir deine Zähne und ich sage dir, was du frisst. UB 25, H. 265, 14–19

Johst, V. (1991). Friedenserziehung aus der Sicht der Verhaltensbiologie. BioS 40, H. 7/8, 257–266; H. 9, 321–326

Jonas, H. (1984). Das Prinzip Verantwortung. Frankfurt: Suhrkamp
– (1985). Technik, Medizin und Ethik. Frankfurt: Insel

Jong, de T./Joolingen, van W. R. (1998). Scientific discovery learning. Review of Educational Research 68, H. 2, 179–201

Joos, U./Aken, v. J. (1998). Tierversuche. UB 22, H. 231, 34–40

Jüdes, U./Frey, K. (Hrsg.) (1993). Biologie in Projekten. Köln: Aulis

Jugendwerk der Deutschen Shell (Hrsg.) (1997). Jugend '97. Opladen: Leske + Budrich
– (2002). Jugend 2000. Opladen: Leske + Budrich

Jung, W. (1983). Kann man Physik nur historisch »wirklich« verstehen? Der Physikunterricht, H. 3, 5–18
– (1987). Verständnisse und Mißverständnisse. physica didactica 14, 23–30

Jungbauer, W. (Hrsg.) (1989). Geologie im Biologieunterricht. PdN-B 38, H. 3
– (Hrsg.) (1990). Lichtmikroskopie. PdN-B 39, H. 6
– (Hrsg.) (2004). Globale Ernährungsprobleme. PdN-B 53, H. 6

– (Hrsg.) (2006). Freiarbeit: Lernen an Stationen. PdN-B 55, H. 5
– /Gerundt, C./Hertlein, U. (2005). Pflanzenkunde/Ökologie. Kommentierte Tafelbilder Biologie Bd. 3. Köln: Aulis
– /Hertlein, U. (1996). Menschenkunde. Kommentierte Tafelbilder Biologie Bd.1. (S I). Köln: Aulis
– /Hertlein, U. (1998). Tierkunde. Kommentierte Tafelbilder Biologie Bd. 2 (SI). Köln: Aulis

Junge, F. (1907). Der Dorfteich als Lebensgemeinschaft. Unveränd. Nachdruck d. bebilderten Ausg. von. St-Peter-Ording: Lühr & Dircks 1985

Jungjohann, H. E./Probst, W. (1998). Disteln und Insekten. UB 22, H. 236, 25–31

Jungwirth, E. (1979). Das israelische Biologie-Abitur. UB 3, H. 33, 44–46
– /Dreyfus, A. (1990). Diagnosing the attainment of basic enquiry skills. JBE 24, H. 1, 42–49

Junker, R./Scherer, S. (2001). Evolution. Ein kritisches Lehrbuch. Gießen: Weyel

Jürgensen, F./Schieber, M. (2001). Zur Beliebtheit eines integrierten Fachs »Naturwissenschaften«. MNU 54, H. 8, 489–491

Kähler, H./Tischer, W. (1988). Computer im Biologie-Unterricht. PdN-B 37, H. 8, 1–2

Kaiser, A./Kaiser, F.-J./Kaiser, R. (1996). Studienbuch Pädagogik. Berlin: Cornelsen

Kalas, K. (2002). Beobachtungsübungen an Schneckenbuntbarschen. UB 26, H. 276, 43–49

Kals, E./Montada, L. (1994). Umweltschutz und die Verantwortung der Bürger. Zeitschrift für Sozialpsychologie 25 (1994), H. 4, 326–337

Kamelger, K. (2004). Tierisch Menschliches – Vorstellungen zu den biologischen Grundlagen menschlichen Verhaltens. In: *Gropengießer/Janßen-Bartels/Sander* (2004), 70–79

Kaminski, B./Kattmann, U. (1996). Alles im Ei – Embryonenschutz bei Landwirbeltieren. UB 20, H. 218, 43–49

Kämmer, G./Lindner-Effland, M. (1997). Ein Herbar mit Algen. UB 21, H. 225, 20–21

Kansanen, P. (2003). Studying the realistic bridge between instruction and learning. Educational Studies 29, H. 2/3, 221–231

Kanz, H. (Hrsg.) (1990). Der Nationalsozialismus als pädagogisches Problem. Frankfurt: Lang

Kasbohm, P. (1973 a). Haltung und Überwinterung von Fröschen, Weinbergschnecken u. ä. als Demonstrations- und Versuchstiere für den Unterricht. NiU 21, H. 9, 404–406

– (1973 b). Schülergruppenexperimente zur Physiologie des Menschen. PdN-B 22, H. 11, 291–302

– (1975). Schülerversuche in der Sekundarstufe I. In: *Rodi* (1975), 116–121

– (1978). Zur Rolle empirischer Unterrichtsforschung bei der Entwicklung von Biologie-Curricula. NiU-B 26, H. 7, 210–217

Kasek, L. (1993). Zukunftsängste, soziale Beziehungen und Umwelthandeln bei Kindern und Jugendlichen. In: Greenpeace (1993), 90–101

Kästle, G. (1970). Einführung in die Mikroskopie im 5. Schuljahr. MNU 23, H. 6, 362–364

– (1974). Möglichkeit zur Erarbeitung einer dreidimensionalen Veranschaulichung von Zellen. PdN-B 23, H. 12, 324–327

– (1978). Modelle zur Erarbeitung einer dreidimensionalen Vorstellung von Zellen. In: *Wenk/Trommer* (1978), 174–181

Kattmann, U. (1971 a). Entwicklung von Biologie-Curricula im IPN Kiel. MNU 14, H. 2, 114–117

– (1971 b). Behandlung von Grenzfragen zur Philosophie im Biologieunterricht. MNU 24, H. 5, 261–268; H. 6, 335–342

– (1972). Biologie und Religion. Frankfurt: Calwer/München: Kösel

– (1976). Unterricht angesichts der Überlebenskrise. Beiträge zum mathematisch-naturwissenschaftlichen Unterricht, H. 31, 2–25

– (1978). Sexualität des Menschen (Bildmappe und Didaktischer Kommentar). Wuppertal: Jugenddienst

– (1979). Biologie und Rassismus. UB 3, H. 36/37, 92–95

– (1980 a). Bezugspunkt Mensch. Köln: Aulis, 2. Aufl.

– (1980 b). Fließgleichgewicht und Homöostase. Das homöostatisch gesicherte Fließgleichgewicht. Zur kybernetischen Beschreibung von Biosystemen. MNU 33, H. 4, 202–209; H. 5, 283–289

– (1982). Biologische Unterwanderung? UB 6, H. 72/73, 35–42

– (1983 a). Ist der Mensch zum Frieden fähig? UB 7, H. 82/83, 9–14

– (1983 b). Wert und Unwert empirischer Untersuchungen für die Verbesserung des Biologieunterrichts. UB 7, H. 85, 41–43

– (1983 c). Zeichen für Nährstoffe und deren Bausteine im Biologieunterricht. UB 7, H. 86, 56 f.

– (1984 a). Geschichte im Biologieunterricht. UB 8, H. 100, 2–12

– (1984 b). Annäherung an Darwin. UB 8, H. 100, 36–40

– (1985). Humanethologie im Unterricht? UB 9, H. 110, 2–13

– (Hrsg.) (1987). Zukunft des Menschen. UB 11, H. 125

– (1988 a). Biologieunterricht und Ethik. In: *Hedewig/Stichmann* (1988), 47–62

– (1988 b). Biologieunterricht und Friedenserziehung. In: *Calließ/Lob* (1988), Band 3, 245–251

– (1988 c). Rasse als Lebensgesetz. Mitt. des VDBiol Nr. 359, 1662–1664

– (1989). Wirbellose Vielzeller. In: *Eschenhagen/Kattmann/Rodi* (1989), 99–129

– (1990). Phänomen Regulation. UB 14, H. 158, 4–13

– (1991 a). Biologieunterricht und Ethik. BioS 40, H. 10, 353–362

– (1991 b). Bioplanet Erde. Neue Ansichten über das Leben. UB 15, H. 162, 51–53

– (1991 c). Heterozygotenvorteil und Eugenik. UB 15, H. 167, 32–39

– (1991 d). Umwelt und Gene. UB 15, H. 167, 4–13

– (1992 a). Evolution im Unterricht. UB 16, H. 179, 44–49

– (1992 b). Evolutionstheorie und die Geschichte des Lebens. UB 16, H. 179, 2–11

– (1992 c). Originalarbeiten als Quellen didaktischer Rekonstruktion. UB 16, H. 174, 46–49

– (1992 d). Anmerkungen zur Wissenschaftssystematik und Wissenschaftsethik der Anthropologie auf dem Hintergrund ihrer Geschichte. In: *Preuschoft/Kattmann* (1992), 127–142

– (1992 e). Von der Macht der Namen. In: *Entrich/Staeck* (1992), 90–101

– (1992 f). Sprache und Begriffe im Biologieunterricht. BioS 41, H. 6, 201–205

– (1992 g). Wissenschaftler macht sensationelle Entdeckung. Neue Arten von Hangnagern entdeckt. UB 16, H. 179, 32 f.

– (1993 a). Sieben Weisen, die Natur zu verstehen. In: *Seybold/Bolscho* (1993), 47–61

– (1993 b). Das Lernen von Namen, Begriffen und Konzepten – Grundlagen biologischer Terminologie am Beispiel »Zellenlehre«. MNU 46, H. 5, 275–285

– (1993 c). Soziobiologie – Wissenschaft und Ideologie. UB17, H. 185, 4–13

– (Hrsg.) (1994 a). Biologiedidaktik in der Praxis. Köln: Aulis

– (1994 b). Wozu Biologiedidaktik? In: *Kattmann* (1994), 9–23

– (1994 c). Wie Menschen zu Fremden gemacht werden. Interkulturell, H. 3/4, 100–114

(1994 d). Verantwortung in der Natur. In: *Pfligersdorffer/Unterbruner* (1994), 15–31

– (1995 a). Konzeption eines naturgeschichtlichen Biologieunterrichts. ZfDN 1, H. 1, 29–42

– (1995 b). Gene und Genetik. UB 19, H. 209, 4–13

– (1995 c). Was heißt hier Rasse? UB 19, H. 204, 44–50

– (1995 d). Sprache und Bewußtsein. UB 21, H. 208, 49–55

– (Hrsg.) (1995 e). Ethik. Sammelband UB. Seelze: Friedrich

– (1996 a). Wirbeltiere: Evolution, Lebensweisen und Leistungen. UB 20, H. 218, 4–13

– (1996 b). Verhalten des Menschen. In: *Eschenhagen/Kattmann/Rodi* (1996), Band 4, 289–321

– (1997 a). Der Mensch in der Natur. Ethik und Sozialwissenschaften 8, H. 2, 123–131

– (1997 b). Testen und Beurteilen im Biologieunterricht. UB 21, H. 230, 4–13

– (1998 a). Schöpfung und Evolution. In: *Hedewig/Kattmann/Rodi* (1998), 33–46

– (1998 b). Evolution ohne Umwelt? UB 22, H. 232, 48 f.

– (1999 a). Warum und mit welcher Wirkung klassifizieren Wissenschaftler Menschen? In: *Kaupen-Haas/Saller* (1998), 65–83

– (1999 b). Biologie 2000 – zwischen Vergangenheit und Zukunft. UB 23, H. 250, 4–12

– (2000 a). Eugenik. In Lexikon der Biologie, Band 5, 226 f.

– (2000 b). Lernmotivation und Interesse im Biologieunterricht. In: *Bayrhuber/Unterbruner* (2000), 13–31

– (2001). Nicht nur Schall und Rauch Zum Umgang mit Namen im Biologieunterricht. IDB 10, 87–98

– (2002). Menschenrassen. In: Lexikon der Biologie, Band 9, 170–177 (auch in: *Freudig* (2005), 201–217)

– (2003 a). »Vom Blatt zum Planeten« – Scientific Literacy und kumulatives Lernen im Biologieunterricht und darüber hinaus. In: *Moschner/Kiper/Kattmann* (2003), 115–138

– (2003 b). Rassismus. In: Lexikon der Biologie, Band 11, 423 f.

– (2003 c). Pädagogik fachlichen Lernens. Fachdidaktiken gehören ins Zentrum der Lehrerbildung. In: *Moscher/Kiper/Kattmann* (2003), 307–318

– (2003 d). Der Bachelor »Wissenstransfer« als Basis für konsekutive Studiengänge in der Lehrerbildung. Das Hochschulwesen 51, H. 3, 96–99

– (2004 a). Schöne neue Welt: Gen- und Fortpflanzungstechnik. UB 28, H. 291, 4–14

– (2004 b). Bioplanet Erde: Erdgeschichte ist Lebensgeschichte. UB 28, H. 299, 4–14.

– (2004 c). Unterrichtsreflexion im Rahmen der Didaktischen Rekonstruktion. Seminar – Lehrerbildung und Schule 10, H.3, 40–49

– (Hrsg.) (2004 d). Genetische Techniken am Menschen. UB 28, H. 291

– (2005 a). Lernen mit anthropomorphen Vorstellungen? ZfDN 11, 165–174

– (2005 b) Die Evolution der Evolutionstheorie. UB 29, H. 310, 2-11

– (2006). Didaktische Rekonstruktion der Evolution. MNU 59, H. 6, 366–368

– (2007). Ordnen und Bestimmen. UB 31, H. 323

– /Fischbeck-Eysholdt, M. (2000). Bestäuber als Artbildner bei den Gauklerblumen. UB 24, H. 260, 26–31

– /Frerichs, V./Gluhodedow, M. (2005). Gene sind charakterlos – Didaktische Rekonstruktion am Beispiel Genetik. MNU 58, H. 6, 324–330

– /Isensee, W. (Hrsg.) (1977). Strukturen des Biologieunterrichts. Köln: Aulis (2. Aufl.)

– /Janßen-Bartels, A./Müller, M. (2005 a). Warum gibt es Säugetiere? UB 29, H. 307/308, 18–23

– /Janßen-Bartels, A./Müller, M. (2005 b). Selektion: die Entstehung von Giraffe und Okapi. UB 29, H. 310, 12–17

– /Jungwirth, E. (1988). Beachten logischer Strukturen im Unterricht. UB 12, H. 139, 42–46

– /Klein, R. (1989). Maulbrüter – Selektion und Verhalten. UB 13, H. 141, 29–32

– /Lucht-Wraage, H./Stange-Stich, S. (1990). Sexualität des Menschen. Köln: Aulis (3. Aufl.)

– /Palm, W./Rüther, F. (Hrsg.) (1979). Kennzeichen des Lebendigen. Lehrerbände. Stuttgart: Metzler

– /Palm, W./Rüther, F. (Hrsg.) (1982; 1983). Kennzeichen des Lebendigen. Band 1; Band 2. Stuttgart: Metzler (2. Aufl.)

– /Pinn, H. (1984). Die Suche nach dem »missing link«. Texte zur Erforschung der Stammesgeschichte des Menschen. Salzdetfurth: Franzbecker

– /Rüther, F. (Hrsg.) (1990; 1991). Kennzeichen des Lebendigen. Biologie. Stuttgart: Metzler. Bd. 7/8; 9/10

– /Schaefer, G. (1974). Die IPN-Einheitenbank Biologie. In: IPN (1974), 6–30

– /Schmitt, A. (1996). Elementares Ordnen. ZfDN 2, H. 2, 21–38
– /Schüppel, G. (1999). Die Gene lügen nicht? UB 23, H. 250, 45–51
– /Seidler, H. (1989). Rassenkunde und Rassenhygiene. Velber: Friedrich
– u. a. (1997). Das Modell der Didaktischen Rekonstruktion. ZfDN 3, H. 3, 3–18
– /Wahlert, G. von/Weninger, J. (1981). Evolutionsbiologie. Köln: Aulis (2. Aufl.)
Kauffman, S. (1991). Leben am Rande des Chaos. Spektrum, H. 10, 90–99
Kaufmann, M. (1989). Die moderne Biologiesammlung. Hannover: Schroedel
– (1990). Schulmikroskope im Wandel der Zeit. PdN-B 39, H. 6, 25
Kaufmann-Hayos, R./Künzli, C. (Hrsg.) (1999). »... man kann ja nicht einfach aussteigen«. Zürich: vdf
– u. a. (1999). Kinder und Jugendliche zwischen Umweltangst und Konsumlust: Zusammenfassung und Synthese. In: Kaufmann-Hayoz/Künzli (1999), 21–75
Kaupen-Haas, H./Saller, C. (Hrsg.) (1999). Wissenschaftlicher Rassismus. Frankfurt/M.: Campus
Keckstein, R. (1980). Die Geschichte des biologischen Schulunterrichts in Deutschland. biol. did. 3, H. 4, 1–99
Kehren, W./Langlet, J. (2006). Zur Funktionalität chemischer Formeln im Biologieunterricht. MNU 59, H. 2, 104–110
Keller, H. (2000). Schwarzkäfer-Haltung in der Schule. UB 24, H. 255, 53
Kelterborn, K. (1994). Analyse ausgewählter Schulbuchtexte der Humanbiologie zur Entwicklung didaktisch-logischer Grundstrukturen. Alsbach/Bergstraße: Leuchtturm.
Kentler, H. (1970). Sexualerziehung. Reinbek: Rowohlt
Kersberg, H. (1987). Schullandheim-Aufenthalte im Dienste der Umwelterziehung. In: Calließ/Lob (1987), 480–489
– (1995). Umweltspiele bei Wanderungen und bei Aufenthalten in Schullandheimen und Jugendherbergen. In: Wessel/Giesing (1995)
Kerschensteiner, G. (1959). Wesen und Wert des naturwissenschaftlichen Unterrichtes. München. Oldenbourg/Stuttgart: Teubner (5. Aufl.)
– (1961). Begriff der Arbeitsschule. München: Oldenbourg
Kilger, U. (1981). Schul- und Lehrgärten. Freising-Weihenstephan: Gemüsebau TU München

Killermann, W. (1980 a). Empirische Untersuchungen zur Lerneffektivität von Medien, speziell Unterrichtsfilmen. In: Rodi/Bauer (1980), 216–223
– (Hrsg.) (1980 b). Biologie in Unterrichtsmodellen für die Jahrgangsstufen 5-9. Donauwörth: Auer (2. Aufl.)
– (1983). Grundfragen des Biologieunterrichts. Pädagogische Welt 37, H. 3, 130–139
– (1987). Neue Wege der außerschulischen Umwelterziehung in Nationalparks und Naturparks durch Einrichtung von Informationshäusern. In: Welkinger, F. (Hrsg.), Verhandlungen Göttingen: Gesellschaft für Ökologie Bd. XV, 277–282
– (1996). Biology education in Germany: research into effectiveness of different teaching methods. IJSE 18, H. 3, 333–346
– /Hiering, P./Starosta, B. (2005). Biologieunterricht heute. Donauwörth: Auer
– /Klautke, S. (Hrsg.) (1978). Fachdidaktisches Studium in der Lehrerbildung, Biologie. München: Oldenbourg
– /Rieger, W. (1996). Unterricht mit Video oder Mikroskop? ZfDN 2, H. 2, 15–20
– /Scherf, G. (1986). Erwerb pflanzlicher Formenkenntnisse mit Hilfe des Unterrichtsganges und Verstärkung der schützenden Einstellung gegenüber Pflanzen durch formenkundlichen Unterricht. In: Hedewig/Knoll (1986), 162–172
– /Staeck, L. (1990). Methoden des Biologieunterrichts. Köln: Aulis
– /Vopel, V. (1993). Ziele und Methoden biologischer Unterrichtsgänge – Freilandarbeit in einem Kalktrockenrasen. BioS 42, H. 3, 84–91
Kirchner, W./Buschinger, A. (1971). Waldameisen im Unterricht. PdN-B 20, H. 6, 101–111
Kirchshofer, R. (1977). Gliedmaßenbau und Fortbewegung von Säugetieren. UB 1, H. 15, 25–34
– (1981). Biologieunterricht im Zoologischen Garten. In: Falkenhan (1981), Bd. 2, 271–305
– (1982). Unterrichtsstätte Zoo. NiU-B 30, H. 8, 286–303
– (1983). Beobachtungsmöglichkeiten zum Sozialverhalten von Tierprimaten im Zoo. NiU-B 31, H. 4, 115–122
Kirschfeld, K. (1984). Linsen- und Komplexaugen. Naturwiss. Rundschau 37, H. 9, 352–362
Klafki, W. (1964). Didaktische Analyse als Kern der Unterrichtsvorbereitung. In: Auswahl 1. Hannover: Schroedel, 5–34 (4. Aufl.)

– (1980 a). Die bildungstheoretische Didaktik. WPB 32, H. 1, 32–37
– (1980 b). Zur Unterrichtsplanung im Sinne kritisch-konstruktiver Didaktik. In: *König, E./Schier, N./Vohland, U.* (Hrsg.). Diskussion Unterrichtsvorbereitung. München: Fink, 13–44
– (1993). Grundzüge eines neuen Allgemeinbildungskonzeptes. In: Neue Studien zur Bildungstheorie und Didaktik. Weinheim/Basel: Beltz (3. Aufl.)
Klahm, G. (1982). Der Vergleich im Biologieunterricht, exemplarisch dargestellt am Beispiel Feldhase – Wildkaninchen (5. Schuljahr). NiU-B 30, H. 9, 315–320
– (1983). Vom Laich zum Frosch. UB 7, H. 78, 13–19
– (1984). Hühner verständigen sich durch Laute (mit Folienplatte). UB 8, H. 98, 14–16
– */Meyer, H.* (1987). Der Regenwurm als Kompostierer. UB 11, H. 127, 16–19
Klahr, D. (2002). Exploring science. Cambridge, MA: MIT Press
Klaus R.-D. (2003). Der Dschungel in uns selbst. PdN-B 52, H. 3, 24–32
Klausing, O. (1968). Biologie in der Bildungsreform. Weinheim: Beltz
Klautke, S. (1974). Kriterien zur Beurteilung von Schulbüchern für Biologie. Blickpunkt Schulbuch, H. 16, 30–32
– (1978). Das biologische Experiment. In: *Killermann/Klautke* (1978), 170–191
– (1990). Für und Wider das Experiment im Biologieunterricht. In: *Killermann/Staeck* (1990), 70–82
– (1997). Ist das Experiment im Biologieunterricht noch zeitgemäß? MNU 50, H. 6, 323–329
– (2000). Bedingungen eines fächerübergreifenden Unterrichts – Beispiel: Naturwissenschaftliche Fächer. BioS 49, H. 2, 65–69
– */Köhler, K.* (1991). Umwelterziehung – ein didaktisches Konzept und seine Konkretisierung. UB 15, H. 164, 48–51
– */Tutschek, R.* (1997). Chancen und Probleme fächerübergreifenden Unterrichts – Biologie-Chemie-Physik. Schulmagazin 5 bis 10, H. 1, 8–11
Klawitter, E. (1992). Der Öko-Schulgarten. Stuttgart: Klett
Kleber E. W./Kleber, G. (1994). Handbuch Schulgarten. Weinheim/Basel: Beltz
Klee, R. (1995). Beschäftigung mit Arten sowie Handeln in Natur- und Umweltschutz. MNU 48, H. 5, 298–304

– */Bayrhuber, H.* (Hrsg.) (2002). Lehr- und Lernforschung in der Biologiedidaktik. Band 1. Innsbruck: Studienverlag
– */Berck, K.-H.* (1993). Anregungsfaktoren für Handeln im Natur- und Umweltschutz. In: *Eulefeld* (1993), 73–82
– */Sandmann, A/Vogt, H.* (Hrsg.) (2005). Lehr- und Lernforschung in der Biologiedidaktik. Band 2, Studienverlag: Innsbruck
Kleesattel, W. (Hrsg.) (2000). Die Fundgrube für den Biologieunterricht. Berlin: Cornelsen
Klein, E. (2005). Bilinguales Wörterbuch Biologie. Herausgegeben vom VdBiol: Hannover
Klein, M. (1970). Zur Einführung des Vergleichens im Biologieunterricht der 5. und 6. Klassen. BioS 21, H. 10, 425–432
Klein, R. L. (1987). Genetische Manipulation erfaßt alle Lebensbereiche. PdN-B 36, H. 2, 23–41
– (1993 a). Bauer Piepenbrink und seine Kühe. UB 17, H. 182, 30–34
– (1993 b). Blut für Menschen: von Menschen oder Schweinen oder ...? PdN-B 42, H. 5, 30–37
– (1994). Über das Interesse an Pflanzen. Frankfurt a. M.: Lang
Kleine, A./Vogt, H. (2002). Einfluss der didaktisch-methodischen Ausgestaltung des Unterrichts auf die Interessiertheit der Kinder bezüglich eines unbeliebten Unterrichtsgegenstands des Sachunterrichts. In: *Klee/Bayrhuber* (2002), 9–18
Kleine, U. (1982). Anleitung zur Einrichtung eines Stadtlehrpfades. NiU-B 30, H. 9, 340–343
Klenk, G. (1986). Ein Waldsterbepfad. UB 10, H. 114, 32–35
– (1990). Schullandheimaufenthalte als Alternative zu Schulskikursen. PdN-B 39, H. 3, 17–20
Klenke, U./Wigbers, M. (1995). Heldentum auf dem Hühnerhof? UB 19, H. 208, 14–17
Klewitz, E./Mitzkat, H. (1977). Entdeckendes Lernen und offener Unterricht. Braunschweig: Westermann
Klieme, E. u. a. (2003). Zur Entwicklung nationaler Bildungsstandards. Bonn: Bildungsministerium für Bildung und Forschung
Klimmek, S. (1996). Die Waldschadensstatistik. Mathematik Lehren 76, 16–18
Klimsa, P. (1995). Multimedia aus psychologischer und didaktischer Sicht. In: *Issing/Klimsa* (1995), 7–24
Klingberg, L. (1972). Einführung in die Allgemeine Didaktik. Berlin

Klockhaus, R./Habermann-Morbey, B. (1986).
Psychologie des Schulvandalismus:
Göttingen

Kloehn, E./Zacharias, F. (Hrsg.) (1984). Einrichtung von Biotopen auf dem Schulgelände.
Kiel: IPTS/IPN (2. Aufl.)

Kluge, N. (Hrsg.) (1981 a). Sexualpädagogische
Forschung. Paderborn: Schöningh

– (1981 b). Neuere Forschungsbefunde zur
Realisation schulischer Sexualerziehung.
In: *Kluge* (1981 a), 157–186

– (1998). Sexualverhalten Jugendlicher heute.
Weinheim: Juventa

KMK (1975; 1983). Einheitliche Prüfungsanforderungen in der Abiturprüfung.
Neuwied: Luchterhand

– (1976).Vereinbarung zur Neugestaltung der
gymnasialen Oberstufe in der Sekundarstufe
II. Neuwied: Luchterhand

– (1978). Empfehlungen zur Arbeit in der gymnasialen Oberstufe. Neuwied: Luchterhand

– (1989). Empfehlungen zur Lehrerausbildung
in Mathematik und in den Naturwissenschaften. Biologie heute, Nr. 368, 3 ff.

– (1995). Weiterentwicklung der Prinzipien der
gymnasialen Oberstufe und des Abiturs.
Kiel: Schmidt und Klaunig

– (1999). Perspektiven der Lehrerbildung in
Deutschland. Abschlussbericht der von der
Kultusministerkonferenz eingesetzten
Kommission. Bonn.

– (2004 a). Einheitliche Prüfungsanforderungen
in der Abiturprüfung Biologie.
URL: http://www.kmk.org/doc/beschl/
aschulw.htm#abi

– (2004 b). Bildungsstandards im Fach Biologie
für den Mittleren Schulabschluss.
URL: http://www.kmk.org/schul/Bildungs-
standards/bildungsstandards-neu.htm

– (2004 c). Standards für die Lehrerbildung:
Bildungswissenschaften. URL:
http://www.kmk.org/aktuell/home1.htm

– (2004 d). Vereinbarung zur Gestaltung der
gymnasialen Oberstufe in der Sekundarstufe
II. http://www.kmk.org/doku/home1.htm
(20.07.2005)

– (2005). Lehrplan-Datenbank.
URL: http://db.kmk.org/lehrplan/

Knauer, B. (1997). Logistisches Wachstum.
PdN-B 46, H. 4, 23–32

Knauss, I. (1992). Freilandmuseen und deren
Beitrag zum Naturschutz und zur Natur-
schutzbildung. In: *Pfadenhauer* (1992),
479–482

Knieps, E. (1990). Naturlehrpfade.
LÖLF-Mitteilungen, H. 1, 36–40

Knievel, F. (1983). Menschliche Evolution als
Menschenwerk. UB 7, H. 88, 45–53

– (1984 a). Gedanken über Modelle.
biol. did. 6, H. 3, 4–14

– (1984 b). Ein Druckfehler bei Mendel.
PdN-B 33, H. 10, 289–298

– (1986). Der Arbeitsprojektor.
PdN-B 35, H. 8, 1–24

Knippels, M.C.P.J. (2002). Coping with the
abstract and complex nature of genetics in
biology education. Utrecht: CD-b Press

Knoblauch, H. (1973). Überlegungen und Beob-
achtungsaufgaben zur Unterrichtseinheit
»Die Weinbergschnecke«.
NiU 21, H. 10, 445–452

Knoll, J. (1974 a). Die Gegenstände der wissenschaftlichen Biologie und die Inhalte eines
modernen Biologieunterrichts.
PdN-B 23, 281–290

– (1974 b). Sind Mehlwürmer wirklich Wür-
mer? Die Grundschule 6, H. 11, 589–596

– (1977). Biologielehrer und Sexualerzieher.
UB 1, H. 11, 2–10

– (1979). Wirkungen tiefer Temperaturen. Zur
Funktion fachsprachlicher Texte im Biologie-
unterricht der Sekundarstufe II.
UB 3, H. 40, 32–41

– (1981). Medien. UB 5, H. 60/61, 1–2

– (1982). Die Entstehung des Lebens auf der
Erde. UB 6, H. 75, 2–10

– (1987 a). Mikroskopieren in der Schule.
UB 11, H. 129, 4–13

– (1987 b). Transmissionselektronenmikros-
kopie. Beihefter UB 11, H. 129

– (Hrsg) (1987 c). Biologie und Kunst.
UB 11, H. 123

– (1994). ... So verlieren sie alle Lebhaftigkeit,
schmachten dann und sterben. Zur Geschichte eines Lehrexperiments.
UB 18, H. 197, 48–51

– (1995). Zur Geschichte des naturkundlichen
Unterrichts in Hannover.
Hannover: Universität

Knoll, M. (1992). John Dewey und die Projektmethode. Zur Aufkärung eines Mißverständ-
nisses. Bildung und Erziehung 45,
H. 1, 89–108

– (1993). 300 Jahre Lernen am Projekt. Zur
Revision unseres Geschichtsbildes.
Pädagogik 45, H. 7/8, 58–63

Knoop, H. D. (1977). Sexualerziehung im
Teamwork. Gütersloh: Gerd Mohn

Knoth, M. (1983). Soziale Verhaltensweisen bei Tieren unter besonderer Berücksichtigung des Sozialverhaltens der Ameisen. BU 19, H. 1, 50–81

Knust, M./Müller-Schrobsdorff, H. (2001). The Wadden Sea. Praxis der Geographie 31, H. 1, 16–19

Koch, F. (1992). Brauchen wir eine neue Sexualerziehung? In: *Koch, F.* (Hrsg.). Sexualerziehung und AIDS – Das Ende der Emanzipation? Hamburg: Bergmann + Helbig

Koch, K. (1977 a). Text und Bild in Biologiebüchern. Göppingen: Kümmerle

– (1977 b). Kriterien zur Auswahl von Biologiebüchern für einen effektiven Unterricht. UB 1, H. 9, 47–48

Koch, K. H. (1997). Bausteine zur ökologischen Gestaltung der Schule. Schulmanagement 28, H. 6, 18–24

Koch, M. (1992 f.). Wissenschaft und Wahrheit (Serie). BioS 41 f., H. 4 ff.

Kochanek, H. M./Pathe, F./Szyska, B. (1996). Umweltzentren in Deutschland. München: ANU

Kögel, A./Regel, M./Gehlhaar,K.-H./Klepel, G. (2000): Biologieinteressen der Schüler. In: *Bayrhuber/Unterbruner* (2000), 32–45

Köhler, H. (1985 a). Computer als Herausforderung – zur Sklavenarbeit? MNU 38, H. 1, 1–9; H. 2, 65–73

– (1985 b). Dynamisches Modell der Enzymregulation durch isosterische und allosterische Effektoren. PdN-B 34, H. 5, 24–34

Köhler, K. (1999). Skipisten, Komposthaufen und gefräßige Schnecken – von Phänomenen und Anwendungsbezügen zu biologischer Bildung. In: *Lehnert/Ruppert* (1999), 97–108

– (2005). Aufgaben und Funktionsräume eines Schulgeländes aus pädagogischer und didaktischer Sicht. In: *Lehnert/Köhler* (2005), 49–58

– /Koop, C. (1999). Nützlinge im Garten. UB 23, H. 243, 27–30 (Beihefter)

Köhler, T. (1987). Umgestaltung von Schulgelände. UB 11, H. 123, 40–41

Kölsch-Bunzen, N. (2003). Das gebildete Ungeborene. Herbolzheim, Breisgau: Centaurus

Komorek, M./Duit, R. (2004). The teaching experiment as a powerful method to evaluate teaching and learning sequences in the domain of non-linear systems. IJSE 26, H. 5, 619–633

– /Duit, R./Schnegelberger, M. (Hrsg.) (1998). Fraktale im Unterricht. Kiel: IPN

Konopka, H.-P. (1998). Tiere als hydraulische Systeme. PdN 47, H. 3, 20–20

Koschwitz, H. (1985). Der Mikrocomputer im Biologieunterricht. MNU 38, H. 8, 487–501

– /Wedekind, J. (1993). Computereinsatz im Biologieunterricht. Tübingen: DIFF

Kösel, E. (1975). Soziale Lernziele in der Schule. Ravensburg: Maier

– (1976). Sozialformen des Unterrichts. Ravensburg: Maier (5. Aufl.)

Kötter, R. (2000). Kreationisten versus Evolutionstheoretiker. PdN-B 49, H. 6, 6–11

Krainer, K./Wallner, F. (1995). Von der Abbildung zur Handlung: konstruktiver Realismus in der Mathematik(didaktik). math. did. 18, H. 1, 109–133

Kramer, B. (2005). Mentale Integration von Text und Bild beim Lernen mit Multimedia. URL: www.uni-kiel.de/e-diss/diss_1546

– /Prechtl, H./Bayrhuber, H. (2005). Text- und Bildbearbeitungsstrategien bei der Nutzung einer multimedialen Lernumgebung. In: *Klee/Sandmann/Vogt* (2005), 165–179

Kramp, W. (1964). Hinweise zur Unterrichtsvorbereitung für Anfänger. In: Auswahl 1. Hannover: Schroedel, 35–67 (4. Aufl.)

Krapp, A. (1992 a). Interesse, Lernen und Leistung. Zeitschrift für Pädagogik 38, 747–770

– (1992 b). Das Interessenkonstrukt. In: *A. Krapp/M. Prenzel* (Hrsg.). Interesse, Lernen, Leistung. Münster: Aschendorff, 297–329

– (1993). Die Psychologie der Lernmotivation. Zeitschrift für Pädagogik 39, H. 2, 187–205

– /Prenzel, M. (Hrsg.) (1992). Interesse, Lernen, Leistung. Münster: Aschendorf

– /Ryan, R. M. (2002). Selbstwirksamkeit und Lernmotivation. Zeitschrift für Pädagogik, 44 (Beiheft), 54–82.

Krathwohl, D. R. u. a. (1964). Taxonomy of educational objectives: handbook II: affective domain. New York: Longman

Krebs, A. (Hrsg.) (1997). Naturethik der gegenwärtigen tier- und ökoethischen Diskussion. Frankfurt: Suhrkamp

Kreft, A./Neuhaus, B. J. (2004). Hypertext versus lineare Software. In: *Vogt* u. a (2004), 23–35

Kreiselmaier, K. (2002). Das Ostseelabor Flensburg. In: *Vogt/Retzlaff-Fürst* (2002), 123–130

Kremer, A./Stäudel, L. (1992). Den Gegenständen wieder Gestalt geben. päd.extra, H. 9, 5–9

Kreuter, M.-L. (1992). Der Bio-Garten. München: BLV (14. Aufl.)

Krischke, N. (1984). Soziale Verhaltensweisen adulter Dsungarischer Zwerghamster. UB 8, H. 98, 46–48

– (1987 a). Wachstum und Entwicklung von Zwerghamstern. UB 11, H. 128, 18–21

– (1987 b). Experimente mit Tieren im Biologieunterricht. UB 11, H. 128, 44–46

Kriz, W. C. (2000). Lernziel: Systemkompetenz; Planspiele als Trainingsmethode. Göttingen: Vandenhoeck & Ruprecht.

Krombaß, A./Harms, U. (2006). Ein computergestütztes Informationssystem zur Biodiversität als motivierende und lernfördernde Ergänzung der Exponate eines Naturkundemuseums. ZfDN 12, 7–22

Kromer, I./Zuba, R. (2003). Jugend im Wandel. umwelt & bildung, H. 1, 23–25

Kron, F. W. (1994). Grundwissen Didaktik. München: Reinhardt

Kronberg, I. (2001). Leben auf ökologisch großem Fuß. UB 25, H. 261, 34–39

Kroner, B./Schauer, H. (1997). Unterricht erfolgreich planen und durchführen. Köln: Aulis

Kronfeldner, M. (1980). Die Verwendung von Objektdias im Unterricht beim Thema »Verbreitung von Samen und Früchten«. PdN-B 29, H. 8, 248–249

Kroß, A. (1994). Vom Wasser haben wir's gelernt. Medien + Schulpraxis, H. 1/2, 58–60

– /*Lind, G.* (2000). Aufgabenkultur und Kompetenzerwerb im Biologieunterricht. In: *Bayrhuber/Unterbruner* (2000), 210–225

– /*Lind, G.* (2001 a). Einfluss des Vorwissens auf Intensität und Qualität des Selbsterklärens beim Lernen mit biologischen Beispielaufgaben. Unterrichtswissenschaft, H. 1, 5–24

– /*Lind, G.* (2001 b). Lernen mit Beispielaufgaben in Biologie und Physik. MNU 54, H. 8, 491–496

Krüger, B. (1985). Motivation und Lernerfolg durch programmierten Unterricht im Fach Biologie. Dissertation. Päd. Hochschule Niedersachsen, Abt. Göttingen.

– /*Wagener, A.* (1979). Wild im Wald. UB 3, H. 39, 14–19

Krüger, D. (2000). Evaluation der Gen-Welten-Ausstellungen. IDB 9, 41–57

– (2002 a). Entwicklungsorientierte Evaluation im computergestützten Gentechnikunterricht. ZfDN 8, 133–150

– (2002 b). Lernen im computergestützten Gentechnikunterricht. In: *Klee/Bayrhuber* (2002), 159–173

– (2003). Entwicklungsorientierte Evaluationsforschung. In: *Vogt/Krüger/Unterbruner* (2003), 7–24

– /*Burmester, A.* (2005). Wie Schüler Pflanzen ordnen. ZfDN 11, 85–102

– /*Forêt, M./Meyfarth, S.* (2005). Ein Pilz – kein Wasser! Lernchancen

– /*Gropengießer, H.* (2006). Hauptsache Atmung. MNU 59, H. 3, 169–176

– /*Mayer, J.* (2006). Forscherheft. UB 30, H. 317

Krüger, K./Millat, U. (Hrsg.) (1962). Schulgartenpraxis. Berlin: Volk und Wissen

Krumbein, W. E. (2004). Ist die Erde Lebewesen oder Lebensträger? In: *Gropengießer/Janßen-Bartels/Sander* (2004), 190–196

Krumwiede, D. (1982). Trends im Biologieunterricht der Sekundarstufe II. In: *Hedewig/Rodi* (1982), 94–120

– (1988 a). Wachstum. UB 12, H. 140, 33–37

– (1988 b). Gesetzmäßigkeiten beim Fichtenzapfen. UB 12, H. 140, 22–23

Kruse, E. (1969). Mikroskopische Untersuchungen im Biologieunterricht. BU 5, H. 3, 4–26

– (1976). Zurück zu den Grenzen der Möglichkeiten im Biologieunterricht der Sekundarstufe I. Mitt. VDBiol. Nr. 227, 1077–1078

Kruse, H. (1997). »Qualzuchten« und »Designerrassen« bei Hunden und Katzen. UB 21, H. 226, 25–33

Kruse, K./Ritz, M. (1991). Umwelterziehung im Schullandheim. In: DGU/IPN (1991), 133–168

Kuckartz, U./Grunenberg, H. (2002). Umweltbewusstsein in Deutschland 2002. http://www.empirische-paedagogik.de/ub2002neu/indexub2002.htm (9.9.2004)

Kuhn, G. (2001). Gesunde Ernährung – aber wie? UB 25, H. 270, 25–33

Kühn, H. W. (1981). Lebende Pflanzen und Tiere in der Schule. In: *Falkenhan* (1981), Bd. 8, 268–333

Kuhn, K./Probst, W. (1982; 1980). Biologisches Grundpraktikum. Bd. 1 (4. Aufl.); Bd. 2. Stuttgart: Fischer.

– /*Probst, W./Schilke, K.* (1986). Biologie im Freien. Stuttgart: Metzler

Kuhn, T. S. (1967). Die Struktur wissenschaftlicher Revolutionen. Frankfurt: Suhrkamp

– (1974). Bemerkungen zu meinen Kritikern. In: *Lakatos/Musgrave* (1974), 223–270

Kuhn, W. (1967). Die Sonderstellung des Menschen in der lebendigen Natur. BU 3, H. 1, 26–34

– (1975 a). Methodik und Didaktik des Biologieunterrichts. München: List (5. Aufl.)

– (1975 b). Exemplarische Biologie in Unterrichtsbeispielen. Bd. 1; 2. München: List.

Kühne, E. u. a. (1987). Wollen wir den perfekten Menschen? UB 11, H. 125, 44–47; 23–30

Kühnemund, H./Frey, H. D. (Hrsg.) (1993). Lebenswirklichkeit & Wissenschaft. Band I–III. Tübingen: DIFF

Kulik, C. C./Kulik, J. A. (1991). Effectiveness of computer-based instruction. Computer in Human Behavior 7, 75–94

Kuohn, M. (1981). Wir lernen mikroskopieren. Wir fertigen mikroskopische Präparate an. Monatshefte für die Unterrichtspraxis 49, H. 3, 187–192; H. 4, 251–257

Kupfer, K. (2004). Das Chamäleon – ein Anpassungskünstler. UB 28, H. 296, 35–40

Kurze, M. (1992). Aktives Lernen und besseres Verstehen durch problemorientierte Unterrichtsgestaltung. In: *Entrich/Staeck* (1992), 281–289

– */Müller, A./Schneider, P.* (1977). Mikroskopie. Zellenlehre Kl. 7. BioS 26, 425–428

Kutschera, U. (2003). Biologischer Artbegriff und Grundtypen-Modell. PdN-B 52, H. 8, 31–34

Kyburz-Graber, R. (1993). Die Ausbildung von Lehrkräften für eine handlungsorientierte Umweltbildung in der Sekundarstufe II. In: *Seybold/Bolscho* (1993), 191–210

– */Högger, D.* (2000). LehrerInnenbildung für Nachhaltigkeit. In: *Posch/Rauch/Kreis* (2000), 135–159

– u. a. (1997). Sozioökologische Umweltbildung. Hamburg: Krämer

Labudde, P. (1989). Computer im mathematisch-naturwissenschaftlichen Unterricht – Forschungsergebnisse aus den USA. MNU 42, H. 4, 208–213

– (1997). Zettelwand, Plakat und Lerntagebuch. In: Friedrich Verlag (1997), 92–94

Lahaune, G. (1986). Der Gebrauch der Lupe als Meßinstrument im Biologieunterricht. MNU 39, H. 4, 227–232

Lakatos, I. (1974). Falsifikation und die Methodologie wissenschaftlicher Forschungsprogramme. In: *Lakatos/Musgrave* (1974), 89–190

– */Musgrave, A.* (1974). Kritik und Erkenntnisfortschritt. Braunschweig: Vieweg

Lakoff, G. (1990). Women, fire and dangerous things. Chicago, London: Chicago University Press

– */Johnson, M.* (2000). Leben in Metaphern. 2. Auflage, Heidelberg: Auer

Lammert, K./Lammert, F.-D. (1985). Schmetterlinge brauchen Unkraut. UB 9, H. 104, 13–16

Landesinstitut für Schule und Weiterbildung (Hrsg.) (1992 a). Lernort Bauernhof. Schule und Landwirtschaft. Soest: Soester Verlagskontor

– (1992 b). Lernort Biotope: »Vom Schrottplatz zum Feuchtgebiet«. Soest: Soester Verlagskontor

– (2000). Lernen mit Neuen Medien 2000. Soest: Verlag für Schule und Weiterbildung. URL: http://www.learn-line.nrw.de/angebote/neuemedien/medio/download/ratgeber/softratg.htm (13.4.2004).

Landsberg-Becher, J.-W. (1988). Weniger ist oft mehr. Zum Einsatz eines Computers im Biologieunterricht. PdN-B 37, H. 8, 30–34

Lange, E. (1999). Konsumorientierung und Umweltbewusstsein von Jugendlichen. In: *Kaufmann-Hayoz/Künzli* (1999), 189–217

Lange, O. (Hrsg.) (1982). Problemlösender Unterricht und selbständiges Arbeiten von Schülern. Oldenburg: Universität (diz)

– */Löhnert, S.* (Hrsg.) (1983). Problemlösender Unterricht. Oldenburg: Universität (diz)

Langeheine, R./Lehmann, J. (1986). Die Bedeutung der Erziehung für das Umweltbewußtsein. Kiel: IPN

Langer, J./Schulz von Thun, F./Tausch, R. (2002): Sich verständlich ausdrücken. München, Basel: Reinhardt, 7. Aufl.

Langlet, J. (1992). Zum wissenschaftspropädeutischen Unterricht. Biologie heute 397, 5–6

– (1999 a). „Ich esse keine Gene!" – Die Kunst der Beurteilung lernen. Friedrich Verlag (1999), 96–99

– (1999 b). »Bei Kartoffel denken wir nur an Stärke«. Das Beharren auf Konzepten: ein Beispiel aus der Praxis. ZfDN 5, H. 2, 51–56

– (2001 a). Wider die Chemisierung des Biologieunterrichts. MNU 54/, H.2, 67

– (2001 b). Wissenschaft – entdecken und begreifen. UB 25, H. 268, 4–12

– (2002). »Biologie muss man verstehen!« MNU 55, H. 8, 481–485

– (2003). Strittige »Theorien« – Chancen für den Unterricht. PdN-B 52, H. 7, 6–9

– (2004). Wie leben wir mit Metaphern im Biologieunterricht? In: *Gropengießer/Janßen-Bartels/Sander* (2004), 51–59

– */Freiman, T.* (2003). Aufgaben: Im Handeln lernen! UB 27, H. 287, 4–13

Laufens, G./Detmer, B. (1980). Untersuchungen zum Verständnis der Wirbeltier-Klassifizierung. BU 16, H. 2, 28–51

Laugksch, R. C. (2000). Scientific Literacy: A conceptual overview. Science Education 84, 71–94

Lawrence Berkeley National Laboratory (1997). Virtuelle Frosch Sektion. URL: http://www-itg.lbl.gov/ITG.hm.pg.docs/dissect/info.html < oder http://george.lbl.gov/ITG.hm.pg.docs/dissect/info.html (18.5.2004)

Leder, K. (1992). Umweltprobleme und Amphibienbiotope auf den Rheinterrassen. PdN-B 41, H. 6, 19–27

– */Kämper R.* (1992). Vom Halbaffen zum Menschen. PdN-B 41, H. 3, 14–22

Lederman, N. G. (1992). Students' and teachers' conceptions of the nature of science. JRST 29, H. 4, 331–359

Lehmann, J. (1993). Forschung zu Umweltbewußtsein und Umwelterziehung. In: *Seybold/Bolscho* (1993), 234–242

– (1999). Befunde empirischer Forschung zu Umweltbildung und Umweltbewusstsein. Opladen: Leske + Budrich

Lehnert, H.-J. (2002). Big Brother am Meisenkasten. UB 26, H. 273, 27–30

– (2005). Schulgartenthemen im Bildungsplan Baden-Württemberg 2004. In: *Lehnert/Köhler* (2005), 95–112

– */Köhler, K.* (2005). Schulgelände zum Leben und Lernen. Karlsruher pädagogische Studien 4. Norderstedt: BoD

– */Ruppert, W.* (Hrsg.) (1999). Zwischen Wissenschaftsorientierung und Alltagsvorstellungen. Frankfurt/M.: Inst. für Didaktik der Biologie. URL: http://www.bio.uni-frankfurt.de/didaktik/beitrag1.html

– */Ruppert, W.* (Hrsg.) (2001). Biologie unterrichten – handlungsorientiert lehren und lernen. Aachen: Shaker

– */Wöhrmann, F.* (1998).»Fingerhut ruft Hummel«. Blütenökologie an botanischen Gärten. Osnabrück: Verband Botanischer Gärten

Lehnes, P./Glawion, R. (2002). Mehr als nur schön. Professionelle Landschaftsinterpretation zur Förderung des nachhaltigen Tourismus im Südschwarzwald. In: Umweltdachverband (2002), 31–35

Lehwald, G. (1993). Umweltkontrolle. In: *Eulefeld* (1993), 83–91

Leibold, K./Klautke, S. (1999). Lerneffektivität des Einsatzes gegenständlicher Modelle in Biologieleistungskursen des Gymnasiums. ZfDN 5, H. 1, 3–23

Leibold, O. (1998). Tiere im Christentum. UB 22, H. 231, 41–44

Leicht, W. H. (1971). Über Fachräume für den naturwissenschaftlichen Unterricht in Hauptschulen. NiU 19, H. 6, 242–248

– (1978). Wissenschaftstheoretische Grundlagen der Biologie und ihre Beziehungen« zur Fachdidaktik. In: *Killermann/Klautke* (1978), 35–62

– (1981 a). Repetitorium Fachdidaktik Biologie. Bad Heilbrunn: Klinkhardt

– (1981 b). Anthropologische Aspekte im Biologieunterricht. biol. did 4, H. 2, 6–15

– (1984 a). Das Interesse 11- bis 16jähriger Hauptschüler an der Humanbiologie. biol. did. 6, H. 1, 24–44

– (1984 b). Lebende Objekte (Tiere) und Tonbildreihen im Biologieunterricht. biol. did. 6, H. 2, 5–37

– */Hochmuth, K.* (1979). Eine empirische Untersuchung über die Effektivität von Tonfilm und Lichtbild im Biologieunterricht. NiU-B 27, H. 3, 65–67

Leisen, J. (2006). Aufgabenkultur im mathematisch-naturwissenschaftlichen Unterricht. MNU 59, H. 6, 260–266

Leopold, W. (1992). Am Anfang war die Erde – Plädoyer zur Umweltethik. München: Knesebeck

Lepel, W.-D. (1996 a; b). Begriffsbildung im Biologieunterricht – ein Rückblick auf die Greifswalder Forschungen zum Themenbereich»Organismengruppen«; zum Themenbereich»Physiologie« MNU 49, H. 1, 12–16; H. 4, 198–203

– (1997). Fachunterricht oder »Integrierter Naturwissenschaftlicher Unterricht«? MNU 50, H. 4, 243 f.

– */Kattmann, U.* (Hrsg.) (1991). Sprache, Begriffe und Gesetze in der Biologiedidaktik. Oldenburg: diz

Leps, G. (1977). Begriff der Biologie – 180 Jahre alt. BioS 26, H. 6, 225–228

Leser, H. (1991). Ökologie wozu? Berlin/Heidelberg: Springer

Lethmate, J. (1977). Verhaltensbeobachtungen an Menschenaffen. UB 1, H. 15, 42–45

– (2002). Schweinemast, Kletterlerchensporn und Gewässerversauerung. MNU 55, H. 7, 420–427

– (2005 a). Das »chemische Gedächtnis« des Bodens. MNU 58, H. 1, 28–34

– (2005 b). Definitorische Konfusionen und methodologische Unschärfen bodenkundlicher Unterrichtsinhalte. GEOÖKO 26, 113–134

– */Sommer, V.* (1994). Von der Ethologie zur Soziobiologie. IDB 3, 25–41

LEU (Hrsg.) (1980/81). Merkblatt für Bau und Einrichtung von Biologie-Fachräumen. Stuttgart
– (1982). Geräteausstattung für den Biologieunterricht. Gymnasium. Stuttgart
– (Hrsg.) (1995). Entsiegelung und Begrünung von Schulhöfen. Stuttgart: LEU
Leuchtenstern, H. (1980). Drogen – Entwicklung in die Sucht? UB 4, H. 47, 37–41
Leutner, D. (1990). Simulation und Modellbildung. In: Asselborn u. a. (1990), 22–52
– /Brünken, R. (Hrsg.) (2000). Neue Medien im Unterricht. Münster: Waxmann
Lewis, J./Kattmann, U. (2004). Traits, genes, particles and information: re-visiting students' understandings of genetics. IJSE 26, 2, 195–206
– /Leach, J./Wood-Robinson, C. (2000). Chromosomes: the missing link – young people's understanding of mitosis, meiosis, and fertilisation. JBE 37, 4
– /Magro, A./Simonneaux, L. (Eds.) (2003). Biology education for the real world. Tolouse: ENFA
Lewontin, R. C./Rose, S./Kamin, L. J. (1988). Die Gene sind es nicht ... Biologie, Ideologie und menschliche Natur. München/Weinheim: Psychologie Verlags-Union
Lexikon der Biologie (1999-2004). Spektrum: Heidelberg, 2. Aufl.
Libbert, E. (1986). Allgemeine Biologie. Jena: Fischer
Lieb, E. (1980). Möglichkeiten und Grenzen des Einsatzes von ethologischen Filmen im Biologieunterricht. BU 16, H. 4, 34–64
– (1981). Biologie und formale Bildung. PdN-B 30, H. 5, 129–134
– (1982). Einige Bemerkungen über entwicklungspsychologische Bedingungen des Biologieunterrichts in der Orientierungsstufe. BU 18, H. 1, 32–36
Lieschke, M. (1994). Öffnung von Schule – Community Education und Umwelterziehung. In: Pfligersdorffer/Unterbruner (1994), 194–207
Lijnse, P. (1995). »Developmental Research« as a way to an empirically based »Didactical Structure« of science. Science Education 79, H. 2, 189–199
Lind, G. (1975). Sachbezogene Motivation im naturwissenschaftlichen Unterricht. Weinheim: Beltz
– u. a. (2004). Beispiellernen und Problemlösen. ZfDN 10, 29–49

Lindemann-Matthies, P. (2002). Wahrnehmung biologischer Vielfalt im Siedlungsraum durch Schweizer Kinder. In: Klee/Bayrhuber (2002), 117-130
Linder, H. (1950). Arbeitsunterricht in Biologie. Stuttgart: Metzler
Lindner-Effland, M. (2003). Der PC als Messinstrument. In: Bickel-Sandkötter (2003 a), 202–218
– u. a. (1998). (Ein) Blick ins Gehirn. UB 22, H. 233, 27–31
Linneweber, V./Kals, E. (Hrsg.) (1999). Umweltgerechtes Handeln. Berlin u. a.: Springer
Lisse, E. (1974). Lehrerzeichnung im Biologieunterricht? BU 10, H. 3, 31–45
Litsche, G./Löther, R. (1990). Lehrplandiskussion und Entwicklung der Biowissenschaften. BioS 39, H. 1, 25–31
Lob, R. E. (1999). Umwelterziehung in deutschen Schulen. DDS 91, H. 1, 102–113
Lohmann, G. (2005). Merkmale guter Fachlehrer. Oldenburger VorDrucke 532. Oldenburg: diz
Loidl, E. (1980). Schulbücher für den Biologieunterricht. Erziehung und Unterricht, H. 10, 690–702
Looß, M. (2001). Fachdidaktische Konzepte und unterrichtliche Praxis. Heilbrunn: Klinkhardt
Lorenz, K. (1940 a). Durch Domestikation verursachte Störungen arteigenen Verhaltens. Zeitschrift für angewandte Psychologie und Charakterkunde 59, H. 1/2, 2–81
– (1940 b). Nochmals: Systematik und Entwicklungsgedanke im Unterricht. Der Biologe 9, H. 1/2, 24–36
– (1963). Das sogenannte Böse. Wien: Borotha-Schoeler
– (1964). Über die Wahrheit der Abstammungslehre. Naturwissenschaften und Medizin 1, H. 1, 5–18
– (1968). Das sogenannte Böse. Wien: Borotha-Schoeler
– (1978). Vergleichende Verhaltensforschung. Wien: Springer
Lösch, N. (1997). Rasse als Konstrukt. Leben und Werk Eugen Fischers. Frankfurt/M.: Lang
Löser, S. (1991). Exotische Insekten, Tausendfüßer und Spinnentiere. Stuttgart: Ulmer
Löwe, B. (1974). Wie stark interessieren sich Schüler der Eingangsstufe für die Menschenkunde? PdN-B 23, H. 1, 16–21
– (1976 a). Das Tauchverhalten echter Schwimmkäfer (Dytiscidae). MNU 29, H. 6, 363–371

– (1976 b). Anmerkungen und ergänzende Hinweise zur Untersuchung von H. Hemmer und R. Werner über die Relevanz des derzeitigen Biologieunterrichts. PdN-B 25, H. 11, 291–298

– (1980). Empirische Untersuchungen zum kognitiven Lernerfolg und zur Änderung der sachbezogenen Motivation im Biologieunterricht in Abhängigkeit vom Unterrichtsverfahren. In: *Rodi/Bauer* (1980), 231–245

– (1983). Interessenänderung durch Biologieunterricht. München: Universität

– (1987). Interessenverfall im Biologieunterricht. UB 11, H. 124, 62–65

– (1990). Biologische Arbeitsweisen im Spiegel der Schülerinteressen. In: *Killermann/Staeck* (1990), 265–279

– (1992). Biologieunterricht und Schülerinteresse an Biologie. Weinheim: Deutscher Studienverlag

Löwenberg, A. (2000). Exotische Rosenkäfer im Klassenzimmer. UB 24, H. 255, 31–34

Lucius, E. R. (1992). Biologieunterricht und Gentechnikgesetz. Biologie heute, Nr. 399, 1–4

– (1993). Mikrobiologie und Bakteriengenetik. BioS 42, H. 6, 222–228

– (2000). Versuchskästen – Erleichterung im Schulalltag. In: UB 24, H. 251, 4–9

– /*Bayrhuber, H.* (1993). Mikroorganismen im Unterricht. UB 17, H. 182, 46 f.

– /*Bayrhuber, H.* (1996). Zur Sicherheit mikrobiologischer Schulversuche an Gymnasien. Kiel: IPN

Lück, W. v. (1993). Klassifikation von Unterrichtssoftware. Computer und Unterricht, H. 10, 61–62

– (1996). Verändertes Lernen: eigenaktiv, konstruktiv und kommunikativ. Computer und Unterricht 6, H. 23, 5–9

Lüddecke, A. (2000). Rassen, Schädel und Gelehrte. Zur politischen Funktionalität der anthropologischen Forschung und Lehre in der Tradition Egon von Eickstedts. Frankfurt/M.: Lang

Lude, A. (1999). Satellitenbilder im Biologieunterricht. UB 23, H. 241, 49–51

– (2001). Naturerfahrung und Naturschutzbewusstsein. Innsbruck: Studienverlag

– (2005). Naturerfahrung und Umwelthandeln. In: *Unterbruner/*Forum Umweltbildung (2005), 65–84

Luhmann, N. (1990). Konstruktivistische Perspektiven. Opladen: Westdeutscher Verlag

Lüke, U. (1990). Evolutionäre Erkenntnistheorie und Theologie. Stuttgart: Hirzel

– (1993). Religiosität – ein Produkt der Evolution? PdN-B 42, H. 1, 41–45

Lukesch, H. (1996). Die Nutzung von Medien durch Kinder und Jugendliche unter quantitativen Aspekten. Arbeitsbericht zur pädagogischen Psychologie 36. Regensburg

Lumer, J./Hesse, M. (1997). Schülervorstellungen über den Weg vom Gen zum Enzym. MNU 50, H. 2, 100–107; H. 3, 165–171

– /*Picard, F./Hesse, M.* (1998). Concept-Mapping-Verfahren zur Konsolidierung des Lernstoffes. PdN-B 47, H. 1, 31–36

Lüthje, E. (1994). Mit Daphnia auf Tingeltour. Vorführung von Kleinlebewesen mit dem Videomikroskop. Mikrokosmos 83, H. 4, 247–250

– (2003). Der Bastardstrandhafer. MNU 56, H. 1, 47–50

Lütkens, R. (Hrsg.) (1983). Naturnaher Garten. UB 7, H. 79

Lutz-Dettinger, U. (1979). Gesundheitserziehung und Hygiene im Kindergarten, in Schule und Unterricht. Paderborn: Schöningh

Lutzmann, K. (1976). Sexualerziehung als Unterrichtsprinzip? DDS 68, 720–727

– (1977). Zur Problematik des Unterrichtsprinzips Sexualerziehung. In: *Gamm, H.-J./Koch, F.* (Hrsg.). Bilanz der Sexualpädagogik. Frankfurt: Campus, 94–114

Maas, K. (1998). Artenschutz im Zoo – Aufgabe und Möglichkeiten der Zoopädagogik. PdN-B 47, H. 7, 19–23

Maaßen, B. (1994). Naturerleben oder der andere Zugang zur Natur. Baltmannsweiler: Schneider Hohengehren.

Machnik, A. (1975). Lehrer als Sexualerzieher. WPB 27, H. 5, 273–276

Mager, R. F. (1974). Lernziele und programmierter Unterricht. Weinheim: Beltz

Mahner, M. (1989). Warum eine Schöpfungstheorie nicht wissenschaftlich sein kann. PdN-B 38, H. 8, 33–36

Mai, M./Meeh, H. (2002). WebQuest. Bielefeld. URL: http://www.sowi-online.de/methoden/lexikon/webquests-meeh.htm (31.3.2004)

Maier, J. u. a. (1986). Meeresbiologische Exkursion auf die Nordseeinsel Borkum. PdN-B 35, H. 3, 1–18

Maier, S. (1994). Spieltheoretische Modelle in der Verhaltensbiologie. MNU 47, H. 6, 340–345

Maier, U. (2002). Eine qualitative Interviewstudie zum Einfluss des Lehrerverhaltens auf

Lernemotionen von Schülern im naturwissenschaftlichen Unterricht. ZfDN 8, 85–102

Maierhofer, M. (2001). Förderung des systemischen Denkens durch computerunterstützten Biologieunterricht. Herdecke: GCA

– */Pfligersdorffer, G.* (2001). Förderung des sys-temischen Denkens durch computerunterstützten Biologieunterricht. In: *Bayrhuber* u. a. (2001), 90–93

Mair, O. (1994). Wir lernen Entenarten kennen. Beobachtungshilfen bei einem Zoobesuch. PdN-B 43 H. 7, 29–34

Mackensen-Friedrichs, I. (2004). Förderung des Expertiseerwerbs durch das Lernen mit Beispielaufgaben im Biologieunterricht der Klasse 9. Kiel: IPN URL: http://e-diss.uni-kiel.de/diss_1303/ (23.11.2005)

Mallock, J. (2002). 20 Jahre Museumspädagogik im Senckenberg. Natur und Museum 132, H. 10, 381–388

Mandl, H. (Hrsg.) (1997). Lernen in Computernetzwerken. Unterrichtswissenschaft 25, H. 1

– */Gruber, H. /Renkl, A.* (1992). Lernen mit dem Computer. Empirisch-pädagogische Forschung in der BRD zwischen 1970 und 1990. München: Universität

– */Gruber, H./Renkel, A.* (1994). Lernen und Lehren mit dem Computer. In: *Weinert/Mandl* (Hrsg.). Psychologie der Erwachsenenbildung. D/I/4; Enzyklopädie der Psychologie. Göttingen: Hogrefe

– */Gruber, H./Renkel, A.* (1995). Situiertes Lernen in multimedialen Lernumgebungen. Institut für Pädagogische Psychologie und empirische Pädagogik. Forschungsbericht 50. München: Universität

– */Gruber, H./Renkl, A.* (2002). Situiertes Lernen in multimedialen Lernumgebungen. In: *Issing/Klimsa* (Hrsg.). Information und Lernen mit Multimedia und Internet. Weinheim: Beltz, 139–148

– */Reinmann-Rothmeier, G.* (1995). Unterrichten und Lernumgebungen gestalten. In: *Weidenmann* u. a. (Hrsg.). Pädagogische Psychologie. Weinheim: Beltz

– */Reinmamm-Rothmeier, G./Gräsel, C.* (1998). Gutachten zur Vorbereitung des Programms »Systematische Einbeziehung von Medien, Informations- und Kommunikationstechnologien in Lehr- und Lernprozessen«. BLK-Materialien, H. 66. Bonn: BLK

Manitz, R. (1991). Informationen über »Vorläufige Lehrplanhinweise für Regelschule und Gymnasium« in Thüringen. BioS 40, H. 11, 433–435

Marek, J. (1980). Offener Unterricht: Anspruch und Wirklichkeit. UB 4, H. 48/49, 47–54

Marek, R. (Hrsg.) (1993). Praxisnahe Umwelterziehung. Hamburg: Krämer

Margadant-van Arcken, M. (1995). Jugendliche, Natur, Umwelt und Bildung. In: *Stokking* u. a. (1995), 149–163

Markl, H. (1971). Prinzipien eines modernen Biologieunterrichts. Mitt. VDBiol, Nr. 169, 815–819

– (1989). Die ökologische Wirklichkeit. In: *Wildenmann* (1989), 72–89

Marquardt, B./Unterbruner, U. (1981). Das Biologieschulbuch als Unterrichtsmedium. UB 5, H. 60/61, 10–15

Mathias, E. (2004). Schulmikroskopie. PdN-B 53, H. 8, 25–30

Matthews, M. R. (1997). Science Literacy. Science teaching, and the role of history and philosophy of science. In: *Dally* (1997), 47–69

Maturana, H. R. (1985). Erkennen: Die Organisation und Verkörperung von Wirklichkeit. Braunschweig/Wiesbaden: Vieweg

Mau, K. G. (1978). Kriterien einer sachgerechten Tierhaltung in der Schule am Beispiel der Rennmaus (Meriones unguiculatus). NiU-B 26, H. 1, 1–6

– (1979). Fortpflanzung und Entwicklung eines Insekts (Zweifleckgrille). UB 3, H. 32, 18–28

Maurer, M. (1978). Naturverständnis und Weltanschauung in Biologieschulbüchern. In: *Busche/Marquardt/Maurer* (1978), 57–130

Maxton-Küchenmeister, J. (2003). Genlabor & Schule. BIOspektrum 9, H. 4, 382 – 385.

Mayer, J. (1992). Formenvielfalt im Biologieunterricht. Kiel: IPN

– (1993). Bedeutung der Formenkunde für die Umweltbildung. In: Verhandlungen der Gesellschaft für Ökologie, 22. Jahrestagung in Zürich, 379–384

– (1994 a). Zeitgemäße Formenkunde im Biologieunterricht. MNU 47, H. 1, 44–51

– (1994 b). Formenkunde als themenübergreifende Aufgabe des Biologieunterrichts. In: *Bayrhuber* u. a. (1994 b), 283–287

– (Hrsg.) (1995). Vielfalt begreifen – Wege zur Formenkunde. Kiel: IPN

– (1996 a). Bodenuntersuchungen im Schulgarten. Hamburg/Kiel: Behörde für Schule/IPN

– (1996 b). Biodiversitätsforschung als Zukunftsdisziplin. IDB Münster, H. 5, 19–41

– (1996 c). Nachhaltige Entwicklung. In: *Hauptmann* u. a. (1996), 21–40

– (Hrsg.) (1997). Zeit. UB 21, H. 223

481

– (2000). Naturbeziehung als motivationales Konstrukt. In: *Bayrhuber/Unterbruner* (2000), 54–66
– (2002). Vom Schulversuch zum Forschenden Unterricht. URL: http://www.sinus-transfer.de/index.php?id=113
– (2004). Qualitätsentwicklung im Biologieunterricht. MNU 57, H. 2, 92–99
– (Hrsg.) (2006). Offenes Experimentieren. UB 30; H. 316
– */Bögeholz, S.* (1999). Motivationale Effekte unmittelbarer Naturerfahrung im Kindes- und Jugendalter. In: *Duit/Mayer* (1999), 150–168
– */Horn, F.* (1993). Formenkenntnis – wozu? UB 17, H. 189, 4–13
– */Keiner, K.-H./Ziemek, H.-P.* (Hrsg.) (2006). Offenes Experimentieren. UB 314
– */Mertins, I.* (1993). Bibliographie: Unterrichtsmaterialien zur Formenkunde. Kiel: IPN
– */Teichert, B./Brümmer, F.* (2006). Kompetenzen der Erkenntnisgewinnung. ZfdN 12
– u.a. (2004). Kerncurriculum Biologie der gymnasialen Oberstufe, MNU 57, H. 3, 166–172
– */Ziemek, H. P.* (2006). Offenes Experimentieren und forschendes Lernen im Biologieunterricht. UB 30, H. 316, 2–12
Mayer, R. E. (2001). Multimedia Learning. Cambridge: University Press. URL: http://www.kuleuven.ac.be/duo-icto/studiedagen/25jaar/presentaties/Halle/mayer.ppt (9.3.2004)
Mayr, E. (1979). Evolution und die Vielfalt des Lebens. Berlin/Heidelberg: Springer
– (1984). Die Entwicklung der biologischen Gedankenwelt. Berlin/Heidelberg/NY: Springer
– (1998). Das ist Biologie. Heidelberg: Spektrum
– (2002). Die Autonomie der Biologie. Naturwissenschaftliche Rundschau 55, H. 1, 23–29
– (2003). Das ist Evolution. München: Bertelsmann
Mayring, P. (2002). Einführung in die qualitative Sozialforschung. Weinheim: Beltz
– */Glaeser-Zikuda, M.* (Hrsg.) (2005). Die Praxis der Qualitativen Inhaltsanalyse. Weinheim und Basel: Beltz
Meadows, D. L./Fiddaman, T./Shannon, D. (1995). Fishbanks, LTD. University of New Hampshire: Institute for Policy and Social Science Research
– u. a. (1972). Die Grenzen des Wachstums. Stuttgart: DVA

Meffert, A. (1980). Zur Situation des Biologielehrers. UB 4, H. 48/49, 9–14.
Meier, M./Müller, R. (Hrsg.) (1984). Schwangerschaft, Geburt, Abtreibung. UB 8, H. 96
Meier, R. (1993). Der Königsweg: Medien selbst herstellen. In: Friedrich Verlag (1993), 28–31
Meisert, A./Kierdorf, H. (2002). Frühgeborene – an der Schwelle zum Leben. UB 26, H. 279, 25–34
Meisner, A. (1997). Franziska sagt, sie habe Angst vor AIDS … Computer und Unterricht 7, H. 26, 25–28
Meixner, G. (2002). Alltagsvorstellungen Jugendlicher und junger Erwachsener zum Thema »Genfood«. In: *Klee/Bayrhuber* (2002), 33–46
– (2005). Jugendliche & Genfood – Eine Rahmenanalyse. Dissertation Universität Hamburg
Memmert, W. (1974). Selbstgefertigte Modelle im Biologieunterricht. Die Scholle 42, H. 5, 270–278
– (1975). Grundfragen der Biologiedidaktik. Essen: Neue Deutsche Schule (5. Aufl.)
– (1980). Gesellschaftsrelevanz. UB 4, H. 48/49, 39 f.
– (1981). Der Biologieunterricht ist zu wichtig, als dass man ihn allein den Biologen überlassen könnte. biol.did. 4, H. 1, 44–46
Mende, P./Stiebig, T. (1999). Der Degu (Octodon degus). Schriftenreihe Biologiedidaktik Universität Gießen 2, 139–147
Mendel, H. (1985). Computersimulationen zu den Mendelschen Gesetzen. PdN-B 34, H. 1, 42–47
Menzel, S./Bögeholz, S. (2006). Lernvoraussetzungen für Biodiversity Education in Deutschland und Chile am Beispiel endemischer Medizinalpflanzen. In: Treffpunkt Biologische Vielfalt V. Bonn-Bad Godesberg: Bundesamt für Naturschutz.
Mertens, G. (1991). Umwelterziehung. Paderborn: Schöningh (2. Aufl.)
Merz, K. (2004). Softwareberatung im Netz von A bis Z. Computer+Unterricht, H. 56, 26–27.
Merzyn, G. (1998). Sprache im naturwissenschaftlichen Unterricht. Physik in der Schule 36, H. 6, 203–2055; H. 7/8, 243–246; H. 9, 284–288
– (2002). Stimmen zur Lehrerausbildung. Baltmannsweiler: Schneider Hohengehren
Meschenmoser H. (2002). Lernen mit Multimedia und Internet. Baltmannsweiler: Schneider Hohengehren
Messner, R. (1980). Fachdidaktik Biologie aus der Sicht des Pädagogen. In: *Rodi/Bauer* (1980), 36–45

482

Meyer, D./Meyer, G. (1975). Das ökologische Problem der Räuber-Beute-Beziehung simuliert mit Hilfe eines Computerprogramms. BU 11, H. 2, 4–18

Meyer, G. (1979). Sinnesleistungen und Verhalten von Tieren und Menschen. In: *Kattmann/Palm/Rüther* (1979). Lehrerhandbuch 5/6, 144–170

– (1983). Tarnung, Warnung, Mimikry. UB 7, H. 80, 2–12

– (1988). Mathematische Aspekte im Biologieunterricht. UB 12, H. 140, 4–13

Meyer, H./Meyer, M. A. (1997). Lob des Frontalunterrichts. In: Friedrich Verlag (1997), 34–37

Meyer, Hi. (1971). Das ungelöste Deduktionsproblem in der Curriculumforschung. In: *Achtenhagen, F./Meyer, H. L.* (Hrsg.). Curriculumrevision. München: Kösel, 106–132

– (1974). Trainingsprogramm zur Lernzielanalyse. Frankfurt: Fischer Taschenbuch

– (1987 a; b). UnterrichtsMethoden. Bd. I; Bd. II. Frankfurt: Cornelson-Scriptor

– (1993). Das wichtigste Medium im Unterricht ist der Körper des Lehrers. In: Friedrich Verlag (1993), 36–37

– (1997). Schulpädagogik. Berlin: Cornelsen

– (1998). Lob und Last der Kurzvorbereitung. In: Friedrich Verlag (1998), 64–68

– (1999). Leitfaden zur Unterrichtsvorbereitung. Berlin: Cornelsen (12. Aufl.)

– (2001). Türklinkendidaktik: Berlin: Cornelsen

– (2004). Was ist guter Unterricht? Berlin: Cornelsen

Meyer, Hu. (1986). Experimentelles Arbeiten im Biologieunterricht. In: *Hedewig* (1986), 302–310

– (1987). Experimentelles Arbeiten im Biologieunterricht. Friedrich-Forum 3. Seelze: Friedrich

– (1990). Modelle. UB 14, H. 160, 4–10

Meyer, K. O. (1994). Ausstellungen als Lernorte. In: *Kattmann* (1994 a), 213–219

Meyer-Abich, K. M. (1986). Wege zum Frieden mit der Natur. München: DTV

Michelsen, G. (1998), 27–40(1998). Umweltbildung und Agenda 21. In: *Beyersdorf/Michelsen/Siebert* (1998), 41–47

– /Siebert, H. (1985). Ökologie lernen. Frankfurt

Miehe, U. (1998). Der Blutkreislauf – ein motivierender Stundeneinstieg mittels Hörspieleinsatz (Klasse 9). BioS 47, H. 1, 16–20

Mietzel, G. (1993). Psychologie in Unterricht und Erziehung. Göttingen: Hogrefe

Ministerrat der DDR, Ministerium für Volksbildung (Hrsg.) (1988). Lehrplan Schulgartenunterricht Kl. 1–4. Berlin: Volk und Wissen

Misgeld, W. u. a. (Hrsg.) (1994). Historisch-genetisches Lernen in den Naturwissenschaften. Weinheim: Deutscher Studienverlag

Mitchell, M. (1993). Situational interest. Journal of Educational Psychology 85 (3), 424–436

Mitsch, E. (1971). Das Versuchsprotokoll im biologischen Praktikum. BU 7, H. 1, 56–75

Mitscherlich, A. (1969). Die Idee des Friedens und die menschliche Aggressivität. Frankfurt: Suhrkamp

MNU (Hrsg.) (1985). Empfehlungen und Überlegungen zur Gestaltung von Lehrplänen für den Computer-Einsatz im Unterricht der allgemeinbildenden Schulen. MNU 38, H. 4, 229–236

– (1991). Empfehlungen zur Gestaltung von Lehrplänen. MNU 44, H. 6, I–IV

– (2001). Biologieunterricht und Bildung. MNU 54, H. 4, Beihefter

– (2004). Naturwissenschaften besser verstehen, Lernhindernisse vermeiden. MNU 57, H. 4, Beihefter

– (2006). Arbeiten mit Bildungsstandards im Fach Biologie. MNU 59, H. 2, Beilage

Mohn, E. (1978). Fische im Aquarium. NiU-B 26, H. 1, 7–11

Mohr, H. (1970). Wissenschaft und menschliche Existenz. Freiburg: Rombach (2. Aufl.)

– (1981). Biologische Erkenntnis. Stuttgart: Teubner

Moisl, F. (1981). Erweiterter Einsatz des Arbeitsprojektors. UB 5, H. 60/61, 38–39

– (Hrsg.) (1988). Experimente. UB 12, H. 132

Molenda, W. (1983). Mutter-Kind-Beziehung. NiU-B 31, H. 2, 43–51

Möller, C. (1973). Technik der Lernplanung. Weinheim: Beltz

– (1986). Die curriculare Didaktik. In: *Gudjons* u. a. (1986), 63–67

Möller, J./Müller-Kalthoff, T. (2000). Lernen mit Hypertext: Effekte von Navigationshilfen und Vorwissen. Zeitschrift für Pädagogische Psychologie 14, H. 2/3, 116–123

Moore, R. (2001). The revival of creationism in the United States. JBE 35, 17–21

Morrison, P./Morrison, P. (1988). Zehnhoch. (Buch und Video). Heidelberg: Spektrum

Moschner, B. (2003). Wissenserwerbsprozesse und Didaktik. In: *Moschner/Kiper/Kattmann* (2003), 53–64

– /Kiper, H./Kattmann, U. (Hrsg.) (2003). PISA 2000 als Herausforderung. Baltmannsweiler: Schneider Hohengehren

Moser, H. (1982). Soziale und pädagogische Alternativen. München: Kösel

Moss, D. M. (2001). Examining student conceptions of the nature of science. IJSE 23, H. 8, 771–790

Mostler, G./Krumwiede, D./Meyer, G. (1979). Methodik und Didaktik des Biologieunterrichts. Heidelberg: Quelle & Meyer (2. Aufl.)

Müller, G. J. (1981). Naturfilme im Biologieunterricht. PdN-B 30, H. 9, 277–284

Müller, G. M. (1995). Mitweltbezogene Pädagogik. Weinheim: Deutscher Studien Verlag

Müller, H. (1977). Protozoen als Objekte des Biologieunterrichts. NiU-B 25, H. 10, 297 ff.; H. 11, 329–337

Müller, J./Brehme, S./Lepel, W.-D. (1985). Zur Darstellung biologischer Strukturen und Verallgemeinerungen auf der Grundlage von Lehrplananforderungen. Wiss. Z. Ernst-Moritz-Arndt-Universität Greifswald 34, H. 3, 34–48

– */Kloss, A.* (1990). Zum Verhältnis von sachlich-stofflichen, logischen und didaktisch-methodischen Strukturen bei der Planung bzw. Realisierung von Lehr- und Lernprozessen im Fach Biologie. In: *Killermann/Staeck* (1990), 118–131

– u. a. (1977). Zur Führung des Erkenntnisprozesses im Fach Biologie unter den Bedingungen des Einsatzes programmierter Unterrichtsmittel. In: *Walter, K.-H.* (Hrsg.). Programmierung im Unterrichtsprozeß. Berlin: Volk und Wissen

Müller, M. (1977). Experimente mit Kleinkrebsen. Köln: Aulis

Müller, P. (Hrsg.) (1975; 1977). Verhandlungen der Gesellschaft für Ökologie. The Hague: Junk

Müller, R. (1979). Medienorientierte Sexualerziehung in der Sekundarstufe I. Kiel: IPN

Müller, S./Gerhardt-Dircksen, A. (1997). Experimente mit Höheren Pilzen in der Sekundarstufe II. PdN-B 45, H. 3, 39–43; H. 4, 33–37; H. 5, 40–45

– (2000 a). Nur geringes Wissen über Ökologie – eine empirische Studie. MNU 53, H. 4, 202–209

– (2000 b). Nur geringes Wissen über Ökologie – und was man dagegen tun kann. MNU 53, H. 5, 260–267

Müller, U./Müller, H. (2003). Wohin entwickelt sich die dritte Phase der Schulgartenbewegung? LÖBF-Mitteilungen 3, 31–35

Müller, W. (1992). Skeptische Sexualpädagogik. Weinheim: Deutscher Studienverlag

Müller-Hill, B. (1984). Tödliche Wissenschaft. Reinbek: Rowohlt

Munding, R. (1995). Sexualpädagogische Jungenarbeit – eine Expertise. Köln: BZgA

Murawski, R./Bedürftig, T. (1995). Die Entwicklung der Symbolik in der Logik und ihr philosophischer Hintergrund. Math. Semesterber. 40, 1–31

Murphy, M. P./O'Neill, L. A. J. (Hrsg.) (1997). Was ist Leben? Heidelberg: Spektrum

Nachtigall, W. (1978). Einführung in biologisches Denken und Arbeiten. Heidelberg: Quelle & Meyer (2. Aufl.)

Nagel, G. (1978). Leitideen für den Biologieunterricht. BU 14, H. 3, 26–37

Nath, H. (1980). Zur gegenwärtigen Lage des Biologieunterrichts an den Gymnasien in Schleswig-Holstein. MNU 33, H. 8, 501–504

NaturschutzR (Naturschutzrecht). dtv. München (1991). Beck (5. Aufl.)

Neber, H. (Hrsg.) (1981). Entdeckendes Lernen. Weinheim/Basel: Beltz (3. Aufl.)

Neher, E. M. (2002). XLAB – Göttinger Experimentallabor für junge Leute. PdN-Chemie 51, H. 8, 2–5

Nentwig, P. (2000). Scientific Literacy: Vom vergeblichen Bemühen der Schule. In: *Brechel, R.* (Hrsg.), Zur Didaktik der Physik und Chemie. Alsbach: Leuchtturm

Nerdel, C. (2002). Die Wirkung von Animation und Simulation auf das Verständnis von stoffwechselphysiologischen Prozessen. Kiel: IPN. URL: http://e-diss.uni-kiel.de/diss_727/ (23.11.2005)

Neuhaus, B./Vogt, H. (2005). Dimensionen zur Beschreibung verschiedener Biologielehrertypen auf Grundlage ihrer Einstellung zum Biologieunterricht. ZfDN 11, 73–84

Neuhaus, G./Winkel, G. (1987). Unser Schulgarten. Bonn: AID, H. 1185

Neumann, G.-H. (1995). Verhaltensbiologie im Schulunterricht. IDB 4, 71–91

Neumann, U. (1992). Die Rolle von Erziehung und Bildung im Leben junger Flüchtlinge. Thema Jugend, H.4/5, 7–12

Neupert, D. W. H. (1996). Anwenden empirischer Erkenntnismethoden im Biologieunterricht. BioS 45, H. 5, 257–263

Nevers, P. (2004). Hat ein Ökosystem eine Identität? In: *Hößle/Höttecke/Kircher* (2004), 173–186

– (2005). Wozu ist Philosophieren mit Kindern und Jugendlichen im Biologieunterricht gut? In: *Hößle/Michalik* (2005), 24–35

Nicklas, H. (1993). Erziehung zur Friedens-
fähigkeit. Spektrum, H. 6, 106–109
– */Ostermann, Ä.* (1973). Überlegungen zur
Gewinnung friedensrelevanter Lernziele aus
dem Stand der kritischen Friedensforschung.
In: *Wulf* (1973), 315–326
Nieder, J. (2000). Von Schafen und Menschen:
Ein missglücktes Paradebeispiel der Popula-
tionsökologie. MNU 53, H. 1, 37–39
Niedersächsisches Kultusministerium (Hrsg.)
(1995). Grundsätze für eine reformpädagogi-
sche Gestaltung des naturwissenschaftlichen
Unterrichts. Schulverwaltungsblatt,
H. 10, 294–298.
Niegemann, H. M. (1995). Computergestützte
Instruktion in Schule, Aus- und Weiterbil-
dung. Frankfurt: Lang
Nilshon, I./Schminder, C. (2005). Die gute
gesunde Schule gestalten. Bielefeld:
Bertelsmann Stiftung
Nissen, J. C. (1996). Gentechnik und Gentech-
nologie. Weinheim: Deutscher Studienverlag
– */Probst, W.* (1997). Geschichten als Prüfungs-
aufgaben. UB 21, H. 230, 31–33.
Nittinger, H. (Hrsg.) (1992). Biologie im Zoo.
Hannover: Metzler
Nittinger, H./Krull, H.-P./Rüdiger, W. (1992).
Biologie im Zoo. Hannover: Metzler
Noack, W. (1985). Woher kommen unsere
Zimmerpflanzen? UB 9, H. 103, 14–17
Nogli-Izadpanah, S. (1993). Naturgetreue
Pilzmodelle aus Gips. UB 17, H. 183, 32
– */Probst, W.* (1991). (Wieder-)Belebung eines
Gartens. UB 15, H. 164, 19–22
Noll, A. (1984). Biologie und Schülerinteresse.
Frankfurt/Bern/New York: Lang
Nott, M./Wellington, J. (1997). Eliciting, inter-
preting and developing teachers' understan-
ding of the nature of science. In: *Dally* (1997)
Nottbohm, G. (1991). Freilandpraktikum Vogel-
stimmen. UB 15, H. 163, 31–33
– (1993). Eine Landschaft erfahren: Nordfries-
land. UB 17, H. 188, 31–36
– (1996). Von Kistenmuseen und Guckkästen.
UB 20, H. 220, 46 f.
– (1998). Brückentiere – connecting links.
In: *Hedewig/Kattmann/Rodi* (1998), 166–176
– (2001). Skelettfunde in Gewöllen.
UB 25, H. 269, 27–34
Nowak H. P./Bossel, H. (1994). Weltsimulation
& Umweltwissen. Braunschweig/Wiesbaden:
Intercortex
Nowak, W. G./Kühleitner, M. (2003). Ein einfa-
ches mathematisches Modell für die Epidemie-
Dynamik bei BSE. MNU 56, H.3, 143–145

NUA (Natur- und Umweltschutzakademie des
Landes Nordrhein-Westfalen) (Hrsg.) (1999).
Beratungsmappe Naturnahes Schulgelände.
Recklinghausen (4. Aufl.)
Nüchel, A. (1993). Biologie-Software. Natura Bio-
logie: Ökologische Modelle. Stuttgart: Klett
– (2002). Klassische Genetik. Stuttgart: Klett
Nuffield Biology. (1975). London: Longman
(2. Aufl.)
Oberholzer, A./Lässer, L. (1983). Naturgarten.
Bern/Stuttgart: Hallwag
Obermayr, C. (2003). Die neue Arche Noah
Zoo. PdN-B 52, H. 7, 5–10
Oberseider, H. G. (1981). Der Schulgarten.
In: *Falkenhan* (1981), Bd. 2, 97–226
Oberwemmer, F. (2003). Abenteuer Zoo.
Das „Pongoland" im Zoo Leipzig.
PdN-B 52, H. 7, 29–30
Odum, E. P. (1983). Grundlagen der Ökologie.
Bd. 1: Grundlagen. Stuttgart: Thieme
OECD (Hrsg.) (1963). New thinking in school
biology. Paris: OECD Publications
Oehler, K. H. (1996). Praxisprobleme als Aufga-
be – eine Biologieklausur in der Diskussion.
In: *Friedrich Verlag* (1996), 76–77
Oehmig, B. (1990). Die Rolle biologischer Fach-
ausdrücke für die Verständlichkeit von Schul-
buchtexten. In: *Killermann/Staeck* (1990),
291–295
– (1992). Tiere und Tiernamen in Schulbüchern
der Oberstufe. In: *Entrich/Staeck* (1992),
373–379
– (1993). Sporen der Ständerpilze.
UB 17, H. 183, 22–25
– (1997). Verlustreicher Sieg.
UB 21, H. 226, 21–26
Oehring, B. (1978). Die Problemgeschichte als
Orientierungshilfe der Didaktik – Beispiel
Photosynthese. BU 14, H. 4, 8–68; 2. Teil
BU 18 (1982), H. 4, 4–35
Oglivie, D. M./Stinson, R. H. (1995). Schulbio-
logische Untersuchungen mit lebenden
Tieren. Stuttgart: Klett
Ohlhoff, D. (2002). Das freundliche Selbst und
der angreifende Feind. Politische Metaphern
und Körperkonzepte in der Wissensvermitt-
lung der Biologie. metaphorik.de 03/2002
Ohly, K.-P. (1997). Evolutionstheorie und Islam.
In: *Bayrhuber* u. a. (1997), 206–211
– (2003). Hypothesen und Theorien im
Unterricht. PdN-B 52, H. 7, 1–5
Olechowski, R./Spiel, C. (1995). Schulbuchen-
quete – Resümee und Ausblick. In:
Olechowski, R. (Hrsg.). Schulbuchforschung.
Frankfurt: Lang, 265–270

Opitz, R. (1996). Ist der Süden überbevölkert? Mathematik Lehren 76, 58–60

Orth, H. (1999). Schlüsselqualifikationen an deutschen Hochschulen. Neuwied: Luchterhand

Ossimitz G. (o. J.). Didaktik der Systemdynamik, systemisches Denken. URL: http://www.uni-klu.ac.at/users/gossimit/sdyn/sdyn.htm (10.8.2005)

Ossner, J. (1999). Das Profil der Fachdidaktik. In: *Radtke, F.* (Hrsg.). Lehrerbildung an der Universität. Frankfurt/M.: Universität, 26–49

Oßwald, C. (1995). Interessen fördern durch offene Lernsituationen. Grundschule 27, H. 6, 22 f.

Otteni, M. (2003). Ohne Wärme keine Entwicklung. UB 27, H. 283, 24–33

Ottawa-Charta zur Gesundheitsförderung (1986). In: Päd Extra. Sonderdruck Gesundheitsförderung 9/1991

Otto, A.-R. (1990). Jugendwaldeinsatz. Hannover: Schutzgem. Deutscher Wald

– (1994). Waldjugendspiele und Umweltjugendspiele. Hannover: Schutzgem. Deutscher Wald

Otto, G. (1974). Methodische Grundformen der Lehr-Lern-Prozesse auf der Sekundarstufe I. Basel: Institut für Unterrichtsfragen und Lehrerfortbildung (Polyskript)

– (1977). Das Projekt. In: *Kaiser/Kaiser* (1977), 151–171

Özay, E./Öztas, H. (2003). Secondary students' interpretations of photosynthesis and plant nutrition. JBE 37, H. 4

Paffrath, F. H./Ferstl, A. (Hrsg.) (2001). Hemmungslos erleben? Horizonte und Grenzen. Augsburg: ZIEL

Palm, W. (1965/66). Der Konflikt zwischen »Mitschuringenetik« und »Weissmannismus-Morganismus« und seine Auswertung im Biologieunterricht. MNU 18, H. 11, 408–417

– (1978). Leserzuschrift zum Heft »Biokybernetik«. UB 2, H. 26, 47

– (1979 a). Der Biologiefachraum. In: *Kattmann/Palm/Rüther* (1979), Bd. 7/8, 5–27

– (1979 b). Wie arbeitet ein Naturwissenschaftler? In: *Kattmann/Palm/Rüther* (1979), Bd. 5/6, 212–215

– (1979 c). Organisation einer Biologiesammlung. Lehrmittel aktuell 5, H. 3, 39–47; H. 4, 24–35

– (1984; 1985). Bedeutende historische Experimente im Biologieunterricht. UB 8, H. 100, 41–46; UB 9, H. 101, 46 f.

Pappler, M./Witt, R. (2001). Naturerlebnisräume. Neue Wege für Schulhöfe, Kindergärten und Spielplätze. Seelze-Velber: Kallmeyer

Pauksch, P. (1987). Konflikt zwischen Artenschutz und Heimtierhaltung. UB 11, H. 128, 36–40

Pawelzig, G. (1981). Den Schülern das Verhältnis von Modell und Wirklichkeit bewußt machen. BioS 30, H. 12, 525

Pehofer, J. (2001). Traditionen und Perspektiven des Schulgartens in der Schule Österreichs und Europas. In: *Giest* (2001), 35–44

Peled, L./Barenholz, H./Tamir, P. (2000). Evolution as a cognitive and motivational advance organizer for the study of biology in high school. In: *Bayrhuber/Unterbruner* (2000), 144–161

Petri, H. (1985). Kriegsangst bei Kindern. Psychosozial, H. 26, 46–60

– (1992). Umweltzerstörung und die seelische Entwicklung unserer Kinder. Zürich: Kreuz

– u. a. (1987). Zukunftshoffnungen und Ängste von Kindern und Jugendlichen unter der nuklearen Bedrohung. Psychologie u. Gesellschaft 42/43, 81 ff.

Petsche, K. (1985). Der Einfluß des lebenden zoologischen Originals auf das Aneignungsergebnis der Schüler im Biologieunterricht der Klasse 6. Potsdam: Pädagogische Hochschule (Diss.)

Peukert, D. E. (1982). Eine meeresbiologische Exkursion. UB 6, H. 67, 29–37

– (1983). Anlage eines Freilandlabors als Schulgarten. UB 7, H. 79, 49–52

– u. a. (1987). Der Schulzoo. UB 11, H. 128, 30–35

Pfadenhauer, I. (Hrsg.) (1991; 1992; 1993). Verhandlungen der Gesellschaft. für Ökologie, Freising-Weihenstephan: G.f.Ö. Bde. 20; 21; 22

Pfeifer, H. (1980). Umwelt und Ethik. Beihefte zu den Veröffentlichungen für Naturschutz und Landschaftspflege in Baden-Württemberg, H. 15

Pfeiffer, K (1971). Das Schülerlehrbuch im Biologieunterricht. Lebendige Schule, 424–435

Pfister, M. (1986). Tierversuche – Prüfstein unserer Tierschutzethik. UB 10, H. 111, 35–41

Pfisterer, J. A. (1979). Schulversuche mit dem Paradiesfisch (Macropodus opercularis) zur Erarbeitung territorialen Verhaltens. MNU 32, H. 6, 353–361

– (1981). Hinweise zu Haltung und Einsatz geeigneter Tiere für Schulversuche zum angeborenen Verhalten. UB 5, H. 62, 45–47

- (1995 a). Nutzung von Parkgehölzen und Kübelpflanzen als Anschauungsmaterial im Biologieunterricht. MNU 48, H. 7, 430–434
- (1995 b). Die Nutzung von Rosen als Arbeitsmaterial im Biologieunterricht. MNU 48, H. 8, 495–497
- (1997). Mutation und Modifikation bei der Gartenrose. MNU 50, H. 1, 36–40

Pfligersdorffer, G. (1984). Empirische Untersuchung über Lerneffekte auf Biologieexkursionen. In: *Hedewig/Staeck* (1984), 174–186
- (1991). Die biologisch-ökologische Bildungssituation von Schulabgängern. Salzburg: Abakus
- (1994 a). Computersimulationen in Umwelterziehung und Ökologieunterricht. In: *Kattmann* (1994 a), 155–175
- (1994 b). Ist ökologisches Wissen handlungsrelevant? In: *Pfligersdorffer/Unterbruner* (1994), 104–124
- (1997). Netzverbindungen für die Umwelterziehung. UB 21, H. 221, 49
- (1999). Computersimulation. In: *Brilling, O./Kleber, E. W.* (Hrsg.). Hand-Wörterbuch Umweltbildung. Baltmannsweiler: Schneider Hohengehren, 41 f.
- (2002). Wie Schülerinnen und Schüler die Spielsimulation »Fish Banks« erleben. ZfDN 8, 103–118
- */Seibt, M.* (1997). Mit Computersimulationen Umweltprobleme besser erkennen. UB 21, H. 221, 35–39
- */Unterbruner, U.* (Hrsg.) (1994). Umwelterziehung auf dem Prüfstand. Innsbruck: Österreichischer Studienverlag

Pflumm, W./Wilhelm, K. (1984). Einführung in die Abstammungslehre anhand historischer Texte. BU 20, H. 4, 5–15

Pfundt, H. (1981). Die Diskrepanz zwischen muttersprachlichem und wissenschaftlichem »Weltbild«. In: *Duit/Jung/Pfundt* (1981), 114–131

Pheeney, P. (1998). A portfolio primer. The Science Teacher 65, H. 7

Philipsen, M. (1986). Der Goldfisch – ein Haustier aus China. UB 10, H. 113, 14–16

Piaget, J. (1978). Das Weltbild des Kindes. Stuttgart: Klett (Französische Erstausgabe 1926)
- */Inhelder, B.* (1973). Die Entwicklung der elementaren logischen Strukturen. Düsseldorf: Schwann

Picht, G. (1975). Zum Begriff des Friedens. In: *Funke, M.* (Hrsg.). Friedensforschung. München

Pick, B. (1981). Biologiedidaktik zwischen Fachwissenschaft und Allgemeiner Didaktik. Köln: Aulis

Piechocki, R. (1985/86). Makroskopische Präparationstechnik. Jena: Fischer

Pies-Schulz-Hofen, R. (1992). Zoopädagogik. BioS 41, H.10, 334–341

Pietsch, A. (1954/55). Grundsätzliches zur experimentellen Lehrform im Biologieunterricht. MNU 7, 197–203

PISA-Konsortium (Hrsg.) (2000). Schülerleistungen im internationalen Vergleich. Berlin: MPI
- (2001). PISA 2000. Basiskompetenzen von Schülerinnen und Schülern im internationalen Vergleich. Opladen: Leske + Budrich
- (2002). PISA 2000. Die Länder der Bundesrepublik Deutschland im Vergleich. Opladen: Leske + Budrich
- (2004). PISA 2003. Münster: Waxmann.

Plessis, L. du/Anderson, T. R./Grayson, D. J. (2003). Students' difficulties with the use of arrow symbolism in biological diagrams. In: *Lewis/Magro/Simonneaux* (2003), 89–103

Plösch, T. (1989). Der Regenbogencichlide Herotilapia multispinosa. Aquarien- und Terrarienzeitschrift 42, H. 6, 340 f.
- (1990). Attrappenversuche mit Heterotilapia multispinosa. Aquarien- und Terrarienzeitschrift 43, H. 7, 440 f.

Plötz, F. (1971). Kind und lebendige Natur. München: Kösel (3. Aufl.)

Poehler, R. (1992). Evolution: Unterricht im Zoo. Berlin: Paedag. Zentrum

Poenicke, H.-W. (1979). Mikroprojektion und ein exaktes mikroskopisches Zeichnen ohne Zusatzgeräte. NiU-B 27, H. 4, 107–110

Pohl, E. (1994). Ein Bienenschaukasten in der Schule. PdN-B 43, H. 4, 42–44

Pommerening, R. (1977). Der Tierversuch im Unterricht und das Tierschutzgesetz. NiU-B 25, H. 8, 242–245
- (1982). Gesundheitserziehung und Gesundheitsvorsorge. Köln: Aulis

Pondorf, P. (1997). »Mendeln« per Computer. UB 21, H. 221, 32–34
- (1998). Computereinsatz im Biologieunterricht der Realschule: Herdecke: GCA-Verlag.
- (1999). Computer im Biologieunterricht MNU 52, H. 6, 365–370

Popper, K. R. (1966). Logik der Forschung. Tübingen: Mohr
- (1984 a). Objektive Erkenntnis. Hamburg: Hoffmann und Campe

– (1984 b). Ausgangspunkte. Meine intellektuelle Entwicklung. Hamburg: Hoffmann und Campe

Posch, P. (1989). Das Projekt »Umwelt und Schulinitiativen«. In: DGU/IPN (1989), 37–48

– (1990). Umwelterziehung im Lichte innerer Schulreform. Wien: ARGE Umwelterziehung

– /Rauch, F./Kreis, I. (2000). Bildung für Nachhaltigkeit. Innsbruck: Studienverlag

Poser, G. (1982). Der Einsatz des Mikroskops im 5. Schuljahr. NiU-B 30, H. 9, 323–333

Posner, G. u. a. (1982). Accomodation of a scientific conception: Toward a theory of conceptual change. Science Education 66, 211–227

Pradel, F. (1992). Fressen und gefressen werden. PdN-B 41, H. 5, 29–37

Preece, P. F. W./Baxter, J. H. (2000). Scepticism and gullibility: the superstitious and pseudoscientific beliefs of secondary school students. IJSE 22, H. 11, 1147–1156

Prenzel, M. (1988). Die Wirkungsweise von Interesse. Opladen: Westdeutscher Verlag

– (1993). Autonomie und Motivation im Lernen Erwachsener. Zeitschrift für Pädagogik 39, H. 2, 239–253

– /Lankes, E.-M. (1995). Anregungen aus der pädagogischen Interessenforschung. Grundschule 27, H. 6, 12–13

Preuschoff, G./Preuschoff, A. (1993). Gewalt an Schulen. Papy-Rossa: Köln

Preuschoft, H./Kattmann, U. (Hrsg.) (1992). Anthropologie im Spannungsfeld. Oldenburg: Universität (BIS)

Preuss, S. (1991). Umweltkatastrophe Mensch. Heidelberg: Asanger

Primas, H. (1985). Kann Chemie auf Physik reduziert werden? Chemie in unserer Zeit 19, H. 4., 109–119, H. 5, 160–166

Probst, W. (1973). Die Pupillenreaktion. NiU 21, H. 5, 212–220

– (1987). Polarisiertes Licht in der Mikroskopie. UB 11, H. 129, 44–47

– (1993). Dungpilze. UB 17, H. 183, 40–44

– (1996). Biologie lernen – Biologie erleben? BioS 45, H. 2, 66–72

– (1999 a). Gescannte Naturobjekte. Teil 1 bis Teil 7. PdN-Bio 48, H. 2, 40; H. 3, 33–36; H. 4, 26–29; H. 5, 37–40; H. 6, 45–47; H. 7, 39–42, H. 8, 25–29

– (1999 b). Lebensraum Vivarium. UB 23, H. 248, 4–13

– /Schilke, K. (1995). Natur erleben – Natur verstehen. Stuttgart: Klett

Project 2061 (1993) (Ed.). Benchmarks for science literacy. New York/Oxford: University Press URL: http://www.project2061.org/publications/bsl/online/bolintro.htm

Pütz, N./Geissler, F. (2005). Das Gartenlabor. Oldenburger VorDrucke 531. Oldenburg: diz

Pukies, J. (1979). Das Verstehen der Naturwissenschaften. Braunschweig: Vieweg

Puthz, V. (1988). Experiment oder Beobachtung? UB 12, H. 132, 11–13

– (1993). Geschichte der Biologie im Gymnasium. MNU 46, H. 2, 82–89

Quasigroch, G. (1979 a). Sinnvoller Einsatz technischer Hilfsmittel. NiU-B 27, H. 8, 250–253

– (1979 b). Der Einsatz von Schädelpräparaten. UB 3, H. 31, 43–47

Quitzow, W. (1986 a). Naturwissenschaftler zwischen Krieg und Frieden. Düsseldorf: Schwann

– (Hrsg.) (1986 b). Naturwissenschaft und Ideologie. Bad Salzdetfurth: Franzbecker

– (1988). Biologismus in Wissenschaft und Unterricht. UB 12, H. 138, 48–52

– (1990). Intelligenz oder Umwelt. Stuttgart: Metzler

– (1994). Biologismus und gesellschaftliche Vorurteile. puzzle 2, 9–13

Radits, F./Rauch, F./Kattmann, U. (Hrsg.) (2005). Gemeinsam forschen – gemeinsam lernen. Wissen, Bildung und Nachhaltige Entwicklung. Innsbruck: Studienverlag

Raether, W. (1977). Analyse und Entwicklung von Lehrerstudiengängen im Fachgebiet Biologie im Zusammenhang mit der gegenwärtigen Curriculumforschung. Frankfurt: Haag + Herchen

– (1978). Xenopus, ein ideales »Schul-Tier«. Teil 1 u. 2. PdN-B 27, H. 7, 178–182; H. 8, 200–206

– (1979). Formen des Verhaltens beim südafrikanischen Krallenfrosch Xenopus laevis Daudin und ihre unterrichtliche Bearbeitung. BU 15, H. 4, 8–24

Rahmenrichtlinien (1978; 1983) Sekundarstufe I. Biologie. Der Hessische Kultusminister

Ramseger, J. (1992). Offener Unterricht in der Erprobung. München: Juventa (3. Aufl.)

Randler, C./Kunzmann, M. (2005). Lernemotionen und Lehrerverhalten im Biologieunterricht. MNU 58, H. 6, 367–373

Rath, H. (1977). Sozialverhalten bei Hundsaffen. UB 1, H. 15, 35–41

– (1978). Biologieunterricht im Zoo Münster. BU 14, H. 3, 102–107

Rauch, M. (Hrsg.) (1981). Schulhof-Handbuch. Langenau-Albeck: Vaas

– /Wurster, D. (1997). Schulbuchforschung als Unterrichtsforschung. Frankfurt: Lang

Rauer, G. u. a. (2000). Beitrag der deutschen Botanischen Gärten zur Erhaltung der Biologischen Vielfalt und Genetischer Ressourcen. Bonn: Bundesamt für Naturschutz

Rausch, M. (2000). Erster Blick ins Internet. PdN-B 49; H. 1, 26–35

Reck, M. (1997 a). Mathematische Modelle im Biologieunterricht. PdN-B 46 4, 1–4

– (1997 b). Zelluläre Schleimpilze. MNU 50, H. 1, 40–46

– (2000). Modellierung einer Epidemie. Mathematik in der Schule, H. 4, 219–222

– /Franck, S. (1997 a). Zellulärer Automat als Modell eines Räuber-Beute-Systems. PdN-B 46, H. 4, 15–18

– /Franck, S. (1997 b). Kooperation bei einfachen Organismen. PdN-B 46, H. 4, 19–22

– /Miltenberger, F. (1996). Zelluläre Automaten. MNU 49, H. 3, 131–137

– /Spindler, H. (1998). Wie kommt der Leopard zu seinen Flecken? MNU 51, H. 1, 38–41

– /Wielandt, T. (1997). Die Anchovis-Krise. PdN-B 46, H. 4, 10–14

Reeh, H./Kaiser, W. (1974). Unterrichtseinheit »Lebewesen bestehen aus Zellen«. PdN-B 23, H. 2, 37–46

Reese, E. (1986 a). Aufgaben des Schulbiologiezentrums Hannover. In: Hedewig/Knoll (1986), 287–290

– (1986 b). Wir erkunden ein Schullandheim. UB 10, H. 114, 14–17

– (1991). Das umweltfreundliche Schullandheim. In: DGU/IPN (1991), 152–158

Regelmann, J.-P. (1984). Lyssenko und Lyssenkoismus. PdN-B 33, H. 1, 1–22

Reich, B./Weber, N. H. (Hrsg.) (1984). Unterricht im Dienste des Friedens. Düsseldorf: Schwann

Reichart, G. (1978). Modelle im Unterricht. In: Wenk/Trommer (1978), 16–29

– (1982). Medien im Biologieunterricht. PdN-B 31, H. 7, 193–197

Reichel, N. (1997). Von der Umweltbildung zur Bildung für nachhaltige Entwicklung. In: LÖBF-Mitteilungen (1997), H. 1, 45–51

Reindl, R. (1997). Die Bedeutung der Gestalt für die bildende Kunst. Die Gestalt, H. 1, 3–5

Reinhold, P. (2004). Naturwissenschaftsdidaktische Forschung in der Lehrerausbildung. ZfDN 10, 117–145

Reinmann-Rothmeier, G./Mandl, H. (2001). Unterrichten und Lernumgebungen gestalten.

In: Krapp, A./Weidenmann, B. (Hrsg.). Pädagogische Psychologie. Weinheim: Beltz, 601–646.

Reise, D. (1999). Ein Hochhaus für mongolische Wüstenrennmäuse. UB 23, H. 248, 36–39

Reiß, J. (1987). Kultivierung des Austernpilzes (Pleurotus ostreatus) im Biologieunterricht. MNU 40, H. 8, 486–491

Reiß, V. (1979). Interdisziplinäre Curricula in den Naturwissenschaften als Sozialisationsmedien. In: Bloch, J. u. a. (Hrsg.). Curriculum Naturwissenschaft. Köln: Aulis, 149–170

Reißmann, J. (1993). Probleme mit Umweltunterricht. In: Pieschl (1993), 16–34

Renkl, A. (1996). Träges Wissen. Psychologische Rundschau 47, 78–92

Rennie, L. J./Mc Clafferty, T. P. (1996): Science centres and science learning. Studies in Science Education 27, 53–98

Retzlaff-Fürst, C. (2001). Die Ästhetik des Lebendigen: Analysen und Vorstellungen zum Biologieunterricht am Gegenstand der Formenkunde. Berlin: Weißensee.

– /Horn, F. (2000). Ästhetisches Urteilen im Biologieunterricht. In: Bayrhuber/Unterbruner (2000), 162–171

– /Horn, F. (2002). Ästhetische Urteile von Grundschulkindern zu ausgewählten Tierdarstellungen – eine Studie zum »Konzept der formalen und inhaltlichen Faktoren«. In: Klee/Bayrhuber (2002), 47–60

Reusser, K./Messner, H. (2002). Das Curriculum der Lehrerinnen- und Lehrerbildung – ein vernachlässigtes Thema. Beiträge zur Lehrerbildung (2002), 20 (3), 282–299

Reusswig, F. (1994). Lebensstile und Ökologie. Frankfurt: Interkulturelle Kommunikation

– (1999). Umweltgerechtes Handeln in verschiedenen Lebensstil-Kontexten. In: Linneweber/Kals (1999), 49–69

Rexer, E./Birkel, P. (1986). Größerer Lernerfolg durch Unterricht im Freiland? UB 10, H. 117, 43–46

Richter, H. E. (1999). Umweltbewusstsein der Jugendlichen und Politik. In: Kaufmann-Hayoz/Künzli (1999), 175–186

Richter, R. (Hrsg.) (2004). Biologie auf Englisch. UB 28, H. 297/298

Richtlinien und Stoffpläne für die Volksschule in Nordrhein-Westfalen (1963). Biologie. Ratingen/Düsseldorf: Henn

Riedel, W./Trommer, G. (Hrsg.) (1981). Didaktik der Ökologie. Köln: Aulis

Riemeier, T. (2004). Einführung in den Mikrokosmos. PdN-B 53, H. 8, 32–34

– (2005 a). Biologie verstehen: Die Zelltheorie. BzDR 7. Oldenburg: diz

– (2005 b). »Zellteilung müsste eigentlich Zellverdoppelung heißen!«. UB 29, H. 307/308, 54–59

Riemer, M. (2004). Konstruktivistische Aspekte einer biologiedidaktischen Neuorientierung – metatheoretische und empirische Analysen zur Freinetpädagogik. Baltmannsweiler: Schneider Hohengehren

Rieß, W. (1998). Soll ich oder soll ich nicht? UB 22, H. 237, 33–38

– (2003). Die Kluft zwischen Umweltwissen und Umwelthandeln als pädagogische Herausforderung. ZfDN 9, 147–159

Rimmele, R. (1984). Die Tänze der Bienen. Bad Salzdetfurth: Franzbecker

Ringelband, U./Prenzel, M./Euler, M. (Hrsg.) (2001). Lernort Labor. Kiel: IPN

Riquarts, K. u. a. (Hrsg.) (1992). Naturwissenschaftliche Bildung in der Bundesrepublik Deutschland. Band IV. Kiel: IPN

Ritchie, S. M./Cook, J. (1994). Metaphors as a tool for constructivist science teaching. In: IJSE 16, H. 3, 293–303

Rixius, N. (1994). Außerschulische Lernorte der Umweltbildung in den Regierungsbezirken. In: MURL (Hrsg.). Außerschulische Lernorte im Bereich der Regierungsbezirke. Düsseldorf

Robinsohn, S. B. (1969). Bildungsreform als Revision des Curriculum. Neuwied: Luchterhand

Rode, H. (1993). Ansätze zur ökologischen Umgestaltung der Schule. In: Eulefeld (1993), 231–245

– (1996). Schuleffekte in der Umwelterziehung. Frankfurt: Lang

– u. a. (2001). Umwelterziehung in der Schule. Opladen: Leske+Budrich

Rodi, D. (Bearbeiter) (1975 a). Biologie und curriculare Forschung. Köln: Aulis

– (1975 b). Der Bildungsauftrag eines Naturkundemuseums. In: Rodi (1975 a), 155–162

– (1977). Ein Strukturierungsansatz für den Biologieunterricht in der Sekundarstufe I durch das ökologische Konzept. In: Kattmann/Isensee (1977), 185–196

– (1986). Schulgartenarbeit in der Hauptschule. In: Hedewig/Knoll (1986), 72–78

– (1991). Bestäubungsökologie. In: Eschenhagen/Kattmann/Rodi (1991), 22–31

– (1994). Der Wandel im Lehren und Lernen im Bereich von Ökologie und Umweltbildung. In: Jäkel u. a. (1994), 17–30

– /Bauer, E. W. (Hrsg.) (1980). Biologiedidaktik als Wissenschaft. Köln: Aulis

Roer, W. (1988). Biologische und chemische Kampfstoffe. In: Hänsel/Müller (Hrsg.). Das Projektbuch Sekundarstufe. Weinheim: Beltz, 49–77

Röhrs, M. (1983). Frieden – eine pädagogische Aufgabe. Braunschweig: Pedersen/Westermann

Rolbitzki, D. (1983). Empirische Untersuchung zu Leistungsmotivationen und Schulinteressen bei Hauptschülern am exemplarischen Beispiel des Biologieunterrichts. Frankfurt: Lang

Rolletschek, H. (2001). Einfluss von Fernsehsendungen mit biologischem Inhalt auf Wissen und Einstellungen von Grundschülern. In: Münchener Schriften zur Didaktik der Biologie; Bd. 15

Ronneberger, D. (1990). Modelle zur Mechanik des Innenohres. UB 14, H. 157, 47–50

Rose, J. (1992). Praxis der Umwelterziehung. Anregungen für die Unterrichtspraxis in der Grundschule. In: Lauterbach u. a. (Hrsg.). Brennpunkte des Sachunterrichts. Kiel: IPN/GDSU, 133–148

Rost, J. (1999). Was motiviert Schüler zum Umwelthandeln? Unterrichtswissenschaft 27, H. 3, 213–231

– /Gresele, C./Martens, T. (2001). Handeln für die Umwelt. Münster u. a.: Waxmann

– /Lauströer, A./Raack, N. (2003). Kompetenzmodelle einer Bildung für Nachhaltigkeit. PdN-Chemie 52, H. 8, 10 – 15

– /Lehmann, J./Martens, T. (1995). Identifikation von kognitiven Faktoren für umweltgerechtes Handeln mit Hilfe eines integrierten Handlungsmodells. Kiel: IPN

– u. a. (1992). Ein Situationsfragebogen zur Erfassung von Bewältigungsstrategien beim Umgang mit bedrohlichen Informationen über die Umwelt. In: Eulefeld (1992), 217–228

Roth, G. (1974). Kritik der Verhaltensforschung. Konrad Lorenz und seine Schule. München

– (1994). Das Gehirn und seine Wirklichkeit. Frankfurt: Suhrkamp

– (2003). Aus Sicht des Gehirns. Frankfurt/M.: Suhrkamp

Roth, L. (Hrsg.) (1976). Handlexikon zur Erziehungswissenschaft. München: Ehrenwirth

Roth, W.-M. (2003). Toward an anthropology of graphing. Dordrecht/NL: Kluwer

Rottländer, A. (1996). Projektunterricht. BioS 45, H. 3, 129–133

Rottländer, E. (1989 a). Wissenschaftspropädeutische und fächerübergreifende Behandlung evolutionstheoretischer Fragen im Unterricht. MNU 42, H. 2, 104–108

– (1989 b). Zur Diskussion Schöpfungsmodell kontra Evolutionstheorie. PdN-B 38, H. 8, 9–20

– (1992). Quellenarbeit im Biologieunterricht mit der Methode des Gruppenpuzzles. MNU 45, H. 2, 82–87; H. 3, 167–172

– (Hrsg.) (2001). Biologieunterricht nach TIMSS. PdN-B 52, H. 7

– (2003). Urzeugung – Ja oder nein? PdN-B 53, H. 8, 44–47

– (2004). Artkonzept, Grundtypenmodell – Evolutionstheorie, Schöpfungsglaube. PdN-B 52, H. 8, 35–38

– */Herrmann, C.* (1996). Impfmüdigkeit. UB 20, H. 219, 38–42

– */Reinhard, P.* (1988). Zur Konzeption eines Fortbildungsprojektes mit fächerübergreifenden Aspekten für Biologielehrer. MNU 41, H. 3, 172–177

Runtenberg, C. (2001). Gen-Schafe, Spenderschweine, Onkomäuse. Ethische Aspekte der Verwendung von Tieren in der Forschung. PdN-B 50, H. 6, 15–19

Ruppert, W. (1998 a). Der Mensch – das moralische Tier? UB 22, H. 240, 42–48

– (1998 b). Partnerwahl beim Menschen – aus soziobiologischer Sicht. UB 22, H. 237, 39–51

– (2001). Ernährungsverhalten. UB 25, H. 270, 4–14

– (2002). Handlungsorientierung im Biologieunterricht. UB 26, H.273.

– (2004). Lernschwierigkeiten im Genetik-Unterricht überwinden. MNU 57, H. 5, 290–296

Ruppolt, W. (1967). Weshalb bevorzugen die Schüler auf der Unter- und Mittelstufe die Tierkunde? MNU 20, H. 9, 366–370

Rupprecht, R. (1979). Das Tierschutzgesetz. UB 3, H. 30, 25–32

Rüschoff, B. (1995). Freies Lernen für Freie Lerner? Computer und Unterricht 5, H. 18, 52–54

Rüther, F. (1978). Biologie – Biologiedidaktik – Biologieunterricht. biol. did. 1, H. 2, 59–67

– (1980). Der Arbeitsprojektor im Biologieunterricht. In: *Rodi/Bauer* (1980), 199–206

– (1991). Ökosystem Wald. In: *Eschenhagen/Kattmann/Rodi* (1991), 80–118

– */Stephan-Brameyer, B.* (1984). Die »Beobachtung« im Biologieunterricht der Sekundarstufe I. In: *Hedewig/Staeck* (1984), 96–113

Rutherford, F. J./Ahlgren, A. (1990) (Eds.). Science for all Americans. AAAS http://www.project2061.org/publications/sfaa/online/sfaatoc.htm

Ryan, R.M./Deci, E .L. (2000). Self-determination theory and the facilitation of intrinsic motivation, social development, and well-being. American Psychologist 55, 68–78

– (2001). On happiness and human potentials. Annual Reviews Psychology 52, 141–166

Sack, G. (2001). Körnchen für Körnchen zur »Wahrheit«: Die Ursache von Beriberi. UB 25, H. 268, 24–31

Salzmann, H. C. (1980). Überlegungen und Argumente zum Thema »Naturgarten«. Zofingen: Schweizerisches Zentrum für Umwelterziehung des WWF

– (1981). Umwandlung des Zierrasens in eine Blumenwiese. Zofingen: Schweizerisches Zentrum für Umwelterziehung des WWF

Sander, E. (1998). Das Verständnis des Biologischen Gleichgewichts in der Fachwissenschaft und in den Vorstellungen von Schülerinnen und Schülern. Oldenburger Vor-Drucke 366, Oldenburg: diz

– (2002). Wissenschaftliche Konzepte und Schülervorstellungen zum »biologischen Gleichgewicht«. In: *Klee/Bayrhuber* (2002), 61–73

– (2003 a). Harmonisch-stabile oder ‚fließende' Natur? Zum Naturverständnis in der Ökologie bei Schülerinnen und Schülern. In: *Vogt/Krüger/Unterbruner, U.* (2003), 83–90

– (2003 b). Deskriptive und normative Elemente im Naturverständnis von Lernenden – Eine Untersuchung vor dem Hintergrund des Perspektivenwechsels in Ökologie und Naturschutz. In: *Bauer* u. a. (2003), 183 – 186

– */Jelemenská, P./Kattmann, U.* (2004). Woher kommt der Sauerstoff? UB 28. H. 299, 20–24

– */Jelemenská, P./Kattmann, U.* (2006). Toward a better understanding of ecology. JBE 40, H. 3, 1–5

Sandmann, A. u. a. (2002). Paraphrasieren, Schlussfolgern, Bewerten – Strategien des Lernens mit Beispielaufgaben bei Experten und Novizen in Biologie. In: *Klee/Bayrhuber* (2002), 131–144

Sandrock, F. (Hrsg.) (1992). Hummeln und Wespen. UB 16, H. 174

Scarbath, H. (1974). Blinde Flecken in der neueren Sexualpädagogik. WPB 26, H.7, 351–355

– (1976 a). Friedenserziehung. In: *Roth, L.* (1976), 192–197

– (1976 b). Sexualerziehung.
In: *Roth, L.* (1976), 402–406

Schaaf, R. (Hrsg.) (1986). Tierversuche.
UB 10, H. 111

Schaar, K. (1995). Durch Naturerlebnisse zum
Umweltschutz? DDS 87, H. 4, 509–516

Schad, W. (1981). Bepflanzung. In: *Rauch, M.*
(Hrsg.), Schulhof-Handbuch.
Langenau-Albeck: Vaas

Schaefer, G. (1971 a). Probleme der Curricu-
lum-Konstruktion. BU 7, H. 4, 6–17

– (1971 b). Fach – Didaktik – Fachdidaktik.
MNU 24, H. 7, 390–396

– (1972 a). Kybernetik und Biologie.
Stuttgart: Metzler

– (1972 b). Probleme der Regelkreisdarstellung.
MNU 25, H. 6, 321–326

– (1973). Informationstheoretische Bemerkungen zur Ableitung von Unterrichtszielen.
PdN-B 22, H. 1, 1–6

– (1976 a). Integrierte Naturwissenschaft oder
mehr Biologie? MNU 29, H. 5, 271–276

– (1976 b). Was ist »Wachstum«?
In: *Schaefer/Trommer/Wenk* (1976), 58–90

– (1977 a). Lebewesen und Modell.
In: *Schaefer/Trommer/Wenk* (1977), 86–100

– (1977 b). Strukturierung von Biologieunterricht nach systemtheoretischen Gesichtspunkten. In: *Kattmann/Isensee* (1977), 221–236

– (1978 a). Inklusives Denken – Leitlinie für den
Unterricht. In: *Trommer/Wenk* (1978), 10–29

– (1978 b). Kybernetik im Biologieunterricht.
UB 2, H. 21, 2–10

– (1978 c). Muß ein Biologielehrer Biologe
sein? In: *Eulefeld/Rodi* (1978), 24–38

– (1980). Die Wissenschaftssprache der Biologie im Lichte inklusiven Denkens.
In: *Schaefer/Loch* (1980), 99–134

– (1982 a). Zur Schwierigkeit des Biologieunterrichts. PdN-B 31, H. 10, 289–292

– (1982 b). Trends im Biologieunterricht euro-
päischer Länder. In: *Hedewig/Rodi* (1982),
19–36

– (1983 a). Der Energiebegriff im ökologischen
Kontext. PdN-B 32, H. 7, 197–201

– (1983 b). Der Begriff Ökosystem in den Köpfen von Schülern und Lehrern. Verhandlungen
der Gesellschaft für Ökologie 11, 351–359

– (1984). Naturwissenschaftlicher Unterricht
auf dem Wege vom exklusiven zum inklusiven Denken. MNU 37, H. 6, 324–336

– (1986). Ziele und Tätigkeiten der Commis-
sion for Biological Education (CBE) der
International Union of Biological Sciences
(IUBS). In: *Hedewig/Knoll* (1986), 322–329

– (1990 a). Die Entwicklung von Lehrplänen
für den Biologieunterricht auf der Grundlage
universeller Lebensprinzipien.
MNU 43, H. 8, 471–480

– (1990 b). Gesundheit – Vorstellungen in
verschiedenen Kulturen. In: Friedrich Verlag
(1990), 10–13

– (1992). Begriffsforschung als Mittel der
Unterrichtsplanung. In: *Entrich/Staeck*
(1992), 128–139

– (Hrsg.) (1997). Das Elementare im Komplexen. Frankfurt u. a.: Lang

– (1998). Balanceakt Gesundheit. Darmstadt:
Wissenschaftliche Buchgesellschaft

– (1999). Zickzack-Lernen als Unterrichtsme-
thode. MNU 52, H. 7, 388–394

– (Hrsg.) (2002 a). Allgemeinbildung durch
Naturwissenschaften. Denkschrift der
GDNÄ-Bildungskommission. Köln: Aulis.

– (2002 b). Scientific Literacy im Dienste der
Entwicklung allgemeiner Kompetenzen.
In: *Gräber* u. a. (2002). 83–104.

– /*Bayrhuber, H.* (1973). Analogien und Unterschiede zwischen technischer und biologischer Steuerung. Der Physikunterricht 7,
H. 2, 90–101

– /*Loch, W.* (Hrsg.) (1980). Kommunikative
Grundlagen des naturwissenschaftlichen
Unterrichts. Weinheim/Basel: Beltz

– /*Trommer, G./Wenk, K.* (Hrsg.) (1976). Wachsende Systeme. Braunschweig: Westermann

– /*Trommer, G./Wenk, K* (Hrsg.) (1977). Denken
in Modellen. Braunschweig: Westermann

– /*Wille, J.* (1995). Der Lebensbegriff bei unse-
ren Jugendlichen. MNU 48, H. 2, 67–74

– /*Yoshioka, R.* (2000). Balanced thinking.
An educational perspective for 2000+ on the
basis of a cross-cultural German/Japanese
study. Frankfurt/M.: Lang

Schäfer, D./Berck, K.-H. (1995). Zentrale Begriffe
zum Thema »Ökologie«.
MNU 48, H. 2, 110–117

Schäferhoff, H. (1993). Auf den ersten Blick.
PdN-B 42, H. 1, 36–41

Schahn, J./Holzer, E. (1990). Studies of individual environmental concern. Environment
and Behavoir, 22 (1990), H. 6, 767–786

Schanz, E. (1972). Zum Problem kindlicher
Abneigung gegenüber Tieren. BU 8, H. 1,
43–124

Scharf, K.-H. (1983). »Die Kurzhalshypothese«.
PdN-B 32, H. 12, 374–387

– (Hrsg.) (2000). Biologie. Evolution und
Schöpfung. PdN-B 49, H. 6

– /Stripf, R. (Hrsg.) (1989). Evolution – Kreationismus. PdN-B 38, H. 8

– /Tönnies, U. (1989; 1990). Historische Experimente (Serie). PdN-B 38, H. 7, 32–36; H. 8, 44–47; 39, H. 1, 42–46; H. 2, 39; H. 3, 44

Scharfenberg, F.-J./Klautke, S./Bogner, F. X. (2005). Experimentieren und Lernen im Lernort Labor. In: Bayrhuber u. a. (2005), 31 – 34

Scharl, W. (1983). Mikroskopisches Arbeiten im 9. Schuljahr im Rahmen einer freiwilligen Arbeitsgemeinschaft. BU 19, H. 4, 5–33

Scharper-Rinkel, P./Giesecke, S./Bieber, D. (2002). Science Center. VDI/VDE-Technologiezentrum: Teltow.

Schecker, H. u. a. (1996). Naturwissenschaftlicher Unterricht im Kontext allgemeiner Bildung. MNU 49, H. 8, 488–492.

Scheele, I. (1981). Von Lüben bis Schmeil. Berlin: Reimer

Schenk, B. (Hrsg.) (2005). Bausteine einer Bildungsgangtheorie. Opladen: Verlag für Sozialwissenschaften

Scher, M. A. (Hrsg.) (1998). (Umwelt-)Ausstellungen und ihre Wirkungen. Oldenburg: Isensee

Scherf, G. (1986). Zur Bedeutung pflanzlicher Formenkenntnisse für eine schützende Einstellung gegenüber Pflanzen und zur Methodik des formenkundlichen Unterrichts. München: Universität

– (1989). Vom deutschen Wald zum deutschen Volk. In: Dithmar, R. (Hrsg.). Schule und Unterricht im Dritten Reich. Neuwied: Luchterhand, 217–234

– /Bienengräber, B. (1988). Grundkenntnisse über Umweltgefährdung und Umweltschutz bei 9- bis 12-jährigen Schülern (Grund- und Hauptschule). MNU 41, H. 7, 419–427

Schiefele, U. (1993). Brauchen wir eine Motivationspädagogik? Zeitschrift für Pädagogik, 39, H. 2, 177–186

– /Wild, K.-P. (Hrsg.) (2000). Interesse und Lernmotivation. Münster: Waxmann

Schilke, K. (1991). Ökosystem Meer. In: Eschenhagen/Kattmann/Rodi (1991), 216–243

– u. a. (2004). Schulgelände wohin? Situation, Defizite und Vorschläge. Natur und Landschaft 79, H. 2, 82–89

– /Zacharias, F. (1992). Schulgartenarbeit – Konzeption und Erfahrungen. BioS 41, H. 6, 216–223

Schlehufer, A./Kreuzinger, S. (1997). Natur Erlebnis Ferien. Alling: Sandmann

Schlaegel, J./Schoof-Tams, K./Walczak, L. (1975). Beziehungen zwischen Jungen und Mädchen. Sexualmedizin 4, H. 4, 206–218

Schletter, J. C. (1999). Lernen und Gedächtnis. Kiel: IPN

Schlichting, H. J. (1992). Schöne fraktale Welt. MNU 45, H. 4, 202–214

– (1994). Auf der Grenze liegen immer die seltsamsten Geschöpfe – Nichtlineare Systeme aus der Perspektive ihrer fraktalen Grenzen. MNU 47, H. 8, 451–463

Schlitter, A./Berck, K.-H. (1987). Der Dshungarische Zwerghamster. MNU 40, H. 7, 422–428

Schlosser, G./Weingarten, M. (Hrsg.) (2002). Formen der Erklärung in der Biologie. Berlin: VWB

Schlüter, D. (2001). Integration von Studium und Schulgartenpraxis. In: Giest (2001), 79–86

Schlüter, K. (2003). Was sind funktionelle Lebensmittel? MNU 56, H. 7, 418–423

Schmeil, O. (1896). Über Reformbestrebungen auf dem Gebiete des naturgeschichtlichen Unterrichts. Leipzig: Nägele (2. Aufl. 1905)

Schmid, J. (2004). Aggressives Verhalten. In: Sommer/Fuchs (2004), 89–102

Schmid, K. (1995). Dem Umweltwissen auf der Spur: Empirische Untersuchung zu den ökologischen Kenntnissen von Wiener Schülern am Ende der Sekundarstufe I. Wien: Universitätsverlag

Schmid-Tannwald, I./Urdze, A. (1983). Sexualität und Kontrazeption aus der Sicht der Jugendlichen und ihrer Eltern. Stuttgart: Kohlhammer

Schmidkunz, H./Lindemann, H. (1992). Das forschend-entwickelnde Unterrichtsverfahren. Essen: Westarp (3. Aufl.)

Schmidt, E. (1974). Bilddeutungen als informelle Tests zu morphologisch-anatomischen Übungen. NiU 22, H. 2, 80–87

– (1990). Ethologische Feldstudien mit Schülern. In: Killermann/Staeck (1990), 176–183

– (1992). Systemimmanente Grenzen exakter Begriffsbestimmungen als Problem der Biologiedidaktik. In: Entrich/Staeck (1992), 212–220

– (2003 a). Ein Leitziel-Katalog zur formalen Bildung im Biologieunterricht. MNU 56, H. 6, 371–374

– (2003 b). Eine didaktisch erkenntnistheoretische Analyse der naturwissenschaftlichen Zulässigkeit von Theorien über Evolutionsmechanismen (wie der Selektionstheorie von

Darwin). IDB 12, 89–104

– (2006). Zu: Genetik im Kontext von Evolution. MNU 59, H. 6, 364–366

– /Blomenkamp, K./Kaminski, J. (1999). Schmuckschildkröten im Vivarium. UB 23, H. 248, 21–26

– /Eschenhagen, D. (1991). Binnengewässer. In: Eschenhagen/Kattmann/Rodi (1991), 170–215

Schmidt, H. (1984). Der «Piltdown-Mensch». PdN-B 33, H. 3, 75–86

Schmidt, J. (Hrsg.) (1987). Der Diskurs des radikalen Konstruktivismus. Frankfurt: Suhrkamp

Schmidt, L. (1996). Die Botanischen Gärten Deutschlands. Hamburg: Hoffmann und Campe

Schmidt, R. (1992). Erfahrungen mit Projekttagen in der gymnasialen Oberstufe. In: Entrich/Staeck (1992), 429–432

– /Bilo, M./Müller, J. (1991). Echoortung bei Fledermäusen. UB 15, H. 163, 40–47

Schmidt, R.-B. (1993). Sexualerziehung in der Sekundarstufe I. BioS 42, H. 3, 102–105

– (1994). Sexualität in Biologiebüchern. Frankfurt: Lang

Schmidt-Bleek, F. (1998). Das MIPS-Konzept. München: Knaur

Schmidtke, K.-D. (1990). Entdeckungen am Strand. Geographie heute 80, 46–49

Schminke, H. K./Schultz, W. (1981). Arbeitstransparente von Bauplänen der Tiere. UB 5, H. 60/61, 16–18

Schmitt, A. (2002). Walverwandtschaften. UB 26, H. 272, 18–22

Schmitt, C. (o. J.). Der Biologische Schulgarten. Freising-München: Datterer

Schmitt-Scheersoi, A. (2003). »Spielregeln der Natur« (Prinzipien der Ökologie). Bonn: URL: http://hss.ulb.uni-bonn.de/diss_online/math_nat_fak/2003/schmitt-scheersoi_annette/0267.pdf

Schnaitmann, G. W. (1991). Der Friedensbegriff aus der Sicht von Schülern. Frankfurt/M.: Lang

Schneeweiß, H. (1998). Phagozytose, amöboide Wanderungsaktivität, Zytotoxizität und Agglutination unter dem Schülermikroskop. MNU 51, H. 2, 110–114

– (1999). Haarspaltereien. UB 23, H. 246, 17–19

Schneider, E. (1986). Computereinsatz im Grundkurs Genetik. PdN-B 35, H. 2, 27–36

Schneider, G. (1981). Quantifizierender Einsatz von Modellen im Biologieunterricht, aufgezeigt am Beispiel der menschlichen Wirbelsäule. NiU-B 29, H. 8, 259–263

Schneider, I. (1984). Tiergesellschaften bei Raubtieren. UB 8, H. 98, 23–24. 33–41

– (1985). »Kindchenschema«. UB 9, H. 110, 23–33

Schneider, K./Walter, U. (1992). Lernfördernde Gestaltung von Bild- und Textmaterialien für den Gesundheitsbereich. Frankfurt: Lang

Schneider, V. (1990 a). Gesundheit – was ist das heute?. In: Friedrich Verlag (1990), 8 f.

– (1990 b). Motiviert für Gesundheit? In: Friedrich Verlag (1990), 30–33

– (1993). Entwicklungen, Konzepte und Aufgaben schulischer Gesundheitsförderung. In: Priebe, B. u. a. »Gesunde Schule«. Weinheim/Basel: Beltz

Schnürch, D. (1998). Evolution als Wandlung organismischer Konstruktionen. UB 22, H. 232, 42–47

Scholz, F. (1980). Problemlösender Unterricht. Essen: Neue Deutsche Schule

Schönwald, H. G. (1996). Mathematikunterricht als Denkkrafttraining. Praxis Mathematik 38, H. 6, 258–261

Schoof, J. (1977). Projektorientierter Unterricht. Beispiel Biologie. Braunschweig: Westermann

Schorr, E. (1991). Gewässersteckbriefe. Computer und Unterricht 1, H. 3, 22–24

Schrader, S./Larink, O. (1998). Einblicke in die Ökologie der Regenwürmer. PdN-B 47, H. 4, 10–14

Schramm, E. (1987). Wissenschaftsgeschichte und naturwissenschaftlicher Unterricht. MNU 40, H. 6, 368–369

Schreier, H. (Hrsg.) (1994 a). Die Zukunft der Umwelterziehung. Hamburg: Krämer

– (1994 b). Kommen wir zum »Planet Erde«-Bewußtsein? In: Schreier (1994 a), 15–79

– (1995). Unterricht ohne Liebe zur Sache ist leer. Grundschule 27, H. 6, 14–15

Schröder, E. (2001). Arterhaltung versus Individualvorteil. UB 25, H. 268, 32–36

Schröder, H. (1974). Leistungsmessung und Schülerbeurteilung. Stuttgart: Klett

Schröder, W./Tissler, B. (1995). Umwelt am Netz; E-Mail in der Umweltbildung. Kiel: IPN

Schroer, H. G. (1980). Exkursionsführer Biologie. Köln: Aulis

Schröer, T. (1999). Interessiertheit und Interessehandlung: computergestützte Erhebung von relativer Interessiertheit und Interessehandlung zur Beschreibung von biologierelevanter Interessegenese ausgewählter Schüler. Berlin: Logos

Schrooten, G. (1978). Das Hardy-Weinberg-Gesetz. BU 14, H. 2, 26–35
– (1981 a). »Anpassung« (»Adaptation«) – ein Beispiel für die Schwierigkeit, biologische Sachverhalte eindeutig auszudrücken. BU 17, H. 3, 56–60
– (1981 b). Ethologie 1. (Quellentexte). Klett: Stuttgart
Schröpfer, R. (1978). Die Mongolische Rennmaus (Meriones unguiculatus) – eine für den Biologieunterricht neue Versuchstierart. PdN-B 27, H. 4, 85–90
– (1979). Die Mongolische Rennmaus (Meriones unguiculatus) im ethologischen Experiment. PdN-B 28, H. 6, 141–153
– (Hrsg.) (1982). Säuger. UB 6, H. 66
Schubert, F./Teutloff, G. (1993). Schulfernsehen in den neuen Bundesländern. BioS 42, H. 11, 378–381
Schuhmann-Hengsteler, R./Thomas, J. (1994). Was wissen Kinder über Umweltschutz? Psychologie in Erziehung und Unterricht 4, 249–261
Schulte, G. (1977). Ein ökologisches Konzept zur Strukturierung von Biologieunterricht in der Sekundarstufe I. In: Kattmann/Isensee (1977), 158–184
Schulte, H. (1975). Präparate zur Einführung in die mikroskopische Arbeit. NiU 23, H. 3, 127–131
– (1978 a). Modelle im Biologieunterricht des Sekundarbereichs. BU 14, H. 3, 83–101
– (1978 b). Zellbiologischer Unterricht und mikroskopische Arbeit im Sekundarschulbereich. Kastellaun: Henn
Schulz, I. (1991). Übertragung der vorläufigen Rahmenpläne Biologie auf die Schulen im Ostteil Berlins. BioS 40, H. 5, 170–172
Schulz, R. (2001). Vernetzen lernen. In: Herz, O./Seybold, H./Strobel, G. (Hrsg.). Bildung für nachhaltige Entwicklung. Opladen: Leske+Budrich, 167–174
Schulz, W. (1977). Unterricht – Analyse und Planung. In: Heimann/Otto/Schulz (1977), 13–47
– (1981). Unterrichtsplanung. München/Wien/ Baltimore: Urban & Schwarzenberg (3. Aufl.)
Schulz-Kühnel, U. (1981). Vogelschutz im Ökogarten. PdN-B 30, H. 8, 228–235
Schulz-Zander, R. (2003). Unterricht verändern. Computer+Unterricht, H. 49, 6–11.
Schultze, K./Menke, U. (2005). Selektion der Hautfarben. UB 29, H. 310, 18–24;29
Schuster, M. (1981). Der Programmierte Unterricht. In: Falkenhan (1981), Bd. 2, 43–64
Schwab, J. J. (1972). Die Struktur der Wissenschaften. In: Ford, G. W./Pugno, L. (Hrsg.). Wissensstruktur und Curriculum. Düsseldorf: Schwann, 27–76
Schwadtke, B. (1975). Comics als Unterrichtsmedien im Sexualunterricht. WPB 27, H. 4, 215–222
Schwarberg, W./Palm, W. (1978). »Wand oder Rand«. Verhaltenslehre – Schülerexperimente in der 7. Klasse mit Rennmäusen und Weißen Mäusen. NiU-B 26, H. 11, 324–334
Schwarz, E. (1979). Gartenkresse im Unterricht. NiU-B 27, H. 9, 276–281
Schwarz, U. (1980). Der Naturgarten. Frankfurt: Krüger
– (1981). Schüler legen einen Naturgarten an. PdN-B 30, H. 8, 250–252
– (1983 a). Der Naturgarten. MNU 36, H. 2, 100–103
– (1983 b). Anlage eines Naturgartens an der Kantonsschule Solothurn durch Schüler. MNU 36, H. 3, 170–174
Schwarzenbach, A. M. (1979). Biologie-Arbeitsprogramme. Stuttgart: Metzler
Schwarzer, R. (1990). Psychologie des Gesundheitsverhaltens. Göttingen: Hogrefe
– (1997). Ressourcen aufbauen und Prozesse steuern – Gesundheitsförderung aus psychologischer Sicht. Unterrichtswissenschaft 25, H. 2, 99–112
Schweitzer, A. (1975). Gesammelte Werke. Band 2. München: Beck
Schwier, H. (1993). Schulgärten sind Brücken in die Umwelt – erhalten und nutzen wir sie! Grundschulunterricht 40, H. 11, 2–5
Seelig, G. F. (1968). Beliebtheit von Schulfächern. Weinheim/Berlin/Basel: Beltz
Seger, J. (1990). Schüler lernen von jüngeren Schülern. UB 14, H. 158, 43–45
– (1996). Erlebnisraum Zoo. Grundschulunterricht 43, H. 7/8, 27–29
– /Witte, H. (1991). Fiepen, Fauchen, Trommeln. Rufe und Gesänge im Zoo. UB 15, H. 163, 48–51
Seibt, M. (1995). Der Verlust der Wirklichkeit? Audiovisuelle Medien im Biologieunterricht. Medienimpulse 13
Seidler, H./Rett, A. (1982). Das Reichssippenamt entscheidet. Wien/München: Jugend und Volk
– (1988). Rassenhygiene. Ein Weg in den Nationalsozialismus. Wien/München: Jugend und Volk
Sengbusch, P. von (1985). Einführung in die Allgemeine Biologie. Berlin/Heidelberg: Springer

Senghaas, D. (1981). Abschreckung und Frieden. Frankfurt: Suhrkamp

Seybold, H./Bolscho, D. (Hrsg.) (1993). Umwelterziehung: Bilanz und Perspektiven. Kiel: IPN

Shepardson, D. P. (2002). Bugs, butterflies, and spiders: children's understandings about insects. IJSE 24, H. 6, 627–644

– */Britsch, S. J.* (2001). The role of children's journals in elementary school science activities. IJSE 24, H. 6, 627–643

Shulman, L. S. (1986). Paradigms and research programs for the study of teaching. In: *Wittrock, M. C.* (Ed.). Handbook of research on teaching. New York: Macmillan, 3–36

Siebert, H. (1998). Empirische Untersuchungen zum Wertewandel und Umweltbewusstsein. In: *Beyersdorf/Michelsen/Siebert* (1998), 75–83

Siedentop, W. (1972). Methodik und Didaktik des Biologieunterrichts. Heidelberg: Quelle & Meyer (4. Aufl.)

– */Flindt, R.* (1978). Arbeitskalender für den biologischen Unterricht. Heidelberg: Quelle & Meyer

Sieger, M. (1973). Euplotes. NiU 21, H. 1, 34–45

– (1979). Zeugnisse der Evolution. In: *Kattmann/Palm/Rüther* (1979), Lehrerband 9/10, 44–59

Siemon, M. (1982 a). Aquarien im Unterricht. NiU-B 30, H. 3, 81–93

– (1982 b). Haltung und Pflege von Aquarien im Unterricht einer 5. Hauptschulklasse. BU 18, H. 1, 37–62

Siemens, J./Meyfarth, S. (2001). Ein Farn als vielseitige Modellpflanze für den Biologieunterricht. MNU 54, H. 6, 353–358

Sigusch, V./Schmidt, G. (1973). Jugendsexualität. Stuttgart: Enke

Simon, D. (Hrsg.) (1998). Lug und Trug in den Wissenschaften. Berlin-Brandenburgische Akademie der Wissenschaften

Simon, H. (1973). Fachunterrichtsraum Biologie (1). BioS 22, H. 4, 117–128

Simon, H. (Hrsg.) (1980) Computer-Simulation und Modellbildung im Unterricht. München/Wien: Oldenbourg

– */Wedekind, J.* (1980). Das Computer-unterstützte Planspiel TANALAND als Test- und Trainingsinstrument zum Problemlösen in komplexen Systemen. In: *Simon* (1980), 272–285

Simonsmeier, J. (1984). Bericht über eine mehrtägige ökologische Exkursion in die Alpen. BU 20, H. 1, 4–50

SINUS-T (2005). BLK-Programm SINUS-Transfer. URL: http://sinus-transfer.uni-bayreuth.de/

Sitte, P. (1997). Biologie und Kunst. Biologie in unserer Zeit 27, H. 3, 151–160

Skaumal, U. (1997). Schulversuche mit Ringelwürmern (Klassen 6 bis 8), BioS 45, H. 6, 328–337

– (2000 a). Versuche mit Tellerschnecken. BioS 49, H. 1, 16–25

– (2000 b). Schulversuche mit Mehlkäfern und ihren Larven. BioS 49, H. 3, 129–140

– */Rohweder, L./Westphal, R.* (1997). Schulversuche mit Asseln. BioS 46, H. 4, 208–214

Skiba ,F./Spieler, M./Kivilip, H. (2000). Der Feinbau der Zelle. UB 24, H. 259, 50–57

Sohr, S. (2000). Ökologisches Gewissen: eine Patchwork-Studie mit Kindern und Jugendlichen. Baden-Baden: Nomos

Sokal, R. (1966). Numerical taxonomy. Scientific American 215, H. 6,106–116

Söling, C. (2000). Die Folgen der Gentechnik für das Menschenbild. PdN-B 49, H. 2, 34–38

Sommer, C./Mayer, J. (2001). Mode zum Wegwerfen? Unterrichtseinheiten Nachhaltige Nutzung der biologischen Vielfalt. Kl. 7/8. Köln: Aulis

Sommer, G./Fuchs, A. (Hrsg.) (2004). Krieg und Frieden. Handbuch der Konflikt- und Friedenspsychologie. Weinheim: Beltz

Sonnefeld, U./Kattmann, U. (2002). Lebensräume helfen ordnen. ZfDN 8, 23–32

Sönnichsen, G. (1973). Die Erneuerung des Biologieunterrichts im Rahmen der modernen Curriculumforschung. Hannover: Schroedel

Spandl, O. P. (1974). Didaktik der Biologie. München: Don Bosco

Spanhel, D. (1980). Die Unterrichtssprache in ihrer Vermittlungsfunktion zwischen Umgangssprache und naturwissenschaftlicher Fachsprache. In: *Schaefer/Loch* (1980), 175–187

Spieler, M./Skiba, F. (1999). Zeigt her Eure Füße. UB 23, H. 248, 31–35

Spörhase-Eichmann, U./Ruppert, W. (Hrsg.) (2004). Biologie-Didaktik. Berlin: Cornelsen

Springer, M. (1978). Die dem Lehrer auferlegten Verpflichtungen zur Sexualerziehung. Sexualpädagogik 6, H. 2, 18–20

Stachelscheid, K./Dziewas, A. (2004). Einstellung Verhalten von Kindern und Jugendlichen im Umweltbereich. MNU 57, H. 5, 296–303

Stachowiak, H. (Hrsg.) (1980). Modelle und Modelldenken im Unterricht. Heilbrunn: Klinkhardt

Staeck, L. (1972). Arbeiten mit dem lebenden Objekt im Biologieunterricht. NiU 20, H. 3, 128

– (1980). Medien im Biologieunterricht. Königstein: Scriptor
– (1984). Unterrichtsforschung als Aufgabe der Biologiedidaktik. In: *Hedewig/Staeck* (1984), 33–49
– (1990). Gesundheitserziehung heute. In: Friedrich Verlag (1990), 25–29
– (1991 a). Biologie. In: *Riquarts* u. a. (1991), 13–56
– (1991 b). Situation der Schulbiologie in den Alt-Bundesländern seit Mitte der 80er Jahre. BioS 40, H. 7/8, 267 f.
– (1993; 1997). Serie: Biologieunterricht in europäischen Staaten. BioS 42, H. 1 ff.; 46, H. 1
– (1995). Zeitgemäßer Biologieunterricht. Stuttgart: Metzler (5. Aufl.)
– (1996). Forderungen an den Biologieunterricht zur Jahrhundertwende. BioS 45, H. 1, 1–8
– (1998). Arbeitstechniken im Biologieunterricht: Mikroskopieren. BioS 47, H. 6, 321–325
– (Hrsg) (2002). Die Fundgrube zur Sexualerziehung. Berlin: Cornelsen
Staiger, S. (2001). Webquest. Computer und Unterricht 44, 52–56
Stampe, L./Arndt, C. (2004): Schulgärten in Sachsen. URL: http://www.smul.sachsen.de/de/wu/aktuell/downloads/SchulgaerteninSachsenStampeArndt.pdf (10.10.2004)
Stark, R./Mandl, H. (2000). Konzeptualisierung von Motivation und Motivierung im Kontext situierten Lernens. In: *Schiefele/Wild* (2000), 95–113
Starke, K-H. (1978). Einführung in das Mikroskopieren in Klasse 5. NiU-B 26, H. 5, 135–137
Starosta, B. (1990). Erkundungen der belebten Natur nach dem Prinzip des entdeckenden Lernens. In: *Killermann/Staeck* (1990), 316–326
– (1991). Empirische Untersuchung zur Methodik des gelenkten entdeckenden Lernens in der freien Natur und über den Einfluß der Unterrichtsform auf kognitiven Lernerfolg und Interesse für biologische Sachverhalte. MNU 44, H. 7, 422–431
– /*Wein, H.* (1992). Biologisches Arbeiten mit Schulanfängern im Freiland. SMP 20, H. 8, 341–343
Stawinski, W. (1982). Untersuchungen zur Entwicklung von Biologielehrbüchern für die Klassenstufen 4 bis 6 der allgemeinbildenden Schulen in Polen. In: *Hedewig/Rodi* (1982), 37–49

– (1986). Research into the effectiveness of student experiments in biology teaching. European Journal of Science Education 8, H. 2, 213–224
Steckhan, H. (1975). Haben Schulgärten noch eine Chance? In: Stader Jahrbuch (1975), 79–114
Steffe, L. P./D'Ambrosio (1996). Using teaching experiments to understand students' mathematics. In: *Treagust, D. F./Duit, R./Fraser, B. J.* (Eds.). Improving teaching and learning in science and mathematics. New York: Teachers College Press
Steffens, F./Storrer, J. (1995). Konservierung von Pilzfruchtkörpern. MNU 48, H. 4, 240–245
Stein, G. (2003). Vom medienkritischen Umgang mit Schulbüchern. In: *E. Matthes/H. Carsten* (Hrsg.). Didaktische Innovationen im Schulbuch. Bad Heilbrunn: Klinkhardt, 233–254
Steinbuch, K. (1977). Denken in Modellen. In: *Schaefer/Trommer/Wenk* (1977), 10–17
Steinecke, F. (1951 a). Methodik des biologischen Unterrichts an höheren Lehranstalten. Heidelberg: Quelle & Meyer (2. Aufl.)
– (1951 b). Der Schulgarten. Heidelberg: Quelle & Meyer
Steinmetz, H. (1984). Einstiege in Themen der Genetik anhand historischer Quellen. BU 20, H. 4, 16–32
Stellungnahme zu den Richtungsentscheidungen der KMK zur Weiterentwicklung der Prinzipien der gymnasialen Oberstufe und des Abiturs. (1996). Biologen in unserer Zeit 3, 40–41
Stengel, H. (1975). Anleitung zu biometrischen Untersuchungen. Bonn: Dümmler
Stenzel, A. (1979). Herbizide auf dem Schulrasen. UB 3, H. 36/37, 74–79
Stephan, B. (1991). Grundtypkonzept – Ergebnis wissenschaftlicher Erkenntnis oder kreationistisches Postulat? BioS 40, H.4, 144–150
Stephan, J. (1970). Tierhaltung und Tierpflege im Biologie-Unterricht. NiU 18, 529–534
Stichmann, W. (1970). Didaktik Biologie. Düsseldorf: Schwann
– (1974). Didaktische und methodische Aspekte der modernen Schulbiologie. In: *Stichmann, W./Krankenkagen, G.* (Hrsg.), Audiovisuelle Medien im Biologieunterricht. Stuttgart: Klett, 9–31
– (1977). Arbeit auf dem ökologischen Lernpfad. In: *Müller, P.* (1977), 579–584
– (1981 a). Schulbiologie auf neuen Wegen. In: *Twellmann, W.* (Hrsg.). Handbuch Schule und

Unterricht. Band 5, 2. Düsseldorf: Schwann, 605–617
– (1981 b). Die Naturalien-Sammlung. UB 5, H. 60/61, 60–62
– (Hrsg.) (1985 a). Naturschutz. UB 9, H. 108
– (1985 b). Wie sollen Lehrpfade aussehen? UB 9, H. 107, 43f.
– (Hrsg.) (1988 a). Biotope aus zweiter Hand. UB 12, H. 135
– (1988 b). Ethische Aspekte der Umwelterziehung. In: *Hedewig/Stichmann* (1988 b), 107–115
– (1989). Die historische Dimension im Biologieunterricht. UB 13, H. 146, 55–58
– (Hrsg.) (1992). Fünf-Minuten-Biologie. UB 16, H. 176
– (Hrsg.) (1996). Schule öffnen. UB 20, H. 217
– */Stichmann-Marny. U.* (2001). Schulgarten und Schulumfeld gestalten, ein Praxisbericht. In: *Baier/Wittkowske* (2001), 129–142
Stipproweit, A./Ant, H. (1986). Friedrich Junge (1832–1905). In: *Ant/Stipproweit* (1986 a), 1–30
Stoltenberg, U. (2002). Nachhaltigkeit lernen mit Kindern. Bad Heilbrunn: Klinkhardt
Storrer, J./Arend, D. (1984). Einsatz von Dia- und Overheadprojektor im experimentellen Biologieunterricht II. PdN-B 33, H. 8, 249–253
– */Bässler, U./Arend, D.* (1984). Einsatz von Dia- und Overheadprojektoren im experimentellen Biologieunterricht III. PdN-B 33, H. 11, 341–343
– */Wüst, P.* (2003). Artgerechte Tierhaltung in der Praxis. PdN-B 52, H. 7, 10-13
Stottele, T. (1991 a). Ergebnisse von Jugendaktionen für die Öffentlichkeitsarbeit von Umweltverbänden und Umweltschutzinitiativen. In: *Pfadenhauer* (1991), 875–881
– (1991 b). Jugendaktionen als Modell handlungsorientierten Lernens. UB 15, H. 167, 40–43
Strauß, W. (1977). Die »Feldanalyse« als didaktisches Instrument. NiU-B 25, H. 4, 97–102
– (1980 a). Aggression, das unbekannte Phänomen. Hamburg: Sample
– (1980 b). Aggressive Interaktionen bei Kindern – ein Vergleich. UB 4, H. 44, 31–35
– (1988 a). Friedensarbeit im Biologieunterricht. UB 12, H. 133, 42–45
– (1988 b). Friedenssicherung. In: *Hedewig/Stichmann* (1988), 118–129
– (1996). Aggression und Gewalt. UB 20, H. 212, 4–13
Strey, G. (1980). Zum Defizit der Biologiedidaktik. NiU-B 28, H. 6, 176–184

– (1982). Der Erfahrungsbereich der Schüler – und wie man (vielleicht) doch etwas darüber erfährt. NiU-B 30, H. 6, 229–230
– (1986). Natur in Wissenschaft, Alltag und Unterricht. Bad Salzdetfurth: Franzbecker
– (1989). Umweltethik und Evolution. Göttingen: Vandenhoeck & Ruprecht
Strick, H. K. (1983). Einführung und Anwendung des Chiquadrat-Tests im Biologieunterricht der Sekundarstufe II. MNU 36, H. 1, 36–41
Stripf, R. (1984). Lamarck – Cuvier – Geoffroy und der Akademiestreit. UB 8, H. 100, 30–35
– (Hrsg.) (2005). Schülerzentrierte Arbeitsformen. PdN-B 54, H. 2
– u. a. (1984). Historische Texte zur Begründung der Systematik und Evolutionstheorie. BU 20, H. 4, 33–64
Strohschneider, S. (1994). Ökologisches Wissen und der Umgang mit komplexen Systemen. In: *Pfligersdorffer/Unterbruner* (1994), 125–140
Strotkoetter, E. (1969). Die Verwendung einiger Zimmerpflanzen im Biologieunterricht. Z. f. Naturlehre. u. -kunde 17, 218–222
Stückrath, F. (1965). Studien zur Pädagogischen Psychologie. Braunschweig: Westermann
Stümpke, H. (1975). Bau und Leben der Rhinogradentia. Stuttgart: Fischer
Sturm, H. (1967). Der Vergleich im Naturkundeunterricht. Z. f. Naturlehre u. -kunde 15, H. 1, 18–26
– (1972). Eigenart und Wirksamkeit der biologischen Sammlung. NiU 20, H. 5, 213–228
– (1974). Beobachtung im Biologieunterricht. MNU 27, H. 6, 339–344
– (1981). Der Dia-Projektor als Vergrößerungsgerät für Naturobjekte. UB 5, H. 60/61, 36–38
– (Hrsg.) (1982). Formenkenntnis. UB 6, H. 68
Sturm, L. (1982). Informatik in der Sekundarstufe II. log in 2, H. 2, 6–7
Šula, J. (1968). Das Vergleichen und seine Bedeutung für die Bildung elementarer biologischer Begriffe. BU 4, H. 3, 21–39
Sulloway, F. J. (1982). Darwin and his finches: The evolution of a legend. Journal of the History of Biology 15, H.1, 1–53
Supprian, A./Nešpor, M. (2003). Keiner ist wie alle. Sexualpädagogik interkulturell. Hannover: Landesstelle Jugendschutz Niedersachsen
Süßmann, G./Rapp, H. R. (Hrsg.) (1981). Glaube und Naturwissenschaft. Quellentexte. Göttingen: Vandenhoeck & Ruprecht (5. Aufl.)

Szagun, G./Mesenholl, E. (1991). Emotionale, ethische und kognitive Aspekte des Umweltbewußtseins bei Kinder und Jugendlichen. In: *Eulefeld/Bolscho/Seybold* (1991), 37–54

– */Jelen, M.* (1994). Umweltbewußtsein bei Jugendlichen. Frankfurt: Lang

– */Pavlov, V. I.* (1993). Umweltbewußtsein bei deutschen und russischen Jugendlichen. In: *Eulefeld* (1993), 51–66

Tausch, J. (1998). Elemente eines erneuerten Bildungsverständnisses für Sach- und Biologieunterricht. MNU 51, H. 1, 42–47

Teichert, R. (1993). Zur Freilandbiologie im Unterricht. Eine annotierte Bibliographie. Kiel: IPN

Teixeira, F. M. (2000). What happens to the food we eat? Children's conceptions of the structure and function of the digestive system. IJSE 22, H. 5, 507–520

Terhart, E. (Hrsg.) (2000). Perspektiven der Lehrerbildung in Deutschland. Weinheim: Beltz

Terstegge, G. (1988). Der Computer ordnet die Sammlung. PdN-B 37, H. 8, 26–29

Teschner, D. (1979). Versuche mit Insekten. Heidelberg: Quelle & Meyer

Tetens-Jepsen, M. (1992). »Erst Beobachten, dann deuten!«. NiU-Chemie 14, 28–29

Teutloff, G. (1983). Aktion »Grüner Schulhof«. UB 7, H. 79, 53–57

– (1991). Schulgärten erhalten. BioS 40, H. 5, 182–185

– (1994). Natur- und Umweltfilme. UB 18, H. 192, 4–13

– (1998). Das Thema »Sexualität« im interkulturellen Unterricht. UB 22, H. 237, 48–51

– (2001). Alternative Wege in der Medizin. UB 25, H. 262, 4–10

– (Hrsg.) (2006). Science Fiction im Biologieunterricht. UB 30, H. 311

– */Oehmig, B.* (1995). Vertretungsstunde – Chance für den Biologieunterricht? UB 19, H. 201, 4–7

– */Schubert, F.* (1991). Mauer im Kopf. UB 15, H. 168, 51–53

– */Schubert, F.* (1992). Schüler und Umwelt – eine vergleichende Untersuchung Ost- und Westberliner Schüler. UB 16, H. 176, 48–49

Teutsch, G. M. (1981). Möglichkeiten und Probleme der Umwelterziehung. Lehren und Lernen 7, H. 12, 1–20

– (1985). Lexikon der Umweltethik. Göttingen: Patmos

– (1987). Lexikon der Tierschutzethik. Göttingen: Vandenhoeck & Ruprecht

Theunert, H./Eggert,S. (2001). Was wollen Kinder wissen? In: *Schächter, M.* (Hrsg.). Reiche Kindheit aus zweiter Hand? München: KoPaed, 47–62

Thiel, W./Sibbing, W. (1983). Empirische Untersuchungen in einem Jugendwaldheim. NiU-B 31, H. 5, 150–153

Thiel-Ludwig, U. (1980). Tierjunges – Menschenkind. PdN-B 29, H. 6, 172–191

Thienemann, A. F. (1956). Leben und Umwelt. Hamburg: Rowohlt

Thies, M./Gaberding, K.-H. (1981). Ein Film für den ökologischen Unterricht. UB 5, H. 60/61, 22–27

Thiessen, H. (1978). Zum Thema: Zelle im 5. Schuljahr. Teil II. NiU-B 26, H. 7, 196–207

Thompson, T. L./Mintzes, J. J. (2002). Cognitive structure and the affective dogma on knowing and feeling in biology. IJSE 24, H. 6, 645–662

Thom-Schlüter, M. (1998). Ein Kind um jeden Preis? UB 22, H. 237, 25-31

Tiemann, H./Hagemann, T. (1993). Uneigennütziges Verhalten bei Ameisen. UB 17, H. 185, 52f.

Tille, R. (1991). Gensymbole. BioS 40, H, 6, 225–227

– (1992; 1993). Lehrpläne und Biologieunterricht in der DDR. BioS 41, H. 10, 321–324; H. 11, 382–386; H. 12, 427–429; BioS 42 (1993), H. 4, 134–140

– (1996). Oberflächenvergrößerung bei Bäumen. BioS 45, H. 4, 218–223

– (1997). Oberflächenvergrößerung. BioS 46, H. 1, 4–8; H. 2, 78–80

– (2000). Biologische Größenvorstellungen entwickeln. PdN 49, H. 8, 45 f.

– (2005). Anfangsunterricht. PdN-B 54, H. 3, 1–3

Titzmann, M. (1993). Der Computer, nur ein Exot im Biologieunterricht? BioS 42, H. 1, 23–27

– (1998). Projekt: Pflege und Haltung von Tieren. BioS 47, H. 2, 78–80

Tobin, K./Tippins, D. J. (1996). Metaphors as seeds for conceptual change and the improvement of science teaching. SE 80, H. 6, 711–730

Todt, E. (Hrsg.) (1977) Interesse an Biologie. In: Arbeiten zum 70. Geburtstag von Prof. Dr. H. Desselberger. Gießen: Institut für Biologiedidaktik der Universität, 205–216

– (1990). Entwicklung des Interesses. In: *Hetzer, H.* u. a. (Hrsg.). Angewandte Entwicklungspsychologie des Kindes- und Jugendalter. Heidelberg/Wiesbaden: Quelle & Meyer, 213–264

– /Götz, C. (1997). Einstellungen von Jugendlichen zur Gentechnik. In: *Bayrhuber* u. a.
(1997), 306–310
– /Schütz, G./Moser, A. (1978). Gesundheitsbezogene Interessen in der Sekundarstufe I.
Stuttgart: Klett
Tomasello, M. (2002). Die kulturelle Entwick-
lung des menschlichen Denkens.
Frankfurt /M.: Suhrkamp
Treagust, D. F./Chittleborough, G./Mamiala, T. L.
(2002). Students' understanding of the role of
scientific models in learning science.
IJSE 24, H. 4, 357–368
Trommer, G. (1980 a). Begrenzte Chance für
die Erneuerung des Biologieunterrichts in
der reformierten gymnasialen Oberstufe.
PdN-B 29, H. 1, 4–10
– (1980 b). Die Verwirklichung grundlegender
Bezugskategorien der Oberstufenreform im
Biologieunterricht. PdN-B 29, H. 3, 74–85
– (Hrsg.) (1980 c). Modelle im Unterricht.
PdN-B 29, H. 8
– (1983). »Ausmerze« in der NS-Lebenskunde.
PdN-B 32, H. 4, 121–123
– (1983/84). Zur historischen Entwicklung
des Themas »Naturschutz« im Biologieunterricht. Teil 1 u. 2. MNU 36, H. 8, 468–474; 37,
H. 1, 16–22
– (1984). Geschoß und Panzerung – ein Kriegs-
modell aus der Geschichte des Biologieunterrichts. PdN-B 33, H. 1, 22–24
– (1986). Zur Kritik am naturgeschichtlichen
Unterricht Anfang des 19. Jahrhunderts. Mitt.
Technischen Universität Carolo-Wilhelmina
zu Braunschweig 21, H. 2, 20–37
– (1990 a). Natur im Kopf. Weinheim:
Deutscher Studienverlag
– (1990 b). Zur Rede von Schädlingen im
Biologieunterricht. UB 14, H. 154, 52–54
– (Hrsg.) (1991). Natur wahrnehmen mit der
Rucksackschule. Braunschweig: Westermann
– (1992). »Wilderness«.
In: *Pfadenhauer* (1992), 489–494
– (1994). Das Wilde – Subjekt und Objekt
landschaftsbezogenen Umweltbewußtseins.
In: *Schreier* (1994), 119–132
– (1997). Ganzheit, Einheit und Einzigartigkeit
der Natur. BioS 46, Sonderheft »Fächerüber-
greifender Unterricht«, 2–8
– /Ilgner, B. (1986). Der Lernpfad aus dem
Rucksack. UB 10, H. 114, 23–26
– /Kretschmer, S./Prasse, W. (Hrsg.) (1995).
Natur wahrnehmen mit der Rucksackschule.
Braunschweig: Westermann

– /Wenk, K. (Hrsg.) (1978). Leben in Ökosyste-
men. Braunschweig: Westermann
Tsiakalos, G. (1982). Ablehnung von Fremden
und Außenseitern. UB 6, H. 72/73, 49–58
Tulodziecki, G./Herzig B. (2002). Computer &
Internet im Unterricht. Berlin: Cornelsen
Tunnicliffe, S. D./Reiss, M. J. (2000). Building a
model of the environment: How do children
see plants? JBE 34, H. 4, 172–177
Twenhöven, F. L. (2004). Gute Referate! – Keine
Plagiate! UB 293, 48–50.
Tyler, R. W. (1973). Curriculum und Unterricht.
Düsseldorf: Schwann
Uhlig, A. u. a. (Hrsg.) (1962). Didaktik des
Biologieunterrichts. Berlin: Deutscher
Verlag der Wissenschaften
Uihlein, A. (2001). Die Ermittlung von Wissen,
Verstehen und Problemlösen im Bereich
Humanbiologie – eine Untersuchung an
Lehramtsstudierenden. Dissertation.
Gießen: Universität
– /Graf. D./Klee, R. (2003). Vergleich zweier
Aufgabentypen bei der Diagnose von
Verstehensprozessen im Biologieunterricht.
MNU 56, H. 3, 132–136
Uitto, A. u. a. (2006). Students' interest in
biology and their out of school experience.
JBE 40, H. 3, 124–129
Ulshöfer, R. (1971). Kooperativer Unterricht,
Bd. I. Stuttgart: Klett
Umbreit, H. (1999). Ein fächerverbindendes
Beispiel zur Umsetzung von Wissenschafts-
propädeutik im Sekundarbereich I.
MNU 52, H. 8, 476–479
Umweltdachverband (Hrsg.) (2003). Grenz-
gänge. Umweltbildung und Ökotourismus.
Wien: Forum Umweltbildung
UNESCO (1963). Präambel der UNESCO.
UNESCO-Dienst 10, Nr. 21
– (Hrsg.) (1977). New trends in Biology
teaching. Volume IV. Paris: UNESCO
– (1979). Zwischenstaatliche Konferenz über
Umwelterziehung Tiflis 1977.
München: KG Saur 1979
– (1987). Moscow '87. UNESCO-UNEP
Environmental Education Newsletter,
Vol. XII, No. 3
– (1996 a). Erklärung von Sevilla.
UB 20, H. 212, 61
– (1996 b). Stellungnahme zur Rassenfrage.
Biologie in unserer Zeit, H. 5, 71 f.; URL:
www.uni-oldenburg.de/biodidaktik/Bio/New/
Kattmann/Schwerpunkte/Rassismus.html

Unterbruner, U. (1984). Biologieschulbücher und politische Bildung. In: *Hedewig/Staeck* (1984), 232–251
– (1991). Umweltangst, Umwelterziehung. Linz: Veritas
– (1993). Kreative Botanik. UB 17, H. 184, 4–9
– (1996 a). Spielraum für Emotionen. Praxis Geographie, 14–17
– (1996 b). Anregungen und didaktische Überlegungen zum Thema Naturerfahrung. Umwelterziehung, H. 3, 21–31
– (1998). Zwischen Wunschtraum und Alptraum: Die Welt in 20 Jahren. In: Friedrich-Verlag (1998 b), 32–36
– (1999). Umweltängste Jugendlicher und daraus resultierende Konsequenzen für die Umweltbildung. In: *Kaufmann-Hayoz/Künzli* (1999), 153–186
– (2001). Multimedia im Ökologieunterricht. In: *Bayrhuber* u. a. (2001), 86–89
– (2004). Abenteuer im Wald: virtuell und real. UB 293, 15–19
– /Forum Umweltbildung (Hrsg.) (2005). Natur erleben. Innsbruck u. a.: StudienVerlag.
– /*Unterbruner, G.* (2002). Multimedia im Ökologieunterricht. In: *Klee/Bayrhuber* (2002), 187–198
– /*Unterbruner, G.* (2005). Wirkung verarbeitungsfördernder multimedialer Programmgestaltung auf den Lernprozess von 10- bis 12 Jährigen. In: *Klee/Sandmann/Vogt* (2005), 181–19
Untermoser, M. (2004). Präimplantationsdiagnostik: Anwendung des Machbaren? UB 28, H. 291, 15–17
Unterricht Biologie (1980). Probleme der Sekundarstufe II. UB 4, H. 48/49, 74–82
– (1993 ff.). Aufgabe pur (Serie). UB 17 ff., H. 181 ff.
– (1998). Klausur & Abitur. CD-ROM. Seelze: Friedrich (2. Aufl.)
Upmeier zu Belzen, A. (1998). Der Zusammenhang zwischen Biologieunterricht und biologieorientiertem Interesse in einer 6. Klasse eines Gymnasiums. Frankfurt a. M.: Lang
Urhahne, D. (2002). Motivation und Verstehen: Studien zum computergestützten Lernen in den Naturwissenschaften. Münster: Waxmann.
– /*Hopf, M.* (2004). Epistemologische Überzeugungen in den Naturwissenschaften und ihre Zusammenhänge mit Motivation, Selbstkonzept und Lernstrategien. ZfDN 10, 71–87

– /*Schanze, S.* (2003). Wie lässt sich Lernen mit Hypertext effektiver gestalten? Unterrichtswissenschaft 31, H. 4, 359–377
– u. a. (2000). Computereinsatz im naturwissenschaftlichen Unterricht. ZfDN 6, 157–186
Urschler, I. (1971). Gruppenarbeit mit Expertenbefragung bei Elfjährigen. NiU 19, H. 9, 410–412
– (1975). Schafft Unterlagen zur Gruppenarbeit. PdN-B 24, H. 1, 18–24
Ussowa, A. W./Plötz, R. (1985). Zur Methodik der Aneignung wissenschaftlicher Begriffe. Physik in der Schule 23, 182
Valdez, P. S. (2001). Alternative assessment – a monthly portfolio project improves student performance. The Science Teacher, 68, H. 8
Vater-Dobberstein, B. (1975). Einführung des Zellbegriffs in der Orientierungsstufe im Rahmen eines projektorientierten Biologieunterrichts. In: *Rodi* (1975), 127–132
– /*Hilfrich, H.-G.* (1982). Versuche mit Einzellern. Stuttgart: Franckh
VDBiol (1973; 1983 a) Rahmenplan des Verbandes Deutscher Biologen für das Schulfach Biologie. Mitt. d. VDBiol., Nr. 192, 923–930; Neubearbeitung 1983: Bremen: VDBiol.
– (1977). Empfehlung der VDB-Schulkommission zur Revision der EPA Biologie. Mitt. d. VDBiol, Nr. 233, 1090–1101
– (1978). Qualifikationen eines Biologielehrers. In: *Eulefeld/Rodi* (1978), 155–164
– (1983 b). Empfehlungen zur Aus- und Fortbildung von Biologielehrern. Mitt. d. VDBiol, Nr. 300
– (1996). Konzept für eine fächerübergreifende Allgemeinbildung um die Jahrtausendwende. Biologen in unserer Zeit, 6, Nr. 427, 92–93
– (1997). Empfehlungen zur Studienreform für die Ausbildung von Biologielehrern an Gymnasien. Biologen heute Nr. 430 (H. 3/97), 8–9
– (1999). Positionspapier zur Lehrerbildung an Gymnasien und verwandten Schulformen. München: VDBiol
– (2000). Rahmenplan Schulbiologie. URL: www.vdbiol.de/content/e6/e414/e2261/filetitle/Schulbiologie2000.pdf
– (Hrsg.) (o. J.) [2002]. Weniger (Additives) ist mehr. (Systematisches) Kumulatives Lernen. München: VdBiol
Verband Deutscher Schullandheime (Hrsg.) (1980). Projektarbeit im Schullandheim, Bd. 2: Biologie. Regensburg: Walhalla
– (1996). Verzeichnis der Schullandheime im Verband Deutscher Schullandheime e.V. Hamburg

Verfürth, M. (1986). Zooschule, Schulzoo. In: *Hedewig/Knoll* (1986), 267–277
– (1987 a). Kompendium Didaktik Biologie. München: Ehrenwirth
– (1987 b). Mein Wunschtier – eine Schildkröte. UB 11, H. 128, 14–17
Verhoeff, R. P. (2003). Toward systems thinking in cell biology education. Utrecht: CD-b Press
Vernadsky s. Wernadski
Vester, F. (1978). Unsere Welt. Ein vernetztes System. Stuttgart: Klett-Cotta
– (1990). Ökolopoly. (Handbuch), München: studiengruppe für biologie und umwelt
– (1997). »Ecopolicy. It´s a cybernetic world!« (CD-ROM) Freiburg: Rombach
Vilmar, F. (1973). Friedensforschung und Friedenserziehung als politische Bewußtseinsbildung. In: *Wulf* (1973), 65–73
Vogel, C. (1983). Humanethologie im Unterricht. Mitt. d. VDBiol, Nr. 275, 1273–1275
– (1989). Eigennutz oder Gemeinwohl – eine evolutionsbiologische Kontroverse. UB 13, H. 141, 39–43
– (1992). Rassenhygiene – Rassenideologie – Sozialdarwinismus: die Wurzeln des Holocaust. In: *Friedrich, H./Matzow, W.* (Hrsg.). Dienstbare Medizin. Göttingen: Vandenhoeck & Rupprecht, 11–31
Vogel, G. (1980). Das Arbeitstransparent in der Biologielehrerausbildung und im Biologieunterricht. In: *Rodi/Bauer* (1980), 206–213
– (Hrsg.) (1981). Der behinderte Mensch. UB 5, H. 54
Vogel, G./Angermann, H. (1967). dtv-Atlas zur Biologie. Band 1. München: DTV (5. Aufl. 1990)
Vogt, D. u. a. (1997). Umwelt vor Ort. Exkursionsführer zu außerschulischen Lernorten in Rheinland-Pfalz. Bd. 1 Regierungsbezirk Koblenz. Otterbach: Arbogast
Vogt, H./Krüger, D./Unterbruner, U. (Hrsg.) (2003). Erkenntnisweg Biologiedidaktik. Salzburg: VDBiol
– */Retzlaff-Fürst, C.* (Hrsg.) (2002). Erkenntnisweg Biologiedidaktik. Rostock: Universität
– u. a. (1999). Unterrichtliche Aspekte im Fach Biologie, durch die Unterricht aus Schülersicht als interessant erachtet wird. ZfDN 5, H. 3, 75–85
– u. a. (Hrsg.) (2004). Erkenntnisweg Biologiedidaktik. München: VDBiol
Voitleithner, J. (2002). Waldpädagogik in Österreich. Wien: Institut für Sozioökonomik der Forst- und Holzwirtschaft

Volk, D. (2004). »Nichts zu rechnen«! Vom Umgang mit Sonderangeboten für den Mathematikunterricht. Mathematik lehren, H. 125, 21–22 und 47–49
Volkert, T. (2001). Wie erleben Pädagogen die ökologische Krise? Eine qualitative Studie über den Umgang mit umweltbezogenen Ängsten bei Mitarbeitern in der außerschulischen Jugendarbeit. Hamburg: Kovac
Vollath, E. (2004). Das ist die Höhe! Geometrie im Gelände. Mathematik lehren, H. 124, 13–16
Vollmer, G. (1990). Naturwissenschaft Biologie. Biologie heute, Nr. 371, 3–7; Nr. 372, 1–4
– (2000). Was ist Wissenschaft? In: *Falkenhausen* (2000), 152–163
Vollstädt, W. (2002). Lernen mit neuen Medien. Ergebnisse einer Delphi-Studie. Pädagogik, H. 2, 32–35
Völp, B./Beier, W./Schlosser-Drefahl, G. (1984). Die Bedeutung der Hausaufgaben im Biologieunterricht aus der Sicht der Schüler. NiU-B 32, H. 4, 127–130
Vornholz, D. (1999). Kosmische Größenvergleiche. UB 24, H. 241, 52 f.
Wagener, A. (1980). Zentrale Mediothek für das Schulfach Biologie. NiU-B 28, H. 1, 30–32
– (1982). Experimentieren im Biologieunterricht. NiU-B 30, H. 12, 425–436
– (1992). Biologie unterrichten. Heidelberg/Wiesbaden: Quelle & Meyer
Wagenschein, M. (1962/63). Erwägungen über das exemplarische Prinzip im Biologieunterricht. MNU 15, H. 1, 1–9
– (1965). Ursprüngliches Verstehen und exaktes Denken. Stuttgart
– (1973). Verstehen lernen. Weinheim/Basel: Beltz
Wahlert, G. von (1977). Die Geschichtlichkeit des Lebendigen als Aussage der Biologie. In: *Kattmann/Isensee* (1977), 46–58
– (1981). Evolution als Geschichte des Ökosystems »Biosphäre«. In: *Kattmann/v. Wahlert/Weninger* (1981), 23–70
– (1992). Zufall und Plan – Rückfragen an unser Evolutionsverständnis. Mitt. Hamb. Zool. Mus. Inst. 89, Ergbd. 1, 123–138
– */Wahlert, H. von* (1977). Was Darwin noch nicht wissen konnte. Stuttgart: dtv (2. Aufl.)
Walczak, L./Schlaegel, J./Schoof-Tams, K (1975). Sexualmoral Jugendlicher. Sexualmedizin 4, H. 5, 306–325
Walczak, L./Schoof-Tams, K./Schlaegel, J. (1975). Einstellung Jugendlicher zur Sexualität. WPB 27, H. 4, 187–195

502

Walder, F. (2002). Der Schulgarten in seiner Bedeutung für Unterricht und Erziehung. Bad Heilbrunn: Klinkhardt

Waldmann, K. (Hrsg.) (1992). Umweltbewußtsein und ökologische Bildung. Opladen: Leske und Budrich

WaldpäP (Der waldpädagogische Postillion) (1996). Zeitschrift für Waldpädagogik. Mitteilungen der Abt. Waldpädagogik im Fachverband Forst

Walter, U./Wortmann, U. (1990). Mückenplage. UB 14, H. 154, 22–24; 33–35

Wandersee, J .H./Good, R. G./Demastes, S. S. (1995). Forschung zum Unterricht über Evolution. ZfDN 1, H. 1, 43–54

– /Mintzes, J. J./Novak, J. D. (1994). Research on alternative conceptions in science. In: Gabel, D. (Ed.). Handbook of Research on Science Teaching and Learning. New York

Wanner, G. (1985). Viren, Bakterien und Algen im elektronenmikroskopischen Bild. PdN-B 34, H. 4, 21–33

Weber, H. E. (1976). Das Problem der didaktischen Reduktion im Biologieunterricht. BU 12, H. 3, 4–26

Weber, I. (1991). Saurier und lebende Reptilien. UB 15, H. 166, 4–13

Weber, R. (1965). Die vergleichende Betrachtungsweise im botanischen Unterricht. BU 1, H. 2, 69–84

– (1973). Das Bohnenpraktikum. Köln: Aulis

– (1976). Biologieunterricht am Naturgegenstand – aber mit bescheidenem Sachaufwand. PdN-B 25, H. 8, 214–217; H. 9, 248–250

– (1980). Anregungen zur Gestaltung des Schulgartens. NiU-B 28, H. 1, 21

Weber, T. P. (2002). Darwinismus. Frankfurt/M.: S. Fischer

Weber, W. (1992). Das Biologie-Schulbuch in der Unterrichtspraxis. PdN-B 41, H. 4, 44–46

Weber-Peukert, G./Peukert, D. E. (1989). Ein Räuber wird zum Dieb. UB 13, H. 141, 46–48

Wedekind, J. (1979). Computersimulationen im Biologieunterricht. log in, H. 3, 2–7

– (1980). CUS-Unterrichtseinheiten in der Biologie. In: Simon (1980), 67–72

– (1981). Unterrichtsmedium Computersimulation. Weil der Stadt: Lexika

Wedershoven, B. (2003). Geführte Internetrecherche am Beispiel Gentechnik (Sek II). In: Bickel-Sandkötter (2003 a), 101–117

– /Bickel, H. (2000). Internetrecherche im Biologieunterricht. Eine grundlegende Studie am Beispiel der Gentechnik. IDB, 65–72

Weidenbach, M. (2005). Emotionen in moralischen Urteilsbildungsprozessen. Hamburg: Kovac

Weidenmann, B. (Hrsg.) (1994). Wissenserwerb mit Bildern. Bern: Huber

– (2001). Lernen mit Medien. In: Krapp, A./Weidenmann, B. (Hrsg.), Pädagogische Psychologie. Weinheim: Beltz, 415–465

Weiershausen. W./Graf, D. (2002). Video- und Computertechnik im Biologieunterricht. MNU 55, H. 2, 92–95

Weigelt, C./Grabinski, E. (1992). Pro Biologie. VdBiol-Schulumfrage. Biologie heute 402, 1–4

Weiglhofer, H. (1997). Die Entwicklung der schulischen Gesundheitserziehung unter Berücksichtigung sozialwissenschaftlicher Forschungsergebnisse. ZfDN 3, H. 3, 35–51

Weinberg, J. (1984). Didaktische Reduktion und Rekonstruktion. In: Kahlke, J./Kath, F. M. (Hrsg.). Didaktische Reduktion und methodische Transformation. Quellenband. Alsbach: Leuchtturm, 217–247

Weinert, F.-E. (Hrsg.) (2002). Leistungsmessungen in Schulen. Weinheim/Basel: Beltz

Weingart, P./Kroll, J./Bayertz, K. (1992). Rasse, Blut und Gene. Frankfurt: Suhrkamp

Weiser, M. (2001 a). Tiere im Zoo. UB 25, H. 265, 4–13

– (2001 b). Zootiere als Botschafter der Natur. In: Lehnert/Ruppert (2001), 111–119

Weiss, J. (1984). Ermittlungen von naturschutzbezogenen Interessen und Einstellungen bei Mitgliedern naturkundlicher Verbände. In: Berck/Weiss (1984), 59–81

Weitzel, H. (2006). Biologie Verstehen: Anpassung. BzDR 15. Oldenburg: Isensee

Weninger, J. (1970). Zur Formulierung empirischer Gesetze. MNU 23, H. 7, 403–408

– (1981). Das Modell der erbkonstanten Bevölkerung. In: Kattmann/v. Wahlert/Weninger (1981), 157–193

Wenk, K. (1985). Biologiedidaktik als Interdisziplin. biol. did. 7, H. 3/4, 3–32

– /Trommer, G. (Hrsg.) (1977). Naturerscheinung Energie. Braunschweig: Westermann

– /Trommer, G. (Hrsg.) (1978). Unterrichten mit Modellen. Braunschweig: Westermann

Wenske, E. (1981). Unterrichtsmittel mit Naturobjekten. BioS 30, H. 6, 239–244

Wenzel, E. (1990). Gesundheit – einige Überlegungen zu einem sozial-ökologischen Verständnis. In: Friedrich Verlag (1990), 20–24

– /Gerhardt, A. (1998). Empirische Untersuchungen an Schülern und Studenten über ihr

Naturbewusstsein und ihr Grundlagenwissen zur Thematik »Ökosystem Stadt«. ZfDN 4, H. 3, 75–85

Wernadski, W. I. (1972). Einige Worte über die Noosphäre. BioS 21, H. 6, 221–231

Werner, E. (1976). Der Schülerversuch im Biologieunterricht und seine Möglichkeiten zur Differenzierung. NiU 24, H. 6, 265–268

– (1978). Die Begegnung mit einem Lebewesen als Schülerversuch am Beispiel der Weinbergschnecke. NiU-B 26, 207–210

– (1997). Das Hörspiel im Biologieunterricht (Klassen 5 und 6). BioS 46, H. 4, 206 f.

Werner, H. (1973). Biologie in der Curriculumdiskussion. München: Oldenbourg

– (1976). Einführung in das Mikroskopieren. UB, H. 2, 9–15

– (1978). Aufgaben und Probleme fachdidaktischer Forschung in Biologie. In: *Killermann/Klautke* (1978), 81–93

– (1980). Fachdidaktik aus der Sicht des Fachdidaktikers. In: *Rodi/Bauer* (1980), 61–85

Weschenfelder, K./Zacharias, W. (1992). Handbuch Museumspädagogik. Düsseldorf: Schwann

Weß, L. (Hrsg.) (1989). Die Träume der Genetik. Nördlingen: Greno

Wessel, J./Gesing, H. (Hrsg.) (1995). Umwelt-Bildung: Spielend die Umwelt entdecken. Neuwied u. a.: Luchterhand

Wessel, V. (1980). Lehrpfade, von Schülern gestaltet. BU 16, H. 3, 36–70

– (1986). Einrichtung eines naturnahen Schulgartens durch Schüler einer Hauptschule. In: *Hedewig/Knoll* (1986), 79–87

– (1992). Lehrpfade/Lernpfade, ein Projektangebot. BioS 41, H. 9, 296–301

Westphal, W. (Hrsg.) (1976 a). Normiertes Abitur? Braunschweig: Westermann (Köln: Aulis)

– (1976 b). Argumente für Normenbücher, kritisch gesichtet. In: *Westphal* (1976 a), 25–40

White, R./Gunstone, R. (1993). Probing understanding. London: Falmer Press

Wiater, W. (2003) (Hrsg.). Schulbuchforschung in Europa. Bad Heilbrunn: Klinkhardt

Wiechmann, J. (1990). Arbeiten auf der Klassenreise. Pädagogik 42, H. 4, 12–17

Wiese, V. (1988). Ökologie im Museum. Wiesbaden: Hemmen

Wilbers, J./Duit, R. (2001). Untersuchungen zur Mikro-Struktur des analogischen Denkens in Teaching Experimenten. In: *Aufschnaiter, S. von/Welzel, M.* (Hrsg.), Nutzung von Videodaten zur Untersuchung von Lehr-Lern-Prozessen. Münster: Waxmann, 143–155

Wilde, G. (Hrsg.) (1984). Entdeckendes Lernen im Unterricht. Oldenburg: (diz)

Wilde, M./Urhahne, D./Klautke, S. (2003). Unterricht im Naturkundemuseum: Untersuchung über das »richtige« Maß an Instruktion. ZfDN 9, 125–134

Wildermuth, H. (1978). Natur als Aufgabe. Basel: Schweizerischer Bund für Naturschutz

– (1981). Lebensraum Hecke. UB 5, H. 55, 25–40

Wildt, J. (2002). Neue Wege in der Lehrerbildung? In: *Hinz/Kiper/Mischke* (2002), 26-38

Wilke, E. (2004). Naturbeziehung und persönliche Entwicklung. Hamburg: Kovac

Wille, J. (1997). Der Lebensbegriff: Analyse und Möglichkeiten seiner Anwendung, insbesondere im Biologieunterricht. Aachen: Shaker

Wille, R. (1986). Symmetrie. In: Symmetrie in Kunst, Natur und Wissenschaft. Bd. 1. Texte. Darmstadt

Winde, P. (1981). Modelle im Ökologieunterricht. In: *Riedel/Trommer* (1981), 277–298

Windschitl, M./Andre, T. (1998). Using computer simulations to enhance conceptual change. JRST 35, H. 2, 145–160.

Winkel, G. (1970 a). Tierhaltung in der Schule. BU 6, H. 3, 25–33

– (1970 b). Die Maus als Objekt »forschender Schulbiologie«. BU 6, H. 3, 34–40

– (1975). Vererbung, Variation, Mutation und Züchtung bei Pflanzen. BU 11, H. 2, 97–116

– (1977 a). Bewegung bei Pflanzen am Beispiel Mimose. UB 1, H. 9, 34–38

– (Hrsg.) (1977 b). Der Zoo. UB 1, H. 15

– (1978 a). Das Pflegerische als Leitidee der Schule unter besonderer Berücksichtigung des Biologieunterrichts. NiU-B 26, H. 6, 163–170

– (1978 b). Naturkundemuseum und Schule. UB 3, H. 24/25, 4–15

– (1979). Biologie im Schulgelände. UB 3, H. 36/37, 2–3; 4–11; 26–27; 30–33; 48–51

– (1981). Das Schulbiologiezentrum in Hannover. NiU-B 29, H. 2, 48–52

– (Hrsg.) (1982 a). Pädagogik im Botanischen Garten, im Naturkundemuseum, im Zoo. Hannover: Schulbiologiezentrum

– (Hrsg.) (1982 b). Exkursionen. UB 6, H. 67

– (1986). Biologie im Schullandheim. UB 10, H. 114, 4–12

– (1987). Heimtiere. UB 11, H. 128, 4–13

– (Hrsg.) (1990 a). Botanischer Garten. UB 14, H. 156

– (1990 b). Pflanzen für die Schule (Beihefter). UB 14, H. 156, 27–30

– (1992). Biographie des Menschen.
UB 16, H. 177, 4–13

– (1995). Umwelt und Bildung.
Seelze-Velber: Kallmeyer

– (Hrsg.) (1997). Das Schulgarten-Handbuch.
Seelze-Velber: Kallmeyer

– /Fränz, D. (1990). Zimmerpflanzen als
Arbeitsmaterial für den Biologieunterricht.
UB 14, H. 156, 50–52

– /Gürtler, R. F./Becker, A. u. a. (1978). Unterricht Umweltschutz. Köln: Aulis

Winkel, R. (1997). Theorie und Praxis der Schule.
Baltmannsweiler: Schneider Hohengehren

Winkeler, R. (1975). Differenzierung. Funktionen, Formen und Probleme. Ravensburg:
Maier

Winnenburg, W. (1993). Tafelbilder.
In: FriedrichVerlag (1993), 6–9

Winter, B./Projektgruppe (1997). Mord in
Alabama – Überprüfung von Sachwissen und
Teamfähigkeit im Rahmen einer Fallstudie.
UB 21, H. 230, 48–51

Winter, F. (2003). Person-Prozess-Produkt. Das
Portfolio und der Zusammenhang der
Aufgaben. Friedrich Verlag 2003, 78–81

Winter, H. (1994). Über Wachstum und Wachs-
tumsfunktionen. MNU 47, H. 6, 330–339

Winter, M. (1996). Hochwasser. Mathematik
Lehren 76, 19–22

Witte, G. R. (1967). Der Pflanzentisch.
Z. f. Naturlehre u. -kunde 15, H. 5, 143–151

– (1973). Über die sozialen Funktionen einiger
Froschlurchstimmen und ihre unterrichtliche
Erarbeitung. MNU 26, 366–373

– (1974). Die Miesmuschel.
PdN-B 23, H. 5, 122–129

– (1986). Museum zum Anfassen, Museum zum
Weiterdenken? In: Hedewig/Knoll (1986),
239–247

– (1991). Lebensraum für Eidechsen.
UB 15, H. 166, 46–48

– (1992).»Feldforschung« im Zoo bei neotropi-
schen Großpapageien. PdN-B 41, H. 3, 23–29

Wittkowske, S. (2001). Gärtnern ist handelnde
Naturerfahrung. In: Baier/Wittkowske (2001),
85–99

– (o. J.). Schulgarten und Schulgelände in der
DDR. In: Deutsche Gartenbau-Gesellschaft
1822/Hütten, G., 155–166

Wittmann, R./Maas, A./Kiewisch, S. (1985).
Die»Metamorphose« der Pflanzen.
UB 9, H. 101, 19–23

Wohlers, L. (2001). Informelle Umweltbildung
am Beispiel der deutschen Nationalparke.
Aachen: Shaker

Wohlfahrt, T. A. (1974). Die Bedeutung der
Handzeichnung für Biologen.
Mitt. d. VDBiol, Nr. 197, 951–952

Wolf, H./Stichmann, W. (1996). Hühner im
Schulgelände. UB 20, H. 217, 20–23

Wolschke-Bulmann, J. (1988). Öko-Ethik.
Wechselwirkungen 37, H. 5, 10–14

Wood, A. (1997). Nutzung historischer Texte im
Biologieunterricht. Stoffgebiet Pflanzenphy-
siologie, BioS 46, H. 2, 85–97

Woydich, K./Tempel, R./Marks, R. (1996).
Lernort Bauernhof. UB 20, H. 215, 49–52

Wraage, J. (1979). Was wissen wir vom
Neandertaler? UB 3, H. 31, 18–24

Wuketits, F. M. (1983). Biologische Erkenntnis:
Grundlagen und Probleme. Stuttgart: Fischer

– (2000). Biologie und Religion – Warum
Biologen ihre Nöte mit Gott haben.
PdN-B 49, H. 6, 2–5

Wulf, C. (Hrsg.) (1972). Evaluation. München:
Piper

– (Hrsg.) (1973). Kritische Friedenserziehung.
Frankfurt: Suhrkamp

Wyniger, R. (1974). Insektenzucht.
Stuttgart: Ulmer

Zabel, E. (1975). Zur Verbindung von Lernen
und gesellschaftlich-nützlicher Tätigkeit in
den Arbeitsgemeinschaften nach Rahmen-
programm des Bereiches Biologie.
In: Wiss. Zeitschrift der TH Magdeburg 19,
H. 1, 65–72

– (1988). Zu theoretischen Fragen der Linienführung des Biologieunterrichts unter Berück-
ksichtigung der Beziehungen zwischen Funktion, Ziel und Inhalt. In: Zabel, E. (Hrsg.). III.
Symposium zur Methodik des Biologieunterrichts. Biologische Gesellschaft der DDR,
58–86

– (1991 a). Zu den Rahmenrichtlinien für den
Biologieunterricht in Mecklenburg-Vorpom-
mern. In: BioS 40 (1991 b), H. 7/8, 269–271

– (Hrsg.) (1991 b). Differenzierter Biologieunterricht im Rahmen der Erneuerung der
Schule. Alsbach: Leuchtturm

– (1993). Sippen- (Formen-) Kenntnisse – ein
aktuelles Problem biologischer Unterweisun-
gen. BioS 42, H. 6, 204–210

– (1994 a). Konzeptionen und Entwicklungen
des interdisziplinären, projektorientierten
Lernens im Biologieunterricht der neuen
Bundesländer (vor 1989).
In: Bayrhuber u. a. (1994), 37–53

– (1994 b). Wissenschaftspropädeutik im Unterricht. BioS 43, H. 2, 81–84

Zabel, J. (2001). DNA – ein interessantes Spielzeug? UB 25, H. 268, 37–43
– (2004). Was tut das Tier? In: *Duit/Gropengießer/Stäudel* (2004), 12–17
– (2006). Evolutionsunterricht in der Sekundarstufe I. PdN-B 55, H. 6, 1–5
Zacharia, Z. (2003). Beliefs, attitudes and intentions of science teachers regarding the educational use of computer simulations and inquiry-based experiments in physics. JRST 40, H. 8, 792–823.
Zachos, F. (2002). Karl Popper und die Biologie – Zur Falsifizierbarkeit der Evolutionshypothese und der Selektionstheorie. In: *Hoßfeld, U./Junker, T.* (Hrsg.). Die Entstehung biologischer Disziplinen, 171–194
Zender, D. (1997). Messungen mit Hilfe der Strahlensätze. Mathematik Lehren 80, 48–49
Ziegenspeck, J. W. (1999). Handbuch Zensur und Zeugnis in der Schule. Bad Heilbronn: Klinkhardt
Ziemek, H.-P. (2003). Die Arbeit im Schüler-Labor. IDB 12, 77–82
– (2005). Süßwassergarnelen – Geeignete Organismen für forschendes Lernen. PdN-B 54, H. 6, 35–34
– (2005). Wissenschaftliche Arbeitsweisen hochleistender Jugendlicher in einer kooperativen Lernsituation im Biologieunterricht. MNU 58, H. 4, 242–247
– /Keiner, K./Mayer, J. (2005). Problemlöseprozesse von Schülern der Biologie im naturwissenschaftlichen Unterricht. In: *Klee/Sandmann/Vogt* (2005), 29 – 40
– /Kremer, A. (2005). Arbeitsprozesse und situatives Erleben bei der Bearbeitung naturwissenschaftlicher Themen in Schülerlaboren. In: *Bayrhuber* u. a. (2005), 27 – 30
– /Mayer, J./Keiner, K. (2004). Wie arbeiten Schüler in den naturwissenschaftlichen Fächern? Justus-Liebig-Universität Gießen 21, H. 1/2, 92–97

Zimmerli, E. (1980). Freilandlabor Natur. Zürich: World Wildlife Fund (2. Aufl.)
Zink, J. (2005). Erkenntnisgewinnung durch Modellbildung. UB 29, H. 307/308, 39–44
Zinnecker, J. (Hrsg.) (1976). Der heimliche Lehrplan. Weinheim/Basel: Beltz
Zippelius, H.-M. (1992). Die vermessene Theorie. Braunschweig/Wiesbaden: Vieweg
Zitelmann, A./Carl, T. (1970). Didaktik der Sexualerziehung. Weinheim: Beltz
Zmarzlik, H. G. (1966/67). Politische Biologie im Dritten Reich. MNU 19, H. 9, 289–298; H. 11, 426
Zöller, W. (1978). Zur Beobachtung und Beurteilung von Unterricht im affektiven, psychomotorischen und sozialen Lernbereich. biol. did. 1, H. 2, 79–104
– (1979). Gemeinsam lernen. München: Ehrenwirth
Zöpfl, H./Strobl, P. (1973). Lernziele. In: *Meißner/Zöpfl* (1973), 26–33
Zubke, G./Mayer, J. (2003). Ökologisches Verständnis und Umwelthandeln im schulischen und außerschulischen Kontext. In: *Bauer* u. a. (2003), 67–70
Zucchi, H. (1979). Collagen im Umweltunterricht. Ein Vorschlag zur Behandlung des Themas »Ausrottung – Artenschutz«. NiU-B, H. 6, 163–166
– (1992). Biologiedidaktik und Umwelterziehung. Zeitschrift für angewandte Umweltforschung 5, H. 3, 410–424
– /Balkenhol, B. (Hrsg.) (1994). Spinnentiere. UB 18, H. 196
Zupanc, G. K. H. (1990). Fische im Biologieunterricht. Köln: Aulis

Zu guter Letzt

"Wir sollten denen da unten sagen, wie schön die Erde ist!"